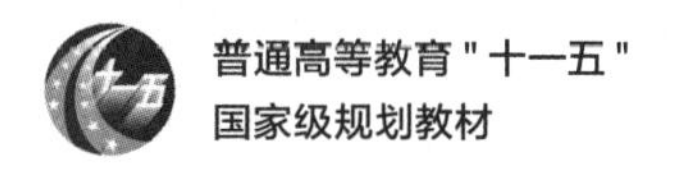

普通高等教育"十一五"国家级规划教材

高频电

High Frequency
Electronic Circuit

第 3 版

主　编　胡宴如　耿苏燕
副主编　周　正　周　珩
　　　　徐伟业

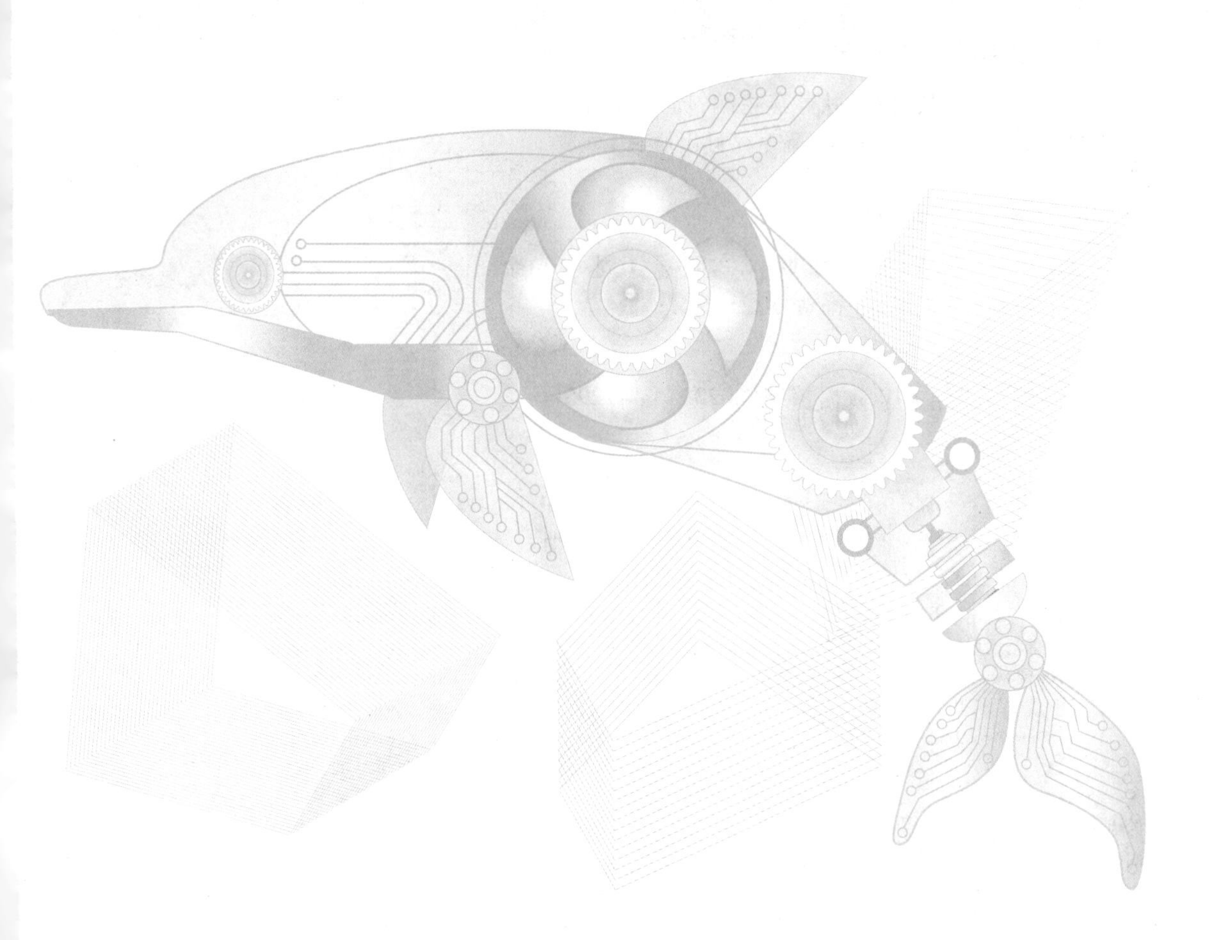

中国教育出版传媒集团
高等教育出版社·北京

内容提要

本书是在第2版普通高等教育“十一五”国家规划教材的基础上，汲取多方面的建议，以满足现代无线通信所需的高频电子线路知识结构和综合应用能力为教学目标修订而成的。全书含绪论，高频小信号放大器，高频功率放大器，高频正弦波振荡器，振幅调制、解调与混频电路，角度调制与解调电路、反馈控制电路，高频电路的数字化与系统设计共八章。每节后有讨论题和随堂测验（扫二维码可查答案），每章有引言、小结、习题和附录，书末给出部分习题参考答案。附录为拓展性内容，主要介绍当前主流芯片及其应用实例，基于 S 参数的射频电路设计方法和当前主流的相关新技术。全书采用双色套印，将重要概念和结论采用彩色，将图中需要注意或区别之处也采用彩色，以突出重点，提高可读性。与本书配套出版有《高频电子线路（第3版）学习指导与习题解答》。

本书采用自顶向下的模式，按照系统→模块→电路→改进电路→集成芯片→应用实例的思路组织内容；力求精选内容、用工程观点删繁就简，突出重点，夯实基础，注重应用性和先进性，强化学以致用能力的训练，因此本书具有易懂、实用的特点。

本书可作为高等院校电子信息工程、通信工程、测控技术与仪器等专业的教材或教学参考书，也可供有关工程技术人员参考。

图书在版编目（CIP）数据

高频电子线路/胡宴如，耿苏燕主编；周正，周珩，徐伟业副主编. --3版. --北京：高等教育出版社，2023.12

ISBN 978-7-04-060960-8

Ⅰ. ①高… Ⅱ. ①胡… ②耿… ③周… ④周… ⑤徐… Ⅲ. ①高频-电子电路-高等学校-教材 Ⅳ. ①TN710.6

中国国家版本馆 CIP 数据核字（2023）第147295号

Gaopin Dianzi Xianlu

策划编辑 王 楠　　责任编辑 王 楠　　封面设计 张申申 于 博　　版式设计 李彩丽
责任绘图 于 博　　责任校对 高 歌　　责任印制 田 甜

出版发行 高等教育出版社
社　　址 北京市西城区德外大街4号
邮政编码 100120
印　　刷 北京市白帆印务有限公司
开　　本 787mm×1092mm 1/16
印　　张 25
字　　数 550千字
购书热线 010-58581118
咨询电话 400-810-0598

网　　址 http://www.hep.edu.cn
　　　　 http://www.hep.com.cn
网上订购 http://www.hepmall.com.cn
　　　　 http://www.hepmall.com
　　　　 http://www.hepmall.cn
版　　次 2009年1月第1版
　　　　 2023年12月第3版
印　　次 2023年12月第1次印刷
定　　价 52.00元

物 料 号 60960-00

计算机访问:

1 计算机访问https://abooks.hep.com.cn/60960。

2 注册并登录,点击页面右上角的个人头像展开子菜单,进入“个人中心”,点击“绑定防伪码”按钮,输入图书封底防伪码(20位密码,刮开涂层可见),完成课程绑定。

3 在“个人中心”→“我的图书”中选择本书,开始学习。

手机访问:

1 手机微信扫描下方二维码。

2 注册并登录后,点击“扫码”按钮,使用“扫码绑图书”功能或者输入图书封底防伪码(20位密码,刮开涂层可见),完成课程绑定。

3 在“个人中心”→“我的图书”中选择本书,开始学习。

课程绑定后一年为数字课程使用有效期。受硬件限制,部分内容无法在手机端显示,请按提示通过计算机访问学习。

如有使用问题,请直接在页面点击答疑图标进行问题咨询。

https://abooks.hep.com.cn/60960

第 3 版前言

本书是在第 2 版普通高等教育“十一五”国家级规划教材的基础上，以满足现代无线通信所需的高频电子线路知识结构和综合应用能力为教学目标修订而成的，可作为高等院校电子信息工程、通信工程、测控技术与仪器等专业的教材或教学参考书，也可供有关工程技术人员参考。

面对高频电子技术飞速发展，新技术种类多、更新迭代快，高频电子线路涉及的内容多、难、杂，而高频电子线路课时从通常的 64 课时不断缩减，目前多为 32～48 课时的情况，不少教师面临选择教学内容和教材的困惑。我们的内容取舍思路是以通信系统为应用背景，介绍现代通信系统的基本知识和基本电路，突出基本概念、系统架构、模块功能及其实现方法，删减繁杂的电路级内容；适度引入传输线、Smith 圆图和 S 参数的内容，从射频电路设计角度来研究分布参数和阻抗匹配的问题，为需要深入学习射频知识的读者提供入门引导，以适应当前通信系统工作频率很高的知识结构新要求；基于当前高频电子的主流技术和主流芯片，精选应用实例；适度介绍当前主流的 EDA 技术和通信新技术。从前两版教材的使用量和影响力看，我们的探索研究得到了国内师生广泛的认可。因此本书在保持原教材体系和特点的基础上，对部分内容进行修改，着重于精炼内容、更新知识、厘清知识点体系和贯彻教辅融合。

本教材风格富有特色，符合教学规律和认知规律。在知识架构上，采用自顶向下的模式，按照系统→模块→电路→改进电路→集成芯片→应用实例的思路组织内容，注重引导与启迪，激发兴趣，培养科学思维能力和工程素质。在叙述上，抓住问题的本质，以详略得当的语言进行说明，做到深入浅出，层次分明，概念清楚。在教学设计上，注意将课堂讲授与讨论、自测和作业等教学环节的内容优化整合，强化学以致用能力的训练。

全书采用双色套印，将重要概念和结论以及图中需要注意或区别之处采用彩色印刷，以突出重点，提高可读性。与本书配套出版有《高频电子线路（第 3 版）学习指导与习题解答》。

本书由胡宴如、耿苏燕任主编，耿苏燕负责统稿，周正、周珩和徐伟业任副主编，协助主编工作。第 1、4 章由徐伟业编写，第 2 章、附录 3（Smith 圆图设计）和第 7 章第 4 节由周正编写，第 3、5 章由胡宴如编写，第 6 章由耿苏燕编写，第 7 章（7.4 节除外）和第 8 章由周珩编写。

本书承蒙东华大学曾培峰教授在百忙之余仔细审阅并指正,在此谨表衷心的感谢!

由于作者水平所限,书中恐有错漏和不妥之处,敬请读者批评指正!编者邮箱:gengsuyan@qq.com。

编　者

2023年6月

第2版前言

本书是在第1版的基础上，为适应现代通信技术的发展以及教学手段的变化，同时汲取多方面的建议，经过教学改革试验，总结提高修订而成的。

根据本科教学的特点，以满足现代无线通信所需的高频电子线路知识结构和应用能力为教学目标，并参考教育部高等学校电子信息科学与电气信息类基础课程教学指导分委员会制定的“电子线路Ⅱ课程教学基本要求”，本书修订过程中，力求精选内容、夯实基础、突出重点、概念清楚、先进实用、易教易学。主要修订情况如下：

(1) 将第1章绪论进行改写，突出现代通信系统的基本组成、特点、关键技术和关键模块，诠释本书中各模块电路在通信系统中的地位、作用及性能要求，增加了GSM手机作为无线通信系统的应用实例。

(2) 将原第2章和第3章有关 *LC* 网络的阻抗变换和阻抗匹配作用以及设计，整合后均列入第2章，并在第2章增加附录介绍传输线、Smith圆图、*S* 参数的基本知识及应用，而在第3章增加附录举例介绍高频功率放大器的设计过程，其中引入基于Smith圆图的匹配网络设计方法。同时，为了突出射频电路中低噪声放大器的作用和设计方法，对第2章的放大器噪声进行改写。

(3) 第4章中删去 *RC* 振荡器一节，增加集成振荡器和压控振荡器一节，以加强高频集成振荡常用芯片及应用实例的介绍。

(4) 第6章中将调相电路和鉴相器作为独立功能模块加以介绍，删去集成调频发射机与接收机一节，并将数字角度调制与解调一节并入新增第8章中，新增附录介绍调频收发信机的概况、典型应用、先进的集成芯片及应用实例。

(5) 新增第8章，主要介绍高频电路的EDA技术、数字调制与解调、数字通信模块及应用实例、高频电子系统的设计和无线通信的新技术。

经过本次修订后，本书仍保持原有风格，其主要特点如下：

(1) 本书以通信系统为应用背景，介绍现代通信系统的基本知识和基本电路，突出基本理论知识与实用技术的结合，注意理论联系实际。书中配有丰富的应用电路实例，并引导读图，对重点和难点问题及时给予举例说明和应用。

(2) 本书编写风格富有特点，符合教学规律和认知规律。

在知识架构上，采用自顶向下的模式，按照系统→模块→电路→改进电路→集成芯片→应用实例的思路组织内容，力求精选内容，用工程观点删繁就简，做到少而精，突出重点，分散难点，知识实用先进。

在叙述上，抓住问题的本质，以详略得当的语言进行说明，做到深入浅出，层次分明，概念清楚。

在教学方法上，注意将课堂讲授与讨论、课外自学与作业等教学环节的内容优化整合，重在启发性，强化学以致用能力的训练。

(3) 本书适度引入传输线、Smith 圆图和 S 参数的内容，从射频电路设计角度来研究分布参数和阻抗匹配的问题，同时为需要深入学习射频知识的读者提供入门引导，以适应当前通信系统工作频率很高的知识结构要求；基于当前高频电子的主流技术和主流芯片，精选应用实例；适度介绍当前主流的 EDA 技术和通信新技术，因而具有先进性和适用性。

全书采用双色套印，将重要概念和结论采用蓝色，将图中需要注意或区别之处也采用蓝色，以突出重点，提高可读性。与本书配套出版有《高频电子线路(第 2 版)学习指导与习题解答》。

本书由胡宴如、耿苏燕任主编，耿苏燕负责统稿，周正任副主编，协助主编工作。第 1、4、6 章由耿苏燕编写，第 3、5 章由胡宴如编写，第 2 章、第 7 章第四节以及附录 3 由周正编写，第 7 (除 7.4 节)、8 章由周珩编写。

本书承蒙东华大学曾培峰教授在百忙之余仔细审阅并指正，在此谨表衷心的感谢！

由于作者水平所限，书中恐有错漏和不妥之处，敬请读者批评指正！主编邮箱：gsy819@qq.com。

编　者

2014 年 12 月

第1版前言

本书是普通高等教育“十一五”国家级规划教材。随着我国高等教育的迅速发展,为了满足高等学校应用型人才培养的需要,在全国高等学校教学研究中心以及高等教育出版社的支持下,根据多年教学改革和实践的经验,我们编写了此书。它适用于应用型本科电子信息工程、通信工程、测控技术与仪器等专业作为教材或教学参考书,也可供有关工程技术人员参考。

高频电子线路是本科电子信息类专业重要的技术基础课,是一门理论性、工程性与实践性很强的课程,它内容丰富,应用广泛,新技术、新器件发展迅速。考虑到应用型本科人才培养的特点,本书在编写中特别注意以下几点:

(1) 突出重点,着重于物理概念的叙述,力求避免繁琐的数学推导,加强基本理论和基本分析方法的讨论。

(2) 注重应用,加强电路组成模型与应用方法的介绍,注意内容的适度更新。

(3) 注意理论讲授、课堂讨论、自学、作业以及实践训练等教学环节的有机结合,以充分调动学生学习的积极性和主动性。

(4) 难点适当分散,力图深入浅出,层次分明,简明扼要,有利于教与学。

全书共分七章。

第1章为绪论,主要介绍通信系统的组成、非线性电子线路的基本概念及本课程的特点。

第2章为小信号选频放大器,主要介绍谐振回路的基本特性和小信号谐振放大器的工作原理,同时对集中选频放大器的组成及放大器的噪声作必要的分析。

第3章为高频功率放大器,主要介绍谐振功率放大器的工作原理、特性及电路,同时对传输线变压器及宽带功率放大器进行讨论。

第4章为正弦波振荡器,主要介绍反馈振荡器,重点分析*LC*振荡器和晶体振荡器,并对振荡器的频率和振幅稳定性进行讨论,对其他正弦波振荡器只作简单介绍。

第5章为振幅调制、解调与混频电路,主要介绍振幅调制、解调和混频原理、同时对相乘器电路、实用调幅、检波、混频电路及其应用进行详细的讨论。

第6章为角度调制与解调电路,主要介绍频率调制与解调原理、调频与鉴频电路,同时对集成调频发射机与接收机、数字角度调制与解调进行讨论。

第7章为反馈控制电路,主要介绍锁相环路和锁相频率合成器,自动增益控制和自动频率控制电路只作简要介绍。

为了便于组织课堂讨论，本书每节编有复习与讨论题，同时，每章还编有小结和习题。为了帮助读者掌握教材的教学基本要求，各章重点、难点，指导学习方法，与本书配套出版有学习指导，可供读者选用。

本书由胡宴如、耿苏燕主编，第1~5、7章由胡宴如编写，第6章由耿苏燕编写，胡旭峰、马丽明、王敏珍分别参与第3、4、7章的编写。

本书承蒙东华大学信息学院曾培峰教授仔细审阅，提出了许多宝贵意见和建议，在此表示衷心的感谢。

限于作者水平，书中错漏和不妥之处恳请读者批评指正。

编　者

2008年7月

目　录

第1章 绪　　论

引言　本书主要以通信系统为应用背景，讨论各种通信系统中共有的基本单元电路，这些电路往往具有工作频率高、非线性等特点，故本书称为高频电子线路或射频电子线路，也称为通信电子线路或非线性电子线路。为便于理解各基本单元电路在通信系统中的作用和应用，有必要在本章对通信系统作概述。因此本章先讨论通信系统的基本组成与分类、调制的基本概念与应用，再讨论无线电波段的划分和无线电波的传播，然后以无线调幅广播通信系统和数字手机为实例，分析模拟通信系统和数字通信系统的组成与工作原理，最后介绍本课程的主要内容、特点和学习方法。

1.1　通信系统的组成与分类

1.1.1　通信系统的基本组成

通信的一般含义是从发送者到接收者之间信息的传递。用电信号（或光信号）传输信息的系统称为通信系统，也称电信系统。

通信系统基本组成如图1.1.1所示。它由信源、发送设备、信道、接收设备和信宿构成。

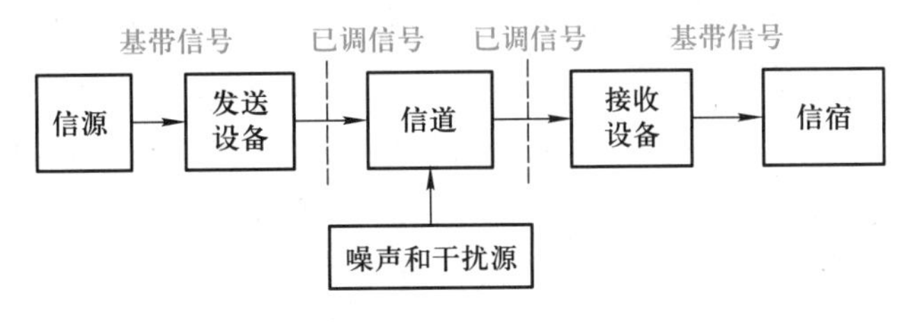

图1.1.1　通信系统基本组成

信源的作用是将要传输的消息转换为电信号，该电信号称为基带信号。消息有不同的形式，例如语言、音乐、文字、图像、电码等，进行转换时需要不同的变换器，例如话筒、摄像机、电传机等，所得到的基带信号有模拟信号和数字信号之分，例如话筒和摄像机输出的音视频信号一般是模拟信号，而电传机和计算机的各种数字终端等输出的是数字信号。

发送设备用来将基带信号进行某种处理并以足够的功率送入信道,以实现信号有效的传输,其中最主要的处理为调制,发送设备的输出信号为已调信号。

信道是信号传输的通道,又称传输媒介,它大体分为无线信道和有线信道两大类。无线信道包括地球表面、地下、水下、地球大气层及宇宙空间;有线信道包括架空明线、同轴电缆、光缆等。不同的信道有不同的传输特性,相同的媒介对不同频率的信号传输特性也是不相同的。

噪声和干扰源集中表示了信道中的噪声和干扰,以及分散在通信系统中其他各处的噪声。由于它们的存在,使接收端信号与发送端信号之间存在一定的误差。

接收设备及信宿和发送设备及信源的作用相反。接收设备选择性地取出由信道传送过来的已调信号并滤除干扰与噪声,然后进行处理以得到与发送端相对应的基带信号(这一过程称为解调)。该基带信号由信宿复原成原来形式的信息。

1.1.2 通信系统的分类

通信系统的种类很多。按所用信道的不同可分为有线通信系统和无线通信系统,其中无线通信系统应用最为广泛,如广播通信、移动通信、卫星通信等。按传输的基带信号是模拟信号还是数字信号可分为模拟通信系统和数字通信系统。按信道传输的信号是否经过调制可分为带通传输通信系统和基带传输通信系统。基带传输是将未经调制的信号直接传送,如市内电话、有线广播等;带通传输是将基带信号进行调制后传输,这是目前大多数通信系统所采用的模式。按信道复用方式不同分为频分复用(FDM)、时分复用(TDM)和码分复用(CDM)等。频分复用是采用频谱搬移的方法使不同基带信号占据不同的频率范围;时分复用是采用脉冲调制的方法使不同基带信号占据不同的时间区间;码分复用是采用正交编码分别携带不同的基带信号。传统的模拟通信系统一般采用频分复用,数字通信系统常采用时分复用和码分复用等。按照通信双方之间收发消息的工作方式的不同可分为单工、半双工和全双工通信。单工通信指消息只能单向传输,即通信双方中只有一个可以发送,另一个只能接收,如传统的广播、电视通信。半双工通信指通信双方都能收发消息,但不能同时进行收和发,如普通对讲机。全双工通信指通信双方都可同时收发消息,如电话通信,通话双方可同时说和听。

不同的通信系统,其具体结构虽不同,但基本组成都如图 1.1.1 所示,差别主要在于采用了不同调制方式后所带来的不同。调制方式在很大程度上决定了系统可能达到的性能,因此对于通信系统来说至关重要。

讨论题

1.1.1 通信系统由哪些部分组成?各组成部分的作用是什么?

1.1.2 通信系统主要有哪些类型?

随堂测验

1.1 随堂测验答案

1.1.1 填空题

1. 通信系统的基本组成一般有信源、______、______、______和信宿等五个部分。

2. 发送设备的输入信号为________,输出信号为________。

3. 信道是信号传输的通道,按照传输媒质来划分,信道一般可分为________和________。

4. 信道按照复用方式不同,可以分为____________、__________和码分复用等。

1.1.2 单选题

1. 当通信系统双方中,一方只能发送,另一方只能接收,则这样收发信息的方式属于(　　)通信。

A. 单工　　B. 半双工　　C. 全双工　　D. 未知模式

2. 下列不属于无线通信的是(　　)通信。

A. 手机　　B. 广播　　C. 光纤　　D. 蓝牙

1.1.3 判断题

1. 信道中存在的干扰和噪声会使接收端信号和发送端信号之间存在一定的误差。(　　)

2. 发送设备的作用就是对基带信号进行调制。(　　)

3. 接收设备选择性地取出信道传送过来的已调信号并滤除干扰与噪声,然后解调得到与发送端相对应的基带信号。(　　)

1.2 通信系统中的调制

1.2.1 为何要采用调制

在无线通信系统中,电信号是通过天线以电磁波的形式向空间辐射传输的。理论和实践证明,只有当电信号的频率很高,以致它的波长与天线的尺寸相近时(例如发射天线的尺寸至少应该是发射信号波长的1/10),电信号才能有效辐射传输。而一般基带信号的频率很低,根据无线电波的频率f(单位:Hz)与其波长λ(单位:m)的关系式

$$\lambda=\frac{c}{f} \tag{1.2.1}$$

式中,c为无线电波的传播速度,与光速相同,$c=3\times10^{8}$ m/s,可求得基带信号的波长一般都非常大。例如语音频率为0.1~6 kHz,假如是1 kHz,则其波长为300 km,需用30 km长的天线,这显然是无法实现的。采用调制就可把低频基带信号“装载”到高频载波信号上,从而易于实现电信号的有效传输。另一方面,采用调制可以实现信道的复用,例如不同广播电台的信号之

所以能同时通过无线信道传播，是因为它们采用了频率复用，将语音信号调制在不同的载波频率上进行传输，从而避免相互之间的干扰。

1.2.2 常见的调制方式及其应用

用待传输的基带信号去改变高频载波信号的某一参量，就可实现调制。常见的调制方式及其应用如表 1.2.1 所示，下面对最基本的模拟调制和数字调制作简介，较深入的讨论见本书的第 5、6、8 章，其他调制方式可参阅参考文献。实际应用中采用哪种调制方式应视通信系统的具体要求而定。

表 1.2.1 常见调制方式及其应用

调制方式		用途举例
模拟调制	常规双边带调幅 AM	广播
	双边带调幅 DSB	立体声广播
	单边带调幅 SSB	载波通信、无线电台、数据传输
	残留边带调幅 VSB	电视广播、数据传输、传真
	频率调制 FM	微波中继、卫星通信、广播
	相位调制 PM	中间调制方式
数字调制	振幅键控 ASK	数据传输
	频移键控 FSK	数据传输
	相移键控 PSK、DPSK、QPSK	数据传输、数字微波、空间通信
	其他高效数字调制 QAM、MSK、GMSK	数字微波、空间通信
脉冲模拟调制	脉幅调制 PAM	中间调制方式、遥测
	脉宽调制 PDM(PWM)	中间调制方式
	脉位调制 PPM	遥测、光纤传输
脉冲数字调制	脉码调制 PCM	市话、卫星、空间通信
	增量调制 DM(ΔM)	军用、民用数字电话
	差分脉码调制 DPCM	电视电话、图像编码
	其他语音编码方式 ADPCM	中速数字电话

一、模拟调制

用模拟基带信号对高频余弦载波进行的调制称为模拟调制，根据所控制的载波参数不同有三种基本形式：用基带信号去改变高频载波信号的振幅，称为振幅调制，简称调幅，用符号 AM 表示；用基带信号去改变高频载波信号的频率或相位，则称为频率调制（简称调频，用符号

FM 表示)或相位调制(简称调相,用符号 PM 表示)。基带信号称为调制信号,未经调制的高频信号称为载波信号(该信号相当于运载基带信号的交通工具,故称之为载波),经过调制后的高频信号称为已调信号。三种调制的典型信号波形如图 1.2.1 所示,图(a)为低频调制信号;图(b)为高频载波信号;图(c)为调幅信号,即 AM 信号,其高频信号的振幅与调制信号成正比;图(d)为调频信号,即 FM 信号,其高频信号的频率与调制信号成正比,因此表现为波形疏密变化;图(e)为调相信号,即 PM 信号,其高频信号的相位与调制信号成正比,因此也表现为波形疏密变化,但疏密变化规律与 FM 的不同。可见,通过调制将要传送的基带信号不失真地变换到已调信号中,再在接收端将基带信号从已调信号中不失真地恢复出来(即解调),即可实现有效可靠的通信。

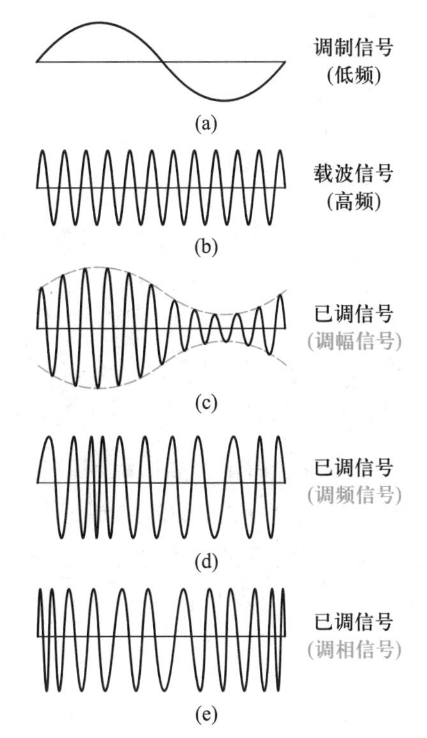

图 1.2.1　模拟调制信号波形

(a) 调制信号　(b) 载波信号　(c) AM 信号　(d) FM 信号　(e) PM 信号

通常将单音调制信号表示为

$$u_{\Omega}(t)=U_{\Omega\mathrm{m}}\cos(2\pi Ft)$$

载波信号表示为

$$u_{\mathrm{c}}(t)=U_{\mathrm{cm}}\cos(2\pi f_{\mathrm{c}}t)$$

AM 信号表示为

$$u_{\mathrm{AM}}(t)=[U_{\mathrm{cm}}+k_{\mathrm{a}}U_{\Omega\mathrm{m}}\cos(2\pi Ft)]\cos(2\pi f_{\mathrm{c}}t)$$

式中,k_{a} 为比例常数。将 AM 信号表示式用三角函数公式展开可得

$$u_{\mathrm{AM}}(t)=U_{\mathrm{cm}}\cos(2\pi f_{\mathrm{c}}t)+\frac{1}{2}k_{\mathrm{a}}U_{\Omega\mathrm{m}}\cos[2\pi(f_{\mathrm{c}}+F)t]+\frac{1}{2}k_{\mathrm{a}}U_{\Omega\mathrm{m}}\cos[2\pi(f_{\mathrm{c}}-F)t]$$

由此可画出调制信号、载波信号和 AM 信号的频谱如图 1.2.2 所示。可见,从频域的角度看调幅是将调制信号的频谱线性地搬移到载波频率的两侧,只要再线性地搬回,即可实现解调。

从 AM 信号频谱还可看到,该信号是以载波频率 f_{c} 为中心频率,占据带宽为 $2F$ 的信号。在实际应用中,调制信号往往包含了多个频率分量,假设其最高频率为 $F_{\max}$,则 AM 信号的带宽应为 $2F_{\max}$。这就要求通信系统中传输 AM 信号的那部分通道应具有合理的带通频率特性,一般要求中心频率为 f_{c},带宽略大于 $2F_{\max}$,以不失真地传输 AM 信号并有效滤除干扰。在第 6 章将证明,FM 与 PM 实现了调制信号频谱的非线性搬移,已调信号也以 f_{c} 为中心频率并占据一定带宽,处理 FM 与 PM 信号的通道也应具有合理的带通频率特性。

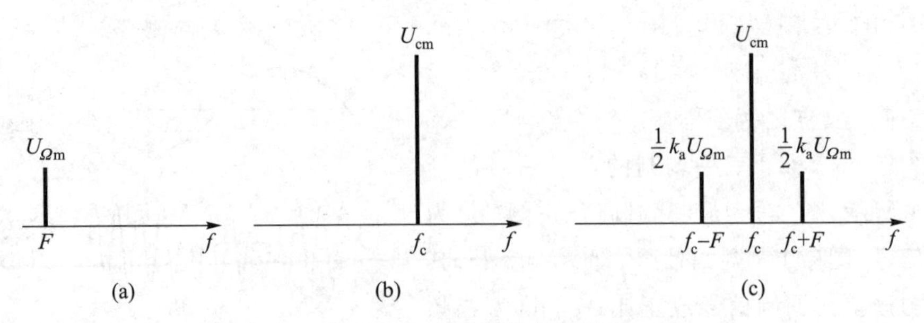

图 1.2.2　AM 信号的频谱

(a) 调制信号频谱　(b) 载波信号频谱　(c) AM 信号频谱

二、数字调制

用数字基带信号对高频余弦载波进行的调制称为数字调制。图 1.2.3(a)所示为数字基带信号,它是一个由矩形脉冲组成的脉冲序列,以零电位和正电位分别表示二进制数的 **0** 和 **1** 两个值。通常规定用一定的时间间隔内的信号表示 1 位二进制数字,这个时间间隔称为码元长度,用 T_s 表示,而在这样的时间间隔内的信号称为二进制码元,如图中的 **1** 码元和 **0** 码元。根据数字基带信号控制载波的参数不同,数字调制通常分为振幅键控(ASK)、相位键控(PSK,

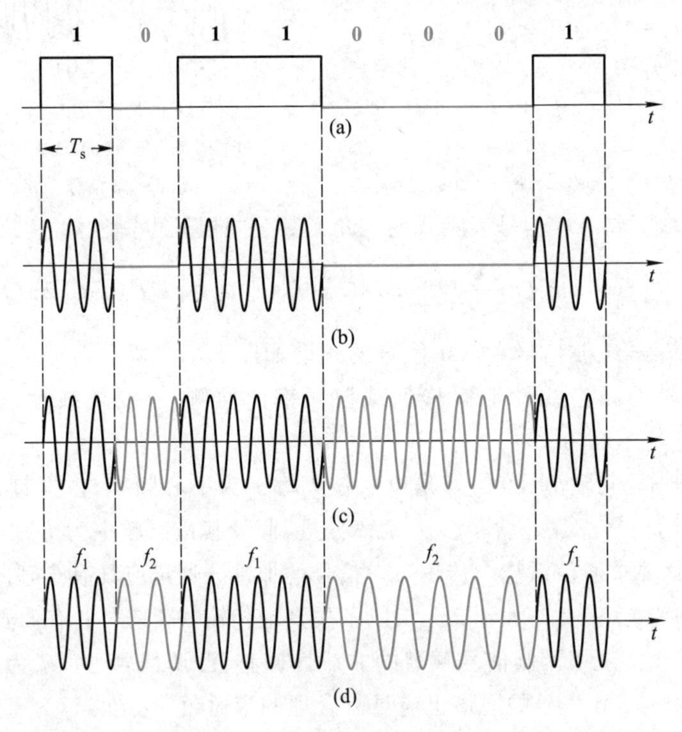

图 1.2.3　数字调制信号波形

(a) 数字基带信号　(b) ASK 信号　(c) PSK 信号　(d) FSK 信号

又称相移键控）和频率键控（FSK，又称频移键控）三种基本形式。振幅键控是载波振幅受基带信号控制，基带为高电平时有高频载波输出，低电平时没有载波输出，其波形如图 1.2.3(b) 所示；相位键控是载波的相位受基带信号控制，当基带信号为高电平时，载波起始相位为 0（或为 π），低电平时，载波起始相位为 π（或为 0），其波形如图 1.2.3(c) 所示；频率键控是载波频率受基带信号控制，高电平时频率为 f_1，低电平时为 f_2，其波形如图 1.2.3(d) 所示。

在模拟通信系统中，一旦解调信号存在失真和干扰，其影响是难以消除的。而对于数字通信系统，由于数字基带信号只有 **0** 和 **1** 两个码元，所以尽管解调信号也会存在失真和干扰，但只要通过取样判决电路正确判定码元值，就可不失真地重现原数字基带信号，此外数字通信还具有检错、纠错功能，因此，数字通信具有很强的抗干扰、抗噪声能力。数字通信还便于利用计算机等进行智能化处理，可同时传输语音、图像和数据等综合信息，保密性强，其中某些电路的功能（例如数字调制与解调等）还可采用软件实现，因此更具灵活性和先进性。现代通信尤其是移动通信中，广泛采用数字调制技术（参见 8.2 节）。

讨论题

1.2.1　通信系统中为什么要采用调制技术？

1.2.2　AM、FM、PM、ASK、FSK 和 PSK 分别是什么调制？

随堂测验

1.2　随堂测验答案

1.2.1　填空题

1. 基带信号的频率比较________，经过________可以得到频率足够高的已调信号，这样，一方面可以实现信号的________，另一方面可以实现信道的________。

2. 调制就是用待传输的基带信号去改变高频载波信号的某一参量。若用基带信号去改变高频载波信号的振幅，则称为________，若用基带信号去改变高频载波信号的相位，则称为________。

3. 已知某调频信号的载波频率为 100 MHz，则其波长为________，要想有效发送，发送天线长度应不小于________。

4. 数字调制方式按照控制载波的参数不同可分为__________、________和__________。

1.2.2　单选题

1. 基带信号经过振幅调制后，AM 信号的带宽是基带信号的（　　）倍。

A. 1　　B. 2　　C. 3　　D. 4

2. 已知某调制信号的波形如图 1.2.4 所示，则该调制信号最可能采用下列哪种调制（　　）。

A. ASK　　B. FSK　　C. PSK　　D. FM

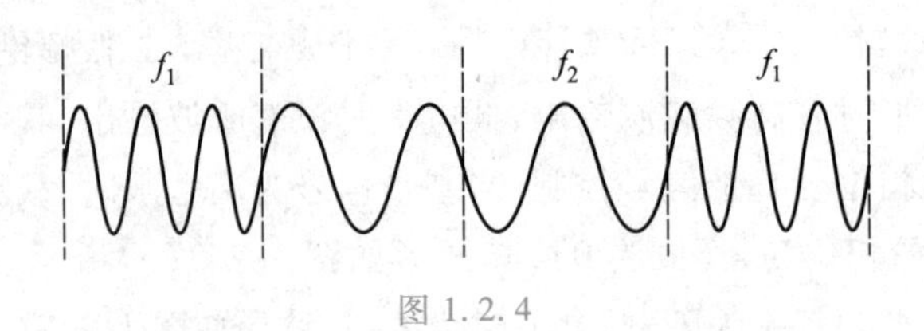

图 1.2.4

1.2.3 判断题

1. 调频(FM)信号的频率随调制信号的幅度呈比例变化。 (　　)

2. 一般来说,数字通信系统的抗干扰性和保密性要比模拟通信系统的好。 (　　)

1.3 无线电波段的划分和无线电波的传播

1.3.1 无线电波段的划分

目前无线电通信系统使用的频率范围是从几赫到数千太赫,这样宽广范围的高频信号,在信号的产生、放大、发送和接收等方面大不一样,特别是不同频率的无线电波的传播特点更不相同。为了便于分析、管理和应用,将无线电波按照频率或波长划分为若干个区域,称为频段或波段,如表 1.3.1 所示。在雷达和微波技术中,还对微波波段进一步细分,如表 1.3.2 所示。无线电频率资源是有限的、不可再生的重要资源,它们的使用受国家管制,具体由无线电管理委员会管理,任何个人、公司和机构都必须获得政府的许可(牌照)才能使用分配的频段。常用的电波频率如表 1.3.3 所示。

须说明,波段的划分并不存在严格的分界线,只是一个大致的划分,所以在不同资料中所见的可能会略有不同,各波段衔接处的无线电波的特性也无明显差别。表 1.3.1 中的“高频”是指短波频段,其频率范围为 3~30 MHz,此“高频”是狭义的,不同于本书名称中所指的“高频”,后者是广义的,是指频率范围非常宽的射频。只要电路尺寸比工作波长小得多,仍可用集中参数来实现,都可认为属于本书研究的“高频”范围。

表 1.3.1 无线电波段划分与典型应用

频率范围	频段名称	波段名称	波长范围	典型应用
3~30 Hz	极低频(ELF)	极长波	100~10 Mm	远程导航、水下通信
30~300 Hz	超低频(SLF)	超长波	10~1 Mm	水下通信
300~3 000 Hz	特低频(ULF)	特长波	1~0.1 Mm	远程通信
3~30 kHz	甚低频(VLF)	甚长波	100~10 km	远程导航、水下通信、声呐
30~300 kHz	低频(LF)	长波	10~1 km	导航、水下通信、无线电信标

续表

<table>
<tr><th>频率范围</th><th>频段名称</th><th colspan="2">波段名称</th><th>波长范围</th><th>典型应用</th></tr>
<tr><td>300~3 000 kHz</td><td>中频(MF)</td><td colspan="2">中波</td><td>1~0.1 km</td><td>广播、海事通信、测向、遇险求救、海岸警卫</td></tr>
<tr><td>3~30 MHz</td><td>高频(HF)</td><td colspan="2">短波</td><td>100~10 m</td><td>远程广播、电报、电话、传真、搜寻救生、飞机与船只间通信、船-岸通信、业余无线电</td></tr>
<tr><td>30~300 MHz</td><td>甚高频(VHF)</td><td colspan="2">超短波</td><td>10~1 m</td><td>电视、调频广播、陆地交通、空中交通管制、出租汽车、警察、导航、飞机通信</td></tr>
<tr><td>0.3~3 GHz</td><td>特高频(UHF)</td><td>分米波</td><td rowspan="4">微波</td><td>1~0.1 m</td><td>电视、蜂窝网、微波链路、无线电探空仪、导航、卫星通信、GPS、监视雷达、无线电高度计</td></tr>
<tr><td>3~30 GHz</td><td>超高频(SHF)</td><td>厘米波</td><td>10~1 cm</td><td>卫星通信、无线电高度计、微波链路、机载雷达、气象雷达、公用陆地移动通信</td></tr>
<tr><td>30~300 GHz</td><td>极高频(EHF)</td><td>毫米波</td><td>10~1 mm</td><td>雷达着陆系统、卫星通信、移动通信、铁路业务</td></tr>
<tr><td>300 GHz~3 THz</td><td>太赫兹
或超极高频</td><td>亚毫米波</td><td>1~0.1 mm</td><td>未划分,实验用</td></tr>
<tr><td>43~430 T Hz</td><td>红外</td><td colspan="2"></td><td>7~0.7 μm</td><td>光通信系统</td></tr>
<tr><td>430~750 THz</td><td>可见光</td><td colspan="2"></td><td>0.7~0.4 μm</td><td>光通信系统</td></tr>
<tr><td>750~3 000 THz</td><td>紫外线</td><td colspan="2"></td><td>0.4~0.1 μm</td><td>光通信系统</td></tr>
</table>

注:1 kHz = 10^3 Hz,1 MHz = 10^6 Hz,1 GHz = 10^9 Hz,1 THz = 10^{12} Hz,1 mm = 10^{-3} m,1 μm = 10^{-6} m

表 1.3.2 微波波段的划分

波段代号	频率/GHz	波长范围/cm	标称波长/cm
P	0.23~1	130~30	80
L	1~2	30~15	22
S	2~4	15~7.5	10
C	4~8	7.5~3.75	5
X	8~12	3.75~2.5	3
Ku	12~18	2.5~1.67	2
K	18~27	1.67~1.11	1.25
Ka	27~40	1.11~0.75	0.80
U	40~60	0.75~0.5	0.60
V	60~80	0.5~0.375	0.40
W	80~100	0.375~0.3	0.30

表 1.3.3 常用的电波频率

应用	频率
中波广播	530~1 700 kHz
短波广播	5.9~26.1 MHz
调频广播	88~108 MHz
业余无线电	50~54 MHz,144~148 MHz,216~220 MHz,222~225 MHz,420~450 MHz
电视广播	54~72 MHz,76~88 MHz,174~216 MHz,470~608 MHz
遥控	72~73 MHz,75.2~76 MHz,218~219 MHz
移动通信	900 MHz,1.8 GHz,1.9 GHz,2 GHz,2.6 GHz,3.5 GHz,4.9 GHz
无线局域网,蓝牙(ISM 频段)	2.4~2.5 GHz,5~6 GHz
卫星直播电视	12.2~12.7 GHz,24.75~25.05 GHz,25.05~25.25 GHz
全球定位系统(GPS)	1 215~1 240 MHz,1 350~1 400 MHz,1 559~1 610 MHz
射频识别(RFID)	13 MHz

1.3.2 无线电波的传播

无线电波的传播是无线通信系统的一个重要环节。无线电波传播方式大体可分为三种:沿地面传播(称为地波)、沿空间直线传播、依靠电离层传播(称为天波)。

电磁波沿地面传播的示意图如图 1.3.1 所示。由于地面不是理想的导体,当电磁波沿其表面传播时必将有能量的损耗,这种损耗随电波频率的升高而增加。因此,通常只有中、长波范围的信号适于沿地面传播。但由于地面的导电特性比较稳定,不会在短时间内有很大的变化,所以电波沿地面的传播比较稳定,传输距离也比较远,故可用于导航和播送标准的时间信号。

电磁波沿空间直线传播的示意图如图 1.3.2 所示。频率超过 30 MHz 以上的超短波主要沿空间直线传播。由于地球表面是弯曲的,这种传播的距离只能限制在视线范围内,所以直线传播的距离是有限的。但可以通过架高天线、中继或卫星等方式来扩大传播距离。电磁波直线传播方式主要应用于中继通信、调频和电视广播以及雷达、导航系统中。

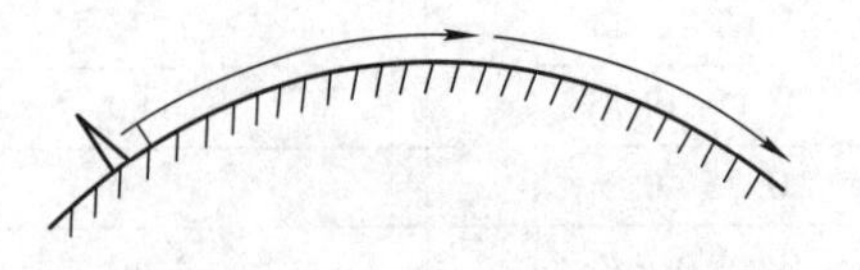

图 1.3.1 电波沿地面传播(地波)

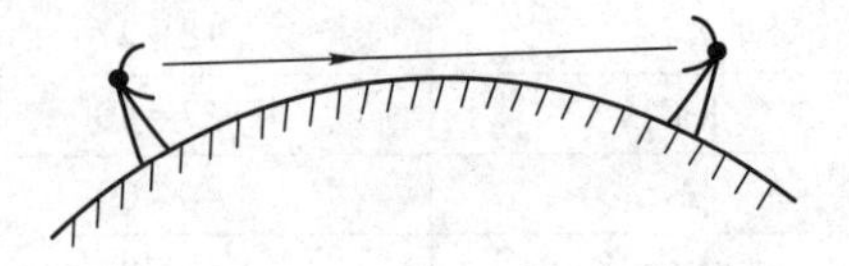

图 1.3.2 电波沿空间直线传播

频率在 1.5~30 MHz 范围的短波主要依靠电离层的折射和反射进行传播，如图 1.3.3 所示。众所周知，在地球的表面存在着具有一定厚度的大气层，由于受到太阳的照射，大气层上部的气体将发生电离而产生自由电子和离子，被电离了的这一部分大气层称为电离层。电磁波到达电离层后，一部分能量被吸收掉，一部分能量被反射和折射到地面，频率较低的电波容易从电离层反射到地面，频率较高的则容易穿过电离层，不再回到地面。利用电离层反射可以实现信号的远距离传播，所以短波通信常用于远距离无线电广播、电话通信以及中距离小型移动电台等。但因电离层状态随时间而变化，例如白天和黑夜电离层就有很大区别，所以电波的传播不稳定。

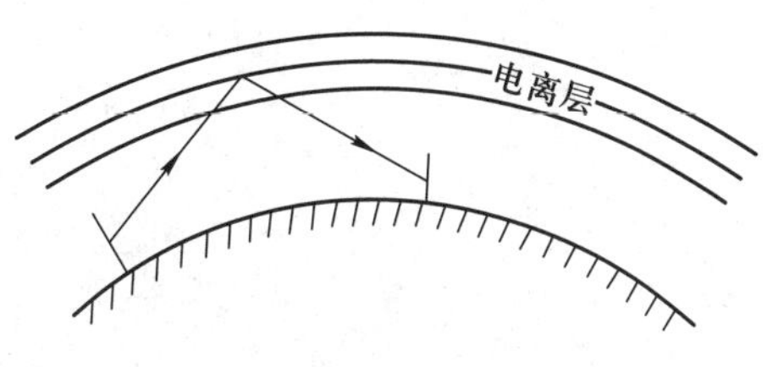

图 1.3.3　电波依靠电离层的传播（天波）

近年来发现，利用对流层（或电离层）的散射作用可以使超短波以致微波波段的信号实现远距离传播，因此散射通信成为了超短波以致微波波段的重要传播方式。此外，利用人造卫星传播信号也是极重要的通信方式。

讨论题

1.3.1　波长与频率有何关系？说明中波、短波和超短波的频率范围。

1.3.2　讨论和理解表 1.3.3 所示常用电波频率。

1.3.3　无线电波传播方式大体可分为几种？各种传播方式有何特点？

随堂测验

1.3 随堂测验答案

1.3.1　填空题

1. 甚高频（VHF）的频率范围是__________，其波段名称为__________，其波长范围是________，因此也称之为米波。

2. 无线电波的传播方式大体上分为三种，一种是________，也称作地波；一种是________；一种是依靠电离层传播，也称作________。

1.3.2　单选题

1. 下列波段中，最适合水下通信的是（　　）。

A. 长波　　B. 中波　　C. 短波　　D. 微波

2. 下列波段中，常用于电离层通信的是（　　）。

A. 长波　　B. 中波　　C. 短波　　D. 超短波

3. 调频广播常用的频率范围是（　　）。

A. 3~30 MHz　　B. 30~70 MHz　　C. 88~108 MHz　　D. 120~180 MHz

1.3.3 判断题

1. 天波传输通常是依靠电离层的反射和折射实现的。 ( )

2. 电磁波沿地面传播时,损耗随频率的升高而增加。 ( )

3. 不同频率的电磁波在电离层中的传输特性是一样的。 ( )

1.4 模拟通信系统与数字通信系统

1.4.1 模拟通信系统及其实例

直接传输模拟信号的通信系统称为模拟通信系统。在图 1.1.1 中,基带信号为模拟信号时,它就是典型的模拟通信系统框图。为了进一步说明模拟通信的发送和接收系统,下面以无线电广播系统为例来讨论。

图 1.4.1 所示为无线电调幅广播发射机的基本组成框图,图中还画出了各部分输出电压的波形。

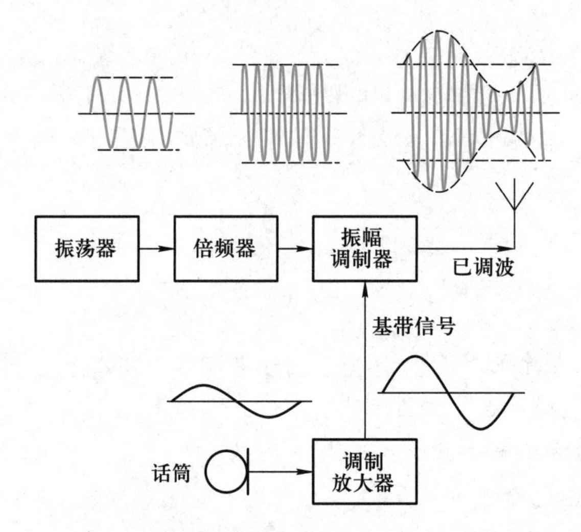

图 1.4.1 无线电调幅广播发射机的基本组成框图

振荡器用来产生高频信号。倍频器可将振荡器产生的高频信号频率整倍数升高到所需值,其输出为载波信号。在倍频器后通常还可设置高频功率放大器,用来放大载波信号,使之有足够的功率推动末级调制器。调制放大器实际上是低频放大器,它由低频的电压和功率放大器组成,用来放大话筒所产生的微弱话音信号,然后送入调制器。振幅调制器将输入的高频载波信号和低频调制信号变换为高频已调信号,并以足够大的功率输送到天线,然后辐射到空间。

无线电调幅广播接收机的基本组成框图如图 1.4.2 所示。为了提高接收机的性能,目前广泛采用超外差接收方式，超外差接收机的结构特点是具有混频器。图 1.4.2 中用高频放大器对天线接收到的有用频率信号进行初步的选择和放大，以便抑制其他频率的无用信号。高频放大器输出的载频为 f_c 的已调信号和本机振荡器所提供的频率为 f_L 的高频等幅信号同时输入混频器，在其输出端就可获得载频频率较低的中频已调信号，通常取中频频率 $f_I = f_L - f_c$。中频放大器为中心频率固定（我国规定 465 kHz）的选频放大器，用于滤除无用信号，并将有用信号放大到足够大，然后经检波器解调，可恢复出原基带信号，经低频放大后输出。为了有助于理解各组成部分的作用，在图 1.4.2 中画出了各部分输出的电压波形。

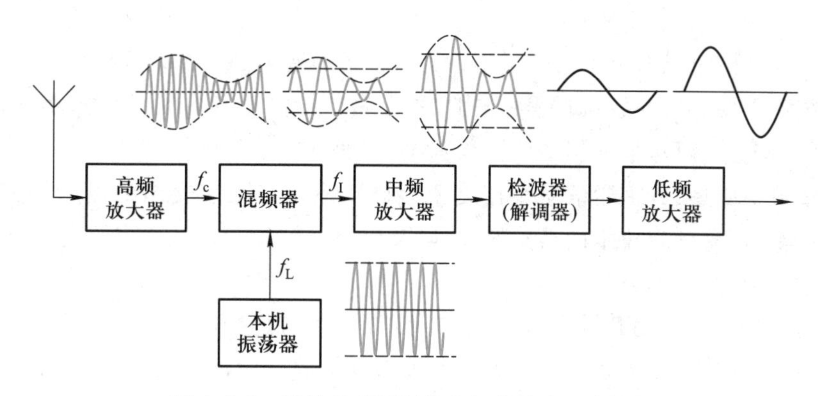

图 1.4.2　超外差式调幅接收机的基本组成框图

目前高性能的调幅接收机往往采用多次变频方案，并增加了自动增益控制（即 AGC）电路、自动频率控制（即 AFC）电路或锁相环路（即 PLL）等。

模拟通信系统的另一典型应用是调频通信，其结构与调幅通信的基本一样，主要差别是把调幅及其解调电路换成调频及其解调电路，调频接收机的中频频率为 10.7 MHz。此外调频发射机中往往会在调频电路与射频功放之间插入变频器。

1.4.2　数字通信系统及其实例

利用数字信号来传递信息的系统称为数字通信系统，其基本组成如图 1.4.3 所示。与模拟通信系统的差别，除了采用数字调制与解调，还增加了信源编码与译码、信道编码与译码、加密与解密电路。

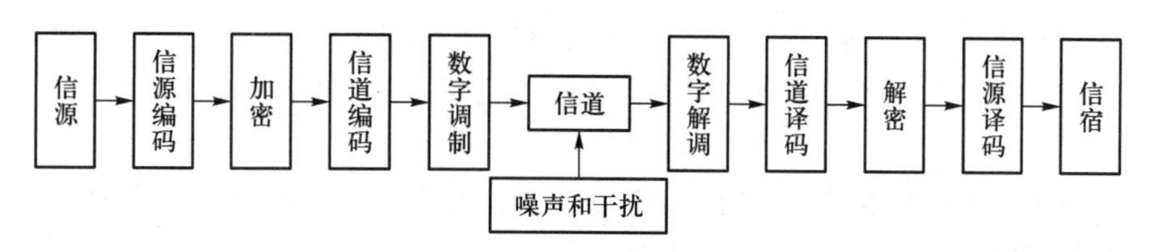

图 1.4.3　数字通信系统基本组成

在发射端，信源编码的主要作用是通过压缩编码技术提高信息传输的有效性；另外，当信源给出的是模拟信号时，完成模数转换，将原始电信号转换为数字信号。加密在实现保密通信的场合才需要，是人为地将被传输的数字序列扰乱，即加上密码。信道编码的作用是进行差错控制。为减小差错，信道编码器对传输的信息码元按一定规则加入监督码元，组成抗干扰编码。信道编码电路输出的信号就是数字基带信号，经数字调制并经高频功率放大后送入信道。接收端选择性取出已调信号，经数字解调电路还原出数字基带信号，再经译码和解密电路还原出原始电信号，再由信宿复原成原来形式的信息。接收端的处理是发射端相应处理的逆过程。

由图 1.4.3 结构组成的数字通信系统称为数字带通传输通信系统或数字频带传输通信系统。有的系统不需要调制与解调过程，则构成数字基带传输通信系统。此外，数字通信系统中一般还要加同步电路，以保证通信系统协调有序、准确可靠地工作。

如 1.2.2 节中所述，数字通信系统比之模拟通信系统有很多突出的优点，随着微电子技术、计算机技术和信息处理技术的迅猛发展，以及用户对智能化和通信品质越来越高的要求，数字通信呈主流应用态势。

数字通信的最典型应用是数字移动通信，目前常用的是蜂窝手机，其结构如图 1.4.4 所示，由射频电路、逻辑音频、人机界面和电源四大部分构成。射频电路完成双工通信，包含从天线选择接收信号到解调输出基带信号的所有电路，以及将要传输的基带信号进行调制并经功率放大后发射出去的所有电路。

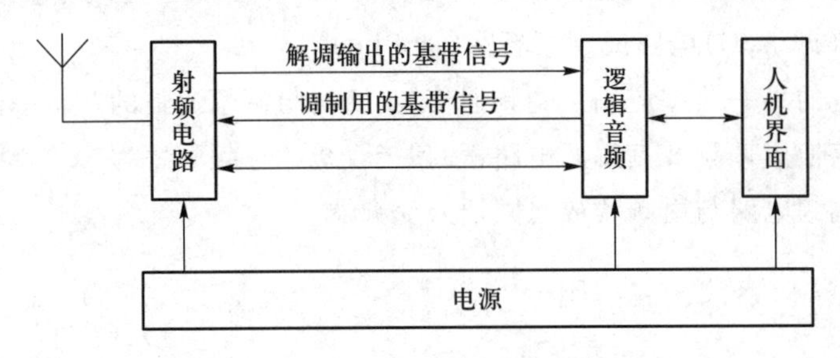

图 1.4.4　数字手机基本组成

逻辑音频主要包括基带电路和逻辑控制电路两部分。基带电路在发射时的作用是拾取语音信号并将其处理成适合调制电路要求的基带信号，在接收时的作用则是将解调输出的基带信号还原为语音输出；逻辑控制电路包含中央处理单元、数字语音处理及各种存储器电路等，用来控制手机协调工作，完成各项功能。人机界面实现用户的控制操作，并显示工作状态与信息。

下面将图 1.4.4 中的射频电路内部结构进一步细化来说明手机射频通信的一般过程，手机射频电路的基本组成框图如图 1.4.5 所示。

手机在数据通信时分为上行与下行。下行是指数据接收，当天线接收到信号时，射频信号

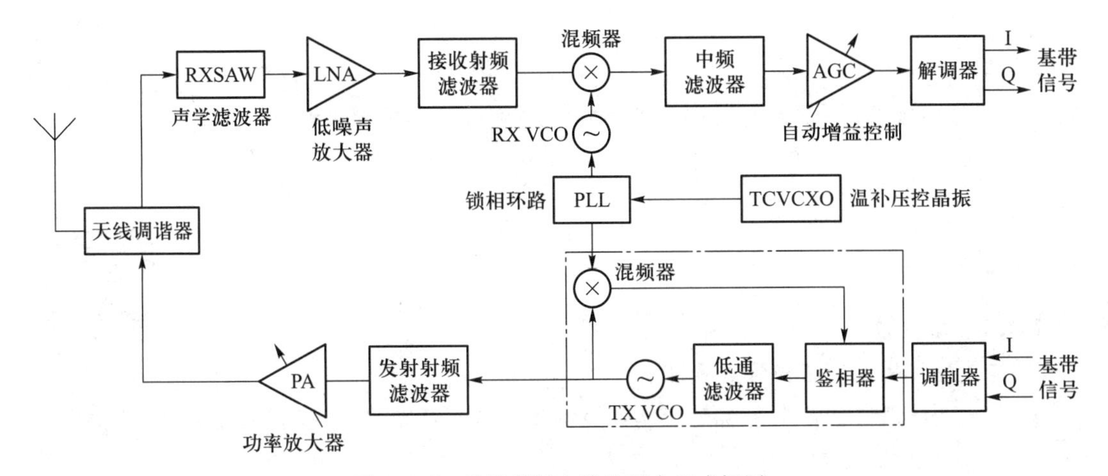

图 1.4.5　手机射频电路的基本组成框图

经过天线调谐器进入到接收通道，先经过声学滤波器（RXSAW）滤除干扰与噪声，得到下行频段内的射频已调波，然后经低噪声放大器进行小信号放大，再经接收射频滤波器滤波后送至混频器，与来自压控振荡器（RX VCO）的本振信号进行混频，经中频滤波后得到中频信号，再经自动增益控制（AGC）放大器放大后，在解调器中进行正交解调，得到要接收的基带 I/Q 信号。上行是指数据发射，将要发送的基带 I/Q 信号经调制得到中频数字已调波，然后加至虚线框内的鉴相器输入端。点画线框内的电路构成含有混频环节的锁相环路，能实现混频和稳频，从而能输出中心频率很稳定的射频已调波，再由功率放大器输出功率足够大的射频信号，经天线调谐器发射出去。

天线调谐器（antenna turner，简称 AT），主要用来调整收发天线的阻抗与电长度（微带传输线的物理长度与所传输电磁波的波长之比称为电长度），使天线在不同频率拥有最佳的收发效率，实现调谐。移动通信系统目前 2G、3G、4G 和 5G 数代网络并存，每代移动网络又有多个不同的通信频段，这种不同网络与不同波段的变化，使射频的工作频率呈现动态变化，因此需要进行天线调谐。声学滤波器是一种通过电—声—电换能传输构成的带通滤波器，具有体积小、工作频率高和选频特性好的特点，所以特别适合用于手机的射频前端。目前手机中常见的有两种声学滤波器，一种是表面声波（surface acoustic wave，简称 SAW）滤波器，一种是体声波（bulk acoustic wave，简称 BAW）滤波器。SAW 滤波器较多应用在 4G 领域，BAW 滤波器则较多应用在 5G 领域。产生接收端本振信号的压控振荡器（RX VCO）和产生发射端射频信号的压控振荡器（TX VCO）都在锁相环路（PLL）的控制下进行工作，它们的频率稳定度都由温补压控晶振 TCVCXO 决定，频率稳定度非常高，有利于通信质量的提升。

由上讨论可见，高频小信号低噪声放大器、高频滤波器、高频功率放大器、高频振荡器、调制器、解调器、混频器、AGC、AFC 和 PLL 等电路，是模拟和数字通信系统的基本单元电路。它们也是各种通信系统中所共有的基本电路，因而是本书要讨论的主要内容。

讨论题

1.4.1 无线调幅广播发送和接收设备由哪些主要部分组成？各组成部分的作用是什么？

1.4.2 说明数字通信系统的组成与优点。

随堂测验

1.4 随堂测验答案

1.4.1 填空题

1. 超外差接收机的结构特点是具有________。

2. 一个无线调幅广播发射机的结构组成如图 1.4.6 所示，试填写图中空白处的名称。

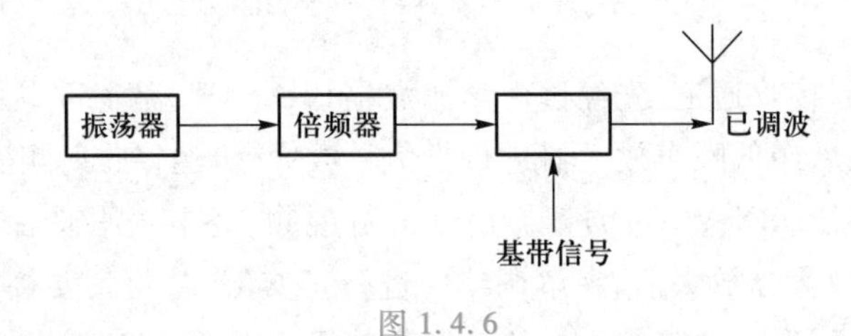

图 1.4.6

3. 我国无线电广播中，中短波调幅收音机的中频放大器中心频率为______，超短波调频收音机的中频放大器的中心频率为________。

4. 超外差式调幅接收机中，天线接收到的高频信号依次经过高频放大器、__________、中频放大器和__________，恢复出原基带信号，再经低频放大后，驱动扬声器发出声音。

1.4.2 单选题

1. 自动增益控制简称(　　)。

A. AGC　　B. AFC　　C. APC　　D. PLL

2. 在数字通信系统中，输出数字基带信号的是(　　)模块。

A. 数字调制　　B. 信源编码

C. 信道译码　　D. 信道编码和数字解调

1.4.3 判断题

1. 接收机中混频器的作用是将天线接收的高频已调信号变换为频率固定的中频已调信号。(　　)

2. 接收机的中频频率 f_I，通常取为高频载波频率 f_c 与本振频率 f_L 之差。(　　)

1.5　本课程的主要内容及特点

本课程主要内容包括高频小信号低噪声放大器、高频功率放大器、高频振荡器、调制与解调电路、混频器、反馈控制电路等，除了高频小信号放大器，其余都属于非线性电子线路（全部由线性或处于线性工作状态的元器件组成的电路称为线性电路，电路中只要有一个元器件处于非线性工作状态，则称为非线性电路），其电路的工作特点和分析方法等与线性电子线路不同。非线性电路分析不能采用叠加定理，而必须求解非线性方程（包括非线性代数方程和非线性微分方程），因此，对非线性电子线路进行严格的数学分析是非常困难的。在工程上往往根据实际情况对器件的数学模型和电路工作条件进行合理的近似，以便用简单的分析方法获得具有实用意义的结果。在学习中，应注意器件数学模型的建立及工作条件的合理近似，而不必过分追求其严格性。在实用中，往往采用EDA（即电子设计自动化）软件对高频电路与系统进行分析、仿真和设计，常用的软件有 Multisim、MATLAB、Ansoft Designer 等，详见本书 8.1 节，学习中应加强这方面练习。

本课程研究的是各种通信系统中所共有的基本电路，虽然电路种类比较多，而且实现每一种功能的电路形式也是多样的，但这些电路都是在为数不多的基本电路基础上发展起来的，是按照一定的实现方法和构成思路组成的，在通信系统中的作用及应用也都具有比较明确的规律。因此在学习时，不仅要掌握各种典型单元电路的组成、工作原理和分析方法，而且要研究和比较它们之间的异同与关系，做到以点带面、举一反三、融会贯通。目前，通信技术和通信系统的发展都很快，对集成电路和系统级应用能力的要求往往要比对具体电路分析能力的要求高得多，因此学习时要注意重点和学习方法，要以理解概念、实现功能为主要目标，强调功能模块的作用、实现思路、主要指标、性能改进和相应集成芯片的选用，理解如何搭建系统、各功能模块之间如何连接与匹配等。本书也尽量介绍最新的主流集成芯片及其主要用法。

本课程研究高频电子线路，电路的工作频率比较高，原则上只要电路尺寸比工作波长小得多，仍可用集中参数来实现的，都可认为属于本书研究的“高频”范围。对于高频电路，需要考虑一些低频电路中不存在的特殊问题，主要是分布参数、器件电容效应和信号的反射等。例如导线、电阻、电容、电感等的伏安特性在高频时会有很大不同，将等效为由电阻、电容、电感等构成的组合电路（参见本书 8.4 节）；高频二极管和高频晶体管等的伏安特性也与低频管有很大不同。鉴于目前常用的通信系统频率都比较高，例如我国手机的常用频率为 900 MHz、1.8 GHz、2.6 GHz 等，GPS（全球定位系统）的频率处于 1 215～1 610 MHz（见表 1.3.3），蓝牙通信和 Wi-Fi 通信都工作在 2.4 GHz 的 ISM 频段（即 industrial science and medical 频段，该频段是全球范围内开放且免费的，无须申请使用），因此，本书还介绍了基于传输线和 S 参数的电路分析与设计。

本课程具有很强的实践性。由于非线性电子线路工作频率一般都比较高，电路也比较复杂，在理论分析时往往忽略一些实际问题，并进行一定的归纳和抽象，因此非线性电子线路还有许多实际问题及理论概念需要通过实践环节进行学习和加深理解。另外，非线性电子线路的调试技术要比线性电子线路复杂得多，因此加强实践训练是十分重要的。同时，实践经验的积累还可以开阔思路，提高创新能力。所以，在学习本课程时，必须高度重视实践环节，坚持理论联系实际。

随堂测验

1.5 随堂测验答案

1.5.1 填空题

1. 本课程的主要内容包括高频小信号放大器、高频功率放大器、高频振荡器、______、______、反馈控制电路等。除了____为线性电路，其余全部为非线性电路。

2. 电路中只要有一个元器件处于非线性工作状态，这样的电路就称为________。

1.5.2 判断题

1. 线性电路是指电路中所有元器件是线性的或者处于线性工作状态。 (　　)

2. 本书名为高频电子线路，故所研究的内容只适用于工作频率范围为 3~30 MHz 的情况。 (　　)

本章小结

1. 本课程的应用背景是通信系统。用电信号(或光信号)传输信息的系统称为通信系统，它由信源、发送和接收设备、信道和信宿等组成。通信系统的种类很多，利用空间电磁波来传送信号的称为无线通信系统，利用线缆来传送信号的称为有线通信系统。直接传输模拟信号的称为模拟通信系统，传输数字信号的称为数字通信系统。不同的通信系统，其具体结构虽不同，但基本组成类似，差别主要在于采用了不同调制方式后所带来的不同。

2. 调制的主要作用是改善系统性能、实现信号的有效传输及信道的复用。所谓调制，就是用待传输的基带信号去改变高频载波信号的某一参数的过程。用模拟基带信号对高频余弦载波进行的调制称为模拟调制，根据所控制的载波参数不同有振幅调制(简称调幅，用 AM 表示)、频率调制(简称调频，用 FM 表示)和相位调制(简称调相，用 PM 表示)三种基本形式。用数字基带信号对高频余弦载波进行的调制则称为数字调制。根据数字基带信号控制载波的参数不同，有振幅键控(ASK)、相位键控(PSK，又称相移键控)和频率键控(FSK，又称频移键控)三种基本形式。基带信号又称为调制信号，未经调制的高频信号称为载波信号，经过调制后的高频信号称为已调信号。已调信号是以载波频率为中心、占据一定带宽的信号，其传输通道应具有合理的带通频率特性。

3. 目前无线电通信系统使用的频率范围是从几赫到数千太赫，这样宽广范围的高频信号，在信号的产生、放大、发送和接收等方面大不一样，特别是不同频率的无线电波的传播特点更不相同。为了便于分析、管理和应用，将无线电波按照频率或波长划分为若干个区域，称为频段或波段。无线电频率资源是有限的、不可再生的重要资源，其使用受国家管制。常用的电波频率如表 1.3.3 所示。

4. 本课程主要内容包括高频小信号放大器、高频功率放大器、高频振荡器、调制与解调电路、混频器、反馈控制电路等，除了高频小信号放大器外，其余都属于非线性电子线路。

习　题

1.1　画出超外差式调幅接收机的组成框图以及各组成部分的输出电压波形。

1.2　已知频率为 3 kHz、1 MHz 和 1 GHz，试分别求它们的波长并指出其所在的波段名称。

第2章　高频小信号放大器

引言　高频小信号放大器广泛应用于通信和其他电子设备中,用来对微弱的高频信号进行放大,其工作频率一般从几百千赫到几百兆赫。用 *LC* 谐振回路作为放大器负载的称为小信号谐振放大器或称为小信号调谐放大器;用集中选频滤波器和宽带放大器组成的称为集中选频放大器。放大器内部噪声将会影响小信号放大器对微弱信号的放大能力,所以位于接收机前端的高频小信号放大器,由于输入信号很小(可低至微伏级),必须考虑采用低噪声放大器。

小信号条件下工作的高频放大器,由于信号电压、电流幅度都很小,放大器工作在甲类状态,故放大器可看作有源线性电路,可用小信号等效电路进行分析。

由于选频网络为高频小信号放大器的组成部分,其特性将直接影响到放大器性能的好坏,同时,选频网络在以后各章电路中也起着重要的作用,因此本章先对选频网络进行讨论,然后介绍小信号谐振放大器、集中选频放大器和低噪声放大器。为了拓宽射频电路知识,本章附录用一定的篇幅介绍传输线与 Simth 圆图、*S* 参数的基本知识及应用。

2.1　选频网络

选频网络在高频电路中起着十分重要的作用,它能选出有用频率分量信号、抑制无用频率分量信号,同时它还具有阻抗变换等作用。常用的选频网络有 *LC* 谐振回路、集中选频滤波器等,本节将重点讨论 *LC* 谐振回路的选频和阻抗变换作用。

2.1.1　*LC* 谐振回路

LC 谐振回路由电感线圈和电容器组成,简单的谐振回路有串联、并联谐振回路,它们是构成各种选频网络的基础。由于串联谐振回路与并联谐振回路有着对偶关系,所以这里以并联谐振回路为例讨论 *LC* 谐振回路的基本特性。

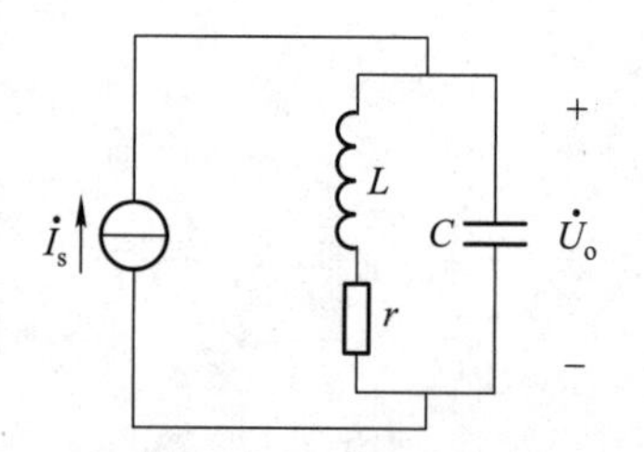

图 2.1.1　并联谐振回路

一、并联谐振回路阻抗频率特性

LC 并联谐振回路如图 2.1.1 所示。图中,r 代表线圈 L 的等效损耗电阻。由于电容器的损耗很小,图中略去其损耗电阻。$\dot{I}_s$为电流源,$\dot{U}_o$为并联回路两端输出电压。由图2.1.1可知

并联谐振回路的等效阻抗为

$$Z=\frac{\dot{U}_o}{\dot{I}_s}=\frac{(r+j\omega L)(1/j\omega C)}{r+j\omega L+1/j\omega C} \tag{2.1.1}$$

在实际电路中,通常 r 很小,满足 $r\ll\omega L$,因此,式(2.1.1)可近似为

$$Z\approx\frac{L/C}{r+j(\omega L-1/\omega C)} \tag{2.1.2}$$

当 $\omega L=1/\omega C$ 时,回路产生谐振,由式(2.1.2)可知并联谐振回路在谐振时其等效阻抗为纯电阻且为最大,称为谐振电阻,可用符号 R_p 表示,即

$$Z=R_p=\frac{L}{Cr} \tag{2.1.3}$$

并联谐振回路的谐振频率为

$$\omega_0=\frac{1}{\sqrt{LC}}\text{①}\text{或} f_0=\frac{1}{2\pi\sqrt{LC}} \tag{2.1.4}$$

在 LC 谐振回路中,为了评价谐振回路损耗的大小,常引入品质因数 Q,它定义为回路谐振时的感抗(或容抗)与回路等效损耗电阻 r 之比,即

$$Q=\frac{\omega_0 L}{r}=\frac{1/\omega_0 C}{r} \tag{2.1.5}$$

将式(2.1.4)代入式(2.1.5),则得

$$Q=\sqrt{\frac{L}{C}}/r \tag{2.1.6}$$

一般 LC 谐振回路的 Q 值在几十到几百范围内,Q 值愈大,回路的损耗愈小,其选频特性就愈好。将式(2.1.6)代入式(2.1.3)可得

$$R_p=\frac{L/C}{r}=Q\sqrt{\frac{L}{C}} \tag{2.1.7}$$

将式(2.1.3)、式(2.1.4)和式(2.1.5)代入式(2.1.2),则得并联谐振回路阻抗频率特性为

$$\begin{aligned} Z&=\frac{R_p}{1+j\left[\left(\omega L-\frac{1}{\omega C}\right)/r\right]}=\frac{R_p}{1+j\frac{\omega_0 L}{r}\left(\frac{\omega}{\omega_0}-\frac{\omega_0}{\omega}\right)}\\ &=\frac{R_p}{1+jQ\left(\frac{\omega}{\omega_0}-\frac{\omega_0}{\omega}\right)} \end{aligned} \tag{2.1.8}$$

① 严格地讲 ω_0 与回路损耗电阻有关,其表示式为 $\omega_0=\frac{1}{\sqrt{LC}}\sqrt{1-\frac{Cr^2}{L}}$。

通常，谐振回路主要研究谐振频率ω_0附近的频率特性。由于 ω 十分接近于 ω_0，故可近似认为 $\omega+\omega_0\approx 2\omega_0$，$\omega\omega_0\approx\omega_0^2$，并令 $\omega-\omega_0=\Delta\omega$，则式(2.1.8)可写成

$$Z\approx\frac{R_p}{1+jQ\dfrac{2\Delta\omega}{\omega_0}} \tag{2.1.9}$$

其幅频特性和相频特性分别为

$$|Z|=\frac{R_p}{\sqrt{1+\left(Q\dfrac{2\Delta\omega}{\omega_0}\right)^2}} \tag{2.1.10}$$

$$\varphi=-\arctan\left(Q\frac{2\Delta\omega}{\omega_0}\right) \tag{2.1.11}$$

根据式(2.1.10)和式(2.1.11)可作出并联谐振回路阻抗幅频特性和相频特性曲线，如图 2.1.2(a)和(b)所示。当 $\omega=\omega_0(\Delta\omega=0)$，即谐振时，回路阻抗为最大且为纯电阻，相移 $\varphi=0$。$\omega\neq\omega_0$时，并联回路阻抗下降，相移值增大。当 $\omega>\omega_0$时，回路呈容性，相移 φ 为负值，最大负值趋于$-90°$；当 $\omega<\omega_0$时，回路呈感性，相移为正值，最大值趋于 90°。取不同的 Q 值，可以作出不同的阻抗幅频特性曲线和相频特性曲线，如图 2.1.2(a)和(b)所示。由图可见，Q 值大，R_p 就大，幅频特性曲线更尖锐，相移曲线在谐振频率附近变化更陡峭。

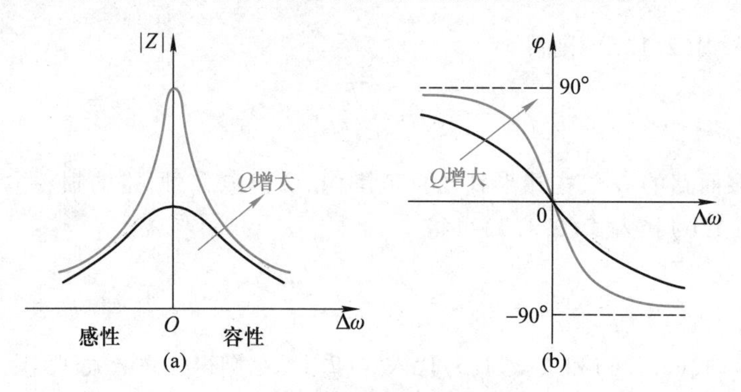

图 2.1.2　并联谐振回路阻抗频率特性曲线

(a) 幅频特性曲线　(b) 相频特性曲线

例 2.1.1　并联谐振回路如图 2.1.1 所示，已知 $L=180\ \mu\text{H}$，$C=140\ \text{pF}$，$r=10\ \Omega$。试求：(1) 该回路的谐振频率f_0、品质因数 Q 及谐振电阻 R_p；(2) $\Delta f=\pm10\ \text{kHz}$、$\pm50\ \text{kHz}$ 时并联回路的等效阻抗及相移。

解：(1) 求f_0、Q、R_p

$$f_0=\frac{1}{2\pi\sqrt{LC}}=\frac{1}{2\pi\sqrt{180\times10^{-6}\times140\times10^{-12}}}\ \text{Hz}=1\ \text{MHz}$$

$$Q=\sqrt{\frac{L}{C}}/r=\sqrt{\frac{180\times10^{-6}}{140\times10^{-12}}}/10=113$$

$$R_{\mathrm{p}}=\frac{L}{Cr}=\frac{180\times10^{-6}}{140\times10^{-12}\times10}\ \Omega=129\ \mathrm{k\Omega}$$

（2）求回路失谐时的等效阻抗及相移

由式（2. 1. 10）和式（2. 1. 11）可分别求得等效阻抗及相移。

当 $\Delta f=\pm10$ kHz 时

$$|Z|=\frac{R_{\mathrm{p}}}{\sqrt{1+\left(Q\dfrac{2\Delta f}{f_0}\right)^2}}=\frac{129}{\sqrt{1+\left(113\times\dfrac{2\times10}{1\ 000}\right)^2}}\ \mathrm{k\Omega}\approx52\ \mathrm{k\Omega}$$

$$\varphi=-\arctan\left(113\times\frac{\pm2\times10}{1\ 000}\right)\approx\mp66^\circ$$

当 $\Delta f=\pm50$ kHz 时

$$|Z|=\frac{129}{\sqrt{1+\left(113\times\dfrac{2\times50}{1\ 000}\right)^2}}\ \mathrm{k\Omega}\approx11\ \mathrm{k\Omega}$$

$$\varphi=-\arctan\left(113\times\frac{\pm2\times50}{1\ 000}\right)\approx\mp85^\circ$$

上述计算说明，由于并联谐振回路的 Q 值比较大，所以，随着失谐量的增大，回路的等效阻抗明显减小，而相移量增大。

二、并联谐振回路的通频带和选择性

1. 电压谐振曲线

上面已求得并联谐振回路的阻抗频率特性。当维持信号源 $\dot{I}_{\mathrm{s}}$ 的幅值不变时，改变其频率，并联回路两端电压 $\dot{U}_{\mathrm{o}}$ 的变化规律与回路阻抗频率特性相同。由图 2. 1. 1 可知，并联回路两端输出电压 $\dot{U}_{\mathrm{o}}$ 等于

$$\dot{U}_{\mathrm{o}}=\dot{I}_{\mathrm{s}}Z \tag{2. 1. 12}$$

将式（2. 1. 9）代入式（2. 1. 12），则得

$$\dot{U}_{\mathrm{o}}=\frac{\dot{I}_{\mathrm{s}}R_{\mathrm{p}}}{1+\mathrm{j}Q\dfrac{2\Delta\omega}{\omega_0}}=\frac{\dot{U}_{\mathrm{p}}}{1+\mathrm{j}Q\dfrac{2\Delta f}{f_0}} \tag{2. 1. 13}$$

式中，$\dot{U}_{\mathrm{p}}=\dot{I}_{\mathrm{s}}R_{\mathrm{p}}$ 为并联回路谐振时回路两端的输出电压；$\Delta f=f-f_0$ 称为回路的绝对失调量，即信号频率偏离回路谐振频率的绝对值。用 $\dot{U}_{\mathrm{p}}$ 对式（2. 1. 13）两边相除并取模数，即得并联谐振回

路输出电压幅频特性为

$$\left|\frac{\dot{U}_{o}}{\dot{U}_{p}}\right|=\frac{1}{\sqrt{1+\left(Q\frac{2\Delta f}{f_{0}}\right)^{2}}} \tag{2.1.14}$$

输出电压相频特性为

$$\varphi=-\arctan\left(Q\frac{2\Delta f}{f_{0}}\right) \tag{2.1.15}$$

根据式(2.1.14)和式(2.1.15)可以给出并联谐振回路以失调量 Δf 表示的幅频特性和相频特性曲线,如图 2.1.3(a)和(b)所示。由图可见,Q 值越大,幅频特性曲线越尖锐,相频特性曲线越陡峭。

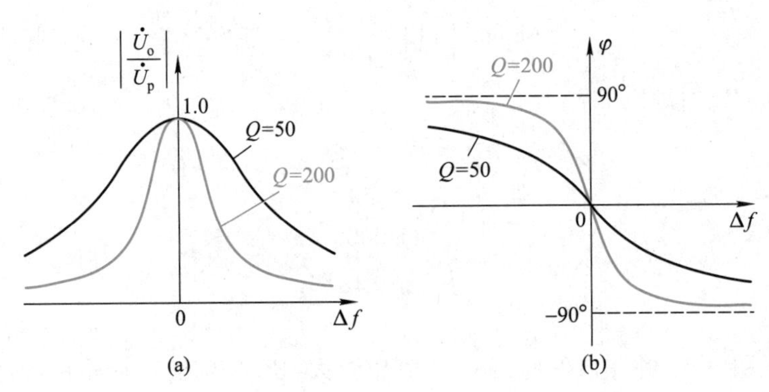

图 2.1.3　并联谐振回路幅频特性和相频特性曲线

(a) 幅频特性　(b) 相频特性

2. 通频带

当占有一定频带的信号在并联回路中传输时,由于幅频特性曲线的不均匀性,输出电压便不可避免地产生频率失真。为了限制谐振回路频率失真的大小而规定了谐振回路的通频带。当 $|\dot{U}_o/\dot{U}_p|$ 值由最大值 1 下降到 0.707($=1/\sqrt{2}$) 时,所确定的频带宽度 $2\Delta f$ 就是回路的通频带,记为 $BW_{0.7}$,如图2.1.4所示。令式(2.1.14)中 $|\dot{U}_o/\dot{U}_p|=1/\sqrt{2}$,将 $2\Delta f$ 用 $BW_{0.7}$ 代入,则可求得并联回路的通频带为

$$BW_{0.7}=\frac{f_0}{Q} \tag{2.1.16}$$

式(2.1.16)说明,回路 Q 值越高,幅频特性曲线越尖锐,通频带越窄;回路谐振频率越高,通频带越宽。

3. 选择性

选择性是指回路从含有各种不同频率信号总和中选出有用信号、抑制干扰信号的能力。

由于谐振回路具有谐振特性，所以它具有选择有用信号的能力。回路的谐振曲线越尖锐，对无用信号的抑制作用越强，选择性就越好。正常使用时，谐振回路的谐振频率应调谐在所需信号的中心频率上。

选择性可用通频带以外无用信号的输出电压$|\dot{U}_o|$与谐振时输出电压$|\dot{U}_p|$之比来表示，$|\dot{U}_o/\dot{U}_p|$越小，说明谐振回路抑制无用信号的能力越强，选择性越好。

在实际应用中，选择性常用谐振回路输出信号$|\dot{U}_o|$下降到谐振时输出电压$|\dot{U}_p|$的0.1倍，即下降20 dB的频带$BW_{0.1}$来表示，如图2.1.4所示。$BW_{0.1}$越小，回路的选择性就越好。

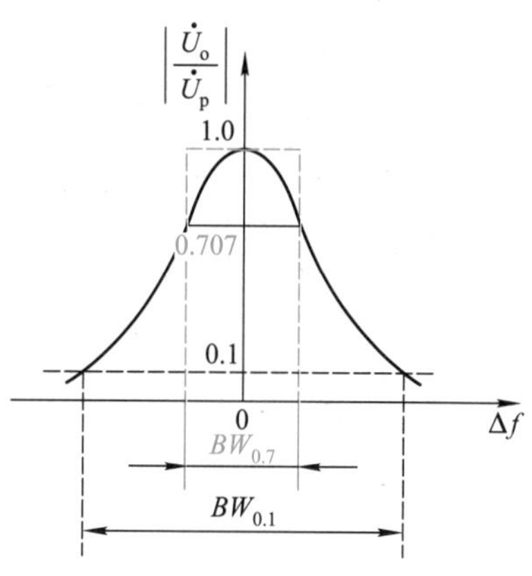

图 2.1.4　并联谐振回路的通频带和选择性

为了提高选择性、降低频率失真，要求谐振回路的幅频特性应具有矩形形状，即在通频带内各频率分量具有相同的输出幅度，而在通频带以外无用信号输出为零，如图2.1.4虚线所示。然而任何实际的谐振回路均满足不了上述要求，但为了说明实际幅频特性曲线接近矩形的程度，常引用“矩形系数”这一参数，用符号$K_{0.1}$表示，它定义为

$$K_{0.1}=\frac{BW_{0.1}}{BW_{0.7}} \tag{2.1.17}$$

显然，矩形系数越接近于1，则谐振回路幅频特性曲线越接近于矩形，回路的选择性也就越好。

令$|\dot{U}_o/\dot{U}_p|=0.1$，由式(2.1.14)可得$BW_{0.1}=10f_0/Q$，由此可得$K_{0.1}=10$。这说明单个并联谐振回路的矩形系数远大于1，故其选择性比较差。若要减小矩形系数，可将两个或多个串联、并联回路连接起来，构成带通滤波器。

上面对LC并联谐振回路特性进行了讨论，实用中还常用到LC串联谐振回路。由于串联谐振回路是与并联谐振回路对偶的电路，其基本特性与并联回路呈对偶关系，通频带、矩形系数与并联回路相同，故这里不再对串联谐振回路进行讨论。

三、并联谐振回路的等效变换

1. 串、并联电路阻抗的等效变换

电抗、电阻的串联和并联电路如图2.1.5(a)和(b)所示，它们之间可以互相等效变换，所谓等效就是指在工作频率相同的条件下两者阻抗相等。由图2.1.5可得串联和并联电路阻抗Z_1和Z_2分别为

$$Z_1=r_1+jX_1$$

$$Z_2=\frac{R_2\cdot jX_2}{R_2+jX_2}=\frac{R_2X_2^2}{R_2^2+X_2^2}+j\frac{R_2^2X_2}{R_2^2+X_2^2}$$

当两者等效，可得

$$r_1=\frac{R_2X_2^2}{R_2^2+X_2^2},X_1=\frac{R_2^2X_2}{R_2^2+X_2^2} \tag{2.1.18}$$

根据品质因数的定义，r_1、X_1 串联电路和 R_2、X_2 并联电路的品质因数分别为

$$Q_1=\frac{|X_1|}{r_1},\ Q_2=\frac{R_2}{|X_2|} \tag{2.1.19}$$

由式(2.1.18)可得

$$\frac{|X_1|}{r_1}=\frac{R_2}{|X_2|},\ 即\ Q_1=Q_2=Q \tag{2.1.20}$$

式(2.1.20)说明串、并联电路阻抗等效变换前后品质因数相等。

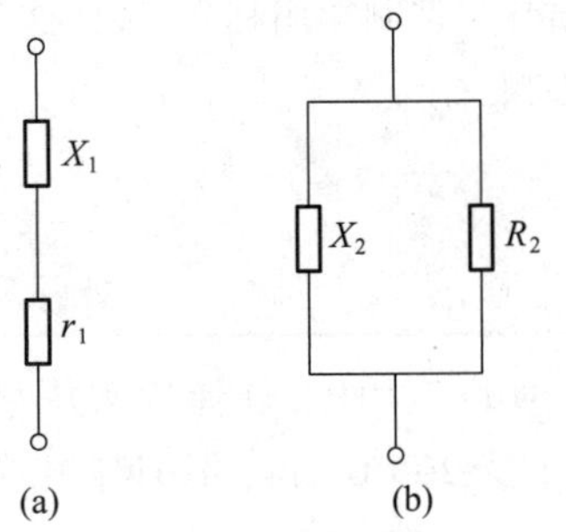

图 2.1.5 串、并联电路阻抗等效电路
(a) 串联电路 (b) 并联电路

将式(2.1.19)代入式(2.1.18)可得并联阻抗变换为串联阻抗的关系式为

$$r_1=\frac{R_2X_2^2}{R_2^2+X_2^2}=\frac{R_2}{\frac{R_2^2}{X_2^2}+1}=\frac{R_2}{Q_2^2+1} \tag{2.1.21a}$$

$$X_1=\frac{R_2^2X_2}{R_2^2+X_2^2}=\frac{X_2}{1+\frac{X_2^2}{R_2^2}}=\frac{X_2}{1+\frac{1}{Q_2^2}} \tag{2.1.21b}$$

反之，可得串联阻抗变换为并联阻抗的关系式为

$$R_2=r_1(1+Q_1^2) \tag{2.1.22a}$$

$$X_2=X_1\left(1+\frac{1}{Q_1^2}\right) \tag{2.1.22b}$$

若电路品质因数 $Q\gg1$，由以上公式可得

$$R_2\approx r_1Q^2,\ X_2\approx X_1 \tag{2.1.23}$$

式(2.1.21)~式(2.1.23)说明 Q 值取定后，R_2 与 r_1、X_2 与 X_1 之间可以互相变换，且变换后的电抗性质不变。当电路品质因数比较高时，X_2 与 X_1 变换后不仅性质不变，而且大小近似相等，但电阻值却发生了较大的变化，与电抗串联的小电阻可变换成与电抗并联的大电阻 $R_2=Q^2r_1$，反之亦然。

2. 并联谐振回路的等效电路

图 2.1.6(a)所示并联谐振回路可用串、并联阻抗等效变换，将 L、r 串联电路变换为并联电路如图 2.1.6(b)所示。一般谐振回路中，$\omega L>>r$，电感线圈的 Q 值都在几十以上，所以图 2.1.6(a)和(b)中两电感值相等，但图(b)中并联电阻 R 的值将比图(a)中串联电阻值 r 大很多。由于谐振回路通常研究的是在谐振频率附近的特性，因此由式(2.1.23)可得

$$R = rQ^2 = \frac{\omega^2 L^2}{r} \approx \frac{\omega_0^2 L^2}{r} = \frac{L}{Cr} = R_p \quad (2.1.24)$$

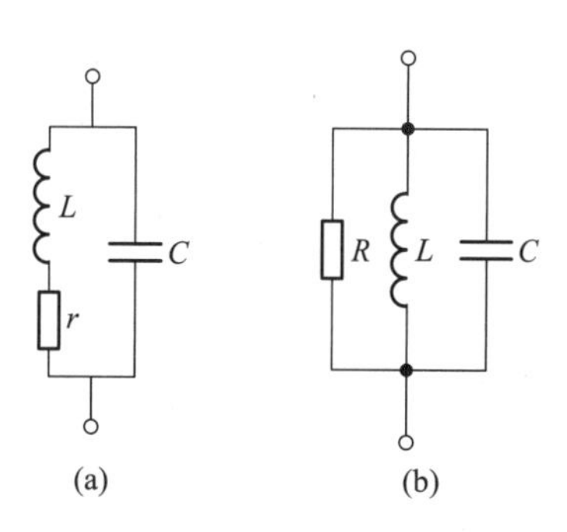

图 2.1.6 并联谐振回路的等效电路

(a) 并联回路 (b) 等效电路

2.1.2 阻抗变换与阻抗匹配

一、阻抗变换电路

1. 信号源及负载对谐振回路的影响

在实际应用中,谐振回路必须与信号源和负载相连接,信号源的输出阻抗和负载阻抗都会对谐振回路产生影响,它们不但会使回路的等效品质因数下降,选择性变差,同时还会使谐振回路的调谐频率发生偏移。

图 2.1.7(a)所示为实用的并联谐振回路,图中 R_s 为信号源内阻,R_L 为负载电阻。为了说明 R_s、R_L 对谐振回路的影响,可将图 2.1.7(a)变换成图 2.1.7(b),图中电流源 $\dot{I}_s = \dot{U}_s / R_s$;$L$ 与 R_p 并联电路是由 L、r 串联电路变换得来的。

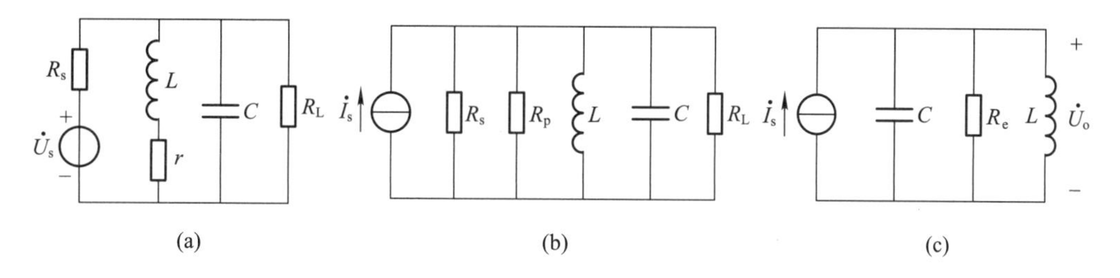

图 2.1.7 实用并联谐振回路

(a) 电路 (b) 等效电路 (c) 简化电路

将图 2.1.7(b)中所有电阻合并为 R_e,即

$$R_e = R_s /\!/ R_p /\!/ R_L \quad (2.1.25)$$

因此,可把图 2.1.7(b)简化为图 2.1.7(c)。实质上 R_e 就是考虑到 R_s、R_L 影响后并联谐振回路的等效谐振电阻。由R_e 可求得等效并联谐振回路的品质因数,常把它称为有载品质因数,用 Q_e 表示(把不考虑 R_s、R_L 等影响的回路品质因数称为空载品质因数或固有品质因数,用 Q 表示)。由式(2.1.7)可得

$$Q_e = R_e \sqrt{\frac{C}{L}} \quad (2.1.26)$$

由于 $R_e < R_p$,所以有载品质因数 Q_e 小于空载品质因数 Q,R_s、R_L 越小,R_e 也越小,则 Q_e 下降就越多,回路的选择性就越差,而通频带却变宽了。

例 2.1.2 并联谐振回路如图 2.1.7(a)所示,已知 $L = 586\ \mu H$,$C = 200\ pF$,$r = 12\ \Omega$,$R_s = R_L =$

200 kΩ,试分析信号源、负载对谐振回路特性的影响。

解:(1) 不考虑 R_s、R_L 影响回路的固有特性

谐振频率 $$f_0=\frac{1}{2\pi\sqrt{LC}}=\frac{1}{2\pi\sqrt{586\times10^{-6}\times200\times10^{-12}}}\ \text{Hz}=465\ \text{kHz}$$

空载品质因数 $$Q=\sqrt{\frac{L}{C}}/r=\sqrt{\frac{586\times10^{-6}}{200\times10^{-12}}}/12=143$$

谐振电阻 $$R_p=\frac{L}{Cr}=\frac{586\times10^{-6}}{200\times10^{-12}\times12}\ \Omega=244\ \text{k}\Omega$$

通频带 $$BW_{0.7}=\frac{f_0}{Q}=\frac{465}{143}\ \text{kHz}=3.3\ \text{kHz}$$

(2) 考虑 R_s、R_L 影响后回路的特性

因 L、C 没有变化,故谐振频率仍为 465 kHz(严格讲 f_0 与回路损耗电阻有关)。

因等效谐振电阻

$$R_e=R_s /\!/ R_p /\!/ R_L=71\ \text{k}\Omega$$

所以,由式(2.1.26)可求得谐振回路有载品质因数为

$$Q_e=R_e\sqrt{\frac{C}{L}}=71\times10^3\sqrt{\frac{200\times10^{-12}}{586\times10^{-6}}}=41.5$$

而通频带

$$BW_{0.7}=f_0/Q_e=465\ \text{kHz}/41.5=11.2\ \text{kHz}$$

上述结果说明,信号源的内阻及负载电阻将会对并联谐振回路的品质因数产生明显的影响,使回路的有载品质因素 Q_e 比空载品质因数 Q 下降很多,本例中 Q 由 143 下降为 $Q_e=41.5$,其带来的后果是使回路的谐振电阻下降,通频带变宽,选择性变差。这些在实际使用中应加以注意。为保证回路有较高的选择性,应采取必要措施,使信号源、负载的影响减小。当然,也可以在并联谐振回路两端并联一电阻以获得较宽的通频带。

2. 常用阻抗变换电路

为了减小信号源及负载对谐振回路的影响,除了增大 R_s、R_L 外,还可采用阻抗变换电路。常用的阻抗变换电路有变压器、电感分压器和电容分压器等。

(1) 变压器阻抗变换电路。电路如图 2.1.8 所示,设变压器为无损耗的理想变压器,N_1 为变压器一次绕组匝数,N_2 为变压器二次绕组匝数,则变压器的匝比 n 等于

$$n=\frac{N_1}{N_2}=\frac{\dot{U}_1}{\dot{U}_2}=\frac{\dot{I}_2}{\dot{I}_1} \tag{2.1.27}$$

由此不难得到负载电阻 R_L 折算到一次绕组两端的等效电阻 R_L' 为

$$R_L' = \frac{\dot{U}_1}{\dot{I}_1} = \frac{n\dot{U}_2}{\dot{I}_2/n} = n^2 R_L \tag{2.1.28}$$

（2）电感分压器阻抗变换电路。电路如图 2.1.9 所示，该电路也称自耦变压器阻抗变换电路。图中 1-3 为输入端，负载 R_L 接于 2-3 输出端。1-2 绕组匝数为 N_1、电感量为 L_1，2-3 绕组匝数为 N_2、电感量为 L_2，L_1与 L_2之间的互感量为 M。

设 L_1、L_2是无耗的，且 $R_L \gg \omega L_2$时，自耦变压器的匝比 n 等于

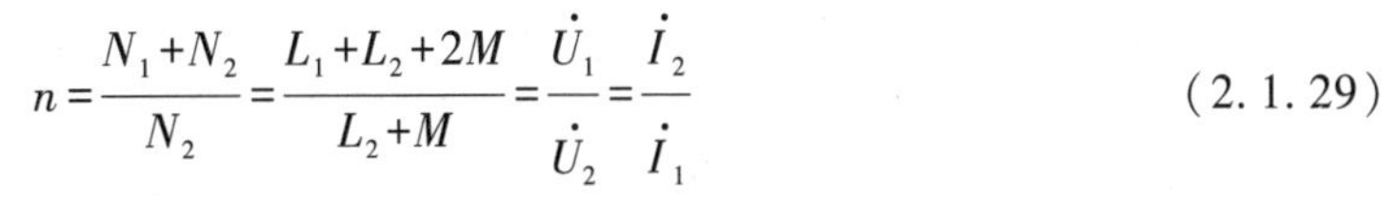

$$n = \frac{N_1+N_2}{N_2} = \frac{L_1+L_2+2M}{L_2+M} = \frac{\dot{U}_1}{\dot{U}_2} = \frac{\dot{I}_2}{\dot{I}_1} \tag{2.1.29}$$

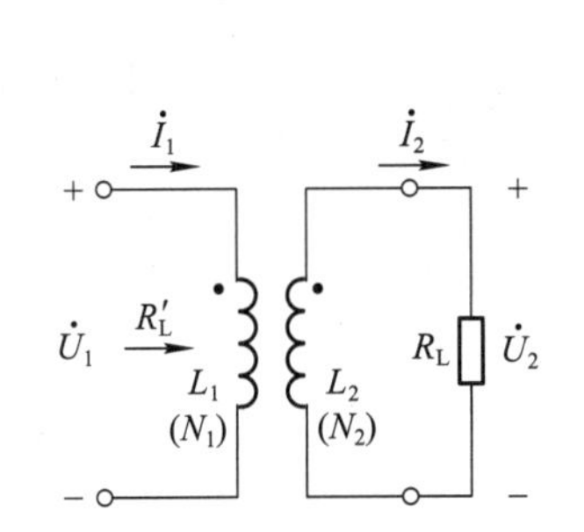

图 2.1.8　变压器阻抗变换电路

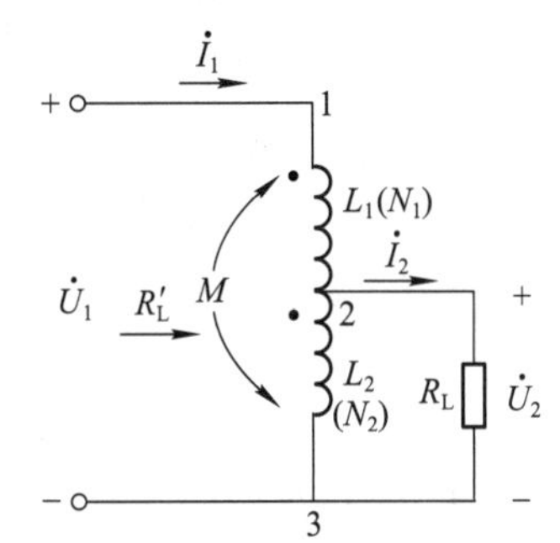

图 2.1.9　电感分压器阻抗变换电路

由此不难得到负载电阻 R_L 折算到一次绕组两端的等效电阻 R_L'为

$$R_L' = \frac{\dot{U}_1}{\dot{I}_1} = \frac{n\dot{U}_2}{\dot{I}_2/n} = n^2 R_L \tag{2.1.30}$$

（3）电容分压器阻抗变换电路。电路如图 2.1.10 所示，图中，C_1、C_2为分压电容器，R_L 为负载电阻，R_L'是 R_L 经变换后的等效电阻。

设电容 C_1、C_2是无耗的，根据 R_L 和 R_L'上所消耗的功率相等，即 $U_2^2/R_L = U_1^2/R_L'$可得

$$R_L' = (U_1/U_2)^2 R_L = n^2 R_L \tag{2.1.31}$$

式中，$n = U_1/U_2$。

当 $R_L \gg \frac{1}{\omega C_2}$时，可求得

$$U_2 \approx \frac{U_1}{1/\omega \frac{C_1 C_2}{C_1+C_2}} \cdot \frac{1}{\omega C_2} = U_1 \frac{C_1}{C_1+C_2}$$

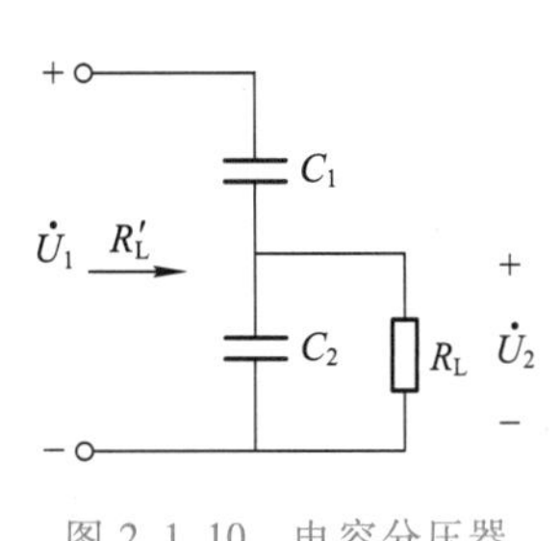

图 2.1.10　电容分压器阻抗变换电路

由此可得

$$n=\frac{U_1}{U_2}=\frac{C_1+C_2}{C_1} \tag{2.1.32}$$

例 2.1.3 并联谐振回路与信号源和负载的连接电路如图 2.1.11(a)所示。信号源以自耦变压器形式接入回路，负载 R_L 以变压器形式接入回路。已知线圈绕组的匝数分别为：$N_{12}=10$ 匝，$N_{13}=50$ 匝，$N_{45}=5$ 匝，$L_{13}=8.4\ \mu H$，回路空载品质因数 $Q=100$，$C=51\ pF$，$R_s=10\ k\Omega$，$I_s=1\ mA$，$R_L=2.5\ k\Omega$。试求并联谐振回路的有载品质因数 Q_e、通频带 $BW_{0.7}$ 及回路谐振时输出电压 U_o 的大小。

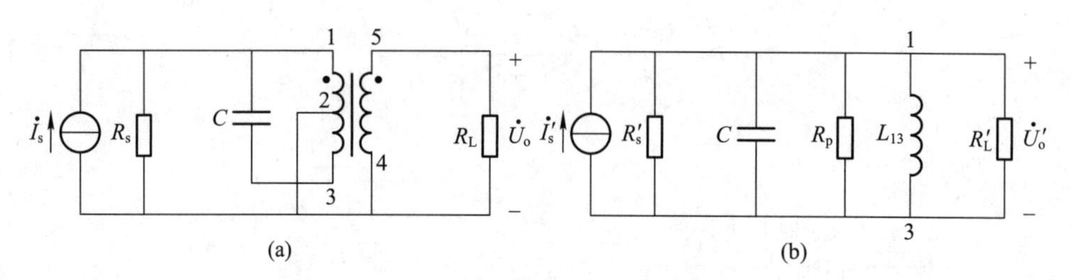

图 2.1.11 采用变换电路的并联谐振回路

(a) 电路 (b) 变换后的电路

解：将 $\dot{I}_s$、R_s、R_L 均折算到并联谐振回路 1-3 两端，其值分别为 $\dot{I}_s'$、R_s'、R_L'，如图 2.1.11(b)所示。令自耦变压器的匝比为 n_1，即

$$n_1=\frac{N_{13}}{N_{12}}=\frac{50}{10}=5$$

所以

$$R_s'=n_1^2R_s=5^2\times10\ k\Omega=250\ k\Omega$$

令变压器的匝比为 n_2，即

$$n_2=\frac{N_{13}}{N_{45}}=\frac{50}{5}=10$$

所以

$$R_L'=n_2^2R_L=10^2\times2.5\ k\Omega=250\ k\Omega$$

计算结果说明，R_s' 和 R_L' 显著增大，故它们对并联谐振回路的影响减小。由式(2.1.7)可得

$$R_p=Q\sqrt{\frac{L_{13}}{C}}=100\sqrt{\frac{8.4\times10^{-6}}{51\times10^{-12}}}\ \Omega=40.6\ k\Omega$$

因此

$$R_e=R_s'/\!/R_p/\!/R_L'=30.6\ k\Omega$$

$$Q_e=R_e\sqrt{\frac{C}{L_{13}}}=30.6\times10^3\sqrt{\frac{51\times10^{-12}}{8.4\times10^{-6}}}=75$$

可见，由于采用了阻抗变换电路，使得 R_s、R_L 对并联回路的影响减小，故回路品质因数下降得不多。此时等效并联谐振回路的通频带等于

$$BW_{0.7}=\frac{f_0}{Q_e}=\frac{1}{2\pi\sqrt{8.4\times10^{-6}\times51\times10^{-12}}\times75}\ \mathrm{Hz}=0.103\times10^{6}\ \mathrm{Hz}=0.103\ \mathrm{MHz}$$

根据信号源输出功率相同的条件，由图 2.1.11(a)和(b)可知，$I_sU_{12}=I'_sU'_o$，于是可得

$$I'_s=\frac{U_{12}}{U'_o}I_s=\frac{I_s}{n_1} \tag{2.1.33}$$

由图 2.1.11(b)可知谐振时，并联回路两端输出电压 $U'_o=I'_sR_e$，U'_o经过变压器的降压，便可得到输出电压 U_o 为

$$U_o=\frac{U'_o}{n_2}=\frac{I'_sR_e}{n_2}=\frac{I_sR_e}{n_1n_2} \tag{2.1.34}$$

将已知数代入式(2.1.34)则得

$$U_o=\frac{1\times30.6}{5\times10}\ \mathrm{V}=0.61\ \mathrm{V}$$

二、阻抗匹配网络

负载电阻与信号源内阻相等时，负载可以从信号源取得最大功率，称为阻抗匹配。负载电阻与信号源内阻不相等时，若要获得最大功率输出，就要在负载和信号源之间插入阻抗匹配网络。利用 *LC* 网络的阻抗变换作用可构成阻抗匹配网络，这种网络也能起到选频滤波作用。由于 *LC* 元件消耗的功率很小，*LC* 阻抗匹配网络具有插入引起的功率损耗小的优点。常用的 *LC* 匹配网络有 L 形、π 形、T 形网络以及由它们组成的多级混合网络。下面利用串、并联电路阻抗变换关系来分析 L 形、π 形和 T 形匹配网络。

1. L 形匹配网络

这是由两个异性电抗元件接成 L 形结构的阻抗变换网络，它是最简单的阻抗匹配网络，它有低阻抗变高阻抗和高阻抗变低阻抗两种基本形式。

(1) 低阻变高阻匹配网络

低阻变高阻 L 形匹配网络如图 2.1.12 所示，实际上它就是前面介绍的 *LC* 并联谐振回路。图中，R_L 为外接实际负载电阻，它与电感支路相串联；R_s 为信号源内阻。L 形网络可将 R_L 变换成与 R_s 相等的电阻，达到阻抗匹配。为了减小匹配网络的功率损耗，*C* 应采用高频损耗很小的电容，*L* 应用 *Q* 值高的电感线圈。

将图 2.1.12(a)中 X_2 和 R_L 串联电路用并联电路来等效，得到图 2.1.12(b)所示电路。由串、并联电路阻抗变换关系可得

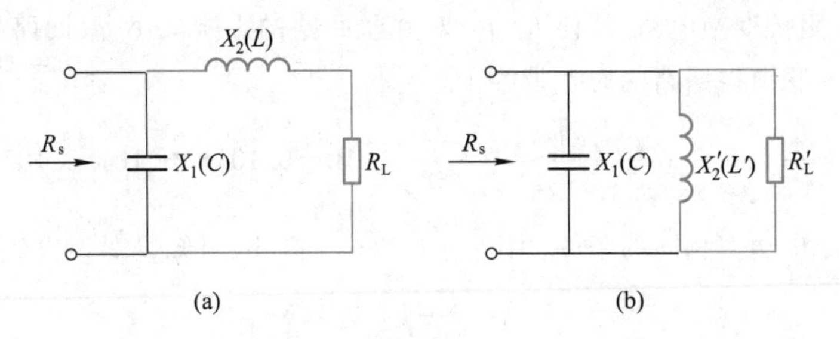

图 2.1.12　低阻变高阻 L 形匹配网络

（a）L 形匹配网络　（b）等效电路

$$\left.\begin{aligned}R_L' &= R_L(1+Q_e^2)\\ X_2' &= X_2\left(1+\frac{1}{Q_e^2}\right)\\ Q_e &= \frac{|X_2|}{R_L}\end{aligned}\right\}\tag{2.1.35}$$

在工作频率上，图 2.1.12(b)所示并联回路谐振，$X_1+X_2'=0$，其等效阻抗就等于 R_L'，要求 $R_L'=R_s$。由于 $Q_e>1$，由式(2.1.35)可见，$R_s=R_L'>R_L$，即图 2.1.12(a)所示 L 形网络能将低电阻负载变为高电阻负载，其变换倍数决定于 Q_e 值的大小。为了实现阻抗匹配，在已知 R_L 和 R_s 时，匹配网络的品质因数 Q_e 以及网络参数均可由式(2.1.35)得到。令 $R_L'=R_s$、$|X_1|=|X_2'|$，则可求得

$$Q_e=\sqrt{\frac{R_s}{R_L}-1}\,,\ |X_1|=\frac{R_s}{Q_e},\ |X_2|=Q_eR_L\tag{2.1.36}$$

例 2.1.4　已知信号源内阻 $R_s=200\ \Omega$，频率 $f=50$ MHz，实际负载电阻 $R_L=10\ \Omega$。为了实现阻抗匹配，采用图 2.1.12(a)所示 L 形匹配网络，试决定该匹配网络的参数。

解：由式(2.1.36)可得到

$$Q_e=\sqrt{\frac{R_s}{R_L}-1}=\sqrt{\frac{200}{10}-1}=4.36$$

$$|X_1|=\frac{R_s}{Q_e}=\frac{200}{4.36}\ \Omega=45.9\ \Omega$$

$$|X_2|=Q_eR_L=4.36\times10\ \Omega=43.6\ \Omega$$

所以

$$C=\frac{1}{\omega|X_1|}=\frac{1}{2\pi\times50\times10^6\times45.9}\ \text{F}=69\times10^{-12}\ \text{F}=69\ \text{pF}$$

$$L=\frac{|X_2|}{\omega}=\frac{43.6}{2\pi\times50\times10^6}\ \text{H}=0.139\times10^{-6}\ \text{H}=139\ \text{nH}$$

(2) 高阻变低阻匹配网络

如果外接负载电阻 R_L 比较大,而放大器的信号源内阻 R_s 较小,可采用图 2.1.13(a)所示的高阻变低阻 L 形匹配网络。

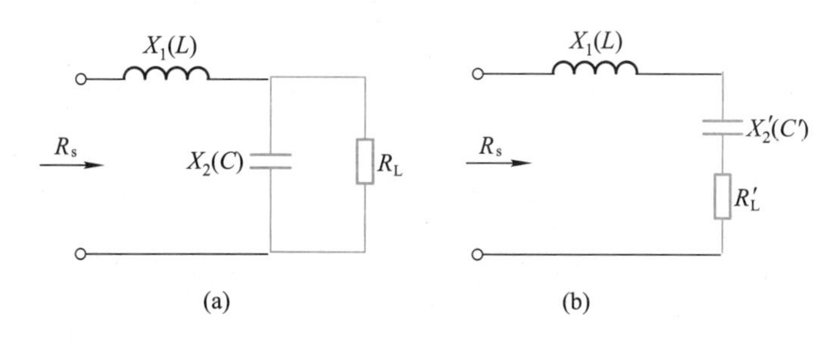

图 2.1.13 高阻变低阻 L 形匹配网络

(a) L 形匹配网络 (b) 等效电路

将图 2.1.13(a)中 X_2、R_L 并联电路用串联电路来等效,如图 2.1.13(b)所示。由并、串联电路阻抗变换关系可知

$$\left.\begin{aligned} R_L' &= \frac{R_L}{1+Q_e^2} \\ X_2' &= \frac{X_2}{1+\dfrac{1}{Q_e^2}} \\ Q_e &= \frac{R_L}{|X_2|} \end{aligned}\right\} \tag{2.1.37}$$

在工作频率上,图 2.1.13(b)所示串联谐振回路产生串联谐振,$X_1+X_2'=0$,其等效阻抗就等于 R_L',要求 $R_L'=R_s$。由于 $Q_e>1$,所以 $R_s=R_L'<R_L$。可见,图 2.1.13(a)实现了高阻变低阻的变换作用。当已知 R_L 和 R_s 时,为了实现阻抗匹配,匹配网络的品质因数 Q_e 以及网络参数均可由式(2.1.37)得到。令 $R_L'=R_s$、$|X_1|=|X_2'|$,则可求得

$$Q_e=\sqrt{\frac{R_L}{R_s}-1}\,,\quad |X_1|=Q_eR_s\,,\quad |X_2|=\frac{R_L}{Q_e} \tag{2.1.38}$$

2. π 形和 T 形匹配网络

由于 L 形匹配网络阻抗变换前后的电阻相差 $1+Q_e^2$ 倍,如果实际情况下要求变换的倍数并不高,这样回路的 Q_e 值就只能很小,其结果的滤波性能将很差。为了克服这一矛盾,可采用 π 形和 T 形匹配网络,如图 2.1.14 所示。

π 形和 T 形网络可分割成两个 L 形网络。应用 L 形网络的分析结果,可以得到它们的阻抗变换关系及元件参数值计算公式。例如图 2.1.14(a)可分割成图 2.1.15 所示电路,图中

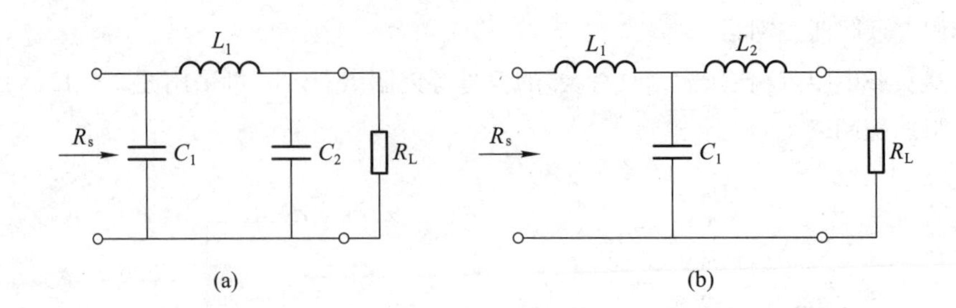

图 2.1.14　π形和T形匹配网络

(a) π形电路　(b) T形电路

$L_1=L_{11}+L_{12}$。由图可见，L_{12}、C_2构成高阻变低阻的L形网络，它将实际负载电阻R_L变换成低阻R_M，显然$R_M<R_L$；L_{11}、C_1构成低阻变高阻的L形网络，再将R_M变换成所要求的信号源内阻R_s，显然$R_s>R_M$。恰当选择两个L形网络的Q_e值，就可以兼顾滤波和阻抗匹配的要求。

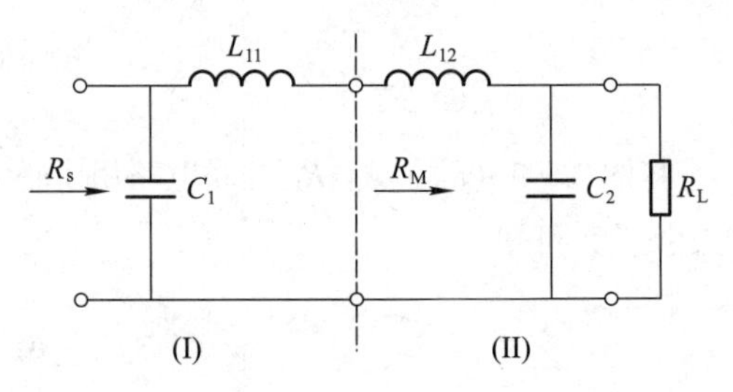

图 2.1.15　π形拆成L形电路

例 2.1.5　π形匹配网络如图2.1.14(a)所示。已知$R_L=50\ \Omega$、$R_s=150\ \Omega$，工作频率$f=50$ MHz，试确定阻抗变换网络元件C_1、C_2、L_1的值。

解：将图2.1.14(a)中L_1拆成L_{11}和L_{12}两部分，如图2.1.15所示，L_{12}、C_2构成高阻变低阻的L形网络Ⅱ，L_{11}、C_1构成低阻变高阻的L形网络Ⅰ。设Ⅰ、Ⅱ网络的品质因数分别为Q_{e1}、Q_{e2}，现取$Q_{e1}=7$，则由式(2.1.36)得

$$R_M=\frac{R_s}{1+Q_{e1}^2}=\frac{150}{1+7^2}\ \Omega=3\ \Omega$$

$$|X_{L11}|=Q_{e1}R_M=7\times3\ \Omega=21\ \Omega,\text{则 } L_{11}=\frac{|X_{L11}|}{\omega}=\frac{21}{2\pi\times50\times10^6}\ \text{H}=66.9\ \text{nH}$$

$$|X_{C1}|=\frac{R_s}{Q_{e1}}=\frac{150}{7}\ \Omega=21.4\ \Omega,\text{则 } C_1=\frac{1}{\omega|X_{C1}|}=\frac{1}{2\pi\times50\times10^6\times21.4}\ \text{F}=149\ \text{pF}$$

由式(2.1.38)得

$$Q_{e2}=\sqrt{\frac{R_L}{R_M}-1}=\sqrt{\frac{50}{3}-1}=3.96$$

$$|X_{C2}|=\frac{R_L}{Q_{e2}}=\frac{50}{3.96}\ \Omega=12.6\ \Omega,\text{则 } C_2=\frac{1}{\omega|X_{C2}|}=\frac{1}{2\pi\times50\times10^6\times12.6}\ \text{F}=253\ \text{pF}$$

$$|X_{L12}|=Q_{e2}R_M=3.96\times3\ \Omega=11.9\ \Omega,\text{则 } L_{12}=\frac{|X_{L12}|}{\omega}=\frac{11.9}{2\pi\times50\times10^6}\ \text{H}=37.9\ \text{nH}$$

将 L_{11} 与 L_{12} 合并为 L_1，则得

$$L_1 = L_{11} + L_{12} = (66.9 + 37.9)\ \text{nH} = 104.8\ \text{nH}$$

因此，图 2.1.14(a) 中 $C_1 = 149$ pF、$C_2 = 253$ pF、$L_1 = 104.8$ nH。

以上仅对信号源阻抗和负载阻抗为纯电阻时阻抗匹配的计算进行了讨论，当信号源阻抗和负载阻抗不为纯电阻时，需用到阻抗共轭匹配概念，并可借用 Smith 圆图进行匹配网络的计算，详见本章附录。

讨论题

2.1.1　LC 并联谐振回路有何基本特性？说明 Q 对回路特性的影响。

2.1.2　何谓矩形系数？它的大小说明什么问题？单谐振回路的矩形系数等于多少？

2.1.3　信号源及负载对谐振回路的特性有何影响？采用什么方法可减小它们的影响？

2.1.4　并联谐振回路的有载品质因数是否越大越好？说明如何选择并联谐振回路的有载品质因数 Q_e 的大小。

2.1.5　试与并联谐振回路比较，说明 LC 串联谐振回路的特点。

2.1.6　试说明 L 形匹配网络的阻抗变换原理。

随堂测验

2.1　随堂测验答案

2.1.1　填空题

1. LC 并联谐振回路有________和________等作用。

2. LC 并联谐振回路谐振时阻抗为________且为________，当工作频率高于谐振频率时回路阻抗将________并呈________。

3. 已知并联谐振回路中 $L=100$ μH，$C=100$ pF，等效损耗电阻 $r=10$ Ω，则回路的谐振频率等于________，品质因数等于________，谐振电阻等于________，通频带等于________。

4. 电抗、电阻的串联和并联电路，其阻抗可以互相等效变换，当电路 $Q \gg 1$，变换前后的电抗性质________，大小________；与电抗串联的电阻可提高____倍后与电抗并联。

2.1.2　单选题

1. 并联谐振回路由电容 C 和电感 L 及等效损耗电阻 r 组成，$r \ll \omega L$，则其谐振电阻 R_p 等于(　　)。

A. $\sqrt{\dfrac{L}{C}}$　　B. $\sqrt{\dfrac{L}{C}}\Big/ r$　　C. $\dfrac{1}{\sqrt{LC}}$　　D. $\dfrac{L}{Cr}$

2. 并联谐振回路的矩形系数(　　)。

A. 只与回路 Q 有关　　B. 只与回路谐振频率有关

C. 近似等于 10　　D. 等于 1

3. 并联谐振回路的品质因数越大，则回路的(　　)越大。

A. 通频带　　B. 矩形系数　　C. 谐振频率　　D. 谐振电阻

2.1.3　判断题

1. LC 并联谐振回路中，电容量增大，谐振频率下降，品质因数也下降。(　　)

2. 回路选择性是指谐振回路从各种不同频率信号中选出有用信号、抑制干扰信号的能力。矩形系数越接近于1，选择性就越好。(　　)

3. 并联谐振回路的通频带只与回路的品质因数有关。(　　)

2.2　小信号谐振放大器

以谐振回路为选频网络的高频小信号放大器称为小信号谐振放大器，或小信号调谐放大器。放大器件可采用单管、双管组合电路和集成放大电路等，谐振回路可以是单谐振回路或双耦合谐振回路。单调谐回路的谐振放大器电路简单，调整方便，所以应用较广。

2.2.1　晶体管的 Y 参数等效电路

在高频时，晶体管的电抗效应不容忽略，因此，在分析高频小信号放大器时应该采用晶体管高频等效电路。对于通频带较窄的窄带谐振放大器来说，采用 Y 参数等效电路进行分析比较方便。Y 参数是在晶体管输入、输出均交流短路的情况下测出的，这在高频时比较容易实现；另外，小信号谐振放大器的谐振回路通常是与晶体管并联的，采用导纳形式的等效电路可以将各并联支路的导纳直接相加，便于电路的分析计算。若直接采用混合 π 形等效电路，会给分析和计算带来不便。

对于一个晶体管，如图 2.2.1(a)所示，如果取电压 $\dot{U}_{be}$ 和 $\dot{U}_{ce}$ 作为自变量，电流 $\dot{I}_b$ 和 $\dot{I}_c$ 作为因变量，则可写出晶体管的 Y 参数的网络方程为

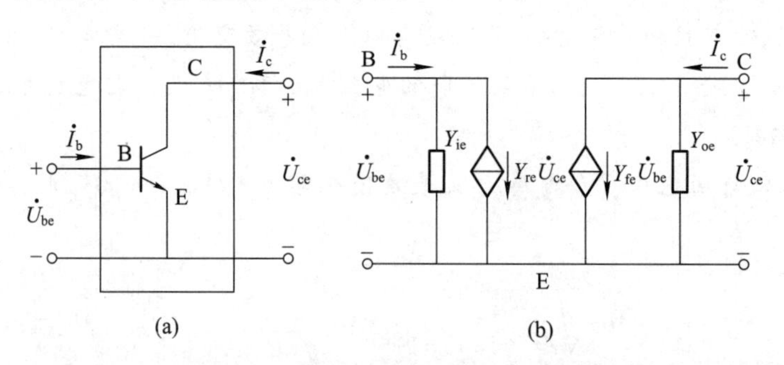

图 2.2.1　晶体管的 Y 参数等效电路

(a) 晶体管双口网络　(b) Y 参数等效电路

$$\left.\begin{aligned}\dot{I}_b &= Y_{ie}\dot{U}_{be} + Y_{re}\dot{U}_{ce} \\ \dot{I}_c &= Y_{fe}\dot{U}_{be} + Y_{oe}\dot{U}_{ce}\end{aligned}\right\} \tag{2.2.1}$$

由此可以得到晶体管的 Y 参数等效电路，如图 2.2.1(b)所示。

令$\dot{U}_{ce}=0$，即令输出端对交流短路，由式(2.2.1)可得

$$Y_{ie}=\left.\frac{\dot{I}_b}{\dot{U}_{be}}\right|_{\dot{U}_{ce}=0},\quad Y_{fe}=\left.\frac{\dot{I}_c}{\dot{U}_{be}}\right|_{\dot{U}_{ce}=0}$$

Y_{ie}、Y_{fe}分别称为晶体管输出交流短路时的输入导纳和正向传输导纳。

令$\dot{U}_{be}=0$，即令输入端对交流短路，由式(2.2.1)可得

$$Y_{re}=\left.\frac{\dot{I}_b}{\dot{U}_{ce}}\right|_{\dot{U}_{be}=0},\quad Y_{oe}=\left.\frac{\dot{I}_c}{\dot{U}_{ce}}\right|_{\dot{U}_{be}=0}$$

Y_{re}、Y_{oe}分别称为晶体管输入交流短路时的反向传输导纳和输出导纳。

晶体管的 Y 参数可以通过仪器直接测量得到，也可通过查阅晶体管手册得到。利用图 2.2.2所示晶体管混合 π 形等效电路，并考虑到 $C_{b'e} \gg C_{b'c}$，则根据 Y 参数定义，可得到 Y 参数与混合 π 参数之间的关系为

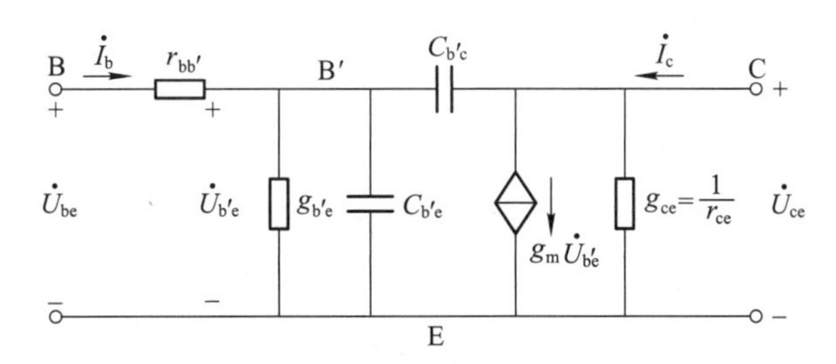

图 2.2.2　混合 π 形等效电路

$$Y_{ie}=\frac{g_{b'e}+j\omega C_{b'e}}{1+r_{bb'}(g_{b'e}+j\omega C_{b'e})}=G_{ie}+j\omega C_{ie} \tag{2.2.2}$$

$$Y_{fe}=\frac{g_m}{1+r_{bb'}(g_{b'e}+j\omega C_{b'e})}=|Y_{fe}|e^{j\varphi_{fe}} \tag{2.2.3}$$

$$Y_{re}=\frac{-j\omega C_{b'c}}{1+r_{bb'}(g_{b'e}+j\omega C_{b'e})}=|Y_{re}|e^{j\varphi_{re}} \tag{2.2.4}$$

$$Y_{oe}=g_{ce}+j\omega C_{b'c}+\frac{j\omega C_{b'c}r_{bb'}g_m}{1+r_{bb'}(g_{b'e}+j\omega C_{b'e})}=G_{oe}+j\omega C_{oe} \tag{2.2.5}$$

式中，G_{ie}、C_{ie}分别称为晶体管的输入电导和输入电容；G_{oe}、C_{oe}分别称为晶体管的输出电导和输

出电容；$|Y_{fe}|$、$|Y_{re}|$以及 φ_{fe}、φ_{re}分别表示 Y_{fe}、Y_{re}的模和相移。由此，可得到 Y 参数实际应用的等效电路，如图 2.2.3 所示。

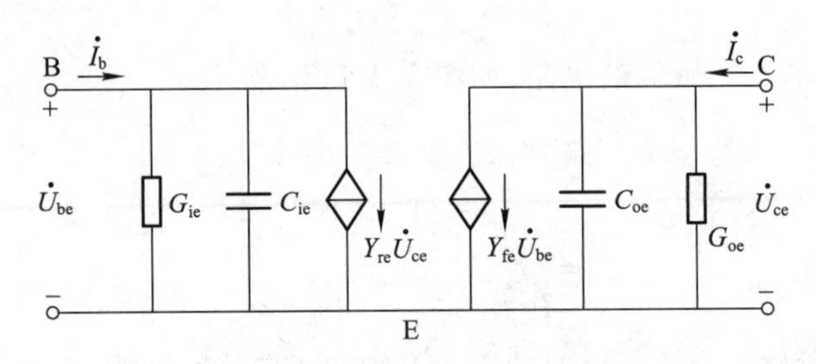

图 2.2.3　实际应用 Y 参数等效电路

由上面的分析可见，混合 π 参数与频率无关，而 Y 参数都是频率的函数。不过，在窄带小信号谐振放大器中，可以近似认为在所讨论的频率范围内 Y 参数为常数。

由于高频管的 $r_{bb'}$很小，如果忽略 $r_{bb'}$不计，即令 $r_{bb'}=0$，Y 参数可简化为

$$\left.\begin{aligned} &G_{ie}\approx g_{b'e},C_{ie}\approx C_{b'e}\\ &|Y_{fe}|\approx g_m,\varphi_{fe}\approx 0\\ &|Y_{re}|\approx \omega C_{b'c},\varphi_{re}\approx -90^\circ\\ &G_{oe}\approx g_{ce},C_{oe}\approx C_{b'c}\end{aligned}\right\}\tag{2.2.6}$$

2.2.2　单调谐回路谐振放大器

一、放大电路及其等效电路

图 2.2.4(a)所示为常用的晶体管单调谐回路谐振放大器电路，简称单调谐放大器。在这个电路中，晶体管的输出由线圈抽头以电感分压式接入回路，使晶体管的输出导纳只和调谐回路的 1、2 端并联，减小了晶体管输出导纳对谐振回路的影响；耦合到下级采用降压变压器，从而减小负载导纳 Y_L 对谐振回路的影响。图中，R_{B1}、R_{B2}、R_E 构成分压式电流反馈直流偏置电路，以保证晶体管工作在甲类状态。C_B、C_E 分别为基极、发射极旁路电容，用以短路高频交流信号。因此，可画出图 2.2.4(a)电路的交流通路，如图 2.2.4(b)所示。一般在多级放大器中，外接负载导纳就是下一级的输入导纳 Y_{ie}。

将晶体管用 Y 参数等效电路代替，则得图 2.2.5(a)所示等效电路。由于实用的单调谐放大器为保证其稳定地工作，都采取一定措施，以使其内部反馈很小，因此，为了简化起见，图 2.2.5(a)中略去了内部反馈的影响，即假定 $Y_{re}=0$。

设一次电感线圈 1-2 之间的匝数为 N_{12}，1-3 之间的匝数为 N_{13}，二次线圈匝数为 N_{45}。

由图 2.2.5(a)可知，自耦变压器的匝比 n_1和变压器一、二次间的匝比 n_2分别等于 $n_1=\frac{N_{13}}{N_{12}}$，$n_2=\frac{N_{13}}{N_{45}}$，有时也把 $1/n_1$称为本级晶体管输出端对调谐回路的接入系数，把 $1/n_2$称为下级

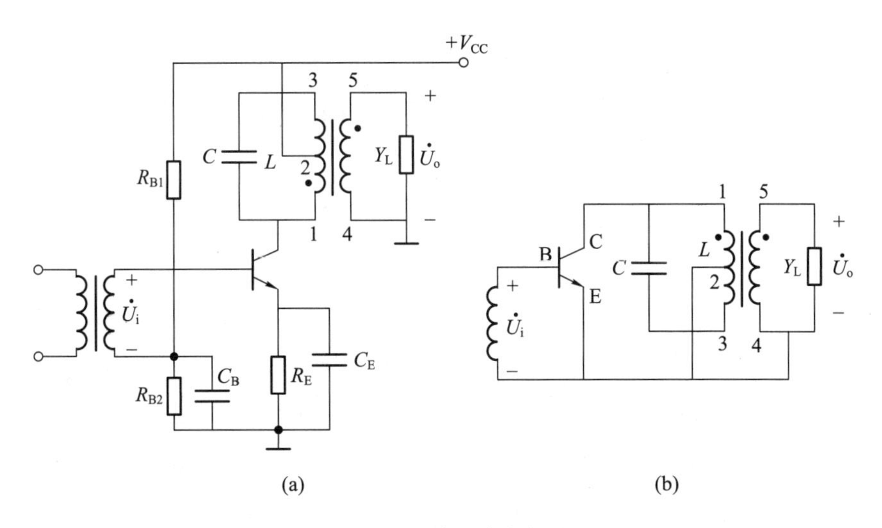

图 2.2.4 单调谐放大器

(a) 电路 (b) 交流通路

对调谐回路的接入系数。

将电流源 $Y_{fe}\dot{U}_i$ 折算到谐振回路 1、3 两端为

$$(Y_{fe}\dot{U}_i)'=Y_{fe}\dot{U}_i/n_1 \tag{2.2.7}$$

将 Y_{oe} 折算到谐振回路 1、3 两端为

$$\left.\begin{aligned}&Y'_{oe}=\frac{Y_{oe}}{n_1^2}=\frac{G_{oe}}{n_1^2}+j\omega\frac{C_{oe}}{n_1^2}=G'_{oe}+j\omega C'_{oe}\\&G'_{oe}=\frac{G_{oe}}{n_1^2},C'_{oe}=\frac{C_{oe}}{n_1^2}\end{aligned}\right\} \tag{2.2.8}$$

将 Y_L 折算到谐振回路 1、3 两端为

$$\left.\begin{aligned}&Y'_L=\frac{Y_L}{n_2^2}=\frac{G_L}{n_2^2}+j\omega\frac{C_L}{n_2^2}=G'_L+j\omega C'_L\\&G'_L=\frac{G_L}{n_2^2},C'_L=\frac{C_L}{n_2^2}\end{aligned}\right\} \tag{2.2.9}$$

这样可以把图 2.2.5(a)画成图 2.2.5(b)的形式。在图(b)中多了一项 G_p,它是谐振回路的空载电导,$G_p=1/R_p$。将图 2.2.5(b)中相同性质的元件进行合并,则得到图 2.2.5(c)所示等效电路,在图(c)中

$$G_e=G_p+G'_{oe}+G'_L=G_p+\frac{G_{oe}}{n_1^2}+\frac{G_L}{n_2^2} \tag{2.2.10}$$

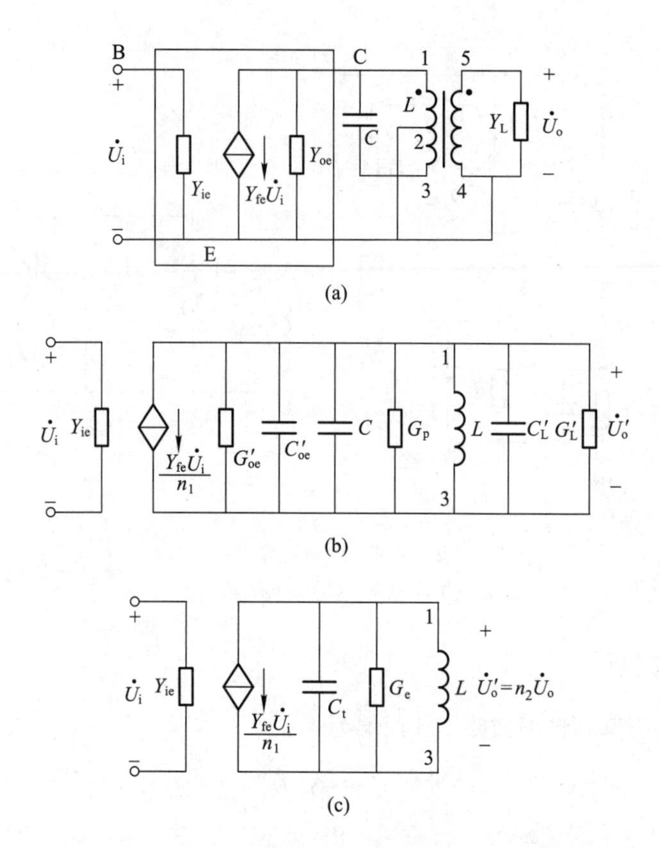

图 2.2.5　单调谐放大器的等效电路

(a) Y 参数等效电路　(b) 变换后的 Y 参数等效电路

(c) 参数合并后的等效电路

$$C_{t}=C+C'_{oe}+C'_{L}=C+\frac{C_{oe}}{n_{1}^{2}}+\frac{C_{L}}{n_{2}^{2}} \tag{2.2.11}$$

由此可求得放大器等效回路的谐振频率为

$$f_{0}=\frac{1}{2\pi\sqrt{LC_{t}}}=\frac{1}{2\pi\sqrt{L\left(C+\frac{C_{oe}}{n_{1}^{2}}+\frac{C_{L}}{n_{2}^{2}}\right)}} \tag{2.2.12}$$

由上可知,晶体管的输出电容 C_{oe}、负载电容 C_{L} 将会使谐振回路的谐振频率下降。此时应减小回路电容 C 或减小回路电感 L,使谐振频率恢复到原来的数值。而回路的有载品质因数 Q_{e} 为

$$Q_{e}=\frac{1}{G_{e}\omega_{0}L}=\frac{\omega_{0}C_{t}}{G_{e}} \tag{2.2.13}$$

由于 $G_{e}>G_{p}$,所以 $Q_{e}<Q$(Q 为回路的空载品质因数)。为了减小晶体管及负载对谐振回路的影响,除应选用 Y_{oe}、Y_{ie} 小的晶体管外,还应选择较大的匝比 n_{1} 和 n_{2}。

二、电压增益、选择性和通频带

1. 电压增益

由图 2.2.5 可求得放大器的电压增益为

$$\dot{A}_u=\frac{\dot{U}_o}{\dot{U}_i}=\frac{\dot{U}_o'/n_2}{\dot{U}_i}=\frac{-Y_{fe}\dot{U}_i/n_1n_2}{G_e\left(1+jQ_e\dfrac{2\Delta f}{f_0}\right)\dot{U}_i}=\frac{-Y_{fe}}{n_1n_2G_e\left(1+jQ_e\dfrac{2\Delta f}{f_0}\right)} \tag{2.2.14}$$

当输入信号频率 $f=f_0$（即 $\Delta f=0$）时，放大器谐振电压增益 $\dot{A}_{u0}$ 为

$$\dot{A}_{u0}=\frac{-Y_{fe}}{n_1n_2G_e} \tag{2.2.15a}$$

这时电压增益为最大值。式中负号表示输出电压与图 2.2.5 所假定方向有 180°的相位差。因为 Y_{fe} 还有一个相角 φ_{fe}，所以谐振时放大器电压增益的相移为 $180°+\varphi_{fe}$，当 $r_{bb'}=0$ 时，$Y_{fe}\approx g_m$，即 $\varphi_{fe}\approx 0$。

通常在电路计算时，谐振电压增益用其模 $|\dot{A}_{u0}|$ 表示，即

$$|\dot{A}_{u0}|=\frac{|Y_{fe}|}{n_1n_2G_e} \tag{2.2.15b}$$

2. 选择性和通频带

由式(2.2.14)和式(2.2.15)可得谐振放大器的增益频率特性表示式为

$$\dot{A}_u=\frac{\dot{A}_{u0}}{1+jQ_e\dfrac{2\Delta f}{f_0}} \tag{2.2.16}$$

其归一化幅频特性为

$$\left|\frac{\dot{A}_u}{\dot{A}_{u0}}\right|=\frac{1}{\sqrt{1+\left(Q_e\dfrac{2\Delta f}{f_0}\right)^2}} \tag{2.2.17}$$

可作出曲线，如图 2.2.6 所示，称为放大器的谐振曲线。

令 $\left|\dfrac{\dot{A}_u}{\dot{A}_{u0}}\right|=\dfrac{1}{\sqrt{2}}$，由式(2.2.17)可求得单调谐放大器的通频带为

$$BW_{0.7}=\frac{f_0}{Q_e} \tag{2.2.18}$$

令 $\left|\dfrac{\dot{A}_u}{\dot{A}_{u0}}\right|=0.1$，由式(2.2.17)可得

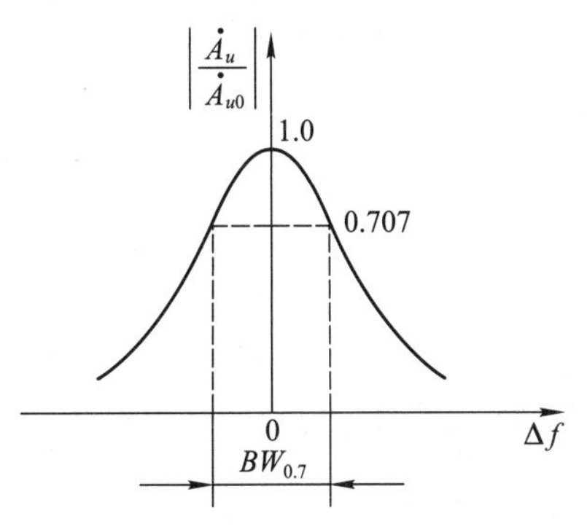

图 2.2.6 单调谐放大器的谐振曲线

$$BW_{0.1}=10\frac{f_0}{Q_e}$$

由此可知,单调谐放大器的矩形系数为

$$K_{0.1}=\frac{BW_{0.1}}{BW_{0.7}}=10$$

显然,单调谐放大器的选择性、通频带和矩形系数与单谐振回路相同,即在单调谐放大器中,提高选择性和加宽通频带对 Q_e 的要求是矛盾的;谐振曲线的矩形系数远大于 1。总之,单调谐放大器选择性比较差,这是它的主要缺点。

例 2.2.1 图 2.2.4(a)所示单调谐放大器中心频率 $f_0=465$ kHz,已知晶体管参数为:$G_{ie}=0.8$ mS、$C_{ie}=35$ pF,$G_{oe}=0.12$ mS、$C_{oe}=11$ pF,$|Y_{fe}|=35$ mS,略去 Y_{re} 的影响,即令 $Y_{re}=0$,线圈匝数为:$N_{13}=162$ 匝、$N_{12}=45$ 匝、$N_{45}=12$ 匝,回路电容 $C=200$ pF,回路空载品质因数 $Q=80$。设下级与本级相同,试求该放大器回路电感 L_{13} 及回路有载品质因数 Q_e、放大器的通频带 $BW_{0.7}$ 及谐振电压增益 A_{u0}。

解: 由匝比

$$n_1=\frac{N_{13}}{N_{12}}=\frac{162}{45}=3.6,\ n_2=\frac{N_{13}}{N_{45}}=\frac{162}{12}=13.5$$

可求得回路总电容为

$$C_t=C+\frac{C_{oe}}{n_1^2}+\frac{C_{ie}}{n_2^2}=\left(200+\frac{11}{3.6^2}+\frac{35}{13.5^2}\right)\text{ pF}=201\text{ pF}$$

所以回路电感为

$$L_{13}=\frac{1}{(2\pi f_0)^2C_t}=\frac{1}{(2\pi\times465\times10^3)^2\times201\times10^{-12}}\text{ H}=583\ \mu\text{H}$$

因回路空载电导为

$$G_p=\frac{\omega_0C_t}{Q}=\frac{2\pi\times465\times10^3\times201\times10^{-12}}{80}\text{ S}=7.34\ \mu\text{S}$$

由此可得回路有载电导为

$$G_e=G_p+\frac{G_{oe}}{n_1^2}+\frac{G_{ie}}{n_2^2}=\left(7.34+\frac{120}{3.6^2}+\frac{800}{13.5^2}\right)\ \mu\text{S}=21\ \mu\text{S}$$

回路有载品质因数为

$$Q_e=\frac{\omega_0C_t}{G_e}=\frac{2\pi\times465\times10^3\times201\times10^{-12}}{21\times10^{-6}}=28$$

因此放大器的通频带和谐振电压增益分别为

$$BW_{0.7}=\frac{f_0}{Q_e}=\frac{465}{28}\text{ kHz}=16.6\text{ kHz}$$

$$|\dot{A}_{u0}|=\frac{|Y_{fe}|}{n_1 n_2 G_e}=\frac{35\times10^{-3}}{3.6\times13.5\times21\times10^{-6}}=34.3$$

2.2.3 多级单调谐回路谐振放大器

若单级调谐放大器的增益不能满足要求，可采用多级单调谐放大器级联。若每级谐振回路均调谐在同一频率上，称为同步调谐；若各级谐振回路调谐在不同频率上，则称为参差调谐。

一、同步调谐放大器

如果放大器由 n 级单调谐放大器级联而成，各级都调谐在同一频率上，每级的电压放大倍数分别为$\dot{A}_{u1}$、$\dot{A}_{u2}$、…、$\dot{A}_{un}$，则总的电压放大倍数$\dot{A}_{u\Sigma}$为

$$\dot{A}_{u\Sigma}=\dot{A}_{u1}\cdot\dot{A}_{u2}\cdot\cdots\cdot\dot{A}_{un} \tag{2.2.19}$$

谐振时总的电压放大倍数$\dot{A}_{u0\Sigma}$为

$$\dot{A}_{u0\Sigma}=\dot{A}_{u01}\cdot\dot{A}_{u02}\cdot\cdots\cdot\dot{A}_{u0n} \tag{2.2.20}$$

式中，$\dot{A}_{u01}$、$\dot{A}_{u02}$、…、$\dot{A}_{u0n}$分别为各级谐振电压的放大倍数。若以分贝表示 n 级放大器总的谐振电压增益，则

$$A_{u0\Sigma}(\mathrm{dB})=A_{u01}(\mathrm{dB})+A_{u02}(\mathrm{dB})+\cdots+A_{u0n}(\mathrm{dB}) \tag{2.2.21}$$

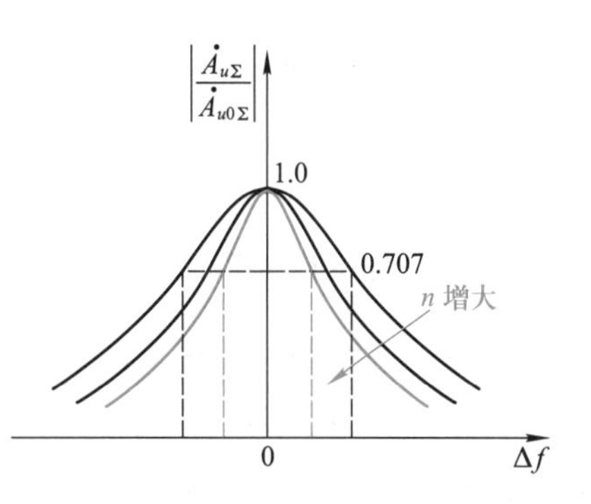

图 2.2.7 多级同步调谐放大器增益幅频特性曲线

多级放大器总的增益幅频特性曲线如图 2.2.7 所示。由于多级放大器的电压放大倍数等于各级放大倍数的乘积，所以级数越多，谐振增益越大，幅频特性曲线越尖锐，矩形系数越小，即选择性越好，但通频带则越窄，表 2.2.1 列出了各级单调谐放大器完全相同的情况下，多级单调谐放大器的带宽和矩形系数，以供参考。在 n 级级联后，要保证总的通频带满足要求，每级的通频带必须比总的通频带宽。

表 2.2.1 多级单调谐放大器的带宽和矩形系数

级数 n	1	2	3	4	5
BW_n/BW_1	1.0	0.64	0.51	0.43	0.39
$K_{0.1}$	9.95	4.66	3.74	3.40	3.20

二、双参差调谐放大器

在多级放大器中,若每一组内各级均调谐在不同频率上,则每两级为一组级联组成的称为双参差调谐放大器,由三级为一组组成的称为三参差调谐放大器。

将两级调谐放大器分别调谐到略高于和略低于信号的中心频率f_0时,就构成一组双参差调谐放大器,其增益幅频特性曲线如图 2.2.8 所示。图(a)所示为单级幅频特性曲线,f_1、f_2分别为单级放大器的谐振频率,要求$f_1-f_0=f_0-f_2$。图(b)所示是两级总的幅频特性曲线。放大器的放大倍数等于两级放大倍数的乘积。由图可见,与单级相比,双参差调谐放大器的幅频特性更接近于矩形形态,故其选择性比单调谐放大器好,但其调谐过程较为复杂。

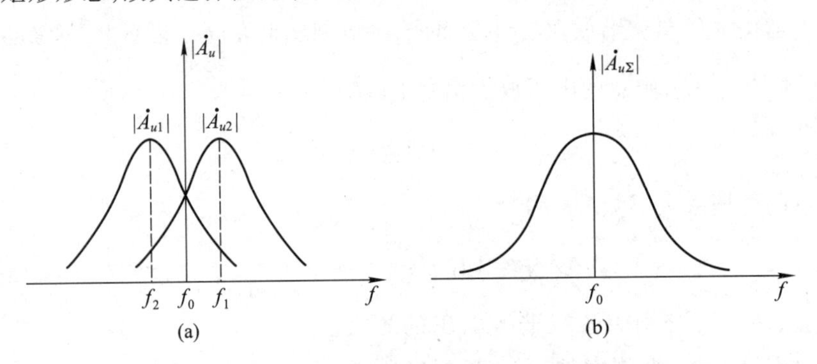

图 2.2.8 双参差调谐放大器幅频特性曲线
(a) 单级幅频特性 (b) 合成幅频特性

2.2.4 调谐放大器的稳定性

一、谐振放大器不稳定的原因

前面对谐振放大器特性讨论时,都是假定晶体管的反向传输导纳$Y_{re}=0$,放大器输出端对输入端没有影响,晶体管是单向工作的。但实际上,晶体管集电极和基极之间存在结电容$C_{b'c}$,$Y_{re}\neq 0$,其值虽然很小(只有几个皮法),但在高频工作时仍能使放大器输出和输入之间形成反馈通路(称为内反馈),而且随着工作频率的升高,影响增大。再加上谐振放大器中LC谐振回路阻抗的大小及性质随频率变化剧烈,使得内反馈也随频率而剧烈变化,致使放大器工作不稳定。一般情况下,内反馈会使谐振放大器的增益频率特性曲线变形,增益、通频带和选择性发生变化,严重时反馈在某一个频率上满足自激条件,放大器将产生自激振荡,破坏了放大器的正常工作。谐振放大器工作频率越高,LC回路有载品质因数越大(即谐振增益越大),放大器的工作越不稳定。

二、提高调谐放大器稳定性的方法

为了提高放大器的稳定性,通常从两方面入手。一是从晶体管本身入手,尽量选用$C_{b'c}$(Y_{re})小的晶体管;二是从电路方面入手,从电路上设法消除内反馈的影响,使之单向化传输,具体方法有中和法和失配法。

中和法是通过外接中和电容 C_N 以抵消 $C_{b'c}$ 的反馈，如图 2.2.9(a)所示。作出图 2.2.9(a)的交流通路，如图 2.2.9(b)所示。由图可以看出，$\dot{U}_c$ 通过 $C_{b'c}$ 产生的内反馈电流为 $\dot{I}_f$，$\dot{U}_n$ 通过 C_N 产生的外部反馈电流为 $\dot{I}_n$，由于 $\dot{U}_c$ 与 $\dot{U}_n$ 极性相反，所以 $\dot{I}_f$ 与 $\dot{I}_n$ 在管子的输入端互相抵消。这种方法简单，但由于 C_N 是固定的，它只能在一个频率上起到较好的中和作用，而不能中和一个频段，故应用较少。

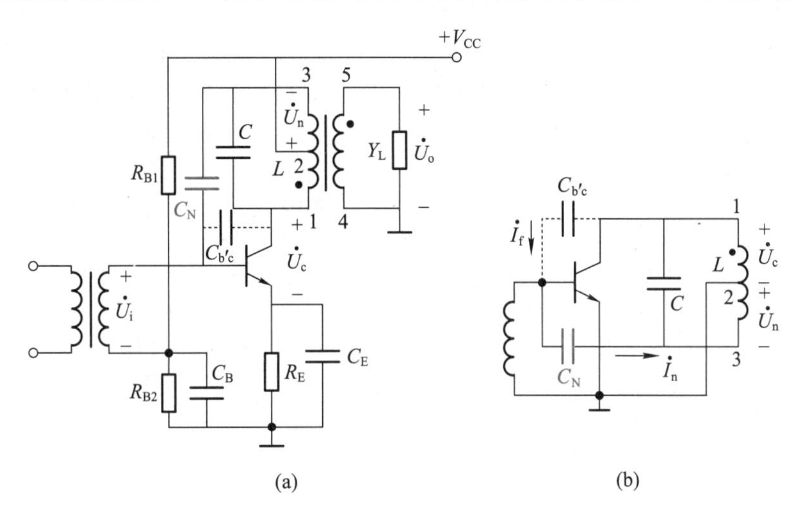

图 2.2.9 调谐放大器中和电路

(a) 电路 (b) 交流通路

失配法是通过增大负载导纳 Y_L，使输出严重失配，输出电压减小，从而使内反馈减小。可见，失配法是用牺牲增益来换取电路的稳定。失配法常采用共射-共基组合电路，如图 2.2.10 所示。

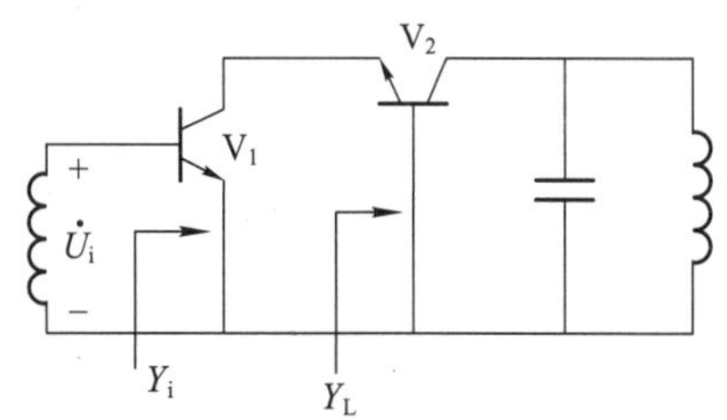

图 2.2.10 共射-共基组合电路调谐放大器

由于共基极电路输入导纳很大，当它和输出导纳较小的共发射极电路连接时，相当于增大了共射电路的负载导纳而使之失配，从而显著减少了共发射极电路的内部反馈，提高了电路的稳定性。共射电路在负载导纳很大的情况下，虽然电压增益减小，但电流增益仍较大，而共基电路电压增益大，不存在 $C_{b'c}$ 的反馈，所以两者级联后，互相补偿，电压增益和电流增益仍较大。

另外，电路接地不良、元件排列不合理、电源滤波不好，都有可能引起放大器工作不稳定，这在实际应用中要加以注意。

三、集成调谐放大器

随着电子技术的发展，出现了越来越多的高频集成放大器，由于线路简单、性能稳定可靠、调整方便等优点，应用越来越广泛。

单片集成放大器 MC1590 是用作小信号谐振放大的典型器件，其输入由共射-共基电路构成差分电路，输出级由复合管差分电路构成，故内反馈很小，具有工作频率高、不易自激等优点。图 2.2.11 所示为采用 MC1590 构成的谐振放大器，引脚 1、3 为双端输入端，输入信号 u_i 通过耦合电容 C_1 加到引脚 1 端，引脚 3 端通过隔直电容 C_3 交流接地，构成单端输入，C_2、L_1 构成输入调谐回路。引脚 5、6 为双端输出端，L_2、C_4 构成输出调谐回路，经变压器耦合后输出。6 脚连接正电源端，并通过 C_6 交流接地，故为单端输出。回路 C_2、L_1 和 C_4、L_2 均调谐在信号的中心频率上。C_5、L_3、C_6 构成电源去耦合滤波器，用以减小输出级信号通过供电电源对输入级的寄生反馈。引脚 2 接自动增益控制（AGC）电压，可实现自动增益控制功能。

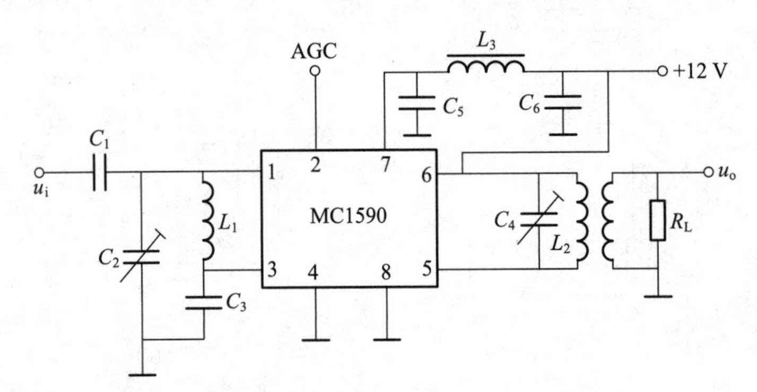

图 2.2.11　集成电路谐振放大器

讨论题

2.2.1　小信号谐振放大器有何特点？

2.2.2　单调谐放大器有哪些主要性能指标？它们主要与哪些因素有关？为什么不能单纯追求最大的放大量？

2.2.3　在同步调谐的多级单谐振回路放大器中，当级数 n 增加时，放大器的选择性和通频带将如何变化？

2.2.4　造成调谐放大器工作不稳定的因素是什么？如何提高调谐放大器的稳定性？

随堂测验

2.2　随堂测验答案

2.2.1　填空题

1. 晶体管 Y 参数中，Y_{fe} 称为晶体管输出交流短路时的＿＿＿＿＿＿＿＿，Y_{ie} 称为晶体管输出交流短路时的＿＿＿＿＿＿，Y_{oe} 称为晶体管输入交流短路时的＿＿＿＿＿。

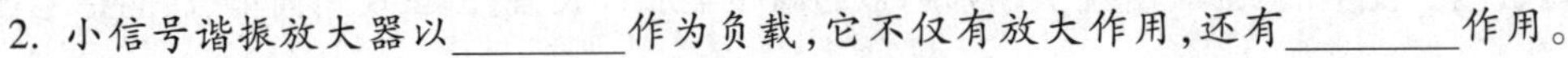

2. 小信号谐振放大器以＿＿＿＿＿作为负载，它不仅有放大作用，还有＿＿＿＿＿作用。

3. 小信号谐振放大器主要性能指标有__________、________、________以及噪声系数、工作稳定性等。

4. 由于晶体管存在结电容________,调谐放大器在高频工作时会形成较强的内反馈,使放大器工作不稳定。为了提高放大器的稳定性,可从电路上设法减小内反馈的影响,具体方法有________和________。

2.2.2 单选题

1. 单调谐放大器负载回路的有载品质因数越大,则放大器的(　　)。

A. 谐振增益越大　B. 通频带越大　C. 矩形系数越大　D. 稳定性越好

2. 单调谐放大器中,晶体管、负载常采用抽头接入并联回路,其目的是(　　)。

A. 展宽频带　B. 提高工作频率

C. 减小矩形系数　D. 减小晶体管及负载对放大器性能的影响

3. 同步调谐的多级单调谐放大器级数增加时,放大器的(　　)。

A. 通频带增大,矩形系数增大　B. 通频带不变,矩形系数减小

C. 通频带减小,矩形系数减小　D. 通频带减小,矩形系数不变

2.2.3 判断题

1. 矩形系数是用来说明小信号谐振放大器选择性好坏的性能指标,其值越接近 1 越好。(　　)

2. 单调谐放大器负载回路品质因数越高,选择性越好,则其矩形系数越小。(　　)

3. 采用共射-共基组合电路构成调谐放大器可提高放大器的稳定性。(　　)

2.3 集中选频放大器

随着电子技术的发展,在小信号选频放大器中越来越多地采用宽带放大器和集中选频滤波器组成的集中选频放大电路,它们适用于固定频率信号的选频放大。集中选频放大器的组成如图 2.3.1 所示。

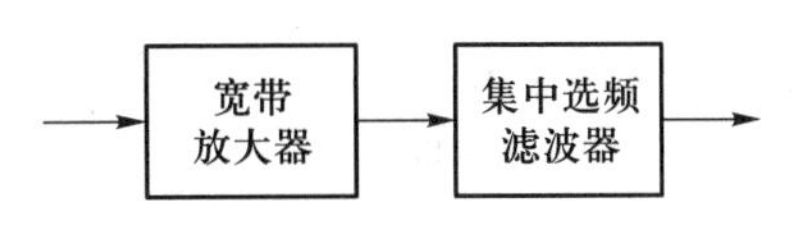

图 2.3.1　集中选频放大器组成示意图

2.3.1 宽带放大器

宽带放大器是上限工作频率与下限工作频率之比甚大于 1 的放大电路。习惯上也常把相对带宽大于 20%~30%的放大器列入此类。这类电路主要用于对视频信号、脉冲信号或射频信号的放大,是音响、有线电视、无线通信等系统中必不可少的部分。

设计宽带放大器的主要障碍是受到有源器件增益带宽积的限制。任何有源器件的增益在高频端都具有逐渐下降的特征,其原因是存在晶体管基极与集电极间的极间电容、场效应管栅极与源极间的极间电容和栅极与漏极间的极间电容。其结果是,当工作频率达到晶体管的特

征频率 f_T 时,晶体管失去了放大能力。因此在设计宽带放大器时可选择特征频率高的晶体管或增益带宽积大的集成放大器。

宽带放大电路的设计目标是在工作频带内获得相对平坦的增益,而不是追求最大增益,往往以牺牲增益来换取通带内的平坦性。常采用两种不同的设计方法来获得宽带内较平坦的增益:频率补偿匹配网络和负反馈。

(1) 频率补偿匹配网络

通过在放大电路中设计失配的输入和输出匹配网络,补偿晶体管正向增益随频率的变化。例如,晶体管的正向增益随着频率的增高而下降,那么在设计匹配电路时就可以考虑在高频段实现高增益匹配,在低频段为失配状态,从而实现整个通带范围内增益的平坦。

频率补偿匹配网络的电路通常可以采用 L 形匹配电路等简单的匹配电路形式,如图 2.3.2 所示,在晶体管放大电路的输出端就采用了电容和电感构成的 L 形匹配电路。匹配电路中元件的参数一般需要进行反复的尝试和修改,使放大电路在整个宽频带范围内有尽可能平坦的增益。

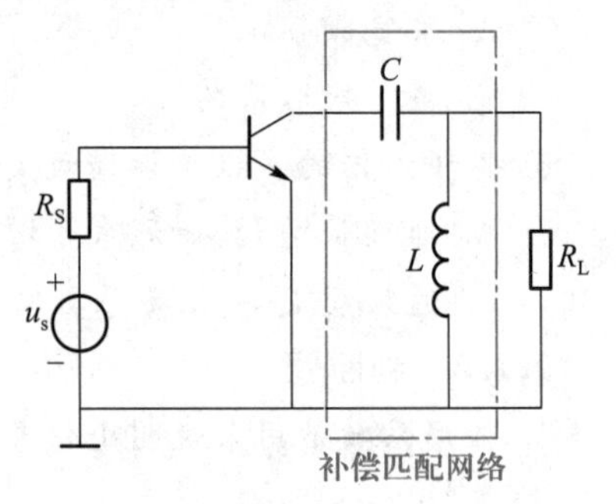

图 2.3.2 两元件频率补偿匹配网络

(2) 负反馈

使用负反馈可以实现超过 10 倍频程的宽带放大器,且频带内增益的波动小于 0.1 dB,在 10 倍频程的范围内实现如此小的增益波动是频率补偿匹配网络难以实现的。负反馈放大电路的主要缺点是会增大放大电路的噪声系数,而且使用负反馈技术会使放大电路的增益大幅度降低。

另外,在宽带放大器中,广泛采用共射-共基和共集-共射两种组合电路,分别如图 2.3.3(a)和(b)所示。图 2.3.3(a)所示的共射-共基组合电路不但具有较高的稳定性,也具有频带宽、高频特性好的优点。由于共射极电路的上限频率远小于共基极电路,因此组合电路的上限频率主要取决于共射极电路。利用共基极电路输入阻抗小的特性,将它作为共射极电路的负载,就可有效地克服共射极电路的密勒效应,从而扩展了共射极电路的上限频率,也就是提高了组合电路的高频截止频率。

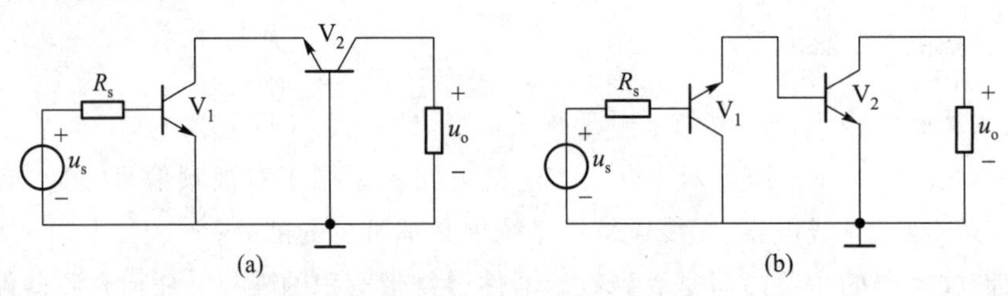

图 2.3.3 组合电路宽带放大器

(a) 共射-共基组合电路 (b) 共集-共射组合电路

图 2.3.3(b)所示的共集-共射组合电路中，共集电极电路的输出阻抗小，作为共射极电路的源阻抗，就能有效地扩展共射极电路也就是组合电路的上限频率。

2.3.2 集中选频滤波器

目前，在高频电路中越来越多地采用集中选频滤波器作为选频网络，这不仅有利于电路和设备的微型化，便于大量生产，而且可以提高电路和系统的稳定性，更可简化电路和系统的设计。高频电路中常用的集中选频滤波器主要有 *LC* 集中选频滤波器、晶体滤波器、陶瓷滤波器、声表面波滤波器。*LC* 集中选频滤波器实际上就是由多节 *LC* 谐振回路构成的，目前用得越来越少，而晶体滤波器与陶瓷滤波器具有相同的工作原理。所以，下面主要讨论陶瓷滤波器和声表面波滤波器。

一、陶瓷滤波器

陶瓷滤波器是由锆钛酸铅陶瓷材料制成的，把这种陶瓷材料制成片状，两面涂银作为电极，经过直流高压极化后就具有压电效应。所谓压电效应，就是指当陶瓷片发生机械变形时，例如拉伸或压缩，它的表面就会出现正、负电荷，两极间形成电场；而当陶瓷片两极加上电压时，它就会产生伸长或压缩的机械变形。当陶瓷片两极加上交流电压时，陶瓷片将会随交流电压的频率产生周期性的机械振动，同时，机械振动又会在两个电极上产生交变电荷，在外电路中形成交流电流。这种陶瓷材料和其他弹性体一样，存在着固有振动频率，当固有振动频率与外加交流电压频率相同时，陶瓷片产生共振，这时机械振动的幅度最大，相应地陶瓷片表面上产生电荷量的变化也最大，因而外电路中的电流也最大。这表明压电陶瓷片具有类似于 *LC* 回路的串联谐振特性，其等效电路和电路符号如图 2.3.4(a)和(b)所示。图中 C_0为压电陶瓷片的固定电容值，L_q、C_q、r_q 分别相当于机械振动的等效质量、等效弹性系数和等效阻尼。压电陶瓷片的厚度、半径等尺寸不同时，其等效电路的参数也就不同。

从等效电路可见，陶瓷片具有两个谐振频率，一个是串联谐振频率

$$f_s=\frac{1}{2\pi\sqrt{L_q C_q}} \tag{2.3.1}$$

另一个是并联谐振频率

$$f_p=\frac{1}{2\pi\sqrt{L_q\dfrac{C_0 C_q}{C_0+C_q}}} \tag{2.3.2}$$

在串联谐振频率时，陶瓷片的等效阻抗最小（≤20 Ω），并联谐振频率时，陶瓷片的等效阻抗最大，其阻抗频率特性如图 2.3.5 所示。

若将不同频率的压电陶瓷片进行适当的组合连接，如图 2.3.6 所示，就可以构成四端陶瓷滤波器。陶瓷片的品质因数比一般 *LC* 回路的品质因数高，各陶瓷片的串、并联谐振频率配置得当，四端陶瓷滤波器可以获得接近矩形的幅频特性。图 2.3.6(a)由两个陶瓷片组成，图(b)

由九个陶瓷片组成,图(c)是四端陶瓷滤波器的电路符号。

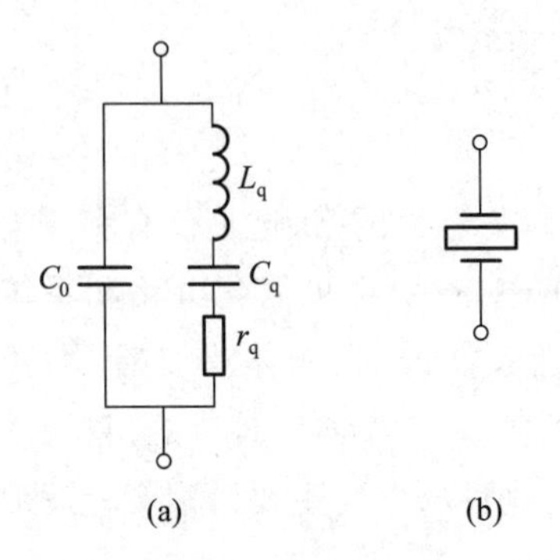

图 2.3.4 压电陶瓷片的等效电路和电路符号

(a) 等效电路 (b) 电路符号

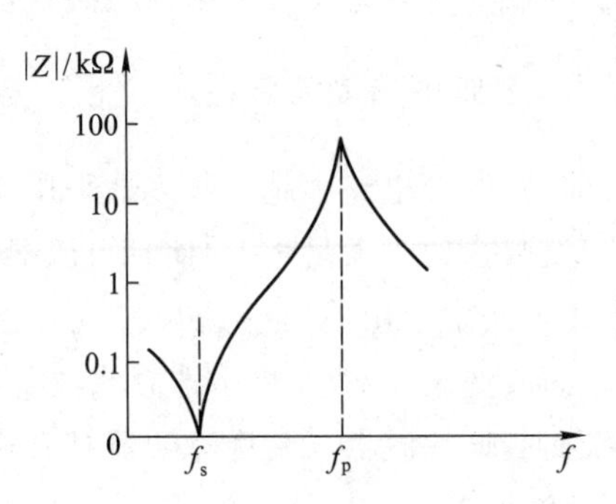

图 2.3.5 陶瓷片的阻抗频率特性

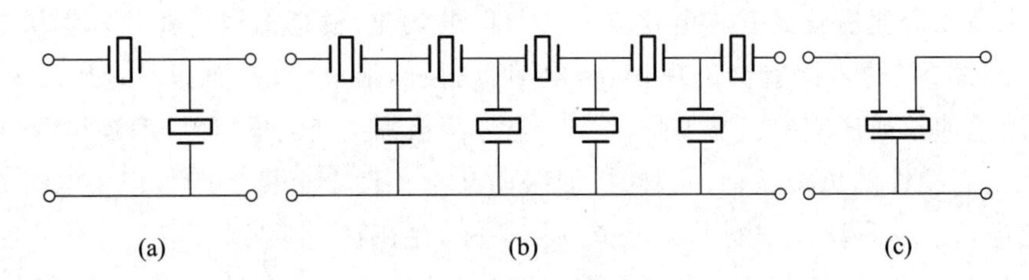

图 2.3.6 四端陶瓷滤波器

(a) 两个陶瓷片组成的电路 (b) 九个陶瓷片组成的电路 (c) 四端陶瓷滤波器电路符号

在使用四端陶瓷滤波器时,应注意输入、输出阻抗必须与信号源、负载阻抗各相匹配,否则其幅频特性将会变坏,通带内的响应起伏增大,阻带衰减值变小。

陶瓷滤波器的工作频率可以从几百千赫到几十兆赫,它具有体积小、成本低、受外界影响小等优点;其缺点是频率特性曲线较难控制,生产一致性较差,通频带也往往不够宽。采用石英晶体片作滤波器可取得更好的频率特性,其等效品质因数比陶瓷片高得多,但石英晶体片滤波器价格较高。

二、声表面波滤波器

声表面波滤波器(SAWF)具有体积小、重量轻、性能稳定、工作频率高(几兆赫至几吉赫)、通频带宽、特性一致性好、矩形系数接近于 1、抗辐射能力强、动态范围大等特点,因此它在通信、电视、卫星和宇航领域得到了广泛的应用。

声表面波滤波器是一种利用沿弹性固体表面传播机械振动波的器件。所谓声表面波,是指在压电固体材料表面产生和传播,且振幅随深入固体材料的深度增加而迅速减小的弹性波。它有两个特点:一是能量密度高,其中 90%的能量集中于厚度等于一个波长的表面层中;二是传播速度慢,在多数情况下,传播速度为 3 000~5 000 m/s。

声表面波滤波器结构示意图如图 2.3.7 所示。它以铌酸锂、锆钛酸铅和石英等压电材料为基片，利用真空蒸镀法在基片表面形成叉指形的金属膜电极，称为叉指电极。左端叉指电极为发端换能器，右端叉指电极为收端换能器。

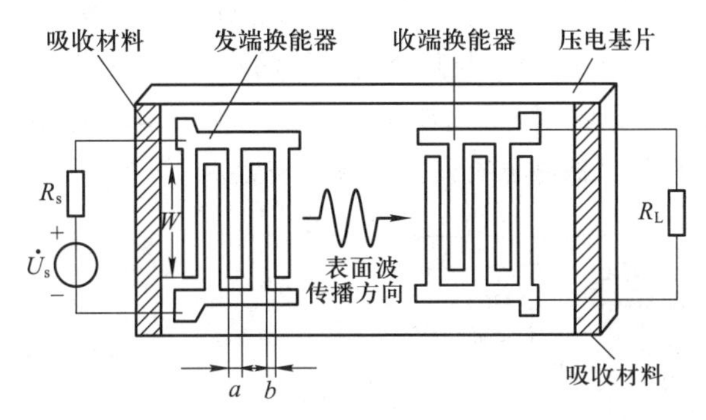

图 2.3.7　声表面波滤波器的基本结构

当把交流输入信号加到发端换能器上时，叉指间便产生交变电场，由于压电效应的作用，基片表面将产生弹性形变，激发出与输入信号同频率的声表面波，它沿着图中箭头方向，从发端沿基片表面向收端传播，到达收端后，由于压电效应的作用，由收端换能器将机械振动转变为叉指间的电信号，并传送给负载。

声表面波滤波器的中心频率、通频带等性能除与基片材料有关外，主要取决于叉指电极的几何尺寸和形状。只要合理设计叉指电极，就能获得预期的频率特性。实用的声表面波滤波器的矩形系数可小到 1.1，相对带宽可达 50%。

2.3.3　集中选频放大器应用举例

由宽带放大器与集中选频滤波器构成的集中选频放大器由于线路简单、选择性好、性能稳定、调整方便等优点，已广泛用于通信、电视等各种电子设备中。

由宽带放大器与集中选频滤波器构成集中选频放大器的连接方式有两种。常用的方法是集中选频滤波器放在宽带放大器之后，如图 2.3.1 所示。放大器与滤波器之间需要实现阻抗匹配。阻抗匹配不但能使放大器有较大的功率增益，也能使滤波器有正常的频率特性。这是因为滤波器的频率特性与其输入端、输出端所接阻抗有关，不匹配时就得不到预期的频率特性。另一种方法是集中选频滤波器放在宽带放大器之前，如图 2.3.8 所示。这种接法的特点是频带外的强干扰信号不会直接进入放大器，避免强干扰信号使放大器进入非线性状态产生新的干扰。但若选用的滤波器衰减较大时，进入放大器的信号就会较小，放大器输入端的信噪比变小。通常可在集中滤波器前加前置放大器，以提高信噪比。

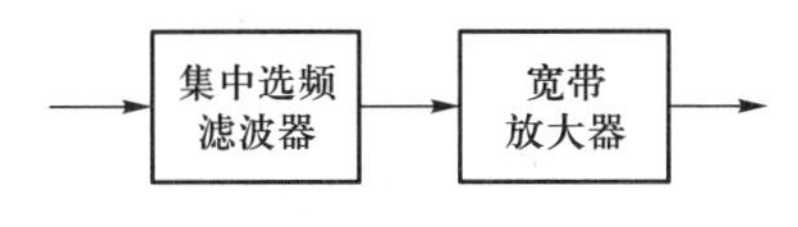

图 2.3.8　滤波器在前的选频放大器

图 2.3.9 所示为采用陶瓷滤波器组成的选频放大器。通过晶体管放大器与集成放大器之间的陶瓷滤波器,使其拥有必要的频带宽度。整个电路的增益由晶体管放大器的增益、陶瓷滤波器的插入损耗(是指输出信号相对于输入信号衰减的程度,常用分贝单位来衡量)和集成放大器的增益共同决定。图 2.3.9 中陶瓷滤波器的输入、输出阻抗均为 330 Ω,所以,晶体管放大器的集电极负载电阻取 330 Ω,使之与陶瓷滤波器的输入阻抗相匹配;由于集成放大器由多级差分放大电路组成,其差模输入阻抗比较高,故通过并联 330 Ω 电阻,使之与陶瓷滤波器输出阻抗相匹配。从而可以保证滤波器有良好的频率特性。

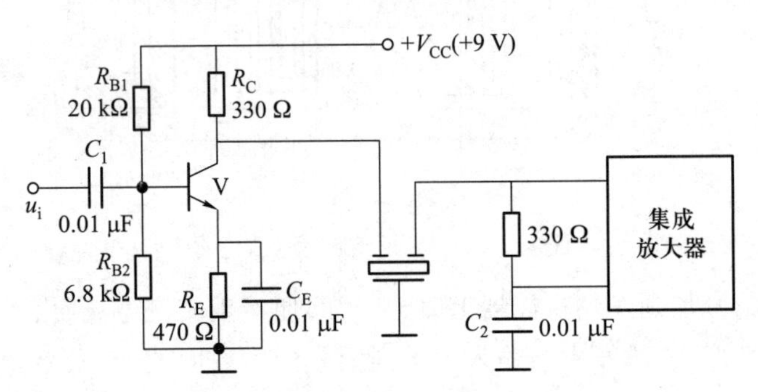

图 2.3.9 陶瓷滤波器选频放大器

图 2.3.10 所示为采用声表面波滤波器构成的集中选频放大器,用于电视机图像中频放大,图中 SAWF 为声表面波滤波器。由于 SAWF 插入损耗较大,所以在 SAWF 前加一级由晶体管构成的预中放电路,其输入端电感 L_1 与分布电容并联谐振于中心频率上。SAWF 输入、输出端并联匹配电感 L_2、L_3,用来抵消声表面波滤波器输入、输出端分布电容的影响,以实现良好的阻抗匹配。经过 SAWF 滤波的信号加至集成宽带主中放的输入端。图中 C_1、C_2、C_3 均为交流耦合电容,R_2、C_4 为电源去耦合滤波电路。

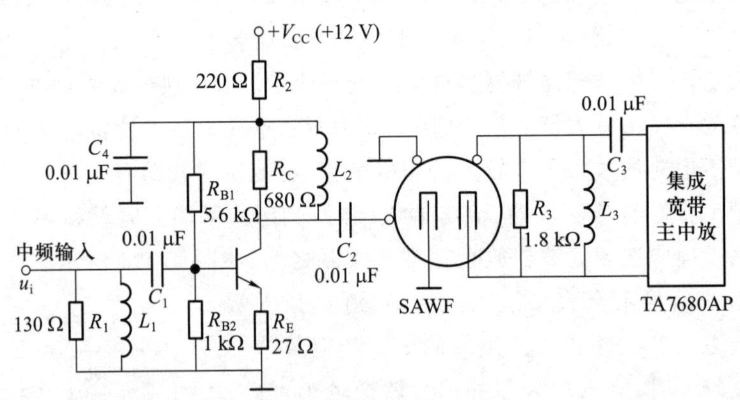

图 2.3.10 声表面波滤波器选频放大器

讨论题

2.3.1　如何才能使放大器在宽频带内的增益较平坦？

2.3.2　何谓压电陶瓷片的压电效应？压电陶瓷片等效电路有何特点？

2.3.3　说明声表面波滤波器的组成及工作特点。

2.3.4　集中选频放大器如何构成？它有什么优点？

2.3.5　使用滤波器时为什么要实现阻抗匹配？

随堂测验

2.3　随堂测验答案

2.3.1　填空题

1. 集中选频放大器由＿＿＿＿＿＿和＿＿＿＿＿＿组成，它的带宽取决于＿＿＿＿＿＿的带宽。

2. 压电陶瓷片具有＿＿效应和＿＿特性，它可用 LC 谐振回路来等效，在串联谐振频率时陶瓷片等效阻抗为＿＿，在并联谐振频率时陶瓷片等效阻抗为＿＿。

2.3.2　单选题

1. 下列所述特点中对声表面波滤波器不适用的是（　　）。

A. 矩形系数很小，接近于 1　　　B. 工作频率高

C. 由压电基片和叉指换能器组成　　　D. 制作复杂，成本高，使用很少

2. 构成集中选频放大器时要求集中选频滤波器（　　）。

A. 必须接于宽带放大器之后

B. 必须接于宽带放大器之前

C. 带宽应大于宽带放大器的带宽

D. 输入、输出端均应实现阻抗匹配

2.3.3　判断题

1. 采用频率补偿网络和负反馈是展宽放大器带宽的常用方法。（　　）

2. 声表面波滤波器是利用机械振动产生的声波，在压电基片表面的传播来达到滤波效果的器件。（　　）

2.4　低噪声放大器

低噪声放大器（low noise amplifier，LNA）位于接收机的前端，用来对所接收的微弱信号进行放大。由于放大器内部存在噪声，它会影响放大器对微弱信号的放大能力，以至于影响到接收机的灵敏度。所以对于低噪声放大器来说，除满足稳定性和增益等指标以外，还特别要求其噪声系数小（即放大器本身产生的噪声功率小）。

2.4.1　放大器噪声的来源

放大器的内部噪声主要是由电阻等有耗元件和晶体管、场效应管等电子元器件所产生的。

一、电阻热噪声

一个电阻两端没有外加电源，用普通的电表去测量它的电流或端电压，读数都为零。但是，如果把该电阻接到一个高灵敏度不产生噪声的理想放大器的输入端，在放大器的输出端用示波器进行观察，就可以看到一个忽大忽小、忽正忽负、不断起伏的波形，如图 2.4.1 所示。这种现象说明，一个电阻器即使没有外加电源，它的两端仍然存在着一定的交变电压，这就是电阻所产生的噪声电压。

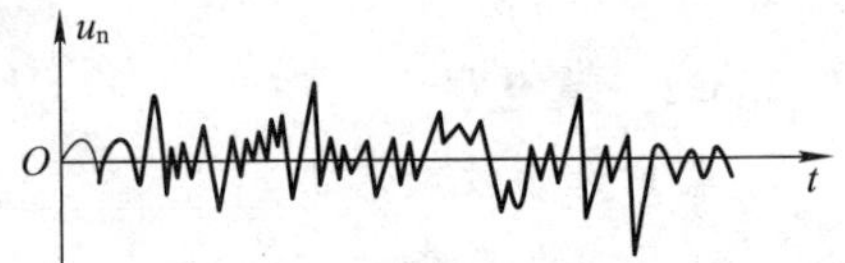

图 2.4.1　电阻噪声电压波形

由于电阻体内的自由电子在一定温度下总是处于无规则的热运动状态，这种运动的方向和速度都是随机的，但温度越高，自由电子的运动就越剧烈。就一个电子来说，它的一次运动过程，就会在电阻内部产生一个窄脉冲电流，大量的热运动电子所产生的无数个窄脉冲电流相叠加，就形成了电阻的噪声电流。噪声电流在电阻内流通，电阻两端就产生了如图 2.4.1 所示波形的噪声电压。由于这种噪声是自由电子的热运动所产生的，通常把它称为电阻热噪声。由于各个脉冲电流的极性、大小和出现的时间是随机的，因此，合成的噪声波形在每个瞬时的数值是无法确定的，就一段时间看，出现正、负电压的概率相同，因而电阻两端的平均电压为零。但是电子作热运动要消耗功率，因此，当温度一定时，由这种热运动产生的噪声功率是一定的。

实验和理论分析证明，电阻热噪声作为一种起伏噪声，它具有极宽的频谱，从零频开始，一直延伸到 $10^{13}\sim10^{14}$ Hz 以上的频率，而且它的各个频率分量的强度是相等的。这种频谱和光学中白色的光谱类似，因为后者为一个包括所有可见光谱的均匀连续光谱，相应地，人们就把这种具有均匀连续频谱的噪声称为白噪声。

尽管电阻的热噪声频谱很宽，但在放大器中，只有位于放大器通频带内那一部分噪声才能通过或得到放大，所以电阻的噪声是很小的，只有放大器的放大量很大，有用信号又很小，它才有可能成为影响信号质量的重要因素，而且频带越宽、温度越高、阻值越大，产生的噪声也就越大。

根据概率统计理论，起伏噪声电压的强度可以用其均方值表示，阻值为 R 的电阻两端的噪声电压均方值为

$$\overline{u_n^2}=4kTRB \tag{2.4.1}$$

式中 $k=1.38\times10^{-23}$ J/K 为玻尔兹曼常量；T 为热力学温度（单位：K），当环境摄氏温度为 t（单位：℃）时，$T(\text{K})=t(℃)+273$；B 为测量此噪声电压的频带宽度（单位：Hz）。为了与信号电压

相类比，有时也引入“噪声电压有效值”的概念，用$\sqrt{\overline{u_n^2}}$表示，其单位也是“V”。它与正弦电压有效值不同，不反映噪声电压实际起伏的大小，是折算出来的一个平均值。

为了便于对电路的噪声进行分析，实用电阻可用一个理想无噪声电阻和一个均方值为$\overline{u_n^2}$的噪声电压源相串联的电路来等效，如图 2.4.2(a)所示。根据戴维南定理也可用一个理想电导 $G=\frac{1}{R}$和一个均方值为$\overline{i_n^2}$的噪声电流源相并联的电路来等效，如图 2.4.2(b)所示。图中理想无噪声电阻的阻值与实际电阻的阻值相同。由电路理论可知，若把电阻 R 的热噪声作为信号源，接匹配负载($R_L=R$)时输出的最大功率称为该电阻的额定噪声功率，其值为

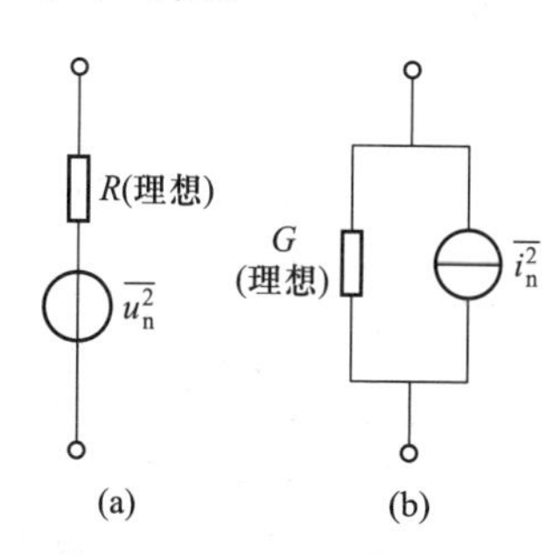

图 2.4.2　电阻热噪声等效电路

(a) 热噪声电压源　(b) 热噪声电流源

$$P_{nm}=\frac{\left(\sqrt{\overline{u_n^2}}/2\right)^2}{R_L}=\frac{\overline{u_n^2}}{4R_L}=\frac{4kTRB}{4R}=kTB \tag{2.4.2}$$

P_{nm}是有噪电阻能给负载的最大噪声功率，它与电阻本身的大小无关，仅与温度和系统带宽有关。

二、晶体管的噪声

晶体管的噪声一般比电阻热噪声大，它有下列四种来源：

(1) 热噪声。和电阻相同，晶体管三个中性区的体电阻及相应的引线电阻均会产生热噪声。其中尤以 $r_{bb'}$ 的热噪声影响最大，相比之下，其他部分体电阻及引线电阻的热噪声均可略去。

(2) 散粒噪声。散粒噪声是晶体管的主要噪声源。由于单位时间内通过 PN 结的载流子数目随机起伏，使得通过 PN 结的电流在平均值上下作不规则的起伏变化而形成噪声，称为散粒噪声。散粒噪声在本质上和电阻热噪声相似，它也属于均匀频谱的白噪声。

晶体管有两个 PN 结，当管子处于放大状态时，发射结为正向偏置，通过比较大的正向发射电流 I_E 而产生较大的散粒噪声，集电结产生的散粒噪声比较小，可忽略不计。

(3) 分配噪声。晶体管发射区中的多数载流子注入基区内，大部分到达集电极，成为集电极电流，而小部分在基区内被复合，形成基极电流。这两部分电流的分配比例是随机的(从平均意义上来讲是确定的)，因而造成通过集电结的电流在静态值上下起伏变化，引起噪声，把这种噪声称为分配噪声。

(4) 闪烁噪声。闪烁噪声又称 $1/f$ 噪声，其特点是频谱集中在低频范围内且功率谱密度与频率近似成反比，在高频工作时通常不考虑它的影响。

三、场效应管的噪声

场效应管的噪声主要有沟道热噪声、栅极感应噪声、闪烁噪声和栅极散粒噪声等。沟道热噪声是由导电沟道电阻产生的噪声。栅极感应噪声是沟道中的起伏噪声通过沟道和栅极之间

电容的耦合，在栅极上产生的噪声。工作频率越高，该噪声的影响就越大。闪烁噪声与晶体管一样，它主要影响低频段的噪声。散粒噪声是由于栅极内电荷不规则起伏引起的，其影响较小。一般而言，场效应管的噪声比晶体管的小。

2.4.2　放大器的噪声系数与等效噪声温度

一、信噪比和噪声系数

1. 信噪比

噪声的有害影响不在于噪声电平绝对值的大小，而在于信号与噪声的相对大小。当信号电平远大于噪声电平，则噪声的有害影响就可以略去；当有用信号非常微弱，其值可与叠加在其上的噪声强度相比拟时，噪声的影响将会相当严重，甚至信号会被噪声淹没。为此常用信号和噪声功率之比来衡量噪声的影响。因而定义：在指定的频带内，电路同一端口信号功率 P_s 与噪声功率 P_n 之比称为信噪比 S/N，即

$$\frac{S}{N}=\frac{P_s}{P_n} \tag{2.4.3}$$

用分贝表示

$$\frac{S}{N}(\mathrm{dB})=10\lg\frac{P_s}{P_n} \tag{2.4.4}$$

信噪比越大，噪声的影响就越小。信噪比的最小允许值取决于具体应用设备的要求。

2. 噪声系数

当信号通过放大器后，由于放大器本身会产生新的噪声，其输出端的信噪比必然小于输入端的信噪比，使输出信号的质量变坏。由此可见，通过输出端信噪比相对于输入端信噪比的变化，可以明确地反映放大器的噪声性能，从而引入噪声系数这一性能指标。它定义为输入端的信噪比 $(P_s/P_n)_i$ 和输出端的信噪比 $(P_s/P_n)_o$ 的比值，用 N_F 表示，即

$$N_F=\frac{(P_s/P_n)_i}{(P_s/P_n)_o}=\frac{P_{si}/P_{ni}}{P_{so}/P_{no}} \tag{2.4.5}$$

用分贝表示

$$N_F=10\lg\frac{P_{si}/P_{ni}}{P_{so}/P_{no}}=10\lg(P_{si}/P_{ni})-10\lg(P_{so}/P_{no}) \tag{2.4.6}$$

式中，P_{si} 和 P_{ni} 分别为放大器输入端的信号功率和噪声功率，P_{so} 和 P_{no} 分别为放大器输出端的信号功率和噪声功率。

噪声系数 N_F 表示信号从放大器的输入端传到输出端时，信噪比下降的程度，所以实用放大器的 N_F 总是大于 1 的，只有理想无噪放大器的噪声系数才有可能为 1(即 0 dB)。必须指出，噪声系数只适用于线性电路或准线性电路。由于非线性电路中信号与噪声、噪声与噪声之间会相互作用，使输出端的信噪比更加恶化，因此，噪声系数对非线性电路不适用，混频器虽然

是非线性电路，但它对信号而言，只是频谱的搬移，可以认为是准线性电路。

例 2.4.1 已知某放大器输入信号功率 $P_{si}=2\ \mu W$，输入噪声功率 $P_{ni}=0.02\ pW$，输出信号功率 $P_{so}=200\ \mu W$，输出噪声功率 $P_{no}=8\ pW$，试求放大器输入端、输出端信噪比及噪声系数。

解：输入端信噪比为

$$\left(\frac{P_s}{P_n}\right)_i=\frac{2\times10^{-6}}{0.02\times10^{-12}}=100\times10^6(80\ dB)$$

输出端信噪比为

$$\left(\frac{P_s}{P_n}\right)_o=\frac{200\times10^{-6}}{8\times10^{-12}}=25\times10^6(74\ dB)$$

因此，放大器的噪声系数为

$$N_F=\frac{(P_s/P_n)_i}{(P_s/P_n)_o}=\frac{100\times10^6}{25\times10^6}=4(6\ dB)$$

上述计算结果说明，放大器输出端的信噪比为输入端信噪比的 1/4（即信噪比下降6 dB）。

实际上，线性放大器输出端噪声功率由两部分组成，一部分是输入端噪声通过放大器后在输出端产生的噪声功率，另一部分是线性放大器本身产生的噪声在输出端呈现的噪声功率 P_{nA}。当放大器的功率增益 $A_p=P_{so}/P_{si}$时，则有

$$P_{no}=A_pP_{ni}+P_{nA} \tag{2.4.7}$$

放大器的噪声系数也可定义为放大器输出端总噪声功率与输入端噪声通过放大器后在输出端产生的噪声功率之比，即

$$N_F=\frac{P_{no}}{A_pP_{ni}}=1+\frac{P_{nA}}{A_pP_{ni}} \tag{2.4.8}$$

式（2.4.8）表明，放大器的噪声系数与放大器内部噪声、输入噪声功率及放大器功率增益有关，而与输入信号的大小无关。

由于 $A_p=P_{so}/P_{si}$，所以式（2.4.8）也可写成

$$N_F=\frac{P_{no}}{A_pP_{ni}}=\frac{P_{no}}{\dfrac{P_{so}}{P_{si}}P_{ni}}=\frac{P_{si}/P_{ni}}{P_{so}/P_{no}}$$

与式（2.4.5）相同。

二、等效噪声温度

除了噪声系数，也常用等效噪声温度来衡量系统的噪声性能。考虑任意一个电阻为 R 的白噪声功率源，该白噪声源在温度 T 时输出的额定噪声功率 $P_{nm}=kTB$，则等效噪声温度定义为

$$T=\frac{P_{nm}}{kB} \tag{2.4.9}$$

式中 B 为系统的带宽。

把放大器的内部噪声折算到输入端,看成由温度为 T_e 的信号源内阻 R_s 所产生,则 T_e 就称为该放大器的输入端等效噪声温度。如果放大器的额定功率增益①为 A_{pm},带宽为 B,放大器内部噪声在输出端呈现的噪声功率为 P_{nAm},则其输入端等效噪声温度等于

$$T_e=\frac{P_{nAm}}{A_{pm}kB} \tag{2.4.10}$$

若放大器输入额定噪声功率 $P_{nim}=kT_0B$,则放大器输出端的噪声总功率为

$$\begin{aligned}P_{nom}&=A_{pm}P_{nim}+P_{nAm}\\&=A_{pm}kT_0B+A_{pm}kT_eB=A_{pm}kB(T_0+T_e)\end{aligned} \tag{2.4.11}$$

因此放大器输入端总的等效噪声温度为 (T_0+T_e),式中 $T_0=290\ \mathrm{K}$ 为标准室温。

根据式(2.4.8)的定义,可以得到等效噪声温度和噪声系数的关系为

$$\left.\begin{aligned}N_F&=\frac{A_{pm}k\ B(T_0+T_e)}{A_{pm}k\ BT_0}=1+\frac{T_e}{T_0}\\T_e&=(N_F-1)T_0\end{aligned}\right\} \tag{2.4.12}$$

式(2.4.12)表明,对理想的无噪声放大器,由于 $N_F=1$,则其等效噪声温度 $T_e=0$;N_F 越大,电路的等效噪声温度越大。等效噪声温度和噪声系数都能用来表达电路的噪声性能,两者没有本质的区别。通常,当电路内部噪声较大时,采用噪声系数比较方便;但当内部噪声较小时,噪声系数难以准确描述放大器的噪声性能,此时采用等效噪声温度较为合适。

三、多级放大器的噪声系数

两级放大器级联在一起,如图 2.4.3 所示。第一级放大电路的额定功率增益为 A_{pm1},噪声系数为 N_{F1},等效噪声温度为 T_{e1};第二级放大电路的额定功率增益为 A_{pm2},噪声系数为 N_{F2},等效噪声温度为 T_{e2}。输入端信号源内阻产生的热噪声功率 $P_{nim}=kT_0B$,第一级放大器输出的噪声功率为 P_{nom1},第二级放大器输出的噪声功率,即为两级总的输出噪声功率 P_{nom}。

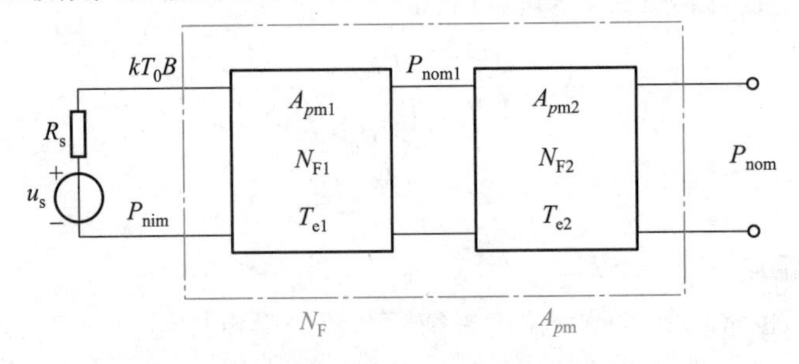

图 2.4.3 两级放大器的总噪声系数

① 输入端和输出端均阻抗匹配,即 $R_s=R_i$、$R_o=R_L$ 时,放大器的功率增益称为额定功率增益,其大小与源电阻和负载电阻无关。

由式(2.4.11)可写出第一级放大器的输出噪声功率为

$$P_{\text{nom1}}=A_{pm1}kB(T_0+T_{\text{e1}})$$

所以,两级总输出噪声功率为

$$\begin{aligned}P_{\text{nom}}&=A_{pm2}P_{\text{nom1}}+A_{pm2}kT_{\text{e2}}B\\&=A_{pm1}A_{pm2}kB\left(T_0+T_{\text{e1}}+\frac{T_{\text{e2}}}{A_{pm1}}\right)=A_{pm}kB(T_0+T_{\text{e}})\end{aligned}\tag{2.4.13}$$

式中 $A_{pm}=A_{pm1}A_{pm2}$ 是两级放大电路的总增益,$T_{\text{e}}=T_{\text{e1}}+\dfrac{T_{\text{e2}}}{A_{pm1}}$ 是两级放大电路的等效噪声温度。

根据式(2.4.12)可得两级放大电路的总噪声系数为

$$N_{\text{F}}=1+\frac{T_{\text{e}}}{T_0}=1+\frac{T_{\text{e1}}+\dfrac{T_{\text{e2}}}{A_{pm1}}}{T_0}=N_{\text{F1}}+\frac{N_{\text{F2}}-1}{A_{pm1}}\tag{2.4.14}$$

对于 n 级放大器级联的系统,由式(2.4.14)不难推出其总的噪声系数为

$$N_{\text{F}}=N_{\text{F1}}+\frac{N_{\text{F2}}-1}{A_{pm1}}+\frac{N_{\text{F3}}-1}{A_{pm1}A_{pm2}}+\cdots+\frac{N_{\text{F}n}-1}{A_{pm1}A_{pm2}\cdots A_{pm(n-1)}}\tag{2.4.15}$$

式(2.4.15)说明多级放大器的噪声系数主要由前级的噪声系数所确定,前级噪声系数越小,额定功率增益越高,则多级放大器的噪声系数就越小。

例 2.4.2 图 2.4.3 所示两级放大器中,$N_{\text{F1}}=3\ \text{dB}$、$A_{pm1}=20\ \text{dB}$,$N_{\text{F2}}=5\ \text{dB}$、$A_{pm2}=10\ \text{dB}$,试求:两级放大器的总噪声系数和总功率增益;若将两级放大器位置互换,再求总噪声系数和总功率增益。

解: 将噪声系数和功率增益由分贝数转换成数值,有

$$N_{\text{F1}}=10^{0.3}=2,A_{pm1}=10^2=100$$

$$N_{\text{F2}}=10^{0.5}=3.16,A_{pm2}=10^1=10$$

两种级联方式下总功率增益相同,$A_{pm}=20\ \text{dB}+10\ \text{dB}=30\ \text{dB}$,根据式(2.4.14)可求得两种级联方式下的总噪声系数分别为

(1) $N_{\text{F}}=N_{\text{F1}}+\dfrac{N_{\text{F2}}-1}{A_{pm1}}=2+\dfrac{3.16-1}{100}=2.021\,6$

(2) $N_{\text{F}}=N_{\text{F2}}+\dfrac{N_{\text{F1}}-1}{A_{pm2}}=3.16+\dfrac{2-1}{10}=3.26$

虽然两种级联方式下的总功率增益相同,但总噪声系数是不一样的。在各级功率增益相同的情况下,需要把噪声系数小的放在前端。当各级放大电路的功率增益不同时,必须进行比较计算才能确定级联方式。在放大电路级联的次序上,可以依据噪声测度系数进行设计。放大器的噪声测度系数定义为

$$M=\frac{N_F-1}{1-\frac{1}{A_p}} \tag{2.4.16}$$

如果某级放大器具有较小的噪声测度系数，则应当优先放在系统的前端。

例 2.4.3 图 2.4.4 所示为一接收机前端电路框图。接收信号经过传输线送至混频器，然后由中频放大器放大。试求整个接收机的噪声系数。

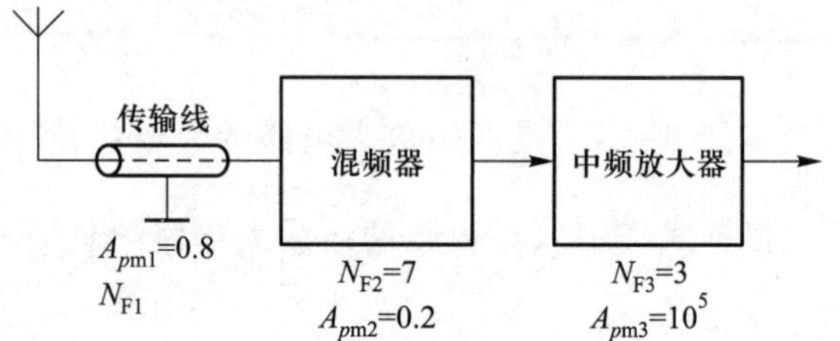

图 2.4.4　接收机前端电路框图

解： 传输线为无源网络。当无源网络输入、输出端均匹配时，其输入额定噪声功率将满足

$$P_{nim}=P_{nom}=kT_0B$$

根据式(2.4.8)噪声系数定义可得到无源网络的噪声系数为

$$N_F=\frac{1}{A_{pm}} \tag{2.4.17}$$

式(2.4.17)说明无源网络的噪声系数等于其额定功率传输系数的倒数。这是因为产生网络噪声的有损元件，正是导致网络传输信号衰减的因素，而在有源网络中，功率增益与有功损耗则不构成直接的关系。所以传输线的噪声系数 N_{F1} 等于

$$N_{F1}=\frac{1}{A_{pm1}}=\frac{1}{0.8}=1.25$$

因此，接收机的噪声系数 N_F 为

$$N_F=N_{F1}+\frac{N_{F2}-1}{A_{pm1}}+\frac{N_{F3}-1}{A_{pm1}A_{pm2}}$$

$$=1.25+\frac{7-1}{0.8}+\frac{3-1}{0.8\times0.2}=21.25$$

四、接收机的灵敏度

噪声系数除用来衡量线性放大电路的噪声性能外，还可用来估计接收机接收微弱信号的能力，称为接收灵敏度。

接收机的灵敏度是指在保证必要的输出信噪比条件下，接收机输入端所需的最小有用信号功率，该信号功率越低，则接收灵敏度越高，表示接收微弱信号的能力越强。

根据噪声系数的定义，由式(2.4.5)可得接收机所需最小有用信号功率，即接收机灵敏度为

$$P_{si(min)}=\frac{P_{so}}{P_{no}}N_FP_{ni}$$

在接收机输入阻抗与信号源内阻匹配时，$P_{ni}=kTB$，所以

$$P_{si(min)}=\frac{P_{so}}{P_{no}}N_F kTB \tag{2.4.18}$$

式中，(P_{so}/P_{no})为接收机输出端允许的最小信噪比；B 为接收机的噪声带宽，可用接收机通道带宽计算；N_F应为接收机前端电路（高放、混频和中放）的总噪声系数。

从式(2.4.18)可知，要提高接收机灵敏度，就必须降低噪声系数 N_F和减小通道带宽（主要指中频带宽）。

与接收最小有用信号功率相对应，接收端最小信号电压（也称为最小可检测信号电压）为

$$U_{si(min)}=2\sqrt{R_i P_{si(min)}} \tag{2.4.19}$$

式中，R_i 为接收机输入电阻。

例 2.4.4 一个输入电阻为 50 Ω 的接收机，前端电路的噪声系数 $N_F=6$ dB，通频带为 1 MHz，当要求输出信噪比为 10 dB，在室温 17 ℃时，试求接收机的最小有用信号功率和电压各为多少？

解： 由于 $N_F=6$ dB，所以转化为倍数后 $N_F=10^{0.6}=3.98$。

由于 $10\lg(P_{so}/P_{no})=10$ dB，所以转化为倍数后 $P_{so}/P_{no}=10^1=10$。

因此，由式(2.4.18)可得接收机最小有用信号功率为

$$\begin{aligned}P_{si(min)}&=10\times3.98\times1.38\times10^{-23}\times290\times10^{6}\ \text{W}\\&=1.59\times10^{-13}\ \text{W}=1.59\times10^{-10}\ \text{mW}\end{aligned}$$

若用 1 mW 作为参考值，则可将上面的数值转化为分贝值 dBm 表示

$$P_{si(min)}=10\lg(1.59\times10^{-10}\ \text{mW}/1\ \text{mW})=-98\ \text{dBm}$$

由式(2.4.19)可得接收机最小有用信号电压为

$$U_{si(min)}=2\times\sqrt{50\times1.59\times10^{-13}}\ \text{V}=5.64\ \mu\text{V}$$

2.4.3 低噪声放大器的设计

一、对低噪声放大器的要求

低噪声放大器主要用于微弱信号的放大。对于低噪声放大器的主要要求是：

（1）噪声系数小。由于低噪声放大器位于接收机的最前端，在天线与混频电路之间，根据系统总噪声系数的关系式可知，第一级噪声系数对于系统噪声影响最大，要降低系统的噪声系数，必须降低第一级的噪声系数。因此要求低噪声放大器噪声系数越小越好。

（2）功率增益高。增益高可以克服后级放大电路的噪声，但增益不能太高，否则大信号输入混频器会产生非线性失真。

（3）动态范围大。动态范围是指接收机能保证输出信号质量的情况下，最大和最小输入电平的范围。由于接收机接收信号的多径衰落和各种强干扰信号的影响，接收到的信号微弱且强度变化大，故要求低噪声放大器要有足够大的线性范围。

(4) 与信号源很好地匹配。低噪声放大器的前一级通常是射频无源滤波器,这种滤波器的传输特性对其负载较敏感。

(5) 足够的带宽,工作稳定可靠。

二、降低噪声系数的措施

1. 选用低噪声器件和元件

放大电路中,电子器件的内部噪声系数影响很大,低噪声放大器中应尽量选用低噪声半导体器件。对于信号源内阻很高的场合,选用场效应管往往效果比较好,电路中的电阻元件宜选用金属膜电阻。

2. 选择合适的晶体管放大器的直流工作点

因为晶体管放大器的噪声系数与晶体管的直流工作点有较大的关系,合理设置直流工作点,有助于降低晶体管的噪声。

3. 选择合适的信号源内阻

放大器的噪声系数与信号源内阻有关,当信号源内阻为某一特定值时,N_F可达到最小值,此时称为最佳噪声匹配。低噪声放大器与信号源应尽量做到阻抗匹配和噪声匹配。阻抗匹配是为了获得大的功率传输,减小由于不匹配而引起的能量反射;噪声匹配是为了获得小的噪声系数。由于低噪声放大器处于接收机的前端,噪声性能是主要的,因此,通常以噪声匹配为主,同时兼顾阻抗匹配。在较低频率工作时,常采用共发射极电路作为输入级,而在较高频率工作时常采用共基极电路作为输入级。为了兼顾低噪声、高增益和工作稳定性方面的要求,低噪声放大器可采用共射-共基级联放大电路。

4. 选择合适的工作带宽

噪声电压与工作带宽有关,放大器带宽增大时内部噪声也增大,因此必须选择合适的工作带宽,使之满足通过时刚好不产生失真为宜,即带宽不宜过窄和过宽。

5. 降低放大器的工作温度

热噪声是内部噪声的主要来源之一,对于灵敏度要求特别高的接收机,低噪声放大器可采用降低放大器的工作温度来减小噪声。

三、利用反射系数设计低噪声放大器①

两端口放大器的噪声系数以导纳形式表示为

$$N_F = F_{min} + \frac{r_n}{g_S}\left|Y_S - Y_{opt}\right|^2 \tag{2.4.20}$$

式中各参数的定义如下:

$r_n = \dfrac{R_n}{Z_0}$为两端口网络的归一化等效噪声阻抗;

① 有关反射系数的内容参阅本章附录。

$Y_S=g_S+jb_S$为以反射系数 Γ_S表示的归一化源导纳；

$Y_{opt}=g_{opt}+jb_{opt}$表示得出最小噪声系数时的最佳源导纳；

F_{min}表示当 $Y_S=Y_{opt}$时获得的晶体管的最小噪声系数。

由于 S 参数更适合于高频电路设计，因此用反射系数 Γ_S和 Γ_{opt}来代替导纳 Y_S和 Y_{opt}，其中

$$Y_S=\frac{1-\Gamma_S}{1+\Gamma_S} \tag{2.4.21}$$

$$Y_{opt}=\frac{1-\Gamma_{opt}}{1+\Gamma_{opt}} \tag{2.4.22}$$

将式(2.4.21)和式(2.4.22)代入式(2.4.20)后整理得

$$N_F=F_{min}+\frac{4r_n\left|\Gamma_S-\Gamma_{opt}\right|^2}{(1-\left|\Gamma_S\right|^2)\left|1+\Gamma_{opt}\right|^2} \tag{2.4.23}$$

Γ_{opt}、F_{min}和 R_n称为器件的噪声参量，通常由生产厂家给出，也可通过测量得到。

若源端满足 $\Gamma_S=\Gamma_{opt}$时，则可得到最小噪声系数。本章附录指出为了得到最大增益需满足 $\Gamma_S=\Gamma_{IN}^*$、$\Gamma_L=\Gamma_{OUT}^*$。对于一个放大器，通常不可能同时获得最大增益和最小噪声系数，所以必须进行折中考虑。

例 2.4.5 某放大电路工作于 1 GHz，$Z_0=50\ \Omega$，使用的金属半导体场效应管(MESFET)的参数为

$$S=\begin{bmatrix}0.7\angle -155^\circ & 0\\ 5.0\angle 180^\circ & 0.51\angle -20^\circ\end{bmatrix}$$

$F_{min}=1.2$ dB，$\Gamma_{opt}=0.5\angle 140^\circ$，$R_n=40\ \Omega$，假设源和负载的阻抗均为 50 Ω。

试问：(1) 该放大电路是否稳定？

(2) 在放大电路取得最小噪声系数时，源阻抗需匹配到多少？

(3) 在取得最小噪声系数的同时，为了获得最大功率增益，负载阻抗需匹配到多少？

解： 由 S 参数可知 $S_{12}=0$，此为单向传输情况。

(1) 由 K 和 Δ 的定义，则

$$|\Delta|=|S_{11}S_{22}-S_{12}S_{21}|=0.357<1$$

$$S_{12}=0,K\to\infty$$

所以该放大电路是绝对稳定的。

(2) 由式(2.4.23)可知，当 $\Gamma_S=\Gamma_{opt}$时，则可得到最小噪声系数 $F_{min}=1.2$ dB 。由 $\Gamma_S=\dfrac{Z_S-Z_0}{Z_S+Z_0}=0.5\angle 140^\circ$，求得 $Z_S=(18.6+j15.9)\ \Omega$，因此需将源端阻抗匹配到(18.6+j15.9) Ω。

(3) 因为 $S_{12}=0$，所以在负载端需满足 $\Gamma_L=S_{22}^*$才可得到最大功率增益。由 $\Gamma_L=\dfrac{Z_L-Z_0}{Z_L+Z_0}=0.51\angle 20^\circ$，求得 $Z_L=(122.7+j57.8)\ \Omega$，因此需将负载阻抗匹配到(122.7+j57.8) Ω。

讨论题

2.4.1 放大器内部噪声主要来源有哪些？它对放大器性能有何影响？

2.4.2 电阻热噪声有何特性？如何描述？

2.4.3 何谓信噪比？噪声系数是如何定义的？

2.4.4 何谓等效噪声温度？它和噪声系数有何关系？

2.4.5 多级放大器的噪声系数如何计算？如何降低多级放大器的噪声系数？

2.4.6 低噪声放大器有何特点？

2.4.7 放大器能否同时取得最小噪声系数和最大增益？

随堂测验

2.4 随堂测验答案

2.4.1 填空题

1. 电阻热噪声由电阻体内________________而产生，它的大小随________的升高而________，随电阻阻值的增大而________。

2. 晶体管的噪声主要有________噪声、______噪声、______噪声和______噪声。

3. 信噪比是指电路同一端口的____功率与____功率之比，其值越大，噪声的影响就____。

4. 放大器的噪声系数是指放大器____信噪比与____信噪比的比值，实际放大器的噪声系数总是大于__，但要求其____越好。

2.4.2 单选题

1. 多级放大器的噪声系数(　　)。

A. 等于各级噪声系数的乘积　　B. 等于各级噪声系数之和

C. 决定于末级噪声系数　　D. 决定于前级噪声系数

2. 晶体管放大器的噪声系数 N_F 与信号源内阻 R_S 之间的关系是(　　)。

A. R_S 越大，N_F 越小　　B. R_S 越小，N_F 越大

C. R_S 满足功率匹配要求，N_F 最小　　D. R_S 满足噪声匹配要求，N_F 最小

2.4.3 判断题

1. 放大器噪声系数说明信号从放大器输入端传到输出端时，信噪比下降的程度。噪声系数越大，放大器内部产生的噪声越大，输出端信噪比下降越多。(　　)

2. 多级放大器中第一级放大器的噪声系数越小，且额定功率增益越大，则总的噪声系数越小，但总是大于第一级放大器的噪声系数。(　　)

3. 放大器输入信号功率越大，放大器的内部噪声影响越小，则放大器的噪声系数就越小。(　　)

附录 2　传输线、Smith 圆图和 S 参数

电路中信号的工作频率越高，元件的分布参数特性越明显，用于分析集中参数电路的理论将不再适用，需要采用传输线理论进行分析；在频率很高的情况下，阻抗匹配是很重要的问题，常借助于 Smith 圆图工具来完成。

一、传输线基本理论

在信号频率很高或导线很长时，即信号波长和导线的长度可以相比拟的情况下，同一时刻导线的不同位置将有不同的电压和电流，这种条件下的导线被称为传输线。传输线经常用双线来示意。图 A2.1 显示了集中参数和分布参数情况下信号传递的不同：集中参数条件下平行双线被忽略阻抗；而在分布参数电路中，导线阻抗不再可以被忽略，而是沿着每一极小长度同时表现出电阻、电感、电容、电导效应。此时的平行双线就是传输线，被作为一种电路元件进行处理，它完全利用其分布参数工作。在该传输线的始端加上激励电压时，平行双线中就有大小相等方向相反的电流流过。如果激励电压是时变的，则沿传输线上的电压和电流既是时间的函数，也是空间的函数，按照①→②→③的顺序进行。

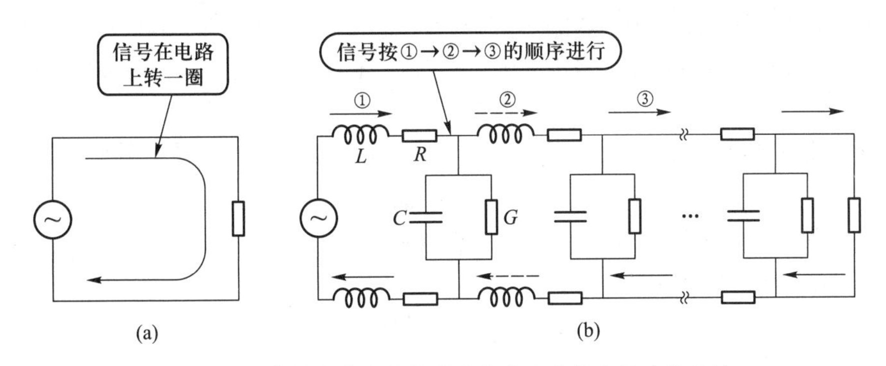

图 A2.1　信号在集中参数电路与分布参数电路中的传输

(a) 集中参数电路　(b) 分布参数电路

1. 传输线上电压、电流的分布

图 A2.1(b)中的电路同一时刻各节点的电压、电流是不同的。为了分析方便，画出其中两节点之间等效电路如图 A2.2 所示，因为 $\Delta z \to 0$，其与工作波长相比很小，可以利用基尔霍夫定律列出电压、电流方程①，进而求解出线路上 z 点的电压和电流的表示式：

$$U(z)=U_0^+ e^{-\gamma z}+U_0^- e^{\gamma z} \tag{A2.1a}$$

$$I(z)=I_0^+ e^{-\gamma z}+I_0^- e^{\gamma z} \tag{A2.1b}$$

① 参阅参考文献 11 第 223 页。

其中 U_0^+、U_0^-、I_0^+、I_0^- 是待定系数，需根据源端或负端或其他边界条件才可确定；$\gamma=\alpha+\mathrm{j}\beta=\sqrt{(R+\mathrm{j}\omega L)(G+\mathrm{j}\omega C)}$，$\gamma$ 为复传播常数，它是频率的函数，α 是单位长度上的衰减系数（若传输线是无耗的，即 $R=G=0$，则 $\alpha=0$），β 为单位长度的相移常数（单位：rad/m）；R、L、G、C 为单位长度传输线的等效分布电阻、分布电感、分布电导和分布电容，它们由传输线的构造与尺寸决定。

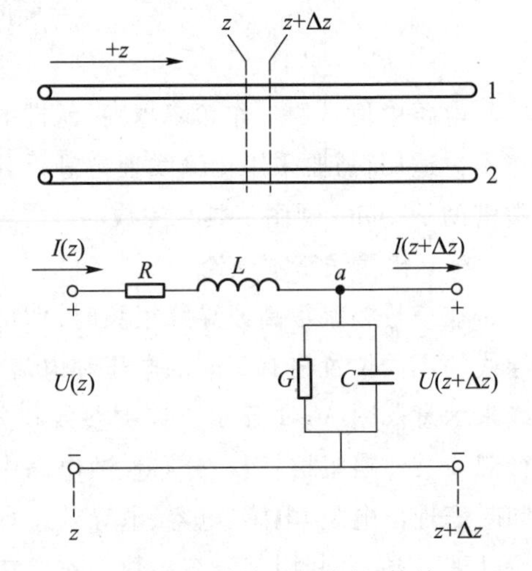

图 A2.2　传输线的分割、等效

式（A2.1a）和（A2.1b）省略了时间因子，描述的是电压、电流关于空间的分布。若考虑时间因子，则可写出 z 点的瞬时电压、电流表达式：

$$u(z,t)=R_{\mathrm{e}}[U(z)\mathrm{e}^{\mathrm{j}\omega t}]=U_0^+\cos(\omega t-\gamma z)+U_0^-\cos(\omega t+\gamma z) \tag{A2.1c}$$

$$i(z,t)=R_{\mathrm{e}}[I(z)\mathrm{e}^{\mathrm{j}\omega t}]=I_0^+\cos(\omega t-\gamma z)+I_0^-\cos(\omega t+\gamma z) \tag{A2.1d}$$

传输线上电压、电流的表示式中包含两项，第一项代表沿 $+z$ 方向的传播，也称为入射波（从信号源向负载方向），第二项代表沿 $-z$ 方向的传播，也称反射波。U_0^+、I_0^+代表 z 处沿 $+z$ 方向的振幅，U_0^-、I_0^-代表沿 $-z$ 方向的振幅。既有正向的传输，又有反向的传输，这是与集中参数电路的显著不同。

在分析传输线电路时，特征阻抗 Z_0 是非常重要的参数，这里直接给出其定义：

$$Z_0=\sqrt{\frac{R+\mathrm{j}\omega L}{G+\mathrm{j}\omega C}} \tag{A2.2}$$

当线路损耗很小，即 R 和 G 很小时，

$$Z_0\approx\sqrt{\frac{L}{C}} \tag{A2.3}$$

若传输线是理想无耗的，则上式取等号。进一步推导后①，还可以得到

$$\frac{U_0^+}{I_0^+}=Z_0=\frac{-U_0^-}{I_0^-} \tag{A2.4}$$

对于无耗传输线，$\gamma=\alpha+\mathrm{j}\beta=\mathrm{j}\omega\sqrt{LC}$，则 $\beta=\omega\sqrt{LC}$，$\alpha=0$，其上任意一点 z 的电压、电流分布可以写成

$$U(z)=U_0^+\mathrm{e}^{-\mathrm{j}\beta z}+U_0^-\mathrm{e}^{\mathrm{j}\beta z} \tag{A2.5a}$$

$$I(z)=\frac{U_0^+}{Z_0}\mathrm{e}^{-\mathrm{j}\beta z}-\frac{U_0^-}{Z_0}\mathrm{e}^{\mathrm{j}\beta z} \tag{A2.5b}$$

---

①　参阅参考文献 10 第 41 页。

2. 反射系数

图 A2.3 画出了一个终端接任意负载 Z_L 的无耗传输线。当负载与传输线特征阻抗 Z_0 相等，也就是终端匹配时，输入的功率将被完全加载到负载上；当与传输线特征阻抗 Z_0 不相等，也就是未能匹配时，输入功率的一部分或全部将被反射到信号源端，这时传输线上将有正向传输的入射波和反向传输的反射波。电压反射波与入射波之比定义为反射系数 Γ。图 A2.3 中的 Γ_0 是 $z=0$ 点的反射系数，也称为终端反射系数。由式（A2.5a）可知，当 $z=0$ 时，$\Gamma_0=\dfrac{U_0^-}{U_0^+}$。

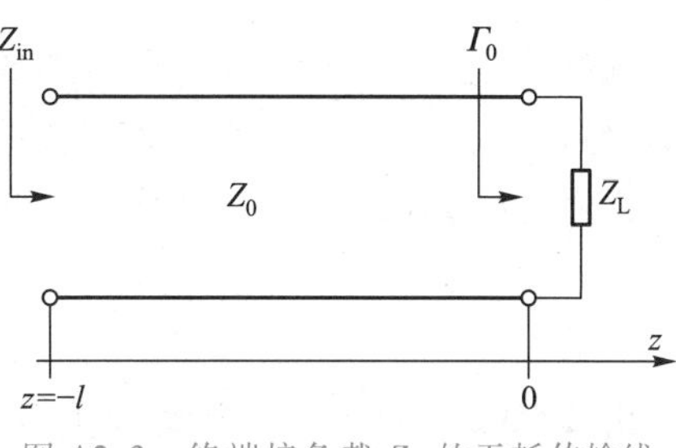

图 A2.3 终端接负载 Z_L 的无耗传输线

结合式（A2.5a）和式（A2.5b），当 $z=0$ 时，还可以写出 $Z_L=\dfrac{U(0)}{I(0)}=\dfrac{U_0^++U_0^-}{U_0^+-U_0^-}Z_0$，整理后可得终端的反射系数为

$$\Gamma_0=\frac{U_0^-}{U_0^+}=\frac{Z_L-Z_0}{Z_L+Z_0} \tag{A2.6a}$$

通过变形式（A2.6a），还可以使用负载电压反射系数来表示负载阻抗为

$$Z_L=Z_0\frac{1+\Gamma_0}{1-\Gamma_0} \tag{A2.6b}$$

若终端负载是非纯电阻性的，则反射系数 Γ_0 是一个复数。对于传输线上距离终端的任一点，当 $z=-l$ 时，反射波与入射波之比为

$$\Gamma_{in}=\Gamma(-l)=\frac{U_0^-e^{-j\beta l}}{U_0^+e^{j\beta l}}=\Gamma_0e^{-2j\beta l} \tag{A2.7}$$

显然，传输线上各点反射系数的模值 $|\Gamma_{in}|$ 与终端反射系数的模值 $|\Gamma_0|$ 相等，只是相位不同。

距离终端 $z=-l$ 处，向负载看去的输入阻抗是 $Z_{in}=\dfrac{U(-l)}{I(-l)}$，经整理后得

$$Z_{in}=Z_0\frac{Z_L+jZ_0\tan(\beta l)}{Z_0+jZ_L\tan(\beta l)} \tag{A2.8}$$

式中 β 为相移常数，$\beta=2\pi/\lambda$。

根据式（A2.8）还可以证明 $Z_{in}\left(l+\dfrac{\lambda}{2}\right)=Z_{in}(l)$，即无耗传输线的输入阻抗每间隔 $\lambda/2$ 重现一次。

仿照式（A2.6a），同样也可以写出距负载 $z=-l$ 处的反射系数为

$$\Gamma_{in}=\frac{Z_{in}-Z_0}{Z_{in}+Z_0}=\frac{\frac{z_{in}}{z_0}-1}{\frac{z_{in}}{z_0}+1}=|\Gamma_0|\angle\theta \tag{A2.9a}$$

观察式(A2.9a),因为输入阻抗的实部是非负的,可知$|\Gamma_0|\leqslant 1$,相角为$-180°\leqslant\theta\leqslant 180°$。因此电路中任意点的反射系数都可以描述在单位圆内。

仿照式(A2.6b)还可以把式(A2.9a)整理成

$$Z_{in}=Z_0\frac{1+\Gamma_{in}}{1-\Gamma_{in}} \tag{A2.9b}$$

由式(A2.9b)可知,传输线上任意一点的输入阻抗都可通过该点的电压反射系数获得。

例 A2.1 特征阻抗 $Z_0=50\ \Omega$ 的传输线,终端接下列负载时,求反射系数 Γ_0。

(a) $Z_L=0$;(b) $Z_L\to\infty$;(c) $Z_L=50\ \Omega$;(d) $Z_L=(70.8+j157.3)\ \Omega$;(e) $Z_L=-j50\ \Omega$。

解: 由式(A2.6a)可得

(a) $\Gamma_0=-1$;

(b) $\Gamma_0=1$;

(c) $\Gamma_0=0$;

(d) $\Gamma_0=0.8\angle 30°$;

(e) $\Gamma_0=1\angle 270°$或$1\angle -90°$。

各值以极坐标形式表示,如图 A2.4 所示。

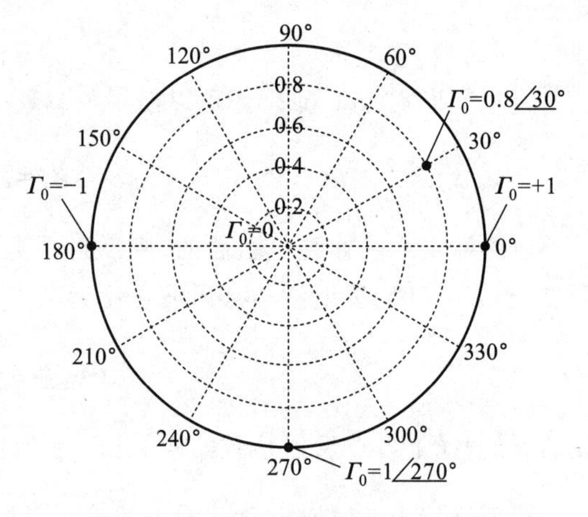

图 A2.4 Γ_0 以极坐标形式在反射系数圆上的表示

二、Smith 圆图

继续观察式(A2.9a)和(A2.9b),记 $Z_{in}/Z_0=\widetilde{Z}_{in}=r+jx$,称为归一化的输入阻抗,可将(A2.9a)改写成

$$\Gamma_{in}=\frac{Z_{in}-Z_0}{Z_{in}+Z_0}=\frac{\widetilde{Z}_{in}-1}{\widetilde{Z}_{in}+1}=\Gamma_r+j\Gamma_i$$

由于输入阻抗与反射系数一一对应,表明可以将 z 平面上归一化的电阻 r 和归一化的电抗 x 映射到 Γ 复平面上。此处不作推导,直接给出映射过程[①],如图 A2.5 所示。

映射于单位圆内归一化电阻和归一化电抗的轨迹所构成的图就称为 Smith 阻抗圆图,如图 A2.6 所示,各曲线的含义标于图中,其规律如下:

(1) 封闭的圆是归一化等电阻圆曲线,半径越小,阻值越大;

① 参阅参考文献 10 第 69 页。

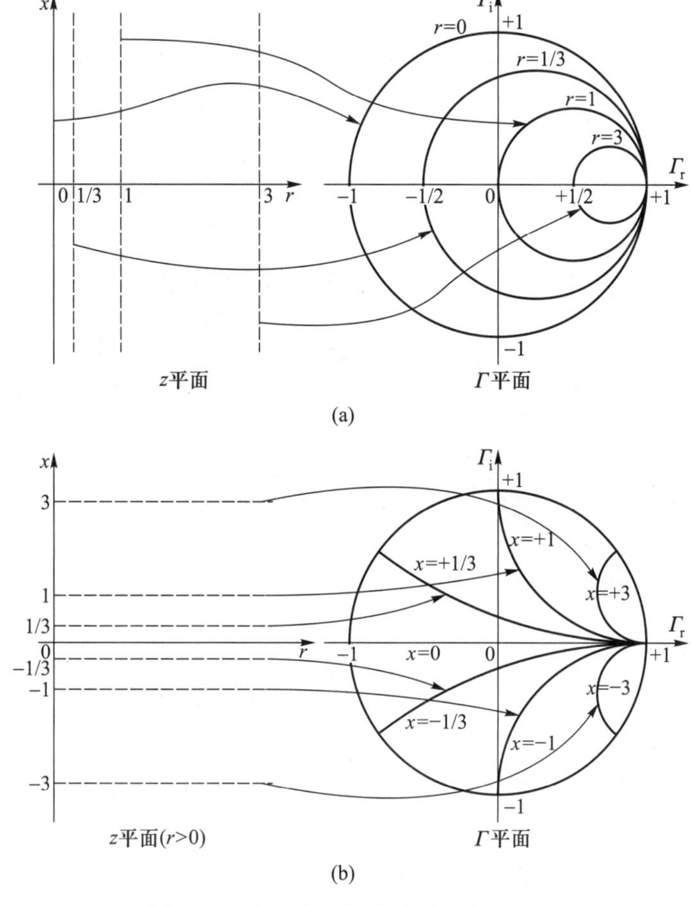

图 A2.5　归一化阻抗映射到 Γ 复平面上

（a）归一化电阻映射到 Γ 复平面上　（b）归一化电抗映射到 Γ 复平面上

（2）非封闭的圆是归一化等电抗圆曲线，半径越小，电抗值越大；上半圆内的电抗呈感性，下半圆内的电抗呈容性。

（3）单位圆对应于 $r=0$，是纯电抗线；横轴对应于 $x=0$，是纯电阻线。

（4）最左端是短路点，最右端是开路点，圆心是匹配点。

通过读取圆图中的交点就可以得到归一化的阻抗值。

如图 A2.6 所示，可读出 A、B、C、D、E、F 的归一化阻抗分别是 $1+j0.5$、$1+j1$、$2+j0.5$、2、$1-j0.5$、$-j0.5$。如果特征阻抗 $Z_0=50\ \Omega$，则将上述归一化数值与 Z_0 相乘，就得各点的阻抗值。

观察图 A2.6 中 A 点和 B、C、E 点之间的关系可知：

（1）A 点和 B、E 处在等电阻圆上，它们具有相同的电阻，只是电抗不同；从 A 点到 B 点，电抗增大，通过串联电感就可实现从 A 到 B 阻抗的变化；从 A 点到 E 点，电抗减小，通过串联电容就可实现从 A 到 E 阻抗的变化。

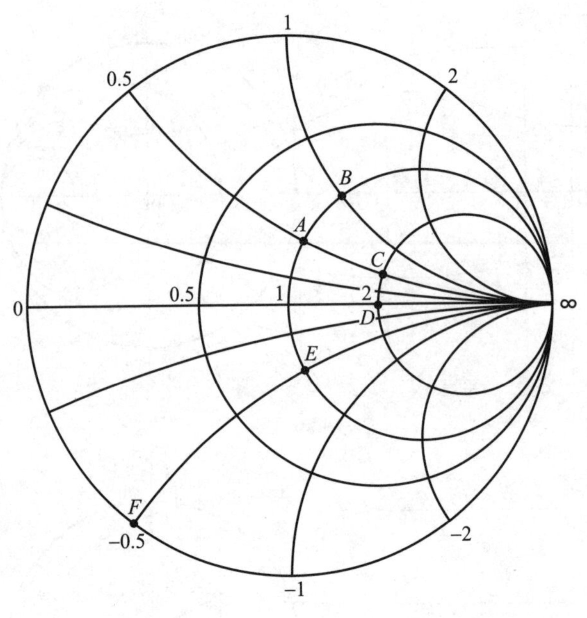

图 A2.6　Smith 阻抗圆图

(2) A 点和 C 处在等电抗圆上,它们具有相同的电抗,只是电阻不同;从 A 点到 C 点,电阻增大,通过串联电阻就可实现从 A 到 C 阻抗的变化。

将 Smith 阻抗圆图旋转 180°后可以得到导纳圆图[①],各曲线含义如图 A2.7 所示:封闭的圆是归一化等电导圆曲线,半径越小,电导越大;非封闭的圆是等电纳曲线,半径越小,电纳越大;横轴是纯电导线,单位圆是纯电纳线;最左端是短路点,最右端是开路点。通过读取等电导圆与等电纳圆的交点,可读出图 A2.7 中 A、B、C、D 点的归一化导纳是 0.5+j2、0.5+j1、0.5+j0.5、1+j1。

观察 A、B、C、D 间的关系可知:

(1) A、B、C 处于等电导圆上,具有相同的电导,不同的电纳;从 B 点到 A 点,电纳增大,通过并联电容可实现从 B 到 A 的变化;从 B 点到 C 点,电纳减小,通过并联电感可实现从 B 点到 C 点的变化。

(2) B 和 D 处于等电纳圆上,具有相同的电纳,不同的电导;从 B 点到 D 点,电导增加,通过并联电阻可实现从 B 到 D 的变化。

三、利用 Smith 圆图进行阻抗变换

为了在实际设计和应用中的方便,常将 Smith 阻抗圆图和导纳圆图叠加成一个组合圆图,称为 Smith 阻抗导纳圆图。在图 A2.8 所示的阻抗导纳圆图中,给出了 $Z_L=R+jX$ 的阻抗并联或串联电容、电感时的移动路径。一般的规律如下:

① 参阅参考文献 10 第 79 页。

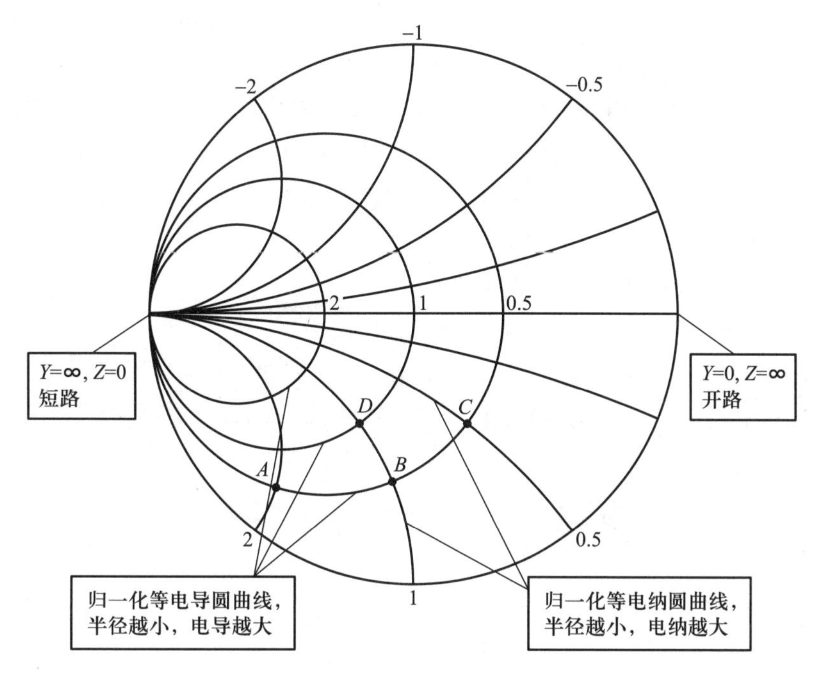

图 A2.7　Smith 导纳圆图

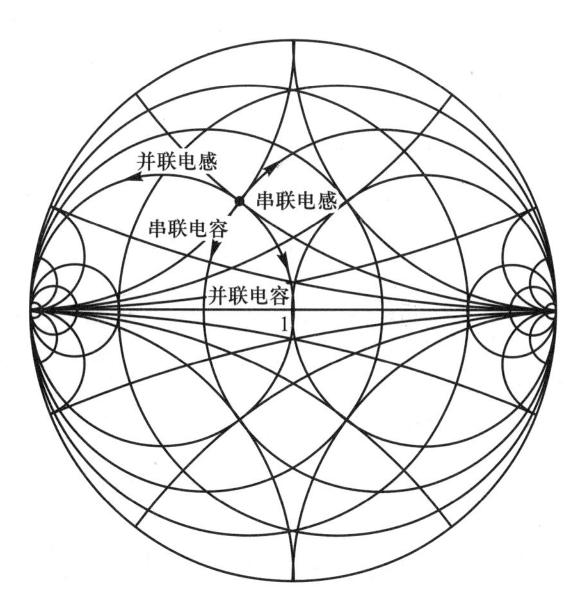

图 A2.8　Z_L在 Smith 阻抗导纳圆图上串联或并联电感、电容后的变化

（1）当在 Z_L上串联电感时，电阻不变，在等电阻圆上向电抗增加的方向移动（顺时针移动）。

（2）当在 Z_L上串联电容时，电阻不变，在等电阻圆上向电抗减小的方向移动（逆时针移动）。

(3) 当在 Z_L上并联电容时，电导不变，在等电导圆上向电纳增加的方向移动(顺时针移动)。

(4) 当在 Z_L上并联电感时，电导不变，在等电导圆上向电纳减小的方向移动(逆时针移动)。

在设计匹配网络时可采用解析的方法进行，但是需要进行复杂的计算；也可以利用 Smith 圆图作为图解设计工具，更加直观，且不需要进行复杂计算。

例 A2.2 已知发射机在 450 MHz 时输出阻抗 $Z_T=(50+j50)\,\Omega$，试设计如图 A2.9 所示的 L 形匹配网络，使输入阻抗 $Z_A=(10-j10)\,\Omega$ 的天线能够得到最大功率，系统特征阻抗 $Z_0=50\,\Omega$。

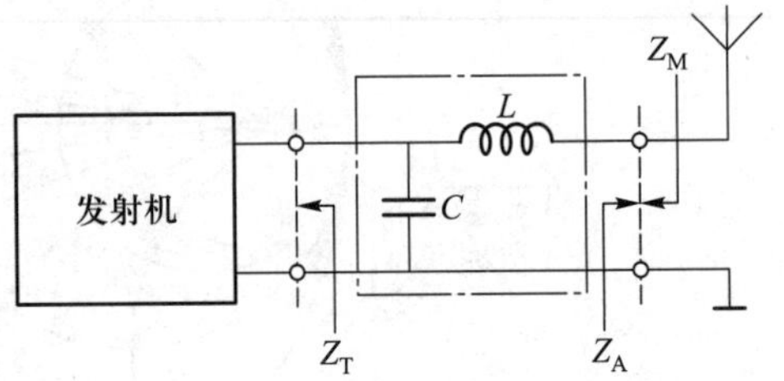

图 A2.9 发射端的 L 形匹配网络

解：为了使天线得到最大功率，需要信号源阻抗与负载阻抗共轭匹配，在本题中即：加入匹配网络后的输出阻抗 $Z_M=Z_A^*=(10+j10)\,\Omega$。

方法一：解析法

阻抗 Z_M 的值等于 Z_T 与电容 C 并联后再与电感 L 串联。

$$Z_M=\frac{1}{Z_T^{-1}+j\omega C}+j\omega L$$

代入数值后得

$$10+j10=\frac{1}{\dfrac{1}{50+j50}+j\cdot 2\pi\cdot 450\times10^6\cdot C}+j\cdot 2\pi\cdot 450\times10^6\cdot L$$

将其实部和虚部分开，可得到两个方程，进而求出两个未知数 $L\approx 14$ nH，$C\approx 14$ pF。

方法二：图解法

第 1 步：在 Smith 圆图中标出发射机的归一化输出阻抗 $\widetilde{Z}_T=Z_T/Z_0=1+j1$，要变换得到的目标阻抗的归一化阻抗值 $\widetilde{Z}_M=Z_M/Z_0=0.2+j0.2$，如图 A2.10① 所示。同时也可以读出 $\widetilde{Z}_T$处的归一化导纳值 $\widetilde{Y}_T\approx 0.5-j0.5$。

第 2 步：设计匹配路径。图 A2.9 要求与发射机相连的第 1 个元件是并联电容，对应于圆图中就应经过 $\widetilde{Z}_T$画等电导圆；第 2 个元件是串联电感，经过归一化目标阻抗 $\widetilde{Z}_M$画等电阻圆，如图 A2.10 所示。两个圆的交点就是发射机并联电容后的归一化阻抗，$\widetilde{Z}_{TC}\approx 0.2-j0.6$，相应的归一化的导纳值 $\widetilde{Y}_{TC}\approx 0.5+j1.5$。

① 图 A2.10 中电抗和电纳的正负没有标出，可参看图 A2.6 和 A2.7。

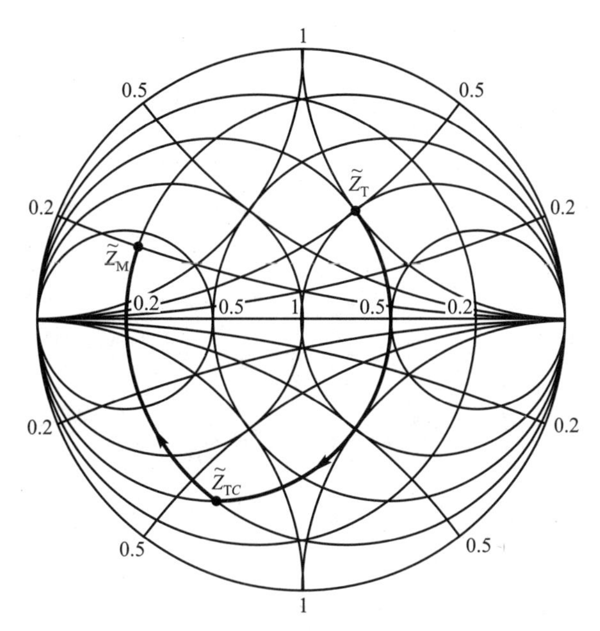

图 A2.10　Smith 阻抗导纳圆图上的 L 形匹配网络

第 3 步：根据给定的频率计算元件的数值。从 $\widetilde{Z}_T$ 到 $\widetilde{Z}_{TC}$ 的移动对应着并联电容，电纳发生了变化：$jb_C=\widetilde{Y}_{TC}-\widetilde{Y}_T=j2$；从 $\widetilde{Z}_{TC}$ 到 $\widetilde{Z}_M$ 的移动对应着串联电感，电抗发生了变化：$jx_L=\widetilde{Z}_M-\widetilde{Z}_{TC}=j0.8$。列出式子为

$$\omega L/Z_0=x_L,\qquad \omega C/Y_0=b_C$$

其中，$Y_0=\dfrac{1}{Z_0}$。代入数值后求得 $L\approx 14$ nH，$C\approx 14$ pF。

需要说明的是，在第 2 步中，等电阻圆和等电导圆的交点不只是 $\widetilde{Z}_{TC}$，$\widetilde{Z}_{TC}$ 镜像于横轴有另一个交点。若取该镜像点作为匹配路径的转折点，则从 $\widetilde{Z}_T$ 到 $\widetilde{Z}_M$ 首先对应并联电感，再对应串联电容，数值计算过程参照第 3 步即可。

四、*S* 参数

随着工作频率的提高，会经常用到散射参量即 S 参数，而不再是 Z 参数、Y 参数或 h 参数。这是因为 Z 参数、Y 参数或 h 参数是利用终端开路或短路的方法通过测量电压与电流来定义的，但在频率很高的情况下，短路或断路时会有反射波，甚至可能引起造成器件损坏的振荡；而入射波和反射波是易于测量的，散射参量 S 参数就是利用入射波和反射波来定义网络的输入、输出关系。

1. S 参数的定义

图 A2.11 所示的双端口网络中，设 a_n 代表第 n 个端口的归一化入射波电压或内向波电

压，b_n 代表第 n 个端口的归一化反射波电压或外向波电压，它们与同端口的电压关系为

$$a_n=\frac{U_n^+}{\sqrt{Z_0}},b_n=\frac{U_n^-}{\sqrt{Z_0}} \quad (A2.10)$$

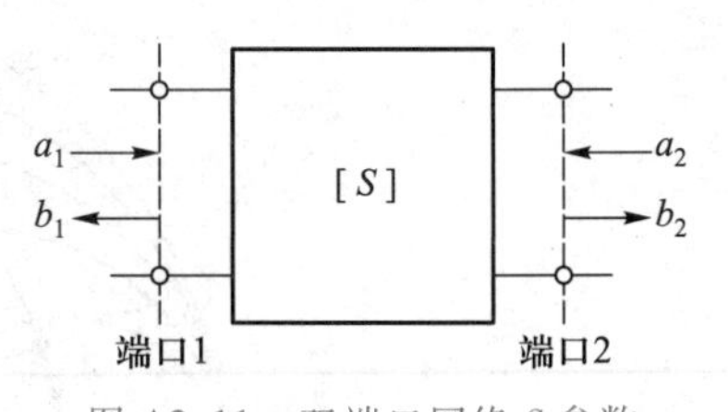

图 A2.11　双端口网络 S 参数

其中 Z_0 是连接在网络输入、输出端口的传输线特征阻抗。假设网络是线性的，a 与 b 有着线性的关系，则对双端口网络可写出

$$\left.\begin{aligned}b_1&=S_{11}a_1+S_{12}a_2\\b_2&=S_{21}a_1+S_{22}a_2\end{aligned}\right\} \quad (A2.11)$$

或

$$\begin{pmatrix}b_1\\b_2\end{pmatrix}=\begin{bmatrix}S_{11}&S_{12}\\S_{21}&S_{22}\end{bmatrix}\begin{pmatrix}a_1\\a_2\end{pmatrix} \quad (A2.12)$$

式中符号的意义为

$S_{11}=\left.\dfrac{b_1}{a_1}\right|_{a_2=0}$ 表示端口 2 匹配时，端口 1 的电压反射系数；

$S_{22}=\left.\dfrac{b_2}{a_2}\right|_{a_1=0}$ 表示端口 1 匹配时，端口 2 的电压反射系数；

$S_{12}=\left.\dfrac{b_1}{a_2}\right|_{a_1=0}$ 表示端口 1 匹配时，端口 2 到端口 1 的电压传输系数；

$S_{21}=\left.\dfrac{b_2}{a_1}\right|_{a_2=0}$ 表示端口 2 匹配时，端口 1 到端口 2 的电压传输系数。

上述各式中的下标 $a_1=0$ 或 $a_2=0$，表示测试时端口 1 或端口 2 无反射，即匹配。举例而言，当测量参数 S_{11}或 S_{21}时，信号源在端口 1，端口 2 接负载。端口 2 上的内向波电压来源于 a_1 在负载上的反射。为了使这个反射为 0，只要在端口 2 接匹配负载（全吸收负载）即可。匹配在高频时是比较容易实现的，这也就是频率很高时使用 S 参数的原因。

2. S 参数的物理意义

如果定义端口 1 为输入端口，端口 2 为输出端口，则可称 S_{21}为正向电压传输系数，S_{12}为反向电压传输系数；S_{11}为输出端口匹配时，输入端口的反射系数（记作 Γ_{in}）；S_{22}为输入端口匹配时，输出端口的反射系数（记作 Γ_{out}）。结合式（A2.9a）可以写出

$$S_{11}=\Gamma_{in}=\frac{Z_{in}-Z_0}{Z_{in}+Z_0} \quad (A2.13)$$

$$S_{22}=\Gamma_{out}=\frac{Z_{out}-Z_0}{Z_{out}+Z_0} \quad (A2.14)$$

需指出，上两式的成立分别要求端口 2 或端口 1 匹配。由上两式可以看出，因为输入或输

出阻抗并不一定是纯电阻性的,S 参数可能是一个复数。若对 S_{21} 的模取平方,则可得到正向功率增益;同样,对 S_{12} 的模取平方,则得到反向功率增益。

对于晶体管而言,其 S 参数与测量条件(如静态工作点、频率等)有关。假设在一定条件下测得某晶体管 S 参数为

$$[S]=\begin{bmatrix}0.8\angle -170^\circ & 0.1\angle 80^\circ\\ 5.1\angle 70^\circ & 0.62\angle -40^\circ\end{bmatrix}$$

则对于这组参数可以这样理解:

(1) S_{11}:S_{11} 是在端口 2 接匹配时测得的。若端口 1 未接匹配电路,则由 $b_1^2=a_1^2|S_{11}|^2$ 可知,将有 64%的输入功率被反射。可见,为了提高效率,输入端需要接匹配电路。

(2) S_{22}:S_{22} 是在端口 1 接匹配时测得的。若端口 2 未接匹配电路,则由 $b_2^2=a_2^2|S_{22}|^2$ 可知,将有约 38.4%的功率被反射。可见,为了提高效率,输出端需要接匹配电路。

(3) S_{21}:S_{21} 是正向电压传输系数,可见输入信号被放大了 5.1 倍,取其模的平方,可得功率增益约为 26 倍。

(4) S_{12}:S_{12} 是反向电压传输系数,可见从端口 2 过来的信号被衰减到原来的 0.1 倍。

很显然,对于利用晶体管构成的放大电路,为了得到较大的功率增益,希望正向电压传输系数要大,反向电压传输系数要小,输入、输出端接匹配电路。

五、利用 S 参数设计晶体管放大器

1. 放大器的稳定性

在放大器设计中,对于不同的频率、源和负载条件,首先要保证其工作的稳定,其次才是满足增益等指标。从反射系数的角度看,只有当反射系数的模 $|\Gamma|<1$,系统才是稳定的。因为根据反射系数的定义,它是某一端口的反射波与入射波之比,若 $|\Gamma|>1$,则说明反射的信号比入射信号的功率大,意味着阻抗出现了负阻,可能会引起自激振荡。对于图 A2.12 所示的放大器,共有四个反射系数:

$$\Gamma_S=\frac{Z_S-Z_0}{Z_S+Z_0}\tag{A2.15}$$

$$\Gamma_L=\frac{Z_L-Z_0}{Z_L+Z_0}\tag{A2.16}$$

$$\Gamma_{in}=S_{11}+\frac{S_{12}S_{21}\Gamma_L}{1-S_{22}\Gamma_L}\tag{A2.17}$$

$$\Gamma_{out}=S_{22}+\frac{S_{12}S_{21}\Gamma_S}{1-S_{11}\Gamma_S}\tag{A2.18}$$

只有当四个反射系数的模都小于 1,即 $|\Gamma_S|<1$、$|\Gamma_L|<1$、$|\Gamma_{in}|<1$、$|\Gamma_{out}|<1$ 时,系统才是稳定的。

放大器的稳定性分为两种类型:一种称为无条件稳定或绝对稳定,另一种称为条件稳定。

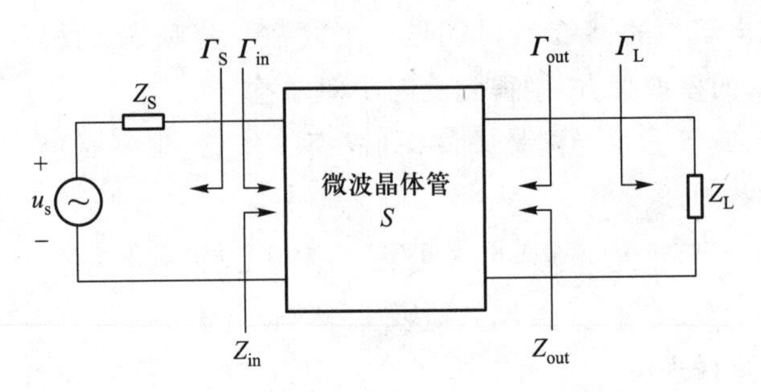

图 A2.12 晶体管双端口网络的稳定性

观察式(A2.17)和(A2.18),可见 Γ_{in}、Γ_{out} 分别是 Γ_L、Γ_S 的函数。若对任意的 $|\Gamma_S|<1$、$|\Gamma_L|<1$ 都有 $|\Gamma_{in}|<1$、$|\Gamma_{out}|<1$,则称此放大器为无条件稳定;若只对某些条件下的 Γ_S、Γ_L,使得 $|\Gamma_{in}|<1$、$|\Gamma_{out}|<1$,则称为条件稳定。根据上面四个反射系数可在 Smith 圆图上采用图解的方法来判断稳定类型和稳定区域,具体过程见参考文献①。这里仅讨论绝对稳定的情况。

判断放大器绝对稳定的充分必要条件可以由式(A2.15)~(A2.18)用数学的方法推导出来,此处给出结论:

当满足

$$|\Delta|=|S_{11}S_{22}-S_{12}S_{21}|<1 \tag{A2.19}$$

$$K=\frac{1-|S_{11}|^2-|S_{22}|^2+|\Delta|^2}{2|S_{12}||S_{21}|}>1 \tag{A2.20}$$

则放大器是绝对稳定的。

对于 $S_{12}=0$ 的单向传输晶体管,一定有 $K>1$;则绝对稳定的条件可以简化为 $|S_{11}|<1$、$|S_{22}|<1$。

2. 射频放大器的增益

工程上常规的单级射频晶体管放大器构成如图 A2.13 所示,在源端与晶体管之间要加入输入匹配网络 M_1、在负载与晶体管之间要加入输出匹配网络 M_2,可以减轻或消除输入、输出端口存在的有害反射。M_1 和 M_2 都是无耗网络。设计晶体管放大器时,除了保证稳定外,还要获得预定的增益。

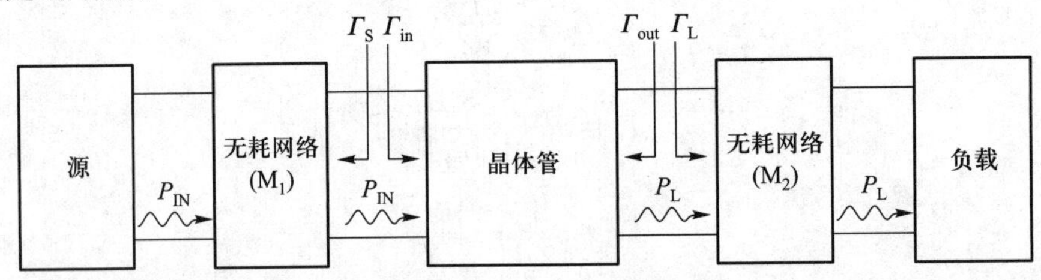

图 A2.13 射频晶体管放大器的组成及功率传输

① 参阅参考文献 11 第 370 页。

下面结合图 A2.13 给出一些常用到的功率和功率增益的定义：

P_{IN}：晶体管输入功率或匹配网络输入功率；

P_{AVS}：源资用功率（额定功率），是输入端口满足共轭匹配条件 $\Gamma_{in}=\Gamma_S^*$ 时 P_{IN} 的特例；

P_L：负载吸收的功率或匹配网络输出功率；

P_{AVN}：匹配状况下的晶体管输出资用功率，它是当 $\Gamma_L=\Gamma_{out}^*$ 时 P_L 的特例。

基于以上功率的定义，可以定义出下面功率增益的表示式：

转换功率增益：
$$A_T=\frac{P_L}{P_{AVS}}$$

工作功率增益：
$$A_p=\frac{P_L}{P_{IN}}$$

资用功率增益：
$$A_{pm}=\frac{P_{AVN}}{P_{AVS}}$$

在上述三个增益定义式中，最常用的是转换功率增益①

$$A_T=\frac{1-|\Gamma_S|^2}{|1-\Gamma_{in}\Gamma_S|^2}\cdot|S_{21}|^2\cdot\frac{1-|\Gamma_L|^2}{|1-S_{22}\Gamma_L|^2} \tag{A2.21}$$

式（A2.21）可以改写成

$$A_T=A_S\cdot A_0\cdot A_L \tag{A2.22}$$

其中

$$A_S=\frac{1-|\Gamma_S|^2}{|1-\Gamma_{in}\Gamma_S|^2} \tag{A2.23}$$

$$A_0=|S_{21}|^2 \tag{A2.24}$$

$$A_L=\frac{1-|\Gamma_L|^2}{|1-S_{22}\Gamma_L|^2} \tag{A2.25}$$

式（A2.22）中，A_0为晶体管的增益，可将 A_S和 A_L视为输入匹配网络 M_1 和输出匹配网络 M_2 的增益。A_S和 A_L两项分别代表了输入、输出匹配网络与晶体管的输入、输出之间的匹配程度。匹配网络是由无源、无耗的器件构成，虽然没有内部增益，但因其改善了信号流通时电路的匹配程度，因此相对来说可以认为它们获得了正增益。可以将式（A2.22）以 dB 形式改写为

$$A_T(\mathrm{dB})=A_S(\mathrm{dB})+A_0(\mathrm{dB})+A_L(\mathrm{dB}) \tag{A2.26}$$

从上述式子可以看出，由于晶体管的 A_0是固定的，所以放大器的总增益受到 A_S和 A_L的控制。为了从放大电路中获得最大可能的增益，必须使 A_S和 A_L的值最大化，这就要求匹配网络的输入、输出端应分别与晶体管的输入、输出端实现共轭匹配（即 $\Gamma_S=\Gamma_{in}^*$，$\Gamma_L=\Gamma_{out}^*$）。而且，在共轭匹配的状态下，晶体管既能从源端输入最大功率，又能输出最大功率给负载。

---

① 具体推导可参阅参考文献 10 第 310 页。

3. 单向化最大增益放大器的设计

若晶体管是单向的，即 $S_{12}=0$ 或是小到可以忽略，则式(A2.17)可简化为 $\Gamma_{in}=S_{11}$，式(A2.18)可简化为 $\Gamma_{out}=S_{22}$。式(A2.21)改写为

$$A_{TU}=\frac{1-|\Gamma_S|^2}{|1-S_{11}\Gamma_S|^2}\cdot|S_{21}|^2\cdot\frac{1-|\Gamma_L|^2}{|1-S_{22}\Gamma_L|^2} \tag{A2.27}$$

若写成 $A_{TU}=A_S\cdot A_0\cdot A_L$ 的形式，则其中

$$A_S=\frac{1-|\Gamma_S|^2}{|1-S_{11}\Gamma_S|^2} \tag{A2.28}$$

$$A_0=|S_{21}|^2 \tag{A2.29}$$

$$A_L=\frac{1-|\Gamma_L|^2}{|1-S_{22}\Gamma_L|^2} \tag{A2.30}$$

对于单向化的晶体管，如果 $|S_{11}|<1$、$|S_{22}|<1$，且输入、输出端口都匹配(即 $\Gamma_S=S_{11}^*$，$\Gamma_L=S_{22}^*$)，则有最大单向化功率增益

$$A_{TUmax}=A_{Smax}\cdot A_0\cdot A_{Lmax} \tag{A2.31}$$

$$A_{Smax}=\frac{1}{1-|S_{11}|^2} \tag{A2.32}$$

$$A_{Lmax}=\frac{1}{1-|S_{22}|^2} \tag{A2.33}$$

例 A2.3 某放大电路工作于 1 GHz，使用的 MESFET 的参数为

$$S=\begin{bmatrix}0.55\angle -150^\circ & 0\\ 2.82\angle 180^\circ & 0.45\angle -20^\circ\end{bmatrix}$$

试问：(1) 该放大电路是否稳定？

(2) 放大电路的最大功率增益是多少？

(3) 利用 Smith 圆图，设计获得最大增益时的匹配电路。假设源和负载的阻抗均为 50 Ω。

解：由 S 参数可知 $S_{12}=0$，此为单向传输情况。

(1) 由 K 和 Δ 的定义，则

$$|\Delta|=|S_{11}S_{22}-S_{12}S_{21}|=0.247\ 5<1$$

$$S_{12}=0,K\to\infty$$

所以该放大电路是绝对稳定的。

(2) 因为 $S_{12}=0$，所以最大单向化功率增益 $A_{TUmax}=A_{Smax}\cdot A_0\cdot A_{Lmax}$，其中

$$A_{Smax}=\frac{1}{1-|S_{11}|^2}=1.43=1.55\ \text{dB}$$

$$A_{Lmax}=\frac{1}{1-|S_{22}|^2}=1.25=0.97\ \text{dB}$$

$$A_0 = |S_{21}|^2 = 7.95 = 9 \text{ dB}$$

$$A_{\text{TUmax}}(\text{dB}) = A_{\text{Smax}}(\text{dB}) + A_0(\text{dB}) + A_{\text{Lmax}}(\text{dB}) = 11.52 \text{ dB}$$

（3）当放大电路获得最大功率增益时，有 $\Gamma_S = S_{11}^*$，$\Gamma_L = S_{22}^*$。结合式（A2.13）、式（A2.14）与图 A2.13、图 A2.14 可见，电路中加入匹配网络后相当于将源和负载阻抗变换为输入、输出阻抗的共轭。最终设计电路如图 A2.15 所示。需要说明的是，在将匹配路径和具体电路对应起来的时候，要注意元件的顺序。对于输入匹配网络，从源阻抗出发，先并联电容再串联电感；对于输出匹配网络，从负载出发，先串联电容再并联电感。读出各点归一化的阻抗导纳值，参考例 A2.2 的图解法，可求出图 A2.15 中电抗元件的数值从左向右依次是 5.9 pF、6.3 nH、12.1 nH、2.9 pF。

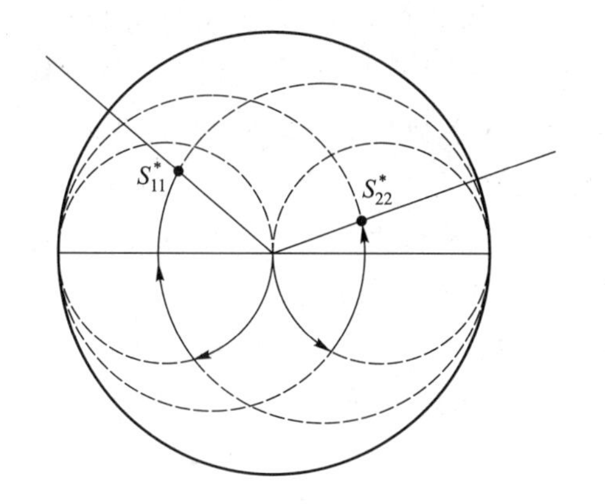

图 A2.14　圆图中的匹配路径

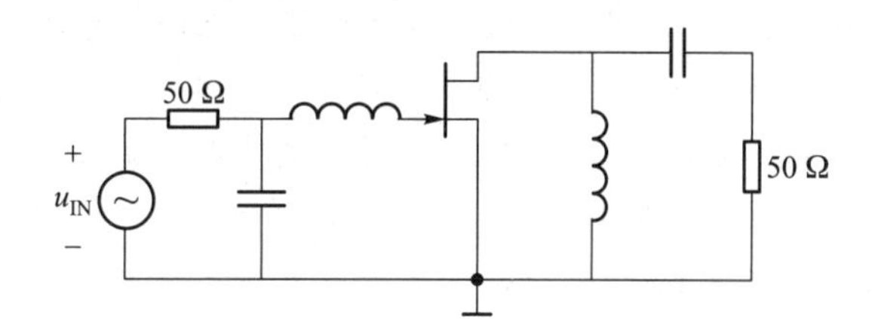

图 A2.15　放大器匹配网络

本章小结

1. *LC* 并联谐振回路具有选频作用。回路谐振时，回路阻抗为电阻且为最大，可获最大电压输出；当回路失谐时，回路阻抗迅速下降，输出电压减小。当 $\omega<\omega_0$ 时，回路呈感性，相移为正值；当 $\omega>\omega_0$ 时，回路呈容性，相移为负值。回路的品质因数越高，回路谐振曲线越尖锐，选择性越好，但通频带越窄。

信号源、负载不仅会使回路的有载品质因数下降，选择性变坏，而且还会使回路谐振频率产生偏移。为了减小信号源和负载对回路的影响，常采用变压器、电感分压器和电容分压器的阻抗变换电路。

插入负载与信号源之间，用以实现阻抗匹配的 *LC* 网络，称为阻抗匹配网络，它有 L 形、π 形、T 形等基本电路。用电抗、电阻串并联电路阻抗变换关系可求得网络的阻抗变换关系及网络参数。

2. 小信号谐振放大器由放大器件及 *LC* 谐振回路组成，它具有选频放大作用。由于输入信号很小，故工作在甲类，可采用 *Y* 参数等效电路进行分析。

小信号谐振放大器主要性能指标有谐振增益、选择性和通频带。通频带与选择性是相互制约的，用以综合说明通频带和选择性的参数是矩形系数，矩形系数越接近于1越好。

单调谐放大器的性能与谐振回路的特性有密切关系。回路的品质因数越高，放大器的谐振增益就越大，选择性越好，但通频带会变窄。在满足通频带的前提下，应尽量使回路的有载品质因数增大。不过，单调谐放大器的矩形系数 $K_{0.1} \approx 10$ 比1大得多，故其选择性还是比较差的。另外，由于晶体管寄生电容的影响以及不可避免的外部寄生反馈，再加上谐振回路阻抗大小和性质随频率剧烈变化，会使谐振放大器工作不稳定，因此应采取一定的措施来保证放大器工作的稳定性，例如不追求获得最大的放大量、采用中和电路和共射-共基组合电路等。

3. 通过引入负反馈或采用补偿匹配网络，可以展宽放大电路的通频带。集中选频滤波器具有接近理想的幅频特性，性能稳定可靠，便于大量生产。常用的集中选频滤波器有陶瓷滤波器和声表面波滤波器等。利用宽带放大器和集中选频滤波器构成的集中选频放大器，具有线路简单、选择性好、性能稳定、调整方便等优点，在通信、电视等各种电子设备中被广泛使用。

4. 低噪声放大器位于接收机的前端，用来对接收的微弱信号进行放大。由于放大器内部存在噪声，它将影响低噪声放大器对微弱信号的放大能力。放大器内部噪声主要由电阻等有耗元件和晶体管等电子元件所产生。热噪声是频谱极宽的均匀分布的白噪声。电阻热噪声源的额定输出功率为 kTB，它仅与温度和带宽有关。噪声的影响常用信噪比、噪声系数等来衡量。信噪比越大，噪声的影响越小；噪声系数越接近于1，放大器对微弱信号的放大能力越强。在低噪声系统中，常把电路的内部噪声折算到输入端，用等效噪声温度的大小来说明放大器的噪声性能。在多级放大器中，总的噪声系数取决于前级，因此低噪声放大器设计时必须努力降低前级的噪声系数，注意各种措施的综合应用。

习 题

2.1 已知并联谐振回路的 $L=1\ \mu\text{H}$，$C=20\ \text{pF}$，$Q=100$，求该并联回路的谐振频率 f_0、谐振电阻 R_p 及通频带 $BW_{0.7}$。

2.2 并联谐振回路如图 P2.2 所示，已知：$C=300\ \text{pF}$，$L=390\ \mu\text{H}$，$Q=100$，信号源内阻 $R_s=100\ \text{k}\Omega$，负载电阻 $R_L=200\ \text{k}\Omega$，求该回路的谐振频率、谐振电阻及通频带。

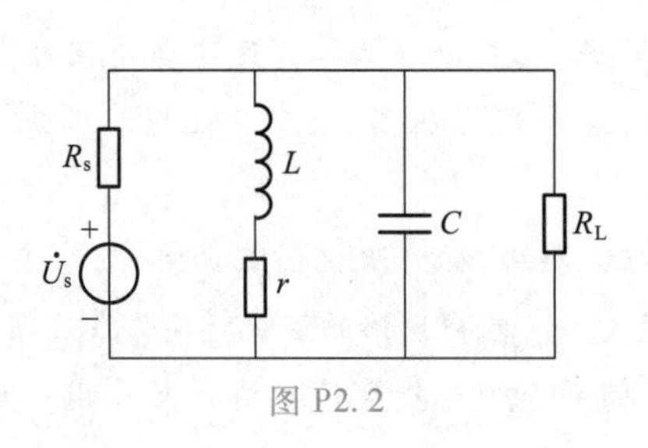

图 P2.2

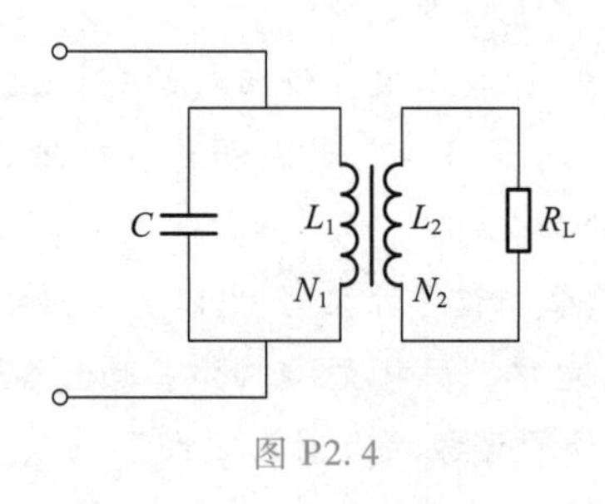

图 P2.4

2.3　已知并联谐振回路的 $f_0 = 10$ MHz，$C = 50$ pF，$BW_{0.7} = 150$ kHz，求回路的 L 和 Q 以及 $\Delta f = 600$ kHz 时的电压衰减倍数。如将通频带加宽到 300 kHz，应在回路两端并接一个多大的电阻？

2.4　并联回路如图 P2.4 所示，已知：$C = 360$ pF，$L_1 = 280$ μH，$Q = 100$，$L_2 = 50$ μH，$n = N_1/N_2 = 10$，$R_L = 1$ kΩ。试求该并联回路考虑到 R_L 影响后的通频带及等效谐振电阻。

2.5　并联回路如图 P2.5 所示，试求并联回路 2-3 两端的谐振电阻 R'_p。已知：(a) $L_1 = 100$ μH、$L_2 = 10$ μH、$M = 4$ μH，等效损耗电阻 $r = 10$ Ω，$C = 300$ pF；(b) $C_1 = 50$ pF、$C_2 = 100$ pF、$L = 10$ μH、$r = 2$ Ω。

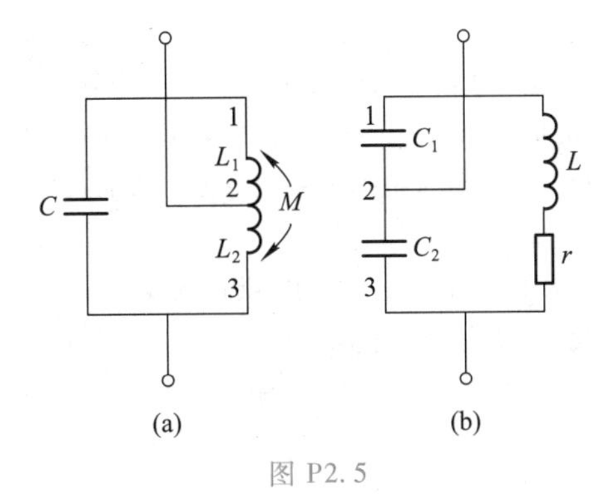

图 P2.5

2.6　并联谐振回路如图 P2.6 所示。已知：$f_0 = 10$ MHz，$Q = 100$，$R_s = 12$ kΩ，$R_L = 1$ kΩ，$C = 40$ pF，匝比 $n_1 = N_{13}/N_{23} = 1.3$，$n_2 = N_{13}/N_{45} = 4$，试求谐振回路有载谐振电阻 R_e、有载品质因数 Q_e 和回路通频带 $BW_{0.7}$。

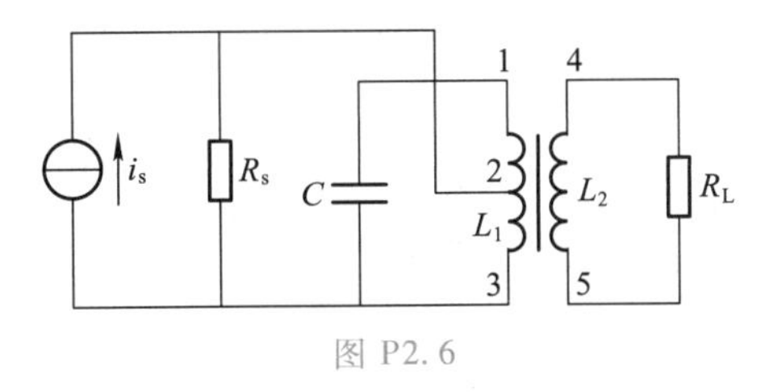

图 P2.6

2.7　已知负载电阻 $R_L = 500$ Ω，信号源内阻 $R_s = 50$ Ω，工作频率 $f = 10$ MHz，试决定 L 形匹配网络的参数。

2.8　已知信号源内阻 $R_s = 150$ Ω，负载电阻 $R_L = 50$ Ω，工作频率 $f = 50$ MHz，$Q_{e1} = 10$，试求图 2.1.14(a) 所示 π 形匹配网络的元件值。

2.9　单调谐放大器如图 2.2.4(a) 所示。已知放大器的中心频率 $f_0 = 10.7$ MHz，回路线圈电感 $L_{13} = 4$ μH，$Q = 100$，匝数 $N_{13} = 20$ 匝，$N_{12} = 5$ 匝，$N_{45} = 5$ 匝，$Y_L = G_L = 2$ mS，晶体管的参数为：$G_{oe} = 200$ μS、$C_{oe} = 7$ pF、$|Y_{fe}| = 45$ mS、$Y_{re} \approx 0$。试求该放大器的谐振电压增益、通频带及回路外接电容 C。

2.10　单调谐放大器如图 2.2.4(a) 所示。中心频率 $f_0 = 30$ MHz，晶体管的 $G_{oe} = 0.4$ mS、$|Y_{fe}| = 58.3$ mS，并令 $Y_{re} = 0$，回路电感 $L_{13} = 1.4$ μH，$Q = 100$，匝比 $n_1 = N_{13}/N_{12} = 2$，$n_2 = N_{13}/N_{45} = 3.5$，$Y_L = G_L = 1.2$ mS，试求该放大器的谐振电压增益及通频带。

2.11　调谐在同一频率的三级单调谐放大器，中心频率为 465 kHz，每个回路的 $Q_e = 30$，求总的通频带和矩形系数；如要求总的通频带为 10 kHz，求每个回路的通频带和有载品质因数的大小。

2.12　某放大器输入信号功率为 1 μW，输入噪声功率为 0.5 pW，输出信号功率为200 μW，输出噪声功率为 250 pW，试求该放大器输入、输出端信噪比及噪声系数。

2.13　放大器的额定功率增益为 30 dB，带宽 $B=1$ MHz，噪声系数 $N_F=2$，试求温度为290 K时放大器输出端的噪声总功率 P_{nom} 为多大？

2.14　两级放大器中，第一级噪声系数 $N_{F1}=2$ dB，额定功率增益为 $A_{pm1}=12$ dB，第二级的噪声系数 $N_{F2}=6$ dB，额定功率增益 $A_{pm2}=10$ dB，求总噪声系数，若 A_{pm1}、A_{pm2} 均与频率无关，带宽为 10 kHz，试求温度为 290 K 时总的输出噪声功率。

2.15　某接收机前端电路由高放、混频和中放组成，已知高放噪声系数 $N_{F1}=3$ dB，额定功率增益为A_{pm1}，混频器的噪声系数 $N_{F2}=10$ dB、额定功率增益 $A_{pm2}=0.2$，中放噪声系数 $N_{F3}=6$ dB。试求接收机不接入高放时的总噪声系数为多大？当接入高放并使接收机的噪声系数降低为未加入高放时的十分之一，试求高放的额定功率增益 A_{pm1} 的大小。

2.16　接收机的信号带宽约 3 kHz，输入阻抗为 50 Ω，噪声系数为 6 dB。用一总衰减为4 dB的电缆连接到天线，假设各接口均匹配，为使接收机输出信噪比为 10 dB，求接收机天线最小输入信号为多大？

2.17　某接收机的噪声系数为 5 dB，带宽为 10 MHz，输入阻抗为 50 Ω，若要求输出信噪比为 10 dB，试求接收机的灵敏度和最小有用信号电压。

第 3 章　高频功率放大器

引言　高频功率放大器主要用来对高频信号进行高效率功率放大，它是各种无线电发射机的重要组成部分。高频功率放大器可分为窄带功率放大器和宽带功率放大器两类。窄带高频功率放大器用来放大固定频率或相对带宽较窄的高频信号，因而一般都采用 LC 谐振网络作为负载构成谐振功率放大器。为了提高效率，谐振功率放大器多工作在丙类状态。窄带功率放大器对谐振网络调谐要求高，难以做到瞬时调谐，即频率调节困难。宽带高频功率放大器采用宽带传输线变压器作为负载，工作在甲类或乙类推挽状态，它可在很宽的范围内变换工作频率而不必调谐，适用于多频道通信系统和相对带宽较大的高频设备中，显然宽带功率放大器效率比较低，但可用功率合成技术来获得大功率输出。

本章先讨论谐振功率放大器的工作原理、特性及电路，然后介绍传输线变压器及宽带高频功率放大器的工作原理，最后在附录中举例介绍高频功率放大器的设计过程。

3.1　丙(C)类谐振功率放大器的工作原理

3.1.1　基本工作原理

一、电路组成

丙类谐振功率放大器的原理电路如图 3.1.1 所示。图中 V_{CC}、V_{BB} 为集电极和基极的直流电源电压。为使晶体管工作在丙类状态，V_{BB} 应设在晶体管的截止区内。当没有输入信号 u_i 时，晶体管处于截止状态，$i_C=0$。R_L 为外接负载电阻（实际情况下，外接负载一般为阻抗性的），L、C 为滤波匹配网络，它们与 R_L 构成并联谐振回路，调谐在输入信号频率上，作为晶体管集电极负载。由于 R_L 比较大，所以，谐振功率放大器中谐振回路的品质因数比小信号谐振放大器中谐振回路的要小得多，但这并不影响谐振回路对谐波成分的抑制作用。

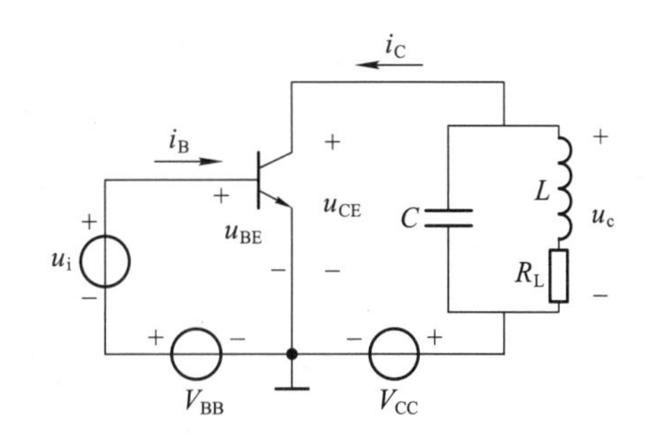

图 3.1.1　丙类谐振功率放大器原理电路

二、电流、电压波形

当基极输入一余弦高频信号 u_i 后，晶体管基极和发射极之间的电压为

$$u_{BE}=V_{BB}+u_i=V_{BB}+U_{im}\cos(\omega t) \tag{3.1.1}$$

其波形如图 3.1.2(a)所示。当 u_{BE} 的瞬时值大于基极和发射极之间的导通电压 $U_{BE(on)}$ 时，晶体管导通，产生基极脉冲电流 i_B，如图 3.1.2(b)所示。

基极导通后，晶体管便由截止区进入放大区，集电极将流过电流 i_C，与基极电流 i_B 相对应，i_C 也是脉冲形状，如图 3.1.2(c)所示。将 i_C 用傅里叶级数展开，则得

$$i_C=I_{C0}+I_{c1m}\cos(\omega t)+I_{c2m}\cos(2\omega t)+\cdots+I_{cnm}\cos(n\omega t) \tag{3.1.2}$$

式中，I_{C0} 为集电极电流直流分量，I_{c1m}、I_{c2m}、…、I_{cnm} 分别为集电极电流的基波、二次谐波及高次谐波分量的振幅。

当集电极回路调谐在输入信号频率 ω 上，即与高频输入信号的基波谐振时，谐振回路对基波电流而言等效为一纯电阻。对其他各次谐波而言，回路失谐而呈现很小的电抗并可看成短路。直流分量只能通过回路电感线圈支路，其直流电阻较小，对直流也可看成短路。这样，脉冲形状的集电极电流 i_C，或者说包含有直流、基波和高次谐波成分的电流 i_C 流经谐振回路时，只有基波电流才产生压降，因而 LC 谐振回路两端输出不失真的高频信号电压。若回路谐振电阻为 R_e，则

$$u_c=-I_{c1m}R_e\cos(\omega t)=-U_{cm}\cos(\omega t) \tag{3.1.3}$$

$$U_{cm}=I_{c1m}R_e \tag{3.1.4}$$

式中，U_{cm} 为基波电压振幅。所以，晶体管集电极和发射极之间的电压为

$$u_{CE}=V_{CC}+u_c=V_{CC}-U_{cm}\cos(\omega t) \tag{3.1.5}$$

其波形如图 3.1.2(d)所示。

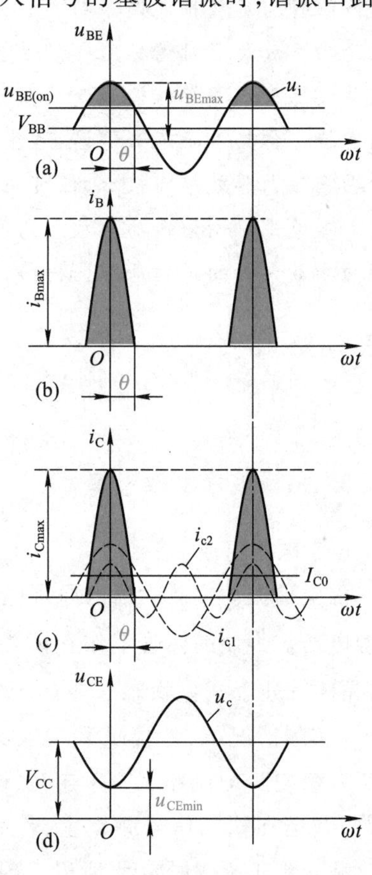

图 3.1.2　丙类谐振功率放大器中电流、电压波形

(a) u_{BE} 波形　(b) 基极电流脉冲　(c) 集电极电流波形　(d) u_{CE} 波形

可见，利用谐振回路的选频作用，可以将失真的集电极电流脉冲变换为不失真的余弦电压输出。同时，谐振回路还可以将含有电抗分量的外接负载变换为纯电阻 R_e。通过调节 L、C 使并联回路谐振电阻 R_e 与晶体管所需集电极负载值相等，实现阻抗匹配。因此，在谐振功率放大器中，谐振回路除了起滤波作用外，还起到阻抗匹配的作用。

由图 3.1.2(c)可见，丙类放大器在一个信号周期内，只有小于半个信号周期的时间内有集电极电流流

通,形成了余弦脉冲电流,i_{Cmax}为余弦脉冲电流的最大值,θ 为导通角。丙类放大器的导通角 θ 小于 90°。余弦脉冲电流靠 LC 谐振回路的选频作用滤除直流及各次谐波,输出电压仍然是不失真的余弦波。集电极高频交流输出电压 u_c 与基极输入电压 u_i 相反。当 u_{BE}为最大值 u_{BEmax} 时,i_C 为最大值 i_{Cmax},u_{CE}为最小值 u_{CEmin},它们出现在同一时刻。可见,i_C 只在 u_{CE}很低的时间内出现,故集电极损耗很小,功率放大器的效率因而比较高,而且 i_C 导通时间越小,效率就越高。

必须指出,上述讨论是在忽略了 u_{CE}对 i_C 的反作用以及管子结电容影响的情况下得到的。

3.1.2 余弦电流脉冲的分解

对于高频谐振功率放大器进行精确计算是十分困难的。为了研究谐振功率放大器的输出功率、管耗及效率,并指出一个大概变化规律,可采用近似估算的方法。

首先,不考虑器件极间电容的影响,其次,将晶体管的转移特性曲线折线化,如图 3.1.3 中线①所示,图中虚线为原来的特性曲线。转移特性曲线是集电极电流 i_C 与基极电压 u_{BE}之间的关系曲线,略去 u_{CE}对 i_C 的影响,转移特性曲线可用一条曲线表示。折线化后的斜线与横轴的交点即为近似处理后晶体管的导通电压 $U_{BE(on)}$。这样做的结果,意味着输入电压低于导通电压 $U_{BE(on)}$ 时,电流 i_C 为零,高于导通电压时,电流 i_C 随 u_{BE}线性增长。因此,折线化后的转移特性曲线可用下式表示

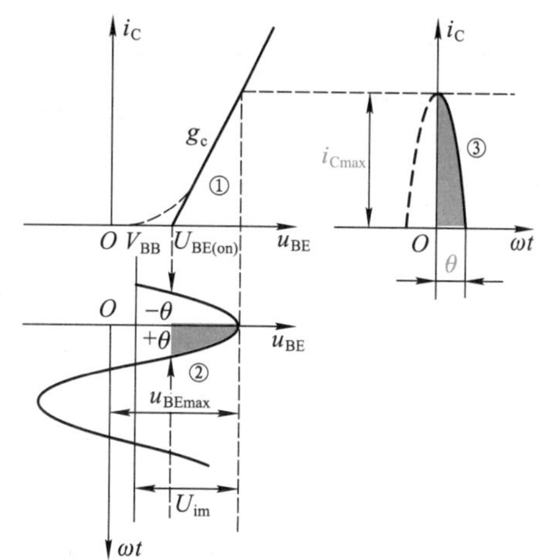

图 3.1.3 谐振功率放大器集电极电流脉冲波形

$$\left.\begin{aligned} i_C &= g_c(u_{BE}-U_{BE(on)}) \qquad u_{BE}>U_{BE(on)} \\ i_C &= 0 \qquad\qquad\qquad\qquad u_{BE}\leqslant U_{BE(on)} \end{aligned}\right\} \tag{3.1.6}$$

式中,g_c 为折线化转移特性曲线的斜线部分斜率。

在晶体管基极加上电压 $u_{BE}=V_{BB}+U_{im}\cos(\omega t)$,其波形如图 3.1.3 中②所示,根据折线化后的转移特性曲线,可作出集电极电流 i_C 脉冲波形,如图 3.1.3 中③所示。图中 i_{Cmax}为余弦脉冲电流的最大值,θ 等于器件一个信号周期内导通时间乘以角频率 ω 的一半,称为导通角。将 u_{BE}代入式(3.1.6)则得

$$i_C = g_c[V_{BB}+U_{im}\cos(\omega t)-U_{BE(on)}] \tag{3.1.7}$$

当 $\omega t=\theta$ 时,$i_C=0$,由式(3.1.7)可得

$$\cos\theta=\frac{U_{\mathrm{BE(on)}}-V_{\mathrm{BB}}}{U_{\mathrm{im}}} \tag{3.1.8}$$

利用式(3.1.8)可将式(3.1.7)改写为

$$i_{\mathrm{C}}=g_{\mathrm{c}}U_{\mathrm{im}}[\cos(\omega t)-\cos\theta] \tag{3.1.9}$$

当 $\omega t=0$ 时,$i_{\mathrm{C}}=i_{\mathrm{Cmax}}$,由式(3.1.9)可得

$$i_{\mathrm{Cmax}}=g_{\mathrm{c}}U_{\mathrm{im}}(1-\cos\theta) \tag{3.1.10}$$

由式(3.1.9)和式(3.1.10)可得集电极余弦脉冲电流的表示式为

$$i_{\mathrm{C}}=i_{\mathrm{Cmax}}\frac{\cos(\omega t)-\cos\theta}{1-\cos\theta} \tag{3.1.11}$$

式(3.1.11)的脉冲电流,利用傅里叶级数可展开为

$$i_{\mathrm{C}}=I_{\mathrm{C0}}+\sum_{n=1}^{\infty}I_{\mathrm{c}n\mathrm{m}}\cos(n\omega t) \tag{3.1.12}$$

其中 I_{C0} 为直流量,$I_{\mathrm{c}n\mathrm{m}}$ 为基波及各次谐波的振幅,应用数学求傅里叶级数的方法不难求出各个分量,它们都是 θ 的函数。它们的关系分别为

$$\left.\begin{aligned}I_{\mathrm{C0}}&=\frac{1}{2\pi}\int_{-\pi}^{\pi}i_{\mathrm{C}}\mathrm{d}(\omega t)=i_{\mathrm{Cmax}}\alpha_0(\theta)\\I_{\mathrm{c1m}}&=\frac{1}{\pi}\int_{-\pi}^{\pi}i_{\mathrm{C}}\cos(\omega t)\mathrm{d}(\omega t)=i_{\mathrm{Cmax}}\alpha_1(\theta)\\&\cdots\cdots\cdots\cdots\\I_{\mathrm{c}n\mathrm{m}}&=\frac{1}{\pi}\int_{-\pi}^{\pi}i_{\mathrm{C}}\cos(n\omega t)\mathrm{d}(\omega t)=i_{\mathrm{Cmax}}\alpha_n(\theta)\end{aligned}\right\} \tag{3.1.13}$$

式中,$\alpha(\theta)$ 称为余弦脉冲电流分解系数,其大小是导通角 θ 的函数。图 3.1.4 作出了 $\alpha_0(\theta)$、$\alpha_1(\theta)$、$\alpha_2(\theta)$ 和 $\alpha_3(\theta)$ 的分解系数的曲线图,表 3.1.1 列出余弦脉冲分解系数,知道导通角 θ 的大小,就可以通过曲线或分解系数表查到所需分解系数的大小。

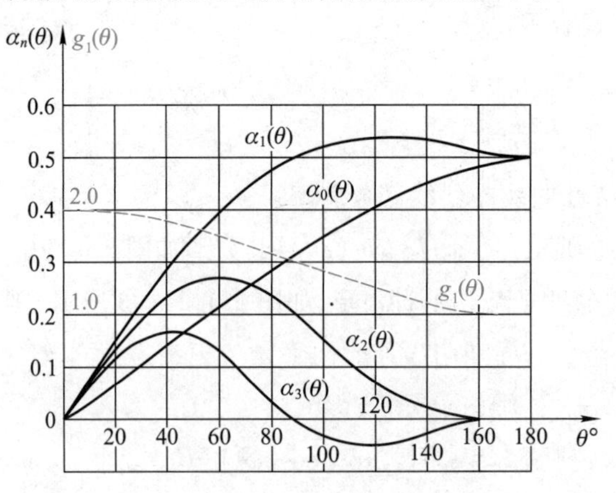

图 3.1.4　余弦脉冲电流分解系数

表 3.1.1　余弦脉冲分解系数表

$\theta°$	$\cos\theta$	α_0	α_1	α_2	g_1	$\theta°$	$\cos\theta$	α_0	α_1	α_2	g_1
0	1.000	0.000	0.000	0.000	2.00	72	0.309	0.259	0.444	0.264	1.71
20	0.940	0.074	0.146	0.141	1.97	74	0.276	0.266	0.452	0.260	1.70
40	0.766	0.147	0.280	0.241	1.90	76	0.242	0.273	0.459	0.256	1.68
50	0.643	0.183	0.339	0.267	1.85	78	0.208	0.279	0.466	0.251	1.67
52	0.616	0.190	0.350	0.270	1.84	80	0.174	0.286	0.472	0.245	1.65
54	0.588	0.197	0.360	0.272	1.82	82	0.139	0.293	0.478	0.239	1.63
56	0.559	0.204	0.371	0.274	1.81	84	0.105	0.299	0.484	0.233	1.61
58	0.530	0.211	0.381	0.275	1.80	86	0.070	0.305	0.490	0.226	1.61
60	0.500	0.218	0.391	0.276	1.80	88	0.035	0.312	0.496	0.219	1.59
62	0.469	0.225	0.400	0.275	1.78	90	0.000	0.319	0.500	0.212	1.57
64	0.438	0.232	0.410	0.274	1.77	100	-0.174	0.350	0.520	0.172	1.49
66	0.407	0.239	0.419	0.273	1.75	120	-0.500	0.406	0.536	0.092	1.32
68	0.375	0.246	0.427	0.270	1.74	150	-0.866	0.472	0.520	0.014	1.10
70	0.342	0.253	0.436	0.267	1.73	180	-1.000	0.500	0.500	0.000	1.00

3.1.3　输出功率与效率

由于输出回路调谐在基波频率上，输出电路中的高次谐波处于失谐状态，相应的输出电压很小，因此，在谐振功率放大器中只需研究直流及基波功率。放大器的输出功率 P_o 等于集电极电流基波分量在负载 R_e 上的平均功率，即

$$P_o = \frac{1}{2} I_{c1m} U_{cm} = \frac{1}{2} I_{c1m}^2 R_e = \frac{U_{cm}^2}{2R_e} \tag{3.1.14}$$

集电极直流电源供给功率 P_D 等于集电极电流直流分量 I_{C0} 与 V_{CC} 的乘积，即

$$P_D = I_{C0} V_{CC} \tag{3.1.15}$$

集电极耗散功率 P_C 等于集电极直流电源供给功率 P_D 与基波输出功率 P_o 之差，即

$$P_C = P_D - P_o \tag{3.1.16}$$

放大器集电极效率 η_C 等于输出功率 P_o 与直流电源供给功率 P_D 之比，即

$$\eta_C = \frac{P_o}{P_D} = \frac{1}{2} \frac{I_{c1m} U_{cm}}{I_{C0} V_{CC}} \tag{3.1.17}$$

将式(3.1.13)代入式(3.1.17),则得

$$\eta_C=\frac{1}{2}\frac{\alpha_1(\theta)}{\alpha_0(\theta)}\cdot\frac{U_{cm}}{V_{CC}}=\frac{1}{2}g_1(\theta)\xi \tag{3.1.18}$$

$$\xi=\frac{U_{cm}}{V_{CC}} \tag{3.1.19}$$

$$g_1(\theta)=\frac{\alpha_1(\theta)}{\alpha_0(\theta)}=\frac{I_{c1m}}{I_{C0}} \tag{3.1.20}$$

式中,ξ 称为集电极电压利用系数;$g_1(\theta)$ 称为波形系数。$g_1(\theta)$ 是导通角 θ 的函数,其函数关系如图 3.1.4 所示。θ 值越小,$g_1(\theta)$ 越大,放大器的效率也就越高。在 $\xi=1$ 的条件下,由式(3.1.18)可求得不同工作状态下放大器的效率分别为

甲类工作状态:$\theta=180°$,$g_1(\theta)=1$,$\eta_C=50\%$

乙类工作状态:$\theta=90°$,$g_1(\theta)=1.57$,$\eta_C=78.5\%$

丙类工作状态:$\theta=60°$,$g_1(\theta)=1.8$,$\eta_C=90\%$

可见,丙类工作状态的效率最高,当 $\theta=60°$ 时,效率可达 90%,随着 θ 的减小,效率还会进一步提高。但由图 3.1.4 可见,当 $\theta<40°$ 后继续减小 θ,波形系数的增加很缓慢,也就是说 θ 过小后,放大器效率的提高就不显著了,此时 $\alpha_1(\theta)$ 却迅速下降,为了达到一定的输出功率,所要求的输入激励信号电压 u_i 的幅值将会过大,从而对前级提出过高的要求。所以,谐振功率放大器一般取 θ 为 70°左右。

例 3.1.1 图 3.1.1 所示谐振功率放大器中,已知 $V_{CC}=24$ V,$P_o=5$ W,$\theta=70°$,$\xi=0.9$,试求该功率放大器的 η_C、P_D、P_C、i_{Cmax} 和谐振回路谐振电阻 R_e。

解:由表 3.1.1 可查得 $\alpha_0(70°)=0.253$,$\alpha_1(70°)=0.436$,因此,由式(3.1.18)可求得

$$\eta_C=\frac{1}{2}\frac{\alpha_1(\theta)}{\alpha_0(\theta)}\xi=\frac{1}{2}\times\frac{0.436}{0.253}\times0.9=78\%$$

由式(3.1.17)可得

$$P_D=\frac{P_o}{\eta_C}=\frac{5}{0.78}\ \text{W}=6.4\ \text{W}$$

由式(3.1.16)可得

$$P_C=P_D-P_o=(6.4-5)\ \text{W}=1.4\ \text{W}$$

由于

$$P_o=\frac{1}{2}I_{c1m}U_{cm}=\frac{1}{2}\alpha_1(\theta)i_{Cmax}\xi V_{CC}$$

所以,可得

$$i_{Cmax}=\frac{2P_o}{\alpha_1(\theta)\xi V_{CC}}=\frac{2\times5\ \text{W}}{0.436\times0.9\times24\ \text{V}}=1.06\ \text{A}$$

谐振回路的谐振电阻 R_e 等于

$$R_e=\frac{U_{cm}}{I_{c1m}}=\frac{\xi V_{CC}}{\alpha_1(\theta)i_{Cmax}}=\frac{0.9\times24\ \text{V}}{0.436\times1.06\ \text{A}}=46.7\ \Omega$$

讨论题

3.1.1　说明丙类谐振功率放大器的作用和特点，它适宜放大哪些信号？

3.1.2　说明谐振功率放大器与小信号谐振放大器有哪些主要区别。

3.1.3　为什么放大器工作于丙类效率比工作在甲类高？

3.1.4　谐振功率放大器晶体管的理想化转移特性斜线部分的斜率 $g_c=1$ S，导通电压 $U_{BE(on)}=0.6$ V。已知 $V_{BB}=0.3$ V，$U_{im}=0.9$ V，作出 u_{BE}、i_C 波形，求出导通角 θ 和 i_{Cmax}。当 U_{im} 减小到 0.6 V 时，画出 u_{BE}、i_C 波形，说明 θ 是增加了还是减小了？

3.1.5　何谓放大器的导通角？丙类谐振功率放大器导通角 θ 与哪些因素有关？说明导通角 θ 的大小对谐振功率放大器效率的影响。

随堂测验

3.1　随堂测验答案

3.1.1　填空题

1. 丙类谐振功率放大器中，要求晶体管的基极偏压 V_{BB} 应小于________，输入余弦信号后，其集电极电流为________，导通角小于____。

2. 丙类谐振功率放大器采用__________作为负载，用以__________和______________。

3. 丙类谐振功率放大器的集电极电流脉冲 $i_{Cmax}=10$ A，导通角 $\theta=70°$（已知 $\alpha_0(70°)=0.25$，$\alpha_1(70°)=0.44$），则其中 $I_{C0}=$________、$I_{c1m}=$________；测得集电极输出电压 $U_{cm}=10$ V，则放大器的输出功率 $P_o=$________；当电源电压 $V_{CC}=12$ V 时，其电源供给功率 $P_D=$________，而集电极耗功率 $P_C=$________，集电极效率 $\eta_C=$________。

3.1.2　单选题

1. 谐振功率放大器工作在丙类是为了提高放大器的（　　）。

A. 输出功率　　B. 工作频率　　C. 效率　　D. 增益

2. 对于丙类谐振功率放大器，下列说法不正确的是（　　）。

A. 增大 U_{im}，导通角 θ 随之增大，但小于 90°

B. 效率比甲类放大器高

C. 晶体管工作在非线性状态

D. 输出电压波形为余弦脉冲

3.1.3　判断题

1. 丙类谐振功率放大器中，导通角越小，放大器效率越高，所以导通角越小越好。（　　）

2. 丙类谐振功率放大器中晶体管集电极电流只在u_{CE}很小的、不足半个周期内流通，其他时间均处于截止状态，所以集电极功耗很小，效率高。（　　）

3. 丙类谐振功率放大器只适宜放大固定频率的高频信号或中心频率固定的窄带高频信号。（　　）

3.2　丙类谐振功率放大器的特性分析

谐振功率放大器的输出功率、效率及集电极损耗等都与集电极负载回路的谐振阻抗、输入信号的幅度、基极偏置电压以及集电极电源电压的大小密切相关，其中集电极负载阻抗的影响尤为重要。通过对这些特性的分析，可了解谐振功率放大器的应用以及正确的调试方法。

3.2.1　谐振功率放大器的工作状态与负载特性

一、欠压、临界和过压工作状态

在放大器中，根据晶体管工作是否进入截止区和进入截止区的时间相对长短，即根据晶体管的导通角θ的大小，将放大器分为甲类、甲乙类、乙类和丙类等工作状态。而在丙类谐振放大器中还可根据晶体管工作是否进入饱和区，将其分为欠压、临界和过压工作状态。将不进入饱和区的工作状态称为欠压，其集电极电流脉冲形状如图3.2.1中曲线①所示，为尖顶余弦脉冲。将进入饱和区的工作状态称为过压状态，其集电极电流脉冲形状如图3.2.1中曲线③所示，为中间凹陷的余弦脉冲。如果晶体管工作刚好不进入饱和区，则称为临界工作状态，其集电极电流脉冲形状如图3.2.1中曲线②所示，虽然仍为尖顶余弦脉冲，但顶端变化平缓。

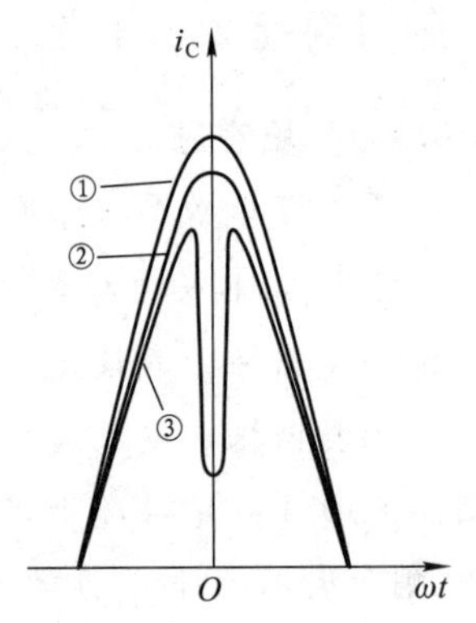

图3.2.1　欠压、临界、过压状态集电极电流脉冲形状

必须指出，在谐振功率放大器中，虽然三种状态下集电极电流都是脉冲波形，由于谐振回路的滤波作用，放大器的输出电压仍为没有失真的余弦波形。

下面分别对三种工作状态的特点加以说明。

1. 欠压状态

根据丙类谐振功率放大器的工作原理可知，基极电压最大值u_{BEmax}与集电极电压最小值u_{CEmin}出现在同一时刻，所以只要当u_{CEmin}比较大（大于u_{BEmax}），晶体管工作就不会进入饱和区而工作在欠压状态。由于$u_{CEmin}=V_{CC}-U_{cm}$，可见，输出电压的幅值U_{cm}越小，u_{CEmin}就越大，晶体管工作就越不会进入饱和区。

2. 临界状态

增大U_{cm}，u_{CEmin}就会减小，可使晶体管在$u_{CE}=u_{CEmin}=U_{CES}$时工作在放大区和饱和区之间的临界点上，晶体管工作在放大区和截止区，所以集电极电流仍为尖顶余弦脉冲。

3. 过压状态

由于谐振功率放大器的负载是谐振回路，有可能产生较大的 U_{cm}（例如谐振回路 Q 值比较大），u_{CEmin} 很小（小于 U_{CES}），致使晶体管在 $\omega t=0$ 附近因 u_{CE} 很小而进入饱和区。因为在饱和区晶体管集电结被加上正向电压，u_{BE} 的增加对 i_C 的影响很小，而 i_C 却随 u_{CE} 的下降迅速减小，所以使得集电极电流脉冲顶部产生下凹现象。U_{cm} 越大，u_{CEmin} 越小，脉冲凹陷越深，脉冲的高度越小。

二、负载特性

当放大器中直流电源电压 V_{CC}、V_{BB} 及输入电压振幅 U_{im} 维持不变时，放大器的电流、电压、功率与效率等随谐振回路谐振电阻 R_e 变化的特性，称为放大器的负载特性。

根据谐振功率放大器工作状态的分析可知，当 V_{CC}、V_{BB} 和 U_{im} 不变时，负载 R_e 变化时，就会引起放大器输出电压 U_{cm} 的变化，从而使放大器的工作状态发生变化。

当 R_e 由小逐渐增大时，U_{cm} 也跟随由小变大，放大器由欠压状态逐步向过压状态过渡，集电极电流脉冲由尖顶形状向凹顶状变化（脉冲宽度几乎不变），如图 3.2.2 所示。在欠压状态，尖顶脉冲的高度随 R_e 的增加而略有下降，所以从中分解出来的 I_{C0}、I_{c1m} 变化不大；但在过压状态，i_C 脉冲的凹陷程度随着 R_e 的增加而急剧加深，使 I_{C0}、I_{c1m} 急剧下降。I_{C0}、I_{c1m} 随 R_e 变化的曲线如图 3.2.3(a) 所示。因为 $U_{cm}=I_{c1m}R_e$，在欠压状态 I_{c1m} 随 R_e 的增加而下降缓慢，所以 U_{cm} 随 R_e 的增加较快；在过压状态，I_{c1m} 随 R_e 的增加而下降很快，所以 U_{cm} 随 R_e 的增加而缓慢地上升，如图 3.2.3(a) 所示。

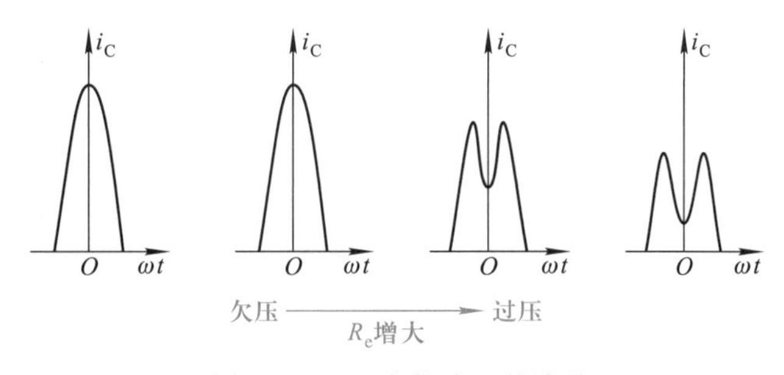

图 3.2.2　R_e 变化时 i_C 的波形

放大器的功率与效率随 R_e 变化的曲线如图 3.2.3(b) 所示。根据图 3.2.3(a) 不难说明它们的变化规律，因为 $P_D=I_{C0}V_{CC}$，由于 V_{CC} 不变，所以 P_D 随 R_e 变化的曲线与 I_{C0} 变化曲线规律相同。

因为 $P_o=(I_{c1m}^2R_e)/2$，在欠压状态，I_{c1m} 随 R_e 增加而下降缓慢，所以 P_o 随 R_e 的增加而增加；在过压状态，I_{c1m} 随 R_e 增加而下降很快，所以当 R_e 增加时 P_o 反而下降。因此，在临界状态时输出功率为最大。

因为 $P_C=P_D-P_o$，所以 P_C 曲线可以由 P_D 曲线与 P_o 曲线相减而得到。在欠压状态，尤其在 R_e 很小时，P_C 很大，极端情况 $R_e=0$，即集电极回路被短路，这时 $P_o=0$，$P_C=P_D$，即集电极直

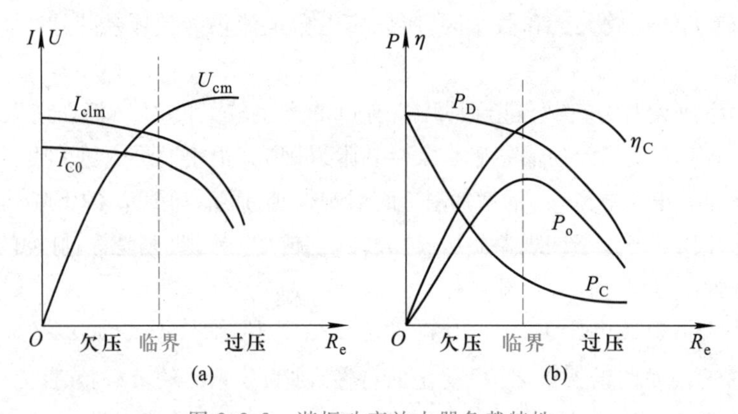

图 3.2.3　谐振功率放大器负载特性

(a) 电流、电压变化曲线　(b) 功率、效率变化曲线

流输入功率全部消耗在集电极上，晶体管可能因 P_C 超过集电极最大允许功耗而损坏，这在实际工作中必须加以注意。在过压状态，由于 P_D 与 P_o 两条曲线几乎以同一规律下降，所以 P_C 几乎不随 R_e 的变化而变化，并且具有较小的数值。

由于放大器的效率 η_C 等于 P_o 与 P_D 的比值，在欠压状态下，P_D 随 R_e 变化很小，故 η_C 随 R_e 的变化规律与 P_o 的变化规律相似；到达临界状态后，P_o 和 P_D 都随 R_e 的增加而下降，但因先是 P_o 的下降没有 P_D 下降得快，而后是 P_o 下降比 P_D 快，故 η_C 略有增大后下降。

由图 3.2.3 所示负载特性可见，工作在临界状态的谐振功率放大器输出功率 P_o 最大，P_C 较小，效率 η_C 也比较高，谐振功率放大器接近最佳性能，因此，通常将相应的 R_e 值称为谐振功率放大器的匹配负载或最佳负载，用 R_{eopt} 表示，工程上，R_{eopt} 可以根据所需输出信号功率 P_o，由下式近似确定。

$$R_{eopt}=\frac{1}{2}\frac{U_{cm}^2}{P_o}=\frac{1}{2}\frac{(V_{CC}-U_{CES})^2}{P_o} \tag{3.2.1}$$

式中，U_{CES} 为晶体管的饱和压降。

例 3.2.1　一丙类谐振功率放大器，已知 $V_{CC}=12$ V，功率管饱和压降 $U_{CES}=0.5$ V，要求输出功率 $P_o=1$ W。试求：(1) 谐振功放的最佳负载电阻 R_{eopt}；(2) 谐振功放负载电阻由最佳值变为 $0.5R_{eopt}$ 和 $2R_{eopt}$ 时输出功率的大小。

解：(1) 求 R_{eopt}。

根据要求输出功率的大小，可求谐振功率放大器最佳负载电阻 R_{eopt} 等于

$$R_{eopt}=\frac{1}{2}\frac{(V_{CC}-U_{CES})^2}{P_o}=\frac{1}{2}\frac{(12-0.5)^2}{1}\ \Omega=66\ \Omega$$

(2) 求 $R_e=0.5R_{eopt}$ 和 $R_e=2R_{eopt}$ 时的输出功率。

当 $R_e=0.5R_{eopt}$，因谐振功放的负载电阻减小，其工作状态由临界变为欠压，根据负载特

性，此时 I_{c1m} 变化不大，由 $P_o=\frac{1}{2}I_{c1m}^2R_e$ 可知，输出功率 P_o 近似减小一半，即 $P_o\approx 0.5$ W。

当 $R_e\approx 2R_{eopt}$，因谐振功率的负载电阻增大，其工作状态由临界变为过压，根据负载特性，此时 U_{cm} 变化不大，由 $P_o=U_{cm}^2/2R_e$ 可知，输出功率 P_o 也近似减小一半，即 $P_o\approx 0.5$ W。

3.2.2 V_{CC} 对放大器工作状态的影响

若 V_{BB}、U_{im}、R_e 不变，只改变集电极直流电源电压 V_{CC}，谐振功率放大器的工作状态将会跟随变化。当 V_{CC} 由小增大时，u_{CEmin} 将跟随增大，放大器的工作状态由过压状态向欠压状态变化，i_C 脉冲由凹顶状向尖顶余弦脉冲变化（脉冲宽度近似不变），如图 3.2.4(a) 所示。由图 3.2.4(a) 可见，在欠压状态 i_C 脉冲高度变化不大，所以 I_{c1m}、I_{C0} 随 V_{CC} 的变化不大，而在过压状态，i_C 脉冲高度随 V_{CC} 减小而下降，凹陷加深，因而 I_{c1m}、I_{C0} 随 V_{CC} 的减小而较快地下降，并且在 $V_{CC}=0$ 时，I_{c1m}、I_{C0} 都等于零，I_{c1m}、I_{C0} 随 V_{CC} 变化曲线如图 3.2.4(b) 所示。

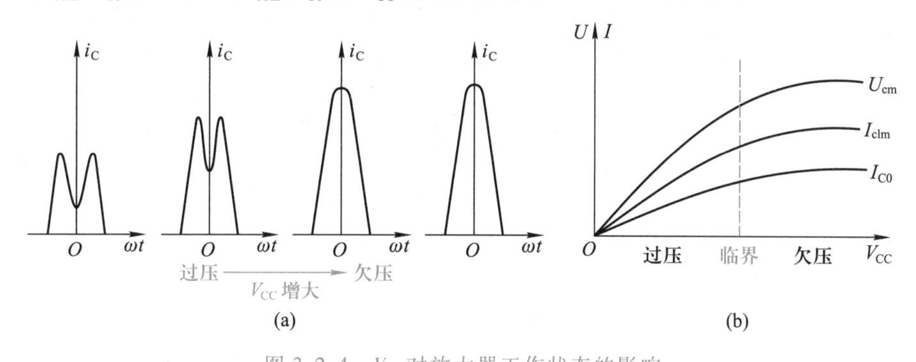

图 3.2.4 V_{CC} 对放大器工作状态的影响

(a) i_C 脉冲形状变化 (b) 集电极调制特性

因为 $U_{cm}=I_{c1m}R_e$，所以 U_{cm} 与 I_{c1m} 变化规律相同，如图 3.2.4(b) 所示。利用这一特性可实现集电极调幅作用，所以把 U_{cm} 随 V_{CC} 变化的曲线称为集电极调制特性①。

3.2.3 U_{im} 和 V_{BB} 对放大器工作状态的影响

一、U_{im} 对放大器工作状态的影响

假设 V_{CC}、V_{BB} 和 R_e 不变，改变 U_{im}，放大器的工作状态将跟随变化。放大器性能随 U_{im} 变化的特性称为振幅特性，也称放大特性。

当 U_{im} 由小增大时，管子的导通时间加长，$u_{BEmax}(=V_{BB}+U_{im})$ 增大，从而使得集电极电流脉冲宽度和高度均增加，并出现凹陷，放大器由欠压状态进入过压状态，如图 3.2.5(a) 所示。在欠压状态，U_{im} 增大时 i_C 脉冲高度增加显著，所以 I_{C0}、I_{c1m} 和相应的 U_{cm} 随 U_{im} 的增加而迅速增

① 有关调幅的内容将在第 5 章讨论。

大。在过压状态，U_{im}增大时i_C脉冲高度虽略有增加，但凹陷也加深，所以I_{C0}、I_{c1m}和U_{cm}增长缓慢。I_{C0}、I_{c1m}和U_{cm}随U_{im}变化的特性如图3.2.5(b)所示。

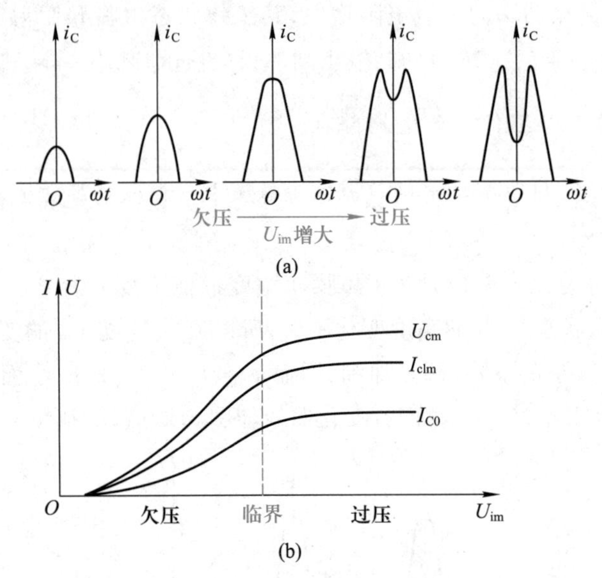

图3.2.5 U_{im}对放大器工作状态的影响

(a) i_C脉冲形状变化 (b) 放大特性

二、V_{BB}对放大器工作状态的影响

假定V_{CC}、U_{im}和R_e不变，改变V_{BB}，放大器工作状态的变化如图3.2.6(a)所示。由于$u_{BEmax}=V_{BB}+U_{im}$，所以U_{im}不变、增大V_{BB}与V_{BB}不变、增大U_{im}的情况是类似的，因此，V_{BB}由负到正增大时，集电极电流i_C的脉冲宽度和高度增大，并出现凹陷，放大器由欠压状态过渡到过压状态。I_{C0}、I_{c1m}和相应的U_{cm}随V_{BB}变化的曲线与振幅特性类似，如图3.2.6(b)所示。利用这一特性可实现基极调幅作用，所以，把图3.2.6(b)所示特性曲线称为基极调制特性。

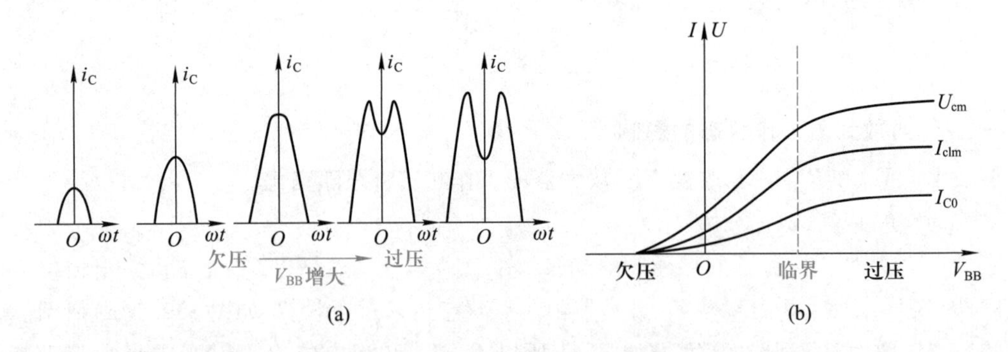

图3.2.6 V_{BB}对放大器工作状态的影响

(a) i_C脉冲形状变化 (b) 基极调制特性

例 3.2.2 已知丙类谐振功率放大器工作在过压状态，现欲将它调整到临界状态，应改变哪些参数？不同的调整方法所得到的输出功率是否相同？

解：在条件允许的情况下，分别调节 R_e、V_{CC}、V_{BB} 和 U_{im} 都可使谐振功率放大器退出过压达到临界工作状态。

根据负载特性，其他参数不变，只调节谐振回路等效谐振电阻 R_e，使其数值减小，放大器工作状态将会逐渐退出过压，达到临界状态；根据集电极调制特性，只调节 V_{CC}，使其数值增大，放大器便可退出过压而到达临界状态；根据基极调制特性和放大特性，降低 V_{BB} 或 U_{im} 也可使放大器处于临界工作状态，实际调整中四个参数也可同时进行调节，以便获得最理想工作状态。

四种单独调节方法所获得的各自临界状态的参数是不相同的，所以输出功率 P_o 是不相同的。其中降低 V_{BB} 或 U_{im} 所获得的临界状态，i_C 脉冲的高度比较小，导通角变小，所以输出功率比较小，增大 V_{CC} 所获得的临界状态，由于 u_c 幅度较大，所以输出功率较大。

讨论题

3.2.1 丙类谐振功率放大器中，欠压、临界和过压工作状态是根据什么来划分的？它们各有何特点？

3.2.2 丙类谐振功率放大器原来工作在临界状态，若集电极回路稍有失谐，放大器的 I_{C0}、I_{c1m} 将如何变化？P_C 将如何变化？有何危险？

3.2.3 丙类谐振功率放大器原来工作在临界状态，若谐振回路的外接负载电阻 R_L（见图 3.1.1）增大或减小，放大器的工作状态如何变化？I_{C0}、I_{c1m}、P_o、P_C 将如何变化？

3.2.4 一丙类谐振功率放大器输出功率为 P_o，现增大 V_{CC}，发现放大器的输出功率增加，这是为什么？如发现输出功率增加不明显，又是为什么？

3.2.5 在 V_{BB}、U_{im}、V_{CC}、R_e 中，若只改变 V_{BB} 或 V_{CC}，U_{cm} 有明显的变化，问丙类谐振功率放大器原处于何种工作状态？为什么？

随堂测验

3.2 随堂测验答案

3.2.1 填空题

1. 丙类谐振功率放大器输入余弦信号后，若晶体管工作不进入饱和区的状态，称为____状态，集电极电流为____________；若晶体管工作进入饱和区的状态，称为____状态，集电极电流为______________；若晶体管工作刚好处于不进入饱和区的临界点上的状态，称为____状态，集电极电流为____________，但顶端变化平缓。

2. 丙类谐振功率放大器的最佳工作状态是指____状态，此时放大器负载回路的等效谐振电阻称为____________或____________。

3.2.2 单选题

1. 调整丙类谐振功率放大器负载回路谐振电阻增大或减小，放大器的输出功率都会下降，则说明该放大器工作在(　　)状态。

A. 过压　　B. 欠压　　C. 临界

2. 丙类谐振功率放大器工作在临界状态，现增大 U_{im}，放大器的工作状态将(　　)状态。

A. 变为过压　　B. 变为欠压　　C. 维持临界

3. 丙类谐振功率放大器中，只改变 V_{BB}，放大器性能随之变化的特性称为(　　)。

A. 负载特性　　B. 放大特性　　C. 集电极调制特性　　D. 基极调制特性

3.2.3 判断题

1. 丙类谐振功率放大器负载回路失谐后将会进入欠压工作状态，输出功率减小、管耗增大，甚至有可能损坏功率管。(　　)

2. 丙类谐振功率放大器中，V_{CC}过大，会使放大器工作在过压状态。(　　)

3.3 丙类谐振功率放大器电路

3.3.1 谐振功率放大器电路组成

谐振功率放大器电路由功率管直流馈电电路和滤波匹配网络组成。由于工作频率及使用场合的不同，电路组成形式也各不相同。现对常用的电路组成形式进行讨论。

一、直流馈电电路

1. 集电极直流馈电电路

集电极直流馈电电路有两种连接方式，分别为串馈和并馈。串馈是指直流电源 V_{CC}、负载谐振回路(滤波匹配网络)和功率管在电路形式上为串接的馈电方式，如图 3.3.1(a)所示。如果把上述三部分并接在一起，如图 3.3.1(b)所示，称为并馈。图 3.3.1 中 L_C 为高频扼流圈，它们在信号频率上感抗很大，接近开路，对高频信号具有“扼制”作用。C_{C1}为旁路电容，对高频具有短路作用，它与 L_C 构成电源滤波电路，用以避免信号电流通过直流电源而产生级间反馈，造成工作不稳定。C_{C2}为隔直流电容，它对信号频率的容抗很小，接近短路。其实串馈和并馈仅仅是指电路结构形式上的不同，就电压关系来说，无论串馈还是并馈，交流电压和直流电压总是串联叠加在一起的，即 $u_{CE}=V_{CC}-U_{cm}\cos(\omega t)$。

由图 3.3.1 可见，两种馈电电路的不同仅在于谐振回路的接入方式。在串馈电路中，谐振回路处于直流高电位上，谐振回路元件不能直接接地，但 V_{CC}、L_C、C_{C1}处于高频地电位，分布电容不影响回路；而在并馈电路中，由于 C_{C2}隔断直流，谐振回路处于直流低电位上，谐振回路元件可以直接接地，因而电路的安装就比串馈电路方便。但是 L_C 和 C_{C2}并联在谐振回路上，它们的分布参数将直接影响谐振回路的调谐。

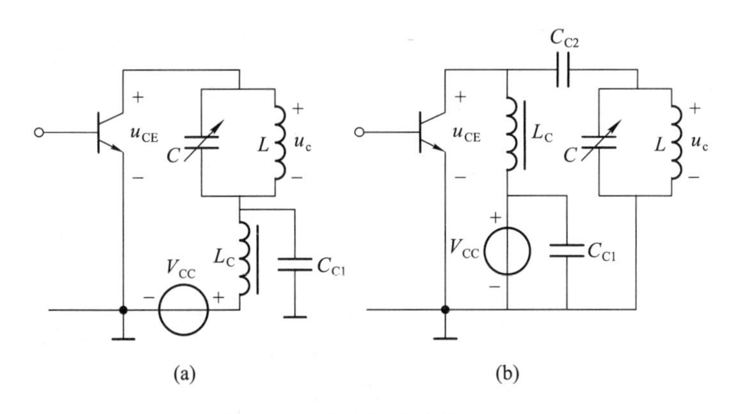

图 3.3.1　集电极直流馈电电路

（a）串馈电路　（b）并馈电路

2. 基极偏置电路

要使放大器工作在丙类，功率管基极应加反向偏压或小于导通电压 $U_{BE(on)}$ 的正向偏压。基极偏置电压可采用集电极直流电源经电阻分压后供给，也可采用自给偏压电路来获得，其中采用 V_{CC} 分压后供给，可提供正向基极偏压，而由下面的讨论可知，自给偏压只能提供反向偏压。

常见的自给偏置电路如 3.3.2 所示。图 3.3.2(a) 所示是利用基极电流脉冲 i_B 中直流成分 I_{B0} 流经 R_B 来产生偏置电压，显然，根据 I_{B0} 的流向偏压 V_{BB} 是反向的。由图可见，偏置电压 $V_{BB}=-I_{B0}R_B$。C_B 的容量要足够大，以便有效地短路基波及各次谐波电流，使 R_B 上产生稳定的直流压降。改变 R_B 的大小，可调节反向偏置电压的大小。图 3.3.2(b) 所示是利用高频扼流圈 L_B 中固有直流电阻来获得很小的反向偏置电压，可称为零偏压电路。

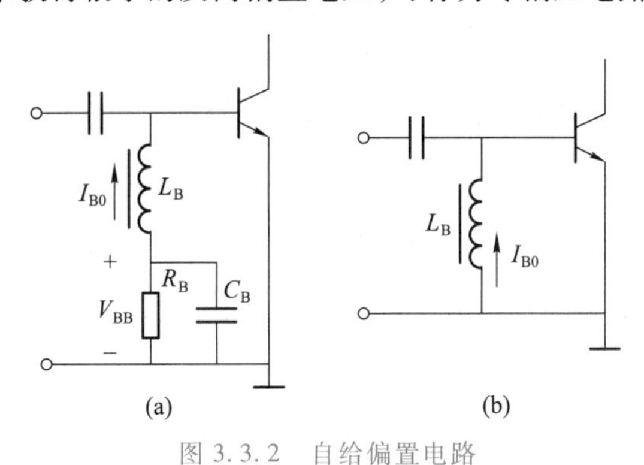

图 3.3.2　自给偏置电路

（a）基极自给偏压　（b）零偏压

在自给偏置电路中，当未加输入信号电压时，因 i_B 为零，所以偏置电压 V_{BB} 也为零。当输入信号电压由小加大时，i_B 跟随增大，直流分量 I_{B0} 增大，自给反向偏压随着增大，这种偏置电压随输入信号幅度变化的现象称为自给偏置效应。利用自给偏置效应可以改善电子电路的某些性能,例如,下章讨论的振荡器利用自给偏置效应可以起到稳定输出电压的作用。

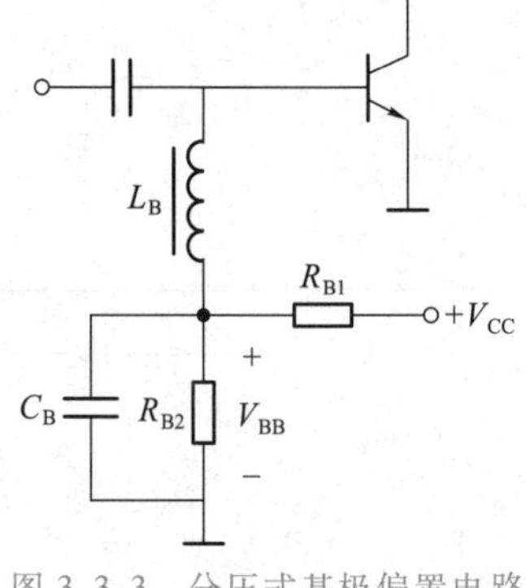

图 3.3.3 分压式基极偏置电路

当需要提供正向基极偏置电压时,可采用图 3.3.3 所示的分压式基极偏置电路。由图可见,V_{CC}经 R_{B1}、R_{B2}的分压,取 R_{B2}上的压降作为功率管基极正向偏置电压,为了保证丙类工作,其值应小于功率管的导通电压。图中,C_B 是偏置分压电阻的旁路电容,对高频具有短路作用。需要说明,图 3.3.3 所示电路具有自偏压效应,会产生反向偏压,所以,静态和动态的基极偏压的大小是不相同的,动态基极偏置电压值比静态值小,故该电路也可称为组合偏置电路。

二、滤波匹配网络

在丙类谐振功率放大器输入、输出端接入的 *LC* 网络,称为滤波匹配网络,用以进行阻抗变换,实现阻抗匹配,同时滤除工作频率范围以外的信号。

对于多级谐振功率放大器可将滤波匹配网络分为输入、输出和级间耦合三种电路。输入匹配网络用于信号源与功放推动级输入端之间,输出匹配网络用于功放输出级与实际负载之间,级间匹配网络用于推动级与输出级之间。这里需指出,由于丙类谐振功率放大器工作在非线性状态,线性电路的阻抗匹配概念已不适用。在谐振功率放大器中,通过匹配网络将负载阻抗变换成放大器所需的最佳负载,称为阻抗匹配,而最佳负载是根据需要决定的。对于输出级,要求输出功率最大,这时放大器的最佳负载就是放大器工作在临界状态时所要求的最佳负载电阻 R_{eopt};对于推动级,要求输出电压变化小,这时放大器的最佳负载应是保证放大器工作在过压状态下所要求的负载电阻。

实用谐振功率放大电路中,滤波匹配网络由 *L* 和 *C* 构成,有 L 形、π 形、T 形网络以及由它们组成的多级混合网络。有关 L 形、π 形、T 形网络的阻抗变换作用已在本书第 2 章中作了讨论,这里不再重述。

3.3.2 实用谐振功率放大器电路举例

图 3.3.4 所示是工作频率为 160 MHz 的谐振功率放大器电路,它向 50 Ω 外接负载提供13 W 功率,功率增益达 9 dB。该电路基极采用自给偏压电路,由高频扼流圈 L_B 中的直流电阻产生很小的负偏压。集电极采用并馈电路,L_C 为高频扼流圈,C_C 为旁路电容。L_2、C_3和 C_4构成 L 形输出匹配网络,调节 C_3和 C_4,使得外接 50 Ω 负载电阻在工作频率上变换为放大器所要求的匹配电阻。

图 3.3.4 所示放大器输入端采用 C_1、C_2、L_1构成 T 形输入匹配网络,可将功率管的输入阻抗在工作频率上变换为前级放大器所要求的 50 Ω 匹配电阻。L_1除了用以抵消功率管的输入电容作用外,还与 C_1、C_2产生谐振,C_1用来调匹配,C_2用来调谐振。

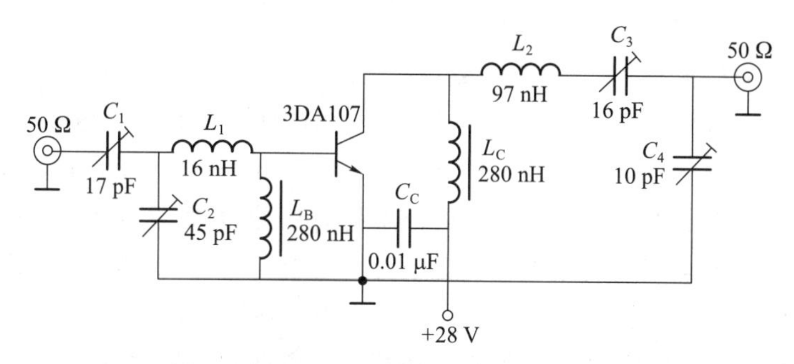

图 3.3.4　160 MHz 谐振功率放大器电路

图 3.3.5 所示电路为工作频率为 50 MHz 的谐振功率放大器电路，它向50 Ω外接负载提供 25 W 功率，功率增益达 7 dB。这个电路的基极馈电电路和输入匹配网络与图 3.3.4 所示电路相同，而集电极采用串馈电路，输出匹配网络由 L_2、L_3、C_3、C_4组成 π 形网络，调节 C_3、C_4可使输出回路谐振在工作频率上，并实现阻抗匹配。

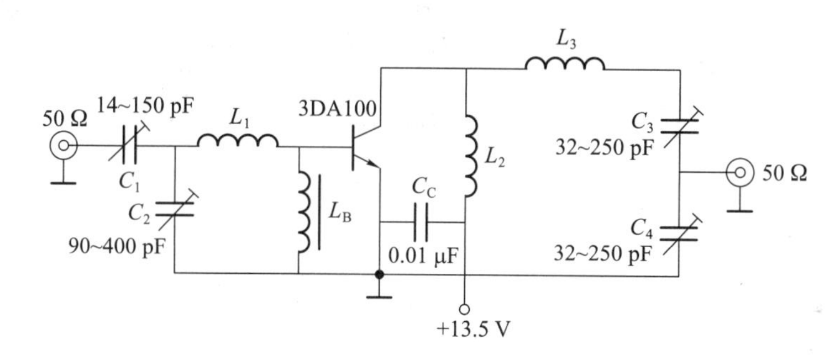

图 3.3.5　50 MHz 谐振功率放大器电路

3.3.3　丙类倍频器

输出信号的频率比输入信号频率高整倍数的电子电路称为倍频器，它广泛应用于无线电发射机等电子设备中。采用倍频器可以降低发射机主振器的频率，有利于稳频和提高发射机的工作稳定性以及扩展发射机的波段。对于调频和调相发射机，采用倍频器还可以加大频偏和相偏。实现倍频的电路很多，主要有丙类倍频器和参量倍频器两种，当工作频率不超过几十兆赫时，主要采用丙类谐振放大器构成的丙类倍频器。

由谐振功率放大器的分析已经知道，在丙类工作时，晶体管集电极电流脉冲含有丰富的谐波分量，如果把集电极谐振回路调谐在二次或三次谐波频率上，那么放大器只有二次或三次谐波电压输出，这样谐振功率放大器就成了二倍频器或三倍频器。通常丙类倍频器工作在欠压或临界工作状态。

由于集电极电流脉冲的高次谐波的分解系数总小于基波分解系数，所以，倍频器的输出功率和效率都低于基波放大器，并且倍频次数越高，相应的谐波分量幅度越小，其输出功率和效率也就越低，即同一个晶体管在输出相同功率时，作为倍频器工作的集电极损耗要比作为基波放大器工作时大。另外，考虑到输出回路需要滤除高于和低于某次谐波的各谐波分量，其中低于某次的各谐波量幅度，特别是基波信号的幅度比有用分量大，要将它们滤除较为困难。显然，倍频次数过高，对输出回路的要求就会过于苛刻而难于实现。另外，当增高倍频次数时，为了得到一定的功率输出，就需增大输入信号幅度，使得晶体管发射结承受的反向电压增大。所以，一般单级丙类倍频器采用二次或三次倍频，若要提高倍频次数，可将倍频器级联起来使用。

为了有效抑制低于倍频频率的谐波分量，实际丙类倍频器输出回路中常采用陷波电路，如图 3.3.6 所示。图示为三倍频器，其输出并联回路调谐在三次谐波频率上，用以获得三倍频电压输出，而串联谐振回路 L_1C_1、L_2C_2 与并联回路 L_3C_3 相并联，它们分别调谐在基波和二次谐波频率上，从而可以有效地抑制它们的输出，故 L_1C_1 和 L_2C_2 回路称为串联陷波电路。

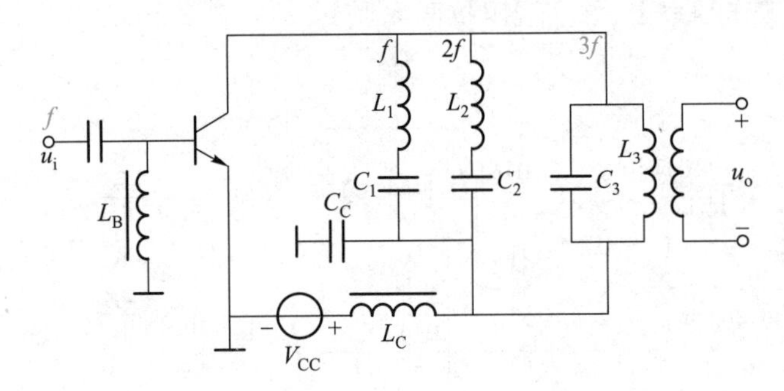

图 3.3.6　带有陷波电路的三倍频器

讨论题

3.3.1　放大电路集电极直流馈电电路有哪几种形式？并联馈电电路有何特点？

3.3.2　放大电路中自给偏压电路有何特点？

3.3.3　谐振功率放大器中滤波匹配网络有何作用？

3.3.4　倍频器有何作用？丙类倍频器工作状态的选择与丙类谐振功率放大器相比有何不同？

随堂测验

3.3　随堂测验答案

3.3.1　填空题

1. 谐振功放集电极直流馈电电路有______和______两种连接方式。__________、__________、__________三者在电路形式上为串联连接的馈电方式，称为________。

2. 丙类谐振功放电路如图 3.3.7 所示，图中：

(a) 输入滤波匹配网络由________构成________形网络；

(b) 基极偏置采用________电路，它由________构成；

(c) 集电极直流馈电路采用____方式；

(d) 输出滤波匹配网络由__________构成____形网络。

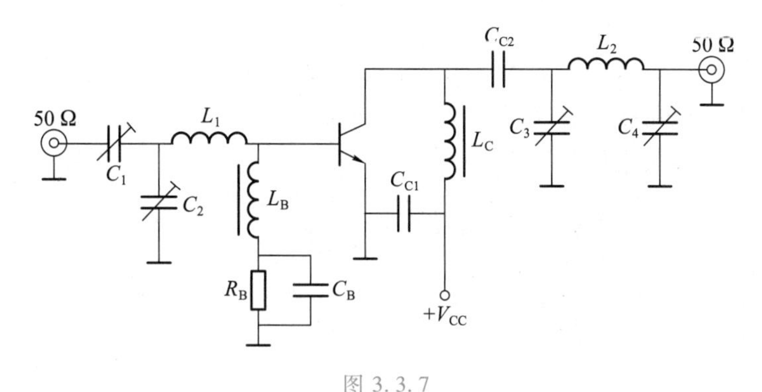

图 3.3.7

3. 输出信号的频率比输入信号频率高整数倍的电路，称为________，将丙类谐振功放集电极负载回路调谐在三次谐波上，则构成________。

3.3.2 单选题

1. 谐振功放基极自偏压电路的特点是(　　)。

A. 自偏压由基极脉冲电流 i_B 的直流分量流经电阻 R_B 产生

B. 自偏压由基极脉冲电流 i_B 流经电阻 R_B 产生

C. 自偏压由输入电压在基极电阻 R_B 上分压产生

D. 输入电压为零时，自偏压为固定的负值

2. 谐振功放输出级中，输出滤波匹配网络的阻抗匹配作用是指将实际负载电阻变换成使放大器工作在(　　)状态的负载电阻。

A. 临界　　B. 过压　　C. 欠压　　D. 谐振

3.3.3 判断题

1. 谐振功放集电极直流并馈电路中，负载谐振回路元件可以直接接地，故电路安装比较方便。(　　)

2. 自偏压电路只能产生反向偏压，而且偏压的大小随输入电压幅度变化而变化。(　　)

3.4 高效高频功率放大器与集成高频功率放大器

3.4.1 高效高频功率放大器

一、丁(D)类功率放大器

丙类放大器可以通过减小电流导通角 θ 来提高放大器的效率，但是为了让输出功率符合要求又不使输入激励电压太大，θ 就不能太小，因而放大器效率的提高就受到了限制。

由于晶体管放大器集电极效率为

$$\eta_C=\frac{P_o}{P_D}=\frac{P_o}{P_o+P_C} \tag{3.4.1}$$

式中，P_C 为晶体管集电极耗散功率。式(3.4.1)说明，要提高放大器效率，应尽可能减小集电极耗散功率 P_C，而

$$P_C=\frac{1}{2\pi}\int_{-\theta}^{\theta} i_C u_{CE}\mathrm{d}(\omega t) \tag{3.4.2}$$

可见，要减小 P_C，一种方法是减小 P_C 的积分区间 θ，即减小电流的导通角 θ，这就是丙类放大器所采用的方法；另一种方法是减小 i_C 与 u_{CE} 的乘积，该方法是各种高效率谐振放大器的设计基础。使放大器工作在开关状态，当晶体管导通($i_C\neq0$)时，其管压降 u_{CE} 为最小，接近于零；而当管子截止($i_C=0$)时，管压降 u_{CE} 不为零。可见，理想情况下，i_C、u_{CE} 乘积可接近于零，故 η_C 可达 100%，这类放大器称为开关型丁(D)类放大器。

丁类功率放大器有电压开关型和电流开关型两种电路，下面仅介绍电压开关型谐振功率放大器的工作原理。

图 3.4.1(a)所示为电压开关型丁类放大器原理电路。图中输入信号电压 u_i 是角频率为 ω 的方波或幅度足够大的余弦波。通过变压器 Tr 产生两个极性相反的推动电压 u_{b1} 和 u_{b2}，分别加到两个特性相同的同类型放大管 V_1 和 V_2 的输入端，使得两管在一个信号周期内轮流地饱和导通和截止。L、C 和外接负载 R_L 组成串联谐振回路。设 V_1 和 V_2 管的饱和压降为 U_{CES}，则当 V_1 管饱和导通时，A 点对地电压为

$$u_A=V_{CC}-U_{CES}$$

而当 V_2 管饱和导通时，

$$u_A=U_{CES}$$

因此，u_A 是幅值为 $V_{CC}-2U_{CES}$ 的矩形方波电压，它是串联谐振回路的激励电压，如图 3.4.1(b)所示。当串联谐振回路调谐在输入信号频率上，且回路等效品质因数 Q_e 足够高时，通过回路的仅是 u_A 中基波分量产生的电流 i_o，它是角频率为 ω 的余弦波，而这个余弦波电流只能是由 V_1、V_2 分别导通时的半波电流 i_{C1}、i_{C2} 合成的。这样，负载 R_L 上就可获得与 i_o 相同波形的电压

u_o输出。i_{C1}、i_{C2}波形均示于图 3.4.1(b)中。可见,在开关工作状态下,两管均为半周导通,半周截止。导通时,电流为半个正弦波,但管压降很小,近似为零。截止时,管压降很大,但电流为零,这样,管子的损耗始终维持在很小值。

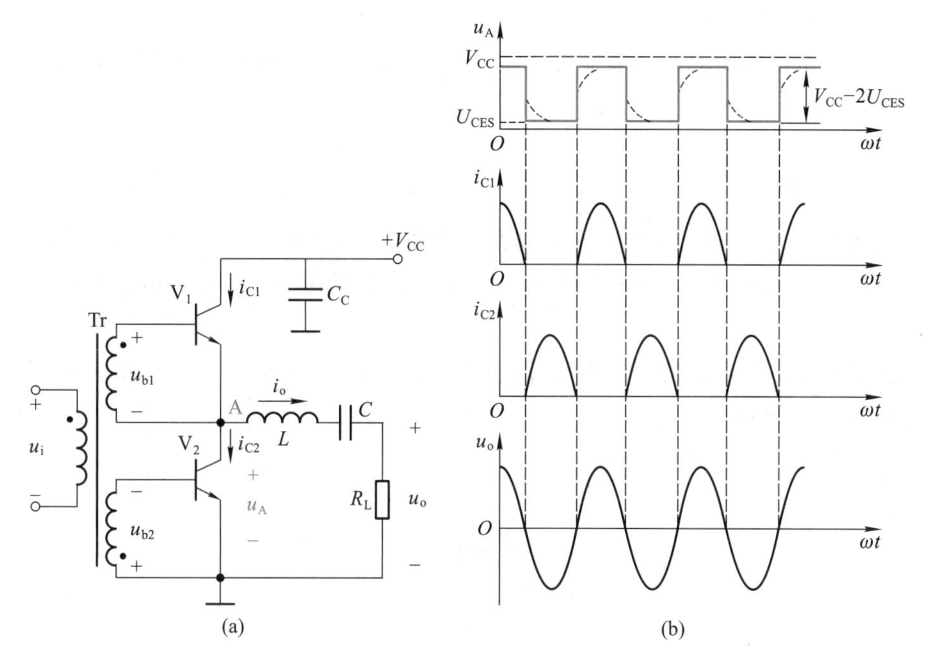

图 3.4.1　丁类放大器原理图及电压、电流波形

(a) 原理电路　(b) 电压、电流波形

实际上,在高频工作时,由于晶体管结电容和电路分布电容的影响,晶体管 V_1、V_2的开关转换不可能在瞬间完成,u_A 的波形会有一定的上升沿和下降沿,如图 3.4.1(b)中虚线所示。这样,晶体管的耗散功率将增大,放大器实际效率将下降,这种现象随着输入信号频率的提高而更趋严重。通常考虑到这些实际因素后,丁(D)类功率放大器实际效率仍能做到 90%,甚至更高些。为了克服上述缺点,在丁类放大器的基础上采用特殊设计的输出回路,构成戊(E)类放大器。

二、戊(E)类功率放大器

戊(E)类功率放大器由工作在开关状态的单个晶体三极管构成,其基本电路如图 3.4.2 所示。图中 R_L 为等效负载电阻,L_C 为高频扼流圈,用以使流过它的电流 I_{CC}恒定;L、C 为串联谐振回路,其 Q 值足够大,但它并不谐振于输入信号的基频,C_1 接于集电极与地之间,与晶体管的输出电容 C_0 并联,令 $C_1'=C_0+C_1$,因此 C_1'

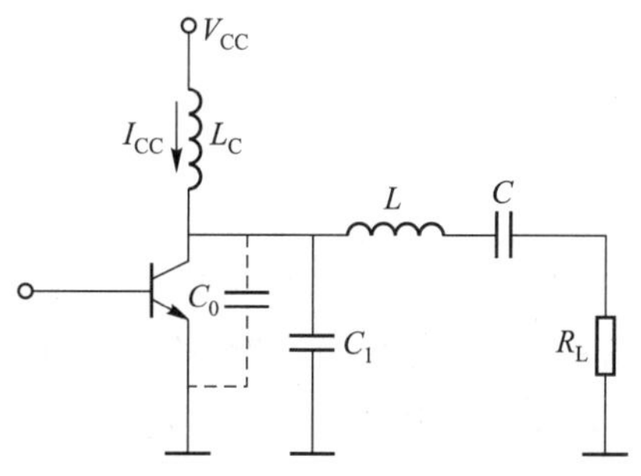

图 3.4.2　戊(E)类功率放大器

和 L、C 组成负载网络。通过选择适当的网络参数使负载网络的瞬态响应满足：功率管截止时，集电极电压 u_{CE} 的上升沿延迟到集电极电流 $i_C=0$ 以后才开始；功率管导通时，迫使 $u_{CE}=0$ 以后才出现集电极电流 i_C 脉冲，即保证功率管上的电流和电压不同时出现，从而提高了放大器的效率，最高效率可达 95%。

E 类和 D 类功率放大器功率管处于开关工作状态，因此只能放大等幅的恒包络信号，如 FM、PSK、FSK 等已调信号。因而，在数字通信系统中具有广阔的应用前景。

3.4.2 集成高频功率放大器简介

在超短波频段，已出现了一些集成功率放大组件，这些组件体积小，可靠性高，输出功率一般在几瓦至几十瓦之间。日本三菱公司的 M57704 系列、美国 Motorola 公司的 MHW 系列是其代表产品。

三菱公司的 M57704 系列是一种厚膜混合集成电路，它有很多型号，频率范围在 335～512 MHz，可用于调频移动通信系统。其外形和内部结构如图 3.4.3 所示，它为三级放大电路，级间匹配网络由微带线和 LC 元件混合组成。

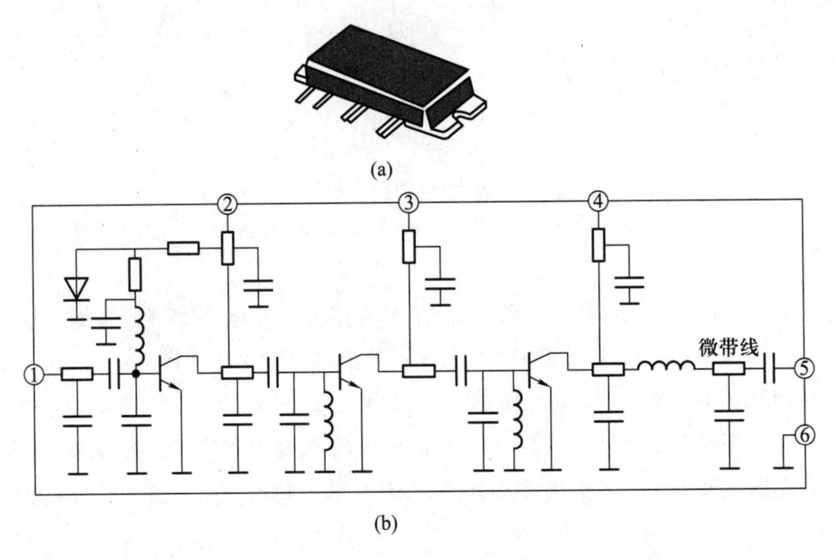

图 3.4.3 M57704 系列功放外形和内部结构

(a) 外形图 (b) 内部结构图

微带线又称微带传输线，是用介质材料把单根带状导体与接地金属板隔离而构成的，如图 3.4.4 所示。它的电性能，如特性阻抗、带内波动、损耗和功率容量等，都与绝缘基板的介电系数、基板厚度 H 和带状导体宽度 W 有关。实际使用时，微带线采用双面敷铜板，在上面做出各种图形，构成电感、电容等各种微带元件，从而组成谐振回路、滤波器及阻抗变换器等。

用 M57704H 集成功放构成的应用电路如图 3.4.5 所示，它是 TW-42 超短波电台发射机高频功放部分。其工作频率为 457.7~458 MHz，发射功率为 5 W。0.2 W 等幅调频信号由 M57704H 引脚 1 输入，经功率放大后输出，一路经微带线匹配滤波后通过二极管 V_{115}送到多节 LC 匹配网络，然后由天线发射出去；另一路经 V_{113}、V_{114}检波，V_{104}、V_{105}直流放大后，送给 V_{103}调整管，然后作为控制电压从 M57704H 引脚 2 输入，调节第一级功放的集电极电源，以稳定整个集成功放的输出功率。第二、三级功放的集电极电源是固定的 13.8 V。

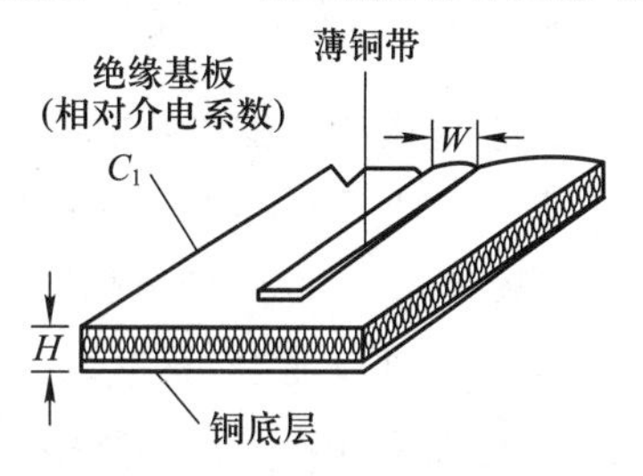

图 3.4.4 微带线结构

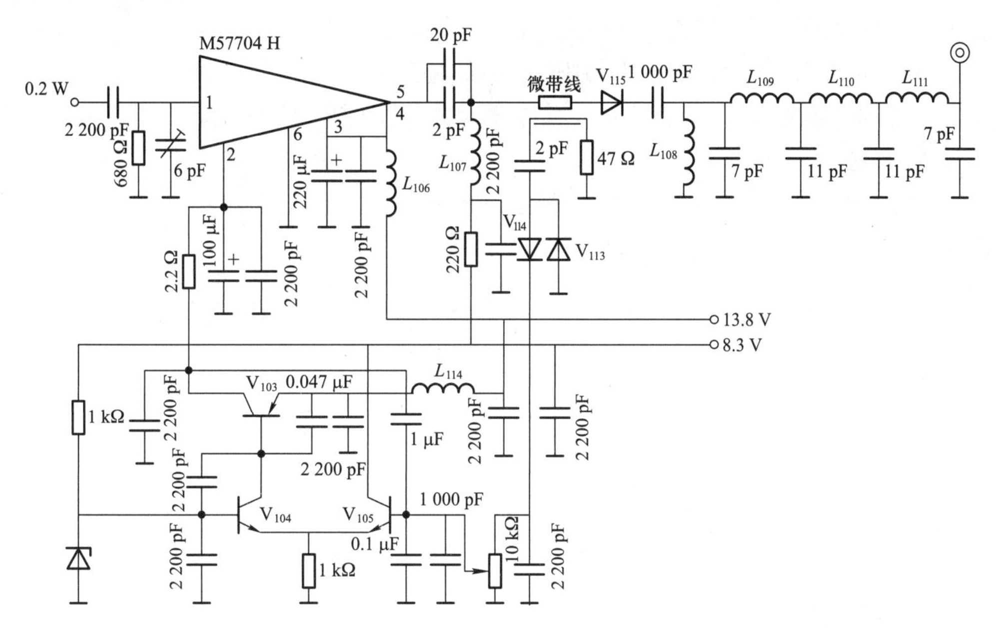

图 3.4.5 TW-42 超短波电台发射机高频功放部分电路图

3.5 宽带高频功率放大器

上述谐振功率放大器的主要优点是效率高，但当需要改变工作频率时，必须改变其滤波匹配网络的谐振频率，这往往是十分困难的。在多频道通信系统和相对带宽较宽的高频设备中，谐振功率放大器就不适用了，这时必须采用无须调节工作频率的宽带高频功率放大器。由于无选频滤波性能，宽带功率放大器只能工作在非线性失真较小的甲类状态（或乙类推挽），其效率低，输出功率小，因而常采用功率合成技术，实现多个功率放大器的联合工作，获得大功率的输出。本节主要介绍具有宽带特性的传输线变压器及宽带功率放大器的工作原理。

3.5.1 传输线变压器

一、传输线变压器的工作原理

传输线变压器与普通变压器相比,其主要特点是工作频带极宽,它的上限频率可高到上千兆赫,频率覆盖系数(即上限频率对下限频率的比值)可达到 10^4,而普通高频变压器的上限频率只能达到几十兆赫,频率覆盖系数只有几百。

传输线变压器是将传输线绕在高导磁率、低损耗的磁环上构成的。传输线可采用扭绞线、平行线、同轴线等,而磁环一般由镍锌高频铁氧体制成,其直径小的只有几毫米,大的有几十毫米,视功率大小而定。传输线变压器的工作方式是传输线原理和变压器原理的结合,即其能量根据激励信号频率的不同以传输线或以变压器方式传输。

图 3.5.1(a)所示为 1∶1 传输线变压器的结构示意图,它是由两根等长的导线紧靠在一起并绕在磁环上构成的。用虚线表示的导线 1 端接信号源,2 端接地,用实线表示的另一根导线 3 端接地,4 端接负载。图 3.5.1(b)所示为以传输线方式工作的电路形式,图 3.5.1(c)所示为以普通变压器方式工作的电路形式。为了便于比较,它们的一、二次侧都有一端接地。

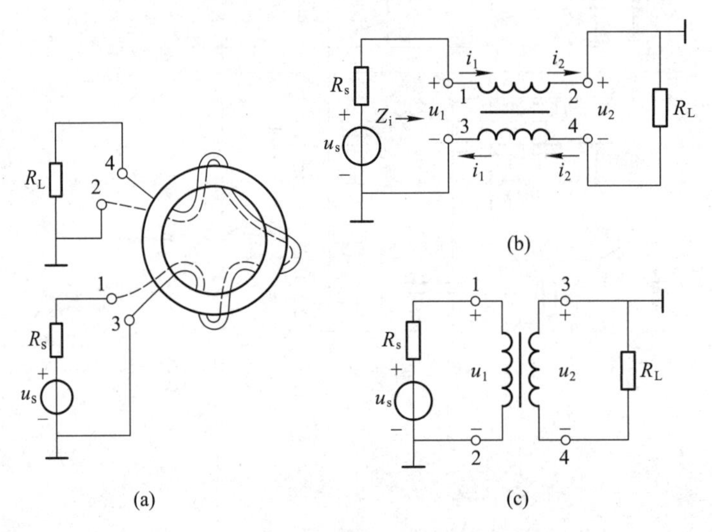

图 3.5.1　1∶1 传输线变压器结构和工作原理

(a) 结构示意图　(b) 传输线电路　(c) 普通变压器电路

根据传输线理论可知,只要传输线无耗且匹配(所谓匹配,是指外接负载 R_L 和输入信号源内阻 R_s 均等于传输线的特性阻抗 Z_c,理想无耗传输线的 Z_c 为纯电阻),不论加在其输入端的信号是什么频率,只要输入信号源 u_s 和 R_s 不变,信号源向传输线始端供给的功率就不变,它通过传输线全部被 R_L 所吸收。因此,可以认为,无耗和匹配传输线具有无限宽的工作频带

(上限频率为无穷大,下限频率为零)。在实际情况下,传输线的终端要做到严格匹配是困难的,因而它的上限频率总是有限的。为了扩展它的上限频率,首先应使 R_s 和 R_L 尽可能接近 Z_c,其次,应尽可能缩短传输线的长度。工程上要求传输线长度小于最小工作波长的 1/8,在满足上述条件下,可以近似认为传输线输出与输入的电压以及电流大小相等,相位相同。

由上述可知,对于传输线变压器,通常取传输线的长度小于最小工作波长的 1/8,在 $R_L=R_s=Z_c$ 时,可近似看成无耗且匹配的传输线。因此,在图 3.5.1(b)所示电路中,$u_1=u_2=u$,$i_1=i_2=i$,$Z_i=R_L=R_s$,输入信号能量可直接传输到终端。这时两个线圈中通过的电流大小相等,方向相反,在磁芯中产生的磁场正好相互抵消,因此,磁芯中没有功率损耗,这对传输线工作方式极为有利。

图 3.5.1 所示传输线变压器由于 2、3 端同时接地,这样信号电压 u_1 加在传输线始端 1、3 时同时也加到线圈 1、2 两端,负载 R_L 也接到线圈 3、4 端,如图3.5.1(c)所示,传输线变压器同时按变压器方式工作。由于电磁感应,负载 R_L 上也获得了与 u_1 相等的感应电压 u_2。此时,在 1、3 端和 2、4 端的相对电压仍分别为 u_1 和 u_2,从而又保证了传输线工作方式的电压关系。

由图 3.5.1(b)和(c)可见,由于 2、3 端同时接地,则负载 R_L 上获得了与输入电压幅度相等、相位相反的电压,且 $Z_i=R_L$,所以,这种接法的传输线变压器相当于一个阻抗变比为 1∶1 的反相变压器。

必须指出,由于传输线变压器具有变压器的结构,输入信号源除了沿传输线传送能量,还出现了输入电压 u 直接在一次线圈 1-2 中产生激励电流 i_0 的现象,如图 3.5.2 所示。由于这种励磁电流的存在,破坏了传输线两线中电流分布的对称性。显然,为了保证两线按传输线方式工作,必须要求这种励磁电流很小。为使励磁电流造成的不对称性在工作频带内减少到可以忽略的程度,应采用高 μ 的环形磁芯,以增大一次线圈的电感,从而减少励磁电流。不过,随着工作频率的下降,一次线圈电感的感抗减小,i_0 增加,相应的 i_0 在 R_s 上的压降增大,致使 u 减小。可见,传输线变压器的下限频率受到一次线圈电感的限制。

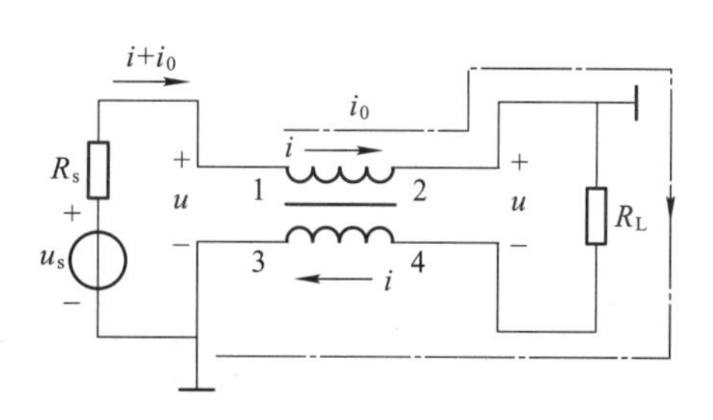

图 3.5.2 励磁电流的影响

由以上分析可以看出,在信号源和负载之间,可认为有两条能量传输途径并行存在。在高频范围,励磁感抗很大,励磁电流可以忽略不计,传输线方式起主要作用,其上限频率取决于传输线的长度,长度越短,上限频率越高;在频率很低时,变压器传输方式起着主要作用,其下限频率受励磁电感量的限制,励磁电感量越大,下限频率越低。

二、传输线变压器的功能

传输线变压器除了可以实现 1∶1 倒相作用外,还可实现 1∶1 平衡和不平衡电路的转换、阻抗变换等功能。

1. 平衡和不平衡电路的转换

传输线变压器用以实现 1∶1 平衡和不平衡电路转换如图 3.5.3 所示。图 3.5.3(a)所示为不平衡输入信号源,通过传输线变压器得到两个大小相等、对地反相的电压输出;图 3.5.3(b)所示为对地平衡的双端输入信号,通过传输线变压器转换为对地不平衡的电压输出。

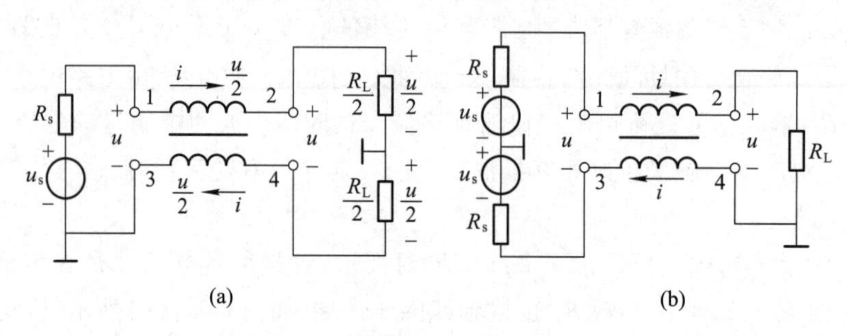

图 3.5.3　平衡和不平衡电路的转换

(a) 不平衡-平衡转换　(b) 平衡-不平衡转换

2. 阻抗变换

传输线变压器可以构成阻抗变换器,最常用的是 4∶1 和 1∶4 阻抗变换器。

将传输线变压器按图 3.5.4 接线,就可以实现 4∶1 的阻抗变换。若设负载 R_L 上的电压为 u,由图可见,传输线终端 2、4 和始端 1、3 的电压也均为 u,则 1 端对地输入电压等于 $2u$。如果信号源提供的电流为 i,则流过传输线变压器上、下两个线圈的电流也为 i,由图 3.5.4 可知通过负载 R_L 的电流为 $2i$,因此可得

$$R_L=\frac{u}{2i} \tag{3.5.1}$$

而信号源端呈现的输入阻抗为

$$R_i=\frac{2u}{i}=4\frac{u}{2i}=4R_L \tag{3.5.2}$$

可见,输入阻抗是负载阻抗的 4 倍,从而实现了 4∶1 阻抗比的变换。

为了实现阻抗匹配,要求传输线的特性阻抗为

$$Z_c=\frac{u}{i}=2\frac{u}{2i}=2R_L \tag{3.5.3}$$

如将传输线变压器按图 3.5.5 接线,则可实现 1∶4 阻抗的变换。由图可知

$$R_L=\frac{2u}{i} \tag{3.5.4}$$

信号源端呈现的输入阻抗为

$$R_i=\frac{u}{2i}=\frac{1}{4}\cdot\frac{2u}{i}=\frac{R_L}{4} \tag{3.5.5}$$

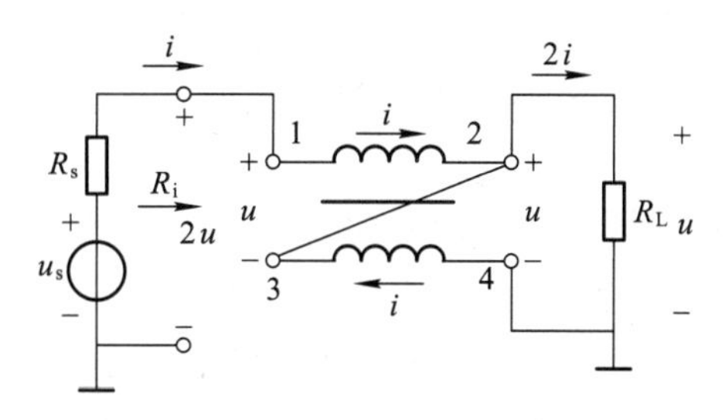

图 3.5.4　4：1 传输线变压器

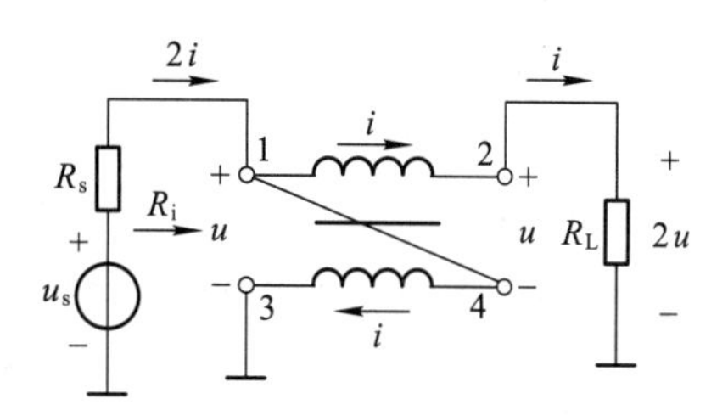

图 3.5.5　1：4 传输线变压器

可见,输入阻抗 R_i 为负载电阻 R_L 的 1/4,实现了 1：4 的阻抗变换。

为了实现阻抗匹配,要求传输线的特性阻抗为

$$Z_c=\frac{u}{i}=\frac{1}{2}\cdot\frac{2u}{i}=\frac{R_L}{2} \tag{3.5.6}$$

根据相同的原理,可以采用多个传输线变压器组成 9：1、16：1 或 1：9、1：16 的阻抗变换器。

3.5.2　功率合成技术

一、功率合成与分配

图 3.5.6 所示为一功率合成电路组成框图。图中 A 为 10 W 单元放大器,H 为功率合成与分配网络,R 为平衡电阻。由图可见,功率为 5 W 的信号 P_i 经 A_1放大后,输出 10 W 功率,经分配网络 H_1分成两路,每路各输出 5 W 功率。上边一路经 A_2放大、H_2网络分配,又分别向 A_3、A_4输出 5 W 功率,然后再经 A_3、A_4放大及 H_3网络的合成,得到 20 W 功率输出。下边一路也经 A 的放大、H 网络的分配和合成,得到 20 W 功率输出。上、下两路输出 20 W 功率经 H_4网络的合成,向总的负载输出 40 W 功率。不过,考虑到网络可能匹配不理想及电路元件的损耗,实际输出功率小于 40 W。以图 3.5.6 为基础,依此类推,可以构成更加复杂的功率合成器,输出更大的功率。

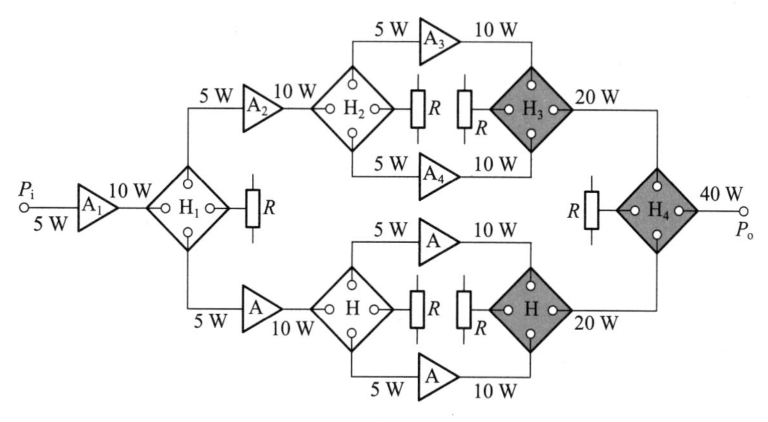

图 3.5.6　功率合成器的原理框图

功率分配则是功率合成的反过程，其作用是将某信号功率平均地、互不影响地分配给各个独立负载。在任一功率合成器中，实际上也包含了一定数量的功率分配器，如图 3.5.6 中 H_1、H_2等网络。

功率合成网络和分配网络多以传输线变压器为基础构成，两者的差别仅在于端口的连接方式不同。因此，通常又把这类网络通称为“混合网络”。

一个理想的功率合成电路，除了能够无损失地合成各功率放大器的输出功率，还应具有良好的隔离作用，即其中任一放大器的工作状态发生变化或遭到破坏时，不会引起其他放大器工作状态发生变化，不影响它们各自输出的功率。

二、功率合成网络

由传输线变压器构成的功率合成网络如图 3.5.7 所示。图中，Tr_1为混合网络，R_c 为混合网络的平衡电阻；Tr_2为 1∶1 传输线变压器，在电路中起平衡-不平衡转换作用，R_d 为合成器负载。两功率源相同，即 $R_a=R_b$，$u_{sa}=u_{sb}$，它们分别由 A、B 端加入。为了实现阻抗匹配，要求

$$\left.\begin{aligned}R_a=R_b=Z_c=R\\R_c=Z_c/2=R/2\\R_d=2Z_c=2R\end{aligned}\right\}\tag{3.5.7}$$

式中，$Z_c=R$ 为传输线变压器 Tr_1 的特性阻抗。

此时混合网络 C 与 D 端、A 与 B 端相互隔离，若两功率源在 A、B 端加入大小相等、方向相反的电压，如图 3.5.7 所示，则称为反相功率合成网络，此时功率在 D 端合成，R_d 上获得两功率源合成功率，而 C 端无输出。

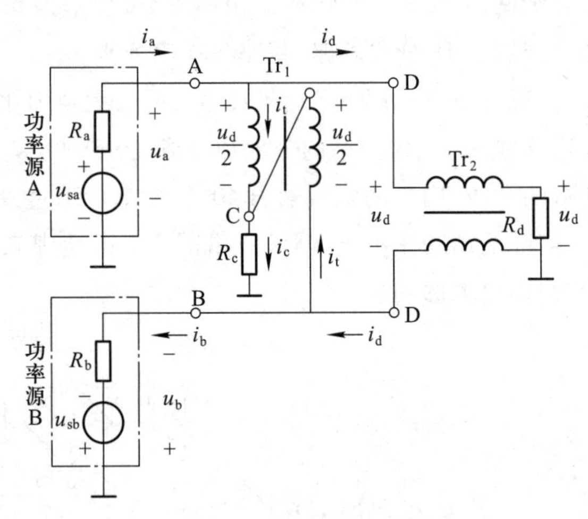

图 3.5.7　反相功率合成网络

设流入传输线变压器 Tr_1的电流为 i_t，两功率源向网络提供的电流分别为 i_a 和 i_b，通过 Tr_2的电流，即流过 R_d 的电流为 i_d。则由图可得

$$\left.\begin{aligned}i_a=i_d+i_t\\i_b=i_d-i_t\end{aligned}\right\}\tag{3.5.8}$$

则

$$i_d=(i_a+i_b)/2\tag{3.5.9}$$

$$i_t=(i_a-i_b)/2\tag{3.5.10}$$

流过电阻 R_c 的电流为

$$i_c=2i_t=i_a-i_b\tag{3.5.11}$$

若电路工作在平衡状态，即 $i_a=i_b$，$u_a=u_b$ 则有

$$\left.\begin{aligned} i_d &= i_a = i_b \\ i_c &= 0 \\ u_d &= u_a + u_b = 2u_a = 2u_b \end{aligned}\right\} \tag{3.5.12}$$

可见，R_c 上获得的功率为零，而 R_d 上所获得的功率为

$$P_d = P_a + P_b \tag{3.5.13}$$

这就是说，两功率源输入的功率全部传输到负载 R_d 上。

由于传输线变压器的作用，A 端与 B 端之间互相隔离，当一个功率源发生故障将不会影响到另一功率源的输出功率，若一个功率源损坏时，另一功率源的输出功率将平均分配在 R_d 和 R_c 上，R_d 上的合成功率减小到两个功率源正常工作的四分之一。

若 A、B 端两个输入功率源电压相位相同，则称为同相功率合成器，应用上述类似的分析方法，可得 C 端有合成功率输出，而 D 端无输出。

此外，两输入功率也可由 C 端和 D 端引入，而把 A 端和 B 端作为功率合成端和平衡端。反相功率合成时，B 为合成端，A 为平衡端；同相功率合成时，A 为合成端，B 为平衡端。

三、功率分配网络

图 3.5.8(a) 所示为最基本的功率二分配网络，它可实现同相功率分配。该电路与图 3.5.7 所示功率合成电路相似，它们的区别仅在于分配网络的信号功率由 C 端输入，两个负载 R_a、R_b 则分别接 A 端和 B 端，D 为平衡端。

为了满足网络的最佳传输条件，同样要求

$$\left.\begin{aligned} R_a &= R_b = Z_c = R \\ R_c &= Z_c/2 = R/2 \\ R_d &= 2Z_c = 2R \end{aligned}\right\} \tag{3.5.14}$$

式中，$Z_c = R$ 为传输线变压器 Tr_1 的特性阻抗。

为了分析方便，可将图 3.5.8(a) 所示传输线变压器改画成自耦变压器形式，如图 3.5.8(b) 所示。由图可见，R_a、R_b、变压器的两个绕组构成电桥电路，当电桥平衡时，C 端与 D 端是互相隔离的，即 C 端加电压，D 端无输出，而 A、B 端获得等值同相功率。

如果将信号功率由 D 端引入，A、B 仍为负载端，A、B 端将等分输入信号功率，但此时 A 端和 B 端的输出电压是反相的，故称为反相功率分配器。

必须指出，同相和反相功率分配器中，当 $R_a \neq R_b$ 时，功率放大器的输出功率就不能均等地分配到 R_a 和 R_b 上，当 $R_d = 2R$ 时，B 端输出功率不会随 R_a 变化而改变；同样，A 端输出功率也不会随 R_b 变化而改变。

图 3.5.9 所示为两种功率分配器的实用电路，图(a)为二分配器，适用于不平衡信号源和 75 Ω 负载之间的匹配；图(b)为由 3 个二分配器组成的四分配器，输入信号功率经过两级二分配器，使每个负载上得到四分之一的输入信号功率。图(b)中各电阻之间的关系为

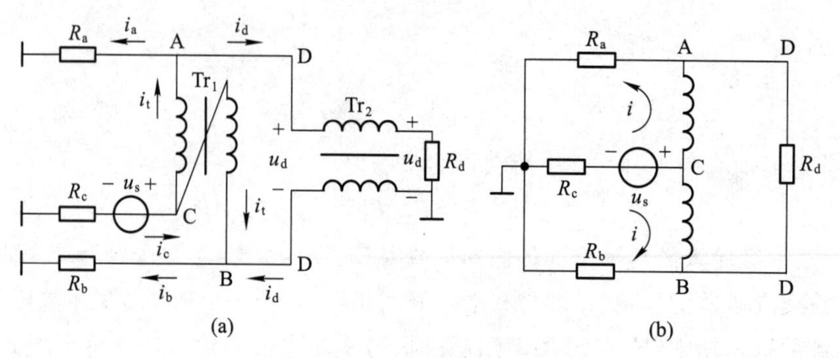

图 3.5.8　同相功率分配网络

（a）传输线变压器形式　（b）自耦变压器形式

$$
\left.\begin{array}{l}
R_{d1}=R_L \\
R_{d2}=R_{d3}=2R_L \\
R_s=R_L/4
\end{array}\right\}
\tag{3.5.15}
$$

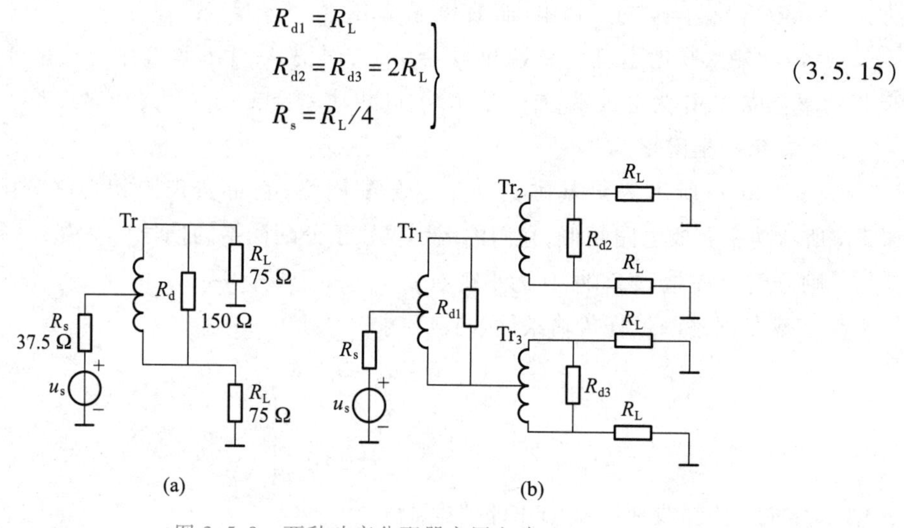

图 3.5.9　两种功率分配器实用电路

（a）二分配器　（b）四分配器

3.5.3　宽带高频功率放大器电路

将以上讨论的混合网络与适当的放大电路相组合，就可以构成宽带功率放大器。

图 3.5.10 所示为反相功率合成器应用电路，其带宽为 30~75 MHz，输出功率为 75 W。图中 Tr_1为 1∶1 传输线变压器，用来将不平衡的输入变为平衡的输入加到 Tr_2的 D 端，Tr_2构成输入反相功率分配网络，C 端为功率分配网络的平衡端，所以 A、B 两端可得到相等的激励功率，但电压相位相反。Tr_3、Tr_4为 4∶1 阻抗变换器，它们的作用是把晶体管的输入阻抗（约 3 Ω）变换成功率分配网络 A、B 端所要求的阻抗（12.5 Ω）。

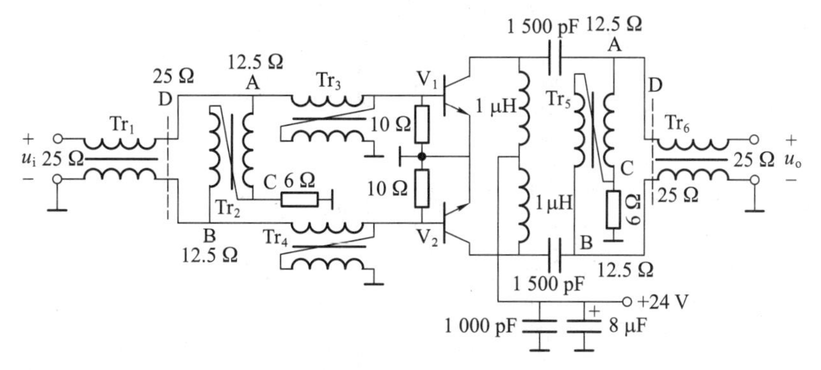

图 3.5.10　反相功率合成电路

由于晶体管 V_1、V_2输入的激励电压反相，经放大后，它们的输出电压也是反相的，所以输出端采用了由 Tr_5 构成反相功率合成网络，可将 V_1、V_2管输出的反相功率由 D 端合成后经 Tr_6 输出。C 端为平衡端。

根据阻抗匹配的要求，对于反相功率合成网络 Tr_5，当 D 端阻抗 $R_d = 25\ \Omega$ 时，则要求 A、B 端阻抗 $R_a = R_b = R_d/2 = 12.5\ \Omega$，而 C 端平衡电阻 $R_c = R_d/4 \approx 6\ \Omega$。对于反相功率分配网络 Tr_2，当 D 端阻抗 $R_d = 25\ \Omega$ 时，则要求 A、B 端阻抗 $R_a = R_b = R_d/2 = 12.5\ \Omega$，C 端平衡电阻 $R_c = R_d/4 \approx 6\ \Omega$。

讨论题

3.5.1　传输线变压器与普通变压器相比，主要特点是什么？

3.5.2　功率合成和分配网络有何特点？各端点电阻在取值上有什么要求？

3.5.3　图 3.5.7 所示电路中，已知 $R_d = 25\ \Omega$，试问 R_a、R_b、R_c 应取多大值？

随堂测验

3.5　随堂测验答案

3.5.1　填空题

1. 传输线变压器与普通变压器相比，其主要特点是________________，能量以________和________方式传输。

2. 图 3.5.11 所示电路称为________________。图中：$u_{sa} = u_{sb}$、$R_a = R_b$，R_c 为____电阻，R_d 为____电阻，传输线变压器特性阻抗 $Z_c = R$，各电阻分别为 $R_a = R_b =$______、$R_c =$______、$R_d =$________，则 C 端________合成功率输出，D 端________合成功率输出。

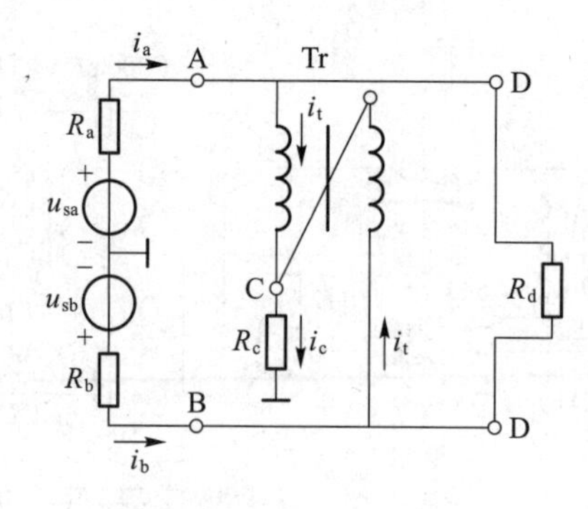

图 3.5.11

3.5.2 单选题

1. 传输线变压器电路如图 3.5.12 所示,它是(   )。

   A. 同相功率分配器　　B. 反相功率分配器

   C. 同相功率合成器　　D. 反相功率合成器

2. 传输线变压器电路如图 3.5.13 所示,它是(   )。

   A. 1∶4 阻抗变换器　　B. 4∶1 阻抗变换器

   C. 1∶1 传输线变压器　　D. 功率分配器

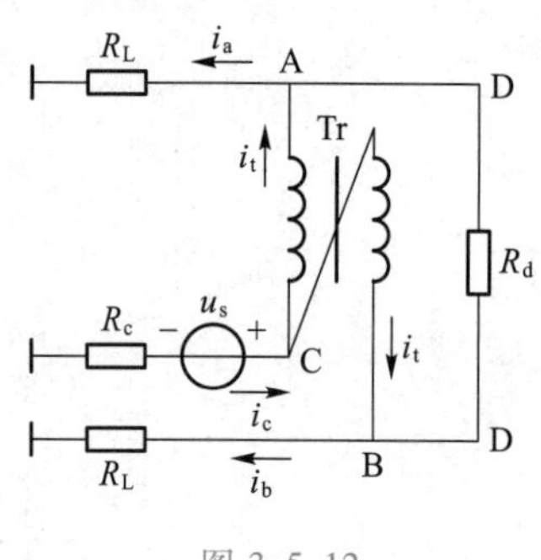

图 3.5.12

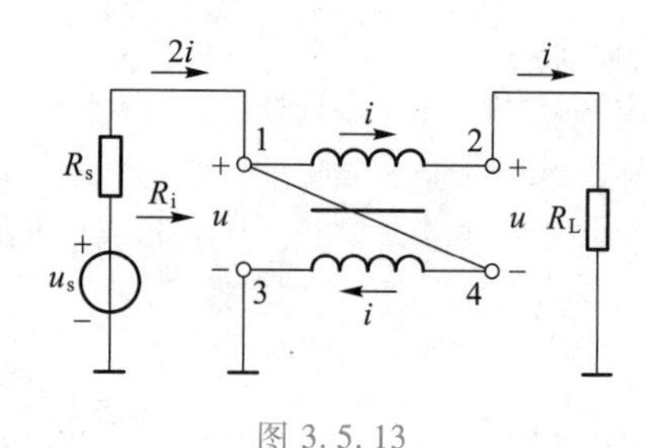

图 3.5.13

3.5.3 判断题

1. 传输线变压器在高频时,能量以传输线方式传送,传输线长度越短,其上限频率越高,所以,传输线变压器上限频率很高。(   )

2. 功率合成网络与功率分配网络用传输线变压器构成,它们结构相同,两者差别仅在于端口连接方式不同。(   )

附录 3 丙类谐振功率放大器的设计

前面介绍的基于静态特性曲线的折线近似分析法用于丙类谐振功率放大器的计算,有助于了解谐振功率放大器的性能变化特性，并据此可指导谐振功率放大器的调试。但在实际应用中，谐振功率放大器的工作频率往往达到几十兆赫，甚至几百兆赫，这时晶体管的特性已不能仅由静态特性表示，而必须考虑各种晶体管高频效应的影响，这些影响将导致放大器输出功率、效率及功率增益下降，此时仍采用上述折线分析法对谐振功率放大器进行分析和设计，所得结果就会产生较大的误差。本节将介绍高频对大功率晶体管特性的影响，并结合实例介绍大功率丙类谐振功率放大器的设计方法。

一、高频功率放大器的总体结构

对于一个功率放大器来说，输出功率是其最主要的指标。为了达到一定的输出功率和足够的功率增益，同时还要兼顾电源效率等指标，高频丙类谐振功率放大器常采用图 A3.1 所示结构，它由激励级、输出级和三个阻抗匹配网络组成。

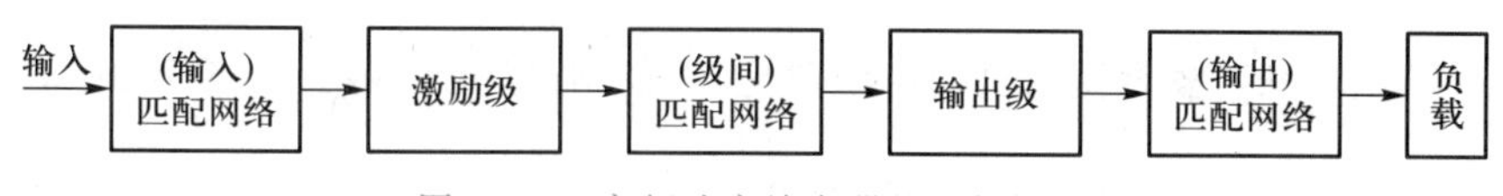

图 A3.1　高频功率放大器的一般结构

为了达到尽可能大的功率输出，输出级晶体管总是工作在其额定输出功率状态。对于工作在额定输出功率状态的晶体管具有一个最佳负载阻抗，所以输出级与负载之间的匹配网络应该做到将负载阻抗变换到输出级晶体管所要求的最佳负载阻抗。考虑到输出级输出功率比较大，而且大功率晶体管输入阻抗一般都比较小（额定功率越大，则阻抗越小），所以常常需要激励级为其提供足够的激励功率。激励级与输出级之间的匹配网络，则要完成激励级晶体管的输出阻抗与输出级晶体管输入阻抗之间的匹配，而激励级输入匹配网络则应完成激励级晶体管输入阻抗与系统所要求的输入阻抗之间的匹配（大多数情况下，系统要求 50 Ω 的输入阻抗，以便与同轴电缆相匹配）。

二、大功率晶体管的高频特性

大功率晶体管在高频工作时，需要考虑各种高频效应的影响，这些影响有：基区载流子存储效应、基区体电阻、饱和压降以及引线电感等影响。

晶体管在高频工作时，由于基区载流子存储效应，会使晶体管各极电流脉冲形状发生畸变（如使集电极电流脉冲高度降低、导通角增大等），导致放大器输出功率、效率及功率增益均下降。

晶体管的饱和压降随工作频率的升高而增大，导致功率放大器输出电压幅度减小，致使输出功率、效率和功率增益下降。

根据晶体管的物理模型可知，高频功率晶体管的输入阻抗、输出阻抗均呈容性且阻抗很小。随着工作频率升高，晶体管极间电容容抗下降，使 r'_{bb} 上的压降增大，所以在激励功率不变时，晶体管的有效输入功率减小，导致放大器输出功率及功率增益下降。

在很高的工作频率情况下，晶体管内部电极引线电感会导致管子内部耦合和反馈，会使放大器输出功率和功率增益迅速下降。同时由于晶体管内部引线电感的影响，还会导致晶体管输入、输出阻抗由容性向感性变化，这是在实际应用时应加以注意的现象。

事实上，为了获得最大功率输出，大功率晶体管总是工作在接近极限的状态，由晶体管极限参数的限制，晶体管的额定输出功率、功率增益、额定激励功率等几乎都是确定的，所以晶体管生产厂商会对每种型号的晶体管提供最高工作频率以及在此频率下的额定输出功率、功率增益、输入阻抗、输出阻抗等参数，这些参数一般都已经过测试，具有很高的实用性。

三、丙类谐振功率放大器设计举例

例 A3.1 要求设计一高频丙类谐振功率放大器，工作频率为 27 MHz，输出功率为 35 W，输入功率不大于 0.4 W，输入阻抗和负载阻抗均为 50 Ω。

解：

1. 确定电路方案

根据设计要求，可知放大器的总功率增益为 $G_P = 10\lg\dfrac{P_o}{P_i} = 10\lg\dfrac{35}{0.4} = 19.4\ \text{dB}$。

通常单级丙类谐振功率放大器功率增益小于 12 dB，所以本例应采用两级放大电路，故可以选用图 A3.1 所示电路方案。

2. 选定器件和电路

根据工作频率、输出功率以及功率增益的大小，通过器件手册可选用下列大功率晶体管：

激励级选用晶体管 2SC3133，其参数为：频率 27 MHz、$V_{CC}=12$ V、输出功率 13 W、功率增益 14 dB、输入阻抗(1.8-j2.5)Ω、输出阻抗(7.0-j3.5)Ω。

输出级选用晶体管 2SC2290，其参数为：频率 28 MHz、$V_{CC}=12.5$ V、输出功率 60 W、功率增益 11.8 dB、输入阻抗(1.02-j0.17)Ω、输出阻抗(0.86-j0.21)Ω。

由此选用电路如图 A3.2 所示。两级集电极均采用并馈电路，基极通过高频扼流圈构成自偏压电路。激励级输入端以及激励级输出端与输出级输入端之间的匹配网络均由 T 形带通网络组成，输出级输出端匹配网络由两级 L 形网络组成。由于 V_1、V_2 所选晶体管可分别提供功率增益 14 dB 和 11.8 dB，只要正确选择电路参数并经调试，电路总功率增益、输出功率可满足设计要求。

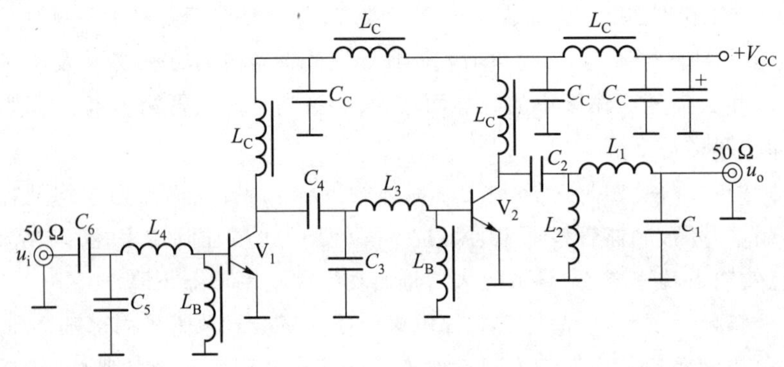

图 A3.2 设计电路原理图

3. 匹配网络设计

匹配网络是功率放大器的重要组成部分，匹配网络是否恰当，对整个功率放大器的影响是很大的，只有正确设计和调试匹配网络，才能使放大器达到最佳工作状态，输出额定功率。匹配网络通常采用 LC 电抗元件组成的网络，因此也能起到选频滤波作用。

（1）输出级输出匹配网络设计

输出级晶体管选用 2SC2290 晶体管，在工作频率 27 MHz、输出 60 W 时，输出阻抗为 $(0.86-\mathrm{j}0.21)\,\Omega$，系统要求的负载为 50 Ω。因此输出匹配网络要完成 50 Ω 负载电阻变换到晶体管输出阻抗的共轭阻抗 $(0.86+\mathrm{j}0.21)\,\Omega$。为了不使 Q_e 值过大，采用两节 L 形网络串联，如图 A3.3 所示，L_1C_1 为低通滤波器，L_2C_2 为高通滤波器，两者级联则构成带通型滤波匹配网络。这种网络设计时要指定中间阻抗值，为了降低 L_2C_2 中的电流（因阻抗低的位置电流大），可以将中间阻抗向低阻抗方向移动，现假设中间阻抗 R_M 为 5 Ω，即 L_1C_1 将 50 Ω 变换为 5 Ω。而 L_2C_2 将 5 Ω 变为 $(0.86+\mathrm{j}0.21)\,\Omega$。

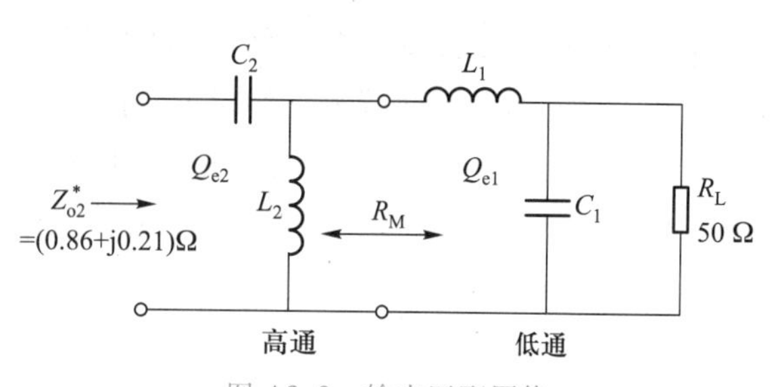

图 A3.3　输出匹配网络

由 L 形匹配网络阻抗变换关系可得

$$Q_{e1}=\sqrt{\frac{R_L}{R_M}-1}=\sqrt{\frac{50}{5}-1}=3$$

$$C_1=\frac{Q_{e1}}{\omega R_L}=\frac{3}{2\pi\times27\times10^6\times50}\ \mathrm{F}=354\ \mathrm{pF}$$

$$L_1=\frac{Q_{e1}R_M}{\omega}=\frac{3\times5}{2\pi\times27\times10^6}\ \mathrm{H}=88.5\ \mathrm{nH}$$

$$Q_{e2}=\sqrt{\frac{R_M}{\mathrm{Re}(Z_{o2})}-1}=\sqrt{\frac{5}{0.86}-1}=2.2$$

$$L_2=\frac{R_M}{\omega Q_{e2}}=\frac{5}{2\pi\times27\times10^6\times2.2}\ \mathrm{H}=13.4\ \mathrm{nH}$$

由于晶体管输出阻抗中含有容性电抗成分，为了抵消容抗电抗，实现阻抗共轭匹配，所以先求出不考虑晶体管输出电抗影响时 C_2 的容抗值为

$$|X'_{C2}|=Q_{e2}\mathrm{Re}(Z_{o2})=2.2\times0.86\ \Omega=1.89\ \Omega$$

将 $|X'_{C2}|$ 中减去晶体管的容性电抗值，即为考虑到晶体管输出电抗影响后的 C_2 容抗值，则

$$|X_{C2}|=|X'_{C2}|-\mathrm{Im}(Z_{o2})=(1.89-0.21)\,\Omega=1.68\ \Omega$$

由此可求得

$$C_2=\frac{1}{\omega|X_{C2}|}=\frac{1}{2\pi\times27\times10^6\times1.68}\ \mathrm{F}=3.51\ \mathrm{nF}$$

（2）激励级输入匹配网络设计

由于激励级所选用晶体管的输入阻抗为 $(1.8-\mathrm{j}2.5)\,\Omega$，系统所要求的输入阻抗为

50 Ω,因此激励级输入匹配网络要完成晶体管输入阻抗(1.8-j2.5)Ω 变换为 50 Ω 输入阻抗,现选用 T 形带通匹配网络,如图 A3.4(a)所示。考虑到晶体管输入阻抗的大小会随激励电压和电子器件本身工作状态的变化而改变,为了减小这种影响,匹配网络的 Q_e 值可取小些。

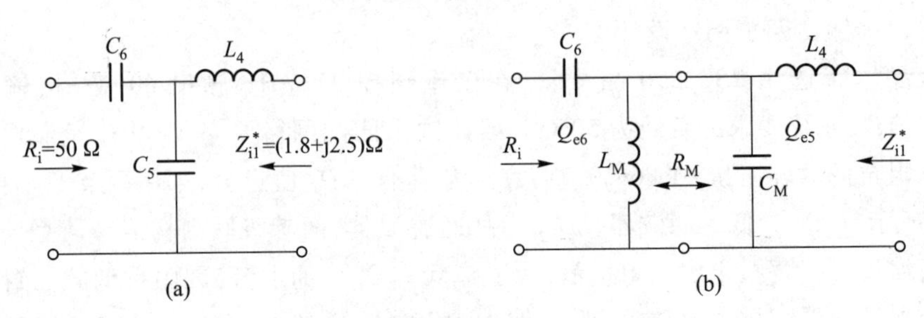

图 A3.4 激励级输入匹配网络

将 T 形网络等效为两个 L 形网络,如图 A3.4(b)所示,它们分别将两端的阻抗变换到中间阻抗 R_M。由于 R_M 与两端阻抗均无关,可在一定范围内任意指定,所以整个网络的 Q_e 值可按照设计需要改变,提高了设计灵活性。T 形网络的设计先需指定一个参数,可指定三个元件中的任意一个,也可指定 R_M,或指定一个 L 形网络的 Q_e 值,然后根据 L 形网络的设计方法,逐个设计两个 L 形网络,最后将两个中间电抗合并成一个,即成 T 形网络。

现选用 $Q_{e5}=16$,则可求得

$$R_M=(1+Q_{e5}^2)\mathrm{Re}(Z_{i1})=1.8(1+16^2)\ \Omega=463\ \Omega$$

$$Q_{e6}=\sqrt{\frac{R_M}{R_i}-1}=\sqrt{\frac{463}{50}-1}=2.87$$

$$|X_{C6}|=Q_{e6}R_i=2.87\times50\ \Omega=144\ \Omega$$

$$C_6=\frac{1}{\omega|X_{C6}|}=\frac{1}{2\pi\times27\times10^6\times144}\ \mathrm{F}=41\ \mathrm{pF}$$

$$|X_{LM}|=\frac{R_M}{Q_{e6}}=\frac{463}{2.87}\ \Omega=161\ \Omega$$

$$|X'_{L4}|=Q_{e5}\mathrm{Re}(Z_{i1})=16\times1.8\ \Omega=28.8\ \Omega$$

$$|X_{L4}|=|X'_{L4}|+\mathrm{Im}(Z_{i1})=(28.8+2.5)\ \Omega=31.3\ \Omega$$

$$L_4=\frac{|X_{L4}|}{\omega}=\frac{31.3}{2\pi\times27\times10^6}\ \mathrm{H}=185\ \mathrm{nH}$$

$$|X_{CM}|=\frac{R_M}{Q_{e5}}=\frac{463}{16}\ \Omega=28.9\ \Omega$$

将 L_M 与 C_M 合并,注意两电抗不同性质,所以

$$jX_5=(jX_{LM})//(-jX_{CM})=\frac{j161\times(-j28.9)}{j161-j28.9}\ \Omega=-j35.2\ \Omega$$

jX_5 为容性,所以可得

$$C_5=\frac{1}{\omega|X_5|}=\frac{1}{2\pi\times27\times10^6\times35.2}\ \text{F}=167.5\ \text{pF}$$

(3) 激励级与输出级之间匹配网络设计

级间匹配网络用于完成激励级晶体管输出阻抗与输出级晶体管输入阻抗的匹配任务,由于激励级晶体管输出阻抗为(7.0−j3.5)Ω,输出级晶体管输入阻抗为(1.02−j0.17)Ω,故选用图 A3.5(a)所示 T 形带通匹配网络,将 T 形网络分成两个 L 形网络,如图 A3.5(b)所示,中间阻抗为 R_M,现取 $Q_{e3}=13.3$,则可求得

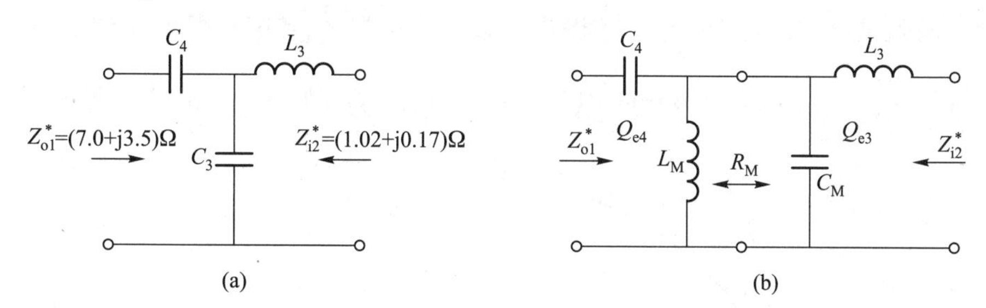

图 A3.5 级间匹配网络

$$R_M=(1+Q_{e3}^2)\text{Re}(Z_{i2})=(1+13.3^2)\times1.02\ \Omega=181.4\ \Omega$$

$$Q_{e4}=\sqrt{\frac{R_M}{\text{Re}(Z_{o1})}-1}=\sqrt{\frac{181.4}{7}-1}=5$$

$$|X'_{C4}|=Q_{e4}\text{Re}(Z_{o1})=5\times7\ \Omega=35\ \Omega$$

$$|X_{C4}|=|X'_{C4}|-\text{Im}(Z_{o1})=(35-3.5)\ \Omega=31.5\ \Omega$$

$$C_4=\frac{1}{\omega|X_{C4}|}=\frac{1}{2\pi\times27\times10^6\times31.5}\ \text{F}=187\ \text{pF}$$

$$|X_{LM}|=\frac{R_M}{Q_{e4}}=\frac{181.4}{5}\ \Omega=36.3\ \Omega$$

$$|X'_{L3}|=Q_{e3}\text{Re}(Z_{i2})=13.3\times1.02\ \Omega=13.57\ \Omega$$

$$|X_{L3}|=|X'_{L3}|+\text{Im}(Z_{i2})=(13.57+0.17)\ \Omega=13.74\ \Omega$$

$$L_3=\frac{|X_{L3}|}{\omega}=\frac{13.74}{2\pi\times27\times10^6}\ \text{H}=81\ \text{nH}$$

$$|X_{CM}|=\frac{R_M}{Q_{e3}}=\frac{181.4}{13.3}\ \Omega=13.6\ \Omega$$

将 L_M 与 C_M 合并,因两电抗不同性质,所以

$$jX_3=(jX_{LM})\,/\!/\,(-jX_{CM})=\frac{j36.3\times(-j13.6)}{j36.3-j13.6}\ \Omega=-j21.7\ \Omega$$

$$C_3=\frac{1}{\omega|X_3|}=\frac{1}{2\pi\times27\times10^6\times21.7}\ \mathrm{F}=271\ \mathrm{pF}$$

4. 利用 Smith 圆图进行匹配网络设计

(1) 输出级输出匹配网络设计

对于图 A3.3 所示的四元件匹配网络，如果指定中间阻抗值进行匹配设计，利用 Smith 圆图就相当于设计两个 L 形匹配电路，与前面的设计相比，计算量将显著减少。

第 1 步：在 Smith 圆图中标出输出端的归一化负载 $\tilde{R}_L=R_L/Z_0=1$（相应的归一化电导 $\tilde{Y}_L=1$）、归一化的中间阻抗值 $\tilde{R}_M=R_M/Z_0=0.1$（相应的归一化电导 $\tilde{Y}_M=10$）、要变换到的目标阻抗的归一化阻抗值 $\tilde{Z}_{o2}^*=Z_{o2}^*/Z_0=(0.86+j0.21)/50=0.0172+j0.0042$，如图 A3.6 所示。

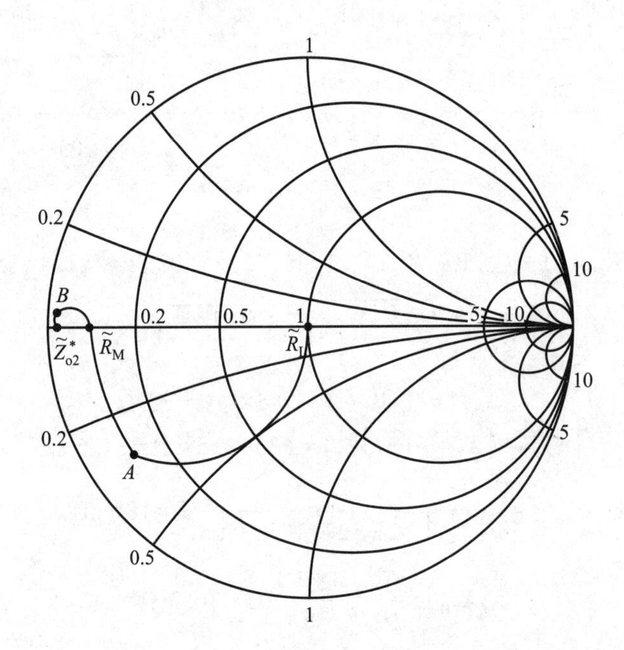

图 A3.6　利用 Smith 圆图设计输出匹配网络

第 2 步：设计匹配路径。按图 A3.3 所示的电路在圆图中画出相应的移动轨迹。为了将 $\tilde{R}_L$ 变换到 $\tilde{R}_M$，首先从 $\tilde{R}_L$ 处沿等电导圆顺时针移动到 A 点（可读出该点归一化的阻抗和导纳分别为 $\tilde{Z}_A=0.1-j0.3$、$\tilde{Y}_A=1+j3$），然后从 A 点沿等电阻圆顺时针移动到 $\tilde{R}_M$，这两个轨迹就对应于图 A3.3 中并联的 C_1 和串联的 L_1；同样，为了将 $\tilde{R}_M$ 变换到 $\tilde{Z}_{o2}^*$，要从 $\tilde{R}_M$ 处沿等电导圆逆时针移动到B点(可读出该点归一化的阻抗和导纳分别为 $\tilde{Z}_B \approx 0.017\,2+j0.0376\,8$、$\tilde{Y}_B = 10-j22$),然后从 B 点沿等电阻圆逆时针移动到 $\tilde{Z}^*_{o2}$,这两个轨迹就对应于图 A3.3 中并联的 L_2 和串联的 C_2。

第 3 步:根据给定的频率计算元件的数值。

从 $\tilde{R}_L$到 A 点的移动对应着并联电容,电纳发生了变化:$jb_{C1} = \tilde{Y}_A - \tilde{Y}_L = j3$,由 $j\omega C_1/Y_0 = jb_{C1}$,得 $C_1 \approx 354$ pF;

从 A 到 $\tilde{R}_M$的移动对应着串联电感,电抗发生了变化:$jx_{L1} = \tilde{R}_M - \tilde{Z}_A = j0.3$,由 $j\omega L_1/Z_0 = jx_{L1}$,得 $L_1 \approx 88.5$ nH;

从 $\tilde{R}_M$到 B 点的移动对应着并联电感,电纳发生了变化:$jb_{L2} = \tilde{Y}_B - \tilde{Y}_M = -j22$,由$\dfrac{1}{j\omega L_2}/Y_0 = jb_{L2}$,得 $L_2 = -1/\omega b_{L2} Y_0 \approx 13.4$ nH;

从 B 到 $\tilde{Z}^*_{o2}$ 的移动对应着串联电容,电抗发生了变化:$jx_{C2} = \tilde{Z}^*_{o2} - \tilde{Z}_B = -j0.033\,48$,由 $\dfrac{1}{j\omega C_2}/Z_0 = jx_{C2}$,得 $C_2 \approx 3.51$ nF。

上述结果与前面计算相符。需要说明的是,利用纸质的 Smith 圆图读取各点归一化的阻抗或导纳时,会有一定的误差,很难得到小数点后多位数据;如果借助各种 Smith 圆图软件来读取则能提高精度。

(2) 激励级输入匹配网络设计

在输出端的匹配设计中,是通过指定中间阻抗值,利用 Smith 圆图将四元件的匹配网络拆分成两个 L 形匹配电路来完成的。工程中更多的时候是利用 Smith 圆图中的等 Q_n 值曲线①来设计三元件或多元件的匹配电路。Smith 圆图中的等 Q_n 值曲线如图 A3.7 所示,显然,越接近于实轴,Q_n 越小。

对于图 A3.4 所示的 T 形匹配网络,如果选定 $Q_n = 16$ 的曲线来设计,则匹配电路在 Smith 圆图上的移动轨迹如图 A3.8 所示。首先在圆图中标出归一化的输入阻抗 $\tilde{Z}_{i1} = 0.036-j0.05$ 和归一化的目标阻抗 $\tilde{R}_i = 1$;从 $\tilde{Z}_{i1}$到 A 点的移动是沿等电阻圆顺时针进行的,A 点是该等电阻圆与 $Q_n = 16$ 的曲线的交点,可读出 A 点的归一化阻抗和导纳分别是 $\tilde{Z}_A = 0.036+j0.576$、$\tilde{Y}_A = 0.108-j1.73$;从 A 点到 B 点的移动是沿等电导圆顺时针移动,可读出 B

① 参阅参考文献 10 第 281 页。

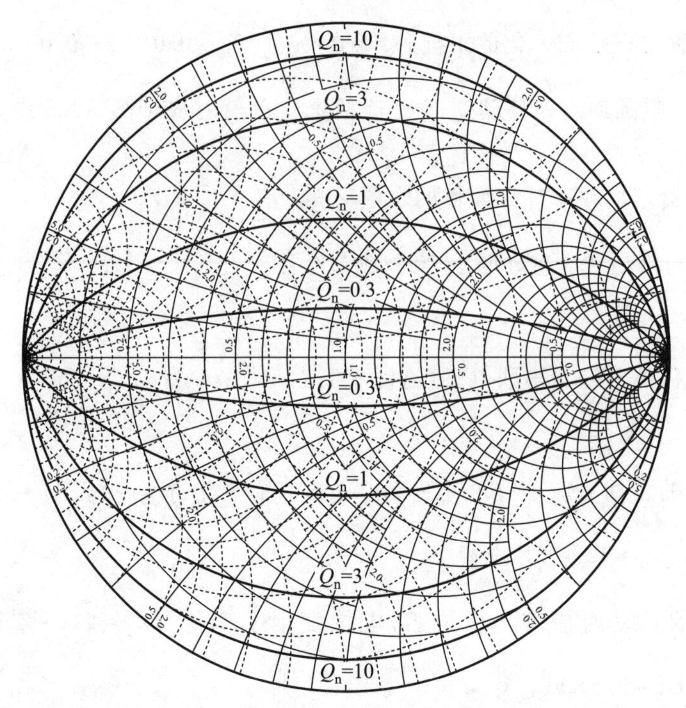

图 A3.7 Smith 圆图中的等 Q_n 线

点的归一化阻抗和导纳分别是 $\tilde{Z}_B = 1+j2.88$、$\tilde{Y}_B = 0.108-j0.31$；从 B 点到 $\tilde{R}_i$点的移动是沿等电阻圆逆时针进行的。

从 $\tilde{Z}_{i1}$到 A 点的移动对应着串联电感，电抗发生了变化：$jx_{L4} = \tilde{Z}_A - \tilde{Z}_{i1} = j0.626$，由 $j\omega L_4/Z_0 = jx_{L4}$，得 $L_4 \approx 184.5$ nH；

从 A 到 B 点的移动对应着并联电容，电纳发生了变化：$jb_{C5} = \tilde{Y}_B - \tilde{Y}_A = j1.42$，由 $j\omega C_5/Y_0 = jb_{C5}$，得 $C_5 \approx 167.5$ pF；

从 B 到 $\tilde{R}_i$的移动对应着串联电容，电抗发生了变化：$jx_{C6} = \tilde{R}_i - \tilde{Z}_B = -j2.88$，由 $\dfrac{1}{j\omega C_6}/Z_0 = jx_{C6}$，得 $C_6 \approx 41$ pF。

上述结果与前面计算基本相符。

（3）激励级与输出级之间匹配网络设计

对于图 A3.5 所示的激励级与输出级之间的匹配网络，其结构形式与图 A3.4 是一样的。借助于 $Q_n = 13.3$ 的曲线，沿如图 A3.9 所示移动轨迹，可将 V_2 的输入阻抗匹配到 V_1 输出阻抗的共轭。图中 A 点是等电阻圆与 $Q_n = 13.3$ 的曲线的交点。具体过程和输入端匹配一样，此处不再详述。

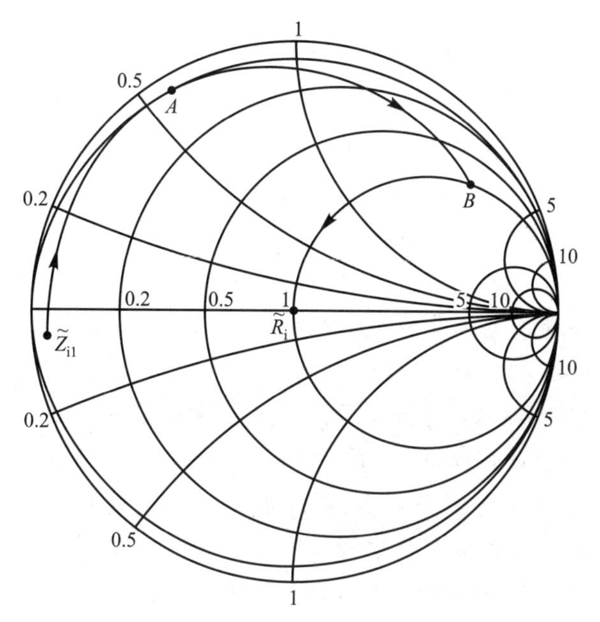

图 A3.8　利用 Smith 圆图设计输入匹配网络

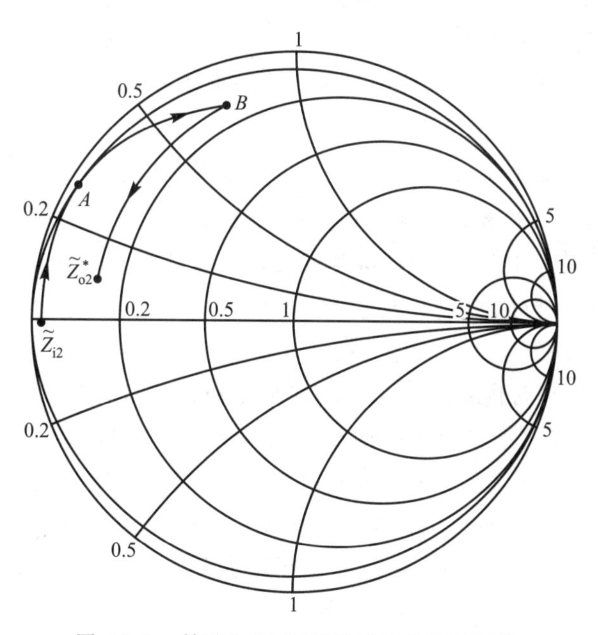

图 A3.9　利用 Smith 圆图设计级间匹配网络

本章小结

1. 功率放大器的任务是供给负载足够大的信号功率，其主要性能指标是输出功率和效率。丙类谐振功率放大器可获得高效率的功率放大。

丙类谐振功率放大器晶体管的基极偏压 V_{BB} 小于导通电压 $U_{BE(on)}$，集电极电流为脉冲，导通角 θ 小于 90°，故有较高的效率；负载采用 LC 谐振网络，可克服工作在丙类状态所产生的失真并实现阻抗匹配，输出最大功率。但谐振网络通频带较窄，所以丙类谐振功率放大器主要用于放大固定频率或相对带宽较窄的高频信号。

2. 谐振功率放大器中，根据晶体管工作是否进入饱和区，将其分为欠压、临界、过压三种工作状态。欠压状态：输出电压幅值 U_{cm} 比较小，$U_{CEmin}>U_{CES}$，晶体管工作时将不会进入饱和区，i_C 电流波形为尖顶余弦脉冲；过压状态：输出电压幅值 U_{cm} 过大，使 $U_{CEmin}<U_{CES}$，在 $\omega t=0$ 附近晶体管工作在饱和区，i_C 电流波形为中间凹陷的余弦脉冲；临界状态：输出电压幅值 U_{cm} 比较大，在 $\omega t=0$ 时，使晶体管工作刚好不进入饱和的临界状态，i_C 电流波形为尖顶余弦脉冲，但顶端变化平缓。

谐振功率放大器中，R_e、V_{CC}、U_{im}、V_{BB} 改变，放大器的工作状态也跟随变化。四个量中分别只改变其中一个量，其他三个量不变所得到的特性分别为负载特性、集电极调制特性、放大特性和基极调制特性，熟悉这些特性有助于了解谐振功率放大器性能变化的特点，并对谐振功放的调试有指导作用。

由负载特性可知，放大器工作在临界状态，输出功率最大，管耗小，效率比较高，通常将相应的 R_e 值称为谐振功率放大器的最佳负载阻抗，也称匹配负载。

必须指出，在通信等应用领域，谐振功率放大器的工作频率往往高达几百兆赫，在高频工作时，晶体管非线性电容特性、引线电感等分布参数的影响会使放大器最大输出功率下降、效率和增益降低。

3. 谐振功率放大器集电极直流馈电电路有串馈和并馈两种形式。基极偏置常采用自给偏压电路。自给偏压电路只能产生反向偏压，自给偏压大小与输入信号幅度有关。

滤波匹配网络的主要作用是将实际负载阻抗变换为放大器所要求的最佳负载；其次是有效滤除不需要的高次谐波，并把有用信号功率高效率地传给负载。

4. 丁类谐振功率放大器中，由于功率管工作在开关状态，故效率比丙类谐振功率放大器还要高，一般可达 90%以上，但其工作频率受到开关器件特性的限制。戊类功率放大器由工作在开关状态的单个晶体管构成，通过选择合适的网络参数，调节负载网络的瞬态响应，使得功率管上的电流、电压不同时出现，从而使效率趋近于 100%。

5. 宽带高频功率放大器中，级间用传输线变压器作为宽带匹配网络，同时采用功率合成技术，实现多个功率放大器的联合工作，从而获得大功率输出。

传输线变压器不同于普通变压器，它是将传输线绕在高导磁率、低损耗的磁环上构成的，其能量根据激励信号频率的不同，以传输线方式或以变压器方式传输。在高频以传输线方式为主，在低频以传输线和变压器方式进行，在频率很低时将以变压器方式传输，所以传输线变压器具有很宽的工作频带，它主要用于平衡和不平衡电路的转换、阻抗变换、功率合成与分配等。

习　题

3.1　谐振功率放大器如图 3.1.1 所示，晶体管的理想化转移特性如图 P3.1 所示。已知：$V_{BB}=0.2$ V，$u_i=1.1\cos(\omega t)$ V，回路调谐在输入信号频率上，试在转移特性上画出输入电压和集电极电流波形，并求出电流导通角 θ 及 I_{C0}、I_{c1m}、I_{c2m} 的大小。

3.2　已知集电极电流余弦脉冲 $i_{Cmax}=100$ mA，试求导通角 $\theta=120°$，$\theta=70°$ 时集电极电流的直流分量 I_{C0} 和基波分量 I_{c1m}；若 $U_{cm}=0.95V_{CC}$，求出两种情况下放大器的效率各为多少。

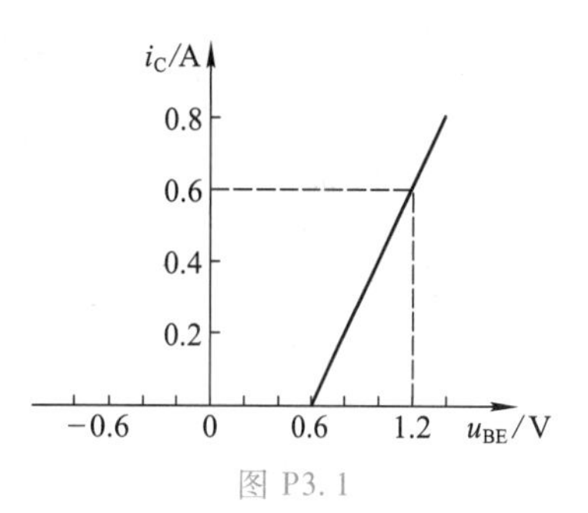

图 P3.1

3.3　已知谐振功率放大器的 $V_{CC}=24$ V，$I_{C0}=250$ mA，$P_o=5$ W，$U_{cm}=0.9V_{CC}$，试求该放大器的 P_D、P_C、η_C 以及 I_{c1m}、i_{Cmax}、θ。

3.4　一谐振功率放大器，$V_{CC}=30$ V，测得 $I_{C0}=100$ mA，$U_{cm}=28$ V，$\theta=70°$，求 R_e、P_o、η_C。

3.5　已知 $V_{CC}=12$ V，$U_{BE(on)}=0.6$ V，$V_{BB}=-0.3$ V，放大器工作在临界状态，$U_{cm}=10.5$ V，要求输出功率 $P_o=1$ W，$\theta=60°$，试求该放大器的谐振电阻 R_e、输入电压 U_{im} 及集电极效率 η_C。

3.6　一丙类谐振功率放大器，已知 $V_{CC}=15$ V、$P_o=2$ W，功率管饱和压降 $U_{CES}\leqslant 1.5$ V，$\theta=70°$，试求该放大器的最佳负载电阻 R_{eopt} 以及 i_{Cmax}、P_D、P_C、η_C。

3.7　谐振功率放大器电路如图 P3.7 所示，试从馈电方式、基极偏置和滤波匹配网络等方面分析这些电路的特点。

3.8　某谐振功率放大器输出电路的交流通路如图 P3.8 所示。工作频率为 2 MHz，已知天线等效电容 $C_A=500$ pF，等效电阻 $r_A=8\ \Omega$，若放大器要求 $R_e=80\ \Omega$，求 L 和 C。

3.9　一谐振功率放大器，要求工作在临界状态。已知 $V_{CC}=20$ V，$P_o=0.5$ W，$R_L=50\ \Omega$，集电极电压利用系数为 0.95，工作频率为 10 MHz。用 L 形网络作为输出滤波匹配网络，试计算该网络的元件值。

3.10　谐振功率放大器电路如图 P3.7(a) 所示，已知 V_2 输出级实际负载 $R_L=50\ \Omega$，最佳负载电阻 $R_e=121\ \Omega$，工作频率 $f=30$ MHz，试计算 π 形输出滤波匹配网络的元件值，取 $Q_{e1}=7.7$。

3.11　试求图 P3.11 所示各传输线变压器的阻抗变换关系及相应的特性阻抗。

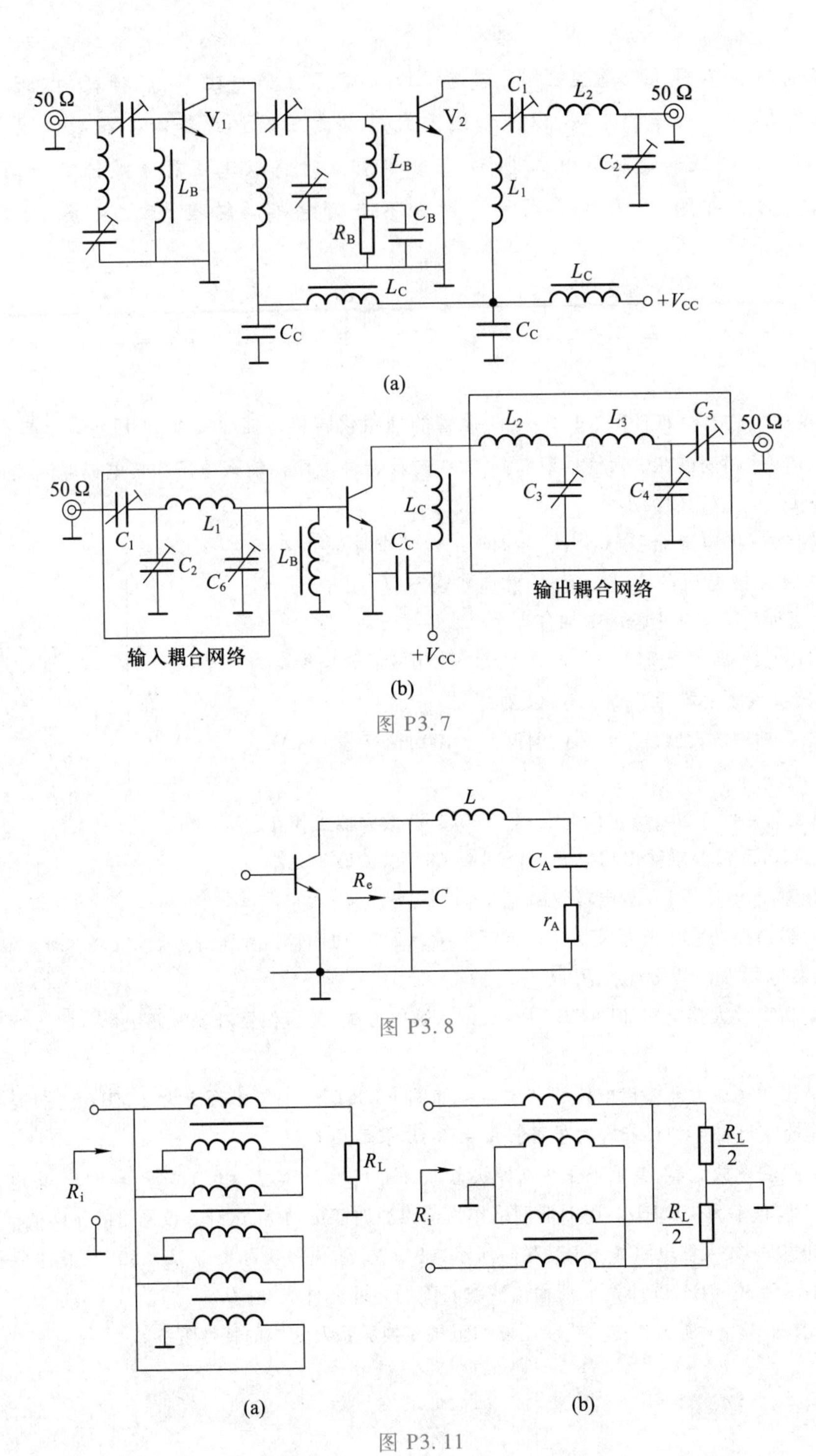

图 P3.7

图 P3.8

图 P3.11

3.12　功率四分配网络如图 P3.12 所示，已知 $R_L = 75\ \Omega$，试求 R_{d1}、R_{d2}、R_{d3} 及 R_s 的值。

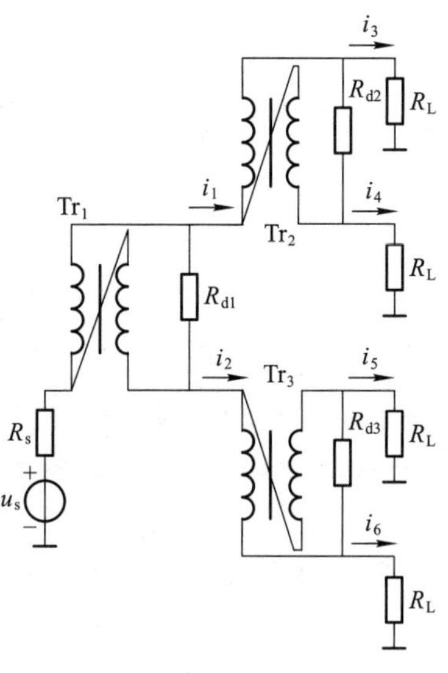

图 P3.12

3.13　图 P3.13 所示为工作在 2～30 MHz 频段上、输出功率为 50 W 的反相功率合成电路。试说明：(1) $Tr_1 \sim Tr_5$ 传输线变压器的作用并指出它们的特性阻抗；(2) Tr_6、Tr_7 传输线变压器的作用并估算功率管输入阻抗和集电极等效负载阻抗。

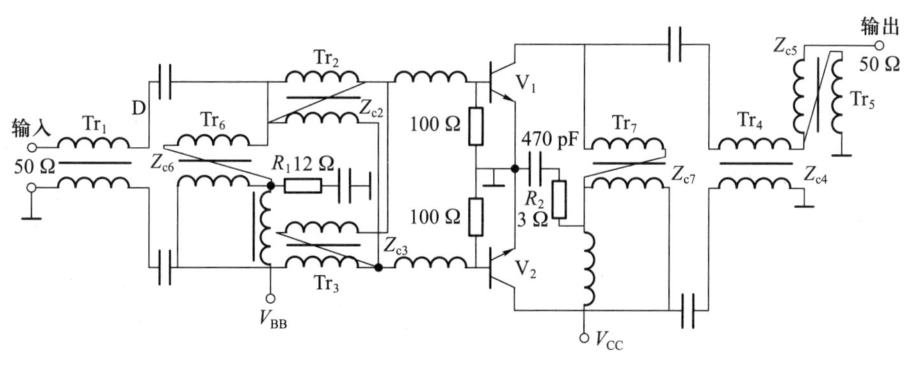

图 P3.13

第 4 章　高频正弦波振荡器

引言　振荡器用于产生一定频率和幅度的信号，它不需要外加输入信号的控制，就能自动地将直流电能转换为所需要的交流能量输出。振荡器的种类很多，根据产生振荡波形的不同，可分为正弦波振荡器和非正弦波振荡器，本章只讨论正弦波振荡器。正弦波振荡器从组成原理来看，可分为反馈振荡器和负阻振荡器，前者是利用正反馈原理构成的；后者是利用负阻器件的负阻效应来产生振荡的，不过反馈振荡器本质上也是一种负阻振荡器。

振荡器在现代科学技术领域中有着广泛的应用，例如，在无线电通信、广播、电视设备中用来产生所需要的载波和本机振荡信号；在电子测量仪器中用来产生各种频段的正弦信号等。

本章先讨论反馈振荡器工作原理，然后对 *LC* 和石英晶体振荡器、集成振荡器与压控振荡器进行分析，最后介绍负阻振荡器的基本工作原理，附录介绍几种特殊振荡现象。

4.1　反馈振荡器的工作原理

4.1.1　反馈振荡器产生振荡的基本原理

反馈振荡器实质上是建立在放大和反馈基础上的，这是目前应用最多的一类振荡器。图 4.1.1 为反馈振荡器构成框图。由图可知，当开关 S 在 1 的位置时，放大器的输入端外加一定频率和幅度的正弦波信号 u_i，这一信号经过放大器放大后，在输出端产生输出信号 u_o，u_o 经过反馈网络后在反馈网络输出端得到反馈信号 u_f，u_f 与 u_i 不仅大小相等，而且相位也相同，若此时除去外加信号源，将开关由 1 端转接到 2 端，使放大器和反馈网络构成一个闭环回路，那么，在没有外加输入信号的情况下，输出端仍可维持一定幅度的电压 u_o 输出，从而产生了自激振荡。

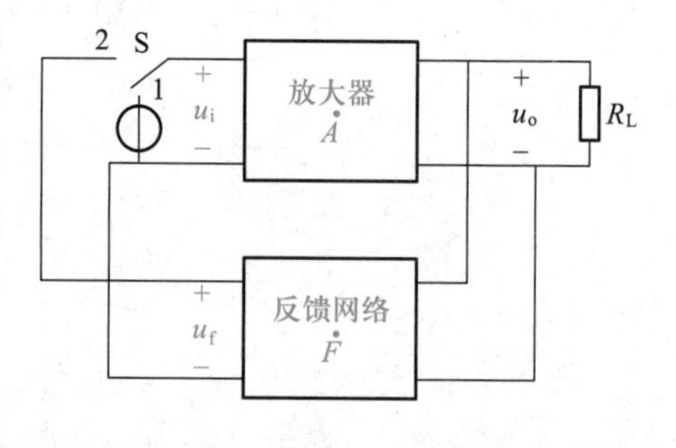

图 4.1.1　反馈振荡器构成框图

为使振荡器的输出 u_o 为一个固定频率的正弦波，就是说，自激振荡只能在某一频率上产生，而在其他频率上不能产生，则图 4.1.1 所示的闭合环路内必须含有选频网络，使得只有选频网络中心频率的信号满足 u_f 与 u_i 相同的条件而产生自激振荡，对其他频率的信号不满足 u_f 与 u_i 相同的条件而不产生振荡。选频网络可以包含在放大器内，也可在反馈网络内。

如上所述，反馈振荡器是把反馈电压作为输入电压，以维持一定的输出电压的闭环正反馈系统，实际上它是不需要通过开关转换由外加信号激发产生输出信号的。当振荡环路内产生微弱的电扰动（如接通电源瞬间在电路中产生很窄的脉冲、放大器内部的热噪声等），都可以作为放大器的初始输入信号，由于很窄的脉冲内具有十分丰富的频率分量，经选频网络的选频，使得只有某一频率的信号能反馈到放大器的输入端，而其他频率的信号被抑制。这一频率分量的信号经放大后，又通过反馈网络回送到输入端，如果该信号幅度比原来的大，则再经过放大、反馈，使回送到输入端的信号幅度进一步增大，最后放大器将进入非线性工作区，增益下降，振荡电路输出幅度越大，增益下降也越多。最后当反馈电压正好等于产生输出电压所需的输入电压时，振荡幅度就不再增大，电路进入平衡状态。

4.1.2 振荡的平衡条件和起振条件

一、振荡的平衡条件

当反馈信号 u_f 等于放大器的输入信号 u_i，或者说，反馈信号 u_f 恰好等于产生输出电压 u_o 所需的输入电压 u_i，这时振荡电路的输出电压不再发生变化，电路达到平衡状态，因此，将 $\dot{U}_f=\dot{U}_i$ 称为振荡的平衡条件。需要指出，这里 $\dot{U}_f$ 和 $\dot{U}_i$ 都是复数，所以两者相等是指大小相等而且相位相同。根据图 4.1.1 可知，放大器的电压放大倍数 $\dot{A}$ 和反馈网络的电压传输系数 $\dot{F}$ 分别为

$$\dot{A}=\frac{\dot{U}_o}{\dot{U}_i},\quad \dot{F}=\frac{\dot{U}_f}{\dot{U}_o} \tag{4.1.1}$$

所以

$$\dot{U}_f=\dot{F}\dot{U}_o=\dot{F}\dot{A}\dot{U}_i \tag{4.1.2}$$

由此可得，振荡的平衡条件为

$$\dot{T}=\dot{A}\dot{F}=|\dot{A}\dot{F}|e^{j(\varphi_a+\varphi_f)}=1 \tag{4.1.3}$$

式中，$\dot{T}$ 为反馈系统环路增益；$|\dot{A}|$、φ_a 为放大倍数 $\dot{A}$ 的模和相角；$|\dot{F}|$、φ_f 为反馈系数 $\dot{F}$ 的模和相角。

可见，振荡的平衡条件应包括相位平衡条件和振幅平衡条件两方面。

（1）相位平衡条件

$$\varphi_T=\varphi_a+\varphi_f=2n\pi\quad(n=0,1,2,\cdots) \tag{4.1.4}$$

上式说明,放大器与反馈网络的总相移必须等于 2π 的整倍数,使反馈电压与输入电压相位相同,以保证环路构成正反馈。

(2) 振幅平衡条件

$$T=|\dot{A}\dot{F}|=1 \tag{4.1.5}$$

上式说明,由放大器与反馈网络构成的闭合环路中,其环路增益的模应等于 1,以使反馈电压与输入电压大小相等。

作为一稳态振荡,相位平衡条件和振幅平衡条件必须同时得到满足,利用相位平衡条件可以确定振荡频率,利用振幅平衡条件可以确定振荡电路输出信号的幅度。

二、振荡的起振条件

式(4.1.3)是维持振荡的平衡条件,是指振荡器已进入稳态振荡而言的。为使振荡器的输出振荡电压在接通直流电源后能够由小增大直到平衡,则要求在振荡幅度由小增大时,反馈电压相位必须与放大器输入电压同相,反馈电压幅度必须大于输入电压的幅度,即

$$\varphi_T=\varphi_a+\varphi_f=2n\pi \quad (n=0,1,2,\cdots) \tag{4.1.6}$$

$$T=|\dot{A}\dot{F}|>1 \tag{4.1.7}$$

式(4.1.6)称为相位起振条件,式(4.1.7)称为振幅起振条件。

由于振荡器的建立过程是一个瞬态过程,而式(4.1.6)和式(4.1.7)是在稳态分析下得到的,所以不能用式(4.1.6)和式(4.1.7)来描述振荡器从接通电源开始的振荡现象,但利用式(4.1.7)即按稳态的开环环路增益模值是否大于 1 来推断闭环后瞬态是否增幅振荡或能否自激振荡还是可以的。因为在起振的开始阶段,振荡的幅度还很小,电路尚未进入非线性区,振荡器可以作为线性电路来处理,即可用小信号等效电路来计算环路增益,这是比较简单的,因此式(4.1.6)和式(4.1.7)是判定振荡器能否自激振荡的一个常用准则。

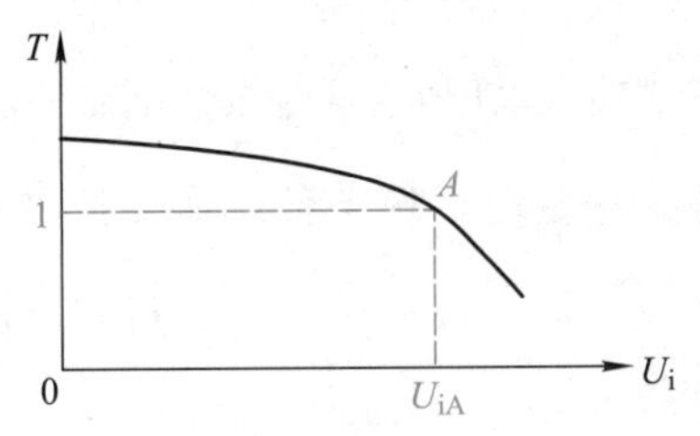

图 4.1.2 满足起振和平衡条件的环路增益特性

综上所述,反馈振荡器既要满足起振条件,又要满足平衡条件,其中相位起振条件与相位平衡条件是一致的,即振荡闭合环路必须是正反馈,这是构成振荡电路的关键。同时,振荡电路的环路增益的模值 T 还必须具有随振荡电压 U_i 增大而下降的特性,如图 4.1.2 所示。起振时,$T>1$,U_i 迅速增大,随着振荡振幅的增大,T 下降,U_i 的增长速度变慢,直到 $T=1$ 时,U_i 停止增长,振荡进入平衡状态,在相应的平衡振幅 U_{iA} 上维持等幅振荡,故 A 点称为振幅平衡点。为了获得图 4.1.2 所示环路增益特性,振荡环路中必须包含有非线性环节,在大多数振荡电路中,这个非线性环节是由放大器的非线性放大特性来实现的,但有时也可采用外接非线性环节来实现。

三、起振和平衡条件与电路参数的关系

为了求得振荡条件与放大器、反馈网络参数间的关系,现以图 4.1.3(a)所示变压器反馈

LC 振荡电路为例加以说明。由图可见，该电路由晶体管、LC 谐振回路构成选频放大器，变压器 Tr 构成反馈网络，R_{B1}、R_{B2}、R_E 等构成放大器的直流偏置电路，使得放大器在小信号时工作在甲类，以保证振荡器起振阶段有较大的环路增益。画出它的交流通路如图 4.1.3(b)所示。

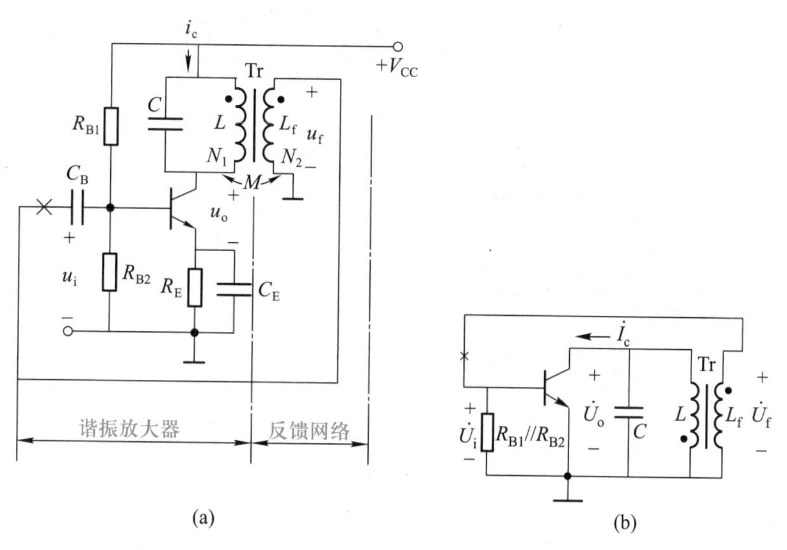

图 4.1.3　变压器反馈 LC 振荡器

(a) 原理电路　(b) 交流通路

在 LC 回路的谐振频率上，输出电压$\dot{U}_o$与输入电压$\dot{U}_i$反相。根据反馈线圈 L_f 的同名端可知，反馈电压$\dot{U}_f$与$\dot{U}_o$反相，所以$\dot{U}_f$与$\dot{U}_i$同相，振荡闭合环路构成正反馈，满足了振荡的相位条件，如电路满足环路增益大于 1，就能产生正弦波振荡。

当电路合上直流电源后，振荡环路内将会产生微弱的电扰动，振荡电路输入端获得很小的起始输入信号 u_i，由于谐振放大器工作在甲类，环路增益大于 1，振荡幅度很快增长，随着振荡幅度的增大，u_i 幅度也越来越大，放大器的工作状态由线性进入非线性状态，再加上电路中偏置电路的自给偏压效应，使得晶体管的基极偏置电压随 u_i 的增大而减小，进一步使放大器的工作状态进入甲乙类、乙类或丙类非线性工作状态。相应的放大倍数随之减小，直至 $T=1$，振荡进入平衡状态。上述讨论说明振荡器在起振阶段是小信号工作，而平衡状态是大信号工作，图 4.1.4 示出了振荡器在上述过程中电路工作状态的变化。

根据谐振放大器工作原理，按图中所标电压方向，可得图 4.1.3 所示谐振放大器的电压放大倍数为

$$\dot{A}=\frac{\dot{U}_o}{\dot{U}_i}=\frac{-\dot{I}_cZ}{\dot{U}_i}=-Y_{fe}Z=-|Y_{fe}||Z|e^{j(\varphi_{fe}+\varphi_Z)} \tag{4.1.8}$$

式中，$\dot{I}_c$是集电极电流的基波分量，$Y_{fe}=\dot{I}_c/\dot{U}_i$ 为晶体管的正向传输导纳，$|Y_{fe}|$和 φ_{fe}分别是它的

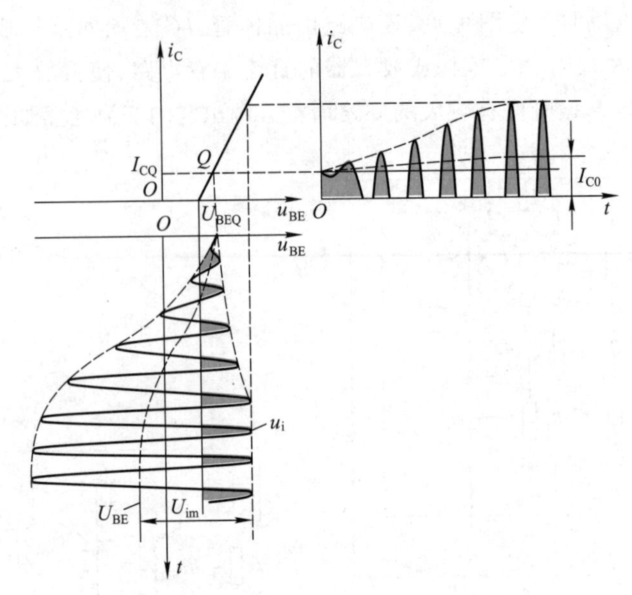

图 4.1.4　振荡电路起振工作状态的变化

模和相角；Z 为 LC 谐振回路等效阻抗，$|Z|$ 和 φ_Z 分别是它的模和相角。

由于反馈网络由变压器 Tr 构成，所以反馈系数等于

$$\dot{F}=\frac{\dot{U}_f}{\dot{U}_o}=\frac{-j\omega M}{r+j\omega L}=-|\dot{F}|e^{j\varphi_f} \tag{4.1.9}$$

式中，r 为电感线圈 L 的等效损耗电阻，当忽略 r 时，$\dot{F}\approx -M/L$，如互感为全耦合时，$\dot{F}=-N_2/N_1$，N_1、N_2 分别为变压器一次、二次绕组的匝数。

因此，振荡器环路增益表示式可写成

$$\left.\begin{aligned}&\dot{T}=\dot{A}\dot{F}=|Y_{fe}||\dot{F}||Z|e^{j(\varphi_{fe}+\varphi_f+\varphi_Z)}\\&T=|Y_{fe}||\dot{F}||Z|\\&\varphi_T=\varphi_{fe}+\varphi_f+\varphi_Z\end{aligned}\right\} \tag{4.1.10}$$

在大信号非线性工作状态时，晶体管的正向传输导纳模值 $|Y_{fe}|$ 会随着振荡幅度的增大而减小，在小信号线性工作状态时，$|Y_{fe}|$ 近似为常数，因此可以得到振荡器环路增益频率特性如图 4.1.2 所示，电路可在 $U_i=U_{iA}$ 时满足振幅平衡条件。

振荡器的相位平衡条件可写成

$$\varphi_T=\varphi_Z+\varphi_{fe}+\varphi_f=0 \tag{4.1.11}$$

式中，由于 φ_{fe} 和 φ_f 随频率的变化很缓慢，可近似认为它们不随频率变化；φ_Z 的频率特性如图 4.1.5 所示，图中 f_0 为并联回路的固有谐振频率。

由式(4.1.11)可知振荡电路中，如果 $\varphi_{fe}+\varphi_f=0$，只有 $\varphi_Z=0$ 才能使相位平衡条件成立，这就是说振荡器在 $f=f_0$ 上满足相位平衡条件而产生振荡。但在一般情况下，$\varphi_{fe}+\varphi_f\neq 0$。为了满足相位平衡条件，此时谐振回路必须提供数值相同但异号的相移，即 $\varphi_Z=-(\varphi_{fe}+\varphi_f)$。当 $\varphi_{fe}+\varphi_f$ 为正值时，φ_Z 必为负值，如图 4.1.5 中 A 点所示，这时振荡频率 $f_{0A}>f_0$，A 为相位平衡点。这就是说，在 f_{0A} 频率上，回路产生的相移 φ_{ZA} 刚好等于 $-(\varphi_{fe}+\varphi_f)$，电路满足了振荡的相位平衡条件。反之，若 $(\varphi_{fe}+\varphi_f)<0$，则 $\varphi_Z>0$，振荡频率小于并联回路的谐振频率。在实际电路中，由于 φ_{fe} 和 φ_f 都很小，所以可认为振荡频率与 LC 回路固有谐振频率相等。所以采用 LC 谐振回路作选频网络的振荡电路，其振荡频率近似等于

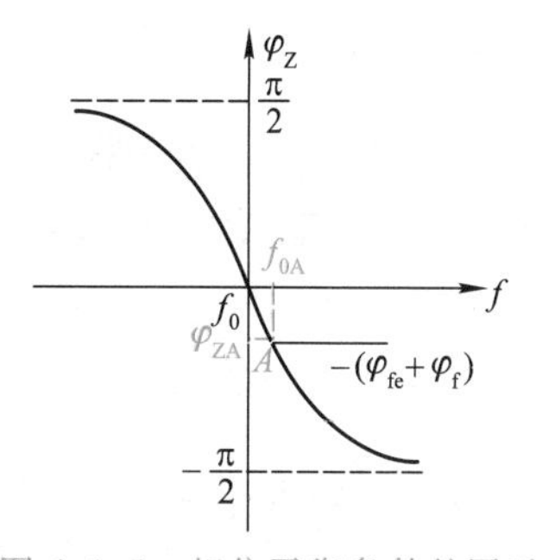

图 4.1.5 相位平衡条件的图示

$$f_0=\frac{1}{2\pi\sqrt{LC}} \tag{4.1.12}$$

式中，L 为谐频回路的电感，C 为谐振回路的电容。

例 4.1.1 试分析图 4.1.6(a)所示电路能否满足相位平衡条件。

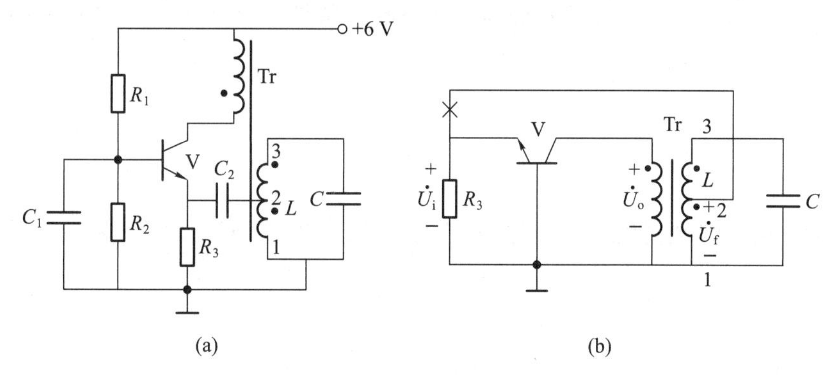

图 4.1.6 共基极变压器反馈 LC 振荡器

(a) 电路 (b) 交流通路

解：由图 4.1.6(a)可见，R_1、R_2、R_3 组成分压式直流偏置电路，晶体管 V 与变压器 Tr 等组成放大电路，C_1 为基极旁路电容，C_2 为发射极耦合电容，它们在工作频率上的容抗近似为零，所以可画出电路的交流通路，如图 4.1.6(b)所示。可见，放大器构成共基电路，LC 回路构成反馈选频网络。

当输入信号 $\dot{U}_i$ 由晶体管发射极输入，由集电极输出，经变压器 Tr 的耦合，将放大器的输出电压 $\dot{U}_o$ 送到 LC 谐振回路，经选频后取变压器二次线圈 1、2 两端电压为反馈电压 $\dot{U}_f$ 送到放大器的输入端，从而构成闭合反馈环路。根据共基放大电路工作特点，放大器输出电压 $\dot{U}_o$ 与

输入电压$\dot{U}_i$同相，由于图中所示变压器的同名端在谐振回路谐振频率上满足$\dot{U}_f$与$\dot{U}_o$同相，因此$\dot{U}_f$与$\dot{U}_i$同相，闭合环路构成正反馈，满足了振荡的相位平衡条件，所以，图 4.1.6(a)所示电路有可能产生正弦波振荡，其振荡频率决定于 LC 谐振回路的谐振频率。由于共基电路输入阻抗很小，为了减小它对 LC 谐振回路的影响，反馈线圈的匝数远小于二次线圈的总匝数。另外，由于共基电路的内反馈比较小，所以共基极振荡电路能产生稳定的高频振荡。

4.1.3 振荡的稳定条件

在振荡器中除了要研究振荡的起振和平衡条件外，还要研究振荡的稳定条件。当振荡器受到外部因素的扰动，破坏了原平衡状态，振荡器应具有自动恢复到原平衡状态的能力，这就是振荡器的稳定条件。下面分振幅稳定条件和相位(频率)稳定条件进行讨论。

一、振幅稳定条件

在振幅平衡点上，当不稳定因素使振荡振幅增大时，环路增益的模值应减小，使 $T<1$，$U_f<U_i$，形成减幅振荡，然后在原平衡点附近建立起新的平衡点；当不稳定因素使振荡振幅减小时，T 值应增大，$U_f>U_i$，形成增幅振荡，同样也能在原平衡点附近建立起新的平衡点，则该振幅平衡点是稳定的，所以，图 4.1.2 所示的环路增益频率特性中 A 点不但是振幅平衡点，而且是稳定点，由此可得振幅稳定条件为

$$\left.\frac{\partial T}{\partial U_i}\right|_{U_i=U_{iA}}<0 \tag{4.1.13}$$

即在平衡点，T 对 U_i 的变化率为负值。

由于反馈网络为线性网络，所以反馈系数为常数，所以式(4.1.13)可简化为

$$\left.\frac{\partial A}{\partial U_i}\right|_{U_i=U_{iA}}<0 \tag{4.1.14}$$

式中，A 为放大器增益。

可见，振幅的稳定条件是靠放大器的非线性来实现的，只要电路设计合理，振幅稳定条件一般容易满足。若振荡器采用自偏压电路并工作到截止状态，则放大器增益 A 随振荡幅度的变化率大，振幅稳定性比较好。

二、相位稳定条件

相位平衡的稳定条件是指相位平衡遭到破坏时，电路本身能重新建立起相位平衡的条件。

由于振荡的角频率等于相位的变化率，即 $\omega=\mathrm{d}\varphi/\mathrm{d}t$，所以，相位变化则频率也会有变化，因此相位平衡的稳定条件实质上也就是频率稳定条件。

如果因某种外界原因使电路相位平衡条件遭到破坏，当环路相位 $\varphi_T>0$ 时，这就意味着反馈电压 U_f 在相位上超前于原先输入电压 U_i，振荡频率也因此有所提高，由图 4.1.5 可见，LC 谐振回路就会产生一个滞后相位增量来抵消环路相位的增加，因而频率的增高也受到阻止，环

路在原平衡点附近建立新的平衡点，重新满足相位平衡条件。同理，当 $\varphi_T<0$ 时，U_f 滞后于 U_i，振荡频率因此有所降低，LC 谐振回路就会产生一个超前的相位增量来抵消环路相位的减小，因而频率下降受到阻止，在原平衡点附近重新建立起新的相位平衡状态。由此可见，当外界因素消失，电路还会回到原来的相位平衡点，说明此振荡器可保证相位平衡的稳定。因此，要使相位平衡点稳定，必须要求在相位平衡点附近环路相位 φ_T 随频率的变化率为负值，即相位稳定条件为

$$\left.\frac{\partial \varphi_T}{\partial f}\right|_{f=f_{0A}}<0 \tag{4.1.15}$$

将 $\varphi_{fe}+\varphi_f$ 视为常数，相位稳定条件也可写成

$$\left.\frac{\partial \varphi_Z}{\partial f}\right|_{f=f_{0A}}<0 \tag{4.1.16}$$

显然，选频网络具有图 4.1.5 所示的相频特性，振荡电路就能满足相位稳定条件。选用 LC 回路作选频网络，回路品质因数越高，其相频特性在 f_0 处的变化率负值就越大，振荡器的相位稳定性就越好。

讨论题

4.1.1 说明正弦波反馈振荡器构成特点及产生振荡的基本原理。

4.1.2 什么是振荡器的起振条件、平衡条件和稳定条件？振荡器输出信号的幅度和频率分别由什么决定？

4.1.3 反馈型 LC 振荡器中，起振时放大器的工作状态与平衡时的工作状态有何不同？振荡起振条件与平衡条件中放大倍数 A 是否相同？为什么？

4.1.4 振荡电路如图 4.1.7 所示，试分析出现下列现象时振荡器工作是否正常：(1) 图中 A 点断开，振荡停止，用直流电压表测得 $U_{BO}=2.7$ V，$U_{EO}=2.1$ V。接通 A 点，振荡器有输出，测得直流电压 $U_{BO}=2.6$ V，$U_{EO}=2.3$ V；(2) 振荡器振荡时，用示波器测得 B、O 点为正弦波，而 E、O 点波形为一余弦脉冲。

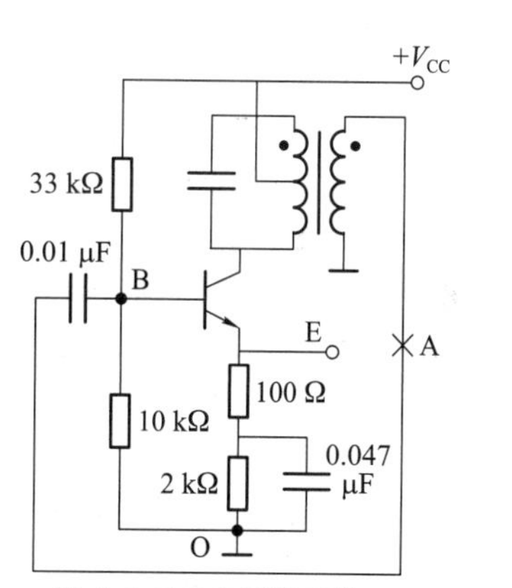

图 4.1.7 变压器反馈 LC 振荡器测试

随堂测验

4.1.1 填空题

4.1 随堂测验答案

1. 反馈正弦波振荡器主要由________、________、________等组成，其中________用来决定振荡频率。

2. 反馈振荡器的振幅平衡条件是________，相位平衡条件是________________。

3. 反馈振荡器的相位起振条件与____________相同，即振荡闭合环路必须构成________。

4. 反馈正弦波振荡器的相位稳定条件一般由选频网络的________相频特性予以保证；振幅稳定条件主要靠放大器的________来实现。

4.1.2 单选题

1. 正弦波振荡器的作用是在(　　)情况下，产生一定频率和幅度的正弦信号。

A. 外加输入信号　　B. 没有输入信号

C. 没有直流电源电压　　D. 没有反馈信号

2. 反馈正弦波振荡器的振幅起振条件是(　　)。

A. $|\dot{A}\dot{F}|<1$　　B. $|\dot{A}\dot{F}|=0$　　C. $|\dot{A}\dot{F}|=-1$　　D. $|\dot{A}\dot{F}|>1$

3. 反馈振荡器当反馈系数为常数，放大器增益为 A，在平衡点上振幅稳定条件可表示为(　　)。

A. $\frac{\partial A}{\partial U_i}<0$　　B. $\frac{\partial A}{\partial U_i}>0$　　C. $\frac{\partial A}{\partial U_i}=0$　　D. $\frac{\partial A}{\partial U_i}>1$

4.1.3 判断题

1. 电路存在反馈，且满足 $|\dot{A}\dot{F}|>1$，就会产生正弦波振荡。　　(　　)

2. 反馈系数为常数的振荡器处于平衡状态时，其中放大器的放大倍数大于起振时的放大倍数。　　(　　)

4.2 *LC* 正弦波振荡器

以 *LC* 谐振回路作为选频网络的反馈振荡器称为 *LC* 正弦波振荡器，常用的电路有变压器反馈振荡器和三点式振荡器，变压器反馈振荡器已在上节作了介绍，所以本节重点讨论三点式振荡电路。

4.2.1 三点式振荡器的基本工作原理

三点式振荡器的基本结构如图 4.2.1 所示。图中放大器件采用晶体管，X_1、X_2、X_3 三个电抗元件组成 *LC* 谐振回路，回路有三个引出端点分别与晶体管的三个电极相连接，使谐振回路既是晶体管的集电极负载，又是正反馈选频网络，所以把这种电路称为三点式振荡器。$\dot{U}_i$ 为放大器的输入电压，$\dot{U}_o$ 为放大器的输出电压，$\dot{U}_f$ 为反馈电压，$\dot{I}$ 为回路谐振电流。

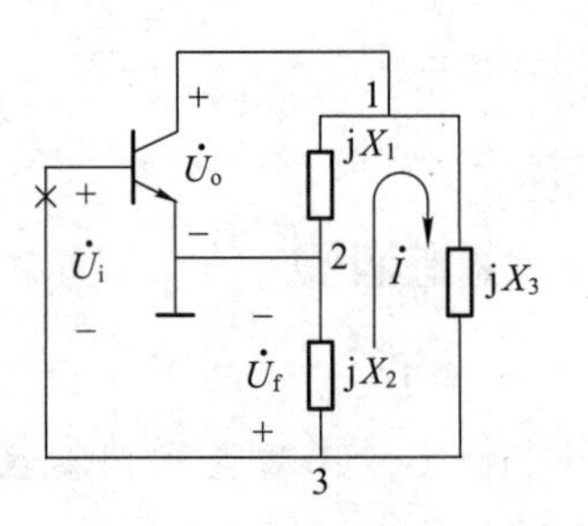

图 4.2.1　三点式振荡器基本结构

如前所述，要求产生振荡，电路应首先满足相位平衡条件，即电路应构成正反馈。为了便于说明，略去电抗元件的损耗及管子输入和输出阻抗的影响。当 X_1、X_2、X_3组成的谐振回路谐振，即 $X_1+X_2+X_3=0$ 时，回路等效阻抗为纯电阻，放大器的输出电压$\dot{U}_o$ 与输入电压$\dot{U}_i$ 反相，电抗 X_2上的压降$\dot{U}_f$ 必须与$\dot{U}_o$ 反相，$\dot{U}_f$ 才会与$\dot{U}_i$ 同相，使电路满足相位平衡条件。

一般情况下，回路 Q 值很高，因此回路谐振电流$\dot{I}$ 远大于晶体管的基极、集电极、发射极电流，由图 4.2.1 有

$$\dot{U}_f=\mathrm{j}\dot{I}X_2,\dot{U}_o=-\mathrm{j}\dot{I}X_1$$

所以，为了使$\dot{U}_f$ 与$\dot{U}_o$ 反相，必须要求 X_1和 X_2为性质相同的电抗元件，即同为感性或同为容性电抗元件。

综上所述，三点式振荡器组成一般原则可归纳为：X_1与 X_2的电抗性质必须相同，X_3与 X_1、X_2的电抗性质必须相异。或者说，接在发射极与集电极、发射极与基极之间为同性质电抗，接在基极与集电极之间为异性质电抗。简单地说，与发射极相连的为同性质电抗，不与发射极连接的为异性质电抗。根据这个原则构成的三点式振荡器的基本形式有两种，分别为电感三点式和电容三点式，如图 4.2.2(a)和(b)所示。

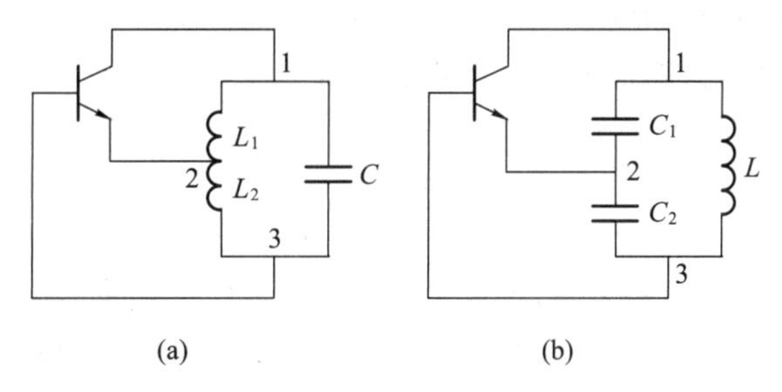

图 4.2.2　三点式振荡电路的基本形式

(a) 电感三点式　(b) 电容三点式

4.2.2　电感三点式振荡器

电感三点式振荡器又称哈特莱(Hartley)振荡器，其原理电路如图 4.2.3(a)所示。图中，R_{B1}、R_{B2}、R_E组成分压式电流反馈偏置电路，C_E 为发射极旁路电容，C_B、C_C 分别为基极和集电极耦合电容，R_C 为集电极直流负载电阻(也可改用扼流圈)，C 和 L_1、L_2构成谐振回路。画出它的交流通路，如图 4.2.3(b)所示。可见，它是电感三点式振荡器。

由图 4.2.3(b)可见，当 L_1、L_2、C 并联回路谐振时，输出电压$\dot{U}_o$ 与输入电压$\dot{U}_i$ 反相，而反馈电压$\dot{U}_f$ 与$\dot{U}_o$ 反相，所以$\dot{U}_f$ 与$\dot{U}_i$ 同相，电路在回路谐振频率上构成正反馈满足的相位条件。由此可得电路的振荡频率 f_0 为

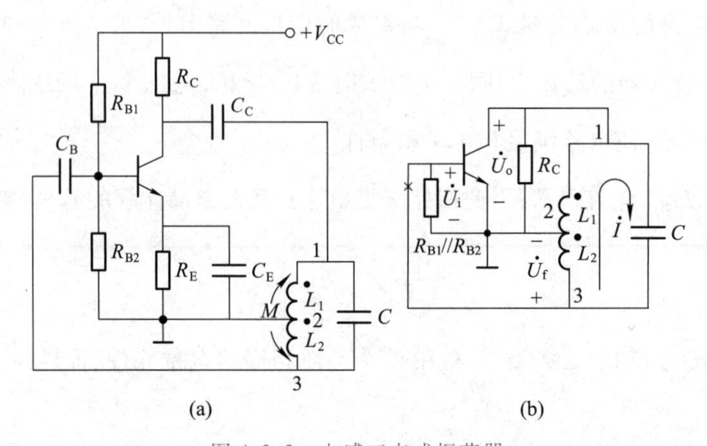

图 4.2.3　电感三点式振荡器

(a) 原理电路　(b) 交流电路

$$f_0 \approx \frac{1}{2\pi\sqrt{(L_1+L_2+2M)C}} \tag{4.2.1}$$

式中,M 为电感 L_1、L_2之间的互感。

由图 4.2.3(b)可求得振荡器的反馈系数近似为

$$\dot{F}=\frac{\dot{U}_f}{\dot{U}_o}\approx\frac{j\omega(L_2+M)\dot{I}}{-j\omega(L_1+M)\dot{I}}=-\frac{L_2+M}{L_1+M} \tag{4.2.2}$$

电感三点式振荡器的优点是容易起振,另外,改变谐振回路的电容 C,可方便地调节振荡频率。但由于反馈信号取自电感 L_2两端压降,而 L_2对高次谐波呈现高阻抗,故不能抑制高次谐波的反馈,因此,振荡器输出信号中的高次谐波成分较大,信号波形较差。

4.2.3　电容三点式振荡器

一、原理电路分析

电容三点式振荡器又称考比次(Colpitts)振荡器,其原理电路如图 4.2.4(a)所示,图 4.2.4(b)是它的交流通路。由图可见,C_1、C_2、L 并联谐振回路构成反馈选频网络,其中 C_1 相当于图 4.2.1 的 X_1,C_2相当于 X_2,L 相当于 X_3,并联谐振回路三个端点分别与晶体管三个电极相连接,且 C_1与 C_2为同性质电抗元件,L_3与 C_2、C_1为异性质电抗元件,符合三点式振荡器组成原则,故满足振荡的相位条件。由于反馈信号 $\dot{U}_f$ 取自电容 C_2两端电压,故称为电容反馈三点式 LC 振荡器,简称电容三点式振荡器。

当并联谐振回路谐振时,振荡电路满足振荡的相位平衡条件,所以可求得电路振荡频率 f_0为

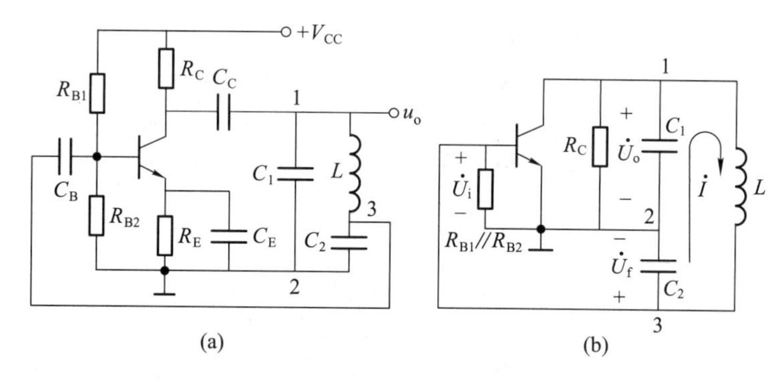

图 4.2.4　电容三点式振荡器

(a) 原理电路　(b) 交流通路

$$f_0 \approx \frac{1}{2\pi\sqrt{LC}} \tag{4.2.3}$$

式中,$C=C_1C_2/(C_1+C_2)$为并联谐振回路的总电容值。

由图 4.2.4(b)可得电路的反馈系数近似为

$$\dot{F}=\frac{\dot{U}_f}{\dot{U}_o}\approx\frac{\dot{I}\dfrac{1}{j\omega C_2}}{-\dot{I}\dfrac{1}{j\omega C_1}}=-\frac{C_1}{C_2} \tag{4.2.4}$$

由式(4.2.4)可知,增大 C_1 与 C_2 的比值,可增大反馈系数值,有利于起振和提高输出电压的幅度,但它会使晶体管的输入阻抗影响增大,致使回路的等效品质因数下降,不利于起振,同时波形的失真也会增大。所以 C_1/C_2 不宜过大,一般可取 $C_1/C_2=0.1\sim0.5$,或通过调试决定。

电容三点式振荡器的反馈信号取自电容 C_2 两端,因为电容对高次谐波呈现较小的容抗,反馈信号中高次谐波分量小,故振荡输出波形好。但当通过改变 C_1 或 C_2 来调节振荡频率时,同时会改变正反馈量的大小,因而会使输出信号幅度发生变化,甚至会使振荡器停振。所以电容三点式振荡电路频率调节很不方便,故适用于频率调节范围不大的场合。

例 4.2.1　电容三点式振荡器如图 4.2.4(a)所示,已知晶体管静态工作点电流 $I_{EQ}=0.8$ mA,此时晶体管 $G_{ie}=0.8\times10^{-3}$S,$G_{oe}=4\times10^{-5}$ S;谐振回路的 $C_1=100$ pF,$C_2=360$ pF,$L=12$ μH,空载 $Q=70$;集电极电阻 $R_C=4.3$ kΩ,$R_B=R_{B1}//R_{B2}=7.7$ kΩ。试求振荡器的振荡频率,并验证电路是否满足振幅起振条件。

解: 先作出振荡电路起振时开环小信号等效电路,如图 4.2.5 所示。作图时略去晶体管内反馈的影响,即令 $Y_{re}=0$,同时略去正向导纳的相移,将 Y_{fe}用 g_m 表示(同时也略去了 $r_{bb'}$ 的影响)。

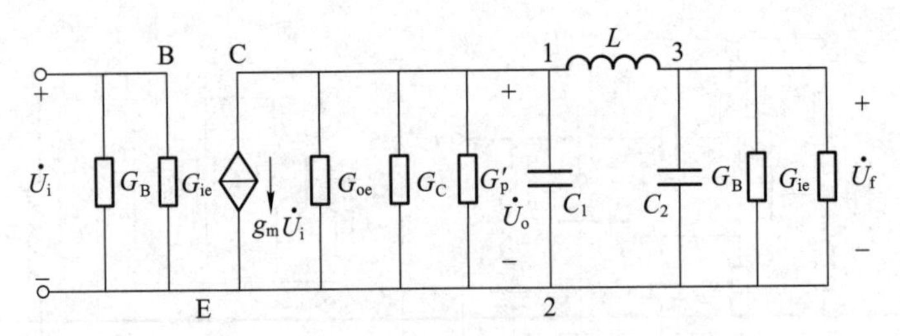

图 4.2.5　电容三点式振荡器起振时小信号等效电路

图中 $G_C=1/R_C$，G'_p为并联回路空载谐振电导折算到 1、2 端的值，此外，由于晶体管的输出电容 C_{oe}和输入电容 C_{ie}均比 C_1、C_2 小得多，也略去它们的影响，由于

$$C=\frac{C_1C_2}{C_1+C_2}=\frac{100\times 360}{100+360}\text{ pF}=78.3\text{ pF}$$

所以振荡器的振荡频率等于

$$f_0\approx\frac{1}{2\pi\sqrt{LC}}=\frac{1}{2\pi\sqrt{12\times 10^{-6}\times 78.3\times 10^{-12}}}\text{ Hz}=5.2\text{ MHz}$$

由图 4.2.5 可得放大电路的谐振电压增益为

$$\dot{A}=\frac{\dot{U}_o}{\dot{U}_i}=-\frac{g_m}{G_e}\tag{4.2.5}$$

式中，$G_e=G_{oe}+G_C+G'_p+G'_{ie}$为并联回路谐振时晶体管 C、E 两端的总电导值。由于

$$G_C=\frac{1}{R_C}=\frac{1}{4.3\times 10^3}\text{ S}=23.3\times 10^{-5}\text{ S}$$

$$G'_p=\left(\frac{C_1+C_2}{C_2}\right)^2G_p=\left(\frac{C_1+C_2}{C_2}\right)^2\frac{1}{Q\sqrt{\frac{L}{C}}}=\left(\frac{100+360}{360}\right)^2\times\frac{1}{70\sqrt{\frac{12\times 10^{-6}}{78.3\times 10^{-12}}}}\text{ S}=5.96\times 10^{-5}\text{ S}$$

$$G'_{ie}=\left(\frac{C_1}{C_2}\right)^2\left(G_{ie}+\frac{1}{R_B}\right)=\left(\frac{100}{360}\right)^2\times\left(0.8\times 10^{-3}+\frac{1}{7.7\times 10^3}\right)\text{ S}=7.2\times 10^{-5}\text{ S}$$

所以

$$G_e=(4+23.3+5.96+7.2)\times 10^{-5}\text{ S}=40.5\times 10^{-5}\text{ S}$$

因反馈系数

$$\dot{F}\approx-\frac{C_1}{C_2}$$

所以振荡电路的环路增益等于

$$T=|\dot{A}\dot{F}|=\frac{g_m}{G_e}\cdot\frac{C_1}{C_2}\tag{4.2.6}$$

将已知数代入式(4.2.6),则得

$$T=\frac{I_{CQ}/U_T}{G_e}\cdot\frac{C_1}{C_2}=\frac{0.8/26}{40.5\times10^{-5}}\times\frac{100}{360}=21>1$$

故电路满足振幅起振条件。

对于共发射极电路三点式振荡电路,只要设计合理,都能满足振幅起振条件。当环路增益远大于1时,虽然起振容易,但由于输出幅度比较大,容易使输出波形产生失真。为保证振荡器有一定大小的振幅且波形失真很小,起振时环路增益一般取3~5倍。

二、应用电路举例

图4.2.6所示为一种典型的电容三点式振荡器应用电路。图中,L_C、C_{C2}为直流电源滤波器,R_{B1}、R_{B2}、R_E为直流偏置电阻,C_B为基极旁路电容,使基极交流接地,C_1、C_2、L构成并联谐振回路,R_L为外接负载电阻。画出图4.2.6(a)的交流通路,如图4.2.6(b)所示。由图不难看出,在回路谐振频率上,共基极放大器的输出电压$\dot{U}_o$与输入电压$\dot{U}_i$同相,而反馈电压$\dot{U}_f$是$\dot{U}_o$经C_1、C_2电容分压获得,故$\dot{U}_f$与$\dot{U}_o$同相,所以$\dot{U}_f$与$\dot{U}_i$同相,满足了振荡的相位平衡条件。也可用三点式振荡器组成原则来判断,对照图4.2.1,C_1相当于X_1,C_2相当于X_2,L相当于X_3,C_1与C_2同性质,L_3与C_1、C_2异性质,符合三点式振荡电路组成原则。由已知电路参数可求得该电路的振荡频率为

$$f_0=\frac{1}{2\pi\sqrt{L\frac{C_1C_2}{C_1+C_2}}}=\frac{1}{2\pi\sqrt{6.5\times10^{-6}\times\frac{200\times100}{200+100}\times10^{-12}}}\text{ Hz}=7.65\text{ MHz}$$

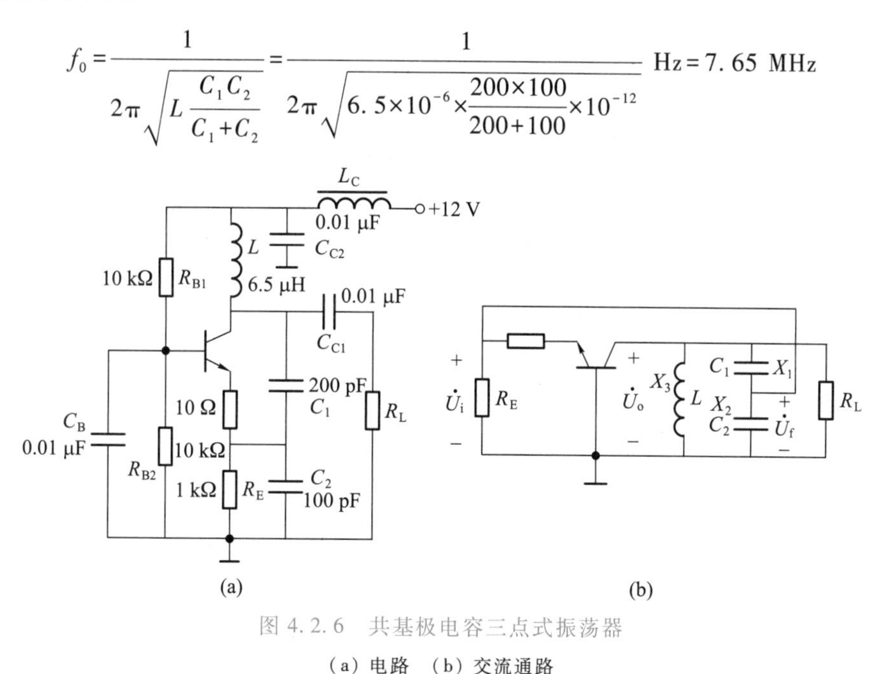

图4.2.6　共基极电容三点式振荡器

(a) 电路　(b) 交流通路

由于晶体管接成共基电路可产生更高频率的振荡,所以共基电容三点式振荡器在高频振荡电路中得到较多的应用。

4.2.4 改进型电容三点式振荡器

一、克拉泼(Clapp)振荡器

上述电容三点式振荡电路由于晶体管极间存在寄生电容,它们均与谐振回路并联,会使振荡频率发生偏移,而且晶体管极间电容大小会随晶体管工作状态变化而变化,这将引起振荡频率的不稳定。为了减小晶体管极间电容的影响,可采用图 4.2.7(a)所示改进型电容三点式振荡电路,它称为克拉泼振荡器。与前述电容三点式振荡电路相比,仅在谐振回路电感支路中增加了一个电容 C_3。其取值比较小,要求 $C_3 \ll C_1, C_3 \ll C_2$。

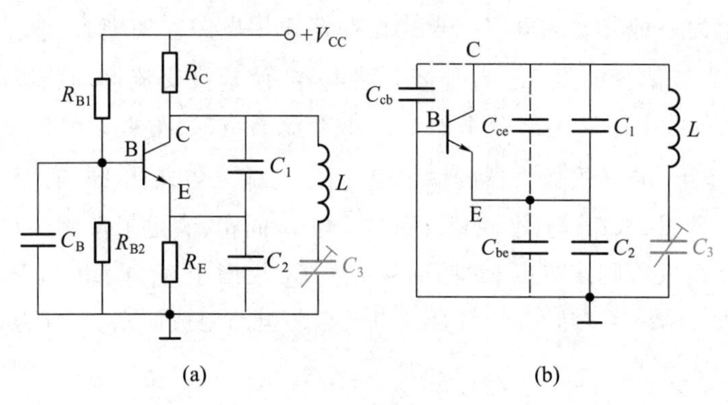

图 4.2.7 克拉泼振荡器
(a) 原理电路 (b) 简化交流通路

作出图 4.2.7(a)所示电路不考虑电阻影响的简化交流通路,如图 4.2.7(b)所示。图中 C_{ce}、C_{be}、C_{cb}分别为晶体管 C、E 和 B、E 及 C、B 之间的极间电容,它们都并联接在 C_1、C_2 上,而不影响 C_3 的值,因此,由图可知谐振回路的总电容量为

$$C \approx \frac{1}{\frac{1}{C_1}+\frac{1}{C_2}+\frac{1}{C_3}} \approx C_3 \tag{4.2.7}$$

式中略去了晶体管极间电容的影响。因此,并联谐振回路的谐振频率,即振荡频率 f_0 近似等于

$$f_0 \approx \frac{1}{2\pi\sqrt{LC}} \approx \frac{1}{2\pi\sqrt{LC_3}} \tag{4.2.8}$$

由此可见,C_1、C_2 对振荡频率的影响显著减小,那么与 C_1、C_2 并联的晶体管极间电容的影响也就很小了,C_3 越小,振荡频率的稳定度就越高。但需指出,为了满足相位平衡条件,L、C_3 串联支路应呈感性,所以实际振荡频率必略高于 L、C_3 支路串联谐振频率。谐振回路中接入 C_3 后,虽然振荡频率稳定度提高了,改变 C_3 反馈系数可保持不变,但谐振回路接入 C_3 后,使

晶体管输出端(C、E)与回路的耦合减弱,晶体管的等效负载减小,放大器的放大倍数下降,振荡器输出幅度减小。C_3 越小,放大倍数越小,如 C_3 过小,振荡器不满足振幅起振条件而会停止振荡。该电路适用于频率调节范围很小的振荡器。

二、西勒(Seiler)振荡器

为了克服克拉泼振荡器的缺点,可在图 4.2.7(a)所示电路中电感线圈 L 上再并一个可变电容,如图 4.2.8 所示,即可构成另一种改进型电容三点式振荡器,称为西勒(Seiler)振荡器。

采用西勒电路可改善克拉泼电路存在的一些问题。调节 C_4 改变振荡频率时,因 C_3 不变(C_3 用数值固定的电容,一般与 C_4 同数量级),所以谐振回路反映到晶体管 C、E 端的等效负载阻抗变化很缓慢,故调节 C_4 对放大器增益的影响不大,从而可以保持振荡幅度的稳定。当 $C_1 \gg C_3$,$C_2 \gg C_3$ 时,振荡频率可近似为

$$f_0 \approx \frac{1}{2\pi\sqrt{L(C_3+C_4)}} \tag{4.2.9}$$

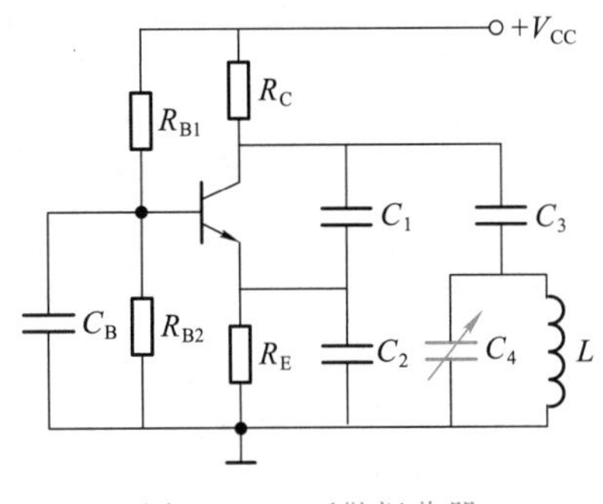

图 4.2.8 西勒振荡器

西勒振荡器具有频率稳定度高、频率调节范围宽、幅度平稳、输出波形好等优点,常用于可调高频振荡器。

例 4.2.2 一实用 LC 振荡电路如图 4.2.9(a)所示,试分析该电路,并求出振荡频率。

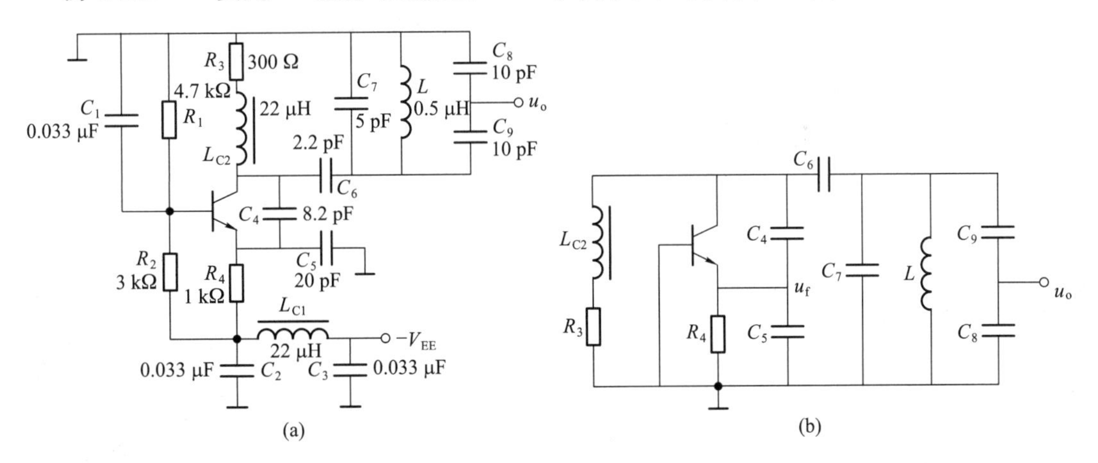

图 4.2.9 实用改进型电容三点式振荡器

(a) 电路 (b) 交流通路

解: 该电路采用负电源供电,C_2、L_{C1}、C_3 构成直流电源滤波器。R_1、R_2、R_4 为晶体管的直流偏置电路,用以确定静态工作点。R_3、L_{C2} 构成放大器的直流负载,L_{C2} 为高频扼流圈。C_1 为基极旁路电容,C_8、C_9 为输出电容分压器,以减小实际负载对谐振回路的影响。

作出图 4.2.9(a)所示电路的交流通路,如图 4.2.9(b)所示。由图可见,C_4、C_5 构成正反

馈电路，反馈电压取自 C_5 两端电压，故振荡电路构成了改进型电容三点式振荡器（西勒振荡器）。

由图 4.2.9(b)，可得谐振回路的总电容等于

$$C=\frac{1}{\frac{1}{C_4}+\frac{1}{C_5}+\frac{1}{C_6}}+C_7+\frac{1}{\frac{1}{C_8}+\frac{1}{C_9}}=\left(\frac{1}{\frac{1}{8.2}+\frac{1}{20}+\frac{1}{2.2}}+5+\frac{1}{\frac{1}{10}+\frac{1}{10}}\right)\text{ pF}=11.6\text{ pF}$$

由此，可求得该振荡器的振荡频率为

$$f_0=\frac{1}{2\pi\sqrt{LC}}=\frac{1}{2\pi\sqrt{0.5\times10^{-6}\times11.6\times10^{-12}}}\text{ Hz}=66\times10^6\text{ Hz}=66\text{ MHz}$$

讨论题

4.2.1　何谓三点式振荡器？其电路构成有何特点？

4.2.2　根据三点式振荡器组成一般原则，判断图 4.2.10 所示交流通路中哪些可能产生振荡，哪些不能产生振荡。

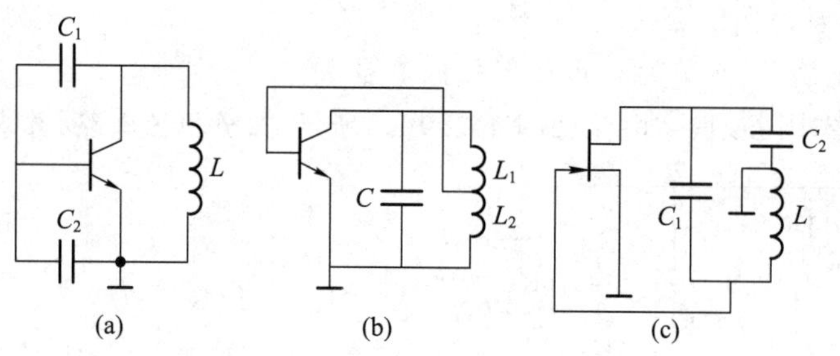

图 4.2.10　三点式振荡电路判别

4.2.3　试说明电感和电容三点式振荡电路各有何优缺点。

4.2.4　克拉泼和西勒振荡器在电路结构上有何特点？它们各有何优点？

随堂测验

4.2.1　填空题

4.2　随堂测验答案

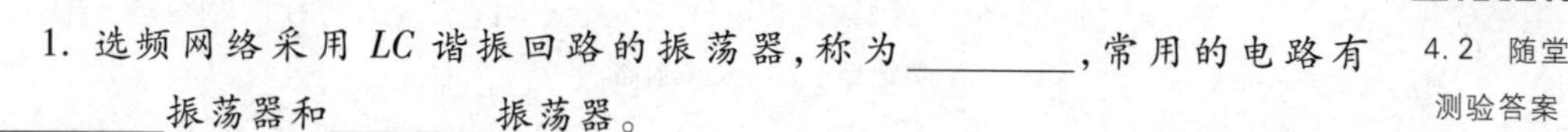

1. 选频网络采用 LC 谐振回路的振荡器，称为________，常用的电路有__________振荡器和________振荡器。

2. 用晶体管构成的三点式振荡器中，谐振回路必须由____个电抗元件组成，交流通路中接于 C、E 之间的电抗元件 X_1 与接于 B、E 之间的电抗元件 X_2 必须____性质，接于 C、B 之间的电抗元件 X_3 与电抗元件________必须____性质。其振荡频率近似等于谐振回路的________。

3. 电容三点式振荡器的特点是反馈信号取自______两端压降，主要优点是____________，主要缺点是______________。

4.2.2 单选题

1. 三点式振荡器简化交流通路如图 4.2.11 所示，其中为电容三点式振荡器的是(　　)。

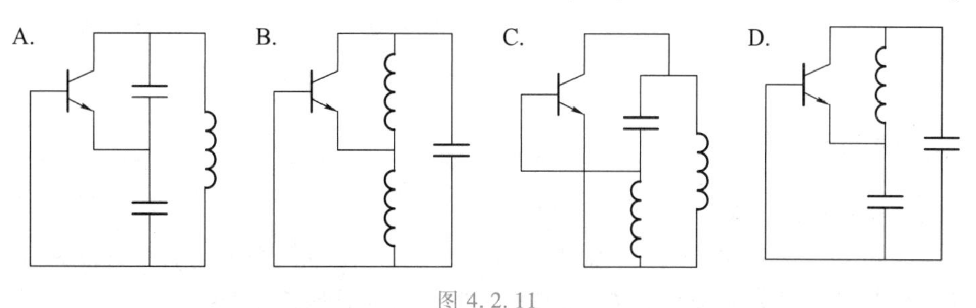

图 4.2.11

2. 图 4.2.11 所示简化交流通路中，不满足三点式振荡器组成原则的是(　　)。

3. 图 4.2.12 所示电路是(　　)LC 振荡器。

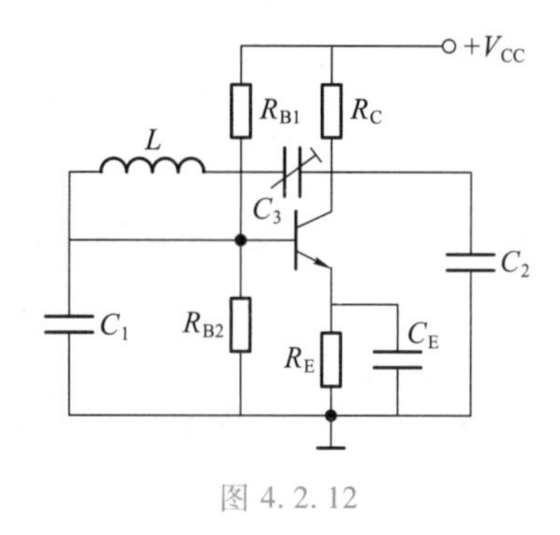

图 4.2.12

A. 变压器反馈　　B. 电感三点式　　C. 克拉波　　D. 西勒

4.2.3 判断题

1. 三点式振荡器中，只要谐振回路的三个电抗满足三点式振荡器组成原则，就一定能产生正弦波振荡。(　　)

2. 图 4.2.12 所示振荡器，由于振荡频率 $f_0=1/2\pi\sqrt{LC_3}$，所以，电容 C_1、C_2 无论大小如何都不会对振荡频率产生影响。(　　)

3. 图 4.2.12 所示振荡器主要缺点是改变 C_3 调节频率时，振荡幅度会随之变化，C_3 越小，输出幅度越小，甚至停振。(　　)

4. 西勒振荡器具有振荡频率高、频率稳定度高、频率调节范围宽、幅度平稳等优点。(　　)

4.3 振荡器的频率和振幅稳定度

一个振荡器除了它的输出信号要满足一定的频率和幅度，还必须保证输出信号频率和幅度的稳定，频率稳定度和幅度稳定度是振荡器两个重要的性能指标，而频率稳定度尤为重要。

4.3.1 频率稳定度

一、频率稳定度的定义

频率稳定度是指在规定时间内，规定的温度、湿度、电源电压等变化范围内，振荡频率的相对变化量。如振荡器的标称频率为 f_0，实际频率为 f，则绝对偏差 Δf 为

$$\Delta f=f-f_0 \tag{4.3.1}$$

Δf 也称为绝对频率准确度。因此频率稳定度可表示为

$$\frac{\Delta f}{f_0}=\frac{f-f_0}{f_0} \tag{4.3.2}$$

通常，测量频率准确度时要反复多次进行，Δf 取多次测量结果的最大值。Δf 越小，频率稳定度就越高。

根据所规定时间长短不同，频率稳定度有长期、短期和瞬时之分。长期稳定度一般指一天以上乃至几个月内振荡频率的相对变化量，它主要取决于元器件的老化特性；短期频率稳定度一般指一天以内振荡频率的相对变化量，它主要决定于温度、电源电压等外界因素的变化；瞬时频率稳定度是指秒或毫秒内振荡频率的相对变化量，这是一种随机变化，这些变化均由电路内部噪声或各种突发性干扰所引起。

通常所讲的频率稳定度一般指短期频率稳定度。对振荡器频率稳定度的要求视振荡器的用途不同而不同，例如，用于中波广播电台发射机的频率稳定度为 10^{-5} 数量级，电视发射机的为 10^{-7} 数量级，普通信号发生器的为 $10^{-3}\sim10^{-5}$ 数量级，作为频率标准振荡器的则要求达到 $10^{-8}\sim10^{-9}$ 数量级。

二、导致振荡频率不稳定的因素

由前面分析知道，LC 振荡器振荡频率主要取决于谐振回路的参数，也与其他电路元器件参数有关。由于振荡器使用中不可避免地会受到各种外界因素的影响，使得这些参数发生变化导致振荡频率不稳定。这些外界因素主要有温度、电源电压以及负载变化等。

温度变化会改变谐振回路电感线圈的电感量和电容器的电容量，也会直接改变晶体管结电容、结电阻等参数，同时温度和电源电压的变化会影响晶体管的工作点及工作状态，也会使晶体管的等效参数发生变化，使谐振回路谐振频率、品质因数发生变化。

任何与振荡器相耦合的电路，它们都会吸取振荡器的振荡功率，成为振荡器的负载。如把

这些负载阻抗折算到谐振回路之中，成为谐振回路参数的一部分，它们除了降低谐振回路的品质因数，还会直接影响回路的谐振频率，所以，当负载变化时，振荡频率必然也将跟随变化。

三、提高频率稳定度的主要措施

振荡器的频率稳定度好坏决定于振荡电路的稳频性能。*LC* 振荡器中稳频性能主要是利用 *LC* 谐振回路的相频特性来实现的。根据分析，在振荡频率上，回路相频特性的变化率越大，其稳频效果就越好；振荡频率越接近回路谐振频率，回路的品质因数越高，相频特性的变化率就越高。因此，为了提高振荡器的频率稳定度，一方面应选用高质量的电感、电容构成谐振回路，使回路有较高的品质因数，其次在电路设计时，应力求使电路的振荡频率接近于回路的谐振频率。

根据上述讨论可知，引起频率不稳定的原因是外界因素的变化。但是引起频率不稳定的内因则是决定振荡频率的谐振回路对外因变化的敏感性，因此欲提高振荡频率的稳定度，可以从两方面入手。

1. 减小外界因素的变化

减小外界因素变化的措施很多，例如，可将决定振荡频率的主要元件或整个振荡器置于恒温装置中，以减小温度的变化；采用高稳定度直流稳压电源来减小电源电压的变化；采用金属屏蔽罩减小外界电磁场的影响；采用减振器可减小机械振动，采用密封工艺来减小大气压力和湿度的变化，从而减小可能发生的元件参数变化；在负载和振荡器之间加一级射极跟随器作为缓冲可减小负载的变化等。

2. 提高谐振回路的标准性

谐振回路在外界因素变化时保持其谐振频率不变的能力称为谐振回路的标准性，回路标准性越高，频率稳定度越好。由于振荡器中谐振回路的总电感包括回路电感和反映到回路的引线电感，回路的总电容包括回路电容和反映到回路中的晶体管极间电容和其他分布杂散电容，因此，欲提高谐振回路的标准性可采取如下措施：

（1）采用参数稳定的回路电感器和电容器；采用温度补偿法，即在谐振回路中选用合适的具有不同温度系数的电感和电容（一般电感具有正温度系数，电容器温度系数有正有负），从而使因温度变化引起的电感和电容值的变化互相抵消，可使回路谐振频率的变化减小。

（2）改进安装工艺，缩短引线，加强引线机械强度。元件和引线安装牢固，可减小分布电容和分布电感及其变化量。

（3）增加回路总电容量、减小晶体管与谐振回路之间的耦合均能有效减小晶体管极间电容在总电容中的比重，也可有效地减小管子输入和输出电阻以及它们的变化量对谐振回路的影响。前述改进型电容三点式振荡电路就是按这一思路设计出来的高频率稳定度振荡器。但在一定的频率下，增加回路总电容势必减小回路电感，电感量过小反而不利于频率稳定度的提高。

4.3.2 振幅稳定度

振荡器在外界因素的影响下，输出电压将会发生波动。为了维持输出电压的稳定，振荡器应具有自动稳幅性能，即当输出电压增大时，振荡器的环路增益 AF 应自动减小，迫使输出电压下降，反之亦然。为了衡量振荡器稳幅性能的好坏，常引用振幅稳定度这一性能指标。它定义为在规定的条件下输出信号幅度的相对变化量。如振荡器输出电压标称值为 U_o，实际输出电压与标称值之差为 ΔU，则振幅稳定度为 $\Delta U/U_o$。

由前面振荡器工作原理讨论可知，振荡器的稳幅性能是利用放大器件工作于非线性区来实现的，把这种稳幅方法称为内稳幅。另外，在振荡电路中使放大器保持为线性工作状态，而另外接入非线性环节进行稳幅，称为外稳幅。

内稳幅效果与晶体管的静态起始工作状态、自给偏压效应以及起振时 AF 的大小有关。静态工作点电流越小，起振时 AF 越大，自给偏压效应越灵敏，稳幅效果也就越好，但振荡波形的失真也会越大。

采用高稳定的直流稳压电源供电、减小负载与振荡器的耦合也是提高输出幅度稳定度的重要措施。

讨论题

4.3.1 何谓振荡器的频率稳定度？引起振荡频率变化的外界因素有哪些？

4.3.2 为什么 LC 振荡器中 LC 回路一般都工作在失谐状态？它对振荡频率稳定度有什么影响？

4.3.3 LC 振荡器中，频率稳定度与 LC 谐振回路特性有何关系？采用哪些措施可提高 LC 振荡器的频率稳定度？

4.3.4 振荡器中内稳幅是如何实现的？内稳幅效果与哪些因素有关？

随堂测验

4.3 随堂测验答案

4.3.1 填空题

1. 振荡器性能指标主要有：__________和__________。

2. 根据所规定的时间间隔长短不同，频率稳定度有______、______、______三种。通常所讲频率稳定度，一般指______稳定度，是指______内以一定的时间间隔，多次测量得到相对频率变化的。

3. 振荡器的标称频率 $f_0=1$ MHz，一天内测得偏离最大的频率为 1.005 MHz，则该振荡器的绝对偏差 $\Delta f=$______日频率稳定度 $\Delta f/f_0=$______。

4. 振荡器中导致频率不稳定的外界因素主要有______、______、______变化等。

5. 提高 LC 振荡器频率稳定的措施有：减小______的变化、提高______的标准性。

4.3.2 单选题

1. 下列措施中可用以提高 LC 振荡器频率稳定度的是(　　)。

A. 提高电源电压　　B. 提高环境温度

C. 提高振荡频率　　D. 提高谐振回路品质因数

2. 下列措施中不利于提高 LC 振荡器频率稳定度的是(　　)。

A. 在振荡器与负载之间加接射极输出器

B. 采用直流稳压电源供电

C. 采用改进型电容三点式振荡器

D. 加强晶体管与谐振回路的耦合

4.3.3 判断题

1. 振荡频率越接近谐振回路谐振频率,LC 振荡器的振荡频率稳定度越高。(　　)

2. 振荡器采用自偏压电路可提高振幅稳定度。(　　)

4.4 石英晶体振荡器

在 LC 振荡器中,尽管采取了各种稳频措施,但实践证明,它的频率稳定度一般很难突破 10^{-5} 数量级。为了进一步提高振荡频率的稳定度,可采用石英谐振器作为选频网络构成晶体振荡器,其频率稳定度一般可达 $10^{-6}\sim10^{-8}$ 数量级,甚至更高。这是因为石英谐振器具有极高的 Q 值和很高的标准性。为了说明这种振荡器的工作原理及频率稳定度高的原因,下面首先介绍石英谐振器的基本特性,然后讨论晶体振荡器的构成和工作原理。

4.4.1 石英谐振器及其特性

石英是一种各向异性的结晶体,其化学成分是二氧化硅(SiO_2)。从一块晶体上按一定的方位角切割成的薄片称为晶片,它的形状可以是正方形、矩形或圆形,然后在晶片的两面涂上银层作为电极,电极上焊出两根引线固定在管脚上,就构成了石英晶体谐振器,如图 4.4.1 所示。一般用金属或玻璃外壳密封。晶片的特性与其切割的方位角有关。

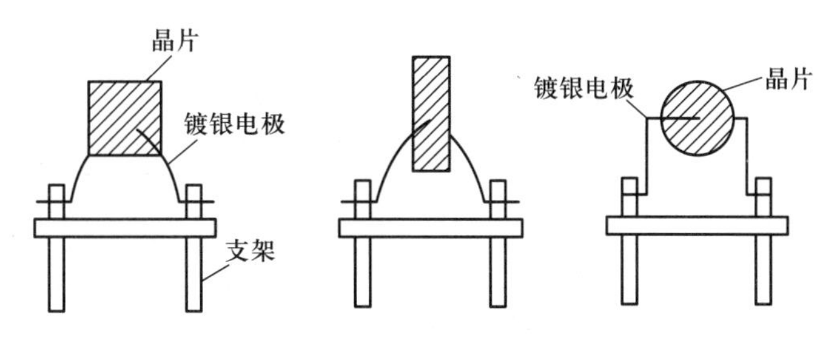

图 4.4.1　石英谐振器的内部结构

石英晶片所以能做成谐振器,是基于它具有压电效应。所谓压电效应,就是当机械力作用于石英晶片,使其发生机械变形时,晶片的对应面上将产生正、负电荷形成电场;反之,在晶片对应面上加一电场时,晶片会发生机械变形。当交变电压加于石英晶片时,石英晶片将会随交变电压的频率产生周期性的机械振动,同时,机械振动又会在两个电极上产生交变电荷,并在外电路中形成交变电流。当外加交变电压的频率与石英晶片的固有振动频率相等时,晶片便发生共振,此时晶片的机械振动最强,晶片两面的电荷数量和其间外电路中的交变电流也最大,产生了类似于 LC 回路中的串联谐振现象,这种现象称为石英晶体的压电谐振。为此,晶片的固有机械振动频率又称为谐振频率,其值与晶片的几何尺寸有关,具有很高的稳定性。

石英晶体谐振器在电路中的符号如图 4.4.2(a)所示,其等效电路如图4.4.2(b)所示。图中 C_0 是晶片的静态电容,它相当于一个平板电容,即由晶片作为介质,镀银电极和支架引线作为极板所构成的电容,它的大小与晶片的几何尺寸和电极的面积有关,一般在几个皮法到十几个皮法之间。图中,L_q 和 C_q 分别为晶片振动时的等效动态电感和电容,而 r_q 等效为晶片振动时的摩擦损耗。晶片的等效电感 L_q 很大,为几十到几百毫亨,而动态电容 C_q 很小,约百分之几皮法。r_q 的数值从几欧到几百欧,所以,石英晶片的品质因数 Q 值很高,一般可达 10^5 数量级以上。又由于石英晶片的机械性能十分稳定,因此,用石英谐振器作为选频网络构成振荡器就会有很高的回路标准性,因而有很高的频率稳定度。

在外加交变电压的作用下,晶片产生机械振动,其中除了基频的机械振动外,还有许多奇次(三次、五次、…)频率的机械振动,这些机械振动(谐波)统称为泛音。晶片不同频率的机械振动可以分别用一个 LC 串联谐振回路来等效,如图 4.4.2(c)所示。利用晶片的基频可以得到较强的振荡,但在振荡频率很高时,晶片的厚度会变得很薄,薄的晶片加工困难,使用中也容易损坏,所以如果需要的振荡频率较高,建议使用晶体的泛音频率,以使晶片的厚度可以增加。利用基频振动的称为基频晶体,利用泛音振动的称为泛音晶体,泛音晶体广泛应用三次和五次的泛音振动。

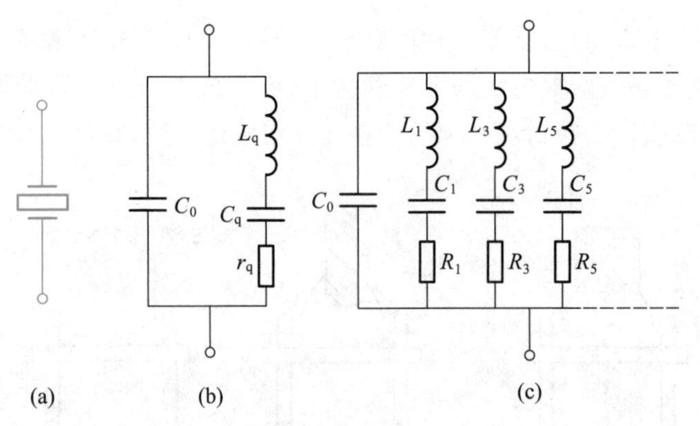

图 4.4.2　石英谐振器电路符号及等效电路

(a) 电路符号　(b) 基频等效电路　(c) 含泛音频率的等效电路

若略去等效电阻 r_q 的影响,可定性地作出图 4.4.2(b)所示等效电路的电抗曲线。当加在回路两端的信号频率很低时,两个支路的容抗都很大,因此电路总的等效电抗呈容性;随着信号频率增加,C_q 容抗减小,L_q 感抗增大,当 C_q 的容抗与 L_q 感抗相等时,C_q、L_q 支路发生串联谐振,回路总电抗 $X=0$,此时的频率用 f_s 表示,称为晶片的串联谐振频率;当频率继续升高时,L_q、C_q 串联支路呈感性,当感抗增加到刚好和 C_0 的容抗相等时,回路产生并联谐振,回路总电抗趋于无穷大,此时的频率用 f_p 表示,称为晶片的并联谐振频率;当 $f>f_p$ 时,C_0 支路的容抗减小,对回路的分流起主要作用,回路总的电抗又呈容性。由此可以得到图 4.4.3 所示石英谐振器的电抗频率特性曲线。由此可见,石英谐振器具有两个谐振频率,一个是 L_q、C_q、r_q 支路的串联谐振频率:

$$f_s=\frac{1}{2\pi\sqrt{L_qC_q}} \tag{4.4.1}$$

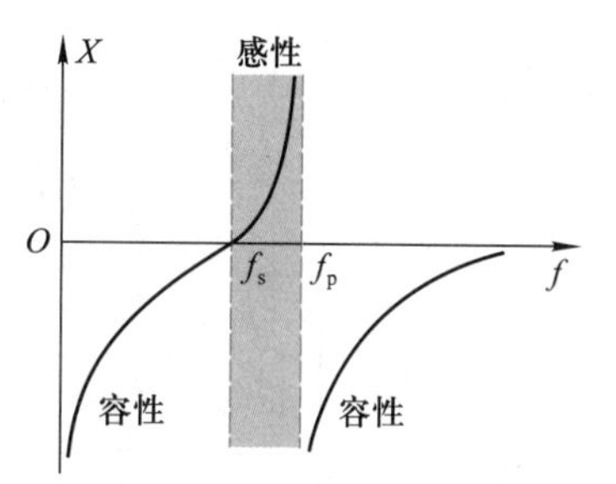

图 4.4.3 石英谐振器的电抗频率特性曲线

另一个是由 L_q、C_q 和 C_0 构成的并联回路的谐振频率:

$$f_p=\frac{1}{2\pi\sqrt{L_q\dfrac{C_0C_q}{C_0+C_q}}}=f_s\sqrt{1+\frac{C_q}{C_0}} \tag{4.4.2}$$

因 $C_0 \gg C_q$,即 $C_q/C_0 \ll 1$,说明两个谐振频率 f_p、f_s 相差很小,其相对频差为

$$\frac{f_p-f_s}{f_s}=\sqrt{1+\frac{C_q}{C_0}}-1\approx\frac{C_q}{2C_0} \tag{4.4.3}$$

通常小于 1%,这就使得 f_s 与 f_p 之间等效电感的电抗曲线非常陡峭。实用中,石英谐振器就工作在这一频率范围狭窄的电感区内,正是因为电感区内电抗曲线有非常陡的斜率,有很高的 Q 值,从而具有很强的稳频作用,电容区是不宜使用的。

石英谐振器使用时必须注意以下两点:

① 石英晶片规定要外接一定量的电容,称为负载电容 C_L,标在晶体外壳上的振荡频率(称为晶体的标称频率)就是接有规定负载电容 C_L 后晶片的并联谐振频率。对于高频晶体,C_L 为 30 pF 或标为"∞"(指无须外接负载电容,常用于串联型晶体振荡器)。

② 石英晶片工作时必须要有合适的激励电平。激励电平过大,频率稳定度会显著变坏,甚至可能将晶片振坏;如激励电平过小,则噪声影响加大,振荡输出减小,甚至停振。所以在振荡器中必须注意不超过晶片的额定激励电平,并尽量保持激励电平的稳定。

4.4.2 石英晶体振荡器

用石英晶体构成的正弦波振荡器基本电路有两类,一类是石英晶体作为高 Q 电感元件与回路中的其他元件形成并联谐振,称为并联型晶体振荡器;另一类是石英晶体工作在串联谐振状态,作为高选择性短路元件,称为串联型晶体振荡器。

一、并联型晶体振荡器

图 4.4.4 所示为并联型晶体振荡器的原理电路及其交流通路。由图可见,石英晶体与外部电容 C_1、C_2、C_3 构成并联谐振回路,它在回路中起电感作用,构成改进型电容三点式 LC 振荡器,该电路称为皮尔斯(Pirece)晶体振荡器。电路中 C_3 用来微调电路的振荡频率,使振荡器振荡在石英晶体的标称频率上,C_1、C_2、C_3 串联组成石英晶体的负载电容 C_L。

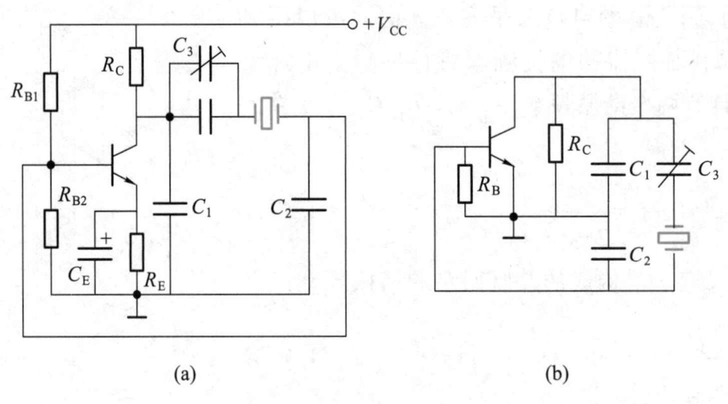

图 4.4.4 并联型晶体振荡器

(a) 原理电路 (b) 交流通路

二、串联型晶体振荡器

图 4.4.5(a)所示为串联型晶体振荡器原理电路,图中石英晶体串接在正反馈通路内。由图4.4.5(b)所示交流通路可见,将石英晶体短接就构成了电容三点式振荡电路。当反馈信号的频率等于串联谐振频率时,石英晶体阻抗最小,且为纯电阻,此时正反馈最强,电路满足振荡的相位和幅度条件而产生振荡,当偏离串联谐振频率时,石英晶体阻抗迅速增大并产生较大的

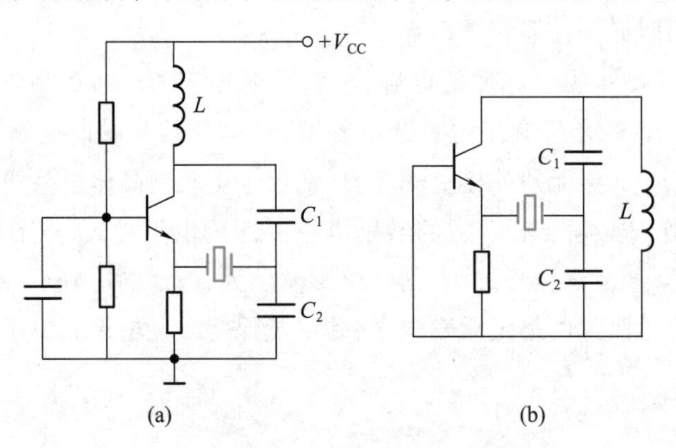

图 4.4.5 串联型晶体振荡器

(a) 原理电路 (b) 交流通路

相移，振荡条件不能满足而不能产生振荡。由此可见，这种振荡器的振荡频率受石英晶体串联谐振频率 f_s 的控制，具有很高的频率稳定度。为了减小 L、C_1、C_2 回路对频率稳定度的影响，要求将该回路调谐在石英晶体的串联谐振频率上。

三、泛音晶体振荡器

晶体振荡频率较高时，可利用石英晶体的泛音频率构成泛音晶体振荡器，图 4.4.6(a)所示为一实用三次泛音晶体振荡器，输出信号频率为 5 MHz。晶体管 V_1 与石英晶体构成泛音振荡器，其交流通路如图 4.4.6(b)所示，图中，LC 回路用来抑制基频振荡，使电路在三次泛音频率上满足振荡条件而产生振荡。由 LC 的参数可求得该回路的谐振频率为

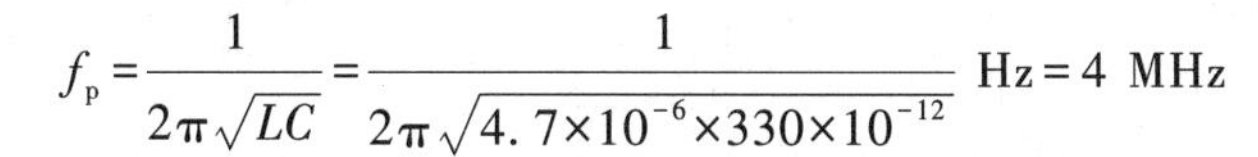

$$f_p=\frac{1}{2\pi\sqrt{LC}}=\frac{1}{2\pi\sqrt{4.7\times10^{-6}\times330\times10^{-12}}}\ \text{Hz}=4\ \text{MHz}$$

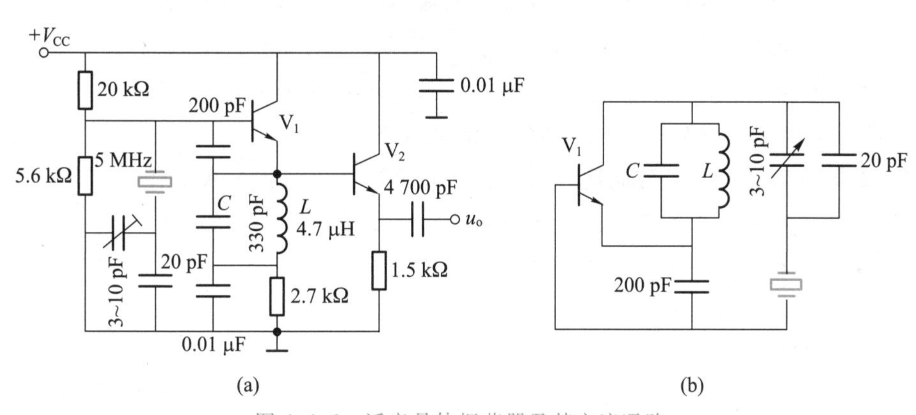

图 4.4.6 泛音晶体振荡器及其交流通路

(a) 泛音晶体振荡器 (b) 交流通路

可见，当频率大于 4 MHz 时，LC 并联回路呈容性，故在 5 MHz 泛音频率上电路构成电容三点式振荡器，可产生振荡；当频率低于 4 MHz 时，LC 并联回路呈感性，故在晶体基频频率上，电路不满足三点式振荡器组成原则而不能产生振荡。至于五次和五次以上的泛音，虽然 LC 回路也呈容性，但因此时等效电容过大，振幅起振条件无法满足，故不能产生振荡。

图 4.4.6(a)中 V_2 管构成射极输出器，由于它的输入电阻高，输出电阻低，而具有隔离作用，用来减小负载对振荡器工作的影响，可提高振荡器的频率和幅度稳定度，常把它称为缓冲级。

讨论题

4.4.1 石英晶体谐振器有何特性？它有何用处？

4.4.2 石英晶体振荡器有几种基本类型？石英晶体在不同类型的电路中各起什么作用？

4.4.3 在并联型晶体振荡器中，为什么要把石英晶体作为电感元件使用？说明石英晶体振荡器频率稳定度高的原因。

4.4.4 泛音晶体振荡器的电路构成有什么特点？

随堂测验

4.4 随堂测验答案

4.4.1 填空题

1. 石英谐振器具有________效应，它有两个谐振频率，一个是________谐振频率，另一个是________谐振频率，两个谐振频率的大小相差________。在两个谐振频率之间石英谐振器电抗呈________，而在其他频率范围电抗呈________。

2. 石英谐振器在并联晶体振荡器中起____________元件作用，在串联晶体振荡器中起______________元件作用。

4.4.2 单选题

1. 下列常用正弦波振荡器中，频率稳定度最高的是(　　)振荡器。

A. 电感三点式　　B. 电容三点式

C. 改进型电容三点式　　D. 石英晶体

2. 石英晶体振荡器频率稳定度很高的主要原因是(　　)。

A. 石英晶体具有很高的品质因数和标准性以及很小的接入系数

B. 石英晶体作为选频网络构成改进型电容三点式振荡器

C. 石英晶体具有压电谐振特性

D. 石英晶体有基频振动，还有泛音振动，可构成泛音晶体振荡器

4.4.3 判断题

1. 石英晶体振荡器是采用石英谐振器构成选频网络的振荡器，其振荡频率稳定度很高，但它只能产生固定频率的振荡。(　　)

2. 并联型晶体振荡器只有在石英谐振器串联谐振频率与并联谐振频率之间才能产生高频率稳定度的振荡。(　　)

3. 利用泛音晶体构成的泛音晶体振荡器，可产生频率比基频显著提高、且频率稳定度很高的振荡。(　　)

4.5 集成振荡器与压控振荡器

4.5.1 集成 *LC* 正弦波振荡器

一、差分对管振荡电路

集成振荡器中广泛采用差分对管 *LC* 振荡电路，其原理电路如图 4.5.1(a)所示。图中 V_1、V_2 为差分对管、*LC* 回路接在 V_2 的集电极和基极之间，回路调谐在振荡频率上，其上的输出电压将直接加到 V_1 管基极和负载 R_L 上。直流偏置电压 V_{BB} 加到 V_2 的基极，它同时通过 *LC*

回路加到 V_2 的集电极和 V_1 的基极，可见，不但 V_1、V_2 两管基极偏压相同，而且 V_2 集电极与基极直流电位相同，使之工作在临界饱和状态，为了保证 V_2 管工作时不进入饱和区，必须限制 LC 回路两端的振荡电压振幅（一般在 200 mV 左右）。

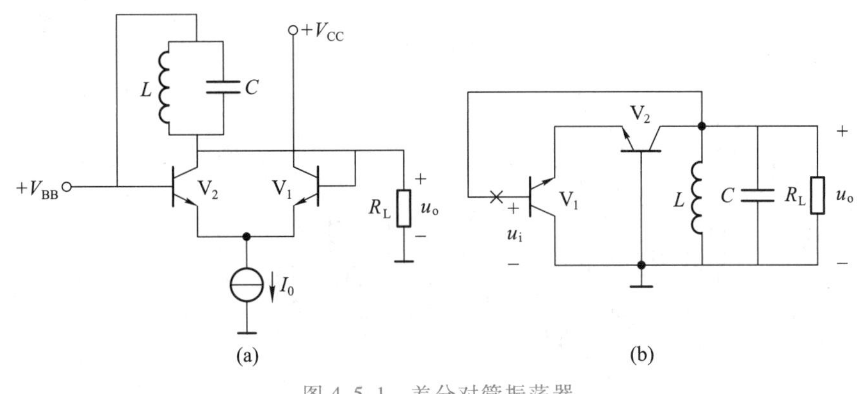

图 4.5.1　差分对管振荡器

（a）原理电路　（b）交流通路

作出图 4.5.1(a)的交流通路如图 4.5.1(b)所示，由图可见，V_1、V_2 构成共集-共基组合电路，当 LC 回路谐振时，输出电压 u_o 与输入电压 u_i 同相，电路构成正反馈，满足了振荡的相位条件，所以，振荡频率决定于 LC 回路参数。起振时，差分放大器工作在线性区域，此时跨导最大，增益最高，故很容易满足振幅起振条件而起振。起振后，在正反馈条件下，振荡幅度不断增大，随着振荡幅度的增大，差分放大器将进入非线性区域工作，增益随之减小，振荡幅度的增长逐渐缓慢，直至振荡幅度增大到使差分对管轮流工作到截止区，振荡进入平衡状态。由于差分对管振荡器是依靠一管趋向截止而使其差模传输特性进入平坦区来实现稳幅的，这就保证了回路有较高的有载品质因数，有利于频率稳定度的提高。此外，在实际电路中，还采用了负反馈的方法控制电流源 I_0 的大小，进一步改进稳幅作用，并限制振荡电压的幅度。

二、MC1648 集成振荡器及其应用

1. 电路组成

MC1648 是 ECL 中规模集成电路，其内部电路如图 4.5.2 所示。图中 V_1 ~ V_5 组成振荡器输出放大电路，V_4、V_5 组成共发-共基组合电路，V_2、V_3 组成单端输入、单端输出差分放大电路，V_1 构成射极跟随器，振荡信号由 V_1 发射极（3 脚）输出，故负载与振荡级之间有很好的隔离性能。V_6 ~ V_9 以及 10 与 12 脚之间外接 LC 回路组成差分对管振荡电路，其中，V_9 等组成电流源电路。V_{10} ~ V_{14} 组成集成电路的偏置电路。

2. 应用举例

图 4.5.3 所示为用 MC1648 构成的高频 LC 振荡电路，图中，1 脚处外接 L_2C_2 回路并接到较高的直流电源+9 V 上，故可以从 1 脚输出幅度较大的振荡电压，此时要求 L_2C_2 回路调谐在

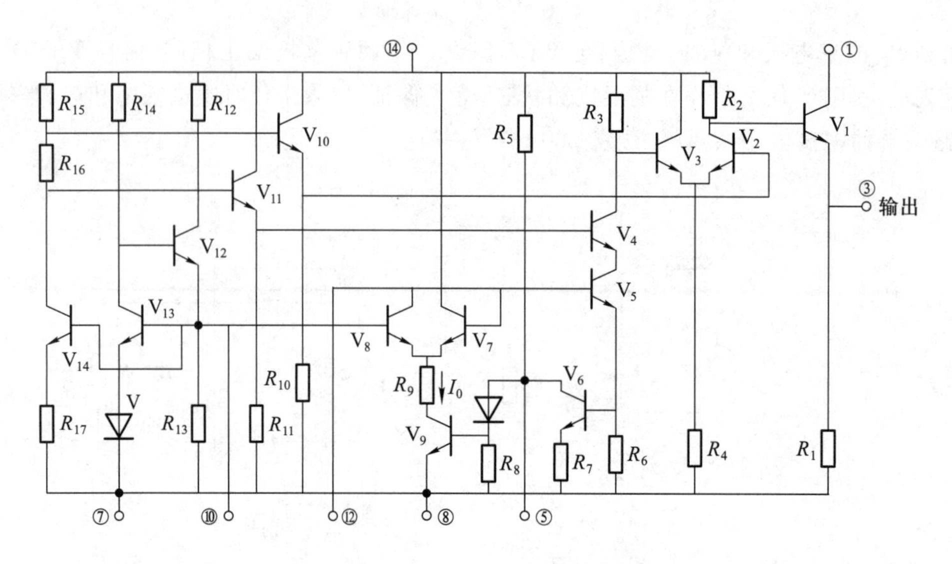

图 4.5.2　MC1648 集成振荡器内部电路

振荡频率上。L_1C_1 为差分对管振荡电路的谐振回路，当考虑到 10 和 12 脚之间的输入电容 C_i（≈6 pF）时，该电路的振荡频率为

$$f_0=\frac{1}{2\pi\sqrt{L_1(C_1+C_i)}} \tag{4.5.1}$$

MC1648 的最高振荡频率可达 225 MHz。图 4.5.3 中，C_3、C_4 均为滤波电路。

一般在使用时，若不需要提高输出电压，1 脚可以不接 L_2C_2 回路而直接接到+5 V 直流电源上，振荡信号由 3 脚输出。另外，若 5 脚加上正电压可使 I_0 增大，从而振荡电压幅度增大，可输出方波振荡电压，但一般情况下不用方波输出。

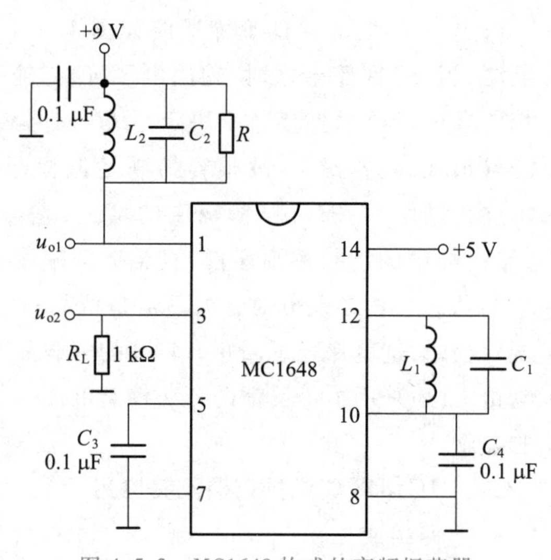

图 4.5.3　MC1648 构成的高频振荡器

4.5.2　压控振荡器

振荡频率随外加控制电压变化而变化的振荡器，称为压控振荡器（voltage controlled oscillator，VCO）。压控振荡器可适应自动频率调节的需要，它广泛用于频率调制器、锁相环路以及无线电发射和接收机中。正弦波压控振荡器中大多用变容二极管接入 LC 振荡回路来实现频率的控制，故下面先讨论变容二极管压控振荡器的工作原理，然后介绍典型的集成变容二极管压控振荡器。

一、变容二极管压控振荡器

将变容二极管作为压控元件接入 LC 振荡器电路中，即可构成压控振荡器。图 4.5.4(a)所示为常见变容二极管压控振荡器电路，图中 V_D 为变容二极管，它的结电容 C_j 将随外加偏置电压变化而变化，U_C 为外接控制电压，它通过高频扼流圈 L_C 和回路电感 L 加到变容二极管两端，要求 U_C 为负值慢变化的直流电压，使变容二极管工作在反偏状态，从而获得较好的压控电容特性。

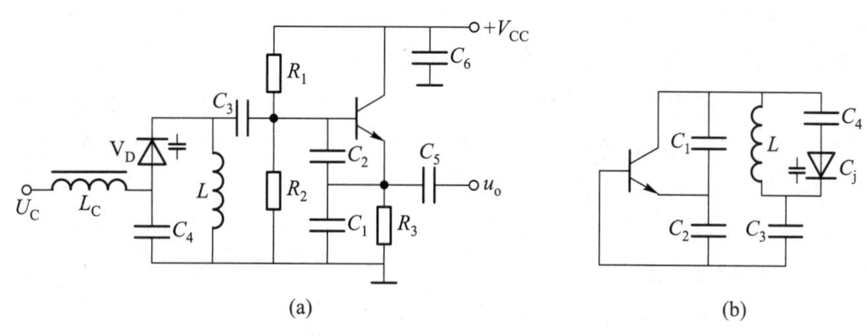

图 4.5.4　变容二极管压控振荡器

(a) 原理电路　(b) 等效电路

作出图 4.5.4(a)的振荡等效电路如图 4.5.4(b)所示，可见电路构成西勒振荡器，但不同之处是与电感 L 并联的电容由 C_4 和变容二极管 C_j 串联组成，它们的等效电容量受外加电压 U_C 的控制，改变 U_C 的大小，即改变了振荡回路的参数，从而实现了电压对振荡频率的控制。

二、集成压控振荡器

随着集成电路技术的不断发展，目前有许多集成压控振荡器成品可供选用，它们不仅性能好，而且使用非常方便，所以，压控振荡器基本上都可选用单片集成压控振荡器来构成。

图 4.5.5 所示是用 MC1648 集成振荡器构成的变容二极管压控振荡器电路。图中 V_D 为变容二极管，U_C 为控制电压，调节 U_C 的大小，便可改变振荡回路的参数，从而使振荡频率跟随变化。

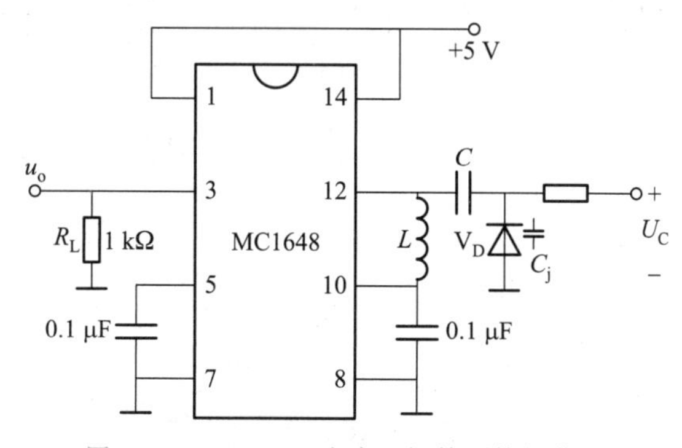

图 4.5.5　MC1648 变容二极管压控振荡器

图 4.5.6(a)所示为用 MC12147 集成振荡器构成的压控振荡器电路。MC12147 内部电路如图 4.5.6(b)所示,其最高振荡频率可达 1.3 GHz,电源电压范围 2.7~5.5 V。器件有两路输出,Q 端(7 脚)为同相输出,QB 端(5 脚)为反相输出,从而可提供发射和接收两路本振信号,十分适用于收发信机应用。由于 Q 和 QB 端输出集电极开路,所以,输出通过 2 μH 扼流圈与电源 V_{CC}相连,因输出是互补的,所以即使只需使用一路输出,两路也都需接负载。CNTL 端(2 脚)为幅度控制端,将其接地,可增加输出信号幅度。TANK 端(3 脚)和 U_{REF}端(4 脚)之间接入 LC 回路构成差分对管振荡电路,V_D 为变容二极管,其电容 C_j 与 100 pF 电容串联构成振荡回路的等效电容,压控电压通过 R 加到变容二极管两端,C_j 将受输入压控电压的控制,即振荡频率将随压控电压变化而变化,1 000 pF 电容用于交流滤波和耦合。1 脚为直流电源端,外接的 10 μF 和 0.1 μF 电容为电源去耦合电容,用以防止电源干扰和自激振荡。

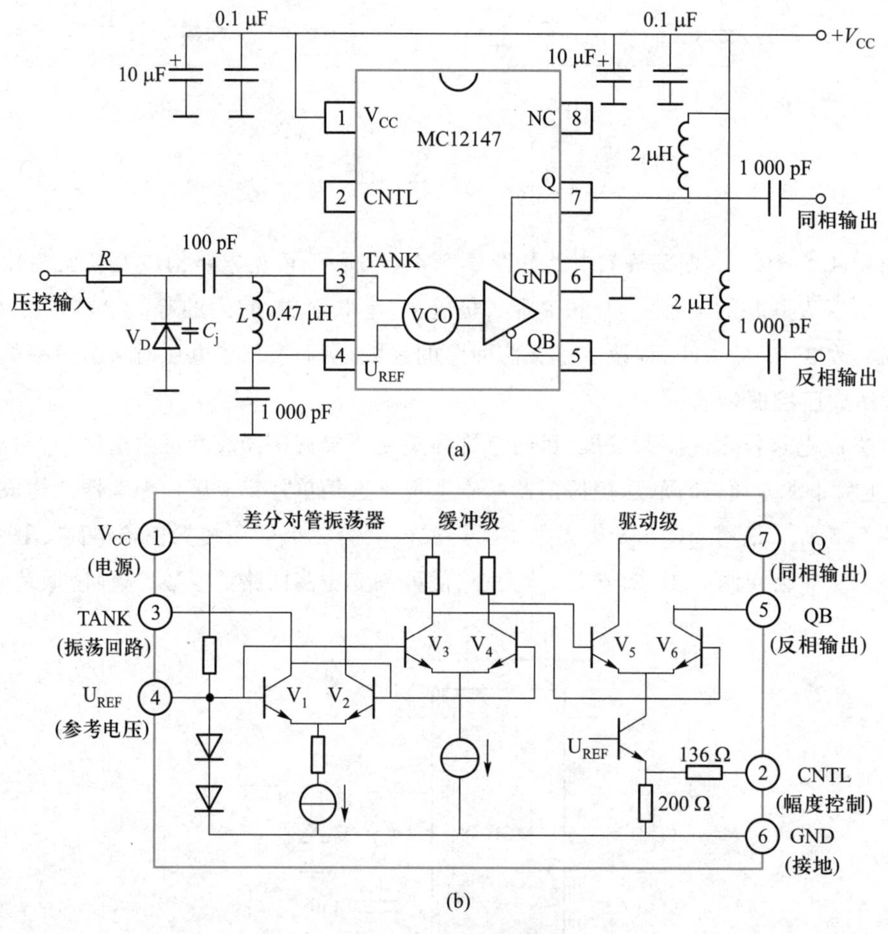

图 4.5.6 MC12147 集成压控振荡器

(a) 压控振荡电路 (b) 内部电路

讨论题

4.5.1 差分对管振荡电路有何特点？

4.5.2 何谓压控振荡器？变容二极管压控振荡器有什么特点？

随堂测验

4.5 随堂测验答案

4.5.1 填空题

1. 差分对管 LC 振荡器由__________放大电路与__________构成，它因电路简单，易于集成而广泛用于集成电路振荡器中。

2. 振荡频率随外加控制电压变化而变化的振荡器，称为________振荡器。

3. 将变容二极管接入 LC 振荡器的____________中作为____________，即可构成正弦波压控振荡器。改变加于变容二极管两端的外加____________，即可实现对振荡器频率的调节，但变容二极管必须工作在____________状态。

4.6 负阻正弦波振荡器

负阻正弦波振荡器由负阻器件和 LC 谐振回路组成，它在 100 MHz 以上的超高频段得到广泛的应用。目前它的振荡频率已扩展到几十吉赫。

4.6.1 负阻器件的伏安特性

具有负增量电阻特性的电子器件称为负阻器件，它可以分为电压控制型和电流控制型两类，其伏安特性分别示于图 4.6.1 中。它们的共同特点是：特性曲线中间 AB 段的斜率值为负，即在该区域内，器件的增量电阻为负值。对于图 4.6.1(a)所示伏安特性曲线，同一个电流值可以对应一个以上的电压值，但给定任一个电压值只对应一个电流值，电流是电压的单值函数，把具有这种特性的负阻器件称为电压控制型负阻器件，意思是只要确定了电压值，器件的工作点便可确定下来。对于图 4.6.1(b)所示伏安特性曲线，同一个电压值可以对应一个以上的电流值，但给定任一个电流值只对应一个电压值，电压是电流的单值函数，把具有这种特性的负阻器件称为电流控制型负阻器件，意思是只要确定了电流值，器件的工作点便可确定下来。实用中，隧道二极管具有电压控制型负阻器件特性，单结晶体管、雪崩管等具有电流控制型负阻器件特性。

由图 4.6.1(a)可见，在负阻区内 Q 点处，电压有一正增量 Δu_{D}，其对应的电流增量 Δi_{D} 为负值，所以，该点处的增量电阻为负值，现用 $-r_{\mathrm{n}}$ 表示增量电阻（负号表示负电阻），因此可得

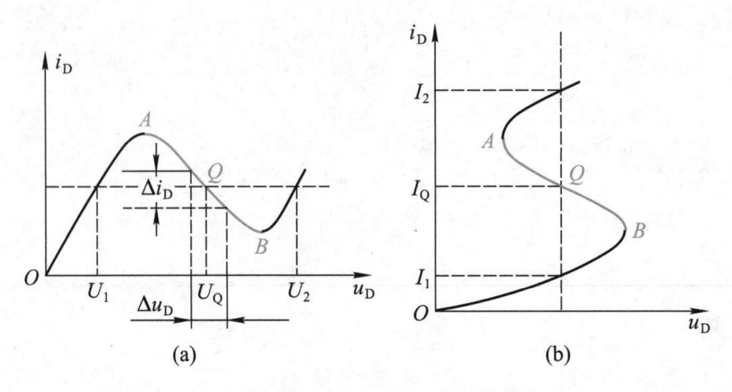

图 4.6.1　负阻器件的伏安特性

(a) 电压控制型　(b) 电流控制型

$$r_n = -\frac{\Delta u_D}{\Delta i_D} = \frac{1}{g_n} \tag{4.6.1}$$

式中，g_n 为 r_n 的倒数，称为负增量电导。

如果在图 4.6.1(a) 所示负阻区内工作点电压 U_Q 上叠加一幅度很小的正弦电压 $u = U_m\sin(\omega t)$，在负阻特性线性化后，流过负阻器件的交流电流 i 也是正弦波，电压、电流对应波形如图 4.6.2 所示。由图可见，电压、电流的相位相反，即

$$i = \frac{u}{-r_n} = \frac{U_m}{-r_n}\sin(\omega t) = -I_m\sin(\omega t) \tag{4.6.2}$$

式中，$I_m = \dfrac{U_m}{r_n} = g_n U_m$ 为电流振幅。

由图 4.6.2 可见，作用于器件上的合成电压和电流分别为

$$\left.\begin{aligned} u_D &= U_Q + u = U_Q + U_m\sin(\omega t) \\ i_D &= I_Q + i = I_Q - I_m\sin(\omega t) \end{aligned}\right\} \tag{4.6.3}$$

则器件消耗的平均功率

$$P = \frac{1}{T}\int_0^T p\mathrm{d}t = \frac{1}{T}\int_0^T u_D i_D \mathrm{d}t \tag{4.6.4}$$

将式(4.6.3)代入式(4.6.4)，则得

$$P = U_Q I_Q - \frac{1}{2}U_m I_m \tag{4.6.5}$$

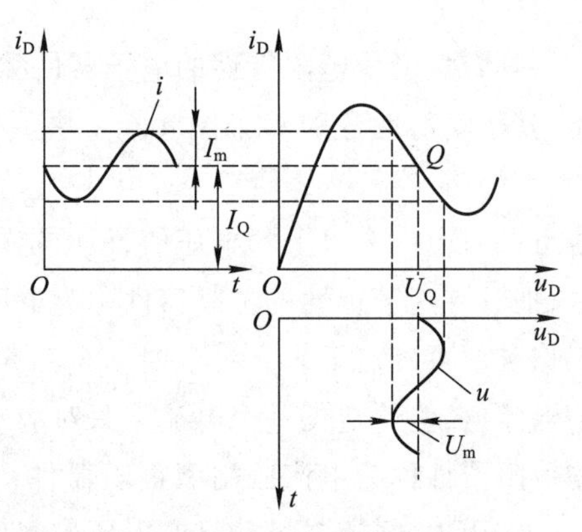

图 4.6.2　负阻输出交流功率

式(4.6.5)中右边第一项是直流电源供给器件的直流功率，第二项是器件加上交流电压后形成交流电流所产生的功率，它是一个负功率。这说明负阻器件在交流电压的作用下，能把从直流电源获得直流能量的一部分转变为交流电能，传送给外电路，这就是负阻器件能构成负阻振

荡器的基础。

4.6.2 负阻振荡电路

由隧道二极管构成的负阻正弦波振荡器电路如图 4.6.3(a)所示。图中,V 为隧道二极管,它具有电压控制型负阻特性,L、C 构成并联谐振回路,V_{DD}、R_1、R_2 构成隧道二极管的直流偏置电路,提供隧道二极管工作在负阻区所需直流工作点电压,C_1 是高频旁路电容,用以对 R_2 产生交流旁路作用。将隧道二极管用其等效的负电导代替,并考虑到其极间电容 C_d 的影响,可画出交流等效电路,如图 4.6.3(b)所示。图中 $G_e=G_p+G_L$,G_p 为 LC 谐振回路的固有谐振电导,$G_L=\dfrac{1}{R_L}$为负载电导。

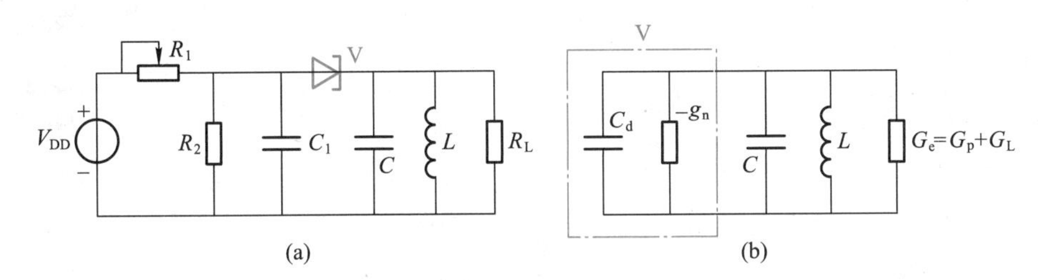

图 4.6.3 隧道二极管负阻振荡器

(a) 电路 (b) 交流等效电路

根据 LC 回路自由振荡的原理,当负阻器件所呈现的负阻与 LC 振荡回路的等效损耗电阻相等时,即负阻器件向振荡回路所提供的能量恰好补偿回路的能量损耗时,电路就能维持稳定的等幅振荡。也就是说图 4.6.3(b)中,当正电导 G_e 与负电导 g_n 相等时,就能产生正弦波振荡,其振荡频率决定于 LC 谐振回路的参数,即

$$f_0=\frac{1}{2\pi\sqrt{L(C+C_d)}} \tag{4.6.6}$$

需要指出,在起振阶段,只有当负阻器件向 LC 回路"提供"的交流能量大于回路消耗的能量时,振荡回路中才能产生增幅振荡,即电压控制型负阻振荡器的振幅起振条件为

$$g_n>G_e \tag{4.6.7}$$

随着振荡幅度的增大,负阻器件由交流小信号线性工作区逐渐进入大信号非线性工作区,虽然加在负阻器件上的交流电压为正弦波而通过器件的电流为非正弦波,其基波分量增长减小,负阻器件的平均负电导值 g_n 减小,当 g_n 减小到与回路损耗电导 G_e 相等时,即进入振荡的平衡状态。

讨论题

4.6.1 何为负阻器件？说明电压控制型和电流控制型负阻器件各有何特点。

4.6.2 负阻振荡器有何特点？

4.6.3 图 4.6.4 所示为由 LC 串联谐振回路与负阻器件构成的负阻振荡器原理电路，试分析该电路的工作原理，并指出：(1) 负阻器件的类型；(2) 负阻器件直流工作点如何设置；(3) 振荡的振幅起振条件和平衡条件；(4) 振荡频率如何估算。

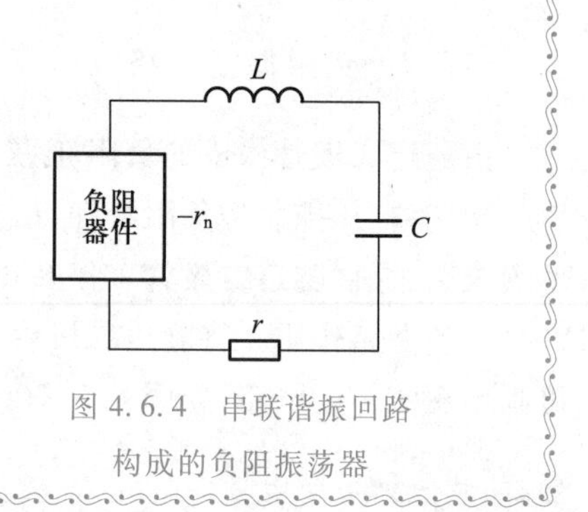

图 4.6.4 串联谐振回路构成的负阻振荡器

随堂测验

4.6 随堂测验答案

4.6.1 填空题

1. 具有负增量电阻特性的电子器件，称为______器件。这类器件伏安特性曲线中含有斜率为______的区域，在该区域内器件的增量电阻为______值。

2. 负阻器件有______控制型和______控制型两类，其中，器件伏安特性的电流是电压的单值函数，给定任一个电压值只对应一个电流值的，称为______控制型；器件伏安特性的电压是电流的单值函数，给定任一个电流值只对应一个电压值的，称为______控制型。

3. 负阻振荡器由__________、________以及直流偏置电路等组成，直流偏置电路使__________工作在负阻区域，以便把直流能量转变为______能量，用来补偿________自由振荡能量的损耗，从而维持其稳定的等幅振荡。

附录 4 特殊振荡现象

在 LC 振荡器中，由于各种原因，有时会出现一些特殊的振荡现象，例如寄生振荡、间歇振荡、频率占据等。这些现象的出现将影响振荡器的正常工作，因此应加以避免，但有时也可用它来完成某种特殊功能。

一、寄生振荡

一个正弦波振荡器正常工作时，其输出波形应是稳定的正弦波。但是，有时会发现在正常输出波形上叠加了一些奇特的频率较高的波形，如图 A4.1 所示；有时会发现输出波形不稳定，有低频调制现象；有时在示波器上可以观察到振荡频率远大于正常振荡频率的信号。这些现象说明振荡器产生了寄生振荡。寄生振荡不仅产生于振荡器

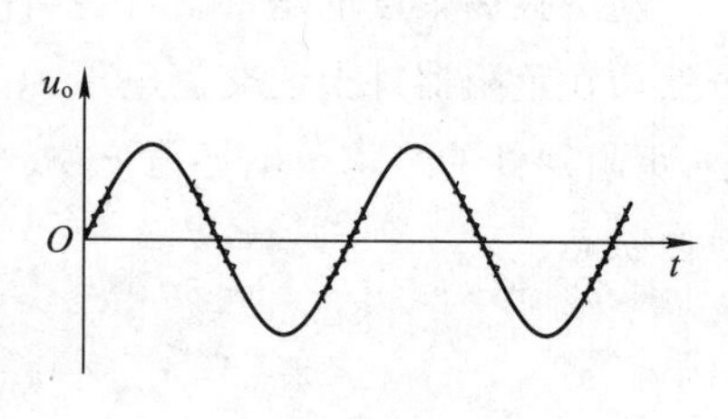

图 A4.1 寄生振荡现象

之中，而且也会在放大器等其他功能电路中产生。寄生振荡是一种不希望产生的振荡，因为寄生振荡的出现，会对振荡器正常工作产生不良影响，严重时将使振荡器、放大器等无法正常工作。

寄生振荡产生的原因是十分复杂的。一般把远低于工作频率的寄生振荡称为低频寄生振荡，这种寄生振荡通常由电路中的扼流圈和隔直电容、旁路电容所引起。因此应尽量减少扼流圈的个数，并适当选择它的电感量；另外，可与扼流圈串接一个小电阻，或并接一个大电阻，以增大寄生振荡回路的损耗；适当选择隔直电容和旁路电容的容量，这些都可以破坏寄生振荡条件。

远高于工作频率的寄生振荡称为高频寄生振荡，它通常是由晶体管极间电容、电路元件和连线存在的分布电容和电感所引起的。要消除这一类寄生振荡，振荡电路要采用合理的安装工艺，例如采用粗而短的引线，以减小引线电感和电容；元件安装的位置应使输出回路与输入回路的寄生耦合最小；大容量的隔直电容和旁路电容上并接一个小容量的电容，以便对高频短路；在满足起振和频率稳定度的要求下，晶体管的跨导和特征频率不宜过高等。

二、间歇振荡

在实际振荡器中，有时会出现图 A4.2 所示不连续的振荡波形，这说明振荡器产生了周期性的起振和停振的“间歇振荡”现象。这种现象主要是由自给偏压电路的时间常数过大所引起的。

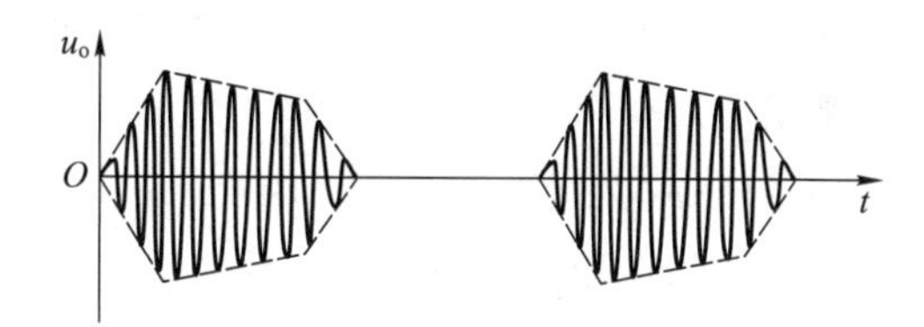

图 A4.2　间歇振荡波形

在具有自给偏压的振荡电路中，振荡的建立和稳定取决于两个互相联系的暂态过程：一个是高频振荡的建立过程，由于振荡回路的储能作用，这个过程的变化速度与回路的有载品质因数 Q_e 有关，同时还与振荡器的环路增益 AF 有关，Q_e 值越小，AF 值越大于 1，则振荡建立过程就越快；另一个是偏压的建立过程，因为偏压的建立主要由偏置电路的电阻和电容所决定，$R_B C_B$ 和 $R_E C_E$ 越小，偏压建立过程也就越快。当这两个暂态过程能协调一致地进行时，高频振荡和偏压就能同时趋于稳定，从而得到幅度稳定的振荡。但是当高频振荡建立较快而偏压由于偏置电路时间常数过大而变化过慢时，振荡幅度将迅速增长，反馈到晶体管基极的 U_{im} 很大，晶体管迅速工作到截止区，使振荡器达到平衡条件 $AF=1$。但当负偏压慢慢建立起来后，迫使 A 下降使得 $AF<1$ 时，振荡幅度下降，此时又由于 $R_B C_B$、$R_E C_E$ 过大，负偏压来不及跟上振荡幅度的变化，不能自动维持振荡电路 $AF=1$，因而振荡幅度迅速下降，直至停止振荡。这之后，C_B、C_E 放电，偏压又恢复到起振时的电压，电路又开始重复上述过程，从而形成了间歇振荡。

为了保证振荡器的正常工作，间歇振荡是必须防止的（但有时为了需要，利用这一现象来产生间歇振荡）。防止产生间歇振荡的主要方法是合理地选择偏压电路中 C_B 和 C_E 值，使得偏压的变化能跟上振荡幅度的变化，其具体数值通常通过调试决定。另外，如果选择 Q 值很高的谐振回路，间歇振荡将不容易发生，所以，高 Q 的石英晶体振荡器通常是不会产生间歇振荡的。

三、频率占据现象

一个振荡频率为 f_0 的振荡器，在其反馈环路中引入频率为 f_s 的外来振荡信号 u_s，如图 A4.3所示，振荡器的工作将受到外来信号 u_s 的影响。当外来信号频率 f_s 与原振荡频率很接近时，将会出现振荡器的振荡频率等于外来信号频率 f_s 的现象，这种现象称为频率占据，或称频率牵引现象。

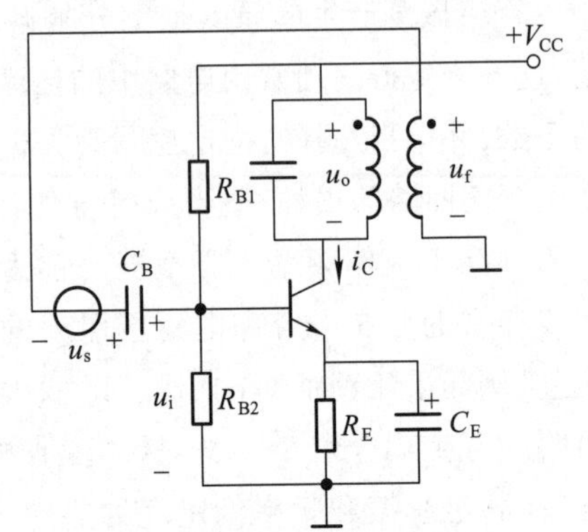

图 A4.3　频率占据现象

振荡电路中加入外来信号 u_s 后，由图 A4.3 可见，晶体管的基极输入信号 u_i 由 u_f 变为 u_s 与 u_f 的相量和。这样，就使得电路原有的相位平衡条件被破坏。只要 f_s 在占据频带内，振荡电路就会自动建立新的平衡状态。相位平衡条件的变化就意味着振荡频率的改变，根据分析，新的相位平衡条件只有当振荡频率等于外来信号频率 f_s 时方能满足。也就是说，新的相位平衡条件是靠谐振回路失谐产生的相移来补偿的。所以，频率占据现象实质是用注入信号（外来信号又称注入信号）来锁定振荡器的相位，故又称为注入锁相现象。

振荡器的占据带宽与外来信号电压 u_s 与反馈电压 u_f 的比值成正比，而与谐振回路的有载品质因数 Q_e 成反比。

振荡器的注入锁相现象在通信设备中有很多应用。例如利用这种现象可以实现一个标准信号源对于另一个振荡器进行强制的频率和相位的同步，提高该振荡器的频率稳定度和准确度。但注入锁相现象有时也会带来不良影响，如当两个振荡器之间存在寄生耦合时，就可能由于产生这种现象而破坏了它们的正常工作。

本章小结

1. 正弦波振荡器用于产生一定频率和幅度的正弦波信号。反馈正弦波振荡器是利用选频网络通过正反馈产生自激振荡的，它的振荡相位平衡条件为：$\varphi_a+\varphi_f=2n\pi(n=0,1,2,\cdots)$，利用相位条件可确定振荡频率；振幅平衡条件为 $T=1$，利用振幅平衡条件可确定振荡幅度。振荡的起振条件为：$\varphi_a+\varphi_f=2n\pi(n=0,1,2,\cdots)$，$T>1$。振荡器还必须具有稳定条件，即在平衡点上，振荡电路环路增益 T 对 U_i 的变化率为负值，环路相位 φ_T 随频率的变化率也为负值。

2. LC 振荡器有变压器反馈、电感三点式及电容三点式等电路，其振荡频率近似等于 LC 谐振回路的谐振频率，相位稳定条件由 LC 回路提供，LC 回路品质因数越高，频率稳定度就越高。振荡器起振时电路处于小信号工作状态，振荡处于平衡状态时，电路处于大信号工作状态，它利用放大器件工作于非线性区来实现稳幅。克拉泼和西勒振荡器是两种改进型电容三点式振荡器电路，它们减弱了晶体管与回路之间的耦合，使晶体管对回路的影响减小，提高了振荡频率的稳定度。

3. 频率稳定度和振幅稳定度是振荡器两个重要的性能指标，而频率稳定度尤为重要。频率稳定度是指在规定时间内，由于外界条件的变化引起振荡器实际工作频率偏离标称频率的程度。一般所说的频率稳定是指短期频率稳定度。*LC* 振荡器的频率主要决定于 *LC* 回路参数，同时与晶体管的参数也有关，因此，稳频的主要措施是尽量减小外界因素的变化，努力提高谐振回路的标准性。

4. 石英晶体振荡器是采用石英晶体谐振器构成的振荡器，其振荡频率的准确性和稳定性很高。石英晶体振荡器有并联型和串联型。并联型晶体振荡器中，石英晶体的作用相当于一个电感，而串联型晶体振荡器中，利用石英晶体的串联谐振特性，以低阻抗接入电路。为了提高晶体振荡器的振荡频率，可采用泛音晶体振荡器。

5. 集成 *LC* 正弦波振荡器广泛采用差分对管振荡电路，因其电路构成简单，易于集成，振荡频率高且稳定。

振荡频率随外加控制电压变化而变化的振荡器称为压控振荡器，用 VCO 表示，它可适应自动频率调节的需要。高频正弦波压控振荡器大多采用变容二极管接入振荡回路来实现频率的控制。随着集成电路技术的不断发展，目前已有许多性能优良、使用方便的集成压控振荡器成品可供选用。

6. 负阻正弦波振荡器是由负阻器件和 *LC* 谐振回路组成。在这种电路中，负阻器件所起的作用相当于反馈振荡器中正反馈的作用，振荡频率取决于 *LC* 谐振回路。由于负阻器件有电压控制型和电流控制型，用它们构成振荡器时，电路连接方式是不相同的。

习　题

4.1　分析图 P4.1 所示电路，标明二次线圈的同名端，使之满足相位平衡条件，并求出振荡频率。

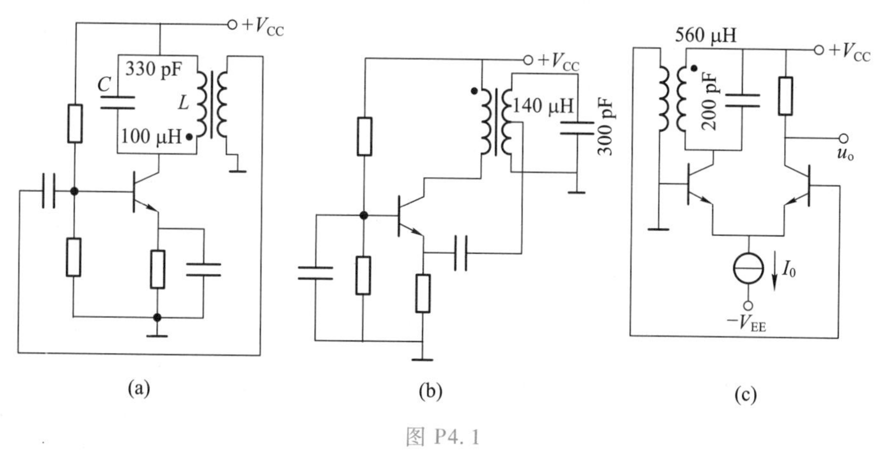

图 P4.1

4.2 变压器反馈 LC 振荡电路如图 P4.2 所示，已知 $C=360\ \text{pF}$，$L=280\ \mu\text{H}$，$Q=50$，$M=20\ \mu\text{H}$，晶体管的 $\varphi_{fe}=0$，$G_{oe}=2\times10^{-5}\ \text{S}$，略去放大电路输入导纳的影响，试画出振荡器起振时开环小信号等效电路，计算振荡频率，并验证振荡器是否满足振幅起振条件。

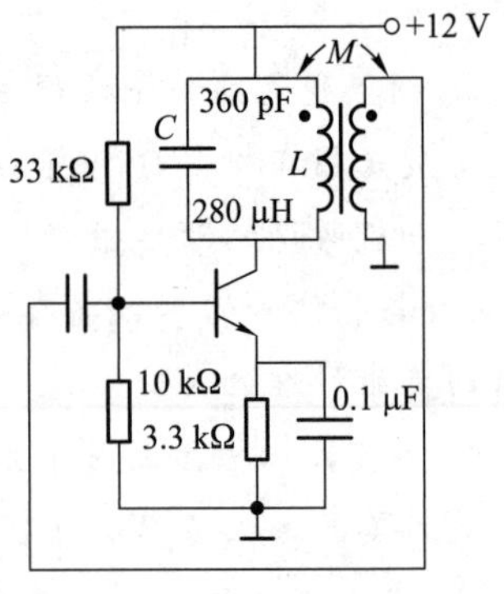

图 P4.2

4.3 试检查图 P4.3 所示振荡电路，指出图中错误，并加以改正。

4.4 根据振荡的相位平衡条件，判断图 P4.4 所示电路能否产生振荡。在能产生振荡的电路中求出振荡频率的大小。

4.5 画出图 P4.5 所示各电路的交流通路，并根据相位平衡条件判断哪些电路能产生振荡，哪些电路不能产生振荡（图中 C_B、C_E、C_C 为耦合电容或旁路电容，L_C 为高频扼流圈）。

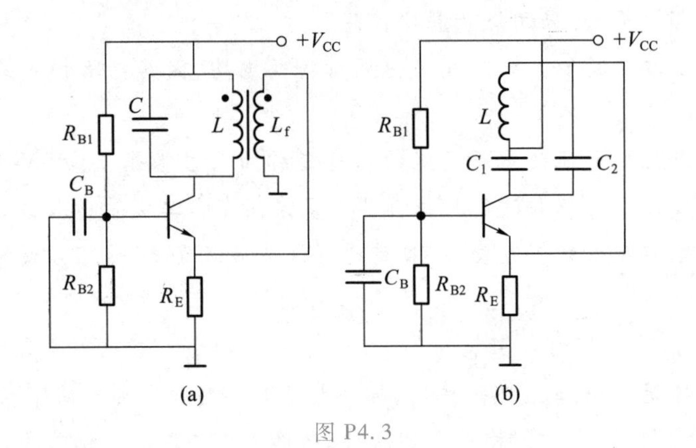

图 P4.3

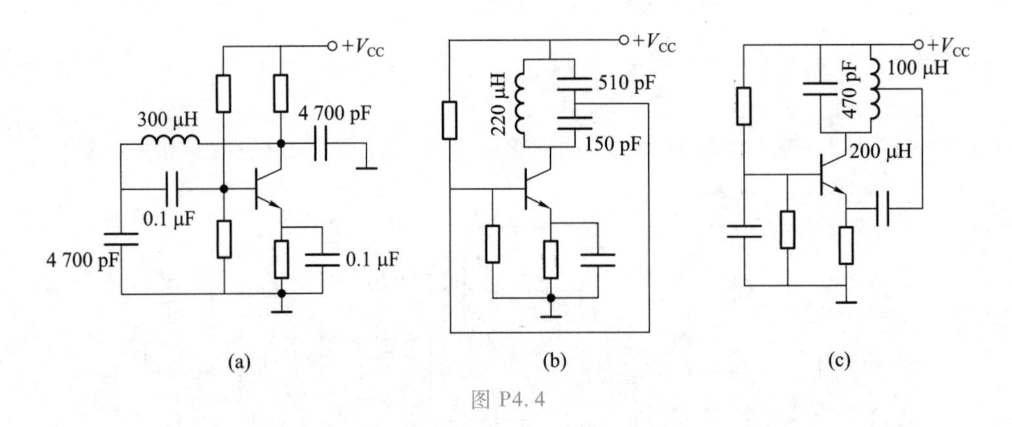

图 P4.4

4.6 图 P4.6 所示为三谐振回路振荡器的交流通路，设电路参数之间有以下四种关系：(1) $L_1C_1>L_2C_2>L_3C_3$；(2) $L_1C_1<L_2C_2<L_3C_3$；(3) $L_1C_1=L_2C_2>L_3C_3$；(4) $L_1C_1<L_2C_2=L_3C_3$。试分析上述四种情况是否都能振荡，振荡频率与各回路的固有谐振频率有何关系。

4.7 电容三点式振荡器如图 P4.7 所示，已知 LC 谐振回路的空载品质因数 $Q=60$，晶体管的输出电导 $G_{oe}=2.5\times10^{-5}\ \text{S}$，输入电导 $G_{ie}=0.2\times10^{-3}\ \text{S}$，试求该振荡器的振荡频率 f_0，并验证 $I_{CQ}=0.4\ \text{mA}$ 时，电路能否起振。

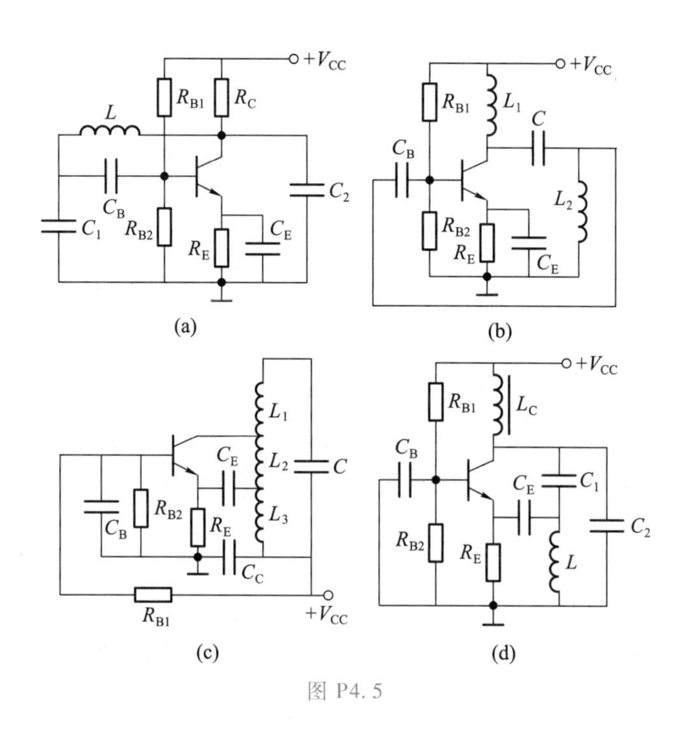

图 P4.5

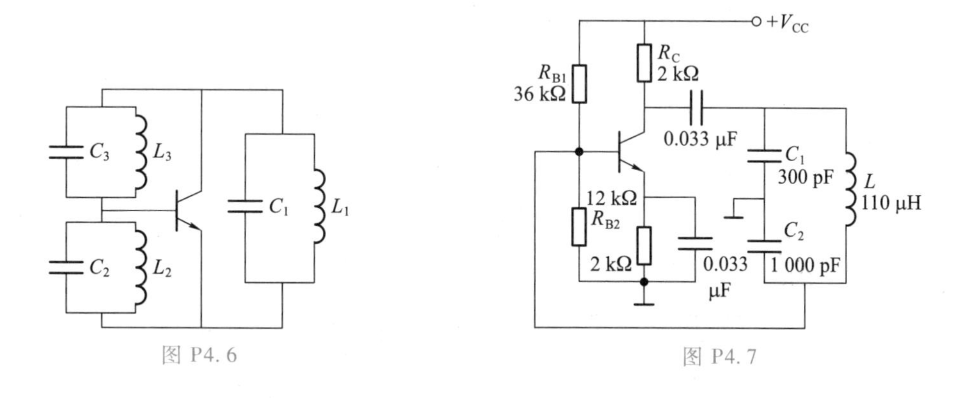

图 P4.6

图 P4.7

4.8 振荡器如图 P4.8 所示，它们是什么类型的振荡器？有何优点？计算各电路的振荡频率。

4.9 分析图 P4.9 所示各振荡电路，画出交流通路，说明电路的特点并计算振荡频率。

4.10 若石英晶片的参数为：$L_q=4$ H，$C_q=6.3\times10^{-3}$ pF，$C_0=2$ pF，$r_q=100$ Ω，试问：(1) 串联谐振频率 f_s 为多少？(2) 并联谐振频率 f_p 与 f_s 相差多少？(3) 晶体的品质因数 Q 和等效并联谐振电阻为多大？

4.11 图 P4.11 所示石英晶体振荡器，指出它们属于哪些类型的晶体振荡器，并说明石英晶体在电路中的作用。

4.12 画出图 P4.12 所示各晶体振荡器的交流通路，并指出电路类型。

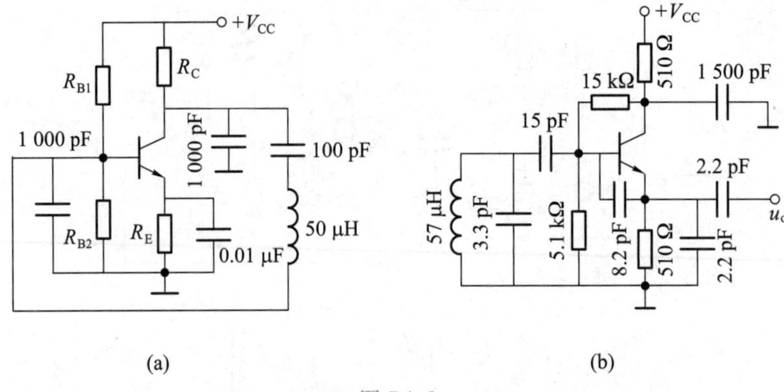

图 P4.8

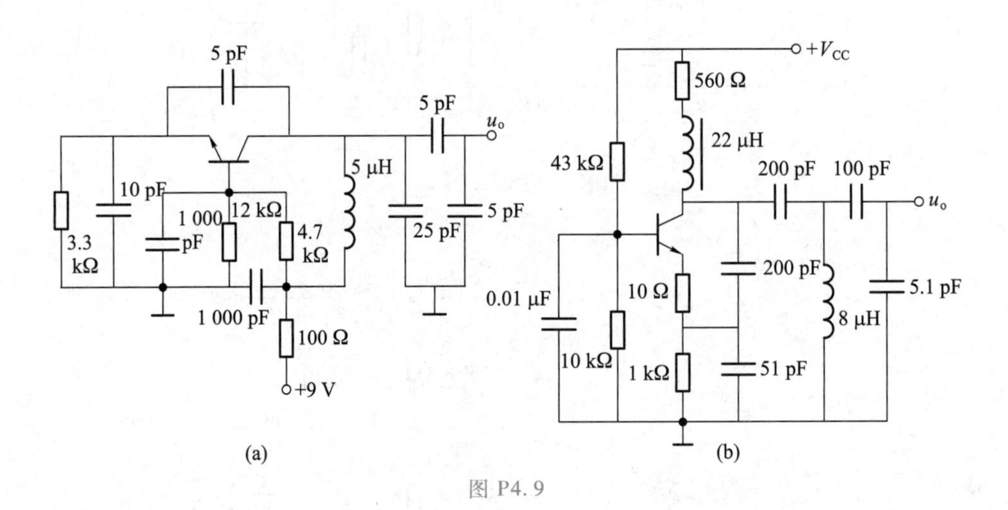

图 P4.9

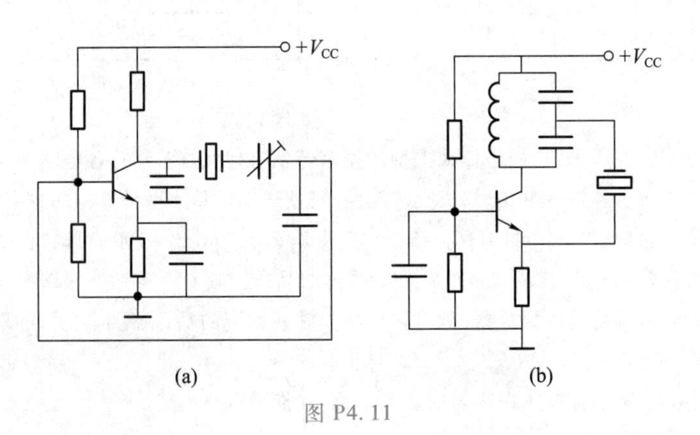

图 P4.11

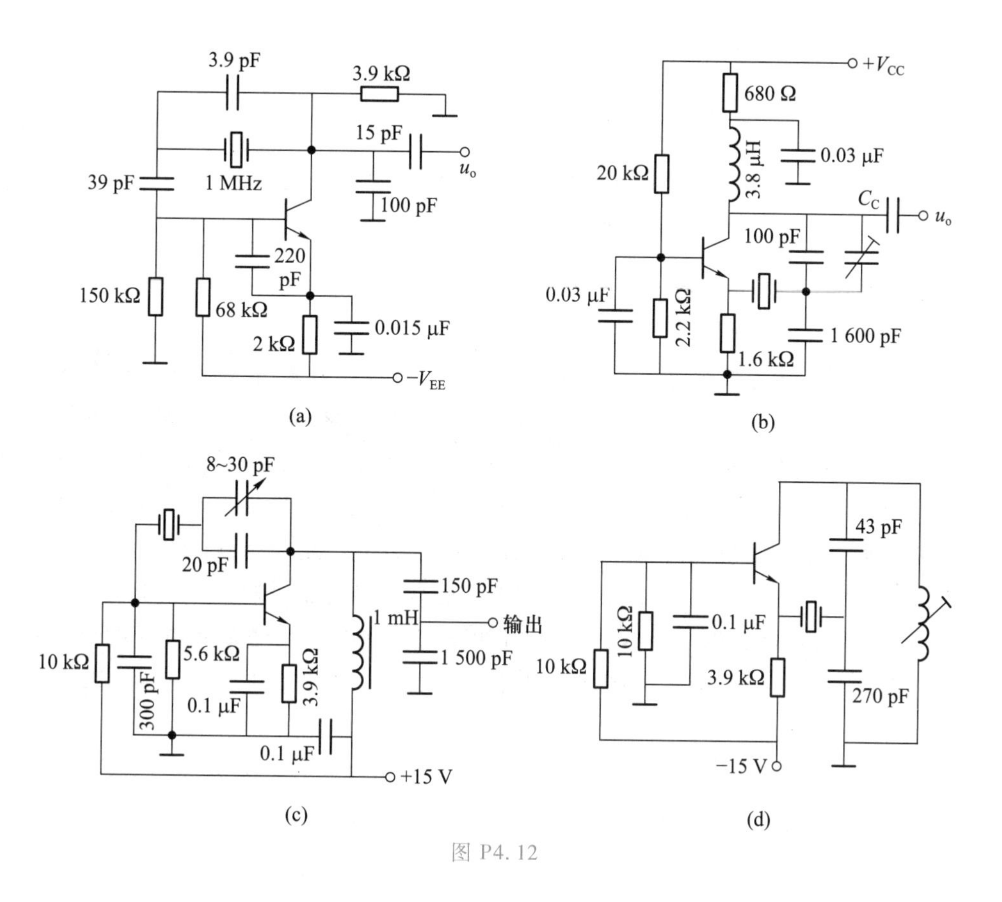

图 P4.12

4.13 变容二极管压控振荡器如图 P4.13 所示，图中 R_P 用来调节控制电压 U_C 的大小。已知变容二极管反向电压为 6~10 V 时，结电容 C_j 为 13~9 pF，试求出控制电压 U_C 在 6~10 V 变化时，压控振荡器输出信号频率的变化范围，并求出其压控灵敏度 $S_F = \Delta f/\Delta U_C$ 的大小。

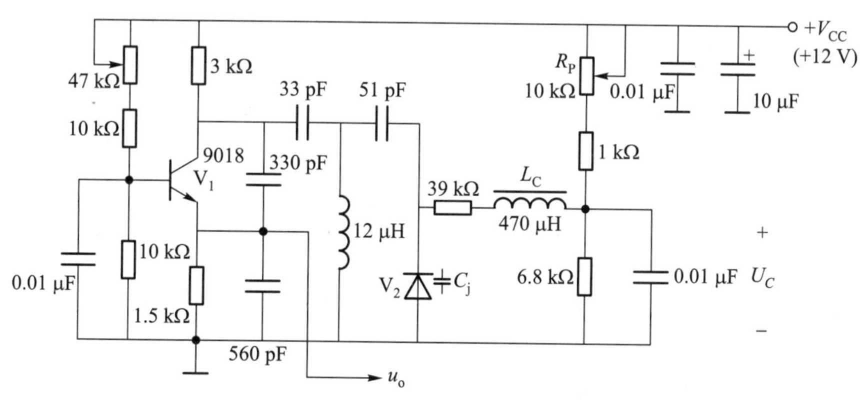

图 P4.13

第5章　振幅调制、解调与混频电路

引言　调制、解调与混频电路是通信设备中重要的组成部分，在其他电子设备中也得到广泛应用。用待传输的低频信号去控制高频载波参数的电路称为调制电路，它有振幅调制和角度调制两大类；解调是调制的逆过程，从高频已调信号中还原出原调制信号的电路称为解调电路（也称检波电路）；把已调信号的载频变成另一个载频的电路称为混频电路。调制、解调和混频电路都是用来对输入信号进行频谱变换的电路。

频谱变换电路可分为频谱线性搬移电路和频谱非线性变换电路。振幅调制与解调电路和混频电路属于频谱线性搬移电路，它们的作用是将输入信号频谱沿频率轴进行不失真的搬移；属于频谱非线性变换电路的有角度调制与解调电路，它们的作用是将输入信号频谱进行特定的非线性变换。

本章只讨论频谱线性搬移电路，先重点讨论振幅调制的基本原理、非线性器件的相乘作用和相乘器电路，然后介绍常用的振幅调制电路、解调电路，最后介绍混频原理、电路及混频干扰。

5.1　振幅调制的基本原理

本节对振幅调制的作用原理进行分析，以便找出实现频谱线性搬移的一般方法。振幅调制简称调幅，调幅有普通调幅（AM①）、抑制载波的双边带调幅（DSB②）和单边带调幅（SSB③）等，其中普通调幅信号是基本的，其他调幅信号都是由它演变而来的。

5.1.1　普通调幅信号

一、普通调幅信号表示式

设载波信号为

$$u_c(t)=U_{cm}\cos(\omega_c t)=U_{cm}\cos(2\pi f_c t) \tag{5.1.1}$$

式中，$\omega_c=2\pi f_c$，ω_c 为载波角频率，f_c 为载波频率。$u_c(t)$ 波形如图 5.1.1(a) 所示。

---

① AM 为振幅调制 amplitude modulation 的缩写。

② DSB 为双边带调制 double sideband modulation 的缩写。

③ SSB 为单边带调制 single sideband modulation 的缩写。

令调制信号为 $u_{\Omega}(t)$。因为调幅信号的振幅与调制信号成正比，所以可得调幅信号的振幅表示式为

$$U_{m}(t)=U_{cm}+k_{a}u_{\Omega}(t) \tag{5.1.2}$$

式中，k_{a} 是由调制电路决定的比例常数。由于实现振幅调制后载波频率保持不变，因此可得调幅信号表示式为

$$u_{AM}(t)=U_{m}(t)\cos(\omega_{c}t)=[U_{cm}+k_{a}u_{\Omega}(t)]\cos(\omega_{c}t) \tag{5.1.3}$$

二、单频调制

当调制信号 $u_{\Omega}(t)$ 如图 5.1.1(b)所示时，为单一频率的余弦波，即

$$u_{\Omega}(t)=U_{\Omega m}\cos(\Omega t)=U_{\Omega m}\cos(2\pi Ft) \tag{5.1.4}$$

式中，$\Omega=2\pi F$，Ω 为调制信号角频率，F 为调制信号频率。通常 $F\ll f_{c}$。

因此，由式(5.1.3)可得

$$\begin{aligned}u_{AM}(t)&=[U_{cm}+k_{a}U_{\Omega m}\cos(\Omega t)]\cos(\omega_{c}t)\\&=U_{cm}[1+m_{a}\cos(\Omega t)]\cos(\omega_{c}t)\end{aligned} \tag{5.1.5}$$

其中

$$m_{a}=\frac{k_{a}U_{\Omega m}}{U_{cm}} \tag{5.1.6}$$

m_{a} 称为调幅系数或调幅度，它表示载波振幅受调制信号控制的程度。这样可以得到调幅信号波形，如图 5.1.1(c)所示。可见，调幅信号是一个高频振荡，但其振幅在载波振幅 U_{cm} 上、下按调制信号的规律变化，因此调幅信号携带了原调制信号的信息。通常把调幅信号振幅变化规律即 $U_{cm}(1+m_{a}\cos\Omega t)$ 称为调幅信号的包络。由于调幅系数 m_{a} 与调制信号电压振幅 $U_{\Omega m}$ 成正比，因此，$U_{\Omega m}$ 越大，m_{a} 就越大，调幅信号的变化也就越大。

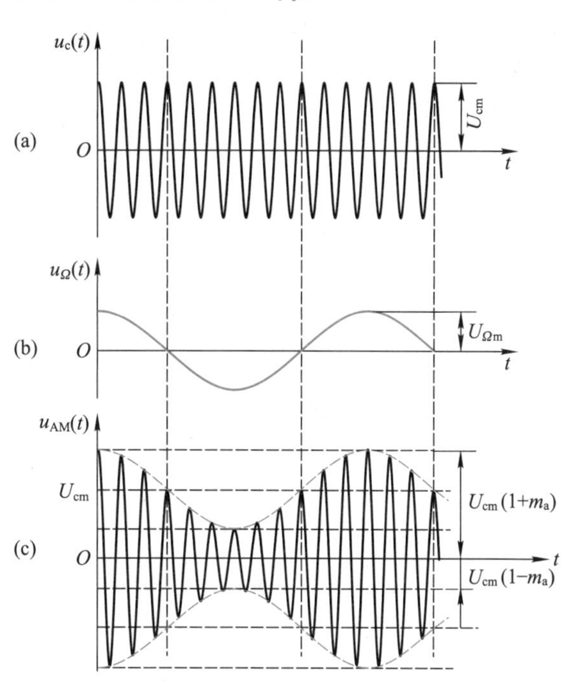

图 5.1.1 单频调制时调幅信号波形
(a) 载波 (b) 调制信号 (c) 调幅信号

由图 5.1.1(c)可见，调幅信号的最大振幅等于 $U_{cm}(1+m_{a})$，最小振幅等于 $U_{cm}(1-m_{a})$，当 $m_{a}=1$ 时，最小振幅值等于零。若 $m_{a}>1$，将会导致调幅信号在一段时间内振幅为零，此时调幅将产生严重的失真。为避免失真，要求 $m_{a}\leqslant 1$。

将式(5.1.5)按三角函数关系展开，则得

$$u_{AM}(t)=U_{cm}\cos(\omega_c t)+\frac{1}{2}m_a U_{cm}\cos[(\omega_c+\Omega)t]+\frac{1}{2}m_a U_{cm}\cos[(\omega_c-\Omega)t] \tag{5.1.7}$$

可见，用单频信号调制后的调幅信号由三个高频分量组成，除角频率为 ω_c 的载波之外，还有 $\omega_c+\Omega$ 和 $\omega_c-\Omega$ 两个新角频率分量。其中一个比 ω_c 高，称为上边频分量，一个比 ω_c 低，称为下边频分量。载波频率分量的振幅为 U_{cm}，而两个边频分量的振幅均为 $m_a U_{cm}/2$。因 m_a 的最大值只能等于1，所以边频振幅的最大值不会超过 $U_{cm}/2$。其频谱图如图5.1.2所示。显然，在调幅信号中，载波并不含有任何有用的信息，要传送的信息只包含于边频之中。边频的振幅反映了调制信号幅度的大小，边频的频率虽属于高频范畴，但反映了调制信号频率的高低。

由图5.1.2可见，单频调制时其调幅信号的频带宽度为调制信号频率的两倍，即

$$BW=2F \tag{5.1.8}$$

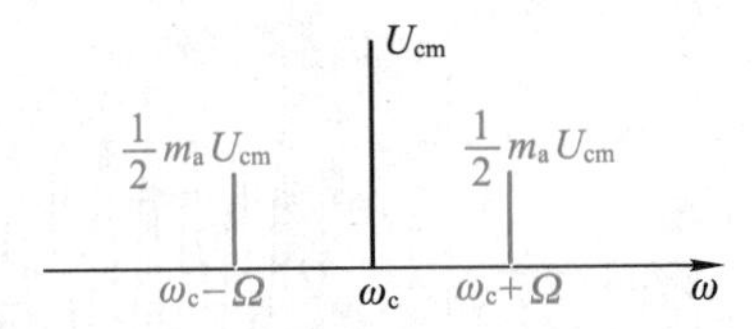

图5.1.2 单频调制时调幅信号频谱

三、复杂信号调制

实际上，调制信号不是单一频率的余弦波，而是包含若干频率分量的复杂波形，例如语言信号的频率为300~3 400 Hz。若调制信号的波形如图5.1.3(a)所示，在理想情况下调幅信号的包络与调制信号波形相同。所以输出的调幅信号波形如图5.1.3(b)所示。

若设复杂调制信号表示式为

$$u_\Omega(t)=U_{\Omega m1}\cos(\Omega_1 t)+U_{\Omega m2}\cos(\Omega_2 t)+\cdots+U_{\Omega mn}\cos(\Omega_n t) \tag{5.1.9}$$

其频谱如图5.1.4(a)所示，调制后每一频率分量都将产生一对边频，即 $(\omega_c\pm\Omega_1)$、$(\omega_c\pm\Omega_2)$、…、$(\omega_c\pm\Omega_n)$ 等，这些上、下边频的集合形成上、下边带，小于 ω_c 的称为下边带，大于 ω_c 的称为上边带，如图5.1.4(b)所示。由于上、下边带中对应频率分量的幅度相等且成对出现，因此上、下边带的频谱分量相对载波也是对称的。由此不难写出相应的调幅信号表示式为

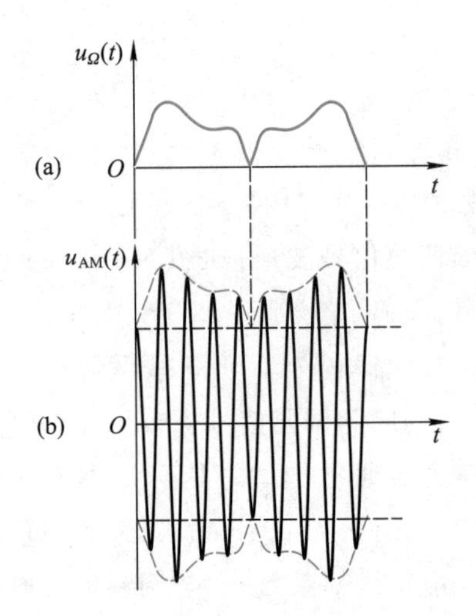

图5.1.3 复杂信号调制时调幅信号波形

(a) 输入调制信号波形 (b) 调幅信号波形

$$\begin{aligned}u_{AM}(t)&=[U_{cm}+k_a u_\Omega(t)]\cos(\omega_c t)\\&=U_{cm}[1+m_{a1}\cos(\Omega_1 t)+m_{a2}\cos(\Omega_2 t)+\cdots+m_{an}\cos(\Omega_n t)]\cos(\omega_c t)\end{aligned}$$

$$= U_{cm}\cos(\omega_c t) + \frac{m_{a1}U_{cm}}{2}[\cos(\omega_c+\Omega_1)t + \cos(\omega_c-\Omega_1)t] +$$

$$\frac{m_{a2}U_{cm}}{2}[\cos(\omega_c+\Omega_2)t + \cos(\omega_c-\Omega_2)t] + \cdots + \frac{m_{an}U_{cm}}{2}[\cos(\omega_c+\Omega_n)t + \cos(\omega_c-\Omega_n)t]$$

(5. 1. 10)

式中,$m_{a1}=\frac{k_a U_{\Omega m1}}{U_{cm}}, m_{a2}=\frac{k_a U_{\Omega m2}}{U_{cm}}, \cdots, m_{an}=\frac{k_a U_{\Omega mn}}{U_{cm}}$。由于复杂调制信号的各个低频分量的振幅不相等,因而各调幅系数也不相等。

另外,由图 5. 1. 4 可见,调幅信号的上边带和下边带频谱分量的相对大小和相互间的距离均与调制信号的频谱相同,仅下边带频谱与调制信号频谱呈倒置关系。这就清楚地说明,调幅的作用是把调制信号的频谱不失真地搬移到载频的两边,所以,调幅电路属于频谱线性搬移电路。

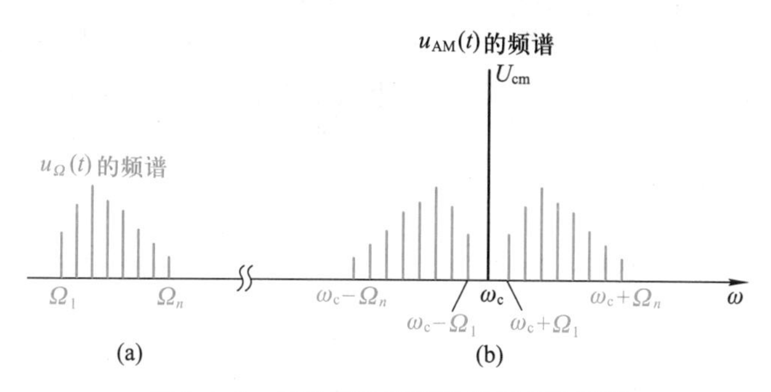

图 5. 1. 4　复杂信号调制时调幅信号频谱

由于复杂信号调制后调幅信号的最高频率为f_c+F_n而最小频率为f_c-F_n,因此,调幅信号所占据的频带宽度等于调制信号最高频率的两倍,即

$$BW = 2F_n \tag{5.1.11}$$

四、调幅信号的功率

若负载电阻为 R_L,则根据式(5. 1. 7)载频和边频的关系,可写出单频调制时 R_L上获得的功率包括三部分:

载波分量功率

$$P_0 = \frac{1}{2}\frac{U_{cm}^2}{R_L} \tag{5.1.12}$$

每个边频分量功率

$$P_{SB1} = P_{SB2} = \frac{1}{2R_L}\left(\frac{m_a}{2}U_{cm}\right)^2 = \frac{m_a^2 U_{cm}^2}{8R_L} = \frac{1}{4}m_a^2 P_0 \tag{5.1.13}$$

因此,调幅信号在调制信号一个周期内给出的平均功率为

$$P_{AV}=P_0+P_{SB1}+P_{SB2}=P_0\left(1+\frac{m_a^2}{2}\right) \tag{5.1.14}$$

当 $\Omega t=0$ 时，由图 5.1.1(c)可见，调幅信号处于包络峰值，其电压等于 $U_{cm}(1+m_a)$，此时的高频输出功率称为调幅信号最大功率，也称峰值包络功率，即

$$P_{max}=(1+m_a)^2U_{cm}^2/2R_L=(1+m_a)^2P_0 \tag{5.1.15}$$

式(5.1.12)和式(5.1.13)表明，边频功率随 m_a 的增大而增加，当 $m_a=1$ 时，边频功率为最大，这时上、下边频功率之和只有载波功率的一半，即它只占整个调幅信号功率的 1/3。实际运用中，m_a 在 0.1~1 之间变化，其平均值仅为 0.3，所以边频所占整个调幅信号的功率还要小。这也就是说，用这种调制方式，发送端发送的功率被不携带信息的载波占去了很大的比例，这显然是不经济的。但由于这种调制设备简单，特别是解调更简单，便于接收，所以它仍在某些领域，如无线电广播中广泛采用。

例 5.1.1 已知调幅信号 $u_{AM}(t)=[4\cos(2\pi\times10^6t)+1.2\cos(2\pi\times1\ 005\times10^3t)+1.2\cos(2\pi\times995\times10^3t)]$ V，试画出该调幅信号的频谱和波形图，并求出频带宽度和调幅系数；若已知 $R_L=1\ \Omega$，试求该调幅信号的载波功率、边频功率和调幅信号在调制信号一周期内的平均功率。

解：(1) 画频谱和波形图，求 BW 和 m_a。

由调幅信号表示式可得载波振幅 $U_{cm}=4$ V、频率 $f_c=1\ 000$ kHz、边频振幅 $\frac{1}{2}m_aU_{cm}=1.2$ V、上边频 $(f_c+F)=1\ 005$ kHz、下边频 $(f_c-F)=995$ kHz，因此可画出频谱图如图 5.1.5(a)所示，并由此求得调制信号频率

$$F=(1\ 005-1\ 000)\text{kHz}=5\ \text{kHz}$$

调幅信号的频带宽度 BW 为

$$BW=2\ F=(1\ 005-995)\text{kHz}=10\ \text{kHz}$$

由 $m_aU_{cm}/2=1.2$ V，可求得调幅系数 m_a 为

$$m_a=\frac{1.2\times2}{U_{cm}}=\frac{2.4}{4}=0.6$$

将调幅信号表示式各项合并后写成

$$u_{AM}(t)=4[1+0.6\cos(2\pi\times5\times10^3t)]\cos(2\pi\times10^6t)\ \text{V}$$

由此可得调幅信号的最大振幅 $U_{mmax}=4(1+0.6)$ V $=6.4$ V，最小振幅 $U_{mmin}=4(1-0.6)$ V $=1.6$ V，因此可画出调幅信号波形如图 5.1.5(b)所示。

(2) 计算调幅信号的功率

载波功率 $$P_0=\frac{1}{2}\frac{U_{cm}^2}{R_L}=\frac{4^2}{2}\ \text{W}=8\ \text{W}$$

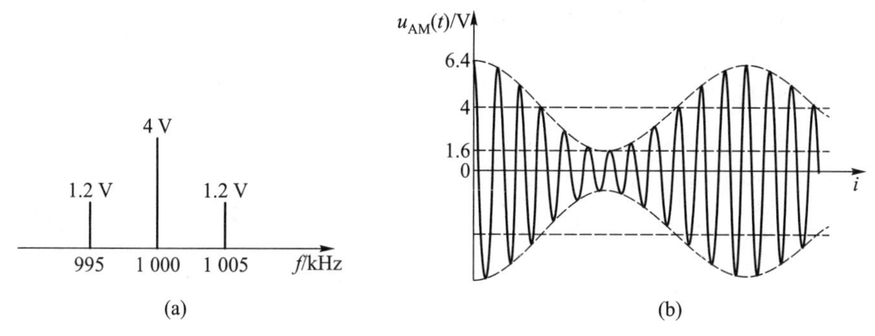

图 5.1.5 例 5.1.1 调幅信号的频谱和波形

(a) 频谱图 (b) 调幅信号波形

边频功率 $$P_{SB1}=P_{SB2}=\frac{1}{2}\frac{(0.5m_aU_{cm})^2}{R_L}=\frac{1.2^2}{2}\ W=0.72\ W$$

平均总功率 $$P_{AV}=P_0+2P_{SB1}=(8+2\times0.72)\ W=9.44\ W$$

上述调幅信号功率计算结果表明边频功率在总功率中所占比例很小，当 $m_a=0.6$ 时，边频功率之和约占总功率的 15%，故普通调幅信号的功率利用率很低。

5.1.2 抑制载波的双边带和单边带调幅信号

一、双边带调幅信号

由于载波不携带信息，为了节省发射功率，可以只发射含有信息的上、下两个边带，而不发射载波，这种调幅信号称为抑制载波的双边带调幅信号，简称双边带调幅信号，用 DSB 表示。

由式(5.1.3)可知，当不发射载波时，双边带调幅信号的表示式为

$$u_{DSB}(t)=k_au_\Omega(t)\cos(\omega_ct) \tag{5.1.16}$$

若令 $u_\Omega(t)=U_{\Omega m}\cos(\Omega t)$，则得

$$\begin{aligned}u_{DSB}(t)&=k_aU_{\Omega m}\cos(\Omega t)\cos(\omega_ct)\\&=\frac{1}{2}k_aU_{\Omega m}\{\cos[(\omega_c+\Omega)t]+\cos[(\omega_c-\Omega)t]\}\end{aligned} \tag{5.1.17}$$

式(5.1.17)说明，单频调制的双边带调幅信号中只含有上边频 $\omega_c+\Omega$ 和下边频 $\omega_c-\Omega$，而无载频分量，它的波形和频谱如图 5.1.6 所示。由图 5.1.6(c)可见，由于双边带调幅信号的振幅不是在载波振幅、而是在零值上下按调制信号的规律变化，双边带调幅信号的包络已不再反映原调制信号的形状；当调制信号 $u_\Omega(t)$ 进入负半周时，$u_{DSB}(t)$ 波形就变为反相，表明载波电压产生 180°相移，因而当 $u_\Omega(t)$ 自正值或负值通过零值变化时，双边带调幅信号波形均将发生 180°的相位突变。

观察图 5.1.6(d)双边带调幅信号的频谱结构可见，双边带调幅的作用也是把调制信号的

频谱不失真地搬移到载波的两边，所以，双边带调幅电路也是频谱线性搬移电路。

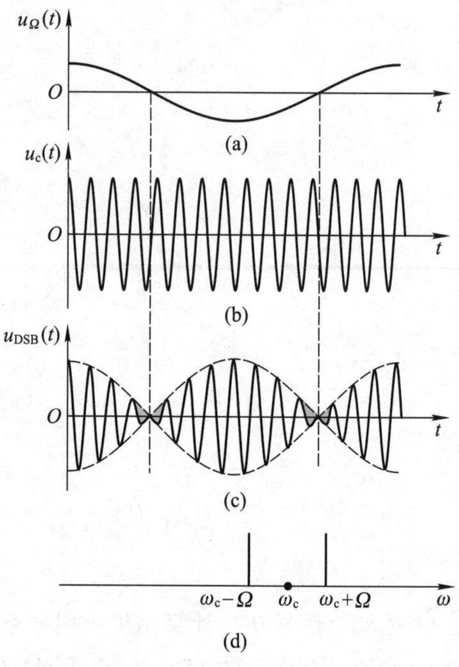

图 5.1.6 单频调制双边带调幅信号及其频谱

（a）调制信号 （b）载波 （c）DSB 波 （d）频谱

二、单边带调幅信号

由于双边带调幅信号上、下边带都含有调制信号的全部信息，为了节省发射功率，减小频谱带宽，可以只发射一个边带（上边带或下边带），这种只传输一个边带的调幅方式称为单边带调幅，用 SSB 表示。

单边带调幅信号一般是先产生双边带调幅信号，然后设法除去一个边带。因此，由式（5.1.17）可得单频调制时，单边带调幅信号的表示式为

$$\left.\begin{aligned} u_{\mathrm{SSB}}(t)&=\frac{1}{2}k_{\mathrm{a}}U_{\Omega\mathrm{m}}\cos(\omega_{\mathrm{c}}+\Omega)t \\ \text{或 } u_{\mathrm{SSB}}(t)&=\frac{1}{2}k_{\mathrm{a}}U_{\Omega\mathrm{m}}\cos(\omega_{\mathrm{c}}-\Omega)t \end{aligned}\right\} \tag{5.1.18}$$

其波形和频谱如图 5.1.7 所示。

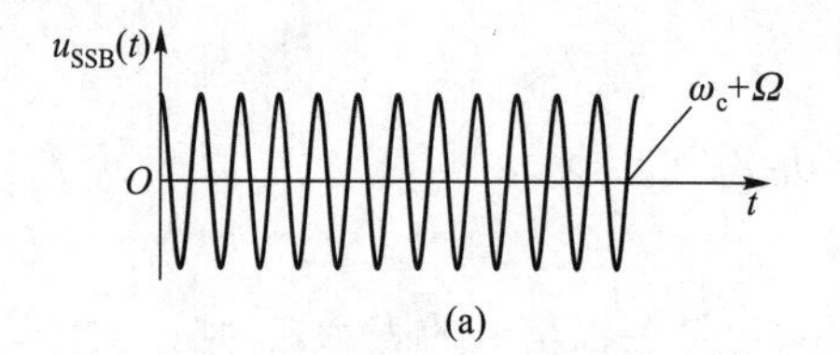

图 5.1.7 单频调制单边带调幅信号

（a）波形 （b）频谱

5.1.3 调幅电路组成模型

一、相乘器的基本概念

由上面分析可以看出，调幅过程就是频谱线性搬移过程，是将调制信号的频谱不失真地搬移到载频上去的过程。调幅的关键在于实现调制信号与载波的相乘，或者说调幅的实现必须以相乘器为基础。

相乘器是一种完成两个信号相乘功能的电路或器件，其电路符号如图5.1.8所示，它有两个输入端口（X 和 Y）和一个输出端口，若输入信号为 u_X、u_Y，则输出信号 u_O 为

$$u_O=A_M u_X u_Y \tag{5.1.19}$$

式中，A_M 为相乘器的增益系数，单位为 V^{-1}。

式(5.1.19)表示一个理想相乘器,A_M为常数,其输出电压与两个输入电压同一时刻瞬时值的乘积成正比,而且输入电压的波形、幅度、极性和频率可以是任意的。

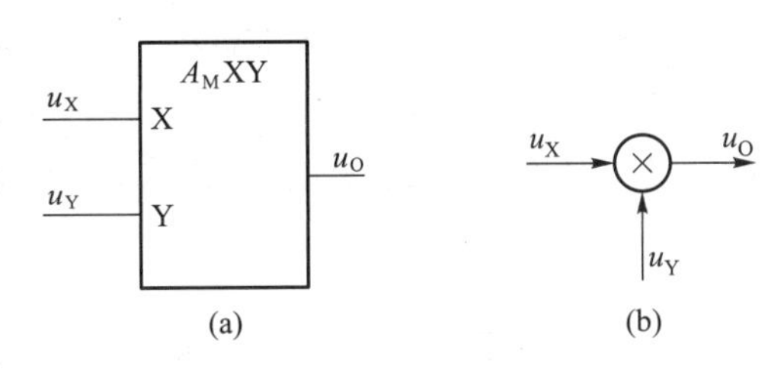

图 5.1.8 相乘器电路符号
(a) 电路符号 (b) 简化符号

二、AM 调幅电路组成模型

图 5.1.9 所示为普通调幅电路组成模型,它由相加器和相乘器组成,图中 U_Q为一直流电压,相加器增益系数为 1。可见,调制信号 $u_\Omega(t)$与直流电压 U_Q叠加后与载波 $u_c(t)$相乘,因此可得电路输出电压表示式为

$$
\begin{aligned}
u_{AM}(t) &= A_M[U_Q+u_\Omega(t)]u_c(t)=A_M U_Q U_{cm}\cos(\omega_c t)+A_M U_{cm}u_\Omega(t)\cos(\omega_c t)\\
&= U'_{cm}\cos(\omega_c t)+k_a u_\Omega(t)\cos(\omega_c t)
\end{aligned}
$$

式中,$U'_{cm}=A_M U_Q U_{cm}$,为相乘器载波输出电压的振幅;$k_a=A_M U_{cm}$,为相乘器和输入载波电压振幅决定的比例常数。

三、DSB 调幅电路组成模型

双边带调幅电路组成模型如图 5.1.10 所示,它与普通调幅电路组成模型类似,但它只需用调制信号 $u_\Omega(t)$与载波 $u_c(t)$直接相乘,便可获得双边带调幅信号。由图可得

$$
u_{DSB}(t)=A_M u_c(t)u_\Omega(t)=A_M U_{cm}u_\Omega(t)\cos(\omega_c t)=k_a u_\Omega(t)\cos(\omega_c t)
$$

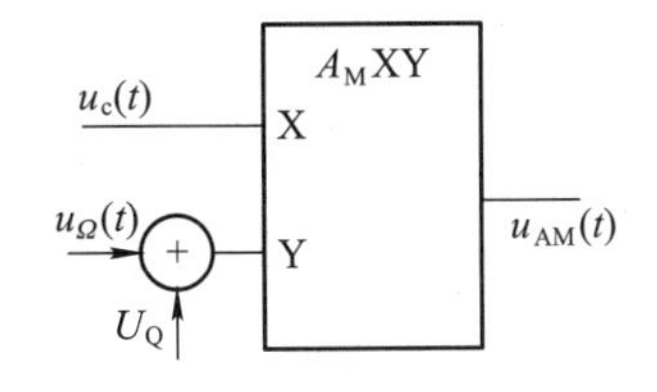

图 5.1.9 AM 调幅电路组成模型

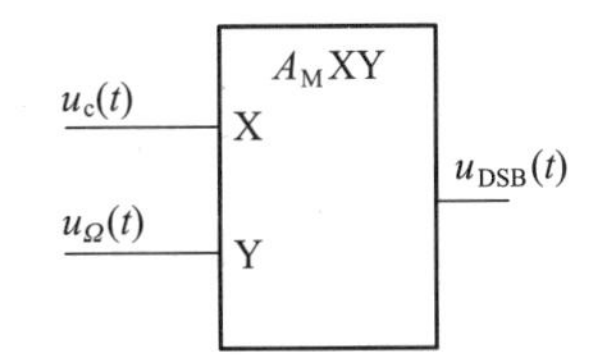

图 5.1.10 DSB 调幅电路组成模型

四、SSB 调幅电路组成模型

单边带调幅信号一般先产生双边带调幅信号,然后设法除去一个边带后获得,常用的方法有滤波法和移相法。

1. 滤波法

采用滤波法实现单边带调幅电路组成模型如图 5.1.11 所示。调制信号 $u_\Omega(t)$和载波信号 $u_c(t)$经相乘器后,得到 DSB 信号,然后通过带通滤波器滤除其中一个边带,便可得到 SSB 信号。这种方法从原理上讲很简单,但对带通滤波器要求却很高。因为双边带调幅信号中,上、下边带衔接处的频率间隔等于调制信号最低频率的两倍($2F_{min}$),其值很小,例如 $F_{min}=300$ Hz,则上、下边带衔接处的过渡带宽 Δf 很窄,只有 600 Hz。所以为了达到滤除一个边带而保留另

一个边带的目的，就要求带通滤波器在载频处具有非常陡峭的滤波特性，如图 5.1.12 所示。又由于载频 f_c 远大于调制信号频率 F，因此滤波器过渡带的相对带宽 $\Delta f/f_c$ 很小，更增加了制作的难度。且 f_c 越高，$\Delta f/f_c$ 越小，滤波器的制作越困难。

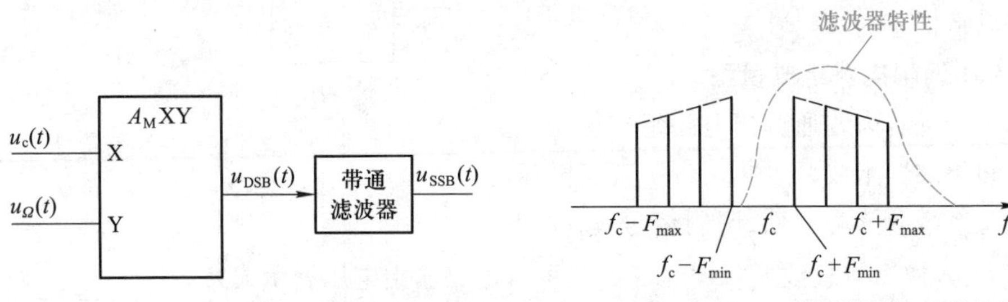

图 5.1.11　SSB 调幅电路组成模型　　　图 5.1.12　产生 SSB 信号带通滤波器的特性

在实用电路中，为了降低相对过渡带宽 $\Delta f/f_c$，便于滤波器的制作，通常不是直接在发送工作频率上进行调制和滤波，而是先降低载频，在较低的频率（f_{c1}）上进行第一次调制，产生一载频较低的 SSB 信号。由于载频较低，故 $\Delta f/f_{c1}$ 较大，带通滤波器易于制作。然后将第一次调制后获得的 SSB 信号再对另一个载波较高的载频（f_{c2}）进行第二次调制（也称混频）、滤波。如果需要，还可进行第三次调制和滤波，直到把载频提高到所需要的频率为止，如图 5.1.13 所示。由图可见，每经过一次调制，实际上是把频谱搬移一次，这样，信号的频谱结构没有变化，但上、下边带之间的频率间距拉大了，滤波器的制作就比较容易了。目前常用的带通滤波器有机械滤波器、石英晶体滤波器和陶瓷滤波器。

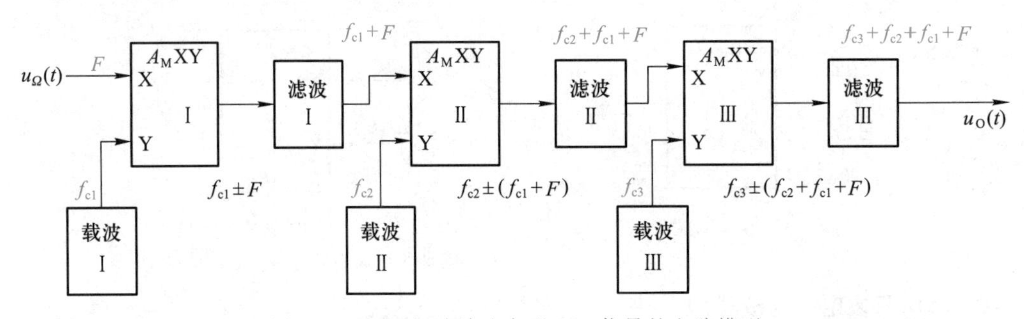

图 5.1.13　逐级滤波法实现 SSB 信号的电路模型

必须指出，逐级滤波法实现 SSB 信号的过程中采用了多次调制（频谱搬移），各次调制所采用的载频分别为 f_{c1}、f_{c2}、f_{c3}、…，则最后获得的 SSB 信号载频为 $f_c=f_{c1}+f_{c2}+f_{c3}+\cdots$，但频率为 f_c 的载波分量实际上是被抑制掉的。

2. 移相法

为了省去带通滤波器可采用移相法获得单边带调幅信号，其电路组成模型如图 5.1.14 所示。图中假设 90°移相器的传输系数为 1。

设 $u_\Omega(t)=U_{\Omega m}\cos(\Omega t)$，则相乘器 I 的输出电压为

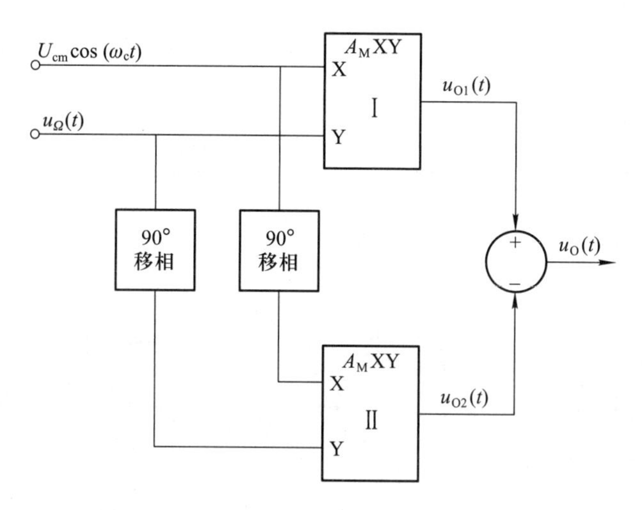

图 5.1.14　移相法单边带调幅电路组成模型

$$u_{O1}(t)=A_M U_{\Omega m} U_{cm}\cos(\Omega t)\cos(\omega_c t)$$
$$=\frac{1}{2}A_M U_{\Omega m} U_{cm}\{\cos[(\omega_c+\Omega)t]+\cos[(\omega_c-\Omega)t]\}$$

相乘器Ⅱ的输出电压为

$$u_{O2}(t)=A_M U_{\Omega m} U_{cm}\cos\left(\Omega t-\frac{\pi}{2}\right)\cos\left(\omega_c t-\frac{\pi}{2}\right)$$
$$=A_M U_{\Omega m} U_{cm}\sin(\Omega t)\sin(\omega_c t)$$
$$=\frac{1}{2}A_M U_{\Omega m} U_{cm}\{\cos[(\omega_c-\Omega)t]-\cos[(\omega_c+\Omega)t]\}$$

将 $u_{O1}(t)$ 与 $u_{O2}(t)$ 相加，则得

$$u_{O1}(t)+u_{O2}(t)=A_M U_{\Omega m} U_{cm}\cos[(\omega_c-\Omega)t]$$

可见，上边带被抵消，两个下边带叠加后输出。

将 $u_{O1}(t)$ 与 $u_{O2}(t)$ 相减，则得

$$u_{O1}(t)-u_{O2}(t)=A_M U_{\Omega m} U_{cm}\cos[(\omega_c+\Omega)t]$$

可见，下边带被抵消，两个上边带叠加后输出。

移相法的优点是省掉了带通滤波器，但这种方法要求调制信号的移相器在很宽的低频范围内，各个频率分量都能准确移相90°是无法实现的。因此，用移相法或滤波法实现单边带调幅都会存在一定的技术困难，实用中可将两种方法结合使用，形成改进型移相法单边带调幅电路。

5.1.4　三种调幅信号比较

现以单频调制为例，对三种调幅信号进行比较，列表于5.1.1中，表中输入调制信号

$u_\Omega(t)=U_{\Omega m}\cos(\Omega t)$，输入载波信号 $u_c(t)=U_{cm}\cos(\omega_c t)$；$k_a=A_M U_{cm}$ 为由调制电路决定的比例系数，带通滤波器通带传输系数为 1。

表 5.1.1　三种调幅信号比较

	AM 信号	DSB 信号	SSB 信号
电路组成模型	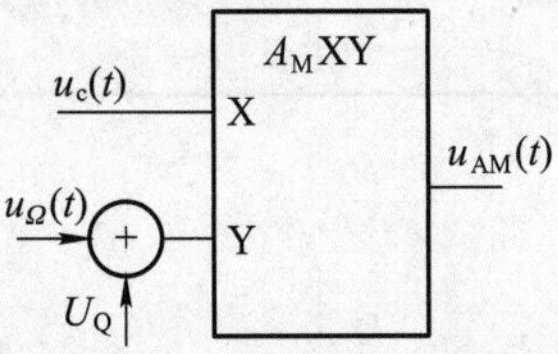 $A_M XY$；X：$u_c(t)$；Y：$u_\Omega(t)$ + U_Q；输出 $u_{AM}(t)$	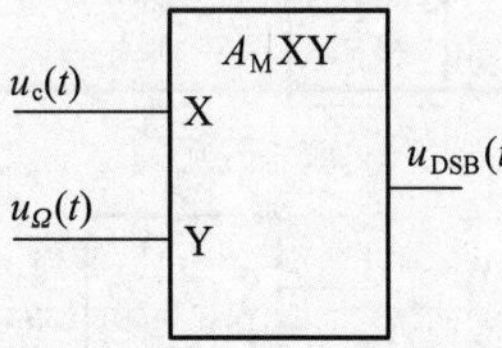 $A_M XY$；X：$u_c(t)$；Y：$u_\Omega(t)$；输出 $u_{DSB}(t)$	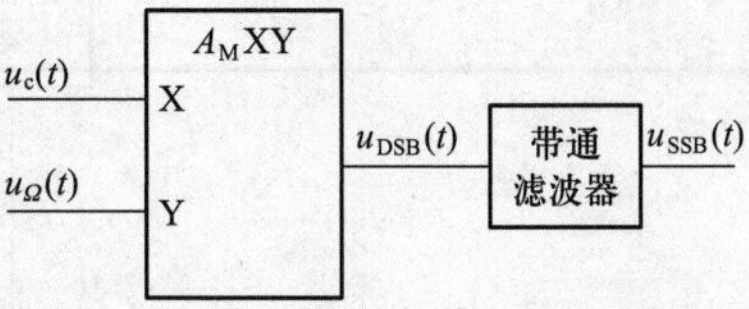 $A_M XY$；X：$u_c(t)$；Y：$u_\Omega(t)$；$u_{DSB}(t)$ → 带通滤波器 → $u_{SSB}(t)$
表示式	$u_{AM}(t)=[U'_{cm}+k_a u_\Omega(t)]\cos(\omega_c t)=$ $[U'_{cm}+k_a U_{\Omega m}\cos(\Omega t)]\cos(\omega_c t)=$ $U'_{cm}[1+m_a\cos(\Omega t)]\cos(\omega_c t)$ $U'_{cm}=A_M U_{cm}U_Q$ $m_a=k_a U_{\Omega m}/U'_{cm}$	$u_{DSB(t)}=A_M U_{cm}u_\Omega(t)\cos(\omega_c t)$ $=k_a u_\Omega(t)\cos(\omega_c t)$ $=k_a U_{\Omega m}\cos(\Omega t)\cos(\omega_c t)$	$u_{SSB}(t)=\dfrac{1}{2}k_a U_{\Omega m}\cos(\omega_c+\Omega)t$ $u_{SSB}(t)=\dfrac{1}{2}k_a U_{\Omega m}\cos(\omega_c-\Omega)t$
波形图	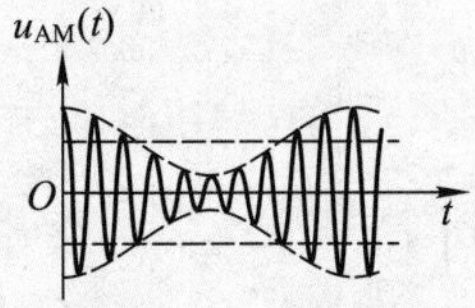 $u_{AM}(t)$；O；t	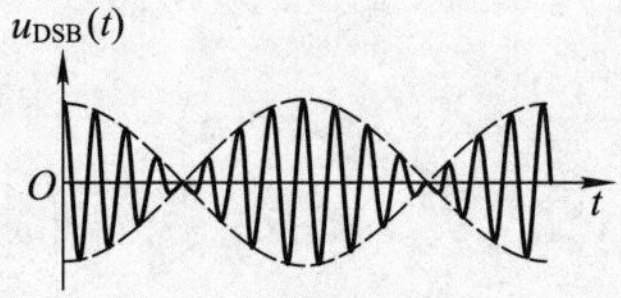 $u_{DSB}(t)$；O；t	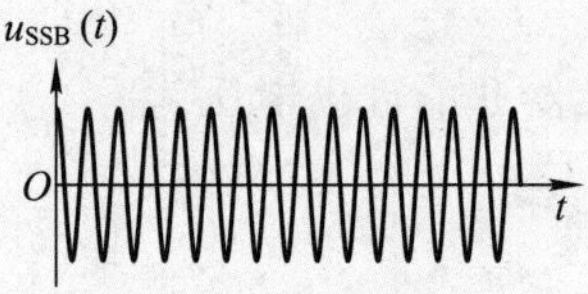 $u_{SSB}(t)$；O；t
频谱图	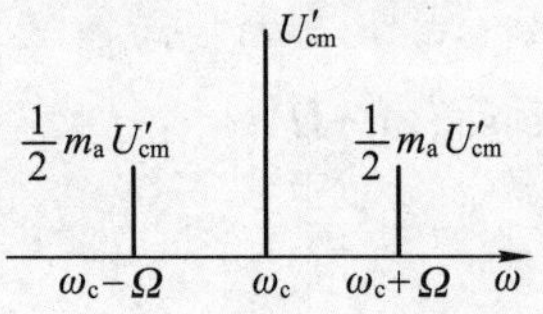 U'_{cm}；$\frac{1}{2}m_a U'_{cm}$；$\frac{1}{2}m_a U'_{cm}$；$\omega_c-\Omega$；ω_c；$\omega_c+\Omega$；ω	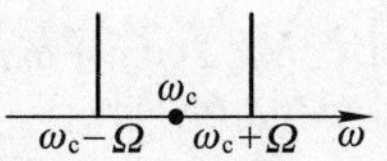 ω_c；$\omega_c-\Omega$；$\omega_c+\Omega$；ω	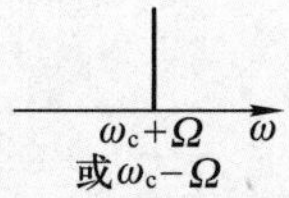 $\omega_c+\Omega$ 或 $\omega_c-\Omega$；ω
特点及应用	① 调幅信号振幅在载波振幅 U'_{cm} 上、下按调制信号规律变化，其包络正比于 $u_\Omega(t)$ ② 调制信号频谱不失真地搬移到载频 ω_c 的两侧，含有载频和上、下边频分量 ③ 发送功率利用率低、频带宽，但收发设备简单，主要用于无线电广播	① 调幅信号振幅在零值上、下按调制信号规律变化，其包络正比于 $\lvert u_\Omega(t)\rvert$；调制信号通过零值时，调幅信号高频相位发生 180°突变 ② 调制信号频谱不失真地搬移到载频 ω_c 两侧，只含有上、下边频分量，没有载频分量 ③ 发送功率利用率高，但频带宽，设备复杂，使用少	① 调幅信号包络不直接反映调制信号变化规律，单频调制调幅信号为等幅高频波 ② 调制信号频谱不失真地搬移到载频 ω_c 的一侧，只含有一个边频分量 ③ 发送功率利用率高、带宽小，但设备复杂，广泛用于短波无线电通信

讨论题

5.1.1 何谓频谱线性搬移电路？振幅调制电路有何作用？

5.1.2 说明 AM 调幅信号与 DSB 调幅信号波形的区别，并说明振幅调制与相乘器有何关系。

5.1.3 已知载波 $u_c(t)=5\cos(\omega_c t)$ V，调制信号 $u_\Omega(t)$ 波形如图 5.1.15 所示，它们的 $f_c \gg 1/T_\Omega$，$k_a=1$，试分别画出对应的调幅信号波形。

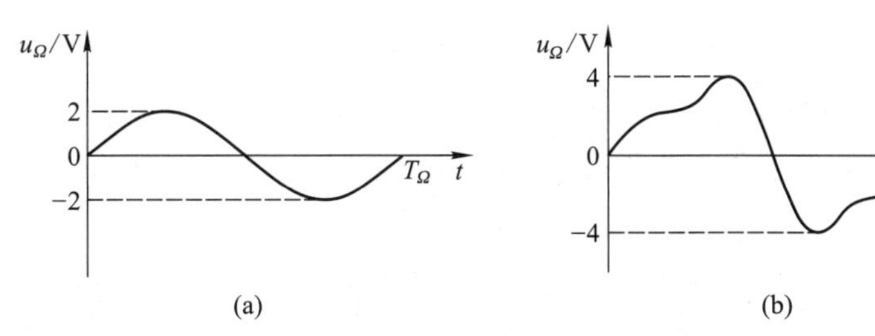

图 5.1.15 调制信号波形

5.1.4 试说明单边带调幅信号的特点及其产生的方法。

5.1.5 试分析图 5.1.16 所示各电压波形的特点，说明哪些是调幅信号，并指出是何种调幅信号。

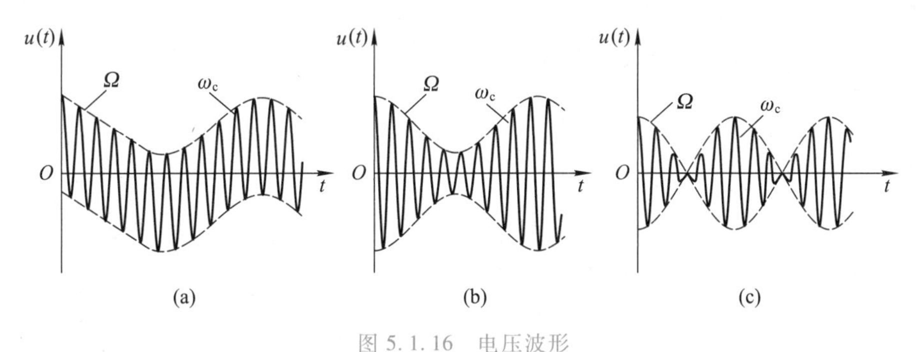

图 5.1.16 电压波形

随堂测验

5.1 随堂测验答案

5.1.1 填空题

1. 振幅调制、解调与混频电路在频域上都称为____________电路，其作用是将输入信号频谱沿________进行不失真的搬移，即搬移前后__________不变。它们必须采用________器件构成。

2. 用低频调制信号去改变高频信号______的过程，称为调幅。调幅有______、______、______三种方式。

3. 调制信号为 $u_{\Omega}(t)$，则调幅信号的包络与 $u_{\Omega}(t)$ 变化规律相同的为______信号，内含______分量、______分量和______分量；调幅信号包络正比于 $|u_{\Omega}(t)|$ 的为______信号，其无______分量，但含有______和______分量，调制信号过零时，载波相位发生______。

4. 调幅信号电压 $u(t)=[10+5\cos(2\pi\times10^3 t)]\cos(2\pi\times10^6 t)$ V，其载波振幅为______ V，载波频率为______ Hz，调幅系数为______，调制信号频率为______ Hz，边频分量振幅为______ V。

5. 模拟相乘器是______器件，它是一种能完成两个模拟信号______功能的电路或器件，可用来产生两余弦输入信号______和______信号输出。

6. 单边带调幅信号获得的常用方法有______和______。

5.1.2 单选题

1. 低频调制信号 $u_{\Omega}(t)=U_{\Omega m}\cos(\Omega t)$，载波信号 $u_c(t)=U_{cm}\cos(\omega_c t)$，则下列表达式中为单边带调幅信号的是(　　)。

A. $u(t)=U_m[1+m_a\cos(\Omega t)]\cos(\omega_c t)$

B. $u(t)=U_m\cos(\Omega t)\cos(\omega_c t)$

C. $u(t)=U_m\cos[(\omega_c+\Omega)t]$

D. $u(t)=U_{\Omega m}\cos(\Omega t)+U_{cm}\cos(\omega_c t)$

2. 调制信号频率范围 $F_1\sim F_n$，用来进行调幅，产生 AM 信号的带宽为(　　)。

A. $2F_1$　　B. $2F_n$　　C. F_n-F_1　　D. $2(F_n-F_1)$

3. 单频调制 AM 信号在调制信号一周期内平均功率 $P_{AV}=15$ W，调幅系数 $m_a=1$，则其中一个边频分量的功率为(　　)W。

A. 15　　B. 10　　C. 5　　D. 2.5

4. 电路组成模型如图 5.1.17 所示。图中，$u_c(t)$ 为高频信号，$u_{\Omega}(t)$ 为低频信号，该模型构成(　　)电路。

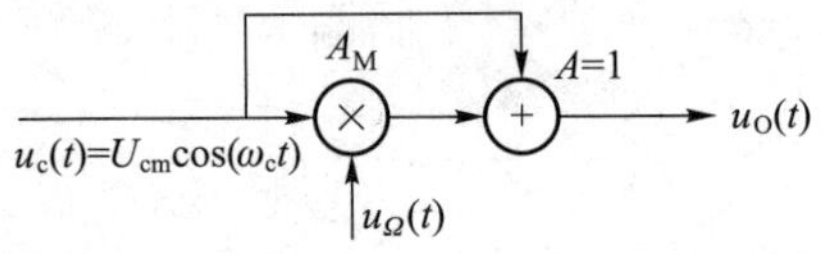

A. DSB 调幅　　B. SSB 调幅

C. AM 调幅　　D. 不是调幅

A_M
$A=1$
$u_c(t)=U_{cm}\cos(\omega_c t)$
$u_O(t)$
$u_{\Omega}(t)$

图 5.1.17

5.1.3 判断题

1. AM 信号当 m_a 越大，边带分量幅度越大，在调幅信号总功率中所占比例越大，所以 m_a 的取值越大于 1 越好。(　　)

2. 单频调制普通调幅波最大振幅 $U_{mmax}=8$ V，最小振幅 $U_{mmin}=2$ V，则调幅系数 $m_a=\dfrac{U_{mmax}-U_{mmin}}{U_{mmax}+U_{mmin}}=\dfrac{8-2}{8+2}=0.6$。(　　)

3. 单边带调幅信号由双边带信号除去一个边带信号后获得，可见单边带调幅会丢失一部分调制信号信息。(　　)

5.2 相乘器电路

相乘器是一种完成两个信号相乘功能的电路或器件,它由非线性器件构成。目前通信系统中广泛采用由二极管构成的平衡相乘器和由晶体管构成的双差分对模拟相乘器。本节先对非线性器件的相乘作用进行讨论,然后对二极管平衡相乘器和双差分对模拟相乘器电路进行分析。

5.2.1 非线性器件的相乘作用

半导体二极管、三极管等都是非线性器件,其伏安特性都是非线性的,它们都有实现相乘的作用。下面以二极管为例讨论非线性器件的相乘作用。

一、非线性器件特性幂级数分析

二极管电路如图 5.2.1(a)所示,图中 U_Q用来确定二极管的静态工作点,使之工作在伏安特性曲线的弯曲部分,如图 5.2.1(b)所示。u_1、u_2为交流信号。

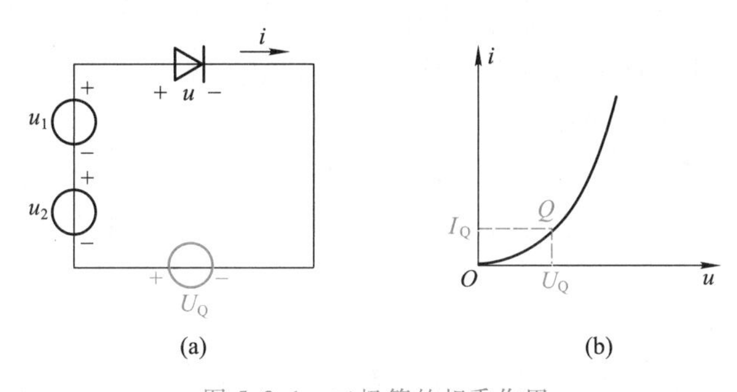

图 5.2.1 二极管的相乘作用

(a) 电路 (b) 二极管伏安特性曲线

由于二极管伏安特性是非线性的,其伏安特性可表示为

$$i=f(u)=f(U_Q+u_1+u_2) \tag{5.2.1}$$

若在静态工作点 U_Q附近的各阶导数都存在,式(5.2.1)可在静态工作点附近用幂级数逼近,其泰勒级数展开式为

$$i=a_0+a_1(u_1+u_2)+a_2(u_1+u_2)^2+a_3(u_1+u_2)^3+\cdots+a_n(u_1+u_2)^n \tag{5.2.2}$$

式中,$a_0=I_Q$,是 $u=U_Q$时的电流值;

$a_1=\left.\dfrac{\mathrm{d}i}{\mathrm{d}u}\right|_{u=U_Q}=g$,为静态工作点处的增量电导;

$a_n=\dfrac{1}{n!}\left.\dfrac{\mathrm{d}^n i}{\mathrm{d}u^n}\right|_{u=U_Q}$,$\left.\dfrac{\mathrm{d}^n i}{\mathrm{d}u^n}\right|_{u=U_Q}$ 是 $u=U_Q$处 i 的 n 次导数值。

将式(5.2.2)右边各幂级数项展开得

$$i = a_0 + (a_1 u_1 + a_1 u_2) + (a_2 u_1^2 + a_2 u_2^2 + 2a_2 u_1 u_2) + (a_3 u_1^3 + a_3 u_2^3 + 3a_3 u_1^2 u_2 + 3a_3 u_1 u_2^2) + \cdots \tag{5.2.3}$$

由式(5.2.3)可见，二极管电流中出现了两个电压的相乘项 $2a_2 u_1 u_2$，它是由特性的二次方项产生的；同时也出现了众多无用的高阶相乘项。因此，一般说非线性器件的相乘作用是不理想的。

令 $u_1 = U_{1m}\cos(\omega_1 t)$、$u_2 = U_{2m}\cos(\omega_2 t)$，代入式(5.2.3)中并进行三角函数变换，则不难得到 i 中所含组合频率分量的通式为

$$\omega_{p,q} = |\pm p\omega_1 \pm q\omega_2| \tag{5.2.4}$$

式中，p 和 q 是包括零在内的正整数，其中 $p=1$、$q=1$ 的组合频率分量 $\omega_{1,1} = |\pm\omega_1 \pm\omega_2|$ 是有用相乘项产生的和频和差频，而其他组合频率分量都是无用相乘项所产生的。显然各组合频率分量的强度都会随$(p+q)$的增大而趋于减小。

为了减少非线性器件产生的无用组合频率分量，常采用下列几种措施：

① 选用具有平方律特性的器件或选择合适的工作点，使器件工作在特性接近于平方律的区段。

② 采用平衡电路，利用电路的对称结构来抵消失真分量。

③ 合理设置输入信号的大小，使器件工作在受大信号控制下的时变状态。

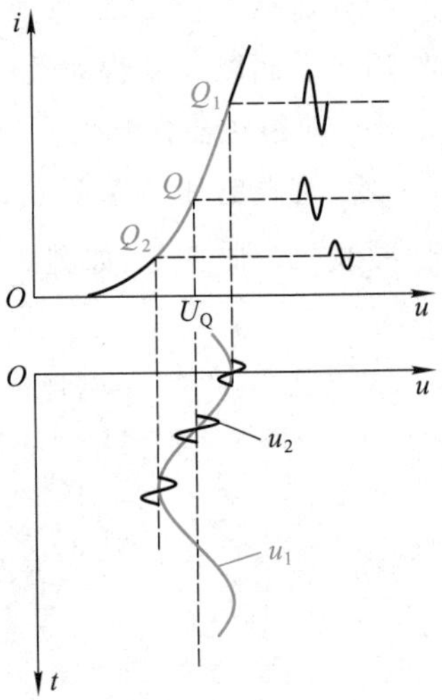

图 5.2.2 线性时变工作状态

二、线性时变工作状态

为了有效地减小高阶相乘项及其产生的组合频率分量幅度，可以减小 u_1或 u_2的幅度，使器件工作在线性时变状态。

非线性器件时变工作状态如图 5.2.2 所示，U_Q为静态工作点电压，u_2幅度很小，远小于 u_1。由图可见，非线性器件的工作点按大信号 u_1的变化规律随着时间变化，在伏安特性曲线上来回移动，称为时变工作点。在任一工作点(例如图 5.2.2 中Q、Q_1、Q_2等点)上，由于叠加在其上的 u_2很小，因此，在 u_2的变化范围内，非线性器件特性可近似看成一段直线，不过对于不同的时变工作点，直线段的斜率(称为线性参量)是不同的。由于工作点是随 u_1而变化的，而 u_1是时间的函数，所以非线性器件的线性参量也是时间的函数，这种随时间变化的参量称为时变参量，这种工作状态称为线性时变工作状态。

将式(5.2.1)在(U_Q+u_1)上对 u_2 用泰勒级数展开，有

$$\begin{aligned} i &= f(U_Q+u_1+u_2) \\ &= f(U_Q+u_1) + f'(U_Q+u_1)u_2 + \frac{1}{2!}f''(U_Q+u_1)u_2^2 + \cdots \end{aligned}$$

若 u_2 足够小，$u_1 \gg u_2$，可以忽略 u_2 的二次方及其以上各次方项，则上式可简化为

$$i \approx f(U_Q+u_1)+f'(U_Q+u_1)u_2 \tag{5.2.5}$$

式中，$f(U_Q+u_1)$和$f'(U_Q+u_1)$是与u_2无关的系数，但是它们都随u_1变化，即随时间变化，因此，称其为时变系数或时变参量，其中，$f(U_Q+u_1)$是当输入信号$u_2=0$时的电流，称为时变静态电流（或称为时变工作点电流），用$I_0(u_1)$表示；$f'(U_Q+u_1)$是增量电导在$u_2=0$时的数值，称为时变增量电导，用$g(u_1)$表示。这样式(5.2.5)可表示为

$$i=I_0(u_1)+g(u_1)u_2 \tag{5.2.6}$$

上式表明，就非线性器件的输出电流i与输入电压u_2之间的关系是线性的，类似于线性器件，但它们的系数却是时变的。因此把这种器件的工作状态称为线性时变工作状态，具有这种关系的电路称为线性时变电路。可见，在线性时变工作状态下，非线性器件的作用不是直接将u_1与u_2相乘，而是由u_1控制的特定函数$g(u_1)=f'(U_Q+u_1)$与u_2相乘。

当$u_1=U_{1m}\cos(\omega_1 t)$时，$I_0(u_1)$和$g(u_1)$将是角频率为$\omega_1$的周期性函数，因此可用傅里叶级数展开，则得

$$\left.\begin{aligned} I_0(u_1)&=I_0(\omega_1 t)=I_0+I_{1m}\cos(\omega_1 t)+I_{2m}\cos(2\omega_1 t)+\cdots \\ g(u_1)&=g(\omega_1 t)=g_0+g_1\cos(\omega_1 t)+g_2\cos(2\omega_1 t)+\cdots \end{aligned}\right\} \tag{5.2.7}$$

式中，I_0、I_{1m}、I_{2m}、…分别为电流$I_0(u_1)$的直流分量、基波、二次谐波等分量的振幅；g_0、g_1、g_2、…分别为$g(u_1)$的直流分量、基波和二次谐波等分量的幅度。

将$u_2=U_{2m}\cos(\omega_2 t)$和式(5.2.7)等代入式(5.2.6)，则得

$$\begin{aligned} i &=I_0(u_1)+[g_0+g_1\cos(\omega_1 t)+g_2\cos(2\omega_1 t)+\cdots]U_{2m}\cos(\omega_2 t) \\ &=I_0+I_{1m}\cos(\omega_1 t)+I_{2m}\cos(2\omega_1 t)+\cdots+ \\ &\quad g_0U_{2m}\cos(\omega_2 t)+\frac{1}{2}g_1U_{2m}\{\cos[(\omega_1+\omega_2)t]+\cos[(\omega_1-\omega_2)t]\}+ \\ &\quad \frac{1}{2}g_2U_{2m}\{\cos[(2\omega_1+\omega_2)t]+\cos[(2\omega_1-\omega_2)t]\}+\cdots \end{aligned} \tag{5.2.8}$$

可见，输出电流i中消除了p为任意值、$q>1$的众多无用组合频率分量，电流i中所含频率分量变为$p\omega_1$、$|\pm p\omega_1\pm\omega_2|$。其中$(\omega_1\pm\omega_2)$（或其中一个分量）为有用分量，其他均为无用分量，这些无用分量的频率均远离有用分量的频率，故很容易用滤波器将其滤除，因此，线性时变工作状态适宜于实现频谱搬移功能。如用于振幅调制，可令u_1为载波，u_2为调制信号。

线性时变分析法是在非线性器件特性级数分析法的基础上，在一定条件下的近似，所以采用线性时变电路分析法可以大大简化非线性电路的分析。

三、开关工作状态

开关工作是线性时变状态的特例。图5.2.3所示二极管电路中，当$u_1=U_{1m}\cos(\omega_1 t)$，$u_2=U_{2m}\cos(\omega_2 t)$，$u_2$为小信号，$u_1$足够大($U_{1m}>0.5$ V)，且$U_{1m}\gg U_{2m}$，二极管工作在大信号状态，即在u_1的作用下工作在管子的导通区和截止区，由于曲

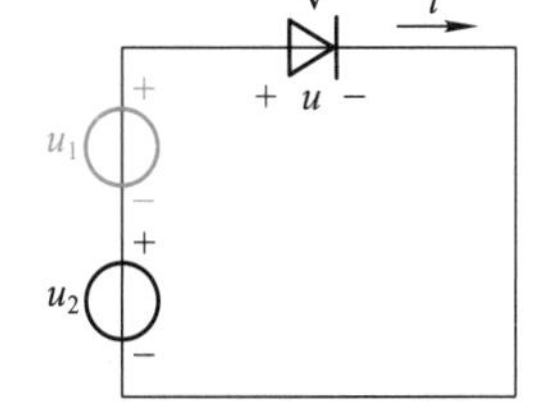

图5.2.3　二极管开关工作状态

线的弯曲部分只占整个工作范围中很小部分，如图 5.2.4(a)所示，这样，二极管特性可以用两段折线来逼近(图中的粗实线)，图中 $U_{D(on)}$ 为二极管的导通电压。又由于 u_1 电压振幅 U_{1m} 较大，其值远大于 $U_{D(on)}$，因此可忽略 $U_{D(on)}$ 的影响，则二极管的特性可以进一步用从坐标原点出发的两段折线逼近，如图 5.2.4(b)所示。二极管的导通与截止取决于 u_1 大于零或小于零。即 $u_1>0$ 时，V 导通，导通时电导为 g_D；$u_1<0$ 时，V 截止，电流 $i=0$。由此可见，二极管相当于受 u_1 控制的开关，因而可将其视为受开关函数控制的时变电导 $g_D(t)$，其表示式为

$$g_D(t)=g_D K_1(\omega_1 t) \tag{5.2.9}$$

式中，$K_1(\omega_1 t)$ 为开关函数，它的波形如图 5.2.5 所示。当 u_1 在正半周时，开关导通，$K_1(\omega_1 t)=1$；当 u_1 在负半周时，开关断开，$K_1(\omega_1 t)=0$。若以数学式表示，

即 $$K_1(\omega_1 t)=\begin{cases}1 & \cos(\omega_1 t)>0\\ 0 & \cos(\omega_1 t)\leqslant 0\end{cases} \tag{5.2.10}$$

因此开关函数 $K_1(\omega_1 t)$ 是一个幅度为 1、频率为 $\omega_1/(2\pi)$ 的矩形脉冲，将其用傅里叶级数展开，则得

$$\begin{aligned}K_1(\omega_1 t)&=\frac{1}{2}+\frac{2}{\pi}\cos(\omega_1 t)-\frac{2}{3\pi}\cos(3\omega_1 t)+\cdots\\&=\frac{1}{2}+\sum_{n=1}^{\infty}(-1)^{n-1}\frac{2}{(2n-1)\pi}\cos[(2n-1)\omega_1 t]\end{aligned} \tag{5.2.11}$$

图 5.2.4 二极管伏安特性折线近似

(a) 自 $U_{D(on)}$ 点转折 (b) 自原点转折

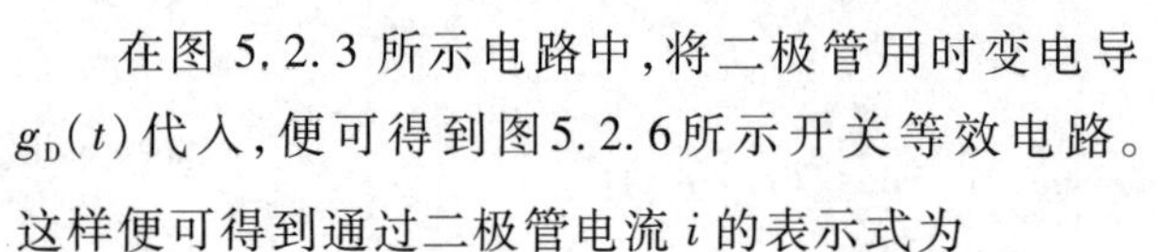

在图 5.2.3 所示电路中，将二极管用时变电导 $g_D(t)$ 代入，便可得到图5.2.6所示开关等效电路。这样便可得到通过二极管电流 i 的表示式为

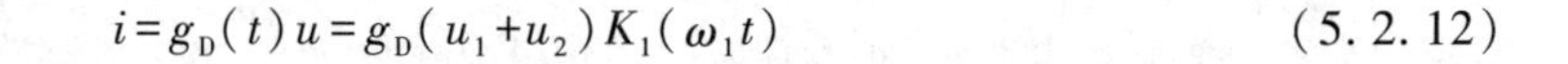

$$i=g_D(t)u=g_D(u_1+u_2)K_1(\omega_1 t) \tag{5.2.12}$$

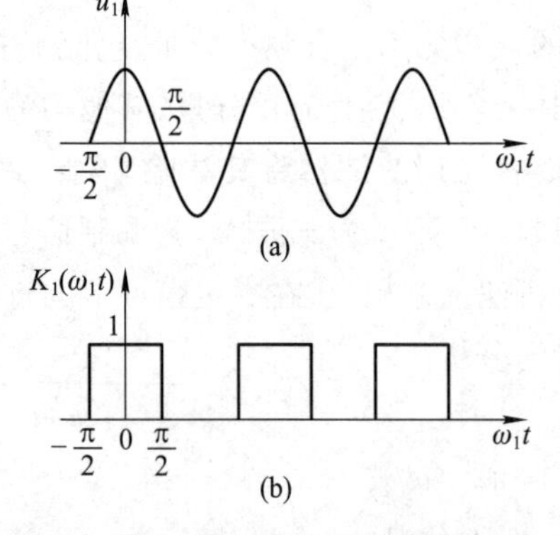

图 5.2.5 开关函数波形

(a) 控制信号波形 (b) $K_1(\omega_1 t)$ 波形

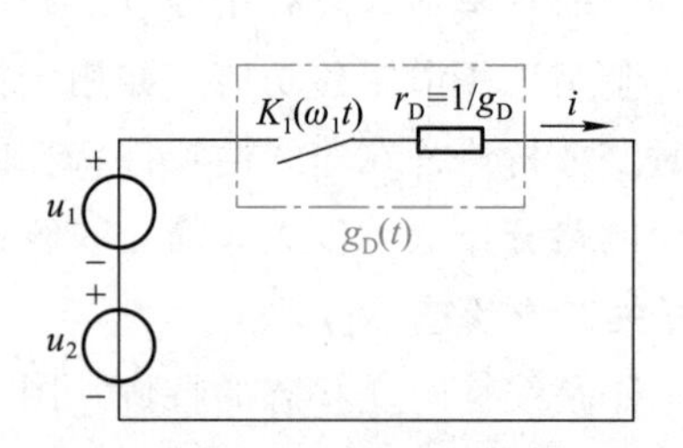

图 5.2.6 二极管开关等效电路

将式(5.2.11)和 $u_1=U_{1m}\cos(\omega_1 t)$、$u_2=U_{2m}\cos(\omega_2 t)$代入式(5.2.12),则得

$$
\begin{aligned}
i &= g_D\left[\frac{1}{2}+\frac{2}{\pi}\cos(\omega_1 t)-\frac{2}{3\pi}\cos(3\omega_1 t)+\cdots\right][U_{1m}\cos(\omega_1 t)+U_{2m}\cos(\omega_2 t)] \\
&= \frac{1}{2}g_D[U_{1m}\cos(\omega_1 t)+U_{2m}\cos(\omega_2 t)]+\frac{2}{\pi}g_D U_{1m}\cos^2(\omega_1 t)+ \\
&\quad \frac{2}{\pi}g_D U_{2m}\cos(\omega_1 t)\cos(\omega_2 t)-\frac{2}{3\pi}g_D U_{1m}\cos(3\omega_1 t)\cos(\omega_1 t)- \\
&\quad \frac{2}{3\pi}g_D U_{2m}\cos(3\omega_1 t)\cos(\omega_2 t)+\cdots
\end{aligned}
$$

利用三角函数关系加以整理,可得

$$
\begin{aligned}
i =& \frac{g_D}{\pi}U_{1m}+\frac{g_D}{2}U_{1m}\cos(\omega_1 t)+\frac{g_D}{2}U_{2m}\cos(\omega_2 t)+ \\
& \frac{g_D}{\pi}U_{2m}\cos[(\omega_1+\omega_2)t]+\frac{g_D}{\pi}U_{2m}\cos[(\omega_1-\omega_2)t]+ \\
& \frac{2g_D}{3\pi}U_{1m}\cos(2\omega_1 t)-\frac{g_D}{3\pi}U_{1m}\cos(4\omega_1 t)- \\
& \frac{g_D}{3\pi}U_{2m}\cos[(3\omega_1+\omega_2)t]-\frac{g_D}{3\pi}U_{2m}\cos[(3\omega_1-\omega_2)t]+\cdots
\end{aligned}
\tag{5.2.13}
$$

由式可见,输出电流中只含有直流、ω_2、ω_1和 ω_1偶次谐波、ω_1及其各奇次谐波与 ω_2的组合频率分量,与式(5.2.8)相比较,式(5.2.13)中的无用组合频率分量进一步减少,不存在 ω_1奇次谐波以及 ω_1偶次谐波与 ω_2的组合频率分量。

5.2.2 二极管双平衡相乘器

一、二极管平衡相乘器

由两个二极管构成的平衡式相乘电路如图 5.2.7(a)所示,图中二极管 V_1、V_2性能一致,变压器 Tr_1、Tr_2具有中心抽头,它们接成平衡式电路。为了分析方便,设两只变压器一、二次线圈的匝数均为 $N_1=N_2$,输入信号 $u_2=U_{2m}\cos(\omega_2 t)$由 Tr_1输入,控制信号 $u_1=U_{1m}\cos(\omega_1 t)$加到 Tr_1、Tr_2的两个中心点之间。u_2为小信号,u_1为大信号,二极管在 u_1的作用下工作在开关状态。

为了分析问题方便,略去负载的反作用。由图可见,加在两个二极管的电压分别为

$$
\left.\begin{aligned}
u_{D1} &= u_1+u_2 \\
u_{D2} &= u_1-u_2
\end{aligned}\right\}
\tag{5.2.14}
$$

根据式(5.2.12)可得两管的电流分别为

$$\left.\begin{aligned} i_1 &= g_D(u_1+u_2)K_1(\omega_1 t) \\ i_2 &= g_D(u_1-u_2)K_1(\omega_1 t) \end{aligned}\right\} \tag{5.2.15}$$

这两个电流以相反的方向流过输出变压器 Tr_2 的一次线圈，因而输出的总电流 i 为

$$\begin{aligned} i &= i_1-i_2 = 2g_D u_2 K_1(\omega_1 t) \\ &= 2g_D U_{2m}\cos(\omega_2 t)\left[\frac{1}{2}+\frac{2}{\pi}\cos(\omega_1 t)-\frac{2}{3\pi}\cos(3\omega_1 t)+\cdots\right] \\ &= g_D U_{2m}\cos(\omega_2 t)+\frac{2}{\pi}g_D U_{2m}\{\cos[(\omega_1+\omega_2)t]+\cos[(\omega_1-\omega_2)t]\}- \\ &\quad \frac{2}{3\pi}g_D U_{2m}\{\cos[(3\omega_1+\omega_2)t]+\cos[(3\omega_1-\omega_2)t]\}+\cdots \end{aligned} \tag{5.2.16}$$

由式(5.2.16)可作出 i 的频谱，如图 5.2.7(b)所示。由图可见，该电路的输出信号中无用频率分量比单管电路少很多，而且 ω_1 及其各次谐波均被抑制了，由于无用频率分量 ω_2 和 $3\omega_1\pm\omega_2$ 等高频分量与 $\omega_1\pm\omega_2$ 相差很远，故很容易用带通滤波器将其滤除。

当考虑到 R_L 的反映电阻对二极管电流的影响时，要用包含反映电阻的总电导来代替 g_D，因一次侧两端的反映电阻为 $4R_L$，对 i_1、i_2 各支路的电阻为 $2R_L$，此时可用总电导 $g=1/(r_D+2R_L)$ 代替式(5.2.16)中的 g_D。略去负载反作用与否，对频谱结构的分析并无影响。

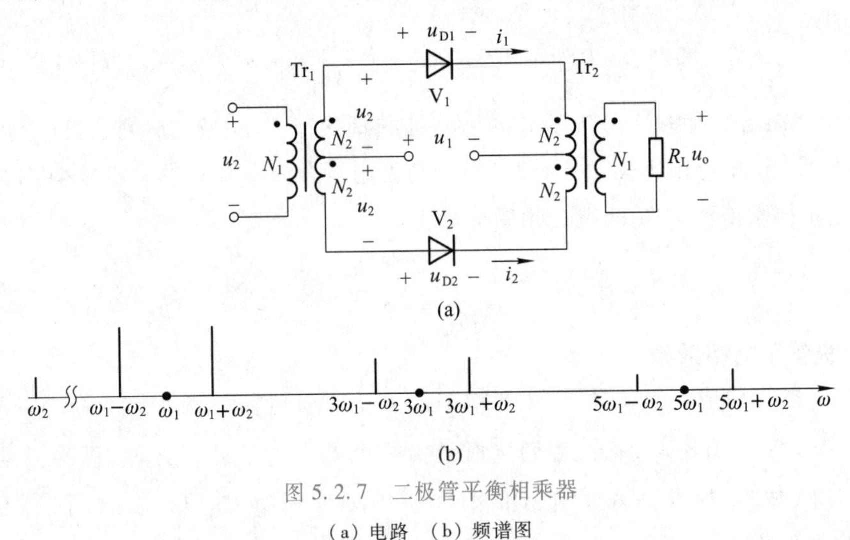

图 5.2.7　二极管平衡相乘器

(a) 电路　(b) 频谱图

二、二极管双平衡相乘器

为了减少组合频率分量，以便获得理想的相乘功能，二极管相乘器大都采用双平衡对称电路，并工作在开关状态。图 5.2.8(a)所示就是这种电路的原理图。电路中四个二极管特性相同，变压器 Tr_1 和 Tr_2 均具有中心抽头。为了分析方便，设两只变压器的匝数满足 $N_1=N_2$。$u_1=U_{1m}\cos(\omega_1 t)$ 为大信号，使二极管工作在开关状态，$u_2=U_{2m}\cos(\omega_2 t)$ 为小信号，它对二极管的导

通与截止没有影响。

当 u_1 为正半周时，V_1、V_2 导通，V_3、V_4 截止；u_1 为负半周时，V_3、V_4 导通，V_1、V_2 截止。为了便于讨论，可将图 5.2.8(a)电路拆成两个单平衡电路，如图 5.2.8(b)和(c)所示。

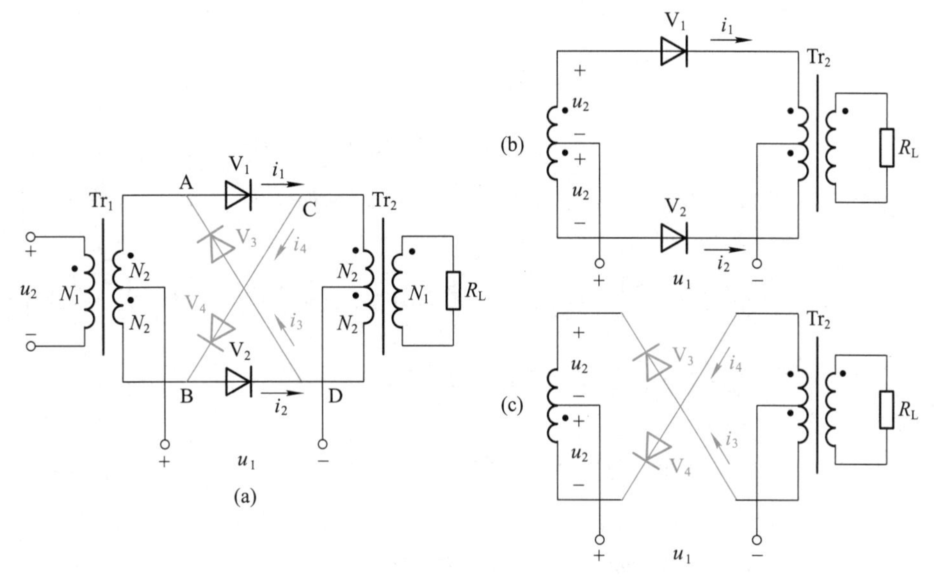

图 5.2.8　二极管双平衡相乘器

(a) 双平衡电路　(b) V_1、V_2 组成的单平衡电路　(c) V_3、V_4 组成的单平衡电路

略去负载的反作用，由图 5.2.8(b)可得

$$i_1 = g_D K_1(\omega_1 t)(u_1 + u_2)$$

$$i_2 = g_D K_1(\omega_1 t)(u_1 - u_2)$$

因此流过 Tr_2 一次侧的输出电流等于

$$i_1 - i_2 = 2g_D u_2 K_1(\omega_1 t) \tag{5.2.17}$$

在图 5.2.8(c)中，由于 V_3、V_4 是在 u_1 的负半周导通，即开关动作比 V_1、V_2 滞后 180°，故其开关函数可表示为 $K_1(\omega_1 t-\pi)$，这样由图 5.2.8(c)可得

$$i_3 = g_D K_1(\omega_1 t-\pi)(-u_1 - u_2)$$

$$i_4 = g_D K_1(\omega_1 t-\pi)(-u_1 + u_2)$$

所以

$$i_3 - i_4 = -2g_D u_2 K_1(\omega_1 t-\pi) \tag{5.2.18}$$

由图 5.2.8(a)可见，流过 Tr_2 的总输出电流 i 为

$$i = (i_1 - i_2) + (i_3 - i_4) = 2g_D u_2 [K_1(\omega_1 t) - K_1(\omega_1 t-\pi)] \tag{5.2.19}$$

式(5.2.19)中，$K_1(\omega_1 t) - K_1(\omega_1 t-\pi)$ 为两个单向开关函数合成一个双向开关函数，它可写成 $K_2(\omega_1 t)$，其波形如图 5.2.9 所示。由于

$$K_1(\omega_1 t-\pi)=\left[\frac{1}{2}+\frac{2}{\pi}\cos(\omega_1 t-\pi)-\frac{2}{3\pi}\cos(3\omega_1 t-3\pi)+\cdots\right]$$

$$=\frac{1}{2}-\frac{2}{\pi}\cos(\omega_1 t)+\frac{2}{3\pi}\cos(3\omega_1 t)-\cdots \tag{5.2.20}$$

所以

$$K_2(\omega_1 t)=K_1(\omega_1 t)-K_1(\omega_1 t-\pi)$$

$$=\frac{4}{\pi}\cos(\omega_1 t)-\frac{4}{3\pi}\cos(3\omega_1 t)+\cdots \tag{5.2.21}$$

因此，将式(5.2.21)和 $u_2=U_{2m}\cos(\omega_2 t)$ 代入式(5.2.19)，可得

$$\begin{aligned} i &= 2g_D u_2 K_2(\omega_1 t) \\ &= 2g_D U_{2m}\cos(\omega_2 t)\left[\frac{4}{\pi}\cos(\omega_1 t)-\frac{4}{3\pi}\cos(3\omega_1 t)+\cdots\right] \\ &= \frac{4}{\pi}g_D U_{2m}\{\cos[(\omega_1+\omega_2)t]+\cos[(\omega_1-\omega_2)t]\}- \\ &\quad \frac{4}{3\pi}g_D U_{2m}\{\cos[(3\omega_1+\omega_2)t]+\cos[(3\omega_1-\omega_2)t]\}+\cdots \end{aligned} \tag{5.2.22}$$

由式(5.2.22)可见，输出电流中只含有 ω_1 及其各奇次谐波与 ω_2 的组合频率分量，即只含有 $p\omega_1\pm\omega_2$（p 为奇数）的组合频率分量。若 ω_1 较高，则 $3\omega_1\pm\omega_2$ 及以上组合频率分量很容易被滤除，所以二极管双平衡相乘器具有接近理想的相乘功能。

图 5.2.8(a)所示电路可改画成图 5.2.10 所示电路，由图可见，四个二极管组成一个环路，各二极管的极性沿环路一致，故又称为环形相乘器。如果各二极管特性一致，变压器中心抽头上、下又完全对称，则电路的各个端口之间有良好的隔离，即 u_1、u_2 输入端与输出端之间均有良好的隔离，不会相互串通。

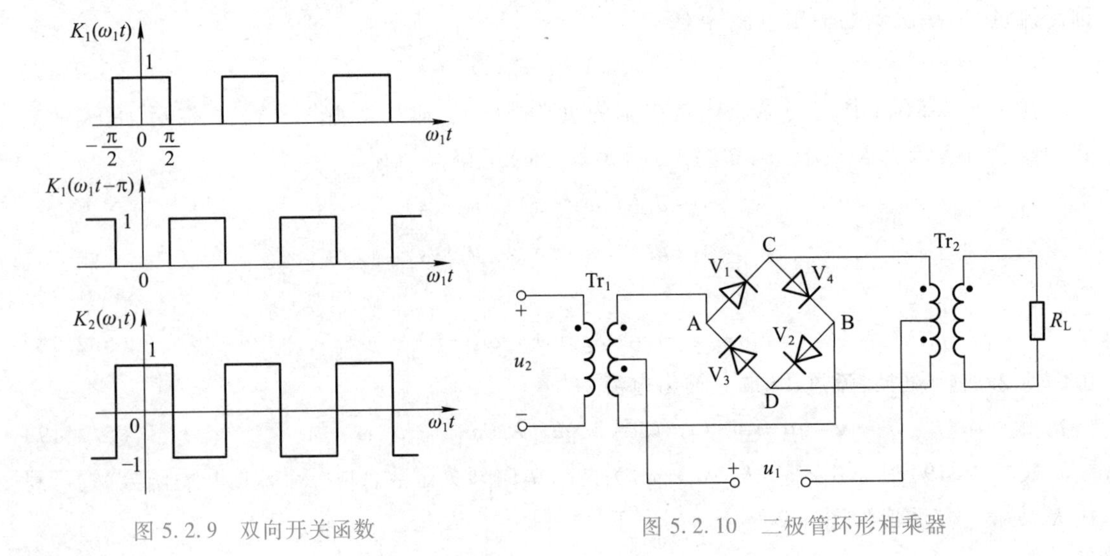

图 5.2.9　双向开关函数

图 5.2.10　二极管环形相乘器

三、二极管环形混频器组件

二极管双平衡相乘器因具有电路简单、噪声低、动态范围大、组合频率分量少、工作频带宽等优点而被广泛用于通信及各种电子设备中。随着电子技术的发展，利用二极管双平衡相乘器原理制成的环形混频器产品已形成完整的系列，工作频率可从几十千赫到几千兆赫。环形混频器组件不仅用于混频，也广泛用于振幅调制与解调、相位检波等电路。二极管混频器的主要缺点是无增益，且各端口之间的隔离度比较低，并随着工作频率的提高而下降。

环形混频器组件由精密配对的肖特基表面势垒二极管（或砷化镓器件）和传输线变压器组装而成，内部元件用硅胶粘接，外部用小型金属壳封装，其外形和内部电路如图 5.2.11 所示。它有三个端口，分别以 L（本振）、R（输入信号）和 I（中频）表示，在其工作频率范围内，从任意两端口输入 u_1 和 u_2 就可以在第三个端口得到所需信号输出。另外，实际环形混频器组件各端口的匹配阻抗均为 50 Ω，应用时，各端都必须接入滤波匹配网络，分别实现混频器与输入信号源、本振信号源、输出负载之间的阻抗匹配。

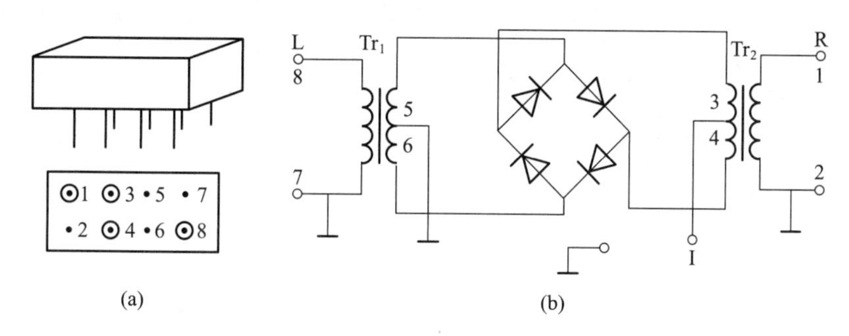

图 5.2.11　环形混频器组件

（a）外形　（b）内部电路

5.2.3　双差分对模拟相乘器

一、双差分对模拟相乘器基本工作原理

双差分对模拟相乘器原理电路如图 5.2.12 所示，它由三个差分对管组成。电流源 I_0 提供差分对管 V_5、V_6 的偏置电流，而 V_5 提供 V_1、V_2 差分对管的偏置电流，V_6 提供 V_3、V_4 差分对管的偏置电流。输入信号 u_1 交叉加到 V_1、V_2 和 V_3、V_4 两个差分对管的输入端，u_2 加到差分对管 V_5、V_6 的输入端，静态即 $u_1=u_2=0$ 时，$I_{C5}=I_{C6}=I_0/2$，$I_{C1}=I_{C2}=I_{C3}=I_{C4}=I_0/4$，$I_{13}=I_{C1}+I_{C3}=I_0/2$，$I_{24}=I_{C2}+I_{C4}=I_0/2$。

由 PN 结理论可知，在小电流下晶体管发射结的伏安特性可表示为

$$i_E=I_S(e^{\frac{u_{BE}}{U_T}}-1)\approx I_S e^{\frac{u_{BE}}{U_T}} \tag{5.2.23}$$

式中，U_T 为温度电压当量，在常温 $T=300$ K 时，$U_T\approx 26$ mV。

当 $\alpha\approx 1$ 时，$i_C\approx i_E$，所以可得图 5.2.12 中差分对管 V_1、V_2集电极电流分别为

$$i_{C1}=I_S e^{\frac{u_{BE1}}{U_T}},\ i_{C2}=I_S e^{\frac{u_{BE2}}{U_T}}$$

所以

$$\frac{i_{C2}}{i_{C1}}=e^{-\frac{u_{BE1}-u_{BE2}}{U_T}}=e^{-\frac{u_1}{U_T}} \tag{5.2.24}$$

式中，$u_1=u_{BE1}-u_{BE2}$。

因此，V_5管的集电极电流 i_{C5}等于

$$i_{C5}=i_{C1}+i_{C2}=i_{C1}\left(1+\frac{i_{C2}}{i_{C1}}\right)=i_{C1}\left(1+e^{-\frac{u_1}{U_T}}\right) \tag{5.2.25}$$

由此可得

$$i_{C1}=\frac{i_{C5}}{1+\frac{i_{C2}}{i_{C1}}}=\frac{i_{C5}}{1+e^{-\frac{u_1}{U_T}}} \tag{5.2.26}$$

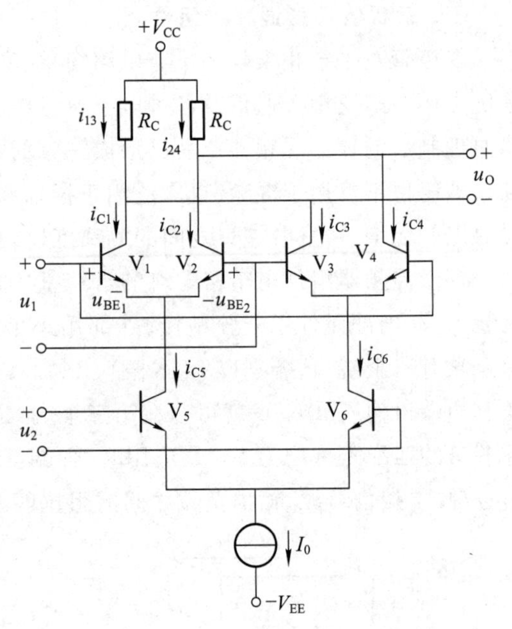

图 5.2.12　双差分对模拟相乘器原理电路

同理可得

$$i_{C2}=\frac{i_{C5}}{1+\frac{i_{C1}}{i_{C2}}}=\frac{i_{C5}}{1+e^{\frac{u_1}{U_T}}} \tag{5.2.27}$$

将式(5.2.26)与式(5.2.27)相减，得

$$\begin{aligned}i_{C1}-i_{C2}&=i_{C5}\left(\frac{1}{1+e^{-\frac{u_1}{U_T}}}-\frac{1}{1+e^{\frac{u_1}{U_T}}}\right)\\&=i_{C5}\frac{e^{u_1/U_T}-e^{-u_1/U_T}}{2+e^{u_1/U_T}+e^{-u_1/U_T}}=i_{C5}\,\text{th}\,\frac{u_1}{2U_T}\end{aligned} \tag{5.2.28}$$

式中，$\text{th}\,\frac{u_1}{2U_T}$为双曲正切函数。

同样，由图 5.2.12 可求得差分对管 V_4与 V_3、V_5与 V_6集电极电流之差为

$$i_{C4}-i_{C3}=i_{C6}\,\text{th}\,\frac{u_1}{2U_T} \tag{5.2.29}$$

$$i_{C5}-i_{C6}=I_0\,\text{th}\,\frac{u_2}{2U_T} \tag{5.2.30}$$

由图 5.2.12 可知，相乘器的输出差值电流为

$$i=i_{13}-i_{24}=(i_{C1}+i_{C3})-(i_{C2}+i_{C4})=(i_{C1}-i_{C2})-(i_{C4}-i_{C3}) \tag{5.2.31}$$

将式(5.2.28)、式(5.2.29)和式(5.2.30)代入式(5.2.31),则得

$$i=(i_{C5}-i_{C6})\text{th}\frac{u_1}{2U_T}=I_0\text{th}\frac{u_1}{2U_T}\text{th}\frac{u_2}{2U_T} \tag{5.2.32}$$

由此可得相乘器的输出电压为

$$\begin{aligned}u_O&=(V_{CC}-i_{24}R_C)-(V_{CC}-i_{13}R_C)=(i_{13}-i_{24})R_C\\&=I_0R_C\text{th}\frac{u_1}{2U_T}\text{th}\frac{u_2}{2U_T}\end{aligned} \tag{5.2.33}$$

当$|u_1|\leqslant U_T$、$|u_2|\leqslant U_T$时,双差分对模拟相乘器工作在小信号状态。由于$u\leqslant 26$ mV时,$u/(2U_T)\leqslant 0.5$,根据双曲正切函数特性有$\text{th}\frac{u}{2U_T}\approx\frac{u}{2U_T}$,所以式(5.2.33)可近似为

$$u_O\approx\frac{I_0R_C}{4U_T^2}u_1u_2=A_Mu_1u_2 \tag{5.2.34}$$

式中,$A_M=\frac{I_0R_C}{4U_T^2}$为增益系数。

式(5.2.34)说明,双差分对模拟相乘器输出电压u_O与两输入电压u_1、u_2的乘积成正比,实现了相乘功能,但只有当u_1、u_2均为小信号且幅度均小于26 mV时,才具有理想的相乘功能。

当$|u_2|\leqslant U_T$、26 mV$<|u_1|<$260 mV时,式(5.2.33)可近似为

$$u_O\approx\frac{I_0R_C}{2U_T}u_2\text{th}\frac{u_1}{2U_T} \tag{5.2.35}$$

当$u_1=U_{1m}\cos(\omega_1t)$,则$\text{th}\frac{u_1}{2U_T}$为周期函数,可用傅里叶级数展开,故相乘器工作在线性时变状态。如果$U_{1m}\geqslant 260$ mV,双曲正切函数$\text{th}\left[\frac{U_{1m}}{2U_T}\cos(\omega_1t)\right]$趋于周期性方波,如图5.2.13(a)所示,双差分对模拟相乘器工作在开关状态,可近似用图5.2.13(b)所示的双向开关函数$K_2(\omega_1t)$表示,即

$$\text{th}\left[\frac{U_{1m}}{2U_T}\cos(\omega_1t)\right]\approx K_2(\omega_1t)$$

因此,式(5.2.35)可近似变换为

$$u_O\approx\frac{I_0R_C}{2U_T}u_2K_2(\omega_1t) \tag{5.2.36}$$

双向开关函数$K_2(\omega_1t)$的傅里叶级数展开式见式(5.2.21)。

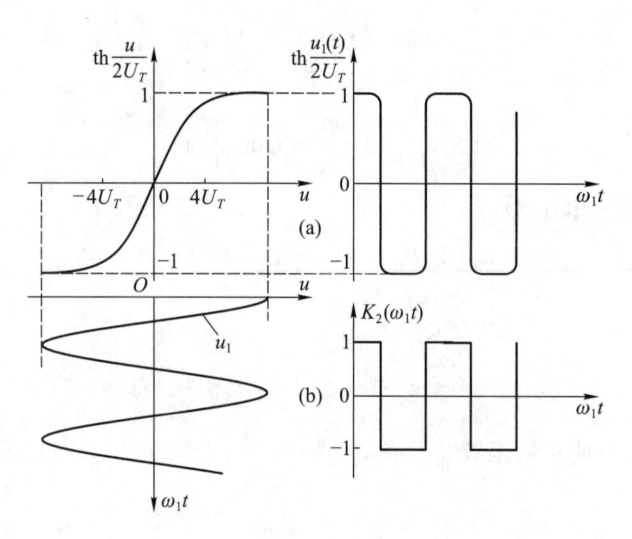

图 5.2.13　大信号输入时双曲正切函数波形及双向开关函数

（a）双曲正切函数波形　（b）双向开关函数

上述讨论说明，双差分对模拟相乘器工作在线性时变状态或开关状态，也可获得较理想的相乘功能，而特别适合用来作为频谱线性搬移电路。但由于 u_2 必须为小信号，这将使双差分对模拟相乘器的应用范围受到限制。在实际电路中可采用负反馈技术来扩展 u_2 的动态范围。

二、MC1496/1596 集成模拟相乘器

根据双差分对模拟相乘器基本原理制成的单片集成模拟相乘器 MC1496/1596 的内部电路如图 5.2.14 所示，其引脚排列如图 5.2.15 所示，其电路结构与图 5.2.12 基本类似。所不同的是，MC1496/1596 相乘器用 V_7、R_1，V_8、R_2、V_9、R_3 和 R_5 等组成多路电流源电路，R_5、V_7、R_1 为电流源的基准电路，V_8、V_9 分别供给 V_5、V_6 管恒流 $I_0/2$，R_5 为外接电阻，可用以调节 $I_0/2$ 的大小。另外，由 V_5、V_6 两管的发射极引出接线端 2 和 3，外接电阻 R_Y，利用 R_Y 的负反馈作用可以扩大输入电压 u_2 的动态范围。R_C 为外接负载电阻。

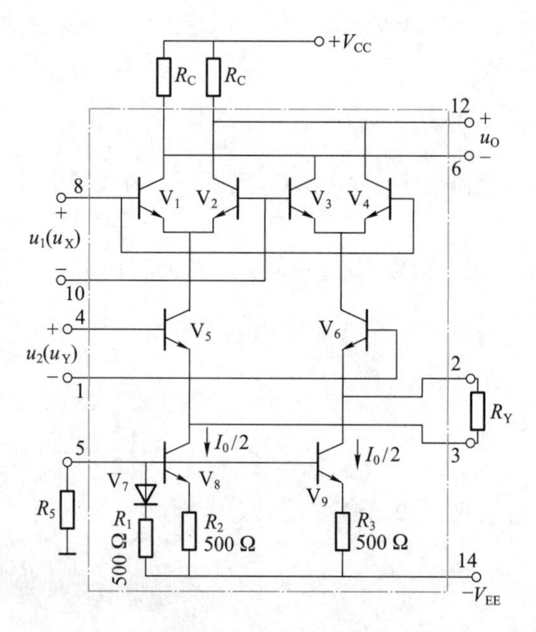

图 5.2.14　MC1496/1596 相乘器内部电路

V_5、V_6 两管发射极之间跨接负反馈电阻 R_Y，如图 5.2.16 所示，由图可见，当 R_Y 远大于 V_5、V_6 管的发射结电阻 r_e 时，则

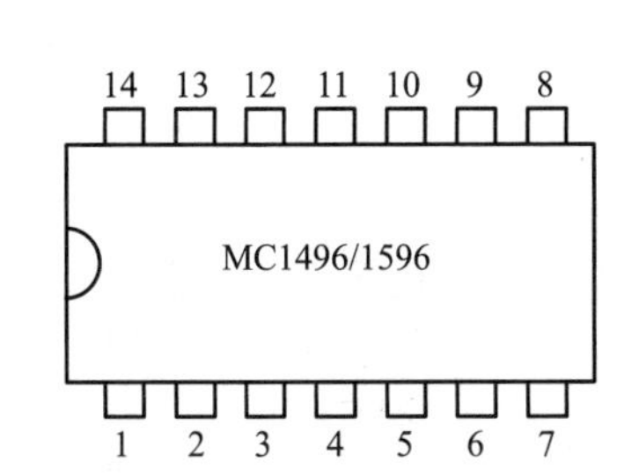

图 5.2.15　MC1496/1596 引脚排列

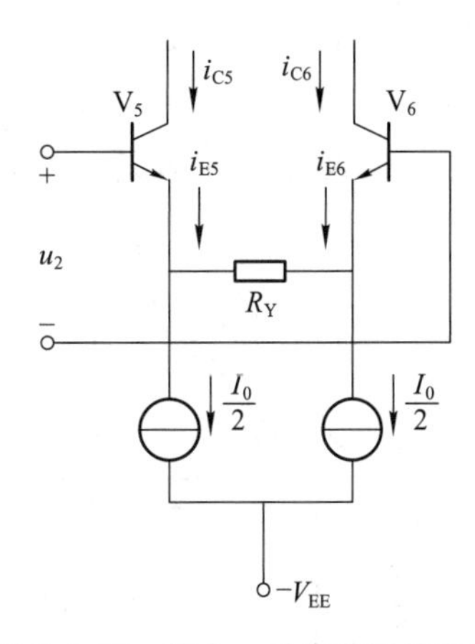

图 5.2.16　扩大 u_2 动态范围的电路

$$\left.\begin{aligned} i_{E5} &\approx \frac{I_0}{2}+\frac{u_2}{R_Y} \\ i_{E6} &\approx \frac{I_0}{2}-\frac{u_2}{R_Y} \end{aligned}\right\} \tag{5.2.37}$$

因此，差分对管 V_5、V_6的输出差值电流为

$$i_{C5}-i_{C6} \approx i_{E5}-i_{E6}=2u_2/R_Y \tag{5.2.38}$$

将式(5.2.38)代入式(5.2.32)，可得 MC1496/1596 相乘器输出差值电流为

$$i=\frac{2u_2}{R_Y}\text{th}\ \frac{u_1}{2U_T} \tag{5.2.39}$$

而输出电压为

$$u_O=\frac{2u_2}{R_Y}R_C\text{th}\ \frac{u_1}{2U_T} \tag{5.2.40}$$

可证明，u_2的动态范围与外接电阻 R_Y的关系为

$$-\left(\frac{1}{4}I_0R_Y+U_T\right) \leqslant u_2 \leqslant \left(\frac{1}{4}I_0R_Y+U_T\right) \tag{5.2.41}$$

MC1496/1596 广泛应用于调幅及解调、混频等电路中，但应用时 $V_1 \sim V_4$、V_5、V_6晶体管的基极均需外加偏置电压，方能正常工作(详见 5.3.2 节内容)。通常把 8、10 端称为 X 输入端，u_1用 u_X表示；4、1 端称为 Y 输入端，u_2用 u_Y表示。

三、MC1595 集成模拟相乘器

作为通用的模拟相乘器，还需将 u_1的动态范围进行扩展。MC1595 就是在 MC1496 的基础上增加了 $u_1(u_X)$动态范围扩展电路，使之成为具有四象限相乘功能的通用集成器件，其外接电路及引脚排列如图 5.2.17(a)和(b)所示。4、8 端为$u_X(u_1)$输入端，9、12 端为 $u_Y(u_2)$输入

端,14、2 端为输出端,R_C为外接负载电阻。R_X、R_Y是分别用来扩展 u_X、u_Y动态范围的负反馈电阻,R_3、R_{13}用来分别设定 $I'_0/2$ 和 $I_0/2$,1 端所接电阻 R_K用来设定 1 端电位,以保证各管工作在放大区。因为流过 R_K的电流为 I'_0 ,当 R_K过大,1 端直流电位下降过多时,就会影响电路的正常工作。

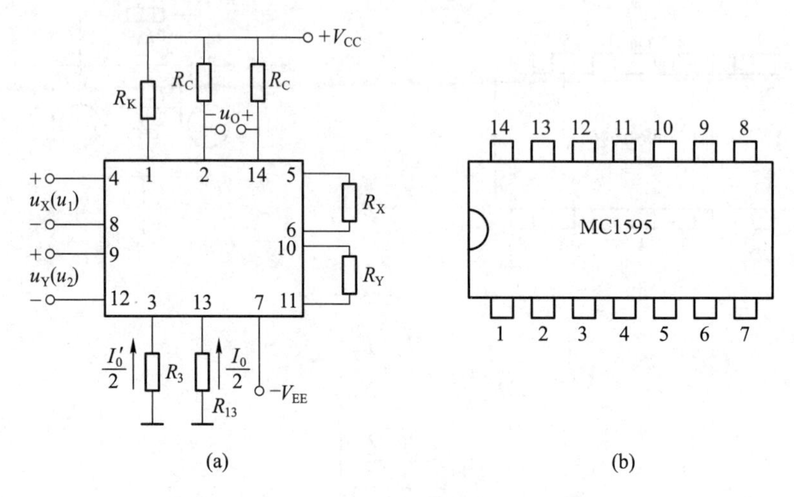

图 5.2.17 MC1595 集成模拟相乘器

(a) 外接电路 (b) 引脚排列

相乘器的输出电压 u_O表示式为

$$u_O=\frac{4R_C}{R_XR_YI'_0}u_Xu_Y=A_Mu_Xu_Y \tag{5.2.42}$$

式中,$A_M=\dfrac{4R_C}{R_XR_YI'_0}$为相乘器的增益系数,MC1595 增益系数的典型值为 0.1 V^{-1}。式(5.2.42)中 u_X和 u_Y的动态范围必须满足以下关系:

$$\left.\begin{aligned}-\left(\frac{1}{4}I'_0R_X+U_T\right)\leqslant u_X\leqslant\left(\frac{1}{4}I'_0R_X+U_T\right)\\-\left(\frac{1}{4}I_0R_Y+U_T\right)\leqslant u_Y\leqslant\left(\frac{1}{4}I_0R_Y+U_T\right)\end{aligned}\right\} \tag{5.2.43}$$

四、AD834 集成模拟相乘器

上述讨论的 MC1496 和 MC1595 为早期集成模拟相乘器产品,使用时需接较多的外围元件,导致电路复杂,调整比较困难。随着集成工艺和电路技术的发展,现在已有很多种性能优良、使用方便的集成相乘器产品,例如 AD834 等。

AD834 为 ADI 公司生产的超高频四象限模拟相乘器,它具有高性能、低功耗、宽频带(BW>500 MHz)等特点。由于器件内部含有负反馈电阻、偏置电路和输出放大器,所以只有两对输入端、一对输出端和正、负电源端,而没有其他外接端,故使用十分方便,图 5.2.18 所示为

AD834 引脚排列及外接电路,可见外接电路很简单。当器件 X、Y 两对输入端均输入±1 V 满量程电压,输出端即产生满量程输出电流±4 mA,所以,双端输出电压为

$$u_O=-\frac{R_C\times4\ \text{mA}}{(1\ \text{V})^2}u_Xu_Y=A_Mu_Xu_Y \tag{5.2.44}$$

式中,$A_M=-\frac{R_C\times4\ \text{mA}}{(1\ \text{V})^2}=-4\times10^{-3}R_C\text{V}^{-1}$为相乘器的增益系数。

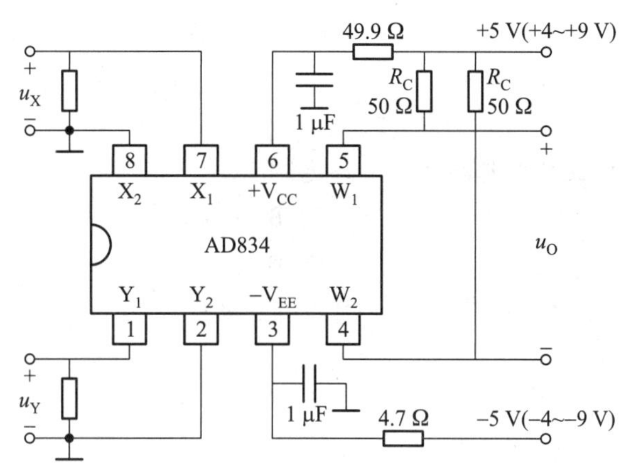

图 5.2.18　AD834 引脚排列及外接电路

讨论题

5.2.1　已知非线性器件的伏安特性为 $i=a_1u+a_3u^3$,试问它能否产生调幅作用？为什么？

5.2.2　非线性器件伏安特性用幂级数表示为 $i=a_0+a_1u+a_2u^2+a_3u^3$,式中 $u=u_1+u_2=U_{1m}\cos(\omega_1t)+U_{2m}\cos(\omega_2t)$,试具体分析电流 i 中所含的频谱成分。

5.2.3　何谓非线性器件的线性时变工作状态和开关工作状态？它们各有何特点？

5.2.4　图 5.2.8(a)所示二极管双平衡相乘器中,试说明：V_1 极性接反、V_1 和 V_2 极性均接反、四个二极管极性均接反,对电路性能有什么影响？为什么？

5.2.5　试说明双差分对模拟相乘器的组成特点及其小信号和开关工作状态的特点。

5.2.6　MC1496 模拟相乘器与双差分对模拟相乘器原理电路相比较,有何特点？当 $u_1=U_{1m}\cos(\omega_1t)$、$U_{1m}\geqslant260$ mV 时,试写出输出电压 u_O 的表示式。

随堂测验

5.2　随堂测验答案

5.2.1　填空题

1. 非线性器件伏安特性为 $i=a_0+a_1u+a_2u^2+a_3u^3+\cdots$,由于式中含有________项,故该器件具有相乘作用。若器件两端加入两个余弦电压,输出电

流中就会产生两输入信号________和________信号。

2. 加于二极管两端电压为 $u=u_1+u_2=U_{1m}\cos(\omega_1 t)+U_{2m}\cos(\omega_2 t)$，$u_1$ 为大信号，u_2 为小信号，且 $U_{1m}\gg U_{2m}$，二极管在 u_1 的控制下工作在开关状态，二极管导通电导为 g_D，略去负载的反作用，流过二极管的电流表示式为 $i=$________________，式中________为开关函数，电流中含有组合频率分量________，而具有相乘作用。

3. 双差分对模拟相乘器由三个__________组成，当两个输入信号均小于__________时，输出电压表示式为 $u_O=$__________，具有理想的相乘功能。________电路是集成模拟相乘器的核心电路。

5.2.2 单选题

1. 下列伏安特性中，最具理想相乘作用的是(　　)。

A. $i=au$　　B. $i=au^2$

C. $i=au^3$　　D. $i=a_0+a_1u+a_2u^2+a_3u^3$

2. 二极管环形混频器组件应用广泛，其应用特点是(　　)。

A. 只能用作混频电路

B. 只能用作调幅电路

C. 可用于频谱线性搬移电路

D. 可用于两个模拟信号的相加或相减电路

3. 下列电路或器件中，具有理想相乘功能的是(　　)。

A. 二极平衡电路　　B. 二极管环形电路

C. 双差分对电路　　D. 通用集成模拟相乘器

5.2.3 判断题

1. 非线性器件伏安特性为 $i=a_0+a_1u+a_3u^3$，该器件可用来实现调幅。(　　)

2. 二极管平衡与环形相乘器，它们利用电路的对称性，抵消部分无用组合频率分量，其中环形相乘器有更接近理想相乘的功能。(　　)

3. 理想相乘器主要性能特点是其输出电压与两输入电压乘积成正比，输入两个余弦电压时，输出电压中只存在两个输入信号的和频和差频分量。(　　)

5.3 振幅调制电路

5.3.1 概述

调幅电路按输出功率的高低，可分为高电平调幅电路和低电平调幅电路。对调幅电路的主要要求是调制效率高、调制线性范围大、失真小等。

低电平调幅是将调制和功放分开，调制在低电平级实现，然后经线性功率放大器的放大，达到一定的功率后再发送出去。目前这种调制方式应用比较普遍，普通调幅、双边带调幅和单边带调幅都可以用低电平调幅电路。低电平调幅广泛采用二极管双平衡相乘器和双差分对模拟相乘器，其中，在几百兆赫工作频段以内双差分对模拟相乘器使用得更为广泛。

由于调制在低电平级实现，所以低电平调幅电路的输出功率和效率不是主要问题，但要求它要有良好的调制线性度，即要求调制电路的已调输出信号应不失真地反映输入低频调制信号的变化规律，对于双边带和单边带调幅，还要有较强的载波抑制能力。通常，载波抑制能力好坏用载漏表示，所谓载漏，是指输出泄漏载波分量低于边带分量的分贝数，一般要求低于 20 dB以上，分贝数越大，载漏就越小，对载波的抑制能力就越强。

高电平调幅是将调制和功放合二为一，调制后的信号不需再放大就可以直接发送出去。这种调制主要用于产生普通调幅信号，许多广播发射机都采用这种调幅方式。高电平调幅电路必须兼顾输出功率、效率、调制线性度等要求，它的主要优点是整机效率高，不需要效率低的线性功率放大器。

下面将对实际应用中的一些调幅电路进行讨论。

5.3.2 低电平调幅电路

一、集成模拟相乘器调幅电路

1. MC1496 调幅电路

采用双差分对集成模拟相乘器可构成性能优良的调幅电路。图 5.3.1 所示为采用 MC1496 构成的双边带调幅电路，图中接于正电源电路的电阻 R_8、R_9用来分压，以便提供相乘器内部 $V_1 \sim V_4$管的基极偏压；负电源通过 R_P、R_1、R_2及 R_3、R_4的分压供给相乘器内部 V_5、V_6管的基极偏压，R_P称为载波调零电位器，调节 R_P可使电路对称减小载波信号输出；R_C为输出端的负载电阻，接于 2、3 端的电阻 R_Y用来扩大 u_Ω的线性动态范围。

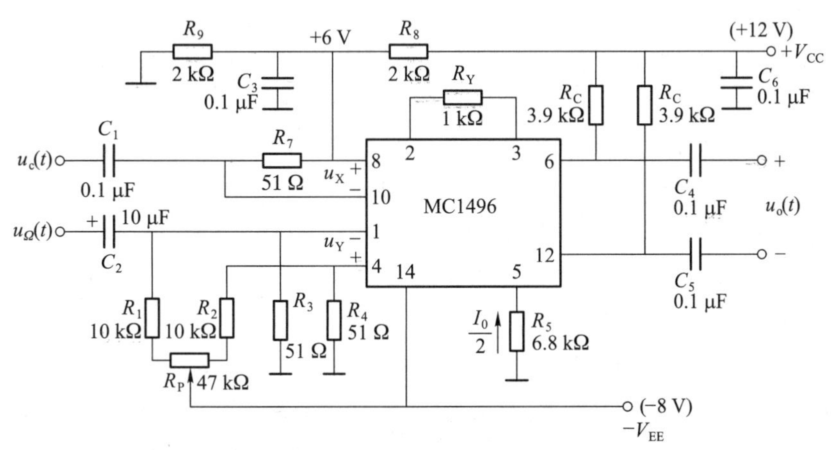

图 5.3.1 MC1496 模拟相乘器调幅电路

根据图 5.3.1 中负电源值及 R_5的阻值，可得 $I_0/2\approx1$ mA，这样不难得到模拟相乘器各管脚的直流电位分别为

$$U_1=U_4\approx0\ \text{V},U_2=U_3\approx-0.7\ \text{V},U_8=U_{10}\approx6\ \text{V}$$

$$U_6=U_{12}=V_{CC}-R_CI_0/2=8.1\ \text{V},U_5=-R_5I_0/2=-6.8\ \text{V}$$

实际应用中，为了保证集成模拟相乘器 MC1496 能正常工作，各引脚的直流电位应满足下列要求：

(1) $U_1=U_4,U_8=U_{10},U_6=U_{12}$；

(2) $U_{6(12)}-U_{8(10)}\geqslant2$ V，$U_{8(10)}-U_{4(1)}\geqslant2.7$ V，$U_{4(1)}-U_5\geqslant2.7$ V。

载波信号 $u_c(t)=U_{cm}\cos(\omega_ct)$通过电容 C_1、C_3及 R_7加到相乘器的输入端 8、10 脚，低频信号 $u_\Omega(t)$通过 C_2、R_3、R_4加到相乘器的输入端 1、4 脚，输出信号可由 C_4和 C_5单端输出或双端输出。

为了减少载波信号输出，可先令 $u_\Omega(t)=0$，即将 $u_\Omega(t)$输入端对地短路，只有载波 $u_c(t)$输入时，调节 R_P使相乘器输出电压为零，但实际上模拟相乘器不可能完全对称，所以调节 R_P输出电压不可能为零，故只需使输出载波信号为最小（一般为毫伏级）。若载波输出电压过大，则说明该器件性能不好。

低频输入信号 $u_\Omega(t)$的幅度不能过大，其最大值主要由 $I_0/2$ 与 R_Y的乘积所限定。$u_\Omega(t)$幅度过大，输出调幅信号波形就会产生严重的失真。

工程上，载波信号常采用大信号输入，即 $U_{cm}\geqslant260$ mV，这时双差分对管在 $u_c(t)$的作用下工作在开关状态，这时调幅电路输出电压由式（5.2.40）可得

$$u_O(t)=\frac{2R_C}{R_Y}u_\Omega(t)K_2(\omega_ct) \tag{5.3.1}$$

式中，$K_2(\omega_ct)$为受 $u_c(t)$控制的双向开关函数。

由式（5.3.1）可见，双差分对模拟相乘器工作在开关状态实现双边带调幅时，输出频谱比较纯净，只有 $p\omega_c\pm\Omega$（p 为奇数）的组合频率分量，只要用滤波器滤除高次谐波分量，便可得到抑制载波的双边带调幅信号，而且调制失真很小。同时，这时输出幅度不受 U_{cm}大小的影响。

如果调节图 5.3.1 中 R_P使载波输出电压不为零，即可产生普通调幅信号输出，因为调节 R_P使载波输出不为零，实际上是使 1、4 两端直流电位不相等，这就相当于在 u_Y端输入了一个固定的直流电压 U_Q，使双差分对电路不对称，载波不能相互抵消而产生了输出，从而实现普通调幅。为了调节 R_P使 1、4 两端直流电位变化明显，可将 R_1、R_2改用 750 Ω 的电阻。

2. AD835 调幅电路

图 5.3.2 所示为由集成模拟相乘器 AD835 所组成的调幅电路，AD835 器件内部结构也示于图中，它由 X 和 Y 差分输入放大器、相乘器、求和器以及输出缓冲放大器等组成，X_1、X_2 为 X 差分放大器输入端，Y_1、Y_2 为 Y 差分放大器输入端，Z 为求和器外接输入端，W 为输出端。载波信号 $u_c(t)$分别经耦合电容加到 Y 和 Z 输入端，调制信号 $u_\Omega(t)$经耦合电容加到 X 输入端，

调幅信号由 W 端取出。因载波由 Z 端加入求和器，此时 W 端输出为普通调幅信号，当 Z 端接地时，输出则为双边带调幅信号。

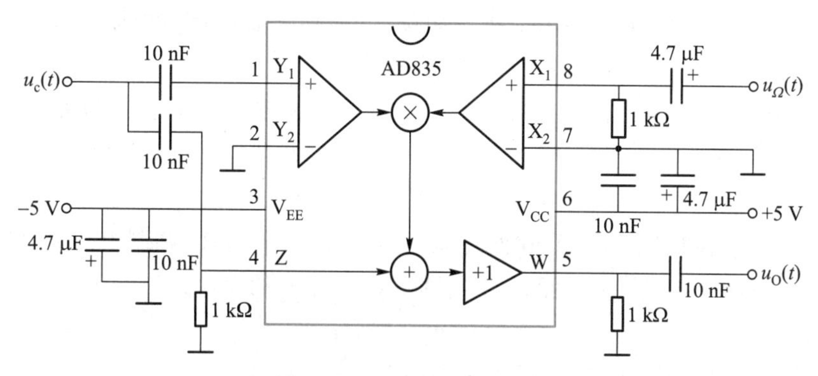

图 5.3.2　AD835 调幅电路

AD835 输出电压 W 的计算公式为

$$W=\frac{(X_1-X_2)(Y_1-Y_2)}{U}+Z \tag{5.3.2}$$

式中所有参数单位均为伏特，U 为缩放比例系数，$X_1-X_2=X$，$Y_1-Y_2=Y$ 为相乘器两个输入电压，Z 为求和器外接相加输入电压。当 $U=1$ V，$Z=0$ 时，有 $W=XY$。X 和 Y 及 Z 端均具有高输入阻抗，X 与 Y 的输入信号范围为-1～+1 V，带宽为 250 MHz。W 输出端具有低输出阻抗，输出电压范围为-2.5～+2.5 V，可驱动 25 Ω 电阻负载。电源电压为±5 V，也可用+9 V 单电源供电，为了防止电源干扰，应在电源输入端接入一大（4.7 μF）、一小（10 nF）两个滤波电容，其接入点应接近芯片的引脚端。

令 $u_c(t)=U_{cm}\cos(\omega_c t)$，$u_\Omega(t)=U_{\Omega m}\cos(\Omega t)$，当 $U=1$ V，由图 5.3.2 可得 W 端输出普通调幅信号为

$$u_O(t)=XY+Z=u_\Omega(t)u_c(t)+u_c(t)=U_{cm}[1+U_{\Omega m}\cos(\Omega t)]\cos(\omega_c t)$$

可见，若调制信号振幅 $U_{\Omega m}=1$ V 时，调幅系数可达到 100%。该电路载波频率可高达 300 MHz。

由于 AD835 集成模拟相乘器功能强大、性能优良、外围电路简单，使用方便，故用途甚广。

二、二极管平衡与环形调幅电路

1. 二极管平衡调幅电路

采用图 5.2.7(a) 所示电路可以构成双边带调幅电路。将 u_2 端接调制信号 u_Ω，为小信号；u_1 端接载波信号 u_c，为大信号，一般要求 U_{cm} 大于 $U_{\Omega m}$ 10 倍以上，使二极管工作在开关状态。应当指出，当电路稍有不对称时，就会在输出端产生载漏，为此，应很好地设计和制作变压器，挑选特性相同的二极管或其他方法来提高电路的对称性。

图 5.3.3 所示为一实用的二极管平衡调幅电路，该电路调制电压 u_Ω 为单端输入，已调信

号单端输出，省去了有中心抽头的输出变压器。由图可见，由于 V_1、V_2是反接的，故作用于两个二极管的电压仍为 $u_{D1}=u_c+u_\Omega$，$u_{D2}=u_c-u_\Omega$，输出电流 $i_L=i_1-i_2$，与原理电路一样。图中 C_1对高频短路，对低频开路；R_2、R_3分别与二极管串联，同时用并联的可调电阻 R_1来平衡两个二极管的正向特性；C_2、C_3用于平衡反向工作时两管的结电容。

另一种常用的平衡调幅电路如图 5.3.4 所示。它由四个二极管接成桥路，所以其输入和输出变压器不需要中心抽头，称为桥式调幅器。由图可知，载波电压和调制电压分别接到桥路的两个对角线端点上，u_c为正半周时，四个二极管同时截止，u_Ω直接加到输出变压器上；当 u_c为负半周时，四个二极管同时导通，A、B 两点短路，没有输出。这样，调制电压 u_Ω在载波电压的控制下成为间断的波形。令 Tr_2的匝比为 1，则不难写出 u_O的表示式为

$$u_O(t)=u_\Omega(t)K_1(\omega_c t)$$

当桥路平衡时，AB 两端(即调幅器输出端)将无载波电压。

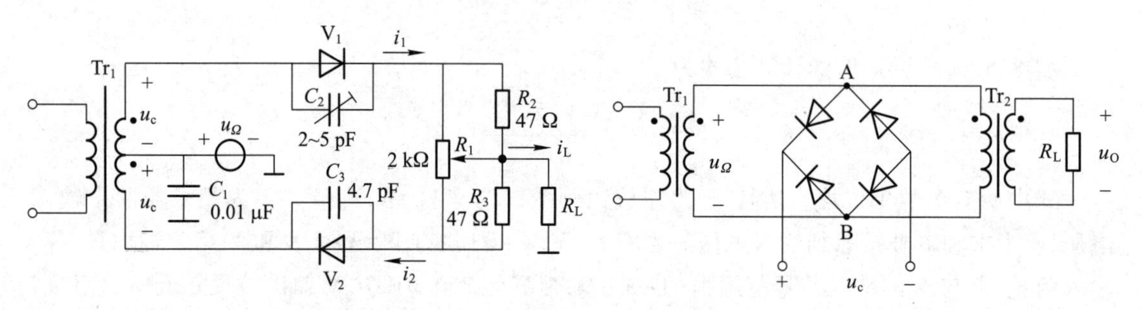

图 5.3.3　平衡调幅器实用电路　　　　图 5.3.4　桥式平衡调幅器

2. 二极管环形调幅电路

为了进一步减小平衡调幅电路输出电流中的无用组合频率分量，可采用二极管环形相乘器构成低电平调幅电路。相乘器组件中的三个端口，若一个输入低频调制信号 $u_\Omega(t)$，另一个输入高频载波信号 $u_c(t)$，那么从第三个端口就可以得到双边带调幅信号。考虑到混频组件变压器的低频特性较差，所以调制信号 $u_\Omega(t)$一般都加到两变压器的中心抽头上，即加到 I 端口，载波信号加到 L 端口，双边带调幅信号由 R 端口输出。另外，要求载波信号振幅足够大，使二极管工作在开关状态，同时使 $U_{\Omega m}\ll U_{cm}$。这时调幅电路输出电流的表示式可由式(5.2.22)求得，此时式中 $u_1=u_c(t)$，$\omega_1=\omega_c$，$u_2=u_\Omega(t)$，$\omega_2=\Omega$。

5.3.3　高电平调幅电路

高电平调幅电路主要用于产生普通调幅信号，这种调制通常在丙类谐振功率放大器中进行，它可以直接产生满足发射功率要求的已调波。高电平调幅电路必须兼顾输出功率、效率、调制线性等几方面的要求。根据调制信号所加的电极不同，有基极调幅、集电极调幅等。

一、基极调幅电路

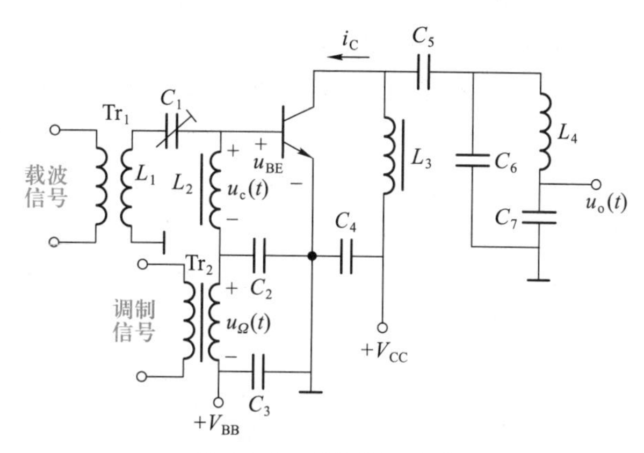

图 5.3.5 基极调幅电路

图 5.3.5 所示为基极调幅电路。高频载波信号通过高频变压器 Tr_1 和 L_1、C_1 构成的 L 形网络加到晶体管基极电路的电压为 $u_c(t)$，低频调制信号通过低频变压器 Tr_2 加到晶体管基极电路的电压为 $u_\Omega(t)$。C_2 为高频旁路电容，用来为载波信号提供通路，但对低频信号容抗很大；C_3 为低频耦合电容，用来为低频信号提供通路。令 $u_\Omega(t)=U_{\Omega m}\cos(\Omega t)$，$u_c(t)=U_{cm}\cos(\omega_c t)$，由图可见，晶体管 BE 之间的电压为

$$u_{BE}=V_{BB}+U_{\Omega m}\cos(\Omega t)+U_{cm}\cos(\omega_c t)$$

其波形如图 5.3.6(a)所示。在调制过程中，晶体管的基极电压随调制信号 $u_\Omega(t)$ 的变化而变化，使放大器的集电极脉冲电流的最大值 i_{Cmax} 和导通角 θ 也按调制信号的大小而变化，如图 5.3.6(b)所示。将集电极谐振回路调谐在载频 f_c 上，那么放大器的输出端便可获得图 5.3.6(c)所示的调幅信号电压 u_o。为了减小调制失真，被调放大器在调制信号变化范围内应始终工作在欠压状态，所以基极调幅电路效率比较低。

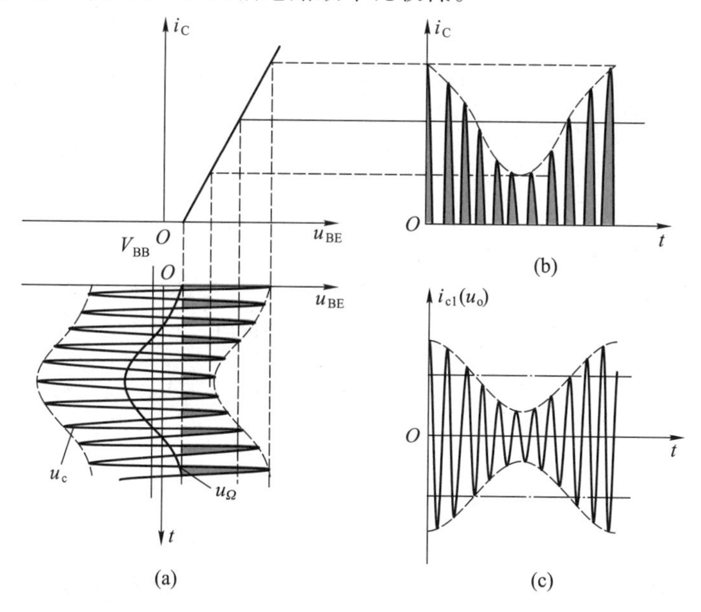

图 5.3.6 基极调幅信号波形

(a) 基极电压波形 (b) 集电极电流脉冲 (c) 输出调幅信号

二、集电极调幅电路

图 5.3.7 所示为集电极调幅电路。高频载波信号仍从基极加入，而调制信号通过变压器 Tr_2 加到集电极电路中，并与直流电源 V_{CC} 相串联，若令 $u_\Omega(t)=U_{\Omega m}\cos(\Omega t)$，则晶体管集电极电压 $u_{CC}(t)=V_{CC}+U_{\Omega m}\cos(\Omega t)$ 将随 $u_\Omega(t)$ 变化而变化。根据谐振功率放大器工作原理可知，只有当放大器工作在过压状态，才能使得集电极脉冲电流的基波振幅 I_{c1m} 随 $u_\Omega(t)$ 成正比变化，实现调幅。图中采用基极自给偏压电路（R_B、C_B），可减小调幅失真。集电极调幅由于工作在过压状态，所以能量转换效率比较高，适用于较大功率的调幅发射机。

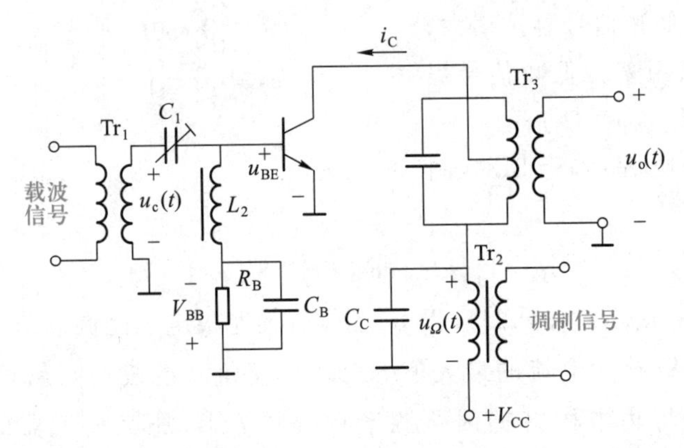

图 5.3.7　集电极调幅电路

讨论题

5.3.1　对调幅电路有哪些基本要求？何谓高电平调幅电路和低电平调幅电路，它们有何区别？各自有何优点？

5.3.2　采用 MC1496 集成模拟相乘器构成调幅电路时，为什么将载波信号接到 X 输入端，调制信号接到 Y 输入端？说明图 5.3.1 中 R_P、R_Y 的作用。若调制信号为单音频信号，载波振幅 $U_{cm}\geq$ 260 mV，试定性画出输出电压 $u_O(t)$ 的波形，并指出其特点。

5.3.3　采用二极管环形混频器组件构成低电平调幅电路应注意什么？对输入信号有什么要求？

5.3.4　为什么基极调幅被调放大器在调制信号变化范围内应工作在欠压状态，而集电极调幅时应工作在过压状态？

随堂测验

5.3 随堂测验答案

5.3.1　填空题

1. 调幅电路按输出功率高低，可分为________和________调幅电路。

2. 二极管双平衡相乘器可构成________调幅电路，它主要用来产生________和________信号。

3. 丙类谐振功率放大器可构成________调幅电路，它主要用来产生________信号。

5.3.2 单选题

1. 基极调幅要求谐振功率放大器工作在(　　)状态。

A. 欠压　　B. 临界　　C. 过压　　D. A、B、C 都可以

2. 集电极调幅要求谐振功率放大器工作在(　　)状态。

A. 欠压　　B. 临界　　C. 过压　　D. A、B、C 都可以

5.3.3 判断题

1. 二极管平衡相乘器不能直接产生 SSB 信号，而需先产生 DSB 信号，然后用滤波器滤除一个边带后获得。(　　)

2. 环形混频器二极管工作在大信号状态，则可构成高电平调幅电路。(　　)

3. 模拟相乘器可以用来产生 DSB 和 SSB 信号，也可用来产生 AM 信号。(　　)

5.4 振幅检波电路

5.4.1 振幅解调的基本原理

解调与调制过程相反，从高频调幅信号中取出原调制信号的过程称为振幅解调，也称振幅检波，简称检波。振幅检波可分为两大类，即包络检波和同步检波。输出电压直接反映高频调幅包络变化规律的检波电路称为包络检波电路，它只适用于普通调幅信号的检波。同步检波电路主要用于解调双边带和单边带调幅信号，它也能用于普通调幅信号的解调，但因它比包络检波电路复杂，所以很少采用。

从频谱关系上看，检波电路的输入信号是高频载波和边频分量，而输出是低频调制信号，就是说检波电路在频域上的作用是将振幅调制信号频谱不失真地搬回到原来的位置，故振幅检波电路也是一种频谱线性搬移电路，也可用相乘器实现这一功能，如图 5.4.1(a)所示。图中，低通滤波器用以滤除不需要的高频分量。

图 5.4.1(a)中 $u_r(t)$ 为一等幅余弦电压信号，要求其与被解调的调幅信号的载频同频同相，故把它称为同步信号，同时把这种检波电路称为同步检波电路。设输入的调幅信号 $u_s(t)$ 为一单边带调幅信号，载频为 ω_c，其频谱如图5.4.1(b)所示。$u_s(t)$ 与 $u_r(t)$ 经相乘器后，$u_s(t)$ 的频谱被搬移到 ω_c 的两边，一边搬到 $2\omega_c$ 上，构成载波角频率为 $2\omega_c$ 的单边带调幅信号，它是无用的寄生分量，另一边搬到零频率上，如图 5.4.1(b)所示。而后用低通滤波器滤除无用的寄生分量，即可取出所需的解调电压。可见，输出解调信号频谱相对于输入信号频谱在频率轴上搬移了一个载频值。

必须指出，同步信号 $u_r(t)$ 必须与输入调幅信号的载波保持严格的同频、同相，否则解调性能会下降。所以，在实际电路中还应采用必要的措施来获得同频同相的同步信号。

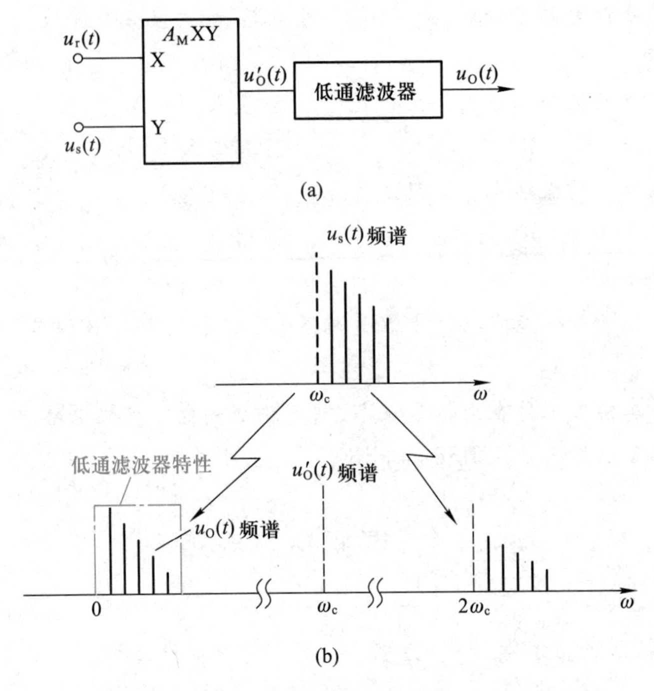

图 5.4.1　振幅解调电路的基本工作原理

（a）检波电路组成模型　（b）频谱搬移过程

例 5.4.1　同步检波电路模型如图 5.4.1(a)所示，当输入信号 $u_s(t)$ 为双边带调幅信号时，已知 $u_s(t)=U_{sm}\cos(\Omega t)\cos(\omega_c t)$，低通滤波器具有理想特性，试写出输出电压 $u'_O(t)$ 和 $u_O(t)$ 的表示式。

解：相乘器输出电压为

$$
\begin{aligned}
u'_O(t) &= A_M u_s(t) u_r(t) \\
&= A_M U_{sm} U_{rm} \cos(\Omega t)\cos^2(\omega_c t) \\
&= A_M U_{sm} U_{rm} \cos(\Omega t)\frac{1+\cos(2\omega_c t)}{2} \\
&= \frac{1}{2}A_M U_{sm} U_{rm}\cos(\Omega t)+\frac{1}{2}A_M U_{sm} U_{rm}\cos(\Omega t)\cos(2\omega_c t)
\end{aligned}
$$

上式右边第一项是所需的解调输出电压，而第二项为高频分量，可被低通滤波器滤除，所以低通滤波器输出电压为

$$u_O(t)=\frac{1}{2}A_M U_{sm} U_{rm}\cos(\Omega t)=U_{\Omega m}\cos(\Omega t)$$

可见，图 5.4.1(a)所示同步检波电路同样可对双边带调幅信号进行解调。

对于普通调幅信号也可采用同步检波电路进行解调。不过由于普通调幅信号中含有载频

分量，且调幅信号的包络与调制信号成正比，因此，常可以直接利用非线性器件的频率变换作用来进行解调，称为包络检波，这种检波电路十分简单，使用广泛。

对振幅检波电路的主要要求是检波效率高，失真小，并具有较高的输入电阻。下面先对常用的二极管包络检波电路进行讨论，然后介绍常用的同步检波电路。

5.4.2 二极管包络检波电路

用二极管构成的包络检波电路简单，性能优越，因而应用很广泛。

一、工作原理

二极管包络检波电路如图 5.4.2(a)所示，它由二极管 V 和 RC 低通滤波器串联组成。一般要求输入信号的幅度在 0.5 V 以上，所以二极管处于大信号工作状态，故又称为大信号检波器。

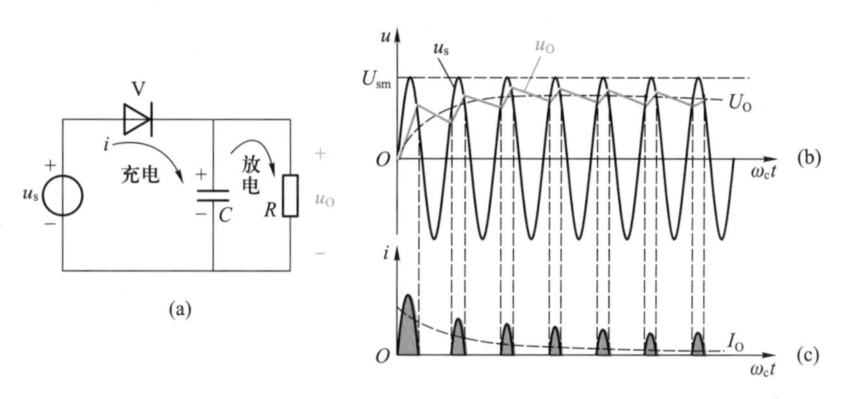

图 5.4.2 二极管包络检波电路及其检波波形

(a) 电路 (b) 电压波形 (c) 电流波形

设检波电路未加输入电压时电容 C 上没有储存电荷。当输入信号 u_s 为一角频率为 ω_c 的等幅波时，在 u_s 正半周内，二极管导通，u_s 通过二极管向电容 C 充电，因二极管的正向导通电阻为 $r_D(=1/g_D)$ 且 $r_D \ll R$，所以充电时间常数为 $r_D C$；在 u_s 负半周内，二极管截止，C 通过电阻 R 放电，时间常数为 RC。由于 $r_D \ll R$，所以在每个周期内二极管导通时 C 充电很快，而截止时 C 放电很慢，u_O 将在这种不断充、放电过程中逐渐增长，如图 5.4.2(b)所示。由于负载的反作用，由图 5.4.2(a)可见，作用在二极管两端的电压为 $u_s - u_O$，只有当 $u_s > u_O$ 时二极管才导通，所以随着 u_O 的逐渐增大，二极管每个周期的导通时间逐渐减小，而截止时间逐渐增大，如图 5.4.2(b)和(c)所示。这就使电容器在每个周期内的充电电荷量逐渐减小，放电电荷量逐渐增大，当 C 的充电电荷量等于放电电荷量时，充、放电达到动态平衡。这时输出电压 u_O 便稳定地在平均值 U_O 上下按角频率 ω_c 作锯齿状的等幅波动。显然，其中的 U_O 就是检波电路所需输出的检波电压，而在 U_O 上下的锯齿状波动则是因低通滤波器滤波特性非理想而附加在 U_O

上的残余高频电压。

通过以上分析可见，由于 u_0 的反作用，二极管只在 u_s 的峰值附近才导通，导通时间很短，电流导通角很小，通过二极管的电流是周期性的窄脉冲序列，如图 5.4.2(c) 所示。同时，二极管导通与截止时间的长短与 RC 的大小有关，RC 增大，C 的放电速度减慢，C 积累的电荷便增多，输出电压 u_0 增大，二极管的导通时间则越短。在实际电路中，为了提高检波性能，RC 的取值足够大，满足 $RC \gg 1/\omega_c$、$R \gg r_D$ 的条件，此时可认为 $U_0 \approx U_{sm}$。

当输入信号 u_s 的幅度增大或减小时，检波电路输出电压 U_0 也将随之近似成比例地升高或降低。当输入信号为调幅信号时，检波电路输出电压 u_0 就随着调幅信号的包络线而变化，从而获得调制信号，完成了检波作用，其检波波形如图5.4.3所示。由于输出电压 u_0 的大小与输入电压的峰值接近相等，故把这种检波电路称为峰值包络检波电路。

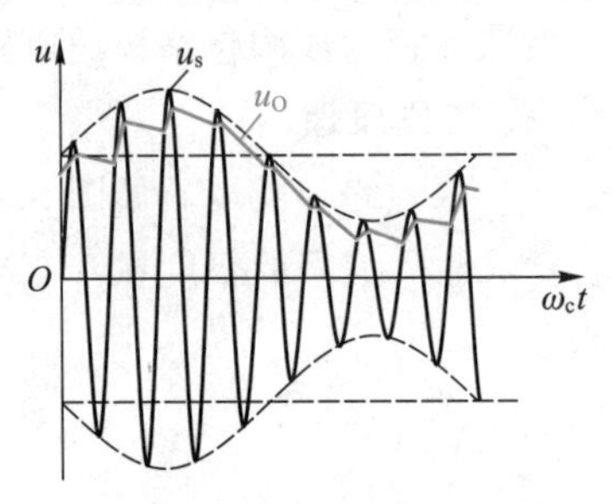

图 5.4.3　调幅信号包络检波波形

二、检波效率与输入电阻

1. 检波效率 η_d

检波效率也称电压传输系数，用 η_d 表示，它用来描述检波电路将高频调幅信号转换为低频电压的能力。若检波电路输入调幅信号电压为 $u_s = U_{sm}[1+m_a\cos(\Omega t)]\cos(\omega_c t)$，则 η_d 定义为

$$\eta_d = \frac{U_{\Omega m}}{m_a U_{sm}} \tag{5.4.1a}$$

式中，$U_{\Omega m}$ 为检波电路输出低频电压振幅，$m_a U_{sm}$ 为输入调幅信号电压包络振幅。

若输入载波电压振幅为 U_{sm}，输出直流电压为 U_0，则 η_d 也可定义为

$$\eta_d = \frac{U_0}{U_{sm}} \tag{5.4.1b}$$

η_d 越大，检波电路低频输出电压越大。由以上分析可知，二极管包络检波电路 $\eta_d<1$，当 $R \gg r_D$，$\eta_d \approx 1$，实际电路中 η_d 在 80%左右，且 R 足够大时，η_d 为常数，故称为线性检波。

2. 输入电阻 R_i

对于高频输入信号源来说，检波电路相当于一个负载，此负载就是检波电路的输入电阻 R_i，它定义为输入高频电压振幅对二极管电流中基波分量振幅之比。根据输入检波电路的高频功率与检波负载所获得的平均功率近似相等，可求得检波电路的输入电阻

$$R_i \approx R/2 \tag{5.4.2}$$

三、惰性失真与负峰切割失真

根据前面分析可知，二极管包络检波电路工作在大信号状态时，具有较理想的线性解调性能，输出电压能够不失真地反映输入调幅信号的包络变化规律。但是，如果电路参数选择不

当，二极管包络检波电路就有可能产生惰性失真和负峰切割失真。

1. 惰性失真

为了提高检波效率和滤波效果，希望选取较大的 RC 值，使电容器在载波周期 T_c 内放电很慢，C 上电压的平均值便能够不失真地跟随输入电压包络的变化。但是当 RC 选得过大，也就是 C 通过 R 的放电速度过慢时，电容器上的端电压不能紧跟输入调幅信号的幅度下降而及时放电，这样，输出电压将跟不上调幅信号的包络变化而产生失真，如图 5.4.4 所示，这种失真称为惰性失真。不难看出，调制信号角频率 Ω 越高，调幅系数 m_a 越大，包络下降速度越快，惰性失真就越严重。要克服这种失真，必须减小 RC 的数值，使电容器的放电速度加快，因此要求

$$RC \leqslant \frac{\sqrt{1-m_a^2}}{m_a \Omega} \tag{5.4.3}$$

在多频调制时，作为工程估算，式(5.4.3)中的 m_a 应取最大调幅系数，Ω 应取最高调制角频率，因为在这种情况下最容易产生惰性失真。

2. 负峰切割失真

在实际电路中，检波电路的输出端一般需要经过一个隔直电容 C_C 与下级电路相连接，如图 5.4.5(a)所示。图中，R_L 为下级(低频放大级)的输入电阻，为了传送低频信号，要求 C_C 对低频信号阻抗很小，因此它的容量比较大。这样检波电路对于低频的交流负载变为 $R'_L \approx R_L /\!/ R$(因 $1/\Omega C \gg R$ 略去了 C 的影响)，而直流负载仍为 R，且 $R'_L < R$，即说明该检波电路中直流负载不等于交流负载，并且交流负载电阻小于直流负载电阻。

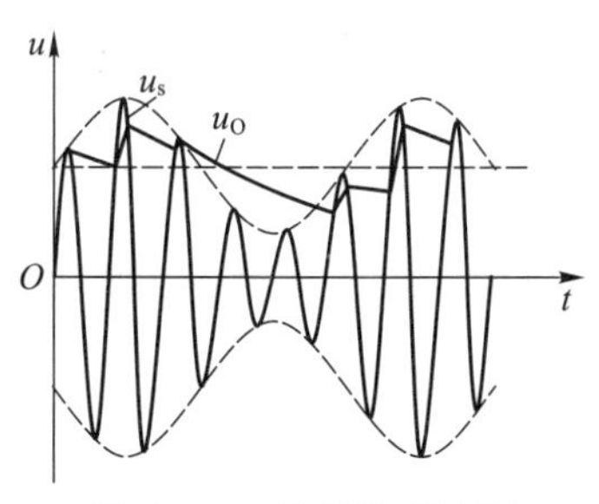

图 5.4.4 惰性失真波形

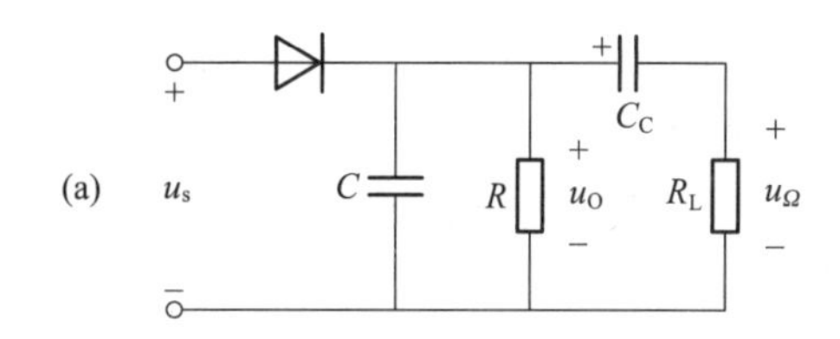

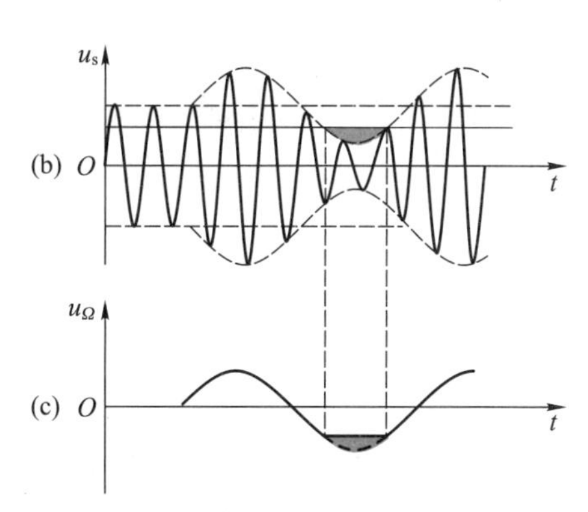

图 5.4.5 负峰切割失真

(a) 检波电路 (b) 输入电压波形 (c) 输出电压波形

当检波电路输入单频调制的调幅信号时,如图5.4.5(b)所示,如调幅系数 m_a 比较大,因检波电路的直流负载电阻 R 与交流负载电阻 R'_L 数值相差较大,有可能使输出的低频电压 u_Ω 在负峰值附近被削平,如图5.4.5(c)所示,这失真称为负峰切割失真。根据分析,R'_L 与 R 满足下面关系

$$\frac{R'_L}{R} \geqslant m_a \tag{5.4.4}$$

就可以避免产生负峰切割失真。式(5.4.4)中,m_a 为多频调制时的最大调幅系数。式(5.4.4)说明,R'_L 与 R 大小越接近,不产生负峰切割失真所允许的 m_a 值就越接近于1,或者说,当 m_a 一定时,R_L 越大、R 越小,负峰切割失真就越不容易产生。

在实际电路中,为了减小交、直流负载的差别,常将负载电阻分成两部分,如图5.4.6所示,R 分成 R_1 和 R_2,R_L 通过隔直电容 C_C 并接在 R_2 两端。当 $R = R_1 + R_2$ 维持一定时,R_1 越大,交、直流负载电阻值的差别就越小,产生负峰切割失真的可能性越小,但这时输出的低频电压也越小,即电压传输系数减小。为了兼顾失真和电压传输系数,实用电路中常取 $R_1 = (0.1 \sim 0.2) R_2$。电路中 R_2 上还并接了电容 C_2,这是用来进一步滤除高频分量,提高检波电路的高频滤波能力。有时也可在检波电路和下级之间插入一级射极输出器,以增大实际负载电阻 R_L 的值。

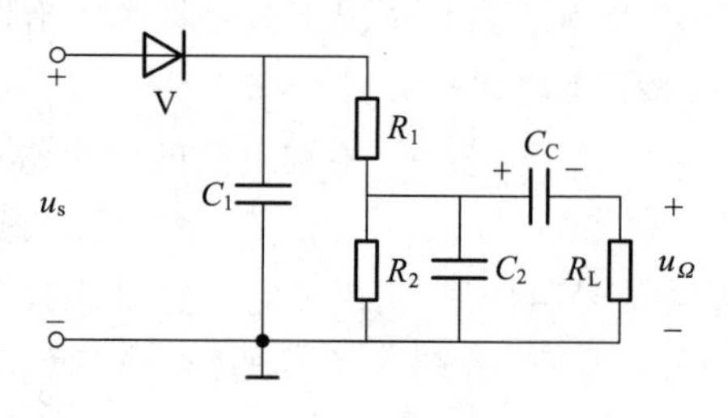

图5.4.6 二极管包络检波的改进电路

四、二极管包络检波电路的元件选择

根据以上分析,可以得到二极管包络检波电路元器件的选择原则:既要满足给定的非线性失真指标,又要提供尽可能大的检波效率和输入电阻。其关键除了正确选用检波二极管,最主要的是合理选择 R 和 C。

1. 检波二极管的选择

为了提高检波效率,应选用正向导通电阻 r_D 和极间电容 C_D 都小(或最高工作频率高)、导通电压低的二极管,可选用点接触式锗二极管(如2AP系列)。在检波电路中,还可以根据需要给二极管外加正向偏置电压,以克服管子截止电压的影响。一般使二极管的静态工作电流在20~50 μA左右。

2. R 和 C 的选择

首先,从提高检波效率和高频滤波能力考虑,RC 应尽可能大。工程上通常取

$$RC \geqslant \frac{5 \sim 10}{\omega_c}$$

但为了避免产生惰性失真,RC 又不宜过大,按式(5.4.3)

$$RC \leqslant \frac{\sqrt{1-m_{a\,max}^2}}{m_{a\,max}\Omega_{max}}$$

因此，可供选取的 RC 数值范围为

$$\frac{5\sim10}{\omega_c}\leqslant RC\leqslant\frac{\sqrt{1-m_{a\,max}^2}}{m_{a\,max}\Omega_{max}} \tag{5.4.5}$$

其次，从提高输入电阻 R_i 考虑，R 应尽可能大，由式(5.4.2)可知，要求$R>2R_i$。为避免产生负峰切割失真，R 又应尽可能小。由式(5.4.4)可知，要求 $R\leqslant\frac{1-m_{a\,max}}{m_{a\,max}}R_L$。因此，$R$ 的取值范围为

$$2R_i\leqslant R\leqslant\frac{1-m_{a\,max}}{m_{a\,max}}R_L \tag{5.4.6}$$

最后，当选定 R 后，就可按 RC 的乘积决定 C 的大小。但为了保证输入高频电压能有效地加到二极管两端，还应验算 C 是否满足下式

$$C\geqslant10C_D \tag{5.4.7}$$

对于图 5.4.6 所示的改进电路，一般取 $C_1=C_2=C/2$。

五、其他常用二极管检波电路

除了上面所讨论的二极管包络检波电路，在实际电路中还常采用二极管并联检波电路和小信号平方律检波电路。

1. 二极管并联检波电路

二极管并联检波电路如图 5.4.7 所示。图中 C 是负载电容并兼作隔直电容，R 是负载电阻，与二极管并接，为二极管电流中的平均分量提供通路。鉴于 R 与二极管并联，所以把这种电路称为并联检波电路，而把前面讨论的二极管与 R 串联的检波电路称为串联检波电路。

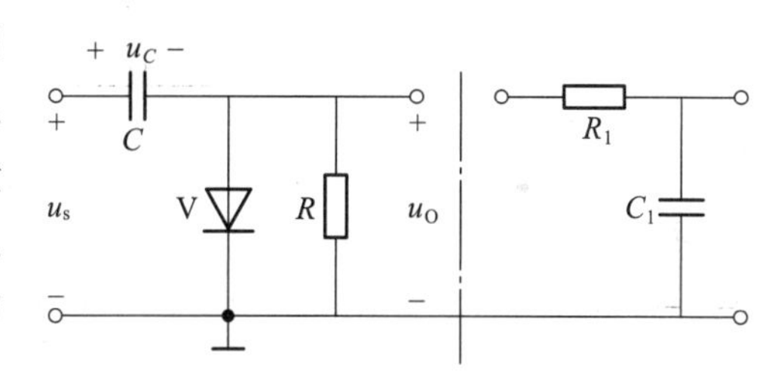

图 5.4.7 二极管并联检波电路

并联检波电路与串联检波电路的工作原理相似。令输入高频电压 u_s的幅度较大，二极管处于大信号工作状态。在 u_s正半周内，二极管导通，u_s向 C 充电，充电时间常数为 r_DC；在 u_s负半周内，二极管截止，C 通过 R 放电，放电时间常数为 RC。由于 $R\gg r_D$，C 的充电很快而放电很慢，因而 C 两端建立起与输入高频电压振幅接近相等的电压 u_C，其中的低频分量与输入高频电压的包络一致，所以，并联检波电路也属于包络检波。但由图 5.4.7 可见，并联检波电路的输出电压 u_O并不等于 u_C，而等于 u_s与 u_C的差值，即$u_O=u_s-u_C$，其中不仅含有直流、低频电压，还含有输入高频电压。因此，输出端还需加接低通滤波器，将高频成分滤除，如图 5.4.7 中虚线右边 R_1、C_1组成的低通电路。

与串联检波电路相比，由于并联检波电路中 R 通过 C 直接与输入信号源并联，因而 R 必然消耗输入高频信号的功率。根据能量守恒原理，可以求得并联检波电路的输入电阻为

$$R_{\mathrm{i}} \approx \frac{1}{3} R \tag{5.4.8}$$

2. 平方律检波电路

当输入高频电压振幅小于0.1 V时，可利用二极管伏安特性曲线的弯曲部分进行检波，称为小信号检波。由于这种检波具有平方检波特性，故又称为平方律检波，电路如图5.4.8(a)所示。

设输入信号 u_{s} 为调幅信号

$$u_{\mathrm{s}}=U_{\mathrm{sm}}[1+m_{\mathrm{a}}\cos(\Omega t)]\cos(\omega_{\mathrm{c}}t)=u_{\mathrm{m}}\cos(\omega_{\mathrm{c}}t) \tag{5.4.9}$$

式中 $u_{\mathrm{m}}=U_{\mathrm{sm}}(1+m_{\mathrm{a}}\cos \Omega t)$。这里的调制信号是单频 Ω，载频为 ω_{c}，调制系数为 m_{a}。图中偏压 U_{Q} 用以控制二极管工作点 Q 的位置，使其工作在正向伏安特性的弯曲部分。当 u_{s} 加入后，电流 i 的波形如图5.4.8(b)所示。

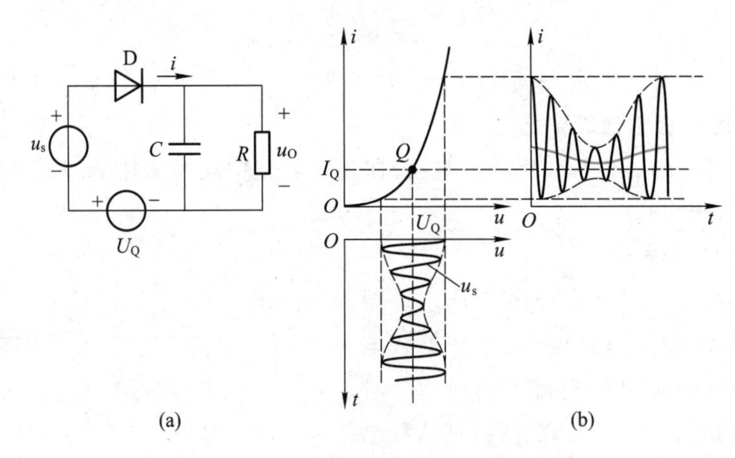

图5.4.8　平方律检波电路及其检波波形

(a) 检波电路　(b) 检波波形

考虑到小信号检波的特点，二极管伏安特性用幂级数表示为

$$i=a_0+a_1(u-U_{\mathrm{Q}})+a_2(u-U_{\mathrm{Q}})^2+\cdots \tag{5.4.10}$$

略去输出电压的反作用，加在二极管两端的电压为

$$u=U_{\mathrm{Q}}+u_{\mathrm{s}}=U_{\mathrm{Q}}+u_{\mathrm{m}}\cos(\omega_{\mathrm{c}}t) \tag{5.4.11}$$

将式(5.4.11)代入式(5.4.10)，并略去高次谐波，则得

$$\begin{aligned} i &= a_0+a_1u_{\mathrm{m}}\cos(\omega_{\mathrm{c}}t)+a_2u_{\mathrm{m}}^2\cos^2(\omega_{\mathrm{c}}t) \\ &= a_0+a_1u_{\mathrm{m}}\cos(\omega_{\mathrm{c}}t)+\frac{1}{2}a_2u_{\mathrm{m}}^2+\frac{1}{2}a_2u_{\mathrm{m}}^2\cos(2\omega_{\mathrm{c}}t) \end{aligned} \tag{5.4.12}$$

由上式可见，检波电路输出电流中有直流分量、角频率为 ω_{c} 和 $2\omega_{\mathrm{c}}$ 的高频分量及低频分量 $\frac{1}{2}a_2u_{\mathrm{m}}^2$，低频分量中包含有用的原低频调制信号。隔除直流，滤除高频分量，便可得到低频调

制信号。

由式(5.4.9)可得到检波电路输出的低频电流分量为

$$\left.\begin{aligned}\frac{1}{2}a_2u_m^2&=\frac{1}{2}a_2\{U_{sm}[1+m_a\cos(\Omega t)]\}^2\\&=\frac{1}{2}a_2U_{sm}^2\left(1+\frac{m_a^2}{2}\right)+ &&\text{直流分量}\\&\quad a_2m_aU_{sm}^2\cos(\Omega t)+ &&\text{调制信号分量}\\&\quad \frac{1}{4}a_2m_a^2U_{sm}^2\cos(2\Omega t) &&\text{调制信号的二次谐波分量}\end{aligned}\right\}\tag{5.4.13}$$

上式中的电流 $a_2m_aU_{sm}^2\cos(\Omega t)$ 在负载上的电压降就是检波电路获得的低频调制信号。由于它的幅度与输入高频调幅信号的振幅 U_{sm} 平方成正比,故称为平方律检波。此外,调幅信号经检波后还会产生直流分量和低频二次谐波分量,而且由于低频二次谐波与低频基波的频率很接近,不易滤除,因而会产生非线性失真。m_a 越大,非线性失真越严重。

平方律检波除了非线性失真大,还有检波效率低、输入阻抗小等缺点,目前通信设备中已很少采用。但小信号检波具有平方律检波特性,检波输出的平均电流正比于输入高频信号振幅的平方,即与输入信号的功率成正比。因此,在测量或指示微波信号功率和噪声功率的仪器中仍得到广泛应用。

5.4.3 同步检波电路

同步检波电路与包络检波电路不同,检波时需要同时加入与载波信号同频同相的同步信号。同步检波有两种实现电路,一种为乘积型同步检波电路,另一种为叠加型同步检波电路。

一、乘积型同步检波电路

利用相乘器构成的同步检波电路称为乘积型同步检波电路。在通信及电子设备中广泛采用二极管环形相乘器和双差分对集成模拟相乘器构成同步检波电路。二极管环形相乘器既可用作调幅,也可用作解调。但两者信号的接法刚好相反。同样,为了避免制作体积较大的低频变压器(或考虑到混频组件变压器低频特性较差),常把输入高频同步信号 $u_r(t)$ 和高频调幅信号 $u_s(t)$ 分别从变压器 Tr_1 和 Tr_2 接入,将含有低频分量的相乘输出信号从 Tr_1、Tr_2 的中心抽头处取出,再经低通滤波器即可检出原调制信号。若同步信号振幅比较大,使二极管工作在开关状态,可减小检波失真。

图 5.4.9 所示为采用 MC1496 双差分对集成模拟相乘器组成的同步检波电路。图中 $u_r(t)$ 为同步信号,加到相乘器的 X 输入端,其值一般比较大,以使相乘器工作在开关状态。$u_s(t)$ 为调幅信号,加到 Y 输入端,其幅度可以很小,即使在几毫伏以下也能获得不失真的解调。解调信号由 12 端单端输出,C_5、R_6、C_6 组成 π 形低通滤波器,C_7 为输出耦合隔直电容,用以耦合低

频、隔除直流。MC1496 采用单电源供电，所以 5 端通过 R_5 接到正电源端，以便为器件内部管子提供合适的静态偏置电流。

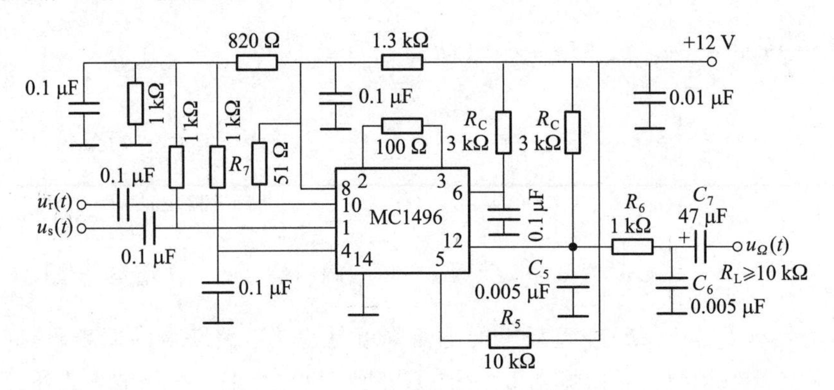

图 5.4.9　MC1496 乘积型同步检波电路

二、叠加型同步检波电路

叠加型同步检波电路是将需解调的调幅信号与同步信号先进行叠加，然后用二极管包络检波电路进行解调，其电路如图 5.4.10 所示。

设输入调幅信号 $u_s(t)=U_{sm}\cos(\Omega t)\cos(\omega_c t)$，同步信号 $u_r=U_{rm}\cos(\omega_c t)$，则它们相叠加后的信号为

$$
\begin{aligned}
u_i &= u_r+u_s=U_{rm}\cos(\omega_c t)+U_{sm}\cos(\Omega t)\cos(\omega_c t)\\
&= U_{rm}\left[1+\frac{U_{sm}}{U_{rm}}\cos(\Omega t)\right]\cos(\omega_c t)
\end{aligned}
\tag{5.4.14}
$$

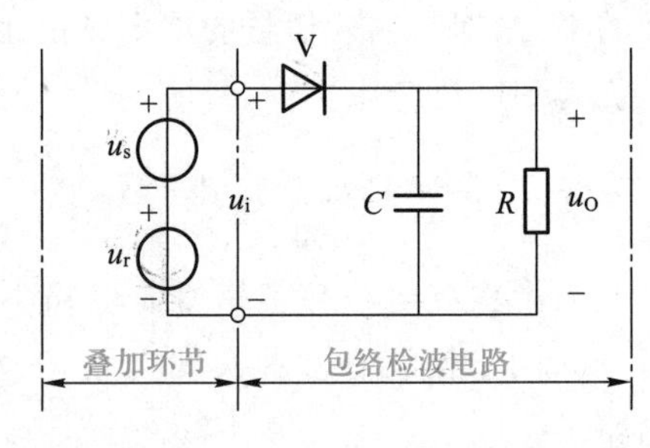

图 5.4.10　叠加型同步检波电路

式(5.4.14)说明，当 $U_{rm}>U_{sm}$ 时，$m_a=\dfrac{U_{sm}}{U_{rm}}<1$，合成信号为不失真的普通调幅信号，因而通过包络检波电路便可解调所需的调制信号。令包络检波电路的检波效率为 η_d，则检波输出电压为

$$
\begin{aligned}
u_O &= \eta_d U_{rm}\left[1+\frac{U_{sm}}{U_{rm}}\cos(\Omega t)\right]\\
&= \eta_d U_{rm}+\eta_d U_{sm}\cos(\Omega t)=U_O+u_\Omega
\end{aligned}
\tag{5.4.15}
$$

式中，$U_O=\eta_d U_{rm}$ 为检波输出的直流分量；$u_\Omega=\eta_d U_{sm}\cos(\Omega t)$ 为检波输出的低频信号。

如果输入为 SSB 信号，以单音频调制信号为例，即 $u_s(t)=U_{sm}\cos(\omega_c+\Omega)t$，则叠加后的信号为

$$
\begin{aligned}
u_i &= u_r+u_s=U_{rm}\cos(\omega_c t)+U_{sm}\cos[(\omega_c+\Omega)t]\\
&= U_{rm}\left[1+\frac{U_{sm}}{U_{rm}}\cos(\Omega t)\right]\cos(\omega_c t)-U_{sm}\sin(\Omega t)\sin(\omega_c t)\\
&= U_m\cos(\omega_c t+\varphi)
\end{aligned}
\tag{5.4.16}
$$

式中

$$U_{m}=\sqrt{[U_{rm}+U_{sm}\cos(\Omega t)]^{2}+[U_{sm}\sin(\Omega t)]^{2}} \tag{5.4.17}$$

$$\varphi=-\arctan\left[\frac{U_{sm}\sin(\Omega t)}{U_{rm}+U_{sm}\cos(\Omega t)}\right] \tag{5.4.18}$$

当 $U_{rm}\gg U_{sm}$时，式(5.4.17)、式(5.4.18)可近似为

$$\begin{aligned}U_{m}&=U_{rm}\sqrt{\left[1+\frac{U_{sm}}{U_{rm}}\cos(\Omega t)\right]^{2}+\left(\frac{U_{sm}}{U_{rm}}\right)^{2}\sin^{2}(\Omega t)}\\&\approx U_{rm}\left[1+\frac{U_{sm}}{U_{rm}}\cos(\Omega t)\right]\end{aligned} \tag{5.4.19}$$

$$\varphi\approx 0 \tag{5.4.20}$$

可见，两个不同频率的高频信号电压叠加后的合成电压是振幅及相位都随时间变化的调幅调相信号，当两者幅度相差较大时，近似为 AM 信号。合成电压振幅按两者频差规律变化的现象称为差拍现象。将叠加后的合成电压送至包络检波电路，则可解出所需的调制信号，有时把这种检波称为差拍检波。

为了进一步减少谐波频率分量，可采用图5.4.11所示的平衡同步检波电路。可以证明，它的输出解调电压中频率为 2Ω 及其以上各偶次谐波的失真分量被抵消了。

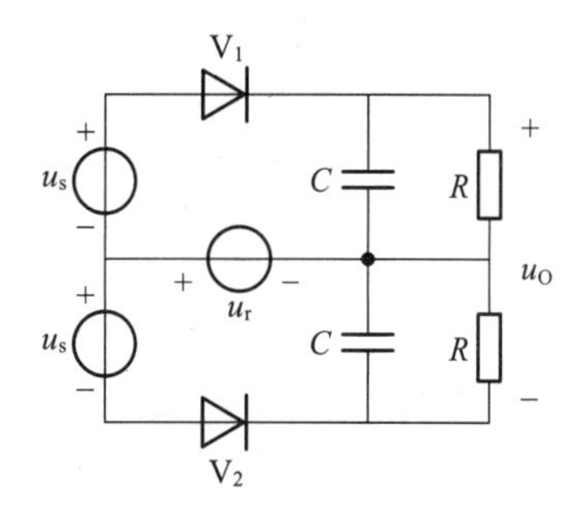

图 5.4.11　平衡同步检波电路

最后必须指出，不管是乘积型还是叠加型同步检波，都要求同步信号与发送端载波信号严格保持同频同相，否则就会引起解调失真。当相位相同而频率不等时，将产生明显的解调失真。当频率相等而相位不同时，则检波输出将产生相位失真。因此，如何产生一个与载波信号同频同相的同步信号是极为重要的。对于双边带调幅信号，同步信号可直接从输入的双边带调幅信号中提取，即将双边带调幅信号 $u_{s}=U_{sm}\cos(\Omega t)\cos(\omega_{c}t)$ 取平方 $u_{s}^{2}=[U_{sm}\cos(\Omega t)]^{2}\cos^{2}(\omega_{c}t)$，从中取出角频率为 $2\omega_{c}$的分量，经二分频器将它变换成角频率为 ω_{c}的同步信号。对于单边带调幅信号，同步信号无法从中提取出来。为了产生同步信号，往往在发送端发送单边带调幅信号的同时，附带发送一个功率远低于边带信号功率的载波信号，称为导频信号，接收端收到导频信号后，经放大就可以作为同步信号。也可用导频信号去控制接收端载波振荡器，使之输出的同步信号与发送端载波信号同步。如发送端不发送导频信号，那么，发送端和接收端均应采用频率稳定度很高的石英晶体振荡器或频率合成器，以使两者频率相同且稳定不变。显然在这种情况下，要使两者严格同步是不可能的，但只要接收端同步信号与发送端载波信号的频率之差在容许范围之内还是可用的。

讨论题

5.4.1 何谓振幅检波？如何实现振幅检波？

5.4.2 对振幅检波电路有哪些基本要求？

5.4.3 同步检波电路和包络检波电路有何区别？各有何特点？

5.4.4 二极管包络检波电路中 R 的大小对检波性能有何影响？

5.4.5 何谓惰性失真和负峰切割失真？如何避免这些失真的产生？

5.4.6 能否用二极管环形相乘器构成检波电路？为什么？

5.4.7 图 5.4.11 所示平衡同步检波电路的输入电压为单边带调幅信号 $u_s(t)=U_{sm}\cos(\omega_c+\Omega)t$，若二极管包络检波电路的检波效率为 η_d，已知 $U_{rm}\gg U_{sm}$，试求出同步检波电路输出电压 u_O 的表示式。

随堂测验

5.4 随堂测验答案

5.4.1 填空题

1. 从调幅信号中取出原调制信号的过程称为__________，它有__________和__________两类电路，两者的主要区别在于__________电路需加入同步信号而__________电路无须加入同步信号，但它只适用于解调________信号。

2. 二极管包络检波电路由________和__________组成。当输入信号为 $u_s(t)=2[1+0.5\cos(2\pi\times10^3t)]\cos(2\pi\times10^6t)\,\text{V}$，检波电路检波效率 $\eta_d=0.8$，则检波电路低频输出电压振幅为______，频率为______。

5.4.2 单选题

1. 二极管包络检波电路产生惰性失真的原因是(　　)。

A. 输入信号太小　　B. 输入信号调幅系数过小

C. 时间常数 RC 过大　　D. 负载电阻 R_L 过大

2. 二极管包络检波电路产生负峰切割失真的原因是(　　)。

A. 输入信号太小　　B. 输入信号调幅系数过小

C. 时间常数 RC 过大　　D. 检波器低频交流负载与直流负载相差过大

3. 图 5.4.12 所示电路中，RC 为低通滤波器，$u_1=U_{1m}\cos(\omega_c t)$，$u_s=U_{sm}\cos(\Omega t)\cos(\omega_c t)$，$\Omega$ 为低频，ω_c 为载频，则该电路是(　　)。

A. 二极管包络检波电路

B. 叠加型同步检波电路

C. 乘积型同步检波电路

D. 二极管平方律检波电路

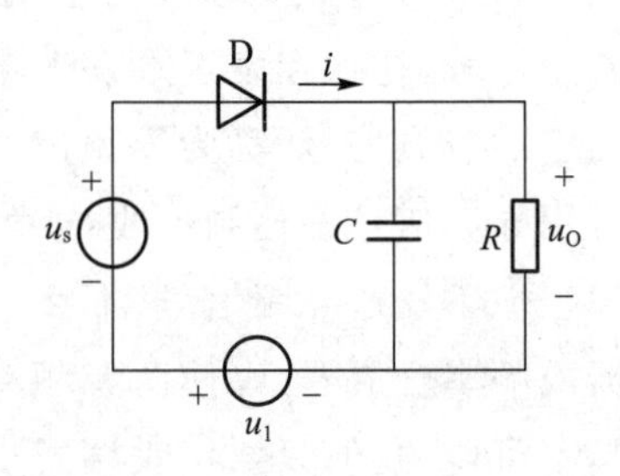

图 5.4.12

5.4.3 判断题

1. 同步检波电路主要用于DSB和SSB信号的解调,但解调时需同时加入与调幅信号载波同频、同相的同步信号。 (   )

2. 二极管双平衡相乘器与集成模拟相乘器都可以用来构成同步检波电路。 (   )

3. 检波电路是频谱线性搬移电路,它必须由具有相乘功能的非线性器件构成。 (   )

5.5 混频电路

5.5.1 混频的基本原理

一、混频电路的作用

混频电路又称变频电路,它广泛应用于通信及其他电子设备中,其作用是将已调信号的载频变换成另一载频,变换后新载频已调信号的调制类型(调幅、调频等)和调制参数(如调制频率、调制系数等)均不改变。混频电路作用示意图如图5.5.1所示。图中,$u_s(t)$为载频是f_c的普通调幅信号,$u_L(t)$为本振信号电压,由本地振荡器产生的、频率为f_L的等幅余弦信号电压,混频电路输出电压$u_I(t)$是载频为f_I的已调信号电压,通常将$u_I(t)$称为中频信号。

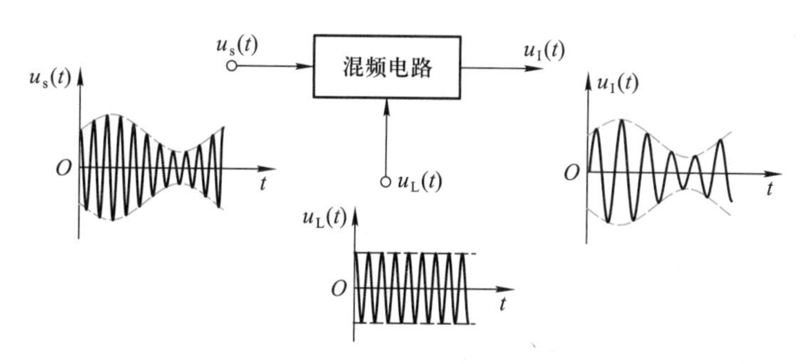

图5.5.1 混频电路的作用

混频电路输出的中频频率可取输入信号频率f_c与本振频率f_L的和频或差频,即

$$\left.\begin{aligned} &f_I = f_c + f_L \\ \text{或}\quad &f_I = f_c - f_L\ (f_c > f_L,\text{若}\ f_c < f_L,\text{取}\ f_I = f_L - f_c) \end{aligned}\right\} \tag{5.5.1}$$

$f_I > f_c$的混频称为上混频,$f_I < f_c$的混频称为下混频。调幅广播收音机一般采用中频$f_I = f_L - f_c$,它的中频规定为465 kHz。

从频谱观点来看,混频的作用就是将已调波的频谱不失真地从f_c搬移到中频f_I的位置上,因此,混频电路是一种典型的频谱线性搬移电路,可以用相乘器和带通滤波器来实现这种搬移,如图5.5.2(a)所示。

设输入调幅信号为一普通调幅信号，其频谱如图 5.5.2(b)所示，本振信号$u_L(t)$与 $u_s(t)$经相乘器后，输出电压 $u_O(t)$的频谱如图 5.5.2(c)所示。图中$\omega_L>\omega_c$，可见，$u_s(t)$的频谱被不失真地搬移到本振角频率 ω_L的两边，一边搬到 $\omega_L+\omega_c$上，构成载波角频率为 $\omega_L+\omega_c$的调幅信号，另一边搬到 $\omega_L-\omega_c$上，构成载波角频率为 $\omega_L-\omega_c$的调幅信号。若带通滤波器调谐在 $\omega_I=\omega_L-\omega_c$上，则前者为无用的寄生分量，而后者经带通滤波器取出后输出，便可得到中频调制信号。

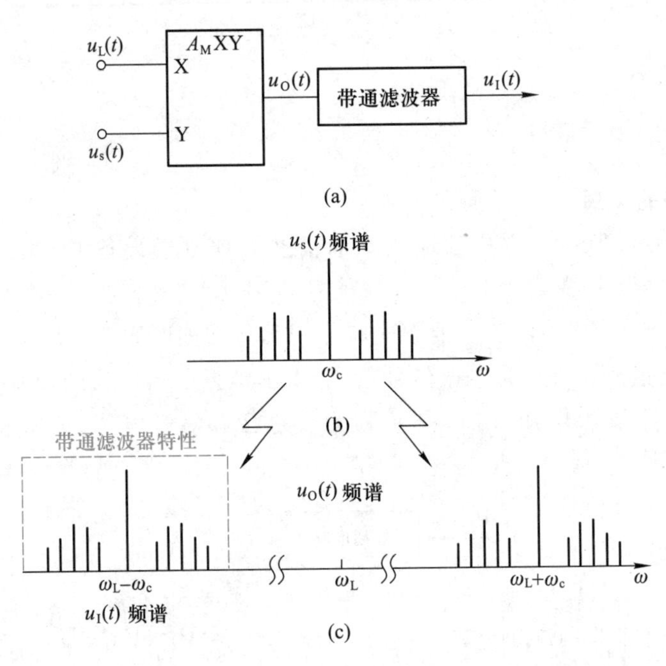

图 5.5.2 混频电路组成模型

(a) 组成模型 (b) $u_s(t)$频谱 (c) $u_O(t)$与 $u_I(t)$频谱

原则上，凡是具有相乘功能的器件都可用来构成混频电路。目前高质量的通信设备中广泛采用二极管环形混频电路和双差分对模拟相乘器混频电路。由于三极管混频电路简单、变频增益较高、造价低，在普通接收机和测量仪器中也有较多的应用。

二、混频电路的主要性能指标

混频电路的性能指标主要有：混频增益、噪声系数、失真与干扰、选择性等。

混频电压增益是指输出中频电压 U_I与输入高频电压 U_s的比值，即

$$A_c=U_I/U_s \tag{5.5.2}$$

用分贝数表示

$$A_c=20\lg\frac{U_I}{U_s} \tag{5.5.3}$$

混频功率增益是指输出中频信号功率 P_I 与输入高频信号功率 P_s 的比值,用分贝数表示,即

$$G_c = 10\lg \frac{P_I}{P_s} \tag{5.5.4}$$

一般要求混频增益大些,这样有利于接收机灵敏度的提高。

对于二极管环形混频电路,因混频增益小于1,故用混频损耗来表示,它定义为

$$L_c = 10\lg \frac{P_s}{P_I} \tag{5.5.5}$$

混频电路的噪声系数是指输入信号噪声功率比 $(P_s/P_n)_i$ 对输出中频信号噪声功率比 $(P_I/P_n)_o$ 的比值,用分贝表示,即

$$N_F = 10\lg \frac{(P_s/P_n)_i}{(P_I/P_n)_o} \tag{5.5.6}$$

由于混频电路处于接收机的前端,它的噪声电平高低对整机有较大的影响,因此要求混频电路的噪声系数越小越好。

混频电路的失真是指输出中频信号的频谱结构相对于输入高频信号的频谱结构产生的变化,希望这种变化越小越好。

由于混频依靠非线性特性来完成,因此在混频过程中会产生各种非线性干扰,如组合频率、交叉调制、互相调制等干扰。这些干扰将会严重地影响通信质量,因此要求混频电路对此应能有效地抑制。

混频电路的选择性是指中频输出带通滤波器的选择性,要求它有较理想的幅频特性,即矩形系数尽量接近于1。

5.5.2 二极管环形混频电路和集成模拟相乘器混频电路

在很长一段时间内二极管环形混频电路是高性能通信设备中应用最广泛的一种混频电路,虽然目前由于集成模拟相乘器产品性能不断改善和提高,使用也越来越广泛,但在微波波段仍广泛使用二极管环形混频电路组件。二极管环形混频电路的主要优点是工作频带宽,可达到几千兆赫,噪声系数低,混频失真小,动态范围大等,但其主要缺点是没有混频增益,不便于集成化。集成模拟相乘器混频电路主要优点是混频增益大,输出信号频谱纯净,混频干扰小,对本振电压的大小无严格的限制,端口之间隔离度高。主要缺点是噪声系数较大。下面介绍几例常用混频电路。

1. 二极管环形混频电路

图5.5.3所示是采用图5.2.11所示环形混频器组件构成的混频电路,图中 u_s、R_{s1} 为输入信号源,u_L、R_{s2} 为本振信号源,R_L 为中频信号的负载。为了保证二极管工作在开关状态,本振信号 u_L 的功率必须足够大,而输入信号 u_s 功率必须远小于本振功率。实际二极管环形混频器

组件各端口的匹配阻抗均为 50 Ω，应用时各端口都必须接入滤波匹配网络，分别实现混频器与输入信号源、本振信号源、输出负载之间的阻抗匹配。

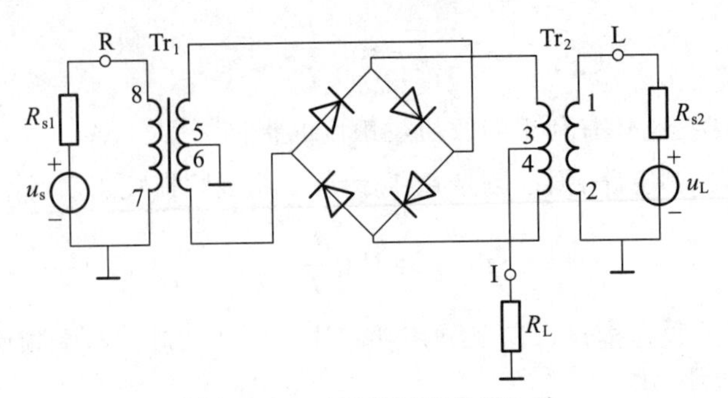

图 5.5.3　二极管环形混频电路

2. MC1496 混频电路

图 5.5.4 所示是用 MC1496 双差分对集成模拟相乘器构成的混频电路。图中，本振电压 u_L 由 10 端（X 输入端）输入，信号电压由 1 端（Y 输入端）输入，混频后的中频（f_I = 9 MHz）电压由 6 端经 π 形滤波器输出。该滤波器的带宽约 450 kHz，除滤波外还起到阻抗变换作用，以获得较高的混频增益。当 f_c = 30 MHz，$U_{sm}\leqslant$15 mV，f_L = 39 MHz，U_{Lm} = 100 mV时，电路的混频增益可达 13 dB。为了减小输出信号波形失真，1 端与 4 端间接有调平衡的电路，使用时应仔细调整。

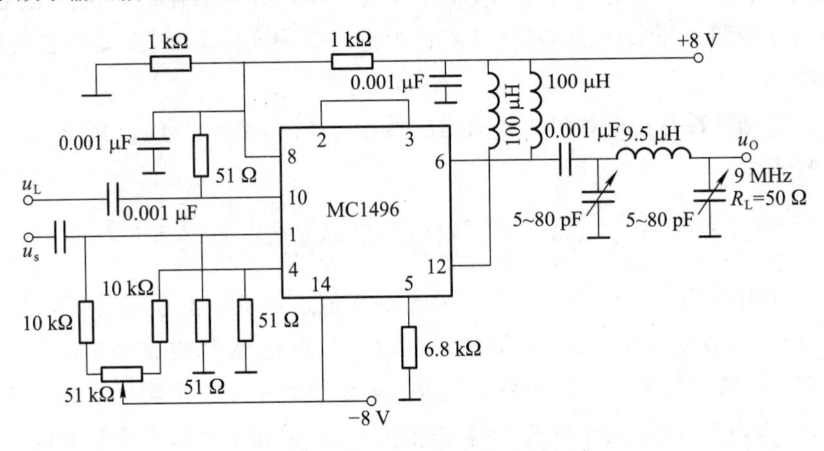

图 5.5.4　MC1496 构成的混频电路

3. NE612 混频电路

图 5.5.5 所示为用专用单片集成混频器 NE612 构成的混频电路。NE612 混频器内部由双差分对模拟相乘器、本地振荡晶体管、缓冲放大器以及偏置电路等组成，如图 5.5.5 框内电路所示。器件引脚 1 和 2 为高频信号输入端，外接 LC 回路，微调电感磁芯可使回路谐振于输入高频信号频率上，0.1 μF 电容为隔直流电容；引脚 3 为接地端；引脚 4 和 5 为混频器输出端，因片内接有 1.5 kΩ 负载电阻，故可直接由引脚 4 外接陶瓷滤波器，单端输出中频信号（中

频信号也可由5脚单端输出或由4、5脚双端输出）；引脚6和7外接石英晶体等振荡元件与内部三极管放大器构成三次泛音振荡电路作为本地振荡器。7脚对地所接 C_1、L 和 C_2 并联谐振回路用来抑制基频振荡，要求其在三次泛音频率上等效电抗为容性，以满足振荡条件。而电容 C_1 用来隔断直流，保证7脚直流电位不接地，其高频容抗很小可略去。本振信号内部直接送入相乘器，若用外部本振信号可通过6脚直接输入；引脚8为电源端，外接 LC 电源滤波器，器件采用单电源供电。

NE612混频器本振频率可达200 MHz，输入信号频率最高可达500 MHz，变频增益14 dB，噪声系数 $N_F=6$ dB。由于专用单片混频器内部结构完善，外围连接元件少，故使用很方便；另外，器件可处理微伏级微弱高频输入信号，且功耗低，所以是一种较为理想的混频器。

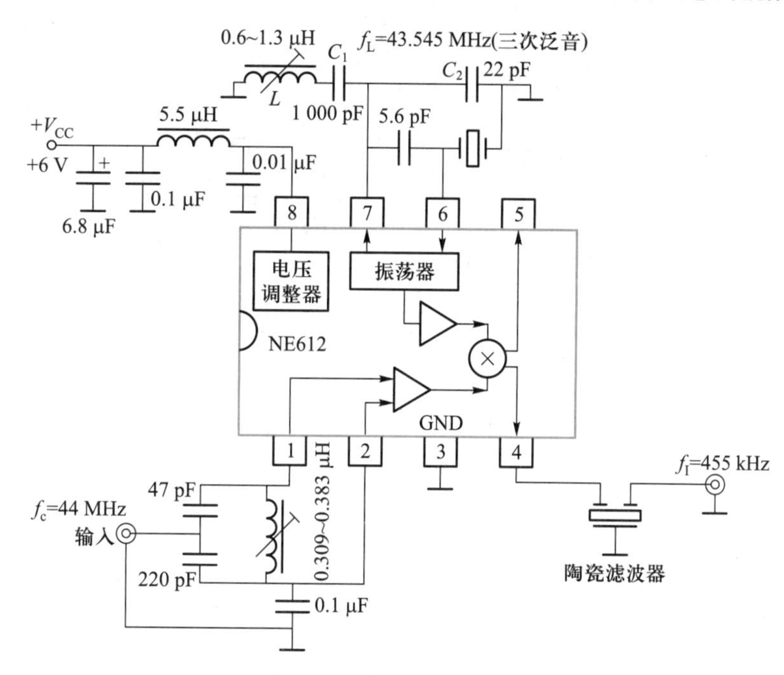

图 5.5.5　NE612内部结构及其混频电路

5.5.3　三极管混频电路

一、晶体管混频电路

图5.5.6所示为晶体管混频电路原理图。输入信号 u_s 和本振信号 u_L 都由基极输入，输出回路调谐在中频 $f_I=f_L-f_c$ 上。由图可见，$u_{BE}=V_{BB}+u_L+u_s$。一般情况下 u_L 为大信号，u_s 为小信号，且 $U_{Lm}\gg U_{sm}$，晶体管工作在线性时变工作状态。

晶体管混频电路是利用晶体管转移特性的非线性特性实现混频的。由图5.5.6可见，直

流偏置 V_{BB} 与本振电压 u_L 相叠加，作为晶体管的等效偏置电压，使晶体管的工作点按 u_L 的变化规律随时间而变化，因此将 $V_{BB}+u_L$ 称为时变偏压。输入 u_s 时晶体管即工作在线性时变状态，其集电极电流 i_C 中将产生 f_L 和 f_c 的和差频率分量及其他组合频率分量，经过谐振回路便可取出中频 $f_I=f_L-f_c$（或 $f_I=f_L+f_c$）的信号输出，当晶体管转移特性为一平方律曲线时，其混频的失真和无用组合频率分量输出都很小。

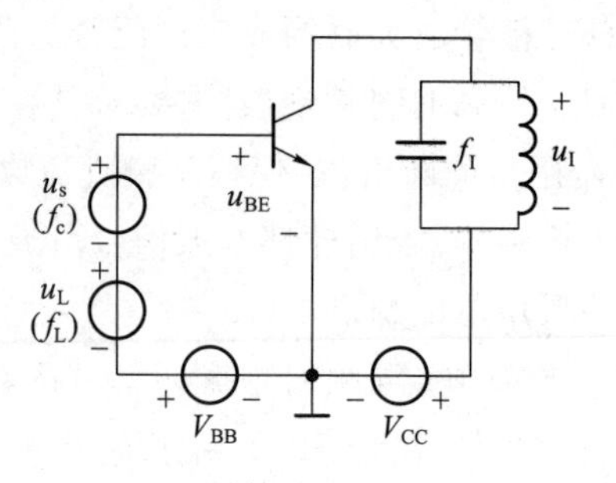

图 5.5.6　晶体管混频电路原理图

图 5.5.7 所示为广播收音机中中波常用的混频电路，此电路混频和本振都由晶体管 V 完成，故又称为变频电路，中频 $f_I=f_L-f_c=465$ kHz。

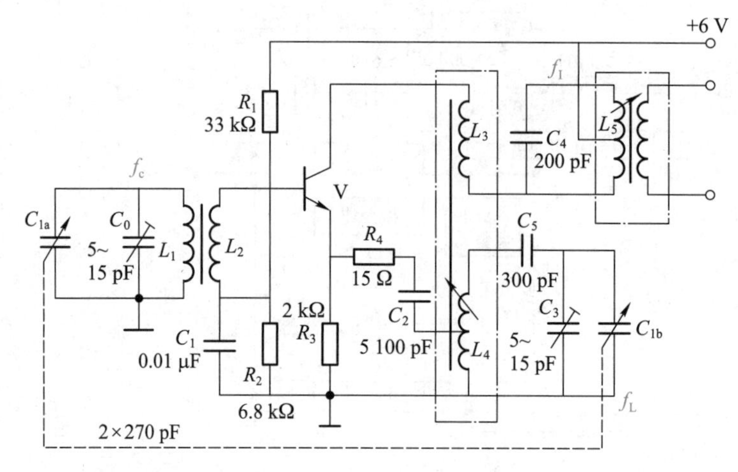

图 5.5.7　中波调幅收音机变频电路

由 L_1、C_0、C_{1a} 组成的输入回路从磁性天线接收到的无线电波中选出所需的频率信号，再经 L_1、L_2 的互感耦合加到晶体管的基极。本地振荡部分由晶体管、L_4、C_5、C_3、C_{1b} 组成的振荡回路和反馈线圈 L_3 等构成。由于输出中频回路 C_4、L_5 对本振频率严重失谐，可认为呈短路；基极旁路电容 C_1 容抗很小，加上 L_2 电感量甚小，对本振频率所呈现的感抗也可忽略，因此，对于本地振荡而言，电路构成变压器反馈振荡电路。本振电压通过 C_2 加到晶体管发射极，而信号由基极输入，所以称为发射极注入、基极输入式变频电路。

反馈线圈 L_3 的电感量很小，对中频近于短路，因此，变频器的负载仍然可以看作是由中频回路所组成。对于信号频率来说，本地振荡回路的阻抗很小，而且发射极是部分地接在线圈 L_4 上，所以发射极对输入高频信号来说相当于接地。电阻 R_4 对信号具有负反馈作用，从而能提高输入回路的选择性，并有抑制交叉调制干扰的作用。

在变频器中，希望在所接收的波段内对每个频率都能满足 $f_I=f_L-f_c=465$ kHz，为此，电路中采用双连电容 C_{1a}、C_{1b} 作为输入回路的统一调谐电容，同时增加了垫衬电容 C_5 和补偿电容

C_3、C_0。经过仔细调整这些补偿元件,就可以在整个接收波段内做到本振频率基本上能够跟踪输入信号频率,即保证可变电容器在任何位置上都能达到$f_L \approx f_I + f_c$。

二、双栅 MOS 场效应管混频电路

采用双栅 MOS 场效应管构成的混频电路如图 5.5.8(a)所示。图中场效应管 V 有两个栅极,其中 G_1加输入信号 u_s,G_2加本振电压 u_L,输出中频滤波器采用双调谐耦合回路。R_1、R_2和R_4、R_5组成分压器,分别给栅极 G_2、G_1提供正向偏压;R_6、C_4构成源极自给偏压电路。

将双栅场效应管用两个级联场效应管表示,如图 5.5.8(b)所示,图中 $i_D = i_{D1} = i_{D2}$,i_{D1}受 u_s控制,i_{D2}受 u_L控制,即双栅场效应管的漏极电流 i_D同时受到 u_L、u_s的控制,当 u_L为大信号,u_s为小信号时,场效应管即工作在线性时变状态,从而实现混频作用。

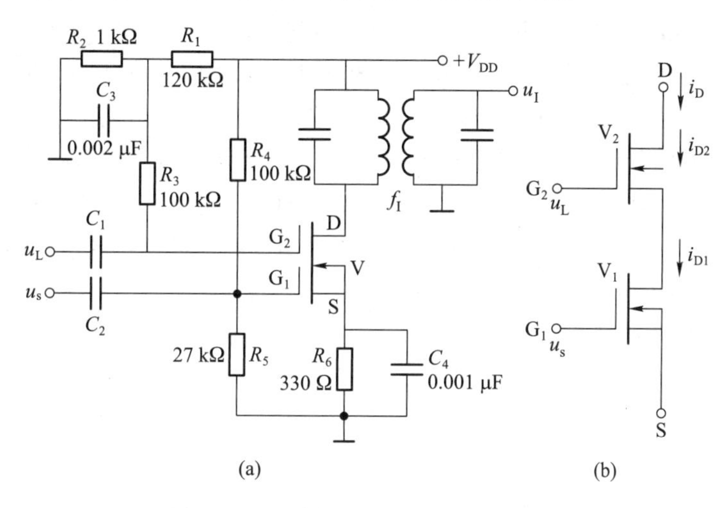

图 5.5.8　双栅 MOS 场效应管混频电路

(a) 电路　(b) 双栅场效应管等效电路

由于场效应管的转移特性具有二次特性,所以双栅 MOS 场效应管混频电路输出信号中的无用组合频率分量比晶体管的少,同时,它还具有动态范围大、工作频率高等优点。

5.5.4　混频干扰

混频必须采用非线性器件,而混频器件的非线性又是混频电路产生各种干扰信号的根源。信号频率和本振频率的各次谐波之间、干扰信号与本振信号之间以及干扰信号之间经非线性器件相互作用会产生很多的频率分量。在接收机中,当其中某些频率等于或接近于中频时,就能够顺利地通过中频放大器,经解调后在输出级引起串音、哨叫和各种干扰,影响有用信号的正常接收。下面以接收机混频器为例讨论一些常见的混频干扰。

一、信号与本振产生的组合频率干扰

混频器在信号电压和本振电压共同作用下产生了许多组合频率分量,它们可表示为

$$f_{p\cdot q}=|\pm pf_L\pm qf_c| \tag{5.5.7}$$

式中,p、q 分别为本振频率和信号频率的谐波次数,它们均为任意正整数。绝对值号表示在任何情况下频率不可能为负值。

这些频率分量中只有一个分量是有用的中频信号,当 $p=q=1$ 可得中频$f_I=f_L-f_c$,除此频率分量外的组合频率分量均为无用的。当其中的某些频率分量接近于中频并落入中频通频带范围内时,就能与有用中频信号一道顺利地通过中放加到检波器,并与有用中频信号在检波器中产生差拍,形成低频干扰,使得收听者在听到有用信号的同时还听到差拍哨声,当转动接收机调谐旋钮时,哨声音调也跟随变化,这是区分其他干扰的标志。所以这种组合频率干扰也称为哨声干扰。

例如,在广播中波波段,信号频率 $f_c=931$ kHz,本振频率 $f_L=1\ 396$ kHz,中频 $f_I=465$ kHz。当 $p=1$、$q=2$ 时对应的组合频率为 $2f_c-f_L=(1\ 862-1\ 396)$ kHz $=466$ kHz,接近于 465 kHz,这样,它和有用中频信号同时进入中放、检波,产生差拍,在接收机输出端产生 1 kHz 的哨叫声。

理论上,产生干扰哨声的信号频率有无限个,但实际上因组合频率分量的幅度随着 $p+q$ 增加而迅速减小,因此只有 p 和 q 较小时才会产生明显的干扰哨声;又因接收机的接收频段是有限的,所以产生干扰哨声的组合频率并不多。对于具有理想相乘特性的混频器,则不可能产生哨声干扰,所以,实用上应尽量减小混频器的非理想相乘特性。

二、干扰与本振产生的组合频率干扰

凡能加到混频器输入端的外来干扰信号均可以在混频器中与本振电压产生混频作用,若形成的组合频率满足

$$|\pm pf_L\pm qf_N|\approx f_I \tag{5.5.8}$$

就会形成干扰。式(5.5.8)中,f_N为外来干扰信号的频率,p、q 分别为本振频率f_L和干扰信号频率f_N的谐波次数,它们为任意正整数。

在混频器中,通带把有用信号与本振电压变换为中频的通道称为主通道,而把同时存在的其余变换通道称为寄生通道。所以把这种外来干扰与本振电压产生的组合频率干扰称为寄生通道干扰。实际上,只有对应于 p、q 值较小的干扰信号才会形成较强的寄生通道干扰,其中最强寄生通道干扰为中频干扰和镜像干扰。

当 $p=0$、$q=1$ 时,$f_N=f_I$,称为中频干扰。由于干扰信号频率等于或接近中频,它可以直接通过中放形成干扰。如中频干扰信号是调幅信号,则经检波后可能听到干扰信号的原调制信号,情况严重时,干扰甚强,接收机将不能辨别出有用信号。为了抑制中频干扰,应该提高混频器前端电路的选择性,或在前级增加一个中频滤波器,亦称中频陷波器。

当 $p=q=1$ 时,$f_N=f_L+f_I=f_c+2f_I$,称为镜像干扰。显然,f_N与 f_c以 f_L为轴形成镜像关系,如图 5.5.9 所示。抑制镜像干扰的主要方法是提高前级电路的选择性。

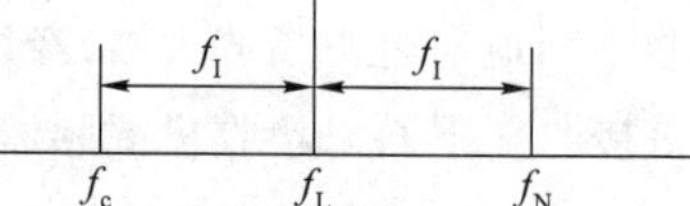

图 5.5.9 镜像干扰分布情况

三、交叉调制和互相调制干扰

1. 交叉调制干扰（简称交调干扰）

如接收机前端电路的选择性不够好，使有用信号和干扰信号同时加到混频器的输入端，若这两个信号均为调幅信号，则通过混频器的非线性作用就可能产生交叉调制干扰，其现象为：当接收机对有用信号频率调谐时，在输出端不仅可收听到有用信号的声音，同时还清楚地听到干扰台的声音；若接收机对有用信号频率失谐，则干扰台的声音也随之减弱，并随着有用信号的消失而消失，好像干扰台声音调制在有用信号的载波上，故称其为交叉调制干扰。

交叉调制干扰是由混频器非线性特性的高次方项所引起的。交叉调制的产生与干扰台的频率无关，任何频率的较强干扰信号加到混频器的输入端都有可能形成交叉调制干扰，只有当干扰信号频率与有用信号频率相差较大、受前端电路较强的抑制时，形成的干扰才比较弱。抑制交叉调制干扰的主要措施有：

(1) 提高混频前端电路的选择性、尽量减小干扰的幅度是抑制交叉调制干扰的有效措施。

(2) 选用合适的器件和合适的工作状态，使混频器的非线性高次方项尽可能减小。

(3) 采用抗干扰能力较强的平衡混频器和模拟相乘器混频电路。

2. 互相调制干扰（简称互调干扰）

两个（或多个）干扰信号同时加到混频器输入端，由于混频器的非线性作用，两干扰信号与本振信号相互混频，产生的组合频率分量若接近于中频，它就能顺利地通过中频放大器，经检波器检波后产生干扰。这种与两个（或多个）干扰信号有关的干扰称为互调干扰。

例如，接收机调整在接收 1 200 kHz 信号的状态，这时本振频率 $f_L=1\ 665$ kHz（中频为 465 kHz），另有频率分别为 1 190 kHz 和 1 180 kHz 的两个干扰信号也加到混频器的输入端，经过混频可获得组合频率为

$$[1\ 665-(2\times1\ 190-1\ 180)]\text{kHz}=(1\ 665-1\ 200)\text{kHz}=465\ \text{kHz}$$

恰为中频频率，因此它可经中频放大器而形成干扰。由此可见，互调干扰也可看成两个（或多个）干扰信号彼此混频，产生接近于接收的有用信号频率的组合频率分量[例如$(2\times1\ 190-1\ 180)\text{kHz}=1\ 200\ \text{kHz}$]而形成的干扰。

减小互调干扰的方法与抑制交叉调制干扰的措施相同，这里不再赘述。

讨论题

5.5.1 说明混频电路的作用，并画出混频电路组成模型。

5.5.2 对混频电路有哪些基本要求？

5.5.3 用二极管环形相乘器构成混频电路与构成振幅调制和解调电路有何异同点？

5.5.4 说明晶体管混频电路工作原理及采用场效应管构成混频器的优点。

5.5.5 试对混频、振幅调制与解调电路的作用、组成模型及基本原理进行比较，它们有哪些共同点和不同点？

5.5.6 何谓中频干扰和镜像干扰？如何抑制这些干扰？

随堂测验

5.5 随堂测验答案

5.5.1 填空题

1. 把已调信号的载频变换为另一载频(称为中频)的电路,称为______电路,它是典型的__________电路,需用__________和__________组成。

2. 取差值的混频器输入信号 $u_s(t)=0.1[1+0.5\cos(2\pi\times10^3t)\cos(2\pi\times10^6t)]$ V,本振信号 $u_L(t)=\cos(2\pi\times1.465\times10^6t)$,则该混频器输出信号的载频为____ kHz,调幅系数 m_a 为____,调制信号频率为____。

3. 常用的混频器件有:________________、________________、________________等。

4. 混频器中,哨声干扰是指________与________组合频率分量接近于________而产生哨叫声的干扰;寄生通道干扰是指________与________组合频率分量接近或等于________而形成的干扰,其中最为严重的是__________和__________。

5.5.2 单选题

1. 下列器件中单管构成混频电路,产生混频干扰最少的器件是(　　)

A. 二极管　　B. 锗三极管　　C. 硅三极管　　D. 场效应管

2. 调幅广播超外差式接收机中频为 465 kHz,当调谐到 931 kHz 时即听到哨叫声,该干扰称为(　　)干扰。

A. 中频　　B. 镜像　　C. 哨声　　D. 互调

3. 调幅广播超外差式接收机中频为 465 kHz,当收到 560 kHz 电台信号时,还能听到频率为 1 490 kHz 强电台信号,该现象称为(　　)干扰。

A. 哨声　　B. 镜像　　C. 中频　　D. 互调

5.5.3 判断题

1. 混频电路在频域起着加(或减)法器的作用。(　　)

2. 在超外差式接收机中,用混频电路将接收到的高频已调信号载频变换成固定中频,然后经中放选频放大,使整机灵敏度和选择性显著提高。(　　)

3. 广播超外差式接收机当调谐到 930 kHz 时,进入混频器的还有频率分别为 690 kHz 和 810 kHz 两干扰电台信号,它们的组合频率(2×810−690) kHz = 930 kHz 与本振混频可得中频信号形成干扰,把它称为互调干扰。(　　)

附录 5　单片集成调幅收音机

单片收音机是由一块集成电路芯片和一些外围电路组成,它属于系统集成电路。目前单片收音机集成电路种类很多,这里以 TA7641BP 为例,讨论集成调幅收音机的内部结构及其应用。

一、TA7641BP 集成芯片内部结构

TA7641BP 为单片调幅集成收音机芯片，它具有外接元件少、静态电流小、灵敏度高、使用方便等优点。

TA7641BP 采用 16 脚双列直插式塑料封装，其引脚排列及功能框图如图 A5.1 所示。它包含混频、中放、包络检波、低放、功放等电路。由天线回路接收到的高频调幅信号经 16 脚输入混频器，与本振信号进行混频，产生的 465 kHz 中频调幅信号由 1 脚输出，经片外中频调谐回路选频后，从 3 脚输入片内中频放大器，放大后的中频调幅信号经包络检波器，检出音频信号并由 7 脚输出，经片外音量调节电位器再由 13 脚送入片内低频电压、功率放大器放大后，由 10 脚输出到外接扬声器。为了使电路工作稳定，功放直流电源由 9 脚加入，其他各级直流电源经 *RC* 滤波器后由 4 脚输入，直流电源电压为 3 V。

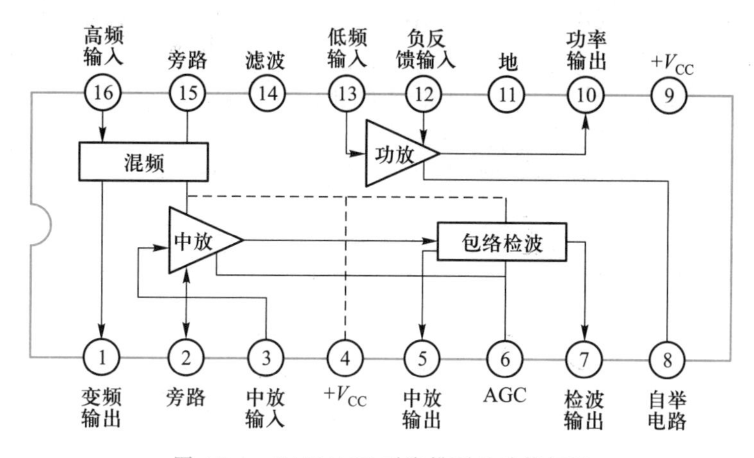

图 A5.1　TA7641BP 引脚排列及功能框图

二、TA7641BP 单片收音机电路

用 TA7641BP 构成的单片收音机电路如图 A5.2 所示。图中 Tr_1 为磁棒接收天线，电容 C_{1a}、C_1 与 L_1 组成输入调谐回路，通过 C_{1a}调谐，从磁性天线接收到的无线电波中选出所需电台信号，由 16 脚加到混频器的输入端。Tr_2 为本地振荡器的振荡线圈，L_3、C_{1b}、C_3、C_2 等构成本地振荡器的选频回路，L_4 为反馈线圈，调节 C_{1b}可调节本振频率，C_{1b}与 C_{1a}为统调双连电容，两个电容的转动轴同步旋转，以保证本振频率与接收信号频率之间恒差一个 465 kHz。Tr_3 是混频器输出中频变压器（常简称为中周），调谐在 465 kHz 上。

Tr_3 输出的中频信号由 3 脚输入中频放大器，中频放大器是集中选频放大电路，它由三级直接耦合放大电路和一级差分电路组成，负载电路由 L_7、C_7 组成，调谐在中频 465 kHz 上。三级直接耦合放大器的发射极电流受自动增益电流 I_{AGC}的控制，6 脚 C_9 电容是 AGC 的交流滤波电容。当收音机的输入信号增大时，I_{AGC} 减少，三级直接耦合中频放大的增益下降。反之，收音机输入信号减小，I_{AGC} 增大，中放增益升高。中频放大器的输出电压经片内包络检波器检

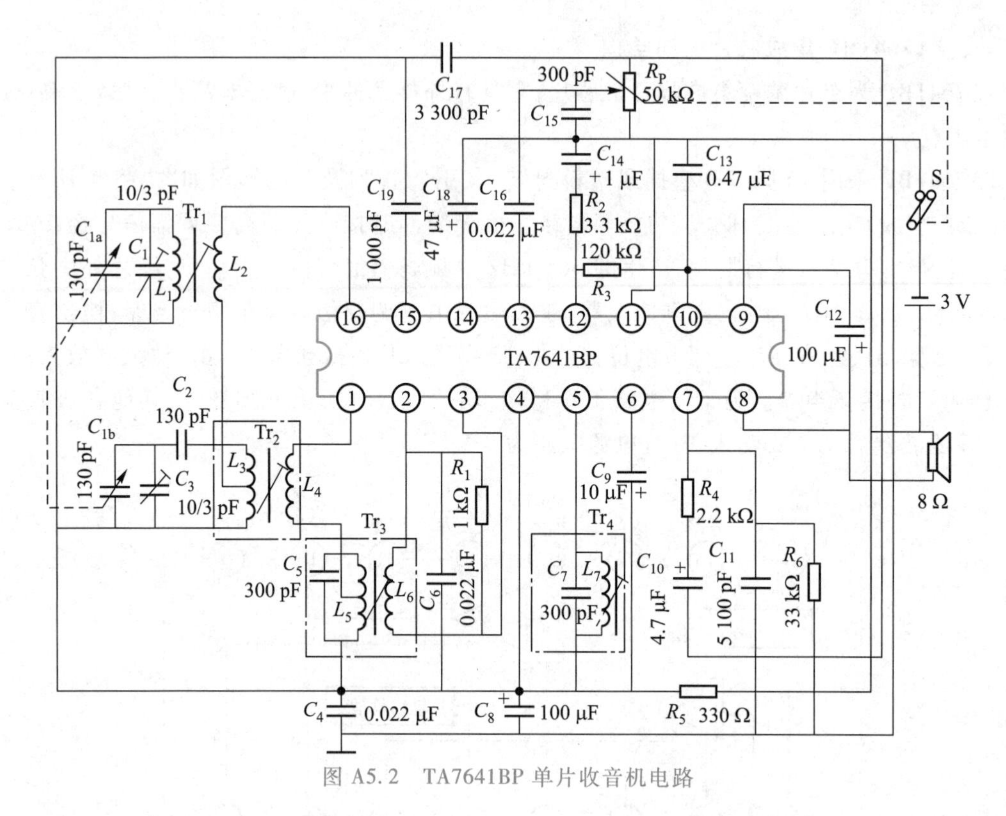

图 A5.2　TA7641BP 单片收音机电路

波，得到的音频信号，一路由 7 脚输出经外接 R_4、C_{10}加到音量调节电位器 R_P 上，同时 C_{10}、R_4、C_{11}、R_P、C_{17}等组成音频网络。检波输出的另一路通以片内电路控制电流 I_{AGC} 的大小以实现自动增益控制。

音量调节电位器 R_P 上音频信号由 C_{16}耦合到 13 脚，送入片内音频电压和功率放大器放大，功率放大器构成 OTL 电路，C_{12}为外接输出电容。放大后的音频信号由 10 脚送入外接扬声器。10 脚与 12 脚之间外接电阻及电容 R_3、R_2、C_{14} 构成交、直流负反馈，用以改善放大器的性能，稳定 10 脚的直流电位。

9 脚外接电阻、电容 R_5、C_4、C_8 为直流电源去耦合滤波器。

本章小结

1. 振幅调制是用调制信号去改变高频载波振幅的过程，而从已调信号中还原调制信号的过程称为振幅解调，也称振幅检波；把已调信号的载频变为另一载频已调信号的过程称为混频。振幅调制、解调和混频电路都属于频谱线性搬移电路，它们都可以用相乘器和滤波器组成的电路来实现。其中相乘器的作用是将输入信号频率不失真地搬移到参考信号频率两边，滤波器用来取出有用频率分量，抑制无用频率分量。调幅电路输入信号是低频调制信号，参考信号为等幅载波信号，输出为已调高频信号，采用中心频率为载频的带通滤波器；检波电路输入信号是高频已调信号，而参考信号是与已调信号的载波同频同相的等幅同步信号，输出为低频信号，采用低通滤波器；混频电路输入信号为已调信号，参考信号为等幅本振信号，输出为中频已调信号，采用中心频率为中频的带通滤波器。

振幅调制信号有普通调幅信号（AM 信号）、双边带（DSB）调幅信号和单边带（SSB）调幅信号。AM 信号频谱含有载频、上边带和下边带，其中，上、下边带频谱结构反映调制信号的频谱结构（下边带频谱与调制信号频谱成倒置关系），其振幅在载波振幅 U_{cm} 上下按调制信号 $u_{\Omega}(t)$ 的规律变化，已调波的包络直接反映调制信号的变化规律。DSB 信号频谱中含有上边带和下边带，没有载频分量，其振幅在零值上下按调制信号的规律变化，已调波的包络正比于调制信号的绝对值，当 $u_{\Omega}(t)$ 自正值或负值通过零值变化时，高频相位均要发生 180° 的相位突变。SSB 信号频谱含有上边带或下边带分量，已调波的包络不直接反映调制信号的变化规律。单边带信号一般是由双边带信号经除去一个边带而获得，采用的方法有滤波法和移相法。

2. 非线性器件具有频率变换作用，其频率变换特性与器件的工作状态有关。非线性器件工作在线性时变状态和开关状态可减小无用组合频率分量，适宜作为频谱搬移电路。

相乘器是频谱搬移电路的重要组成部分，目前在通信设备和其他电子设备中广泛采用二极管环形相乘器和双差分对集成模拟相乘器，它们利用电路的对称性进一步减少了无用组合频率分量而获得理想的相乘结果。

3. 调幅电路有低电平调幅电路和高电平调幅电路。在低电平级实现的调幅称为低电平调幅，它主要用来实现双边带和单边带调幅，广泛采用二极管环形相乘器和双差分对集成模拟相乘器。在高电平级实现的调幅称为高电平调幅，常采用丙类谐振功率放大器产生大功率的普通调幅信号。

4. 常用的振幅检波电路有二极管峰值包络检波电路和同步检波电路。由于 AM 信号含有载波，其包络变化能直接反映调制信号的变化规律，所以 AM 信号可采用电路很简单的二极管包络检波电路。由于 SSB 和 DSB 信号中不含有载频信号，必须采用同步检波电路。为了获得良好的检波效果，要求同步信号严格与载波同频、同相，故同步检波电路比包络检波电路复杂。

5. 混频电路有二极管、三极管和模拟相乘器混频电路，目前高质量的通信设备中广泛采用二极管环形混频电路和双差分对集成模拟相乘器混频电路。二极管混频电路简单、噪声小，适用于微波混频，但混频增益小于 1；双差分对混频器易于集成化，有混频增益，但噪声较大。

混频干扰是混频电路的重要问题，使用时要注意采用必要措施，选择合适的电路和工作状态，尽量减小混频干扰。

习　题

5.1　已知调制信号 $u_\Omega(t)=2\cos(2\pi\times500t)$ V，载波信号 $u_c(t)=4\cos(2\pi\times10^5t)$ V，令比例常数 $k_a=1$，试写出调幅信号表示式，求出调幅系数及频带宽度，画出调幅信号波形及频谱图。

5.2　已知调幅信号表示式 $u_{AM}(t)=[1+\cos(2\pi\times100t)]\cos(2\pi\times10^5t)$ V，试画出它的波形和频谱图，求出频带宽度 BW。

5.3　已知调制信号 $u_\Omega(t)=[2\cos(2\pi\times2\times10^3t)+3\cos(2\pi\times300t)]$ V，载波信号 $u_c(t)=5\cos(2\pi\times5\times10^5t)$ V，$k_a=1$，试写出调幅信号的表示式，画出频谱图，求出频带宽度 BW。

5.4　已知调幅信号表示式 $u_{AM}(t)=[20+12\cos(2\pi\times500t)]\cos(2\pi\times10^6t)$ V，试求该调幅信号的载波振幅 U_{cm}、载波频率 f_c、调制信号频率 F、调幅系数 m_a 和带宽 BW 的值。

5.5　已知调幅信号表示式 $u_{AM}(t)=\{5\cos(2\pi\times10^6t)+\cos[2\pi(10^6+5\times10^3)t]+\cos[2\pi(10^6-5\times10^3)t]\}$ V，试求出调幅系数及频带宽度，画出调幅信号波形和频谱图。

5.6　已知调幅信号表示式 $u_{AM}(t)=[2+\cos(2\pi\times100t)]\cos(2\pi\times10^4t)$ V，试画出它的波形和频谱图，求出频带宽度。若已知 $R_L=1\ \Omega$，试求载波功率、边频功率、调幅信号在调制信号一个周期内的平均功率。

5.7　单频调制的 AM 信号的最大振幅为 15 V，最小振幅为 5 V，试求该调幅信号的载波振幅及调幅系数。

5.8　已知调幅信号的频谱图和波形如图 P5.8(a)、(b)所示，试分别写出它们的表示式。

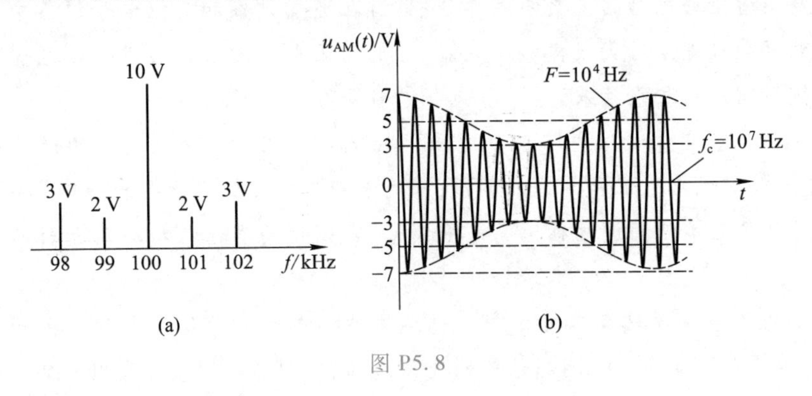

图 P5.8

5.9　试分别画出下列电压表示式的波形和频谱图，并说明它们各为何种信号。

(1) $u(t)=[1+\cos(\Omega t)]\cos(\omega_c t)$ V；(2) $u(t)=\cos(\Omega t)\cos(\omega_c t)$ V；(3) $u(t)=\cos[(\omega_c+\Omega)t]$ V；(4) $u(t)=[\cos(\Omega t)+\cos(\omega_c t)]$ V。

5.10　理想模拟相乘器的增益系数 $A_M=0.1\text{V}^{-1}$，若 $u_X=3\cos(2\pi\times10^6t)$ V，$u_Y=2\cos(2\pi\times10^3t)$ V，试写出输出电压表示式并画出其波形及频谱图。

5.11　图 5.1.9 所示电路模型中，已知 $A_M=0.1\text{V}^{-1}$，$u_c(t)=\cos(2\pi\times10^6t)$ V，$u_\Omega(t)=\cos(2\pi\times10^3t)$ V，$U_Q=2$ V，试写出输出电压表示式，求出调幅系数 m_a，画出输出电压波形及频谱图。

5.12　调幅信号电路组成模型如图 P5.12 所示，试写出 $u_O(t)$ 表示式，说明它是何种调幅信号。已知 $u_\Omega(t)$ 为调制信号，相加器增益系数为 1。

5.13　已知相乘器输入调制信号 $u_\Omega(t)=[3\cos(2\pi\times3.4\times10^3t)+1.5\cos(2\pi\times300t)]$ V，载波信号 $u_c(t)=6\cos(2\pi\times5\times10^6t)$ V，相乘器的增益系数 $A_M=0.1\text{V}^{-1}$，试画出输出调幅信号的频谱图。

5.14　图 5.1.13 所示电路中，已知 $f_{c1}=100$ kHz，$f_{c2}=2$ MHz，$f_{c3}=26$ MHz，调制信号 $u_\Omega(t)$ 的频率范围为 0.1～3 kHz，试画图说明其频谱搬移过程。

5.15　二极管环形相乘器接线如图 P5.15 所示，L 端口接大信号 $u_1=U_{1m}\cos(\omega_1t)$，使四只二极管工作在开关状态，R 端口接小信号 $u_2=U_{2m}\cos(\omega_2t)$，且 $U_{1m}\gg U_{2m}$，试写出流过负载 R_L 中的电流 i 的表示式。

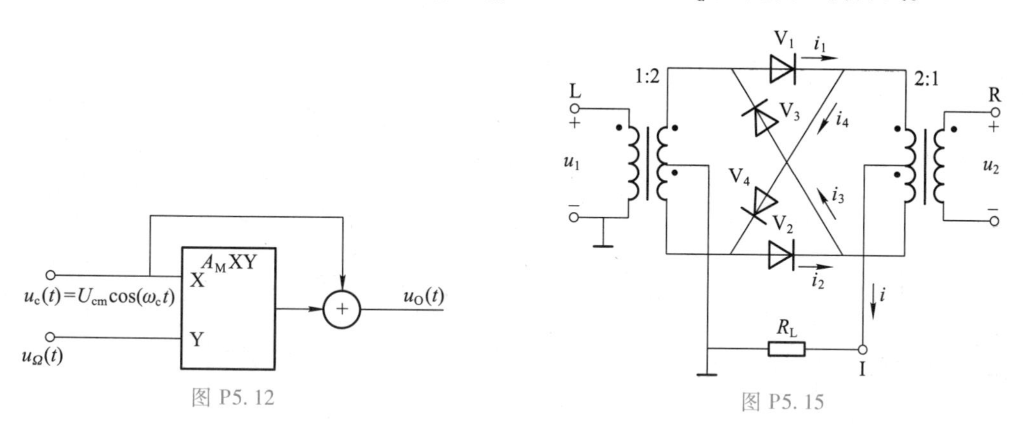

图 P5.12

图 P5.15

5.16　二极管构成的电路如图 P5.16 所示，图中两二极管的特性一致，已知 $u_1=U_{1m}\cos(\omega_1t)$，$u_2=U_{2m}\cos(\omega_2t)$，$u_2$ 为小信号，$U_{1m}\gg U_{2m}$，并使二极管工作在受 u_1 控制的开关状态，试分析其输出电流中的频谱成分，说明电路是否具有相乘功能？

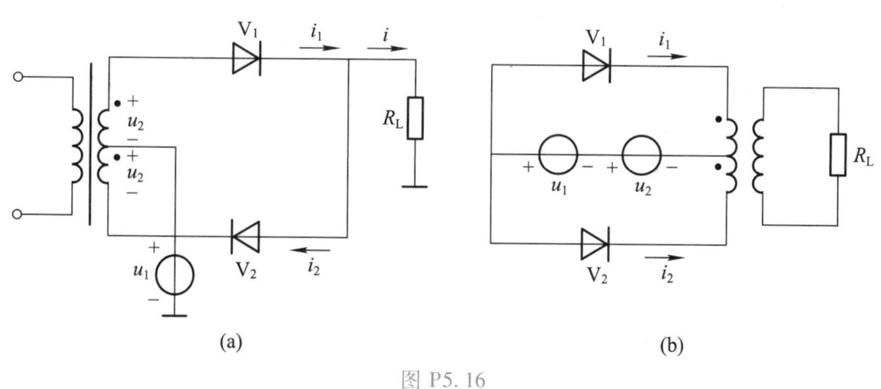

图 P5.16

5.17　图 P5.17 所示的差分电路中，已知 $u_1=360\cos(\omega_1t)$ mV，$u_2=10\cos(\omega_2t)$ mV，$V_{CC}=V_{EE}=10$ V，$R_E=10$ kΩ，晶体管的 β 很大，$U_{BE(on)}$ 可忽略，试用开关函数求 $i_C=i_{C1}-i_{C2}$ 的关系式。

5.18　图 5.2.12 所示双差分对模拟相乘器电路中，已知 $I_0=1$ mA，$R_C=3$ kΩ，$u_1=300\cos(2\pi\times10^6t)$ mV，$u_2=5\cos(2\pi\times10^3t)$ mV，试求输出电压 $u_O(t)$ 的表示式。

5.19　图 5.2.14 所示 MC1496 相乘器电路中，已知 $R_5=6.8$ kΩ，$R_C=3.9$ kΩ，$R_Y=1$ kΩ，$V_{EE}=8$ V，$V_{CC}=12$ V，$U_{BE(on)}=0.7$ V。当 $u_1=360\cos(2\pi\times10^6t)$ mV，$u_2=200\cos(2\pi\times10^3t)$ mV 时，试求输出电压 $u_O(t)$，并画出

其波形。

5.20 二极管环形调幅电路如图 P5.20 所示，载波信号 $u_c(t)=U_{cm}\cos(\omega_c t)$，调制信号 $u_\Omega(t)=U_{\Omega m}\cos(\Omega t)$，$U_{cm}\gg U_{\Omega m}$，$u_c$为大信号并使四个二极管工作在开关状态，略去负载的反作用，试写出输出电流 i 的表示式。

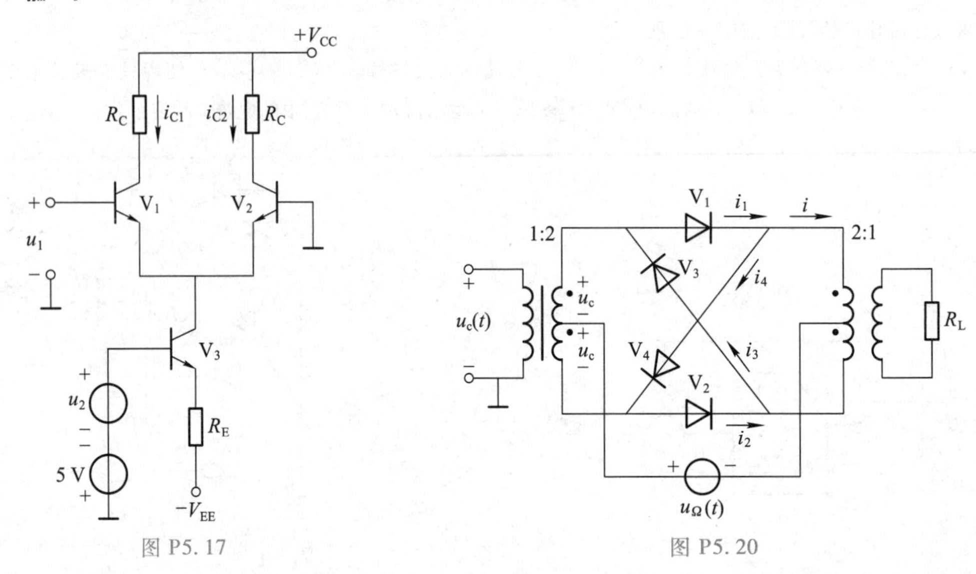

图 P5.17　　　　图 P5.20

5.21 二极管包络检波电路如图 5.4.2(a)所示，已知输入已调信号的载频 $f_c=465$ kHz，调制信号频率 $F=5$ kHz，调幅系数 $m_a=0.3$，负载电阻 $R=5$ kΩ，试决定滤波电容 C 的大小，并求出检波器的输入电阻 R_i。

5.22 二极管包络检波电路如图 P5.22 所示，已知 $u_s(t)=[2\cos(2\pi\times465\times10^3 t)+0.3\cos(2\pi\times469\times10^3 t)+0.3\cos(2\pi\times461\times10^3 t)]$ V：(1) 试问该电路会不会产生惰性失真和负峰切割失真？(2) 若检波效率 $\eta_d\approx1$，按对应关系画出 A、B、C 点的电压波形，并标出电压的大小。

5.23 二极管包络检波电路如图 P5.23 所示，已知调制信号频率 $F=300\sim4\ 500$ Hz，载波 $f_c=5$ MHz，最大调幅系数 $m_{a\max}=0.8$，要求电路不产生惰性失真和负峰切割失真，试决定 C 和 R_L的值。

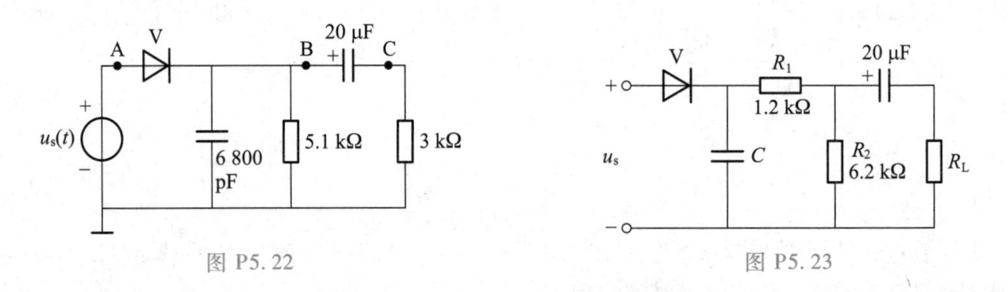

图 P5.22　　　　图 P5.23

5.24 混频电路输入信号 $u_s(t)=[U_{sm}+k_a u_\Omega(t)]\cos(\omega_c t)$，本振信号 $u_L(t)=U_{Lm}\cos(\omega_L t)$，带通滤波器调谐在 $\omega_I=\omega_L-\omega_c$上，试写出中频输出电压 $u_I(t)$的表示式。

5.25 频谱线性搬移电路模型如图 P5.25 所示，按表 P5.25 所示电路功能选择参考信号 u_X、输入信号 u_Y和滤波器类型，说明它们的特点。若滤波器具有理想特性，写出 $u_O(t)$的表示式。

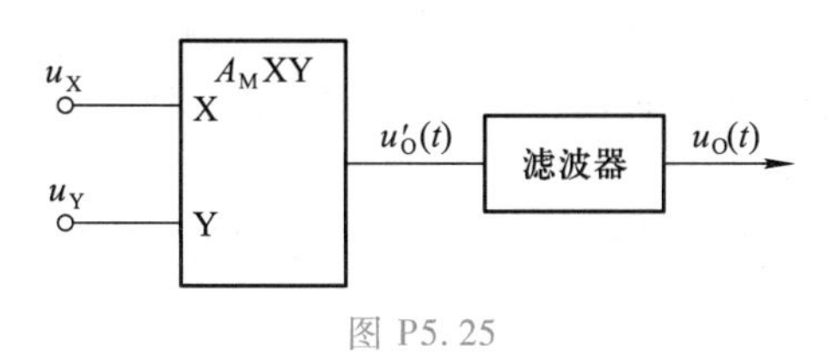

图 P5.25

表 P5.25 频谱线性搬移电路工作特点

电路功能	参考信号 u_X	输入信号 u_Y	滤波器类型	$u_O(t)$表示式
振幅调制				
振幅检波				
混　　频				

5.26 电路如图 P5.25 所示，试根据图 P5.26 所示输入信号频谱，画出相乘器输出电压 $u'_O(t)$ 的频谱。已知各参考信号频率为：(a) 600 kHz；(b) 12 kHz；(c) 560 kHz。

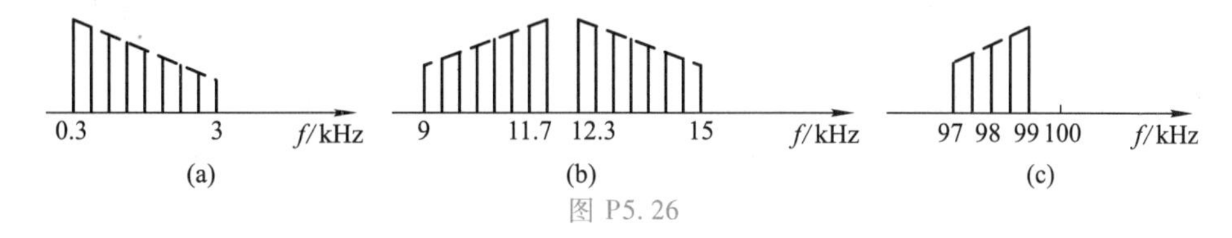

图 P5.26

5.27 图 5.5.6 所示晶体管混频电路中，晶体管在工作点展开的转移特性为 $i_C=a_0+a_1u_{be}+a_2u_{be}^2$，其中 $a_0=0.5$ mA，$a_1=3.25$ mS，$a_2=7.5$ mA/V^2，若本振电压 $u_L=0.16\cos(\omega_L t)$ V，$u_s=10^{-3}\cos(\omega_c t)$ V，中频回路谐振阻抗$R_p=10$ kΩ，求该电路的混频电压增益 A_c。

5.28 晶体管混频电路如图 P5.28 所示，已知中频 $f_I=465$ kHz，输入信号 $u_s(t)=5[1+0.5\cos(2\pi\times10^3t)]\cos(2\pi\times10^6t)$ mV，试分析该电路，并说明 L_1C_1、L_2C_2、L_3C_3 三谐振回路调谐在什么频率上。画出 F、G、H 三点对地的电压波形并指出其特点。

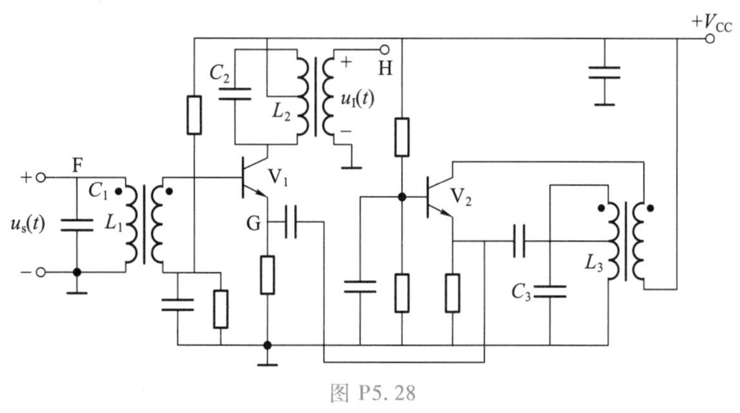

图 P5.28

5.29 超外差式广播收音机，中频 $f_I = f_L - f_c = 465$ kHz，试分析下列两种现象属于何种干扰：(1) 当接收 $f_c = 560$ kHz 电台信号时，还能听到频率为 1 490 kHz 的强电台信号；(2) 当接收 $f_c = 1\ 460$ kHz 电台信号时，还能听到频率为 730 kHz 的强电台信号。

5.30 混频器输入端除了有用信号 $f_c = 20$ MHz 外，同时还有频率分别为 $f_{N1} = 19.2$ MHz，$f_{N2} = 19.6$ MHz 的两个干扰电压，已知混频器的中频 $f_I = f_L - f_c = 3$ MHz，试问这两个干扰电压会不会产生干扰？

第 6 章　角度调制与解调电路

引言　角度调制是用调制信号去控制载波的频率或相位。若载波的瞬时频率与调制信号呈线性关系，则称为频率调制（简称调频，用 FM 表示）；若载波的瞬时相位与调制信号呈线性关系，则称为相位调制（简称调相，用 PM 表示）。调频和调相都表现为使载波的瞬时相位受到调变，故统称为角度调制，简称调角。将包含在已调信号中的原调制信号检出，称为解调。调频信号的解调称为频率检波，简称鉴频；调相信号的解调称为相位检波，简称鉴相。

从频域角度看，调角实现了频谱非线性变换，它将调制信号的频谱非线性地搬移到载波频率的两侧。这与调幅实现了频谱线性搬移有本质区别，故调角及其解调的实现方法和电路结构，与调幅及其解调的有明显不同。

与调幅相比，调角具有抗干扰能力强和设备利用率高的优点，但存在信号频带宽的缺点。调频与调相相比，后者有带宽利用率低的缺点，所以角度调制应用较多的是调频。

本章先讨论调角信号的基本特性，然后讨论调频和鉴频的实现方法、电路及工作原理。由于调频与调相密切相关，可以互相转换，故在重点讨论调频和鉴频时，也就涉及了调相与鉴相的内容。最后在附录中介绍调频收发信机的组成、常用集成芯片及应用实例。

6.1　调角信号的基本特性

6.1.1　调角信号的时域特性

一、瞬时角频率与瞬时相位

讨论调角信号时通常采用高频等幅余弦波，用 $u(t)=U_{\mathrm{m}}\cos\varphi(t)$ 表示，其振幅 U_{m} 为常数，而相位 $\varphi(t)$ 随调制信号变化。由于相位 $\varphi(t)$ 在每一瞬间的值是不同的，故称为瞬时相位。瞬时相位的变化速度称为瞬时角频率，用 $\omega(t)$ 表示，故有

$$\omega(t)=\frac{\mathrm{d}\varphi(t)}{\mathrm{d}t} \tag{6.1.1}$$

设 $t=0$ 时的瞬时相位为 φ_0（称为初始相位），则

$$\varphi(t)=\int_0^t \omega(t)\,\mathrm{d}t+\varphi_0 \tag{6.1.2}$$

设余弦信号的瞬时频率用$f(t)$表示，则

$$f(t)=\frac{\omega(t)}{2\pi} \tag{6.1.3}$$

上述瞬时相位$\varphi(t)$、瞬时角频率$\omega(t)$和瞬时频率$f(t)$的概念以及它们之间的关系，在本章分析中经常用到，应注意掌握。为分析方便，下面的分析中都假设初始相位$\varphi_0=0$，这并不影响结论。

二、调频信号的数学表示式与波形

对于调频信号，其瞬时角频率与调制信号呈线性关系。设调制信号为$u_\Omega(t)$，载波信号为$u_c(t)=U_m\cos(\omega_c t)$，则可得瞬时角频率表示式为

$$\omega(t)=\omega_c+k_f u_\Omega(t)=\omega_c+\Delta\omega(t) \tag{6.1.4}$$

式中，ω_c是未调制时的载波角频率，也称为调频信号的中心角频率；$\Delta\omega(t)=k_f u_\Omega(t)$，是叠加在$\omega_c$上按调制信号规律变化的瞬时角频率变化量，称之为瞬时角频率偏移，简称角频偏；k_f是由调频电路确定的比例常数，它反映了调制信号对角频偏的控制能力，单位为rad/(s · V)。

根据瞬时相位与瞬时角频率的关系，可得调频信号的瞬时相位表示式为

$$\varphi(t)=\omega_c t+k_f\int_0^t u_\Omega(t)\,\mathrm{d}t=\omega_c t+\Delta\varphi(t) \tag{6.1.5}$$

式中$\Delta\varphi(t)=k_f\int_0^t u_\Omega(t)\,\mathrm{d}t$，它是叠加在载波相位$\omega_c t$上的相位变化量，称之为附加相位。由于调频时的振幅保持载波振幅值不变，因此可写出调频信号的表示式为

$$u_{FM}(t)=U_m\cos\left[\omega_c t+k_f\int_0^t u_\Omega(t)\,\mathrm{d}t\right] \tag{6.1.6}$$

当调制信号为单频信号时，设$u_\Omega(t)=U_{\Omega m}\cos(\Omega t)=U_{\Omega m}\cos(2\pi F t)$，则可得调频信号的瞬时角频率、瞬时相位和输出电压表示式分别为

$$\omega(t)=\omega_c+k_f U_{\Omega m}\cos(\Omega t)=\omega_c+\Delta\omega_m\cos(\Omega t) \tag{6.1.7}$$

$$\varphi(t)=\omega_c t+\frac{k_f U_{\Omega m}}{\Omega}\sin(\Omega t)=\omega_c t+m_f\sin(\Omega t) \tag{6.1.8}$$

$$u_{FM}(t)=U_m\cos[\omega_c t+m_f\sin(\Omega t)] \tag{6.1.9}$$

上述式中，

$$\Delta\omega_m=2\pi\Delta f_m=k_f U_{\Omega m} \tag{6.1.10}$$

$$m_f=\frac{k_f U_{\Omega m}}{\Omega}=\frac{\Delta\omega_m}{\Omega}=\frac{\Delta f_m}{F} \tag{6.1.11}$$

$\Delta\omega_m$、Δf_m和m_f是调频信号的重要参数。$\Delta\omega_m$称为最大角频偏，Δf_m称为最大频偏，分别表示

由调制信号引起的瞬时角频偏和瞬时频偏的最大值,它们与调制信号的振幅成正比,而与调制信号的频率无关。m_f 称为调频指数,表示调频信号的最大附加相位,与调制信号的振幅成正比,与调制信号的频率成反比。

单频调制时,调频信号的有关波形如图 6.1.1 所示,由此可直观地看到调频信号的变化规律和特点。图中,(a)为调制信号波形;(b)为瞬时角频率波形,它是在载频 ω_c 的基础上叠加了与调制信号成正比的变化部分;(c)为附加相移 $\Delta\varphi(t)$ 的波形,它也随调制信号变化,由式(6.1.8)可得变化规律为 $\Delta\varphi(t)=m_f\sin(\Omega t)$,与调制信号 $u_\Omega(t)$ 的波形相比较,可见其相位滞后了 90°;(d)为调频信号波形,其振幅始终保持不变,波形疏密随调制信号变化。当调制信号增大时,调频信号的瞬时频率增大,所以波形变密,当调制信号为波峰时,调频信号的瞬时频率最大,等于$(f_c+\Delta f_m)$,所以波形最密;当调制信号为波谷时,调频信号的瞬时频率最小,等于$(f_c-\Delta f_m)$,所以波形最疏。调频信号的瞬时频率变化范围为$(f_c-\Delta f_m)\sim(f_c+\Delta f_m)$,最大变化量为 $2\Delta f_m$。

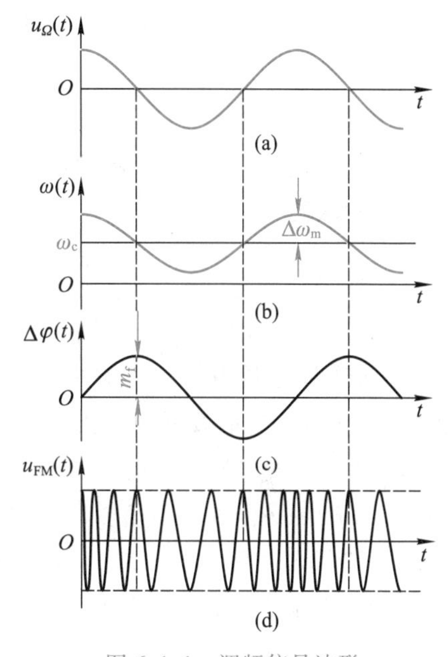

图 6.1.1　调频信号波形

(a) 调制信号　(b) 瞬时角频率变化

(c) 附加相位变化　(d) 调频信号

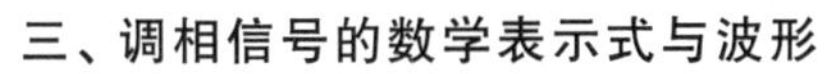

三、调相信号的数学表示式与波形

对于调相信号,其瞬时相位与调制信号呈线性关系。设调制信号为 $u_\Omega(t)$,载波信号为 $u_c(t)=U_m\cos(\omega_c t)$,则可得瞬时相位表示式为

$$\varphi(t)=\omega_c t+k_p u_\Omega(t)=\omega_c t+\Delta\varphi(t) \tag{6.1.12}$$

式中,$\Delta\varphi(t)=k_p u_\Omega(t)$为附加相位,它与调制信号 $u_\Omega(t)$ 成正比,k_p 是由调相电路确定的比例常数,它表示了调制信号对附加相位的控制能力,单位是 rad/V。调相时的振幅也保持载波振幅值不变,因此可写出调相信号表示式为

$$u_{PM}(t)=U_m\cos[\varphi(t)]=U_m\cos[\omega_c t+k_p u_\Omega(t)] \tag{6.1.13}$$

调相信号的瞬时角频率为

$$\omega(t)=\frac{d\varphi(t)}{dt}=\omega_c+k_p\frac{du_\Omega(t)}{dt} \tag{6.1.14}$$

在单频调制时,设 $u_\Omega(t)=U_{\Omega m}\cos(\Omega t)=U_{\Omega m}\cos(2\pi Ft)$,则可得调相信号的瞬时角频率、瞬时相位和输出电压表示式分别为

$$\varphi(t)=\omega_c t+k_p U_{\Omega m}\cos(\Omega t)=\omega_c t+\Delta\varphi(t)=\omega_c t+m_p\cos(\Omega t) \tag{6.1.15}$$

$$\omega(t)=\omega_c-m_p\Omega\sin(\Omega t)=\omega_c-\Delta\omega_m\sin(\Omega t) \tag{6.1.16}$$

$$u_{PM}(t)=U_m\cos[\omega_c t+m_p\cos(\Omega t)] \tag{6.1.17}$$

上述式中，

$$m_p = k_p U_{\Omega m} \tag{6.1.18}$$

$$\Delta\omega_m = m_p \Omega \tag{6.1.19}$$

m_p 称为调相指数,它代表调相信号的最大附加相位,单位为 rad。在调相中,m_p 与调制信号的振幅成正比,与调制信号的频率无关;而最大角频偏 $\Delta\omega_m$ 则与调制信号的振幅和频率均成正比,这个规律与调频是不一样的。

由式(6.1.19)可得到与调频中表达式(6.1.11)相似的关系式为

$$m_p = \frac{\Delta\omega_m}{\Omega} = \frac{\Delta f_m}{F} \tag{6.1.20}$$

单频调制时调相信号的波形如图 6.1.2 所示,请注意与调频信号的波形作比较。图中,(a)为调制信号波形;(b)为调相信号的附加相位波形,它与调制信号成正比;(c)为调相信号瞬时角频率的波形,它在 ω_c 的基础上叠加了 $-\Delta\omega_m \sin(\Omega t)$,与 $u_\Omega(t)$ 波形相比较,其相位超前了 90°;(d)为调相信号波形,它在 $\omega(t)$ 为波峰时最密,在 $\omega(t)$ 为波谷时最疏。

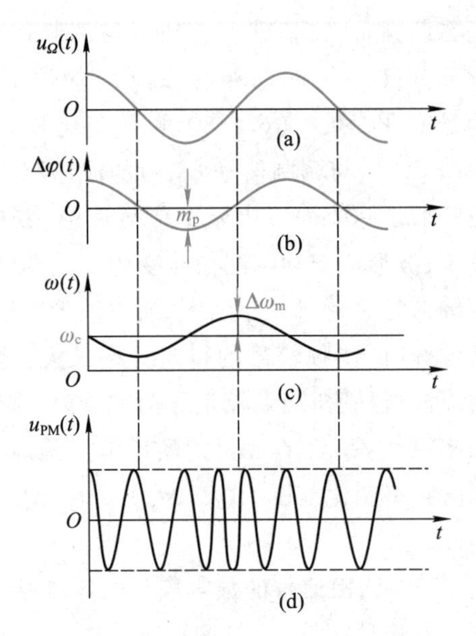

图 6.1.2　调相信号波形

(a) 调制信号　(b) 附加相位变化

(c) 瞬时角频率变化　(d) 调相信号

四、调频信号与调相信号的比较

为便于比较,将调频、调相信号的有关表示式列于表 6.1.1 中。比较后可得到下列结论。

(1) 调频、调相信号的电压表示式相似,它们的振幅都保持载波振幅 U_m 不变,瞬时相位都受到调制信号控制,但控制规律不同。对调相信号,附加相位与调制信号成正比;而对调频信号,瞬时角频偏与调制信号成正比,附加相位则与调制信号的积分成正比。据此规律,在已知调制信号和已调信号的表示式或者波形时,就能判断已调信号是调频信号还是调相信号。

表 6.1.1　调频与调相信号比较

调制信号 $u_\Omega(t)=U_{\Omega m}\cos(\Omega t)$　载波信号 $u_c(t)=U_m\cos(\omega_c t)$		
类型 / 表示式	调频信号	调相信号
瞬时角频率	$\omega(t)=\omega_c+k_f u_\Omega(t)=\omega_c+\Delta\omega(t)$ $=\omega_c+\Delta\omega_m\cos(\Omega t)$	$\omega(t)=\omega_c+k_p\frac{\mathrm{d}u_\Omega(t)}{\mathrm{d}t}=\omega_c+\Delta\omega(t)$ $=\omega_c-\Delta\omega_m\sin(\Omega t)$

续表

调制信号 $u_{\Omega}(t)=U_{\Omega m}\cos(\Omega t)$　载波信号 $u_c(t)=U_m\cos(\omega_c t)$		
类型 / 表示式	调频信号	调相信号
瞬时相位	$\varphi(t)=\omega_c t+k_f\int_0^t u_{\Omega}(t)\mathrm{d}t=\omega_c t+\Delta\varphi(t)$ $=\omega_c t+m_f\sin(\Omega t)$	$\varphi(t)=\omega_c t+k_p u_{\Omega}(t)=\omega_c t+\Delta\varphi(t)$ $=\omega_c t+m_p\cos(\Omega t)$
最大角频偏	$\Delta\omega_m=k_f U_{\Omega m}=m_f\Omega$	$\Delta\omega_m=k_p U_{\Omega m}\Omega=m_p\Omega$
最大附加相位	$m_f=\dfrac{\Delta\omega_m}{\Omega}=\dfrac{k_f U_{\Omega m}}{\Omega}$	$m_p=k_p U_{\Omega m}$
数学表示式	$u_{FM}(t)=U_m\cos\left[\omega_c t+k_f\int_0^t u_{\Omega}(t)\mathrm{d}t\right]$ $=U_m\cos[\omega_c t+m_f\sin(\Omega t)]$	$u_{PM}(t)=U_m\cos[\omega_c t+k_p u_{\Omega}(t)]$ $=U_m\cos[\omega_c t+m_p\cos(\Omega t)]$

（2）调频信号可看成用调制信号 $\int_0^t u_{\Omega}(t)\mathrm{d}t$ 进行调相的调相信号，而调相信号则可看成用 $\dfrac{\mathrm{d}u_{\Omega}(t)}{\mathrm{d}t}$ 进行调频的调频信号，这说明调频和调相可相互转换。将调制信号 $u_{\Omega}(t)$ 先经微分处理，再对载波进行调频，则可得到以 $u_{\Omega}(t)$ 为调制信号的调相信号；将 $u_{\Omega}(t)$ 先经积分处理，再对载波进行调相，则可得到以 $u_{\Omega}(t)$ 为调制信号的调频信号，这就是 6.2 节要用到的间接调频的思路。

（3）当调制信号幅度一定而角频率变化时，两种调制信号的最大角频偏 $\Delta\omega_m$ 和调制指数（m_f 或 m_p）的变化规律不一样，如图 6.1.3 所示，由图可见，当 Ω 由小增大时，调频信号中 $\Delta\omega_m$ 保持不变，m_f 成反比地减小；而调相信号中 m_p 保持不变，$\Delta\omega_m$ 成正比地增大。

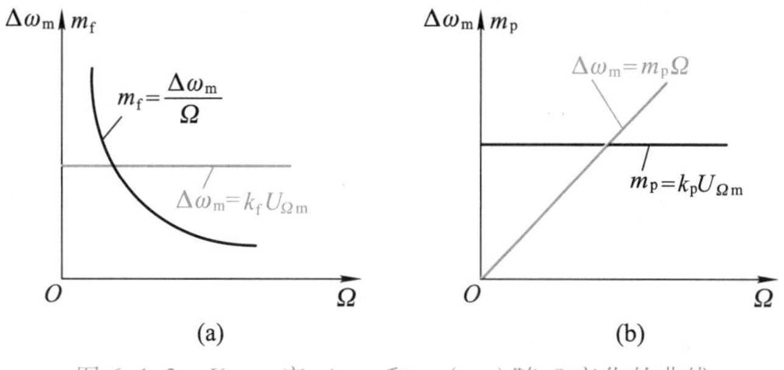

图 6.1.3　$U_{\Omega m}$ 一定，$\Delta\omega_m$ 和 $m_f(m_p)$ 随 Ω 变化的曲线

（a）调频信号　（b）调相信号

例 6.1.1 已知调制信号 $u_\Omega(t)=2\cos(2\pi\times10^3t)$ V,调角信号表示式为 $u(t)=10\cos[2\pi\times10^7t+5\sin(2\pi\times10^3t)]$ V,试指出该调角信号是调频信号还是调相信号,并求调制指数、最大频偏、载波频率和载波振幅。

解: 由调角信号表示式得瞬时相位为

$$\varphi(t)=\omega_c t+\Delta\varphi(t)=2\pi\times10^7t+5\sin(2\pi\times10^3t)$$

故

$$\omega(t)=\frac{d\varphi(t)}{dt}=\omega_c+\Delta\omega(t)=2\pi\times10^7+2\pi\times5\times10^3\cos(2\pi\times10^3t)$$

可见,调角信号的瞬时角频偏 $\Delta\omega(t)=2\pi\times5\times10^3\cos(2\pi\times10^3t)$,与调制信号 $u_\Omega(t)$ 的变化规律相同,均为余弦变化规律,故可判断此调角信号为调频信号,其最大角频偏为 $\Delta\omega_m=2\pi\times5\times10^3$ rad/s,最大频偏为 $\Delta f_m=\Delta\omega_m/2\pi=5\times10^3$ Hz。

由上面的 $\varphi(t)$ 表示式可知。调频指数 $m_f=5$ rad,载波频率 $f_c=10^7$ Hz。在角度调制时,载波振幅是保持不变的,所以载波振幅为 $U_m=10$ V。

例 6.1.2 设有一组频率为 100~5 000 Hz 的余弦调制信号,它们的振幅都相同,调频时最大频偏为 75 kHz,调相时最大附加相位为 1.5 rad,试求调制信号频率范围内:(1) 调频时 m_f 的变化范围;(2) 调相时 Δf_m 的变化范围。

解:(1) 调频时,由于最大频偏 Δf_m 与调制信号频率无关,故 Δf_m 恒为 75 kHz。由式(6.1.11)可得

$$m_{f\max}=\frac{\Delta f_m}{F_{\min}}=\frac{75\times10^3}{100}\text{ rad}=750\text{ rad}$$

$$m_{f\min}=\frac{\Delta f_m}{F_{\max}}=\frac{75\times10^3}{5\ 000}\text{ rad}=15\text{ rad}$$

以上计算结果说明,调频指数与调制信号频率成反比,当调制信号频率从 100 Hz 增大到 5 000 Hz 时,调频指数 m_f 从 750 rad 减小到 15 rad。

(2) 调相时,由于 m_p 与调制信号频率无关,故 m_p 恒为 1.5 rad。由式(6.1.19)可得

$$\Delta f_{m\max}=m_pF_{\max}=1.5\times5\ 000\text{ Hz}=7\ 500\text{ Hz}$$

$$\Delta f_{m\min}=m_pF_{\min}=1.5\times100\text{ Hz}=150\text{ Hz}$$

上式说明,调相信号的最大频偏与调制信号频率成正比,当调制信号频率从 100 Hz 增大到 5 000 Hz时,调相信号的 Δf_m 从 150 Hz 增大到 7 500 Hz。

6.1.2 调角信号的频域特性

一、调角信号的频谱

在单频调制时,由式(6.1.9)和(6.1.17)可见,调频信号和调相信号数学表示式的差别仅

仅在于附加相位的不同，前者的附加相位按正弦规律变化，而后者的按余弦规律变化。按正弦变化还是余弦变化其实并无本质差别，两者只是在相位上相差 π/2 而已，所以这两种信号的频谱结构是类似的。分析时可将调制指数 m_f或 m_p 用 m 代替，从而把它们写成统一的调角信号表示式，即

$$u(t)=U_m\cos[\omega_c t+m\sin(\Omega t)]$$

利用三角函数公式可将该式改写为

$$u(t)=U_m\cos[m\sin(\Omega t)]\cos(\omega_c t)-U_m\sin[m\sin(\Omega t)]\sin(\omega_c t) \quad (6.1.21)$$

在贝塞尔函数理论中，已证明存在下列关系式：

$$\cos[m\sin(\Omega t)]=J_0(m)+2\sum_{n=1}^{\infty}J_{2n}(m)\cos(2n\Omega t)$$

$$\sin[m\sin(\Omega t)]=2\sum_{n=0}^{\infty}J_{2n+1}(m)\sin[(2n+1)\Omega t]$$

式中的 $J_n(m)$ 称为以 m 为宗数的 n 阶第一类贝塞尔函数，将上面关系式代入式(6.1.21)，可得

$$\begin{aligned}u(t)=&U_m[J_0(m)\cos(\omega_c t)-2J_1(m)\sin(\Omega t)\sin(\omega_c t)+\\&2J_2(m)\cos(2\Omega t)\cos(\omega_c t)-2J_3(m)\sin(3\Omega t)\sin(\omega_c t)+\\&2J_4(m)\cos(4\Omega t)\cos(\omega_c t)-2J_5(m)\sin(5\Omega t)\sin(\omega_c t)+\cdots]\\=&U_mJ_0(m)\cos(\omega_c t)+\\&U_mJ_1(m)\{\cos[(\omega_c+\Omega)t]-\cos[(\omega_c-\Omega)t]\}+\\&U_mJ_2(m)\{\cos[(\omega_c+2\Omega)t]+\cos[(\omega_c-2\Omega)t]\}+\\&U_mJ_3(m)\{\cos[(\omega_c+3\Omega)t]-\cos[(\omega_c-3\Omega)t]\}+\\&U_mJ_4(m)\{\cos[(\omega_c+4\Omega)t]+\cos[(\omega_c-4\Omega)t]\}+\\&U_mJ_5(m)\{\cos[(\omega_c+5\Omega)t]-\cos[(\omega_c-5\Omega)t]\}+\cdots\end{aligned} \quad (6.1.22)$$

根据式(6.1.22)，以及图 6.1.4 所示的贝塞尔函数曲线，可作出在载波相同、Ω 相同，m 分别为 0.5、2.4 和 5 时的调角信号频谱图如图 6.1.5 所示。由此可知，单频调制时，调角信号频谱有如下特点：

(1) 调角信号由载频分量和无限对上、下边频分量组成，这些边频分量和载频分量的角频率相差 $n\Omega$，$n=1,2,3,\cdots$。当 n 为奇数时，上、下边频分量的振幅相同而极性相反；当 n 为偶数时，上、下边频分量的振幅和极性都相同。因此，调角实现了频谱非线性变换，而不是调制信号频谱的线性搬移。

(2) 载频分量和边频分量的振幅等于 $U_mJ_n(m)$，均随 $J_n(m)$ 而变。由图 6.1.4 和图 6.1.5 可观察到，随着阶数 n 的增大，$J_n(m)$ 的数值大小虽有起伏，但总趋势是减小的，所以离载频较远的边频振幅会很小，因此调角信号的能量大部分集中在载频附近。

(3) 改变宗数 m(即调频或调相指数)的大小，可改变载频分量和边频分量的幅值。调制

指数 m 越大,具有较大振幅的边频分量就越多;且有些边频分量振幅超过载频分量振幅,而当 m 为某些特定值时,载频分量可能为零,如 $m=2.4$ 时;当 m 为某些其他特定值时,又可能使某些边频分量振幅等于零。

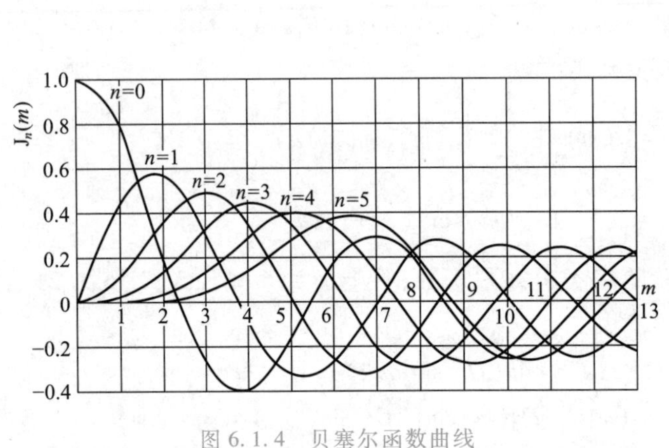

图 6.1.4　贝塞尔函数曲线

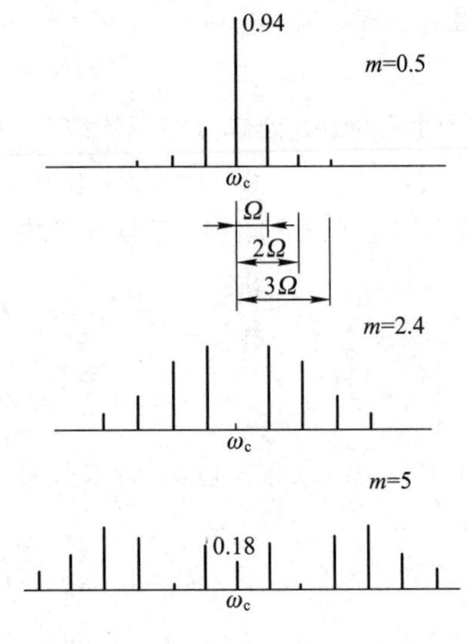

图 6.1.5　m 分别为 0.5、2.4、5 时的调角信号频谱图

二、调角信号的频带宽度

调角信号的边频分量有无限对,因此从理论上讲它的频带宽度为无限宽。但由于调角信号的能量主要集中在载频附近,离载频较远的边频振幅都很小,当它们足够小时,在传送和放大过程中舍去这些边频分量,不会使调角信号产生明显的失真,因此,调角信号中起决定作用的有效频带宽度是有限的。

可证明,当 $n>(m+1)$ 时,$J_n(m)$ 的数值都小于 0.1,即 $n>(m+1)$ 的边频分量的振幅均小于载频振幅的 10%,通常可略去这些边频分量,得到调角信号有效频带宽度的近似计算式,称为卡森(Carson)公式,即

$$BW=2(m+1)F \tag{6.1.23}$$

当 $m\ll1$(工程上通常规定 $m<0.25$ rad)时,可得

$$BW\approx2F$$

这种情况称为窄带调角。这时的频带宽度与 AM 信号的相同。

当 $m\gg1$ 时,可得

$$BW\approx2mF=2\Delta f_m$$

这种情况称为宽带调角。

对于宽带调频信号,由于 $\Delta f_m=\dfrac{k_fU_{\Omega m}}{2\pi}$,$\Delta f_m$ 与调制信号频率 F 无关,当 F 变化时,带宽几乎

不变，因此具有恒定带宽特性。而对于宽带调相信号，由于 $\Delta f_m = m_p F$，当 F 变化时，带宽可在很大范围内变化，因此系统的带宽需按照最高调制频率来设计，带宽利用率比较低。故在模拟通信系统中一般选用调频，较少采用调相。

一般情况下，$m>1$，BW 由 Δf_m 和 F 共同决定，应根据式(6.1.23)估算。

须指出，BW 和 Δf_m 是两个不同的概念。最大频偏 Δf_m 是指在调制信号作用下，瞬时频率偏离载频的最大值，即频率摆动的幅度。而有效带宽 BW 是反映调角信号频谱特性的参数，它是指有效的上、下边频分量所占有的频带宽度。

上面讨论了单频调制的调角信号，而实际应用中的调制信号多为复杂信号，实践表明，复杂信号调制时，大多数调频信号占有的有效频带宽度仍可用卡森公式估算，仅需将其中的 F 用调制信号中的最高频率 F_{max} 取代，Δf_m 用最大频偏 $(\Delta f_m)_{max}$ 取代。例如，在调频广播系统中，国家标准规定 $F_{max} = 15$ kHz，$(\Delta f_m)_{max} = 75$ kHz，则卡森带宽为

$$BW = 2\left[\frac{(\Delta f_m)_{max}}{F_{max}} + 1\right] F_{max} = 180 \text{ kHz}$$

实际选用的带宽为 200 kHz。我国的电视伴音也采用调频，$F_{max} = 15$ kHz，$(\Delta f_m)_{max} = 50$ kHz，则卡森带宽为 130 kHz，实际选用的带宽约为 125 kHz。

三、调角信号的功率

调角信号的平均功率为①

$$P_{AV} = \frac{U_m^2}{2R_L} \tag{6.1.24}$$

上式表明，当载波振幅 U_m 一定时，调角信号的平均功率也就一定，且等于未调制的载波功率，其值与调制指数 m 无关。也就是说，改变 m 仅使载波分量和各边频分量之间的功率重新分配，而不会改变总功率。

四、调角通信的优缺点与应用

由以上分析可知，由于调角信号为等幅信号，其幅度不携带信息，因此可采用限幅电路消除干扰所引起的寄生调幅；由于调角信号功率等于未调制时的载波功率，与调制指数 m 无关，因此不论 m 为多大，发射机末级均可工作在最大功率状态，从而可提高发送设备的利用率，可见与调幅通信相比，调角通信具有抗干扰能力强和设备利用率高的优点。但调角信号的有效频带宽度一般要比调幅信号的大得多，这是调角通信的主要缺点，所以调角通信不宜在信道拥挤、且频率范围不宽的短波波段使用，而适合在频率范围很宽的超高频或微波波段使用。

---

① 参阅参考文献 1 第 282 页。

讨论题

6.1.1 已知载波信号为 $u_c(t)=U_m\cos(\omega_c t)$，调制信号为 $u_\Omega(t)=U_{\Omega m}\cos(\Omega t)$，调制灵敏度为 k，试列表写出普通调幅信号、调频信号和调相信号的振幅、瞬时角频率、瞬时相位和输出电压的表示式，并画出它们相应的波形。

6.1.2 试比较调频信号与调相信号的异同。

6.1.3 当调制信号的大小和频率增大时，对调频信号和调相信号的调制指数、最大频偏各有何影响？

6.1.4 调角信号频谱有哪些特点？

6.1.5 如何估算调角信号的频带宽度？

6.1.6 已知调相信号表示式为 $u_{PM}(t)=500\cos[2\pi\times10^6 t+1.5\cos(2\pi\times100t)]$ mV，调相灵敏度 $k_p=5$ rad/V。试求：(1) 载波频率及振幅；(2) 最大附加相位；(3) 最大频偏；(4) 调制信号频率及振幅；(5) 有效频带宽度；(6) 单位电阻上所消耗的功率。

随堂测验

6.1 随堂测验答案

6.1.1 填空题

1. 使载波信号的频率随调制信号线性变化，称为______，使载波信号的相位随调制信号线性变化，称为______，它们统称______。

2. 载波频率、调制频率、最大频偏、调频指数、调相指数和有效带宽，采用的符号分别为______、______、______、______、______、______。

3. FM 信号的 Δf_m 与 $U_{\Omega m}$ 成______，与 F ______；而 PM 信号的 Δf_m 与 $U_{\Omega m}$ 成______，与 F 成______。

4. 将调制信号先进行__________，然后对载波进行调频，可获得 PM 信号。

5. 调频广播系统中，$F_{max}=15$ kHz，$(\Delta f_m)_{max}=75$ kHz，则有效带宽为______。

6.1.2 单选题

1. 已知载波信号电压为 $u_c(t)=10\cos(2\pi\times10^8 t)$ V，调制信号电压为 $u_\Omega(t)=5\cos(2\pi\times500t)$ V，要求 $\Delta f_m=10$ kHz，则调频指数和调频信号的表达式为(　　)。

A. 20，$10\cos[2\pi\times10^8 t+20\sin(2\pi\times500t)]$ V

B. 20，$10\cos[2\pi\times10^8 t+20\cos(2\pi\times500t)]$ V

C. 20，$10\sin[2\pi\times10^8 t+20\cos(2\pi\times500t)]$ V

D. 10，$5\cos[2\pi\times10^8 t+10\cos(2\pi\times500t)]$ V

2. 上题中，调频信号的带宽和在 50 Ω 负载上消耗的平均功率约为(　　)。

A. 20 kHz，1 W　　B. 1 kHz，1 W

C. 20 kHz，2 W　　D. 10 kHz，0.25 W

3. 调制信号为 $u_\Omega(t)=U_{\Omega m}\cos(\Omega t)$，载波信号为 $u_c(t)=U_{cm}\cos(\omega_c t)$，下列表示式中为调相信号的是(　　)。

A. $u_o(t)=U_{cm}[1+m\cos(\Omega t)]\cos(\omega_c t)$　　B. $u_o(t)=U_{cm}\cos(\Omega t)\cos(\omega_c t)$

C. $u_o(t)=U_{cm}\cos[\omega_c t+m\cos(\Omega t)]$　　D. $u_o(t)=U_{cm}\cos[\omega_c t+m\sin(\Omega t)]$

6.1.3 判断题

1. 与调幅通信相比，调角通信具有抗干扰能力强和设备利用率高的优点，但有信号频带宽的缺点。(　　)

2. 从频域看，调制就是将调制信号频谱进行线性搬移。(　　)

3. 调频波和调相波都具有振幅不变，频率相位随时间变化的特点。(　　)

4. 调角波的平均功率与调制指数(m_f 或 m_p)无关。改变调制指数仅使载波分量和各边频分量之间的功率分配变化，而不会改变调角波的总功率。(　　)

5. 将包含在已调信号中的原调制信号检出，称为解调，调频信号的解调称为频率检波，简称鉴频。(　　)

6.2 调频电路

6.2.1 调频的性能要求与实现方法

一、性能要求

调频电路的性能可用图 6.2.1 所示曲线表示，它描述了调频信号的瞬时频率 f 或瞬时频偏 $\Delta f(=f-f_c)$ 随调制电压变化的规律，称为调频特性。通常采用图(b)表示。根据调频特性可以说明性能指标及其要求如下。

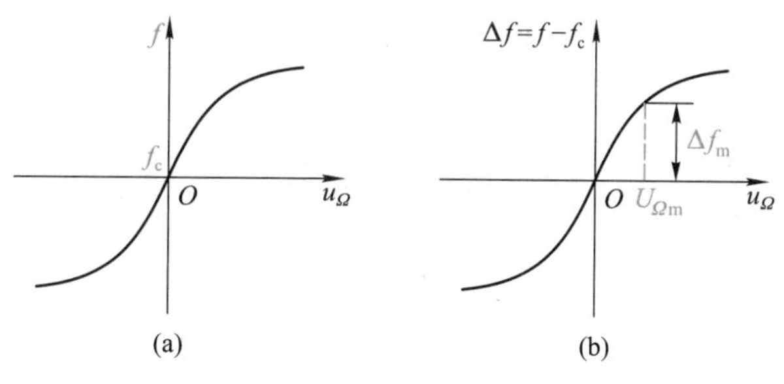

图 6.2.1　调频特性

(1) 中心频率的准确度和稳定度要好。中心频率就是未调制时的载波频率 f_c，它不准确或不稳定时会使通信质量变差，甚至可能使调频信号的频谱落到接收机的通带范围之外，以致不能正常通信。

(2) 调频特性的线性度要好。否则会产生中心频率的偏移和调制信息的非线性失真。

（3）最大频偏要足够大。性能指标里的最大频偏 Δf_{m} 是指为保证调频线性好，由调频电路所决定的允许所加的最大频偏。Δf_{m} 大，则调频电路的线性范围大。通常移动通信和无线电话要求 $\Delta f_{\mathrm{m}}=5\ \mathrm{kHz}$，调频广播要求 $\Delta f_{\mathrm{m}}=75\ \mathrm{kHz}$，电视伴音要求 $\Delta f_{\mathrm{m}}=50\ \mathrm{kHz}$。

（4）调频灵敏度要高。调频灵敏度指单位调制电压变化所产生的频偏，通常用调频特性曲线原点处的斜率描述，用 S_{F} 表示，即

$$S_{\mathrm{F}}=\left.\frac{\mathrm{d}(\Delta f)}{\mathrm{d}u_{\Omega}}\right|_{u_{\Omega}=0} \tag{6.2.1}$$

调频灵敏度的单位为 Hz/V，它反映了调制信号对频偏的控制能力，S_{F} 越大，单位调制电压所产生的频偏就越大。设达最大频偏时所对应的调制电压为 $U_{\Omega\mathrm{m}}$，则

$$S_{\mathrm{F}}=\frac{\Delta f_{\mathrm{m}}}{U_{\Omega\mathrm{m}}} \tag{6.2.2}$$

二、实现方法

只要能控制载波的瞬时频率，使其随调制信号线性变化，就能实现调频，具体实现方法归纳起来可分为直接调频和间接调频两大类。

直接调频是用调制信号直接控制振荡器的振荡频率而实现的调频。只要能用调制信号去控制、影响振荡频率的某个或某些参数，使振荡频率随调制信号线性变化，就能实现直接调频。被控振荡器可以是正弦波振荡器，也可以是产生非正弦波（例如方波、三角波等）的张弛振荡器①，后者经滤波或波形变换就可得到正弦波。常用的被控振荡器是 *LC* 振荡器和晶体振荡器，其振荡频率取决于谐振回路中的电容、电感等，采用电压控制的可变电容或电流控制的可变电感即可实现调频，实用中最常用的可变电抗元件是变容二极管。直接调频的主要优点是频偏较大，主要缺点是中心频率稳定度较差。

间接调频是根据 6.1 节所介绍的调频信号与调相信号之间的关系，先将调制信号经积分处理，再对载波调相来获得调频信号，其组成框图如图 6.2.2 所示。由于调制不在振荡器中进行，因此间接调频电路的中心频率稳定度可以做到很高，但频偏较小，通常要进行扩频处理。

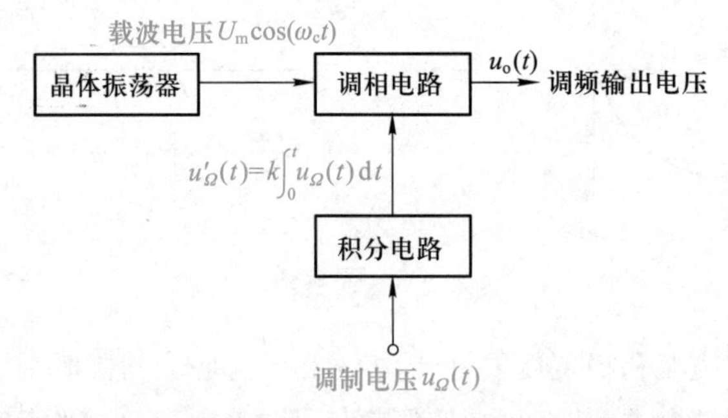

图 6.2.2　间接调频电路组成框图

① 参阅参考文献 3 第 278 页。

6.2.2 变容二极管直接调频电路

变容二极管直接调频电路具有电路简单、工作频率高且频率范围宽、固有损耗小等优点，是目前应用最为广泛的直接调频电路。

一、电路组成与基本原理

利用变容二极管的压控电容特性，将受调制信号控制的变容二极管接入高频振荡器的谐振回路中，即可实现调频。构成变容二极管直接调频电路的重要环节是如何将变容二极管及其控制电路接入振荡器的谐振回路中，其基本接法如图 6.2.3(a)所示，点画线框内为变容二极管及其控制电路。L_1 为高频扼流圈，它对高频信号呈开路，对直流和调制信号呈短路；C_2 为高频旁路电容，它对高频信号呈短路，对直流和调制信号呈开路；C_1 为隔直耦合电容，它对高频信号呈短路，对直流和调制信号呈开路，因此虚线框内电路对直流和调制信号的等效电路如图 6.2.3(b)所示，称为变容二极管的直流和调制信号通路。虚线框内电路对高频信号则等效为可变电容 C_j，故得谐振回路的高频等效电路如图 6.2.3(c)所示。

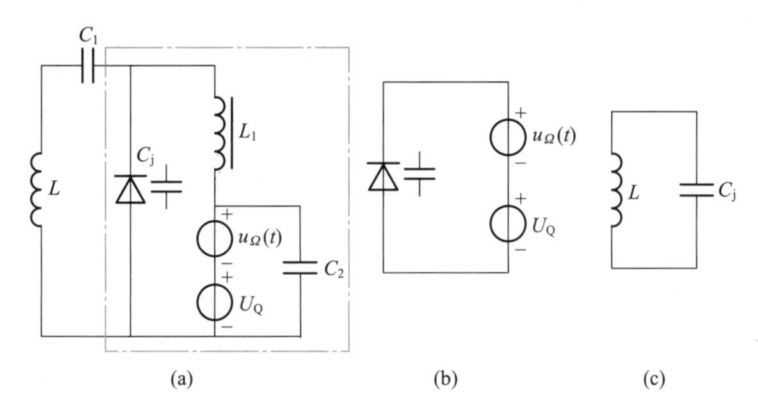

图 6.2.3　变容二极管及其控制电路接入谐振回路的基本接法

(a) 振荡器的谐振回路　(b) 变容二极管的直流和调制信号通路

(c) 谐振回路的高频等效电路

此电路中回路元件只有变容二极管和电感 L，其他都是辅助元件，这种接法称为变容二极管全部接入方式，辅助元件的作用是既能将控制电压 U_Q 和 $u_\Omega(t)$ 有效地加到变容二极管两端，又能避免振荡信号与调制信号源之间相互影响。

通常可忽略高频振荡电压对变容二极管的影响，则加在变容二极管上的电压为 $u=-[U_Q+u_\Omega(t)]$。U_Q 为变容二极管的静态偏置电压，用以确定未调制时的中心频率即载波频率，并使得变容二极管在调制电压作用时，能始终工作在反偏状态，从而获得较理想的压控电容特性。当调制信号 $u_\Omega(t)$ 变化时，电容量 C_j 将随之变化，振荡频率也随之变化。适当选择变容二极管的特性和电路参数，可以使振荡频率与调制信号呈线性关系，从而实现调频。

二、电路分析

分析的目标是找出振荡频率 $f(t)$ 与 $u_\Omega(t)$ 的关系，计算主要性能指标，讨论如何获得较为理想的调频特性，并提出电路改进措施。

变容二极管结电容 C_j 与外加电压 u 的关系为

$$C_j=\frac{C_{j0}}{\left(1-\frac{u}{U_B}\right)^{\gamma}} \tag{6.2.3}$$

式中，U_B 为 PN 结的内建电位差，C_{j0} 为 $u=0$ 时的结电容；γ 为变容指数，它取决于 PN 结的工艺结构，取值在 1/3 到 6 之间。

将 $u=-[U_Q+u_\Omega(t)]$ 代入上式可得

$$C_j=\frac{C_{jQ}}{(1+x)^{\gamma}} \tag{6.2.4}$$

式中，

$$\left.\begin{aligned} C_{jQ}&=\frac{C_{j0}}{\left(1+\frac{U_Q}{U_B}\right)^{\gamma}} \\ x&=\frac{u_\Omega(t)}{U_Q+U_B} \end{aligned}\right\} \tag{6.2.5}$$

C_{jQ} 为变容二极管在静态偏压 U_Q 作用下呈现的电容值，x 为归一化的调制信号电压。为了使变容二极管在 $u_\Omega(t)$ 的变化范围内保持反偏，需满足 $|u_\Omega(t)|<U_Q$，因此 x 值恒小于 1。

由于振荡器的振荡频率近似等于回路的谐振频率，故由图 6.2.3(c) 可得振荡频率为

$$f=\frac{1}{2\pi\sqrt{LC_j}}$$

将 C_j 的表示式代入上式，可得振荡频率随归一化调制信号 x 变化的规律为

$$f(t)=f_c(1+x)^{\frac{\gamma}{2}} \tag{6.2.6}$$

式中，$f_c=\dfrac{1}{2\pi\sqrt{LC_{jQ}}}$为未受调制时的振荡频率，即调频信号的中心频率。

由式(6.2.6)可见，当 $\gamma=2$ 时

$$f(t)=f_c(1+x)=f_c\left[1+\frac{u_\Omega(t)}{U_Q+U_B}\right]$$

振荡频率 $f(t)$ 与调制信号 $u_\Omega(t)$ 成正比，从而实现了理想的线性调制。

当 $\gamma\neq2$ 时，$f(t)$ 与 $u_\Omega(t)$ 之间的关系是非线性的，即调制特性是非线性的，调频电路所产

生的调频信号会出现非线性失真,但只要调制信号足够小,可忽略式(6.2.6)的麦克劳林级数展开式中二次方及其以上各次方项,则

$$f(t)\approx f_c\left[1+\frac{\gamma}{2}x\right]$$

也可获得近似的线性调制。

当单音调制时,设 $u_\Omega(t)=U_{\Omega m}\cos(\Omega t)$,则

$$x=\frac{U_{\Omega m}}{U_Q+U_B}\cos(\Omega t)=m_c\cos(\Omega t)$$

式中,$m_c=\dfrac{U_{\Omega m}}{U_Q+U_B}$,称为变容二极管的电容调制度,由于 $U_Q>U_{\Omega m}$,故 $m_c<1$。

当 $\gamma=2$ 时,$f(t)=f_c(1+x)=f_c+m_c f_c\cos(\Omega t)$。

当 $\gamma\neq 2$ 时,若 m_c 比较小,可忽略式(6.2.6)的麦克劳林级数展开式中的三次方及其以上各次方项,则

$$\begin{aligned}f(t)&\approx f_c\left[1+\frac{\gamma}{2}x+\frac{\gamma}{2}\frac{1}{2!}\left(\frac{\gamma}{2}-1\right)x^2\right]\\&=f_c\left[1+\frac{\gamma}{8}\left(\frac{\gamma}{2}-1\right)m_c^2\right]+\frac{\gamma}{2}m_cf_c\cos(\Omega t)+\\&\quad\frac{\gamma}{8}\left(\frac{\gamma}{2}-1\right)m_c^2f_c\cos(2\Omega t)\end{aligned}\qquad(6.2.7)$$

式(6.2.7)中等式右边第一项为固定值,此即调频信号的中心频率,由此项可见,中心频率偏离了 f_c,这是由于调制特性非线性引起的,m_c 越小,即调制电压幅度越小,中心频率的偏离值就越小;式(6.2.7)中右边第二项为线性调频项;式(6.2.7)中右边第三项为二次谐波分量项,它也是由于调制特性非线性引起的,m_c 越小,二次谐波分量就越小,调频失真也越小。因此 m_c 必须足够小,才能忽略中心频率的偏离和谐波失真项,从而获得近似的线性调制,这时,由式(6.2.7)可得调频信号的瞬时频率为

$$f(t)\approx f_c+\frac{\gamma}{2}m_cf_c\cos(\Omega t)=f_c+\Delta f_m\cos(\Omega t)\qquad(6.2.8)$$

其最大频偏为

$$\Delta f_m=\frac{\gamma}{2}m_cf_c\qquad(6.2.9)$$

调频灵敏度为

$$S_F=\frac{\Delta f_m}{U_{\Omega m}}=\frac{\gamma}{2}\frac{m_cf_c}{U_{\Omega m}}=\frac{\gamma}{2}\frac{f_c}{U_Q+U_B}\qquad(6.2.10)$$

综上可见,将变容二极管全部接入振荡回路构成直接调频电路时,为减小非线性失真和中心频率的偏离,应设法使变容二极管工作在 $\gamma=2$ 的区域;若 $\gamma\neq 2$,则应限制调制信号的大小,使 m_c

足够小。但 m_c 取值小时所获得的最大频偏也小，为兼顾最大频偏和非线性失真的要求，常取 $m_c \approx 0.5$。由式(6.2.9)可见提高载波频率 f_c，可使变容二极管直接调频电路的最大频偏增大。

为减小 $\gamma \neq 2$ 时所引起的非线性，以及减小因温度、偏置电压等对 C_{jQ} 的影响所造成的调频信号中心频率的不稳定，在实际应用中，常采用变容二极管部分接入振荡回路方式，典型电路如图 6.2.4 所示。图中变容二极管串接电容 C_2、并接电容 C_1 后接入振荡回路，因而降低了 C_{jQ} 对振荡频率的影响，提高了中心频率的稳定度；同时适当调节 C_1、C_2 可使调制特性接近于线性。但采用变容二极管部分接入回路而构成的调频电路，其调制灵敏度和最大频偏都要降低。

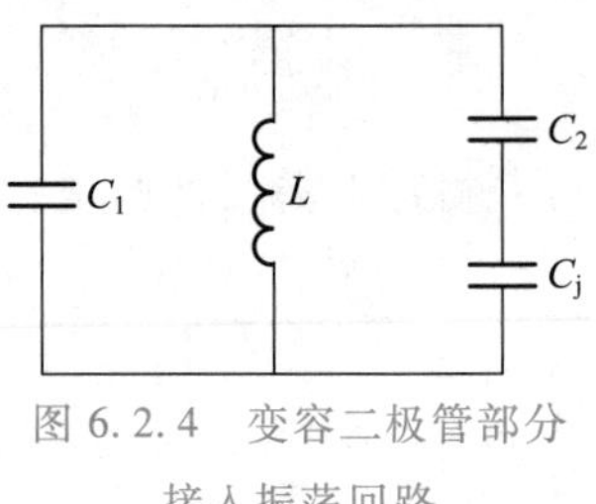

图 6.2.4　变容二极管部分接入振荡回路

例 6.2.1　调频振荡器的谐振回路如图 6.2.3(a)所示，已知 $L=1\ \mu H$，变容二极管的参数为：$C_{j0}=220$ pF，$\gamma=0.5$、$U_B=0.6$ V，变容二极管直流反向偏压 $U_Q=6$ V，调制电压 $u_\Omega(t)=3\cos(2\pi\times10^3 t)$ V，试估算：(1)未受调制时的载波频率；(2)调频信号的最大频偏；(3)调频灵敏度。

解：(1) 求未受调制时的载波频率

未调制时，变容二极管的反向偏压为 $U_Q=6$ V，故可得变容二极管结电容为

$$C_{jQ}=\frac{C_{j0}}{\left(1+\frac{U_Q}{U_B}\right)^{\gamma}}=\frac{220}{\left(1+\frac{6}{0.6}\right)^{0.5}}\ \text{pF}\approx 66.3\ \text{pF}$$

则载波频率为

$$f_c=\frac{1}{2\pi\sqrt{LC_{jQ}}}=\frac{1}{2\pi\sqrt{10^{-6}\times66.3\times10^{-12}}}\ \text{Hz}\approx 19.56\ \text{MHz}$$

(2) 求调频波的最大频偏

由于 $m_c=\frac{U_{\Omega m}}{U_Q+U_B}=\frac{3}{6+0.6}\approx 0.455<0.5$，故可估算得到

$$\Delta f_m=\frac{\gamma}{2}m_c f_c=\frac{0.5}{2}\times 0.455\times 19.56\ \text{MHz}\approx 2.22\ \text{MHz}$$

(3) 求调频灵敏度

$$S_F=\frac{\Delta f_m}{U_{\Omega m}}=\frac{2.22\times10^6}{3}\ \text{Hz/V}\approx 0.74\ \text{MHz/V}$$

三、电路实例

1. 变容二极管全部接入回路的调频电路实例

图 6.2.5(a)所示为某通信设备中的变容二极管直接调频电路，其中心频率为 70 MHz，最大频偏为 6 MHz。图中，晶体管由双电源供电，正电源通过 R_5、C_5 和 V_{Z2} 所构成的稳压电路给

集电极提供稳定的直流电压，对振荡信号而言，集电极为地；负电源通过 R_3、R_4、R_P、C_6 和 V_{Z1} 所构成的可调稳压电路给电阻 R_2 下端提供稳定的直流电压，对振荡信号而言，电阻 R_2 下端为地；C_4 为隔直耦合电容，对振荡信号交流短路；C_3 对高频振荡信号呈短路（但对低频调制信号呈开路），因此可画出图 6.2.5(a) 的简化交流通路如图 6.2.5(b) 所示（为简便起见，未画出 R_2），可见，电路构成电感三点式振荡器，由变容二极管和电感 L 构成谐振回路，变容二极管为全部接入方式。变容二极管的控制电路由 C_1 ~ C_3、L_1 和 R_1 等元件构成，调制信号 $u_\Omega(t)$ 经隔直耦合电容 C_1 输入，由 C_2、L_1 和 C_3 组成的低通滤波电路滤波以后加到变容二极管负极，电感 L 对调制信号呈短路，因此可得变容二极管的调制信号通路如图 6.2.5(c) 所示；直流电源 U_Q 经电阻 R_1 加至变容二极管负极，可得变容二极管的直流通路如图 6.2.5(d) 所示，其作用是为变容二极管提供静态反向偏置电压，电阻 R_1 上无直流电流和直流电压，它用以将调制信号与直流电源 U_Q 相隔离。合理选择变容二极管电路参数和调制信号大小，就可输出调频信号。改变 R_P 可调节晶体管的电流，以控制振荡电压的大小。

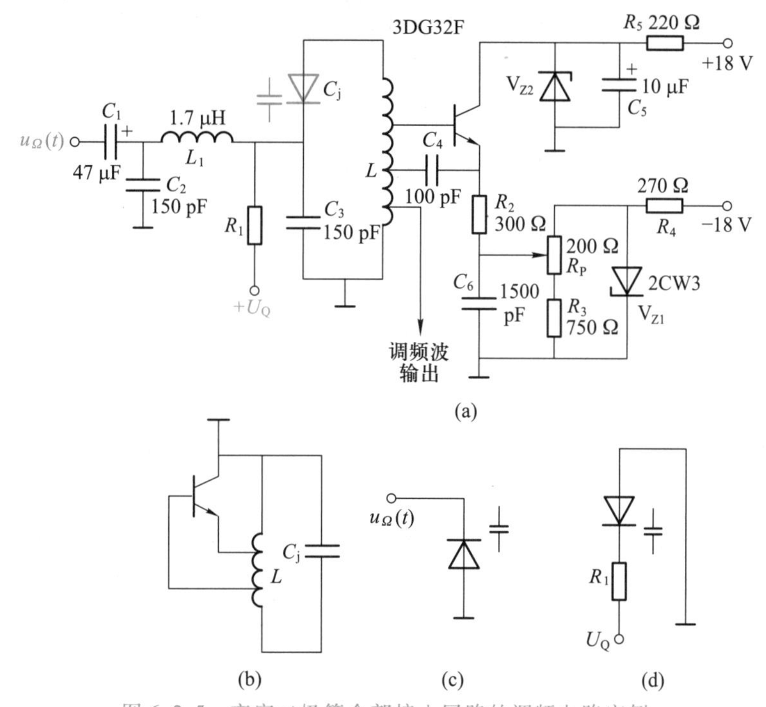

图 6.2.5　变容二极管全部接入回路的调频电路实例

(a) 电路　(b) 振荡电路的简化交流通路　(c) 变容二极管的调制信号通路　(d) 变容二极管的直流通路

2. 变容二极管部分接入回路的调频电路实例

图 6.2.6(a) 所示是实用中经常采用的一款改进型直接调频电路，图中采用了两个变容二极管，并且将它们同极性相接（通常称背靠背相接），调节变容二极管的偏置电压 U_Q 和电感 L 值，可使其中心频率在 50~100 MHz 范围内变化。画出该电路的交流通路如图 6.2.6(b) 所

示，可见电路构成电容三点式振荡器，由变容二极管、C_2、C_3、C_5 和 L 构成谐振回路，变容二极管为部分接入方式。由于扼流圈 L_1 和 L_2 对高频信号开路、对直流和调制信号短路，因此对从 B 和 B′端加入的直流偏置电压和调制信号来说，两只变容管相当于并联，如图 6.2.6(c)所示，故两管所处的偏置点和受调状态是相同的。而对高频振荡信号而言，两只变容二极管是背靠背串联的，如图 6.2.6(b)所示，因此加到每个变容二极管上的振荡电压为只用一个变容二极管时的一半，且振荡电压对两个变容二极管的影响可以相互抵消。前面在作电路分析时，忽略了加在变容二极管上的电压，实际上该电压的作用将使变容二极管结电容的平均值有一个增量①，因而引起中心频率的偏移并影响调频性能，实际电路中常需要采取一定措施，力求减小加到变容二极管上的振荡电压，这里采用的变容二极管部分接入方式和两个变容二极管背靠背串联连接的方式，都可有效减小振荡电压对变容二极管的影响，因而这种接法经常被选用。

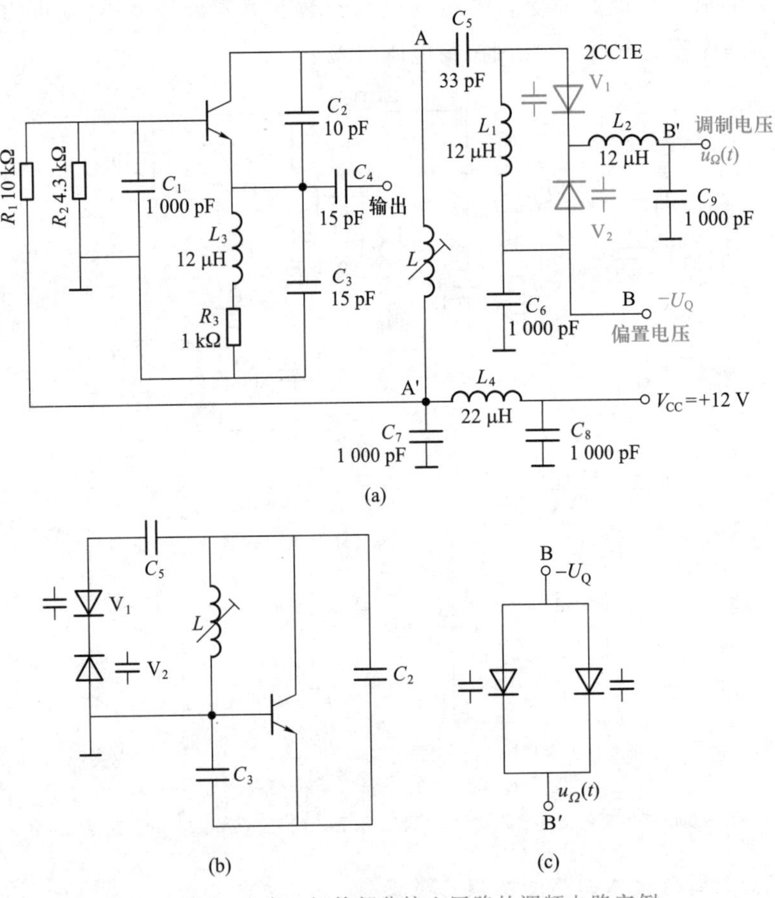

图 6.2.6　变容二极管部分接入回路的调频电路实例

(a) 电路　(b) 振荡电路的交流通路　(c) 变容二极管对直流和调制信号而言相当于并联连接

① 参阅参考文献 5 第 371~372 页。

3. 集成压控振荡器 MC1648 构成的直接调频电路实例

图 6.2.7 所示是采用 4.5 节介绍的集成压控振荡器 MC1648 构成的直接调频电路，调节偏置电压 U_Q 在 3~5 V 变化时，中心频率在 60~90 MHz 之间变化。图中，采用两个背靠背相接的变容二极管与电感 L 构成压控振荡器的谐振回路，调制信号和直流偏置电压的加法与图 6.2.5 中类似，由于变容二极管的正极由 MC1648 内部电路加上了约 1.4 V 的直流电位，因此 U_Q 应大于 1.4 V，以使变容二极管反偏。C_3~C_6 对振荡信号均呈短路。在 AGC 管脚端加直流控制电压 U_C，可调节输出调频信号的大小和波形，输出调频正弦波或调频方波。

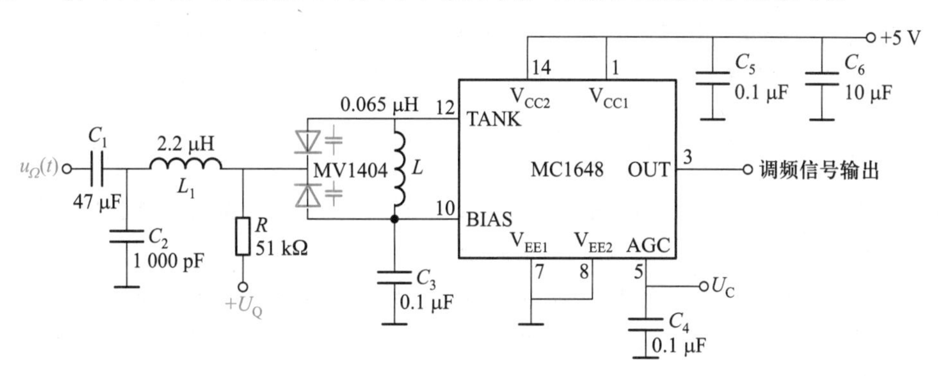

图 6.2.7　MC1648 构成的调频电路实例

4. 晶体振荡器直接调频电路实例

图 6.2.8(a)所示电路为某无线话筒中的调频发射机电路。图中，V_2 管接成皮尔斯晶体振荡器并由变容二极管实现直接调频，V_2 管的集电极谐振回路调谐在晶体振荡频率的三次谐波上，完成三倍频功能，将调频振荡信号三倍频后发射出去，对基频的振荡信号而言，集电极等效为接地，因此可画出振荡电路的简化交流通路如图 6.2.8(b)所示。V_1 管构成音频放大器，将话筒拾取的语音信号放大后得到调制信号。V_1 管集电极的调制信号与静态电压叠加后经高频扼流圈加至变容二极管，该静态电压为变容二极管提供静态反偏电压。由于变容二极管

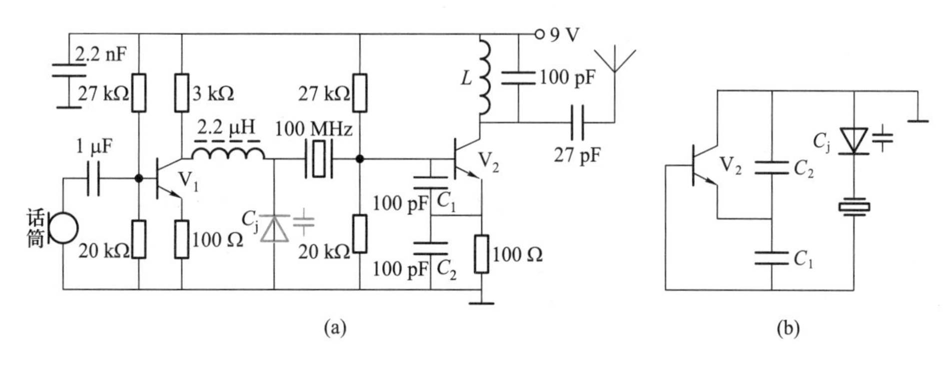

图 6.2.8　晶体振荡器直接调频电路实例

(a) 电路　(b) 振荡电路的简化交流通路

与晶体串联后，将会改变晶体的串联谐振频率，从而改变晶体振荡器的振荡频率，当调制信号加至变容二极管时，就能实现调频。

晶体振荡器直接调频电路具有中心频率稳定度高的优点，所以在消费类电子产品中得到广泛应用，许多消费类集成电路中也包含有这类电路。不过由于振荡回路引入了变容二极管，其中心频率稳定度相对于不调频的晶体振荡器有所降低，一般频率稳定度（$\Delta f_c/f_c$）$\leqslant 10^{-5}$。晶体振荡器直接调频电路的频偏很小，这是因为 C_j 变化时，振荡频率只能在晶体的串联谐振频率 f_s 和并联谐振频率 f_p 之间变化，而 f_s 和 f_p 很接近，所以频偏小，一般情况下相对频偏（$\Delta f_m/f_c$）仅为 10^{-4} 左右。必要时要进行扩频，图 6.2.8 中就是采用倍频的方法进行了扩频，还有一种常用的扩频方法是与晶体串接一个低 Q 值的小电感①。

6.2.3 调相电路与间接调频电路

为提高调频信号中心频率的稳定性，通常采用晶体振荡器直接调频电路、自动频率控制电路（见 7.2 节）、锁相环路（见 7.3 节）和间接调频电路等措施，其中的间接调频是较简便而有效的方法。调相不仅是间接调频的基础，也是现代无线通信遥测系统中广泛应用的功能，因此本小节首先讨论调相方法与电路，然后介绍常用的变容二极管间接调频电路。

一、调相的实现方法

主要有矢量合成法[又称阿姆斯特朗法（Armstrong method）]、可变相移法、可变时延法和脉冲调相法等，前两种方法比较简便，但线性调相所允许的最大附加相移较小；后两种方法电路较复杂，但允许的最大附加相移要大得多。下面介绍前三种方法，有关脉冲调相法请参阅参考文献②。

1. 矢量合成法调相

调相信号的一般表示式 $u_{PM}(t)=U_m\cos[\omega_c t+k_p u_\Omega(t)]$ 可展开为

$$u_{PM}(t)=U_m\cos(\omega_c t)\cos[k_p u_\Omega(t)]-U_m\sin(\omega_c t)\sin[k_p u_\Omega(t)] \tag{6.2.11}$$

当最大附加相移小于 $\pi/12(=15^\circ)$，即 $|k_p u_\Omega(t)|<\pi/12$ 时，属于窄带调相，这时

$$\cos[k_p u_\Omega(t)]\approx 1,\sin[k_p u_\Omega(t)]\approx k_p u_\Omega(t)$$

故式（6.2.11）可简化为

$$u_{PM}(t)=U_m\cos(\omega_c t)-U_m k_p u_\Omega(t)\sin(\omega_c t) \tag{6.2.12}$$

式（6.2.12）表明：窄带调相信号近似由一个载波信号 $U_m\cos(\omega_c t)$ 和一个双边带调幅信号 $-U_m k_p u_\Omega(t)\sin(\omega_c t)$ 叠加而成。这种叠加可用图 6.2.9（a）所示的矢量图表示，图中，矢量 $\boldsymbol{OA}$ 表示载波信号 $U_m\cos(\omega_c t)$，矢量 $\boldsymbol{AB}$ 表示双边带信号 $-U_m k_p u_\Omega(t)\sin(\omega_c t)=U_m k_p u_\Omega(t)\cos(\omega_c t+\pi/2)$，它比矢量 $\boldsymbol{OA}$ 相位超前 90°，且长度按照 $U_m k_p u_\Omega(t)$ 的规律变化，矢量 $\boldsymbol{OA}$ 和 $\boldsymbol{AB}$ 的合成

① 参阅参考文献 4 第 296~297 页。

② 参阅参考文献 2 第 384~385 页。

矢量 **OB** 就是式(6.2.12)所示的信号 $u_{PM}(t)$,由图 6.2.9(a)可得 $u_{PM}(t)$ 相对于载波信号的附加相位为

$$\Delta\varphi(t)=\arctan[k_p u_\Omega(t)]$$

由于 $|k_p u_\Omega(t)|<\pi/12$,故可得

$$\Delta\varphi(t)\approx k_p u_\Omega(t)$$

可见,通过这种矢量合成法可实现窄带调相。需注意,它在最大附加相移小于$(\pi/12)$rad 时才能基本不失真(这时误差小于 3%,若误差允许到 10%,则最大附加相移可允许到$(\pi/6)$rad,即 30°)。图 6.2.9(b)所示为根据矢量合成原理构成的窄带调相电路模型。

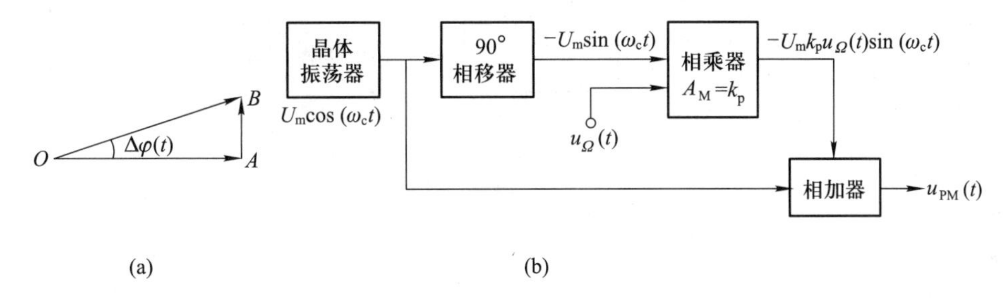

图 6.2.9 矢量合成法调相的矢量合成原理及实现模型

(a) 矢量合成原理 (b) 实现模型

2. 可变相移法调相

可变相移法调相的实现模型如图 6.2.10 所示,将晶体振荡器产生的载波电压通过一个可控相移网络,该网络在 ω_c 上产生的相移 $\varphi(\omega_c)$ 受调制电压控制,并与调制电压成正比,即

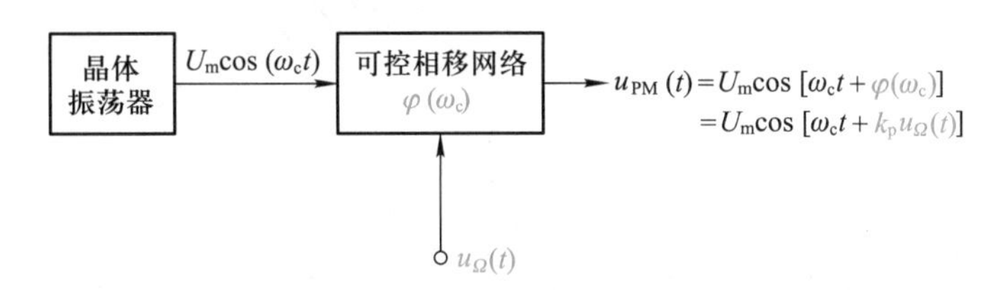

图 6.2.10 可变相移法调相的实现模型

$$\varphi(\omega_c)=k_p u_\Omega(t)$$

从相移网络的输出端可得调相信号为

$$u_{PM}(t)=U_m\cos[\omega_c t+\varphi(\omega_c)]=U_m\cos[\omega_c t+k_p u_\Omega(t)]$$

实际应用中,可采用的移相网络形式有很多,只要能控制其移相,使其大小与调制信号成正比,即可实现调相。控制对象可以采用可控电抗,也可采用可控电阻。

3. 可变时延法调相

可变时延法调相的实现模型如图 6.2.11 所示,将晶体振荡器产生的载波电压通过一个可

控时延网络,得到的输出电压为

$$u_{\mathrm{PM}}(t)=U_{\mathrm{m}}\cos[\omega_{\mathrm{c}}(t-\tau)] \tag{6.2.13}$$

式(6.2.13)中的时延 τ 受调制电压控制,并与调制电压成正比,即

$$\tau=k_{\mathrm{d}}u_{\Omega}(t) \tag{6.2.14}$$

将式(6.2.14)代入式(6.2.13),可得

$$u_{\mathrm{PM}}(t)=U_{\mathrm{m}}\cos[\omega_{\mathrm{c}}t-\omega_{\mathrm{c}}k_{\mathrm{d}}u_{\Omega}(t)] \tag{6.2.15}$$

式(6.2.15)中,附加相位 $\Delta\varphi(t)=-\omega_{\mathrm{c}}k_{\mathrm{d}}u_{\Omega}(t)$,它与调制信号 $u_{\Omega}(t)$ 成正比,因而实现了线性调相。

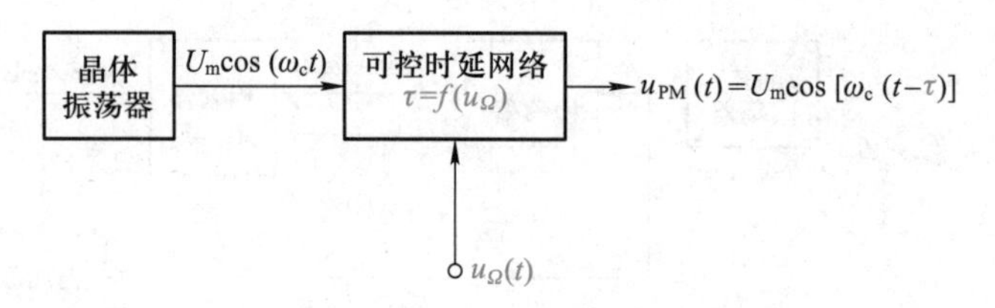

图 6.2.11 可变时延法调相的实现模型

二、变容二极管调相电路

变容二极管调相电路属于可变相移法调相电路,应用较广,其原理电路如图 6.2.12(a)所示。图中,C_{j} 为变容二极管的结电容,它与电感 L 构成并联谐振回路,R_{e} 为回路的等效有载谐振电阻,$i_{\mathrm{s}}(t)=I_{\mathrm{sm}}\cos(\omega_{\mathrm{c}}t)$ 为输入载波电流源。

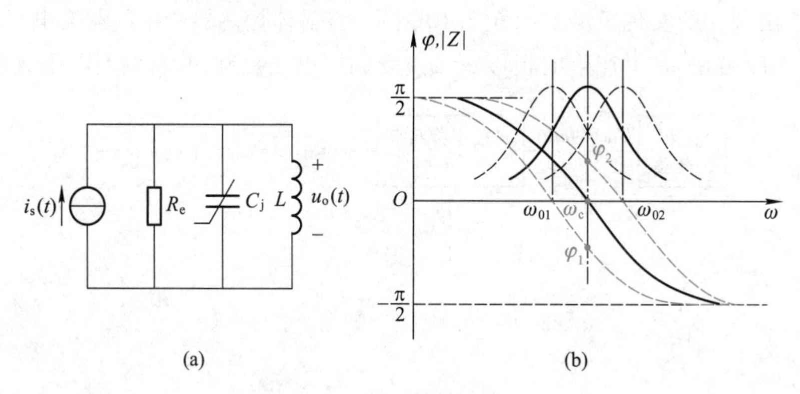

图 6.2.12 变容二极管调相电路

(a) 原理电路 (b) 幅频特性和相频特性

当未加调制电压时,变容二极管的结电容 $C_{\mathrm{j}}=C_{\mathrm{jQ}}$,回路的谐振角频率为

$$\omega_0=\frac{1}{\sqrt{LC_{\mathrm{jQ}}}}$$

令载波角频率 $\omega_{\mathrm{c}}=\omega_0$,则并联谐振回路复阻抗的幅频特性和相频特性如图 6.2.12(b)中实线

所示，回路在 ω_c 上的阻抗幅值最大，相移为零。

加调制电压时，C_j 将随调制电压变化而变化，使回路的谐振角频率 ω_0 发生变化，并联谐振回路复阻抗的幅频特性和相频特性都将在频率轴上移动，如图 6.2.12(b)中虚线所示。当 C_j 增大时，并联回路谐振角频率下降为 ω_{01}，幅频特性和相频特性曲线都向左移，对应于载波角频率 ω_c 处，回路阻抗幅值下降，相移减小（为负值 φ_1）；C_j 减小时，并联回路谐振角频率升高为 ω_{02}，阻抗特性曲线向右移，对应于载波角频率 ω_c 处，回路阻抗幅值也下降，但相移增大（为正值 φ_2）。由此可见，当载波角频率保持 ω_c 不变，C_j 随调制电压变化而变化时，并联回路两端输出电压的幅度和相位也将随之变化，其中相位将在零值上下变化，从而达到调相的目的。

由于输入载波电流为

$$i_s(t)=I_{sm}\cos(\omega_c t) \tag{6.2.16}$$

设回路复阻抗特性表示式为

$$Z=\frac{\dot{U}_o}{\dot{I}_s}=Z(\omega)\mathrm{e}^{\mathrm{j}\varphi(\omega)}$$

则可得回路两端的输出电压为

$$u_o(t)=I_{sm}Z(\omega_c)\cos[\omega_c t+\varphi(\omega_c)] \tag{6.2.17}$$

式中，$Z(\omega_c)$和 $\varphi(\omega_c)$分别为谐振回路对角频率为 ω_c 的信号所呈现的阻抗幅值和产生的相移。由于回路的谐振角频率 $\omega_0(t)$随调制信号而变化，所以回路对于角频率为 ω_c 的信号所产生的相移 $\varphi(\omega_c)$也随调制信号而变化。根据并联谐振回路的特性，在失谐量不大时可得

$$\varphi(\omega_c)\approx-\arctan\left[2Q_e\frac{\omega_c-\omega_0(t)}{\omega_c}\right] \tag{6.2.18}$$

式中，Q_e为并联回路的有载品质因数，$\omega_0(t)$为并联回路的谐振角频率。当 $|\varphi(\omega_c)|<30°$时，上式可近似为

$$\varphi(\omega_c)\approx-2Q_e\frac{\omega_c-\omega_0(t)}{\omega_c} \tag{6.2.19}$$

设加到变容二极管上的调制电压 $u_\Omega(t)=U_{\Omega m}\cos(\Omega t)$，根据 6.2.2 节中调制电压 $u_\Omega(t)$对回路谐振频率影响的分析，当 $U_{\Omega m}$足够小，使电容调制度 m_c 足够小时，由式(6.2.8)可得

$$\omega_0(t)\approx\omega_c\left[1+\frac{\gamma}{2}m_c\cos(\Omega t)\right] \tag{6.2.20}$$

将式(6.2.20)代入式(6.2.19)则可得

$$\varphi(\omega_c)\approx\gamma Q_e m_c\cos(\Omega t) \tag{6.2.21}$$

综上可见，在电路参数选择合理，且相移变化在±30°范围以内时，载波电流通过图 6.2.12(a)所示电路时产生的相移变化 $\varphi(\omega_c)$与调制电压成正比，因此实现了线性调相。

将式(6.2.21)代入式(6.2.17)，则可得输出调相信号电压为

$$u_o(t)=I_{sm}Z(\omega_c)\cos[\omega_c t+\gamma m_c Q_e\cos(\Omega t)] \tag{6.2.22}$$

其调相指数和最大角频偏分别为

$$\left.\begin{aligned} m_p&=\gamma m_c Q_e \\ \Delta\omega_m&=\gamma m_c Q_e\Omega \end{aligned}\right\} \tag{6.2.23}$$

需说明,这里为了实现线性调相,必须限制调相信号的最大附加相位,即调相指数 m_p,使之小于 30°,即小于($\pi/6$)rad,所以属于窄带调相。为了增大最大附加相位,可以采用多级单回路构成的变容二极管调相电路。例如采用三级单回路变容二极管调相电路①,最大附加相位可达($\pi/2$)rad。另外,由式(6.2.22)可见,输出调相信号 $u_o(t)$ 的幅值与回路阻抗的幅值 $Z(\omega_c)$ 有关,而 $Z(\omega_c)$ 随调制信号变化而变化,因此变容二极管调相电路输出电压的幅度也受到了调制信号的控制,即输出电压被调相的同时也产生了调幅,这种调幅是不需要的,称为寄生调幅,采用限幅电路即可消除。

三、变容二极管间接调频电路实例

图 6.2.13(a)所示是一个采用变容二极管调相电路构成的间接调频电路。图中,晶体管 V_1 构成载波放大器,它将来自晶体振荡器的角频率为 ω_c 的输入载波信号进行放大,其输出电压 $u_s(t)$ 通过 R_1、C_1 加到由 L 和变容二极管所构成的调相电路。C_1、C_2 为隔直耦合电容,对载波可视为短路,$u_s(t)$ 经 R_1 变成载波电流源后加至调相电路,因此电路可简化为图 6.2.13(b)。R_2 用来减轻后级电路对回路的影响。+9 V 直流电压通过 R_3、R 供给变容二极管反向偏置电压,R_3 用作调制信号与偏压源之间的隔离电阻。C_3 为调制信号耦合电容,R、C 对调制信号构成积分电路,要求 C 的取值使其容抗远小于 R,即满足 $\Omega RC\gg 1$,这样 $u_\Omega(t)$ 在 RC 电路中产生的电流为

$$i_\Omega(t)\approx u_\Omega(t)/R$$

该电流向电容 C 充电,因此,实际加到变容二极管上的调制电压 $u'_\Omega(t)$ 为

$$u'_\Omega(t)=\frac{1}{C}\int_0^t i_\Omega(t)\,\mathrm{d}t\approx\frac{1}{RC}\int_0^t u_\Omega(t)\,\mathrm{d}t \tag{6.2.24}$$

当 $u_\Omega(t)=U_{\Omega m}\cos(\Omega t)$ 时,可得

$$u'_\Omega(t)=\frac{1}{RC}\int_0^t U_{\Omega m}\cos(\Omega t)\,\mathrm{d}t=\frac{1}{\Omega RC}U_{\Omega m}\sin(\Omega t)=U'_{\Omega m}\sin(\Omega t)$$

式中,$U'_{\Omega m}=\dfrac{U_{\Omega m}}{\Omega RC}$,为实际加到变容二极管两端的调制信号的幅值,这时的电容调制度为

$$m_c=\frac{U'_{\Omega m}}{U_B+U_Q}=\frac{U_{\Omega m}}{\Omega RC(U_B+U_Q)}$$

因此根据式(6.2.22)可推知,图 6.2.13 所示电路的输出调频信号为

---

① 参阅参考文献 5 第 381 页。

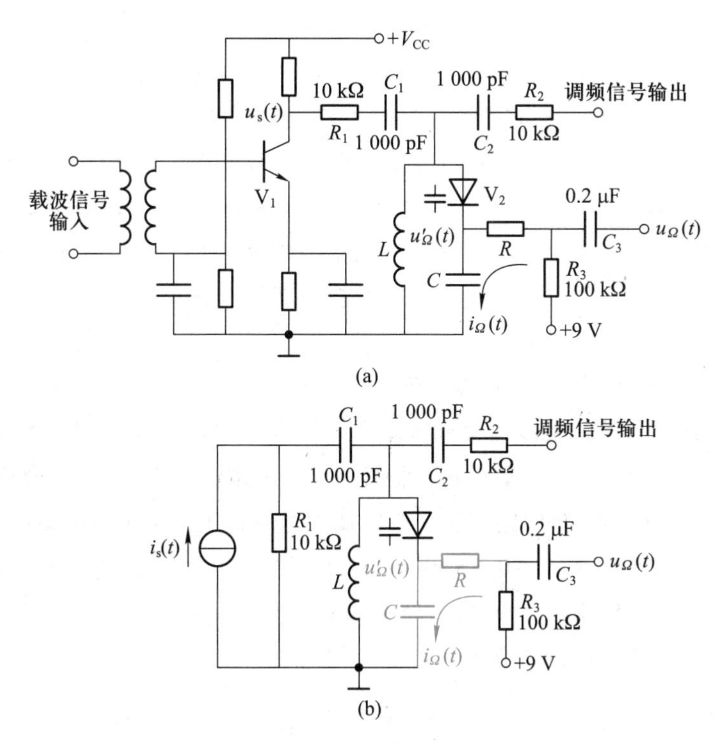

图 6.2.13 变容二极管间接调频电路

(a) 电路 (b) 简化等效电路

$$u_o(t)=I_{sm}Z(\omega_c)\cos[\omega_c t+\gamma m_c Q_e\sin(\Omega t)]=U_m\cos[\omega_c t+m_f\sin(\Omega t)] \tag{6.2.25}$$

其调频指数及最大角频偏分别为

$$\left.\begin{aligned} m_f&=\frac{\gamma Q_e U_{\Omega m}}{(U_B+U_Q)\Omega RC}\\ \Delta\omega_m&=m_f\Omega=\frac{\gamma Q_e U_{\Omega m}}{(U_B+U_Q)RC}\end{aligned}\right\} \tag{6.2.26}$$

6.2.4 扩展最大频偏的方法

最大频偏是调频电路的重要性能指标，当采用的调频电路达不到最大频偏指标要求时，就要考虑扩频，实际调频设备中通常采用倍频器和混频器的组合来扩展最大频偏。瞬时角频率为 $\omega=\omega_c+\Delta\omega_m\cos(\Omega t)$ 的调频信号，通过 n 次倍频器，其输出信号的瞬时角频率将变为 $n\omega=n\omega_c+n\Delta\omega_m\cos(\Omega t)$。可见，倍频器可以不失真地将调频信号的载波角频率和最大角频偏同时增大 n 倍，换句话说，倍频器可以在保持调频信号的相对角频偏不变[$\Delta\omega_m/\omega_c=n\Delta\omega_m/(n\omega_c)$]的条件下，成倍地扩展其最大角频偏。若将调频信号通过混频器，设本振信号角频率为 ω_L，则混频器输出的调频信号角频率变为[$\omega_L-\omega_c-\Delta\omega_m\cos(\Omega t)$]。可见，混频器使调频信号的载波角频率降低为$(\omega_L-\omega_c)$，但最大角频偏没有发生变化，仍为$\Delta\omega_m$，这就是说，混频器可以在保持最大角频偏不变的情况下，改变调频信号的相对角频偏。利用倍频器和混频器的上述特性进行组合，就可以获得调频设备所需的载波频率，并满足最大频偏的要求。例如，可以先用倍频器扩展调频信号的最大频偏，然后再用混频器将调频信号的载波频率降低到规定的数值。

例 6.2.2 已知调制信号的频率范围为 100Hz ~15kHz，载波频率为 100MHz，变容二极管变容指数为 0.5，当分别采用矢量合成法调相电路、三级单回路变容二极管调相电路和脉冲调相电路构成间接调频电路时，以及采用变容二极管全部接入方式构成直接调频电路时，试分析计算各调频电路能达到的最大频偏。

解：(1) 分析计算间接调频电路能达到的最大频偏

由间接调频的原理可知，间接调频电路输出调频信号的最大附加相移等于调相电路允许的最大附加相移，即$m_f=m_p$，它们受到调相特性非线性的限制。其中矢量合成法调相电路最大允许$m_p=(\pi/12)$ rad；三级单回路变容二极管调相电路最大允许$m_p=(\pi/6)\times3$ rad$=(\pi/2)$ rad；脉冲调相电路[①]最大允许$m_p=0.8\pi$ rad。由于调频信号的最大频偏$\Delta f_m=m_fF$，m_f受调相电路限制，所以当调制信号频率在 100 Hz ~15 kHz 内变化时，调频电路所能达到的最大频偏是相应变化的，计算时应考虑最低调制频率处对应的最小值，故可得以下结果。

对矢量合成法调相电路所构成的间接调频电路，$\Delta f_m=\dfrac{\pi}{12}\times100\text{ Hz}\approx26\text{ Hz}$。

对三级单回路变容二极管调相电路所构成的间接调频电路，$\Delta f_m=\dfrac{\pi}{2}\times100\text{ Hz}\approx157\text{ Hz}$。

对脉冲调相电路所构成的间接调频电路，$\Delta f_m=0.8\pi\times100\text{ Hz}\approx251\text{ Hz}$。

(2) 分析计算变容二极管全部接入式直接调频电路能达到的最大频偏

由式(6.2.9)得$\Delta f_m=\dfrac{\gamma}{2}m_cf_c$，当取电容调制度$m_c\approx0.5$时，可得

$$\Delta f_m=\frac{0.5}{2}\times0.5\times100\text{ MHz}=12.5\text{ MHz}$$

以上分析结果表明：间接调频电路的频偏很小，所以通常要进行扩频。用倍频器和混频器进行扩频的方法对两类电路都适用，不过对于直接调频电路，由于它是相对频偏$\Delta f_m/f_c$受非线性限制，而不像间接调频电路是绝对频偏Δf_m受限制，故通过增大f_c，也可提高Δf_m，所以可采用先在较高载波频率上产生调频信号，而后通过混频将载波频率降到规定值这样比较简单的方法。

例 6.2.3 图 6.2.14 所示为某实用调频发射机的组成框图，已知间接调频电路输出的调频信号中心频率$f_{c1}=100$ kHz，最大频偏$\Delta f_{m1}=97.64$ Hz，混频器的本振信号频率$f_L=14.8$ MHz，取下边频输出，试求输出调频信号$u_o(t)$的中心频率f_c和最大频偏Δf_m。

① 参阅参考文献 1 第 302 页。

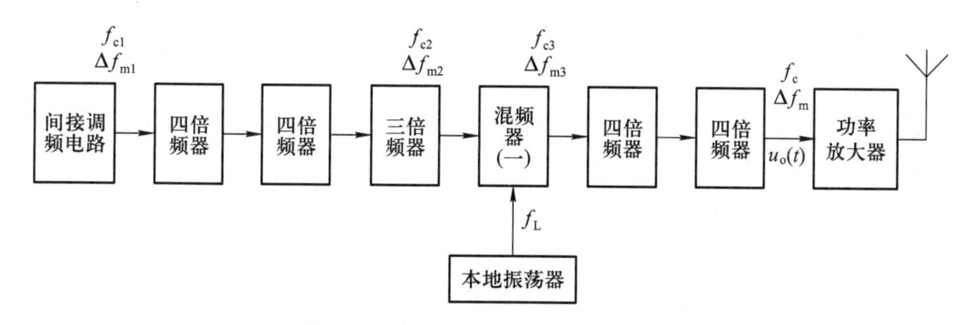

图 6.2.14　实用调频发射机组成框图

解：由图 6.2.14 可见，间接调频电路输出的调频信号经两级四倍频器和一级三倍频器后加至混频器载波输入端，其载波频率和最大频偏分别变为

$$f_{c2}=4\times4\times3\times f_{c1}=48\times100\ \text{kHz}=4.8\ \text{MHz}$$

$$\Delta f_{m2}=4\times4\times3\times\Delta f_{m1}=48\times97.64\ \text{Hz}=4.687\ \text{kHz}$$

经下混频后，载波频率和最大频偏分别变为

$$f_{c3}=f_L-f_{c2}=(14.8-4.8)\text{MHz}=10\ \text{MHz}$$

$$\Delta f_{m3}=\Delta f_{m2}=4.687\ \text{kHz}$$

再经两级四倍频器后得调频设备输出调频信号 $u_o(t)$，其中心频率和最大频偏分别为

$$f_c=4\times4\times f_{c3}=16\times10\ \text{MHz}=160\ \text{MHz}$$

$$\Delta f_m=4\times4\times\Delta f_{m3}=16\times4.687\ \text{kHz}=75\ \text{kHz}$$

讨论题

6.2.1　试比较直接调频电路与间接调频电路的实现方法与主要优缺点。

6.2.2　变容二极管直接调频电路中，为提高中心频率的稳定性和减小非线性失真，主要有哪些措施？反偏电压 U_Q 有什么作用？U_Q 的大小对调频特性有什么影响？

6.2.3　试比较变容二极管直接调频电路和间接调频电路的工作原理。

6.2.4　倍频器和混频器在调频设备中有何作用？为什么？

6.2.5　试比较直接调频电路与间接调频电路中影响最大频偏的因数，总结扩展最大频偏的方法。

随堂测验

6.2　随堂测验答案

6.2.1　填空题

1. 将调制信号先进行______，然后对载波进行______，而获得 FM 信号，称为间接调频。

2. 直接调频是用调制信号直接控制振荡器的_______而实现的调频。

3. 调频电路的__________是指为保证调频线性，由调频电路决定的允许所加的最大频偏。

4. 直接调频电路如图 6.2.15 所示。变容二极管的参数为：$U_B = 0.6$ V，$\gamma = 2$，$C_{jQ} = 20$ pF。已知 $L = 20$ μH，$U_Q = 6$ V，$u_\Omega = 0.5\cos(10\pi\times10^3 t)$ V，可求得调频信号的中心频率 f_c 为________，电容调制度 m_c 为________，最大频偏 Δf_m 为________，调频灵敏度 S_F 为________。

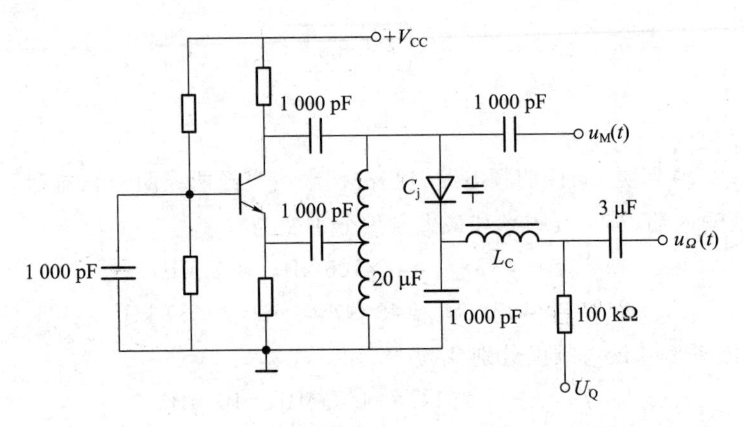

图 6.2.15

5. 图 6.2.15 所示电路中，变容二极管应工作在________偏置状态。

6.2.2 单选题

1. 图 6.2.15 电路的谐振回路高频等效电路是图 6.2.16 中的(　　)。

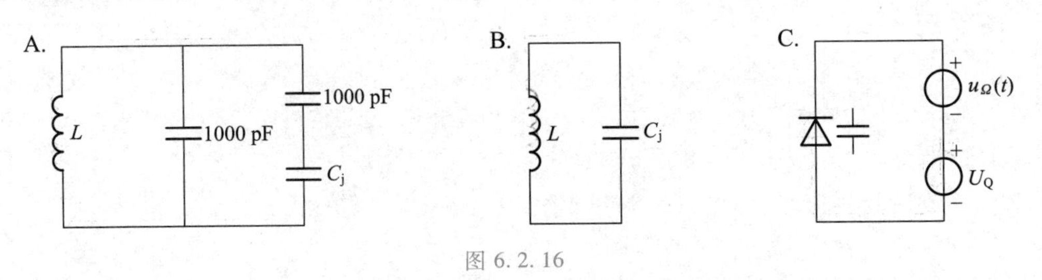

图 6.2.16

2. 图 6.2.17 中，实现调频的为(　　)。

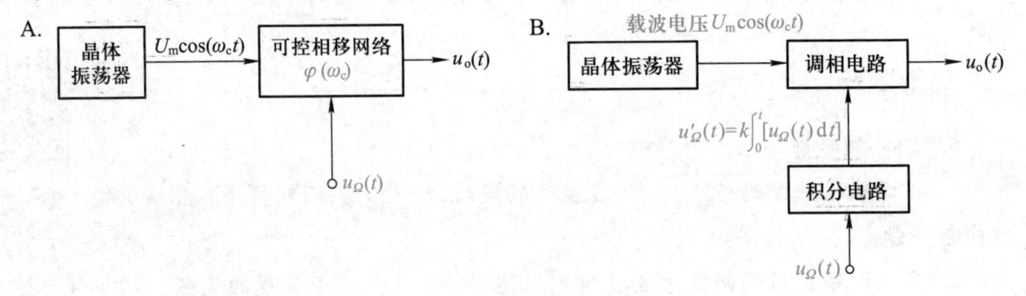

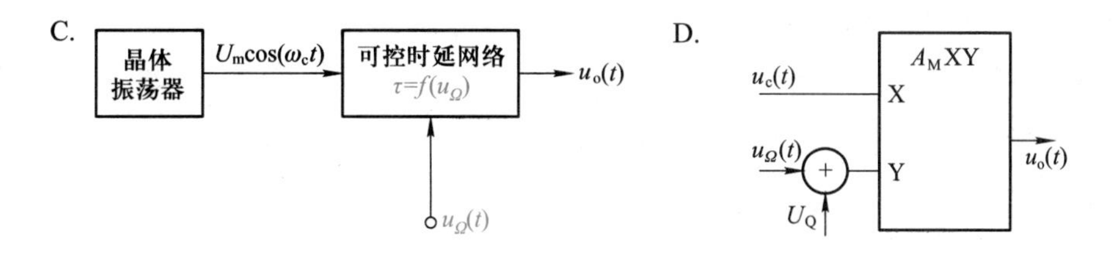

图 6.2.17

3. 对调频灵敏度,下述不正确的为(　　)。

A. $S_F=\left.\dfrac{d(\Delta f)}{du_\Omega}\right|_{u_\Omega=0}$　　B. $S_F=\dfrac{\Delta f_m}{U_{\Omega m}}$

C. 反映了调制信号对频偏的控制能力　　D. 反映了调频特性的线性度

6.2.3 判断题

1. 间接调频的特点是中心频率稳定度高,但频偏小。(　　)

2. 混频器可以在保持最大角频偏不变的情况下,改变调频信号的相对角频偏。(　　)

3. 倍频器可以在保持相对频偏不变的条件下,成倍地扩展调频信号的最大频偏。(　　)

4. 变容二极管全部接入振荡回路构成的直接调频电路中,若变容指数 $\gamma\neq1/2$,则应限制调制信号的大小,使电容调制度 m_c 足够小。(　　)

6.3 鉴频电路

鉴频的作用是从调频信号中检出原调制信号。从信号变换的角度来看,调频将电压信号变换为频率信号,而鉴频则将频率信号变换为电压信号,因此利用调频和鉴频,可实现电压与频率的变换。

6.3.1 鉴频的性能要求与实现方法

一、性能要求

鉴频器的主要特性是鉴频特性,即它的输出电压 u_O 与输入信号频率 f 之间的关系。典型的鉴频特性曲线如图 6.3.1 所示。由图中实线可见,对应于调频信号的中心频率 f_c,输出电压 $u_O=0$;当信号频率在 f_c 上、下变化时,分别得到正、负输出电压(根据鉴频电路的不同,鉴频特性可与此相反,如图中虚线所示)。理想的鉴频特性应该是线性的,但实际上,只能在中心频率 f_c 附近一定的范围内才能获得近似线性。由于鉴频特性通常呈 S 形,故简称 S 曲线。

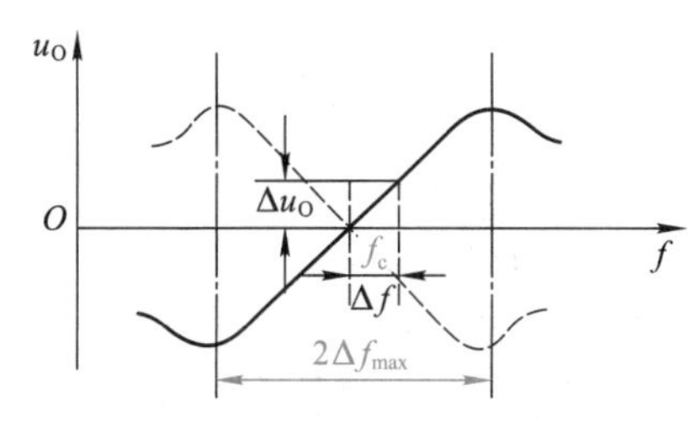

图 6.3.1　鉴频特性曲线

衡量鉴频特性的主要指标有：

（1）鉴频灵敏度。通常将鉴频特性曲线在中心频率 f_c 处的斜率称为鉴频灵敏度（也称鉴频跨导），用 S_D 表示，即

$$S_D = \left.\frac{\Delta u_O}{\Delta f}\right|_{f=f_c} \tag{6.3.1}$$

式中，Δu_O 和 Δf 如图 6.3.1 所示，S_D 的单位为 V/Hz。鉴频特性曲线愈陡峭，S_D 就越大，表明鉴频电路将信号频率变化转换为电压变化的能力就越强。

（2）线性范围。即鉴频特性曲线近似为直线所对应的最大频率范围，通常用 $2\Delta f_{max}$ 表示，如图 6.3.1 中所示。为了实现不失真的解调，要求线性范围 $2\Delta f_{max}$ 大于调频信号最大频偏的两倍，即 $2\Delta f_{max}>2\Delta f_m$。线性范围也称为鉴频电路的带宽。

（3）非线性失真。指由于鉴频特性的非线性所产生的失真。

对于鉴频器，通常希望有大的鉴频灵敏度，并且要满足线性范围和非线性失真指标要求。

例 6.3.1 已知某鉴频器的输入调频信号 $u_s(t)=5\cos[2\pi\times10^8t+20\sin(2\pi\times10^3t)]$ V，鉴频灵敏度 $S_D=-5$ mV/kHz，鉴频器带宽 $2\Delta f_{max}=100$ kHz，鉴频特性曲线形状呈 S 形，如图 6.3.1 所示，试画出该鉴频器的鉴频特性曲线和鉴频输出电压波形。

解：（1）由输入调频信号表示式可知，鉴频器的中心频率为 $f_c=10^8$ Hz $=10^5$ kHz。由 S_D 和 $2\Delta f_{max}$ 值可求得瞬时频率 f 偏离中心偏离 $f_c\pm50$ kHz 处的解调输出电压为

$$u_O=-5\times(\pm50)\text{ mV}=\mp250\text{ mV}$$

因此可画出鉴频特性曲线，如图 6.3.2(a) 所示。

（2）由于 $u_s(t)=5\cos[2\pi\times10^8t+20\sin(2\pi\times10^3t)]$ V，故可得瞬时角频率为

$$\omega(t)=\frac{d\varphi(t)}{dt}=\frac{d}{dt}[2\pi\times10^8t+20\sin(2\pi\times10^3t)]$$

$$=[2\pi\times10^8+2\pi\times20\times10^3\cos(2\pi\times10^3t)]\text{ rad/s}$$

因此可得瞬时频偏为

$$\Delta f=20\times10^3\cos(2\pi\times10^3t)\text{ Hz}=20\cos(2\pi\times10^3t)\text{ kHz}$$

解调输出电压为

$$u_O=S_D\Delta f=-5\times20\cos(2\pi\times10^3t)\text{ mV}=-100\cos(2\pi\times10^3t)\text{ mV}$$

可画出其波形，如图 6.3.2(b) 所示。

二、实现方法

常用的鉴频方法有以下几种：

1. 斜率鉴频器

其实现模型如图 6.3.3 所示。先将等幅调频信号送入频率-振幅线性变换网络，变换成幅度与频率成正比变化的调幅-调频信号，然后用包络检波器进行检波，还原出原调制信号。

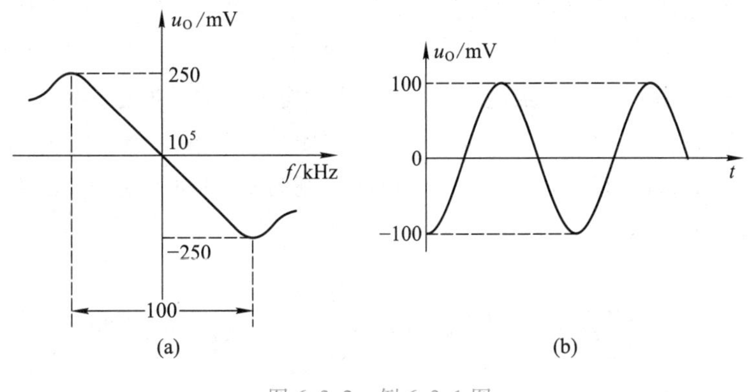

图 6.3.2　例 6.3.1 图

（a）鉴频特性　（b）输出电压波形

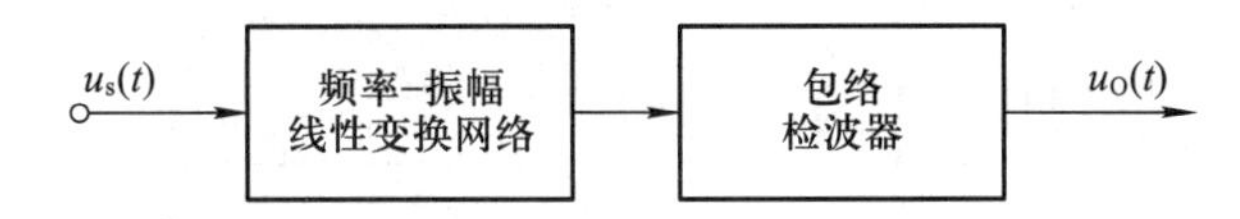

图 6.3.3　斜率鉴频器实现模型

2. 相位鉴频器

其实现模型如图 6.3.4 所示。先将等幅的调频信号送入频率-相位线性变换网络,变换成相位与瞬时频率成正比变化的调相-调频信号,然后通过相位检波器还原出原调制信号。

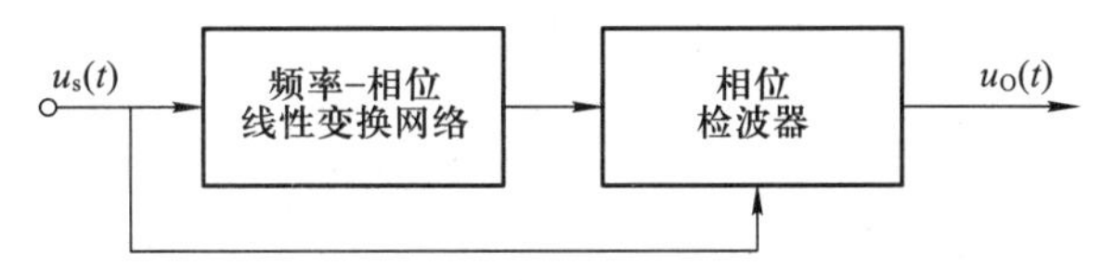

图 6.3.4　相位鉴频器实现模型

3. 脉冲计数式鉴频器

其实现模型如图 6.3.5 所示。先将等幅的调频信号送入非线性变换网络,将它变为调频等宽脉冲序列,由于该等宽脉冲序列含有随瞬时频率变化的平均分量,因此通过低通滤波器就能取出包含在平均分量中的调制信号。

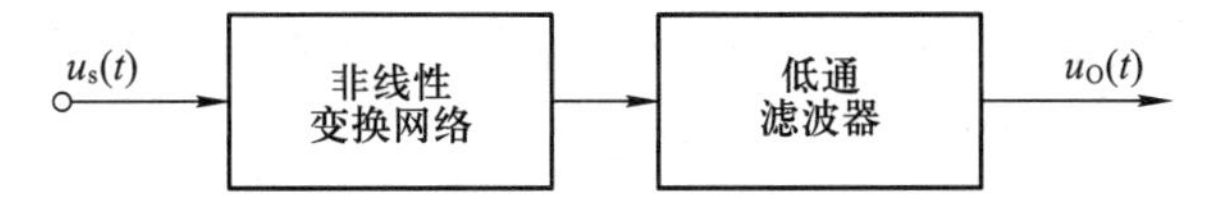

图 6.3.5　脉冲计数式鉴频器实现模型

脉冲计数式鉴频器有多种实现电路,图 6.3.6 所示为一种实现模型及其工作波形。由图可见,调频信号 $u_s(t)$ 经脉冲形成电路,在每个过零点形成一个脉冲。由于调频信号的频率是随调制信号变化的，因此在相同时间内过零点的数目是不同的，当瞬时频率高时，形成的脉冲数目多，频率低时，形成的脉冲数目少，说明瞬时频率变化的信息携带到了所形成的脉冲信号 $u_1(t)$ 中。然后将这些脉冲经脉冲展宽电路，展宽成脉宽相同的脉冲序列 $u_2(t)$，这样就把调频信号变换成为脉宽相同的调频脉冲序列。设输入调频信号的瞬时频率为 $f(t)=f_c+\Delta f(t)$，相应的周期为 $T(t)=1/f(t)$，调频脉冲序列 $u_2(t)$ 的脉宽为 τ、脉冲幅度为 U_{2m}，则可求得调频脉冲序列 $u_2(t)$ 中的平均分量为

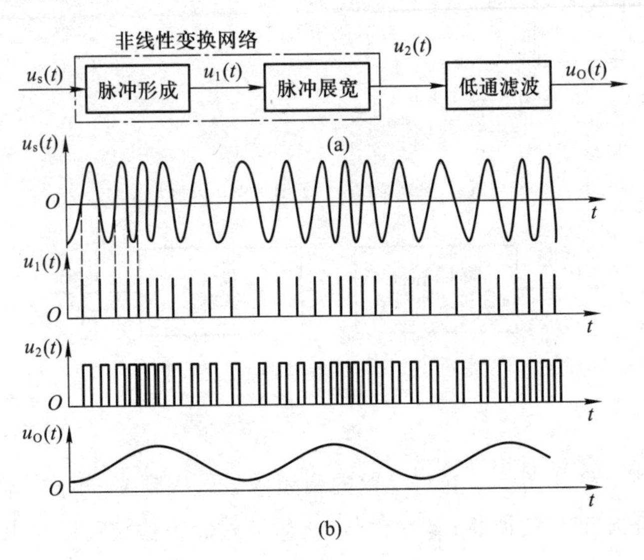

图 6.3.6　脉冲计数式鉴频器的组成及其工作波形

(a) 电路组成　(b) 工作波形

$$u_{2AV}=\frac{U_{2m}\tau}{T(t)}=U_{2m}\tau[f_c+\Delta f(t)] \tag{6.3.2}$$

由式(6.3.2)可见，该平均分量与输入调频信号的频率成正比，因此通过低通滤波器，就能取出该平均分量，得到所需的解调电压 $u_O(t)$。

脉冲计数式鉴频器具有线性鉴频范围大、便于集成化、不受寄生调幅影响等优点，但它的工作频率受到最小脉宽的限制，因此多用于工作频率小于 10 MHz 的场合。

4. 锁相鉴频器

它利用锁相环路的频率跟踪特性实现鉴频，具体内容将在 7.3 节锁相环路中讨论，更为深入的讨论及应用实例可参阅参考文献 12。

6.3.2　斜率鉴频器

一、基本原理

前面已学习了斜率鉴频器的实现模型，如图 6.3.3 所示，其中频率-振幅线性变换网络的

实现电路有多种，下面介绍图 6.3.7(a)所示变换网络的工作原理。图 6.3.7(a)中，将调频信号电流 $i_s(t)$ 加到 LC 并联谐振回路上，把并联回路的谐振频率 f_0 调离调频信号的中心频率 f_c，使调频信号的中心频率 f_c 工作在谐振曲线一边的 A 点上，如图 6.3.7(b)所示，这时 LC 并联回路两端电压的振幅为 U_{ma}。当频率变化为($f_c-\Delta f_m$)时，工作点将移到 B 点，回路两端电压的振幅增加到 U_{mb}。当频率变化为($f_c+\Delta f_m$)时，工作点移到 C 点，回路两端电压振幅减小到 U_{mc}，如图 6.3.7(b)所示。因此，当加到 LC 并联回路的调频信号的频率随时间变化时，回路两端电压的振幅也将随时间产生相应的变化。当调频信号的最大频偏 Δf_m 不大时，线段 BC 很短，可近似将它看成直线，因此它所起的频率-振幅变换作用是线性的，即它所引起的输出电压振幅的变化与输入信号频率的变化近似呈线性关系。所以，利用 LC 并联回路谐振曲线的下降(或上升)部分，可使等幅的调频信号变成调幅-调频信号。

利用上述原理构成的鉴频器原理电路如图 6.3.7(c)所示，通常称之为单失谐回路斜率鉴频器。图中 LC 并联谐振回路调谐在高于或低于调频信号中心频率 f_c 上，从而可将调频信号变成调幅-调频信号。V、R_1、C_1 组成二极管包络检波电路，用以对调幅-调频信号进行振幅检波，因此可得解调输出信号 $u_O(t)$。

由于单谐振回路谐振曲线的线性度较差，因此单失谐回路斜率鉴频器的输出波形失真较大，质量不高，实际中很少使用。

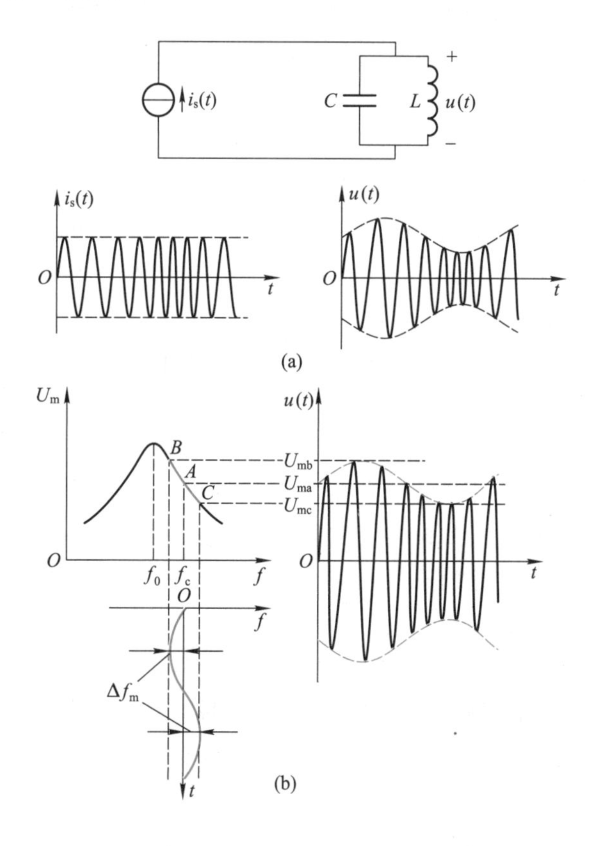

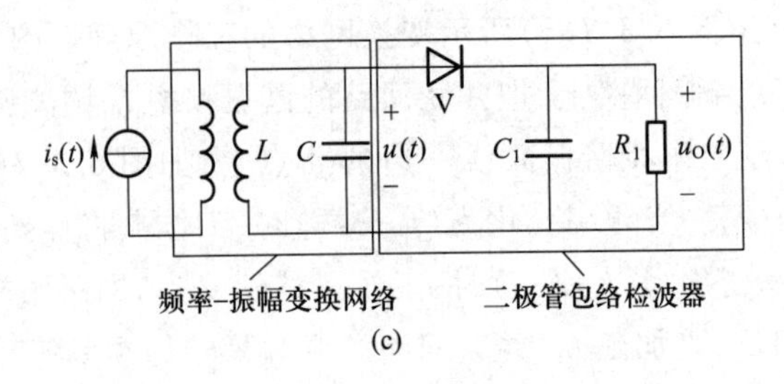

图 6.3.7　斜率鉴频器工作原理

(a) 频率-振幅变换网络　(b) 频率-振幅变换原理　(c) 单失谐回路斜率鉴频器

二、双失谐回路斜率鉴频器

为了扩大鉴频特性的线性范围,实用的斜率鉴频器常采用由两个单失谐回路斜率鉴频器构成的平衡电路,如图 6.3.8(a)所示。图中,次级有两个并联谐振回路,鉴频时,它们工作于失谐状态,所以称该电路为双失谐回路斜率鉴频器。

鉴频器工作时,需采用两个谐振曲线相同的回路,并将两个回路的谐振频率对称地调谐在调频信号中心频率 f_c 的两侧,如图 6.3.8(b)所示。图中,f_{01}、f_{02} 分别为两个回路的谐振频率,它们对于 f_c 是对称的,即 $f_c-f_{01}=f_{02}-f_c$,这个差值必须大于调频信号的最大频偏,以避免鉴频失真。图 6.3.8(b)表示在输入电流信号 $i_s(t)$ 作用下,在回路两端产生的电压 $u_1(t)$、$u_2(t)$ 的幅频特性曲线,U_{1m}、U_{2m} 分别为 $u_1(t)$ 和 $u_2(t)$ 的幅值。由图可见,这两根幅频特性曲线的形状相同。

图 6.3.8(a)中的两个二极管包络检波电路也应完全对称,即 $C_1=C_2$,$R_1=R_2$,V_1 与 V_2 参数一致。$u_1(t)$ 和 $u_2(t)$ 分别经二极管检波得到的输出电压为 $u_{O1}(t)$ 和 $u_{O2}(t)$,它们的频率特性如图 6.3.8(c)中虚线所示。由于鉴频器的总输出电压 $u_O=u_{O1}-u_{O2}$,即 u_O 由 u_{O1} 和 $-u_{O2}$ 相叠加而得,因此为分析方便,图中画出了 $-u_{O2}(t)$ 的曲线。由图 6.3.8(c)可见,当调频信号的频率为 f_c 时,u_{O1} 和 $-u_{O2}$ 大小相等、极性相反,正好可以互相抵消,因此 $u_O=0$;当调频信号小于 f_c 时,u_{O2} 和 $-u_{O2}$ 的叠加结果 u_O 为正值,且在 f_{01} 处达到最大;当调频信号大于 f_c 时,u_{O2} 和 $-u_{O2}$ 的叠加结果 u_O 为负值,且在 f_{02} 处达到最小。因此,可得到图 6.3.8(c)中实线所示的鉴频特性曲线。

双失谐回路鉴频器由于采用了平衡电路,上、下两个单失谐回路的鉴频器特性可相互补偿,使鉴频器的非线性失真减小,线性范围和鉴频灵敏度增大。但双失谐回路鉴频器鉴频特性的线性范围和线性度与两个回路的谐振频率 f_{01} 和 f_{02} 的配置有很大关系,调整起来不太方便。

三、集成电路中的斜率鉴频器

图 6.3.9(a)所示为集成电路中广泛采用的斜率鉴频器电路,称为差分峰值斜率鉴频器。图中 L_1、C_1 和 C_2 为实现频幅变换的线性网络,用来将输入调频信号电压 $u_s(t)$ 转换为两个幅度按瞬时频率变化的调幅-调频信号电压 $u_1(t)$ 和 $u_2(t)$。L_1C_1 并联回路的电抗曲线和 C_2 的电

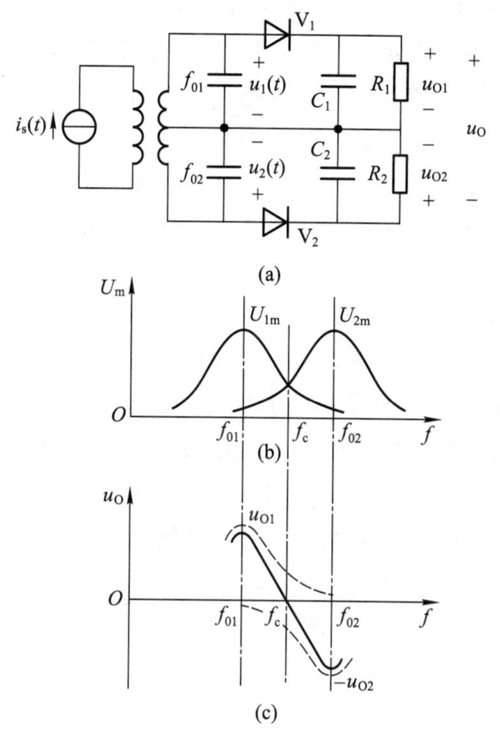

图 6.3.8　双失谐回路斜率鉴频器

(a) 电路　(b) 回路电压幅频特性　(c) 鉴频特性

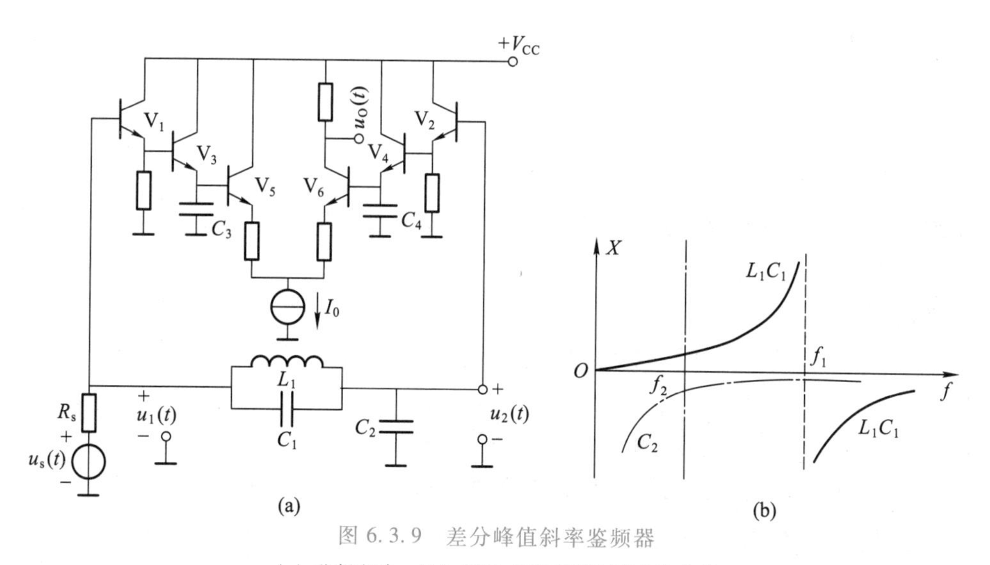

图 6.3.9　差分峰值斜率鉴频器

(a) 鉴频电路　(b) 频率-振幅变换网络电抗曲线

抗曲线示于图 6.3.9(b),图中,f_1 为 L_1C_1 并联回路的谐振频率,f_2 为 $L_1C_1C_2$ 回路的串联谐振频率。在频率 f_2 上,L_1C_1 并联回路的等效感抗与 C_2 的容抗相等,整个 LC 网络串联谐振,这时回路电流达最大值,故 C_2 上的电压降 $u_2(t)$ 为最大值,但回路总阻抗接近于零,所以 $u_1(t)$ 为最小值。当频率升高时,C_2 的容抗减小,L_1C_1 回路的等效感抗增大,结果使 $u_2(t)$ 减小,$u_1(t)$ 增大。当频率等于 f_1 时,L_1C_1 回路产生并联谐振,回路阻抗趋于无穷大,此时 $u_1(t)$ 达到最大值,而 $u_2(t)$ 为最小值。可见,$u_1(t)$ 和 $u_2(t)$ 的振幅随着输入信号频率的变化而变化,将输入调频信号变换为调幅-调频信号。调整回路参数,使 $f=f_c$ 时,$u_1(t)$ 和 $u_2(t)$ 的振幅相等,这样可得到图 6.3.10 中所示 $u_1(t)$ 和 $u_2(t)$ 的振幅频率特性曲线。

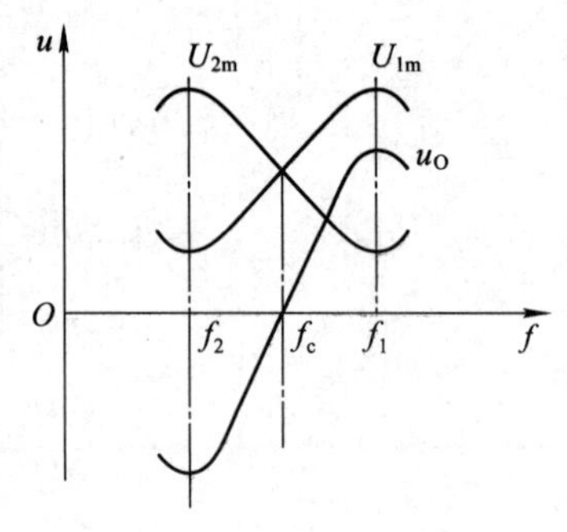

图 6.3.10　差分峰值斜率鉴频器鉴频特性

输入调频信号 $u_s(t)$ 经 L_1C_1 和 C_2 网络的变换,得到的调幅-调频信号 $u_1(t)$ 和 $u_2(t)$ 分别加到 V_1 和 V_2 管的基极,V_1 和 V_2 管构成射极输出缓冲隔离级,以减小检波器对频幅转换网络的影响。V_3 和 V_4 管分别构成两只相同的晶体管峰值检波器,C_3、C_4 为检波器滤波电容,V_5、V_6 的输入电阻为检波电阻。检波器的输出解调电压经差分放大器 V_5 和 V_6 放大后,由 V_6 管集电极单端输出鉴频电压为 $u_O(t)$,显然,其值与 $u_1(t)$ 和 $u_2(t)$ 振幅的差值成正比。在 $f=f_c$ 时,$U_{1m}=U_{2m}$,输出电压 $u_O=0$;当 $f>f_c$ 时,$U_{1m}>U_{2m}$,$u_O>0$;当 $f<f_c$ 时,$U_{1m}<U_{2m}$,$u_O<0$。故该鉴频器的鉴频特性如图 6.3.10 所示。这种鉴频器具有良好的鉴频特性,其中间的线性区比较宽,典型值可达 300 kHz。调节 L_1C_1 和 C_2 可以改变鉴频特性曲线的形状,调节中心频率、线性范围及上、下曲线的对称性等。

6.3.3　鉴相器与相位鉴频器

相位鉴频器也称正交鉴频器,它将等幅的调频信号送入频率-相位线性变换网络,变换成相位与瞬时频率成正比变化的调相-调频信号,然后通过相位检波器还原出原调制信号。相位检波器又称鉴相器,其功能是将两个输入信号的相位差变换为输出电压,它不但是相位鉴频器的重要组成部分,也是锁相环路(见 7.3 节)的重要单元。本小节先介绍鉴相器,然后再讨论相位鉴频器。

一、鉴相器

鉴相器可分为模拟鉴相器和数字鉴相器两大类。模拟鉴相器由模拟电路构成,通常用于相位鉴频和锁相解调,常用的模拟鉴相器主要有乘积型和叠加型两种。数字鉴相器由数字电路构成,其输入必须是数字信号,通常用于频率合成器(见 7.4 节),常用的数字鉴相器主要有门鉴相器、RS 触发器鉴相器和跳变沿触发的鉴频鉴相器三类。下面介绍乘积型鉴相器、叠加型鉴相器和门电路鉴相器。

1. 乘积型鉴相器

乘积型鉴相器的实现模型如图 6.3.11 所示,模拟相乘器用来检出两个输入信号之间的相位差，并将相位差变换为电压信号 $u'_O(t)$，低通滤波器用于取出 $u'_O(t)$ 中的低频信号、滤除其中的高频信号，这样就可得到解调输出电压 $u_O(t)$。

根据相乘器输入信号幅度大小的不同，乘积型鉴相器有三种不同的工作状态，下面分别加以说明。

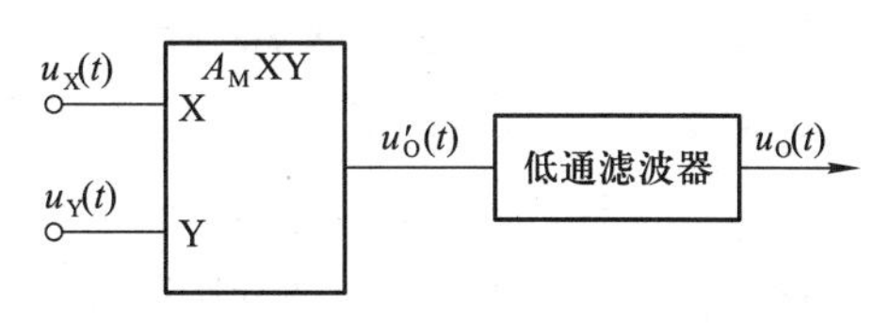

图 6.3.11　乘积型鉴相器实现模型

（1）两个输入信号均为小信号

设 $u_X(t)=U_{Xm}\cos(\omega_c t)$，$u_Y(t)=U_{Ym}\sin(\omega_c t+\varphi)=U_{Ym}\cos\left(\omega_c t-\dfrac{\pi}{2}+\varphi\right)$，$u_X(t)$ 与 $u_Y(t)$ 均为小信号，除了有相位差 φ 外，还有一个固定相位差 $\pi/2$。由于这时相乘器线性工作，因此可得

$$u'_O(t)=A_M u_X(t)u_Y(t)=A_M U_{Xm}U_{Ym}\cos(\omega_c t)\sin(\omega_c t+\varphi)$$
$$=\frac{1}{2}A_M U_{Xm}U_{Ym}\sin\varphi+\frac{1}{2}A_M U_{Xm}U_{Ym}\sin(2\omega_c t+\varphi)$$

式中，A_M 为相乘器的增益系数。通过低通滤波器，可滤除上式中第二项所示的高频分量，则输出电压为

$$u_O=A_d\sin\varphi \tag{6.3.3}$$

式中，设低通滤波器通带增益为 1，则 $A_d\approx A_M U_{Xm}U_{Ym}/2$。式(6.3.3)说明，当 U_{Xm}、U_{Ym} 不变时，输出电压 u_O 与两个输入信号相位差的正弦值成正比。作出 u_O 与 φ 的关系曲线（称为鉴相器的鉴相特性曲线），如图 6.3.12 所示，它是一条正弦曲线，称之为正弦鉴相特性。

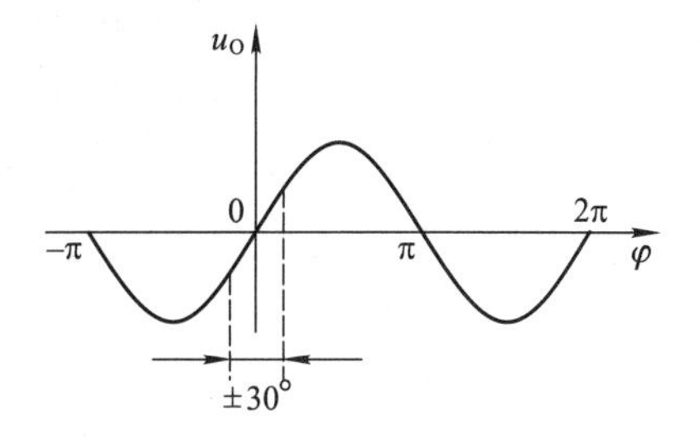

图 6.3.12　正弦鉴相特性

当 $|\varphi|\leqslant 0.5$ rad（约 30°）时，有 $\sin\varphi\approx\varphi$，因此可得

$$u_O\approx A_d\varphi \tag{6.3.4}$$

式(6.3.4)说明，乘积型鉴相器在输入均为小信号的情况下，只有当 $|\varphi|\leqslant 0.5$ rad 时，鉴相特性才接近于直线，方可实现线性鉴相。A_d 表示单位相位差产生的输出电压，称为鉴相灵敏度，单位为 V/rad，它等于鉴相特性直线段的斜率。

（2）输入信号中一个为大信号，另一个为小信号

设 $u_Y(t)=U_{Ym}\sin(\omega_c t+\varphi)$ 为小信号，$u_X(t)=U_{Xm}\cos(\omega_c t)$ 为大信号，它控制相乘器使之工作在开关状态。则相乘器输出电压为

$$u'_O(t)=A_M u_Y(t)K_2(\omega_c t)$$
$$=A_M U_{Ym}\sin(\omega_c t+\varphi)\left[\frac{4}{\pi}\cos(\omega_c t)-\frac{4}{3\pi}\cos(3\omega_c t)+\cdots\right]$$
$$=\frac{2A_M U_{Ym}}{\pi}[\sin\varphi+\sin(2\omega_c t+\varphi)]-\cdots \tag{6.3.5}$$

通过低通滤波器滤除高频分量，则

$$u_0 = A_d \sin\varphi \tag{6.3.6}$$

式中,设低通滤波器通带增益为 1,则 $A_d = 2A_M U_{Ym}/\pi$。式(6.3.6)表明,乘积型鉴相器在输入信号中有一个为大信号时,鉴相特性仍为正弦特性,不过鉴相灵敏度 A_d 仅与输入小信号的幅值 U_{Ym} 有关,而与输入大信号的幅值 U_{Xm} 无关。

(3) 两个输入信号均为大信号

设 $u_X(t) = U_{Xm}\cos(\omega_c t)$、$u_Y(t) = U_{Ym}\sin(\omega_c t+\varphi)$ 均为大信号,波形如图 6.3.13(a)所示。由于模拟相乘器自身的限幅作用,可以将大信号 $u_X(t)$ 和 $u_Y(t)$ 作用于相乘器的结果,等效地看成 $u_X(t)$ 和 $u_Y(t)$ 经双向限幅变成正、负对称的方波信号 $u'_X(t)$、$u'_Y(t)$,如图 6.3.13(b)所示,然后经相乘得到输出电压 $u'_O(t)$,如图 6.3.13(c)所示。经低通滤波器取出 $u'_O(t)$ 中的平均分量,即可得解调输出电压 $u_O(t)$。设低通滤波器的通带增益为 1,则由图 6.3.13(c)可得

$$u_O(t) = \frac{U'_{Om}}{\pi}\left[\frac{\pi}{2}+\varphi-\left(\frac{\pi}{2}-\varphi\right)\right] = \frac{2U'_{Om}}{\pi}\varphi \tag{6.3.7}$$

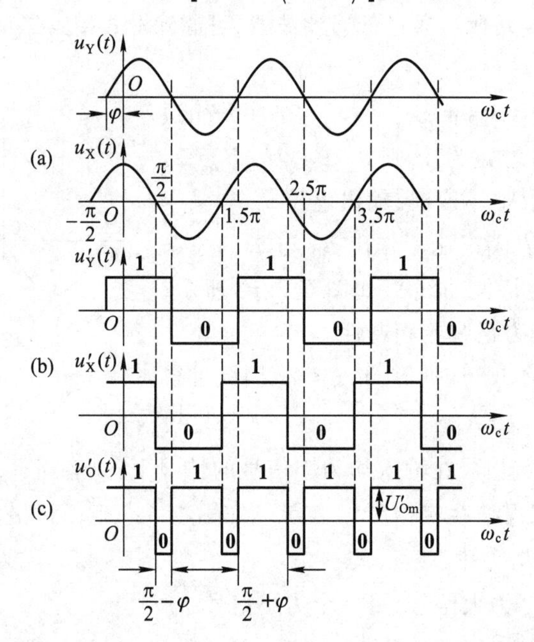

图 6.3.13 $u_X(t)$ 与 $u_Y(t)$ 均为大信号时的乘积型鉴相器工作波形

(a) $u_X(t)$、$u_Y(t)$ 波形 (b) $u'_X(t)$、$u'_Y(t)$ 波形 (c) $u'_O(t)$ 波形

由式(6.3.7)可作出相应的鉴相特性曲线,如图 6.3.14 所示,在 $|\varphi| \leqslant \pi/2$ 范围内为一条通过原点的直线。可以证明,当 $|\varphi| > \pi/2$ 时,鉴相特性向两侧周期性重复,如图 6.3.14 中虚线所示,为三角形特性。可见,当乘积型鉴相器输入均为大信号时,在 $|\varphi| \leqslant \pi/2$ 范围内可实现线性鉴相,这种情况下的线性鉴相范围比较大。

需说明,上述三种情况下,两输入信号之间均引入了固定相移 π/2,其目的是获得通过原

点的鉴相特性，即 $\varphi=0$ 时，$u_O=0$。

2. 门电路鉴相器

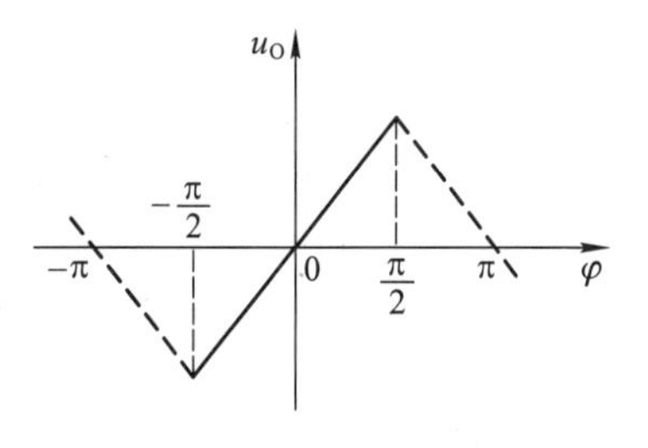

图 6.3.14 三角形鉴相特性

图 6.3.13 中，若将脉冲信号的高电平用逻辑 **1** 表示，低电平用逻辑 **0** 表示，则 $u'_O(t)$ 在 $u'_Y(t)$ 和 $u'_X(t)$ 相同时输出逻辑 **1**，相异时输出逻辑 **0**，即 $u'_O(t)$ 为 $u'_Y(t)$ 和 $u'_X(t)$ 的**同或**逻辑输出，可见将两个输入信号变换为脉冲信号后，通过门电路也可以检出两个输入信号之间的相位差，实现鉴相作用。

门电路鉴相器具有线性鉴相范围大、易于集成化的优点，随着门电路速度的提高而得到广泛应用，尤其是广泛应用于集成锁相环路中。常用的门电路鉴相器有**异或**门鉴相器和**或**门鉴相器。

图 6.3.15(a) 所示为**异或**门鉴相器，由**异或**门电路和低通滤波器组成。设输入信号 $u_1(t)$ 和 $u_2(t)$ 为同周期的、占空比 50% 的矩形波电压，$u_2(t)$ 的相位比 $u_1(t)$ 滞后 φ，则**异或**门输出电压 $u'_O(t)$ 波形如图 6.3.15(b) 所示，经低通滤波器取出其中的平均分量，即得鉴相输出电压。设低通滤波器通带增益为 1，则当 $|\varphi|\leqslant\pi$ 时，得

$$u_O(t)=U'_{Om}\frac{|\varphi|}{\pi}$$

可画出鉴相特性曲线如图 6.3.15(c) 所示，当 $|\varphi|>\pi$ 时，鉴相特性向两侧周期性重复。

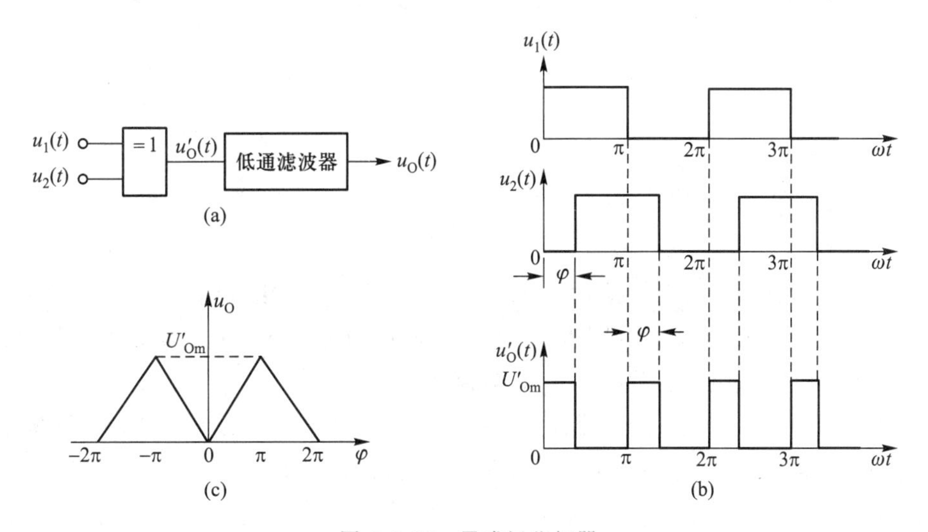

图 6.3.15 异或门鉴相器

(a) 电路 (b) 工作波形 (c) 鉴相特性曲线

3. 叠加型鉴相器

将两个输入信号叠加后加到包络检波器而构成的鉴相器称为叠加型鉴相器。为了获得较大

的线性鉴相范围,通常采用图 6.3.16 所示的平衡电路,称之为叠加型平衡鉴相器。图中,V_1、V_2 与 R、C 分别构成两个包络检波电路。设两输入电压分别为 $u_1(t)=U_{1m}\cos(\omega_c t)$,$u_2(t)=U_{2m}\cos\left(\omega_c t-\dfrac{\pi}{2}+\varphi\right)=U_{2m}\sin(\omega_c t+\varphi)$,由图可见,加到上、下两包络检波电路的输入电压分别为

$$u_{s1}(t)=u_1(t)+u_2(t)=U_{1m}\cos(\omega_c t)+U_{2m}\cos\left(\omega_c t-\frac{\pi}{2}+\varphi\right)$$

$$u_{s2}(t)=u_1(t)-u_2(t)=U_{1m}\cos(\omega_c t)-U_{2m}\cos\left(\omega_c t-\frac{\pi}{2}+\varphi\right)$$

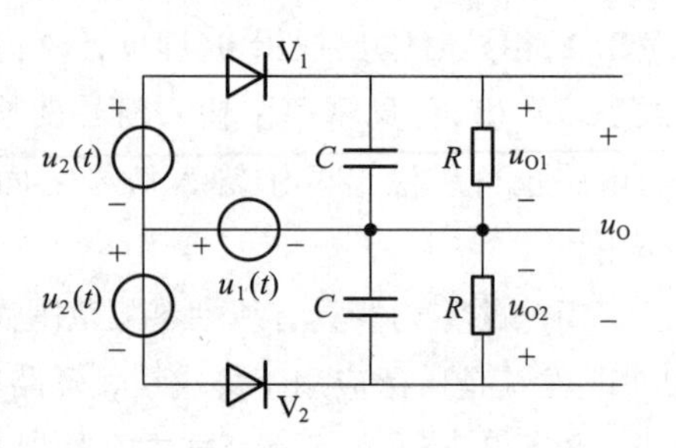

图 6.3.16 叠加型平衡鉴相器

根据矢量叠加原理,可得图 6.3.17 所示的矢量叠加图。

当 $\varphi=0$ 时,$u_2(t)$ 相位滞后于 $u_1(t)$ 90°,而 $-u_2(t)$ 相位则超前于 $u_1(t)$ 90°,如图 6.3.17(a)所示,此时合成电压 U_{s1m} 与 U_{s2m} 相等,经包络检波后输出电压 u_{O1} 与 u_{O2} 大小相等,所以鉴相器输出电压 $u_O=u_{O1}-u_{O2}=0$。

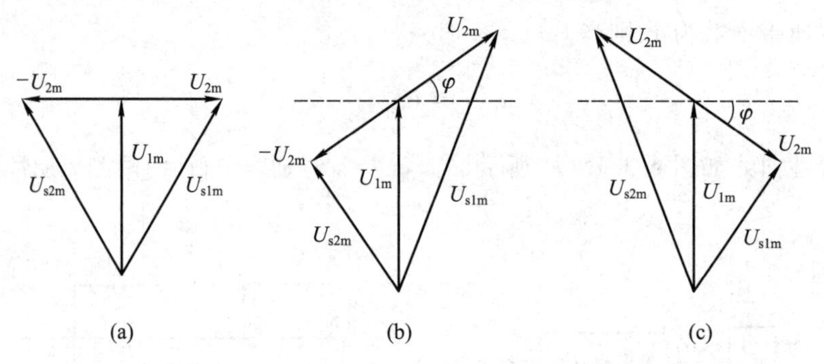

图 6.3.17 $u_1(t)$ 与 $u_2(t)$ 的矢量叠加

(a) $\varphi=0$ (b) $\varphi>0$ (c) $\varphi<0$

当 $90°>\varphi>0$ 时,$u_2(t)$ 相位滞后于 $u_1(t)$ 小于 90°,而 $-u_2(t)$ 相位则超前于 $u_1(t)$ 大于 90°,如图 6.3.17(b)所示,此时合成电压 $U_{s1m}>U_{s2m}$,检波后的电压 $u_{O1}>u_{O2}$,所以鉴相器输出 $u_O=u_{O1}-u_{O2}>0$,为正值,且 φ 越大,输出电压 u_O 就越大。

当 $-90°<\varphi<0$ 时,$u_1(t)$ 与 $u_2(t)$ 的矢量叠加图如图 6.3.17(c)所示,由图可见,$U_{s1m}<U_{s2m}$,则 $u_{O1}<u_{O2}$,所以鉴相器输出电压 $u_O=u_{O1}-u_{O2}<0$,为负值,且 φ 的负值越大,u_O 负值就越大。

综上可知,叠加型平衡鉴相器能将两个输入信号的相位差 φ 的变化变换为输出电压 u_O 的变化,因此实现了鉴相功能。可以证明其鉴相特性如图 6.3.18 所示,也具有正弦鉴相特性①,而只有当 φ 比较小时,才具有线性鉴相特性。

① 参阅参考文献 1 第 317 页。

二、相位鉴频器

相位鉴频器由频率-相位线性变换电路和鉴相器构成,采用了乘积型鉴相器构成的称为乘积型相位鉴频器,采用了叠加型鉴相器构成的则称为叠加型相位鉴频器,采用了门电路鉴相器构成的一般称为符合门鉴频器。下面讨论常用的频率-相位线性变换电路及相位鉴频器实例。

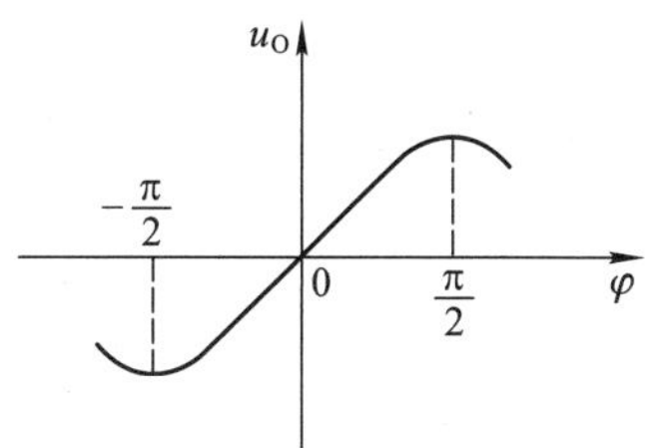

图 6.3.18　叠加型鉴相器鉴相特性曲线

1. 乘积型相位鉴频器

在乘积型相位鉴频器中,广泛采用 LC 单谐振回路作为频率-相位变换网络,其电路如图 6.3.19(a)所示。由图可写出电路的电压传输系数为

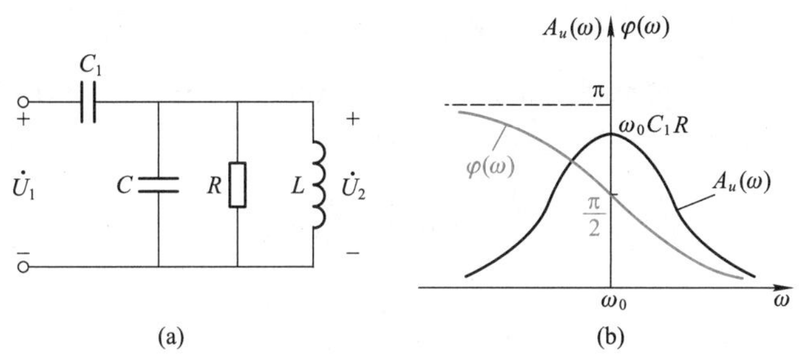

图 6.3.19　单谐振回路频相变换网络

(a) 电路　(b) 频率特性曲线

$$A_u(\mathrm{j}\omega)=\frac{\dot{U}_2}{\dot{U}_1}=\frac{1\Big/\left(\dfrac{1}{R}+\mathrm{j}\omega C-\mathrm{j}\dfrac{1}{\omega L}\right)}{\dfrac{1}{\mathrm{j}\omega C_1}+1\Big/\left(\dfrac{1}{R}+\mathrm{j}\omega C-\mathrm{j}\dfrac{1}{\omega L}\right)}$$

$$=\frac{\mathrm{j}\omega C_1}{\dfrac{1}{R}+\mathrm{j}\left(\omega C_1+\omega C-\dfrac{1}{\omega L}\right)} \tag{6.3.8}$$

令

$$\omega_0=\frac{1}{\sqrt{L(C+C_1)}},Q_e=\frac{R}{\omega_0 L}\approx\frac{R}{\omega L}\approx\omega(C+C_1)R$$

代入式(6.3.8),则得

$$A_u(\mathrm{j}\omega)=\frac{\mathrm{j}\omega C_1 R}{1+\mathrm{j}Q_e\left(\dfrac{\omega^2}{\omega_0^2}-1\right)} \tag{6.3.9}$$

在失谐不太大的情况下,式(6.3.9)可简化为

$$A_u(\mathrm{j}\omega) \approx \frac{\mathrm{j}\omega_0 C_1 R}{1+\mathrm{j}Q_e \dfrac{2(\omega-\omega_0)}{\omega_0}} \tag{6.3.10}$$

由此可以得到变换网络的幅频特性和相频特性分别为

$$A_u(\omega) = \frac{\omega_0 C_1 R}{\sqrt{1+\left(2Q_e \dfrac{\omega-\omega_0}{\omega_0}\right)^2}} \tag{6.3.11}$$

$$\varphi(\omega) = \frac{\pi}{2} - \arctan\left(2Q_e \frac{\omega-\omega_0}{\omega_0}\right) \tag{6.3.12}$$

根据式(6.3.11)和式(6.3.12),可作出该频相变换网络的幅频特性和相频特性曲线如图6.3.19(b)所示。由图可见,当输入信号频率 $\omega=\omega_0$ 时,$\varphi(\omega)=\pi/2$,当 ω 偏离 ω_0 时,相移 $\varphi(\omega)$ 在 $\pi/2$ 上下变化。当 $\omega>\omega_0$ 时,随着 ω 增大,$\varphi(\omega)$ 减小;$\omega<\omega_0$ 时,随着 ω 减小,$\varphi(\omega)$ 增大,因此该网络能把频率的变化转换为相移的变化。

当失谐量很小,使 $\arctan\left(2Q_e \dfrac{\omega-\omega_0}{\omega_0}\right)<\pi/6$ 时,式(6.3.12)可简化为

$$\varphi(\omega) \approx \frac{\pi}{2} - \frac{2Q_e}{\omega_0}(\omega-\omega_0) \tag{6.3.13}$$

可见当失谐量很小时,可得到近似线性的相频特性。

若输入 $\dot{U}_1$ 为调频信号,其瞬时角频率 $\omega(t)=\omega_c+\Delta\omega(t)$,且 $\omega_0=\omega_c$,则式(6.3.13)可写为

$$\varphi(\omega) \approx \frac{\pi}{2} - \frac{2Q_e}{\omega_c}\Delta\omega(t) \tag{6.3.14}$$

可见这时由变换网络产生的相移 $\varphi(\omega)$ 与调频信号的瞬时角频偏 $\Delta\omega(t)$ 成正比。因此,当调频信号最大角频偏 $\Delta\omega_m$ 较小,使谐振回路失谐较小时,图 6.3.19(a)所示变换网络可不失真地完成频率-相位变换。

图 6.3.20 所示为某集成电路中的乘积型相位鉴频器电路,图中 $V_1 \sim V_7$ 构成双差分对模拟相乘器,R_1、$V_{10} \sim V_{14}$ 为直流偏置电路,它为 V_8、V_9 和双差分对管提供所需的偏置电压。输入调频信号经中频限幅放大后,变成大信号,由 1、7 端双端输入,一路信号直接送到相乘器的 Y 输入端,即 V_5、V_6 基极;另一路信号经 C_1、C、R、L 组成的单谐振回路频率-相位变换网络,变成调相-调频信号,然后经射极输出器 V_8、V_9 耦合到相乘器的 X 输入端。双差分对相乘器采用单端输出,R_C 为负载电阻,经低通滤波器 C_2、R_2、C_3 便可输出所需的解调电压 $u_O(t)$。

2. 叠加型相位鉴频器电路

图 6.3.21 所示为常用的叠加型相位鉴频器电路,称为互感耦合相位鉴频器。图中 L_1C_1 和 L_2C_2 均调谐在调频信号的中心频率 f_c 上,构成互感耦合双调谐回路频相变换电路,如图 6.3.22(a)所示。

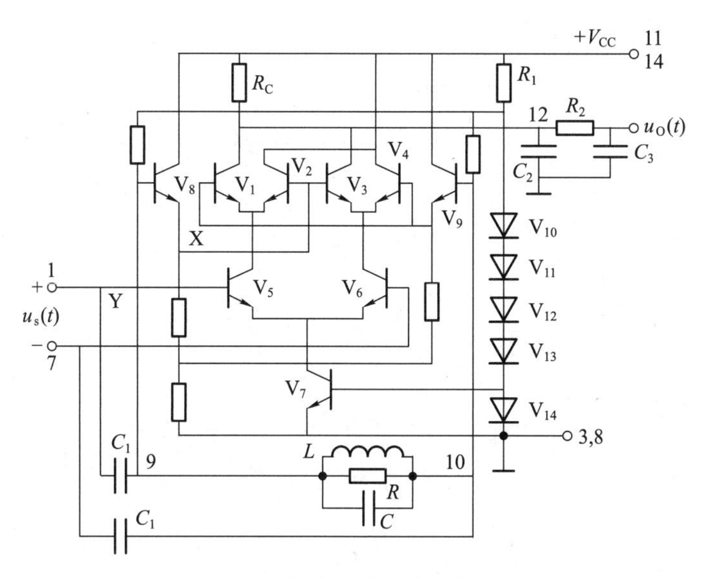

图 6.3.20　集成电路中的相位鉴频器

通常初、次级回路是对称的，即 $L_1=L_2$，$C_1=C_2$，根据分析，可得互感耦合双调谐回路的幅频特性和相频特性分别如图 6.3.22(b)和(c)所示。由图 6.3.22(c)可见，在载波角频率 ω_c 附近，相频特性近似线性，且在 ω_c 处产生 -90°相移，因此该电路能实现线性频率-相位变换，并且使 $u_2(t)$ 相对于 $u_1(t)$ 引入- 90°固定相移，以满足后面所接的叠加型鉴相器的输入要求。

图 6.3.21 中，C_C 为隔直耦合电容，它对输入信号频率呈短路。L_3 为高频扼流圈，它在输入信号频率上的阻抗很大，接近于开路，但对低频信号阻抗很小近似短路。V_2、C_3、R_1 及 V_3、C_4、R_2 构成两包络检波电路。因此，输入调频信号 $u_s(t)$ 经 V_1 管放大后，在初级回路 L_1C_1 上产生电压 $u_1(t)$，感应到次级回路 L_2C_2 上产生电压 $u_2(t)$，由于 L_2 被中心抽头分成两半，所以中心抽头上下两边的电压各为 $u_2(t)/2$。另外，初级电压 $u_1(t)$ 通过 C_C 加到 L_3 上，由于 C_C、C_4 的高频容抗远小于 L_3 的感抗，所以 L_3 上的压降近似等于 $u_1(t)$。因此，由图 6.3.21 可看出，加到两个二极管包络检波器上的输入电压分别为

$$u_{s1}(t)=u_1(t)+\frac{u_2(t)}{2}$$

$$u_{s2}(t)=u_1(t)-\frac{u_2(t)}{2}$$

正好符合叠加型鉴相器对输入电压的要求。

综上可见，图 6.3.21 所示电路符合叠加型相位鉴频器的组成和工作要求，因此能实现鉴频。可以分析得到其鉴频特性曲线如图 6.3.23 所示。

耦合回路相位鉴频器的鉴频特性与耦合回路初、次间的耦合程度有关，当耦合程度合适

时，鉴频特性可达到最大线性范围。

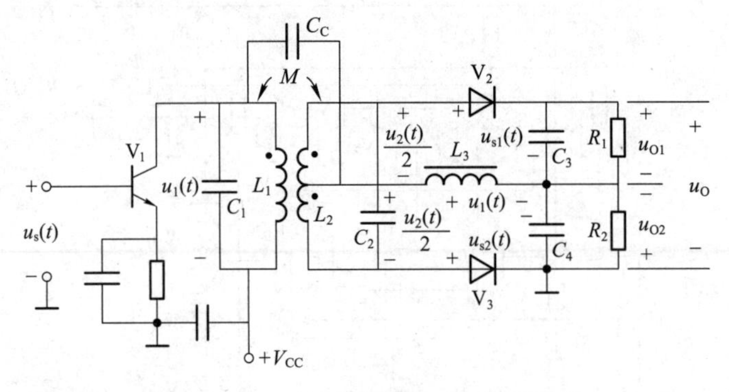

图 6.3.21 互感耦合叠加型相位鉴频器

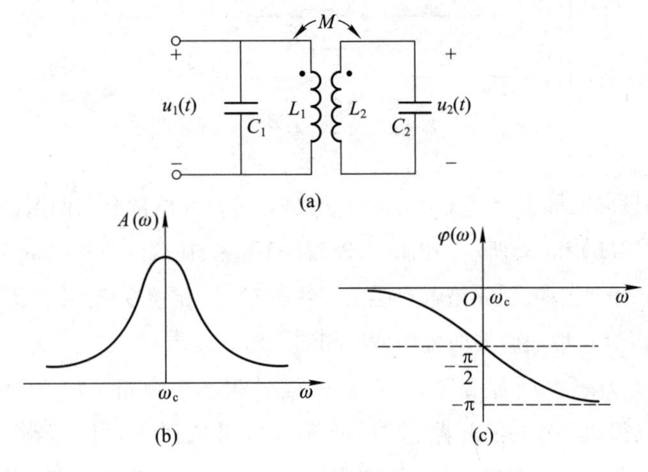

图 6.3.22 互感耦合谐振回路频率特性

（a）电路 （b）幅频特性 （c）相频特性

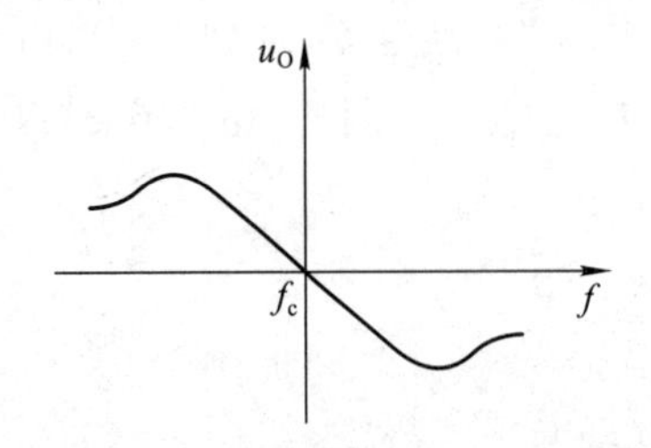

图 6.3.23 耦合回路相位鉴频器鉴频特性曲线

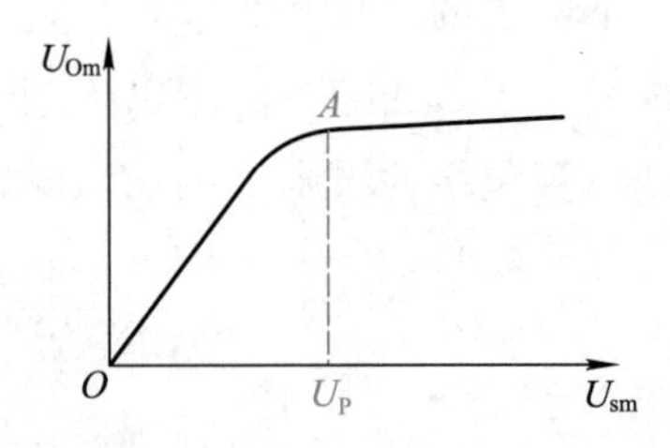

图 6.3.24 典型限幅特性

6.3.4 限幅器

调频信号在产生和处理过程中往往会有寄生调幅，这种寄生调幅或是固有的，或是由噪声和干扰所产生，在鉴频前必须通过限幅器将它消除掉。

限幅器性能可由图 6.3.24 所示的限幅特性表示，图中 U_P 表示进入限幅状态要求的最小输入电压，称为门限电压，只有输入电压超过门限电压时，才会产生限幅作用。对限幅器的主要要求是在限幅区内有平坦的限幅特性，门限电压要尽量小。

限幅电路种类很多，下面介绍两种常用电路。

一、二极管限幅器

二极管限幅器具有电路简单，结电容小，工作频带宽的优点，因此得到了广泛应用。图 6.3.25(a)所示为常用的并联型双向二极管限幅电路。图中 V_1、V_2 是特性完全相同的二极管，要求二极管的正向电阻尽量小，反向电阻趋于无穷大。U_Q 为二极管的偏置电压，用以调节限幅电路的门限电压。R 为限流电阻，R_L 为负载电阻，通常 $R_L \gg R$。u_s 经限幅后得到的输出电压 u_O 波形如图 6.3.25(b)中实线所示。考虑到二极管正向导通电压，实际输出电压幅度应略大于门限电压 U_Q。u_S 的幅度越大或门限电压 U_Q 越小，输出就越接近方波，即限幅效果越好。

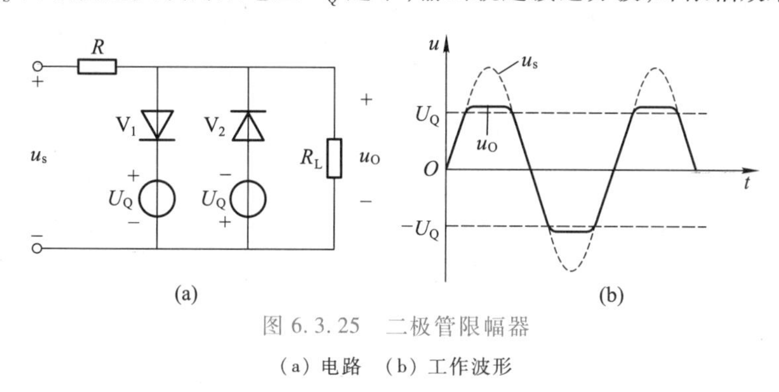

图 6.3.25　二极管限幅器

(a) 电路　(b) 工作波形

若需要得到限幅正弦波，只要在后面接选频电路，取出限幅方波中的基波分量即可。由于图 6.3.25(b)所示的波形上下对称，因此它没有直流分量和偶次谐波分量，很容易通过滤波器取出其基波分量。

二、差分对限幅器

集成电路中通常采用差分对限幅器，基本电路及其差模传输特性分别如图 6.3.26(a)和(b)所示。由图可见，当输入电压大于 100mV 时就进入限幅状态，i_{C1} 和 i_{C2} 处于电流受限状态，此时集电极电流波形的上、下顶部被削平，且随着 u_s 的增大而逐渐趋近于恒定，通过谐振回路可取出幅度恒定的基波电压。为了减小门限电压，在电源电压不变的情况下，可适当加大发射极电阻 R_E，这样 I_E 减小，门限也随之降低。若用恒流源电路代替 R_E，效果更好。

在实际的调频接收机中，往往采用多级差分放大器级联构成限幅中频放大电路，这样既有足够高的中频增益，又有极低的限幅电平。

在这里顺便提一下比例鉴频器①，它是在相位鉴频器的基础上加以改进得到的，其主要优

① 参阅参考文献 2 第 393~396 页。

点是能对输入调频信号起限幅作用,因此当采用比例鉴频器时可省去鉴频器前的限幅电路。比例鉴频器的另一个优点是可提供一个适合用于自动增益控制的输出电压。不过比例鉴频器的设计与调节难度较大,线性不如相位鉴频器好。

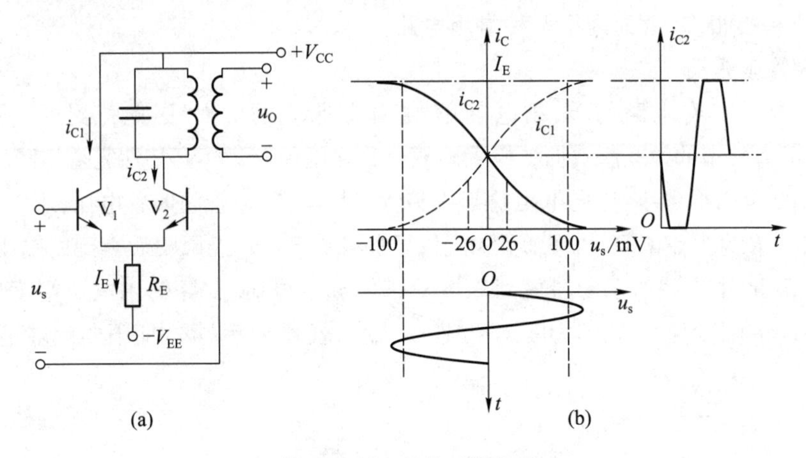

图 6.3.26 差分对限幅器

(a) 电路 (b) 差模传输特性及限幅波形

讨论题

6.3.1 何谓鉴频特性?对它有何要求?

6.3.2 常用的鉴频实现方法有哪些?画出电路模型并说明各有何特点。

6.3.3 图 6.3.8(a)所示斜率鉴频器中,发生下列情况,试分析鉴频特性的变化,说明电路能否实现鉴频。(1) V_2 管极性接反;(2) V_1、V_2 管极性均接反;(3) V_2 管断开;(4) LC 回路均调谐在同一频率上,即 $f_{01}=f_{02}$;(5) $f_{01}>f_c>f_{02}$。

6.3.4 若已知调频信号 $i_s(t)=I_{sm}\cos[2\pi\times10^6t+50\sin(2\pi\times10^3t)]$,试问图 6.3.8(a)斜率鉴频器中 LC 回路应如何调谐?

6.3.5 试画出乘积型和叠加型相位鉴频器的电路模型,并比较它们的工作原理。

6.3.6 调频信号解调时,为什么要进行限幅?

随堂测验

6.3 随堂测验答案

6.3.1 填空题

1. 调频信号的解调称为________,简称______;调相信号的解调称为________,简称______。

2. 调频和鉴频,可实现______与______的变换;调相和鉴相,可实现______与______的变换。

3. 鉴频特性曲线在中心频率 f_c 处的斜率称为__________,也称________,用______表示。

4. 鉴频特性曲线近似为直线所对应的最大频率范围，称为________，也称为鉴频电路的________，通常用 $2\Delta f_{max}$ 表示，为实现不失真解调，要求 $2\Delta f_{max}$_____ $2\Delta f_m$。

5. 斜率鉴频器及其鉴频特性如图 6.3.27 所示，已知输入调频信号 $i_s=50\cos[2\pi\times10^6 t+30\sin(2\pi\times10^3 t)]$ mA。可求出鉴频灵敏度 S_D 为__________，鉴频器输出电压 u_O 为__________，谐振回路Ⅰ和Ⅱ应分别调谐在频率________和________上。

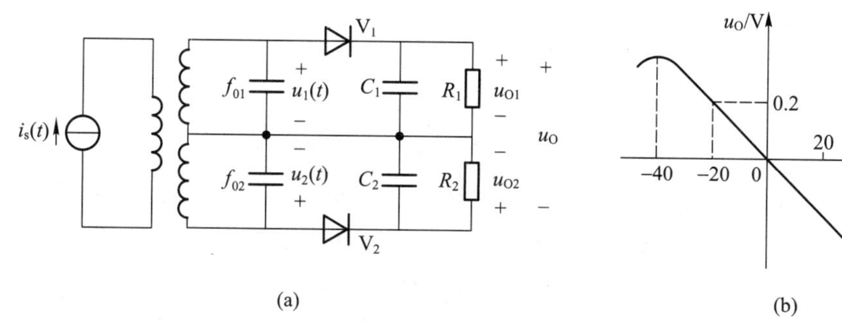

图 6.3.27

6.3.2 单选题

1. 采用频率-相位变换网络和鉴相器构成的鉴频器称为(　　)鉴频器。

A. 斜率　　B. 相位　　C. 锁相　　D. 频率

2. 图 6.3.28 中既不能实现鉴频也不能实现鉴相的为(　　)。

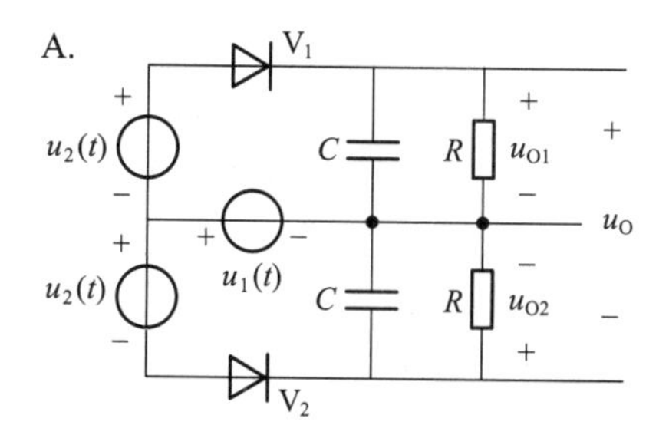

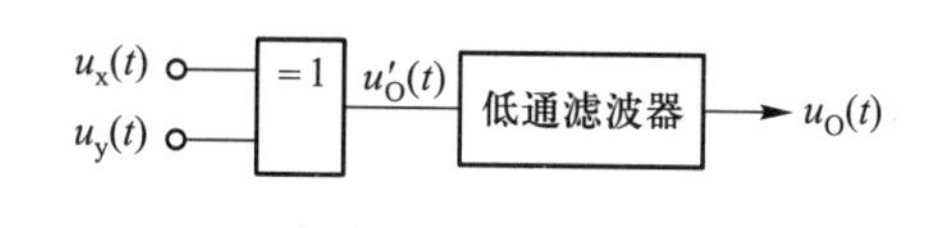

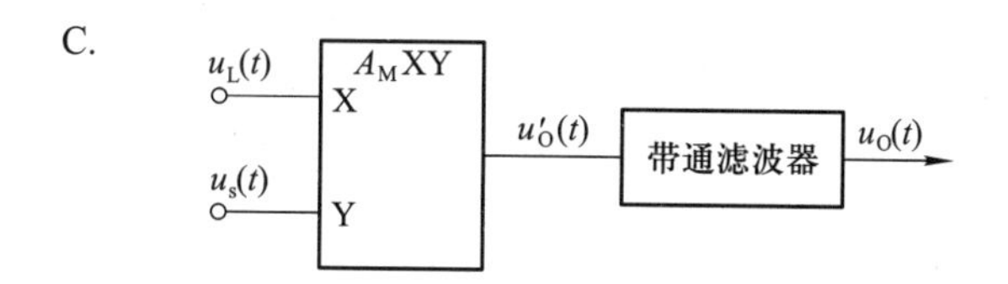

D.

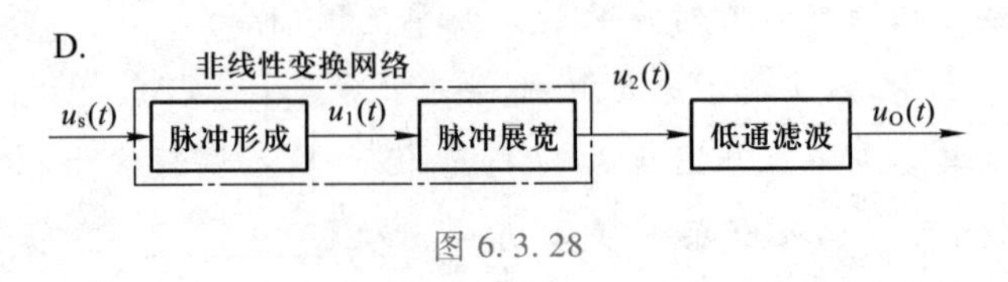

图 6.3.28

3. 图 6.3.28 选项 A 中，$u_1(t)=\cos(2\pi\times10^8\ t)$ V，$u_2(t)=\sin[2\pi\times10^8\ t+0.2\cos(2\pi\times10^3\ t)]$ V，则该电路是(　　)检波电路。

A. 同步　　B. 包络　　C. 相位　　D. 频率

6.3.3　判断题

1. 鉴相器的功能是将两个输入信号的相位差变换为输出电压。(　　)

2. 实现鉴频的方法主要有斜率鉴频、相位鉴频 、脉冲计数式鉴频和锁相鉴频。(　　)

3. 鉴频灵敏度越大，则鉴频电路将信号频率变化转换为电压变化的能力就越强。(　　)

4. 鉴频器前端一般要加限幅器。对限幅器的主要要求是：限幅区内有平坦的限幅特性，门限电压要足够大。(　　)

附录 6　调频收发信机电路及应用实例

一、调频收发信机的基本组成

以调频广播为例，目前主流调频发射机和接收机的基本组成框图分别如图 A6.1、图 A6.2 所示，图中多数模块的功能前面已介绍过，预加重、去加重和静噪等电路将在下面介绍，自动频率控制(即 AFC)电路将在 7.2 节介绍。

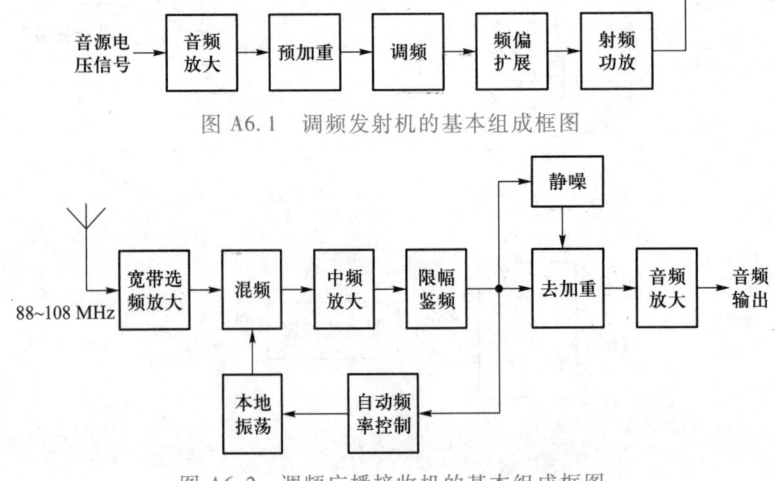

图 A6.1　调频发射机的基本组成框图

图 A6.2　调频广播接收机的基本组成框图

我国内地公共广播频段的调频信号，一般规定为：载波频率范围为 88～108 MHz，调制信号频率范围为 50 Hz～15 kHz，频偏为 75 kHz。由最高调制信号频率和频偏值可求得调频信号的有效带宽为 $BW=2(F_{max}+\Delta f_m)=180$ kHz，考虑±10 kHz 的裕量，因此将调频台的频道间隔规定为 200 kHz，调频接收机的通频带一般也定为 200 kHz。接收机的选台一般采用天线输入回路宽带滤波方案，选取调频广播波段 88～108 MHz 的信号，然后通过 AFC 电路的作用选中具体某个电台。采用 AFC 电路可使混频器输出信号的中频频率准确且稳定，从而有效提高调频接收机整机的选择性、灵敏度和保真度等指标。

二、特殊电路

1. 预加重与去加重电路

理论分析和实践都表明，鉴频器输出信号中的噪声功率与调制信号的频率成平方关系，其噪声频谱图如图 A6.3 所示，随着调制信号频率的增加，噪声功率会迅速增加，因此噪声主要分布于调制信号频率的高端。而对要传输的有用调制信号来说，例如话音、音乐等，其信号能量的大部分集中在频率低端，高频成分能量较小，这恰好与调频信号中噪声的能量分布规律相反，因此导致调制信号高频端的信噪比极差。

预加重是指在发射端进行调频之前，预先将调制信号的高频成分进行提升，以提高调制信号高频端的信噪比。但这样处理会使调制信号各个频率分量之间的比例关系发生改变，产生频率失真，因此在接收端应采用相反的措施，在鉴频器后接去加重电路，将解调输出信号的高频成分进行衰减，以恢复调制信号各个频率分量之间的比例关系。经预加重、去加重处理后，对调制信号基本无影响，而噪声被去加重电路大大衰减掉，因此采用预加重和去加重技术后可有效抑制噪声，提高信噪比。

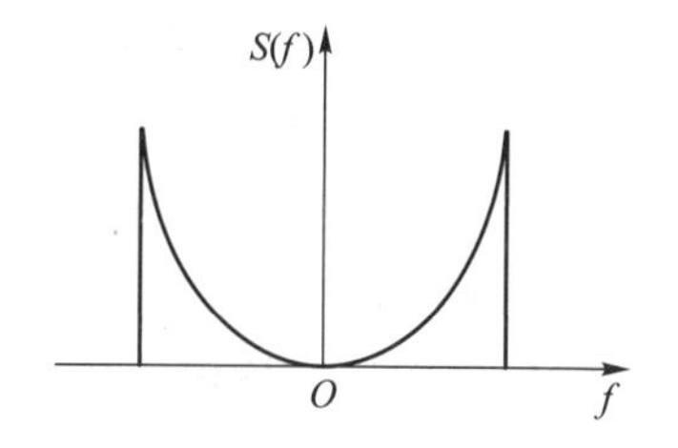

图 A6.3　鉴频器的输出噪声功率谱

预加重和去加重通常可用 RC 电路来实现，图 A6.4 所示是调频广播系统中常用的电路及其幅频特性。通常选取 $f_1\approx2.1$ kHz，$f_2\approx15$ kHz，说明调制信号中 2.1 kHz 以上的频率分量将被预加重和去加重处理，f_2的值是由所要处理的最高音频确定的。

由图 A6.4(a)得频响函数为

$$\dot{A}_a=\frac{R_2}{R_1+R_2}\cdot\frac{1+jf/f_1}{1+jf/f_2}$$

式中，$f_1=\dfrac{1}{2\pi R_1C}$，$f_2=\dfrac{1}{2\pi(R_1/\!/R_2)C}$。

由图 A6.4(b)得频响函数为

$$\dot{A}_b=\frac{1}{1+jf/f_1}$$

因此可得当 $f<f_2$时，预加重和去加重电路频响函数的乘积可近似为一常数，这是保证不失真地还

原调制信号所必需的条件。由 $f_1=\frac{1}{2\pi R_1 C}\approx 2.1\ \text{kHz}$ 可得时间常数 R_1C 的典型取值为 75 μs。

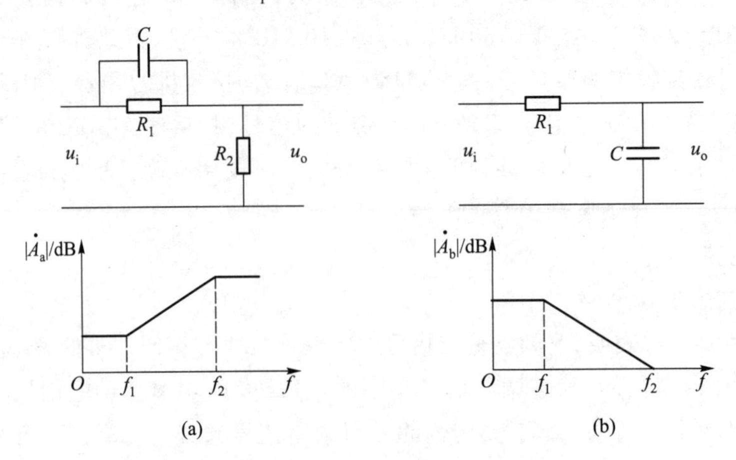

图 A6.4 预加重和去加重电路及其幅频特性曲线

(a) 预加重电路 (b) 去加重电路

2. 静噪电路

鉴频器存在着一个信噪比门限值，当鉴频器的输入信噪比低于该门限值时，鉴频器输出噪声会急剧增加，以至于将有用信号淹没，这个现象称为调频系统的门限效应。因此当接收机无信号或弱信号时，需要采用静噪技术来抑制噪声输出。

静噪的方式和电路多种多样，常用的方式是用静噪电路去控制鉴频器后面的低频放大器工作与否，当没有收到信号时(此时噪声较大)，使低频放大器自动闭锁不工作，达到接收机输出端静噪的目的；当有信号时(此时噪声较小)，能自动解锁使低频放大器工作，信号经放大后到达输出端。静噪电路的接入方式主要有两种，如图 A6.5 所示，一种是接在鉴频器的输入端，另一种是接在鉴频器输出端。

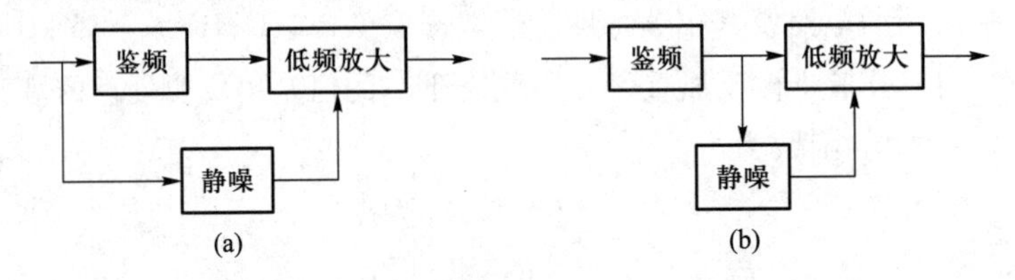

图 A6.5 静噪电路的两种接入方式

(a) 接在鉴频器的输入端 (b) 接在鉴频器的输出端

三、调频收发信机的应用与发展趋势

调频收发信机的典型应用是调频立体声广播和电视伴音的多重广播[①]。调频立体声广播

① 参阅参考文献 3 第 311 页。

的系统框图如图 A6.6 所示，在发射机中，左声道信号（L）和右声道信号（R）各自经预加重后加至矩阵电路，形成和信号（$L+R$）和差信号（$L-R$）。将和信号称为主信道信号，将差信号经平衡调制器对 38 kHz 副载波信号双边带调幅后得到的信号称为副信道信号；副载波的二分频信号称为导频信号，将这三个信号叠加所得的信号称为复合信号。用复合信号作为基带信号对主载波进行调频，就得到调频立体声广播信号。复合信号中加入导频信号的目的是便于接收端重新生成副载波信号供立体声解调之用。

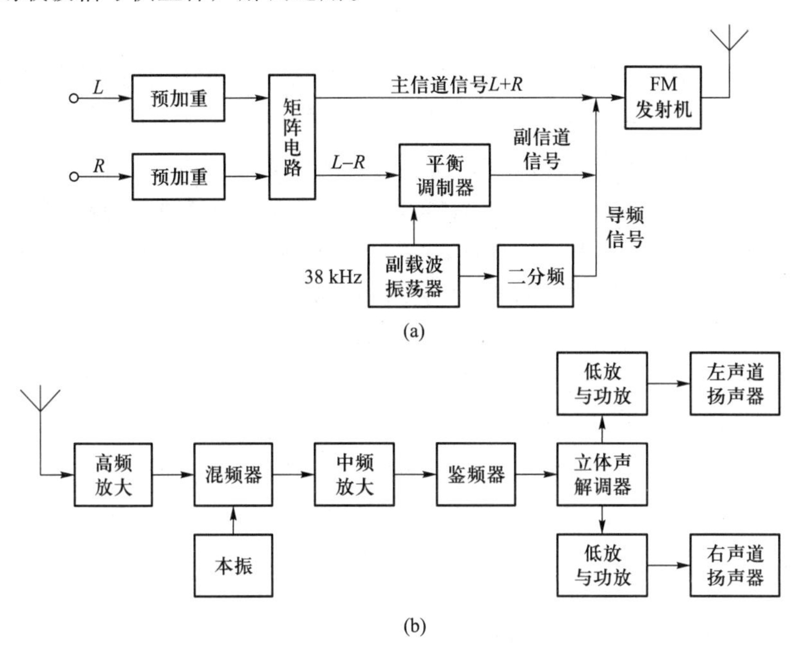

图 A6.6 调频立体声广播系统框图

（a）发射机 （b）接收机

在接收机中，鉴频器之前与单声道调频接收机的组成相同，接收立体声信号时，鉴频器输出的是复合信号，经立体声解调器（MPX）解调后恢复出左、右声道信号。调频立体声接收机具有兼容性，即也可用作单声道接收。接收单声道广播时，鉴频器输出不含导频信号，因此立体声解码器不工作，左、右扬声器输出的都是单声道信号。

目前，调频收发信机也在时尚类音视频消费领域受到青睐，例如用于以下产品等的开发与应用：(1) GPS 语音导航。(2) 车载音频设备。将车载电视、手机、电脑、DVD 等的音频输出端口与车载音频发射机相连，发射语音、音乐等音频信号，然后利用高品质的车载调频接收机接收播放，便可在行车中方便地接听免提电话、欣赏各种音频设备的高品质音乐信号。(3) 家庭及办公室的无线音频系统。例如将无线耳麦、固定电话、iPAD、手机、电视、电脑、DVD、高档专业音响设备等的音频信号通过无线适配器发射，再利用接收终端接收，可以在各自的私人空间与家庭成员或朋友等分享音频信息和互不干扰地欣赏音乐。(4) 其他。例如高档无线玩具或游戏机、婴儿监护、保安监听、电子导游、小团队或小区通信、救灾紧急通信等。其系统的核心组成和工作原理与调频立体声广播的类似。

调频收发信机的发展趋势是高度集成化、智能化、数字化、嵌入式和多功能,通过下面列举的常用调频收发集成电路,读者便会有所体会。

四、常用调频立体声发射芯片与应用实例

常用调频立体声发射芯片有 NJM2035D、BA1404、MC2833、BH1415F ~ BH1418F、QN8006、KT0803 系列等。

NJM2035D、BA1404、MC2833 是早期常用的电路。NJM2035D 主要用作立体声编码器。BA1404 含有立体声编码、调频、射频功放等电路,可直接用以构成小功率立体声调频发射机,其射频工作频率由外接选频电路确定;也可用作立体声调频信号发生器,后面接较大功率的射频功放,可构成较大功率的调频发射机。MC2833 主要含有微音放大、射频振荡、可变电抗、两级功放等电路,输出功率可达 10mW,射频工作频率由外接选频电路确定。

BH1415F ~ BH1418F 与前述芯片相比主要增加了数控射频频率的功能。其内部增加了锁相环路锁频和频率设定电路,通过数据接口设定射频频率,可很方便地构成全波段调频发射机;另外增加了预加重、音频限幅、低通滤波等电路来提高音频品质。

QN8006 是调频、接收、发射一体化的高集成度、微小型芯片,外围元器件只需要数个。在手机、平板电脑中得到应用。发射方面可以支持调频全频段 76 ~ 108 MHz 发射,最大发射距离可达 50m。接收方面可以支持全频段 76 ~ 108MH 接收,同时具有可选的 0.05 MHz、0.1 MHz、0.2 MHz 三种跳台步进方式。具有自动扫台功能,可准确搜索出音质很好的电台并存储。

KT0803 系列是高集成度、免调型调频发射芯片,主要有 KT0803、KT0803K、KT0803L、KT0803M 等型号,在时尚类音频无线传输系统中得到应用。它通过 I^2C 总线(微电子通信控制领域广泛采用的一种总线标准)与智能控制器(例如单片机)进行通信,来设定其工作模式、射频频率、频率步进(即频率变化的最小间隔)等。具有优越的静噪功能,并具有静音、重音控制功能等。

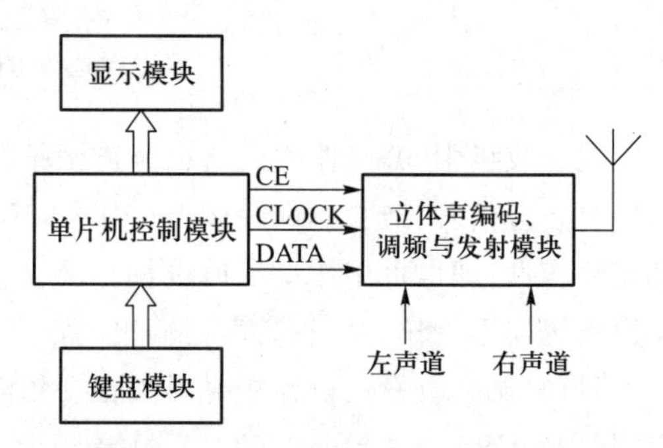

图 A6.7　全频段调频发射机组成框图

下面介绍一个由 BH1415F 构成的全频调频发射机实例电路,其结构框图如图 A6.7 所示,单片机控制模块用以协调和控制系统工作;键盘和显示模块用以人机对话,设置并显示射频频率;立体声编码、调频与发射模块用以立体声调频信号的产生与发射,其射频频率由单片机控制模块通过 CE、CLOCK 和 DATA 三根线加以设定。BH1415F 的内部结构与引脚排列如图 A6.8 所示,各引脚功能如表 A6.1 所示。由 BH1415F 构成的立体声编码、调频与发射电路如图 A6.9 所示。

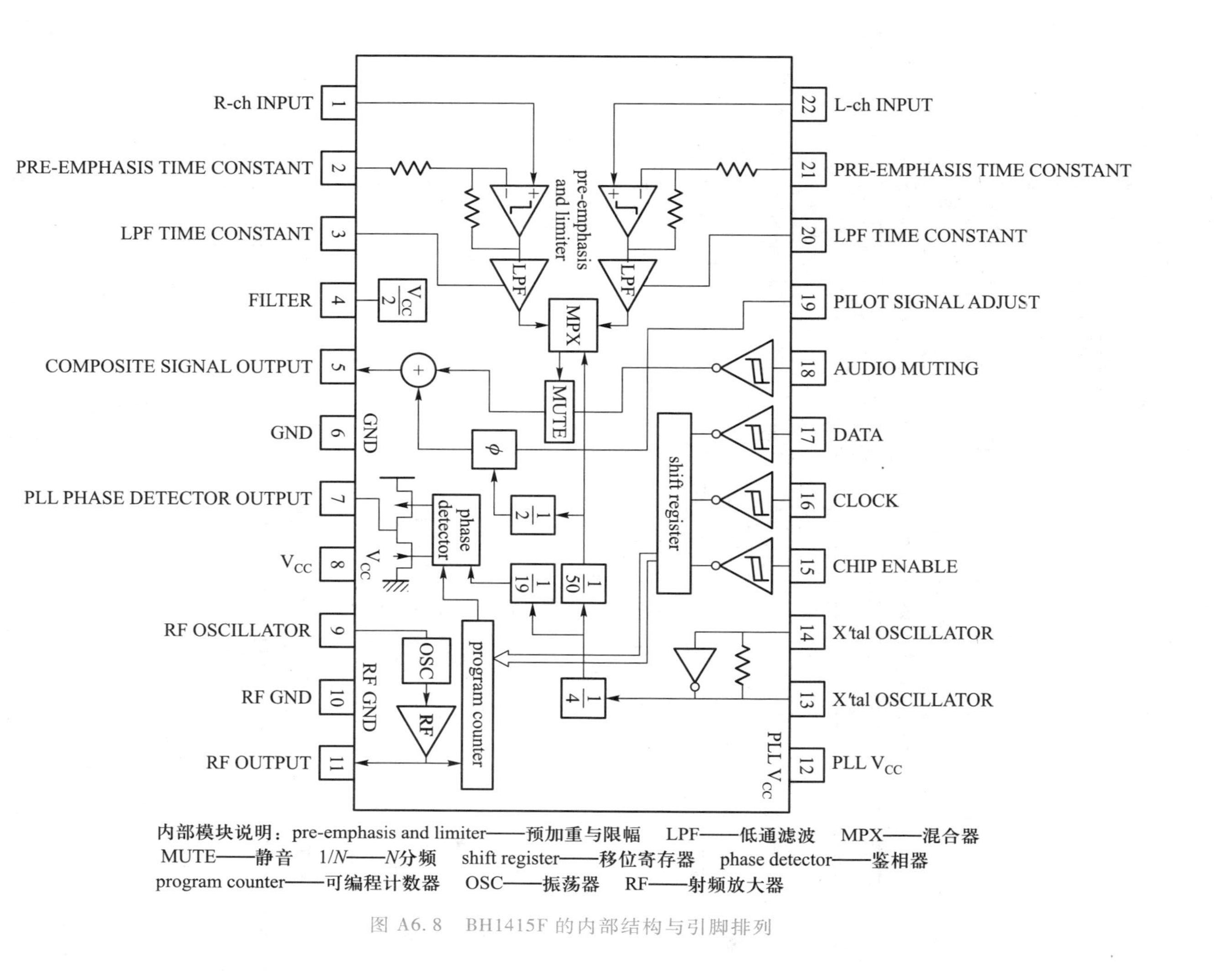

内部模块说明：pre-emphasis and limiter——预加重与限幅　LPF——低通滤波　MPX——混合器
MUTE——静音　1/N——N分频　shift register——移位寄存器　phase detector——鉴相器
program counter——可编程计数器　OSC——振荡器　RF——射频放大器

图 A6.8　BH1415F 的内部结构与引脚排列

表 A6.1　BH1415F 各引脚的名称与功能

引脚	名称	功能
1	R-ch INPUT	右声道音频输入
2、21	PRE-EMPHASIS TIME CONSTANT	预加重时间常数调整
3、20	LPF TIME CONSTANT	低通滤波器时间常数调整
4	FILTER	滤波器端
5	COMPOSITE SIGNAL OUTPUT	复合信号输出
6	GND	模拟地
7	PLL PHASE DETECTOR OUTPUT	锁相环鉴相器输出
8	V_{CC}	电源端
9	RF OSCILLATOR	射频振荡器端
10	RF GND	射频地
11	RF OUTPUT	射频输出
12	PLL V_{CC}	锁相环电源
13、14	X'tal OSCILLATOR	晶体振荡器端
15	CHIP ENABLE	使能端
16	CLOCK	时钟端
17	DATA	数据输入
18	AUDIO MUTING	音频静音控制
19	PILOT SIGNAL ADJUST	导频信号调整
22	L-ch INPUT	左声道音频输入

图 A6.9 所示电路的工作原理如下：左、右声道音频信号分别从 AL、AR 端输入，各自经电阻分压、隔直耦合后加至 BH1415F 的 22 脚和 1 脚，然后经芯片内部的预加重、限幅和低通滤波后送到混合器（MPX）。同时，由 13、14 脚外接晶体振荡回路构成 7.6 MHz 振荡器，振荡信号在芯片内部通过 200 分频后产生 38 kHz 副载波信号也加至混合器。通过混合器的作用产生主信道信号（$L+R$）和副信道信号。主、副信道信号与副载波经 2 分频产生的 19 kHz导频信号相叠加，组成立体声复合信号从 5 脚输出，加至由 L_2、C_{15}、C_{16}、变容二极管 V_1 及芯片内部电路组成的射频振荡电路进行调频。已调信号经内部射频放大后从 11 脚输出。该信号同时被送入芯片内部的锁相环电路，与单片机通过 CE、CLOCK 和 DATA 所设置的射频频率进行差值比较，比较后产生的信号从芯片的 7 脚输出，经 V_3 及其周边电路的低通滤波后输出一个直流电压，此电压控制变容二极管 V_1 的电容量，进而控制射频的振荡频

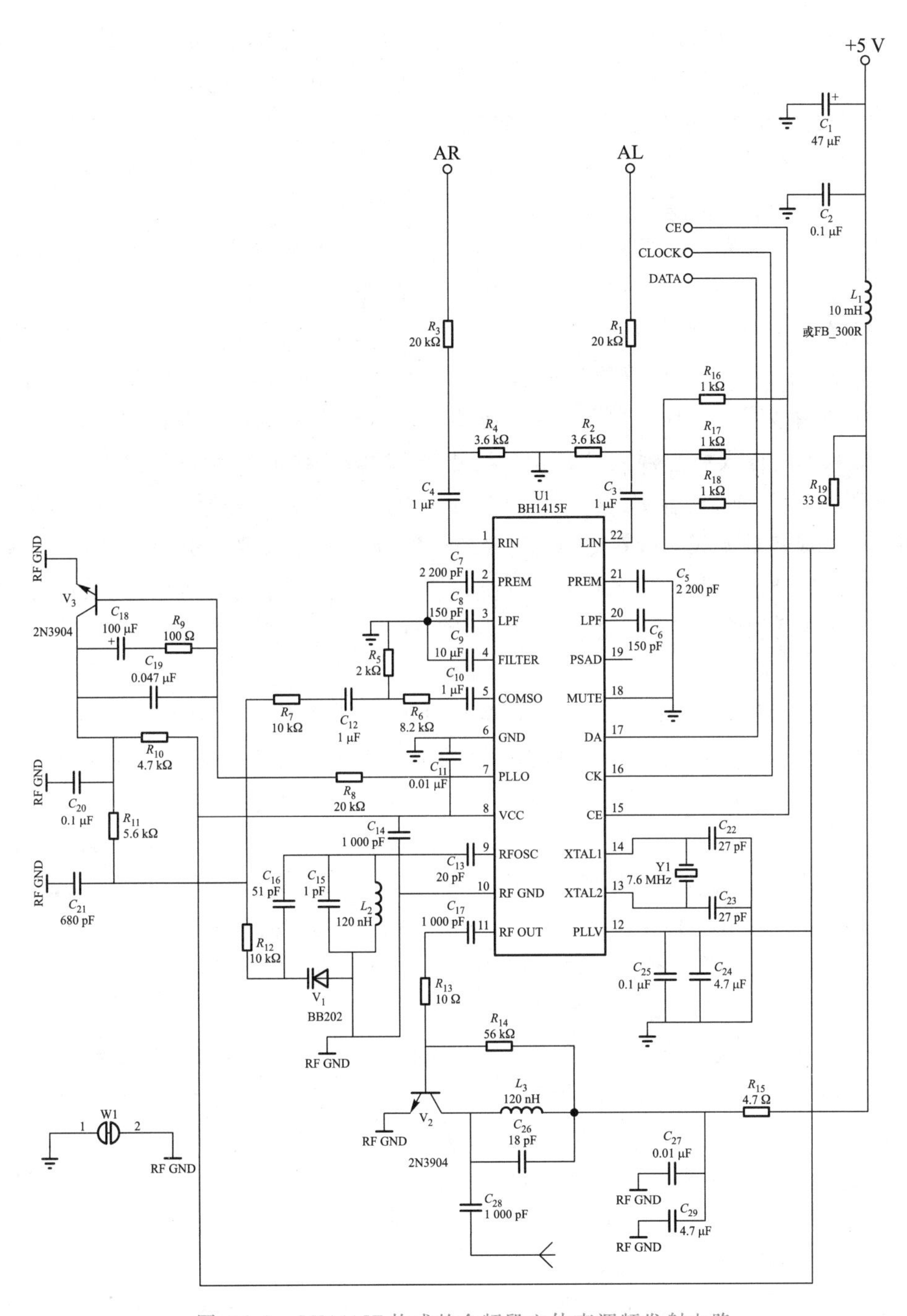

图 A6.9 BH1415F 构成的全频段立体声调频发射电路

率，最终使锁相环路锁定，输出的射频频率等于所设置的射频频率。为提高发射功率，外电路中设置了 V_2 管构成的放大电路，放大后的立体声调频信号经天线发射出去。图中将射频地 RF GND 与非射频地分开布线，然后在一点上相连，L_1 选用 10 mH 的扼流圈或300 Ω的磁珠，以避免干扰，提高信噪比。该电路发射频率在 88~108 MHz 范围内可调。

五、常用调频立体声接收芯片与应用实例

常用调频立体声接收芯片有 MC3361~3363、TDA7088、CDC7099、TEA5767、Silicon Laboratories（芯科实验室）公司的系列产品、意法半导体的数字收音芯片如 TDA7528 等。

MC3361~3363 是早期的典型产品。TDA7088 是具有电调谐功能的 FM 收音芯片，它与 SL1088、CD9088 等型号的集成电路性能及引脚功能完全一样，可以互相代替。其集成度很高，内含调频收音机从天线接收到鉴频输出音频信号的全部电路，主要有混频器、压控振荡器、搜台调谐电路、信号检测电路、静噪电路、鉴频器以及频率锁相环等。该电路的另一特点是采用了 70 kHz 低中频方案，不用外接中频变压器，RC 中频滤波器就可以完成中频选择，不符合中频调谐频率的或太弱的输入信号由静音电路抑制，这样的好处是简化了电路，不用再进行中频频率的调试，而且改善了中频频率特性，减少了电路的体积，一举多得。用 TDA7088 可组成各种调频收音机电路，除可采用电调谐方式来搜索电台外，也可采用传统的可变电容器调谐搜索电台。CDC7099 是 TDA7088 的改进型，它们的结构、功能与特点类似，但 CDC7099 既能向下又能向上搜索电台，而 TDA7088 只能向上搜台，需按下复位键才能回到最低频率电台。

TEA5767 是一款性能良好的高灵敏度、微小型 FM 收音芯片，很多的便携式设备都用它来实现 FM 收音功能。其内部包含从天线接收到立体声解码输出的全部电路，特别是集成有中频选频、锁相环调谐、AGC 等电路，可以做到免调，只需要很少量的小体积外围元件。可接收的频率范围为 76~108 MHz，可自动搜台，具有工作模式选择、软静音等功能。其工作需由单片机等智能模块控制，通信方式有 SPI 和 I^2C 两种选择。它与 SP3767HN 芯片可互相替代。

Silicon Laboratories（芯科实验室）公司的系列产品也具有 TEA5767 类似的优点，目前又推出集成了短波与长波频段接收功能的 AM/FM 收音机芯片系列——Si4734/35，为手机和音频播放器等增加了短波与长波接收功能。Si4734/35 采用内置 DSP（数字信号处理）的专利数字低中频架构，能提供传统模拟架构产品无法做到的各种功能和更高效能，也是基本免调产品，只需配置智能模块控制其工作即可。Si4735 还整合了调频 RDS（radio data system，即无线广播数据系统）译码功能，可为听众提供电台和歌曲名称。该公司还推出适于在嵌入式应用中添加高性能无线连接的 Si4455 收发器和 Si4355 接收器。意法半导体的数字收音芯片可以接收 AM/FM 广播和多标准数字广播（例如 DAB+），并可同时接收四个频道信号。

下面介绍一款由 TEA5767 构成的智能调频接收机电路，其结构框图如图 A6.10 所示，单片机模块协调控制系统工作；键盘模块控制上、下频道搜索或自动搜索；显示模块显示当前工作状态、操作提示和电台信息等；存储模块记忆保存用户喜爱的频道；录放音模块录音、存储和播放用户喜欢的节目内容；调频接收模块在单片机控制下搜索锁定频道；LM4863 音频功放内部集双路桥式扬声器放大器和立体声耳机放大器于一体，可选择耳机或扬声器收听立体声广播信号。TEA5767 的引脚排列与内部结构分别如图 A6.11、图 A6.12 所示,各引脚功能如表 A6.2 所示。TEA5767 构成的调频接收电路如图 A6.13 所示,是参考厂家数据手册提供的典型案例设计的。

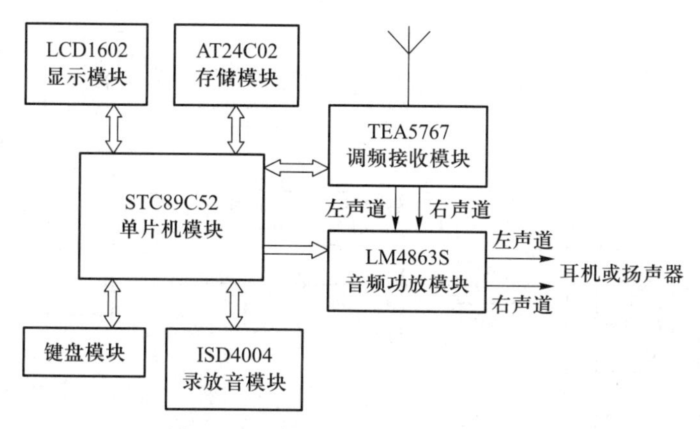

图 A6.10　智能调频接收机组成框图

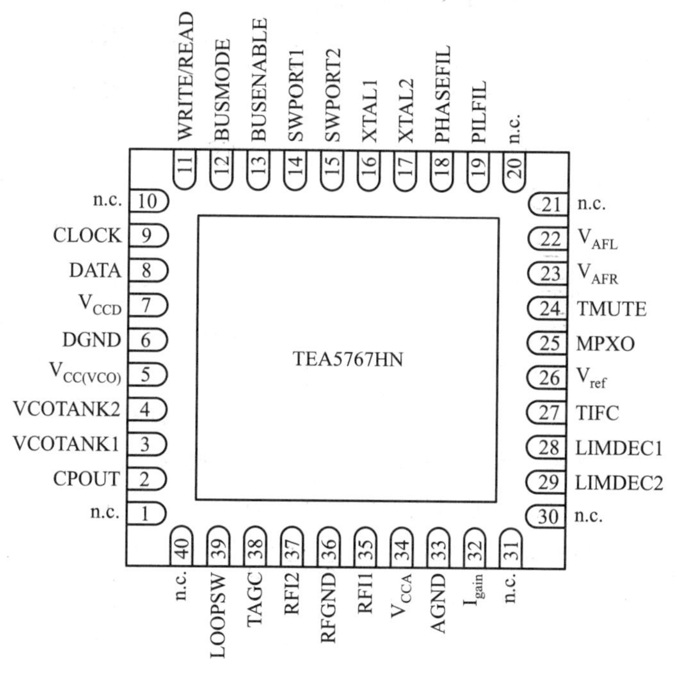

图 A6.11　TEA5767 的引脚排列

图 A6.13 所示电路的工作原理如下:天线接收的信号经 $C_1 \sim C_3$ 和 L_1 所构成的宽带滤波电路,选出调频波段的信号加至 35 脚与 37 脚,在芯片内部与 VCO 输出的经 2 分频后得到的本振信号进行混频,输出中频信号。本振信号的频率是这样确定的:首先根据厂家数据手册中

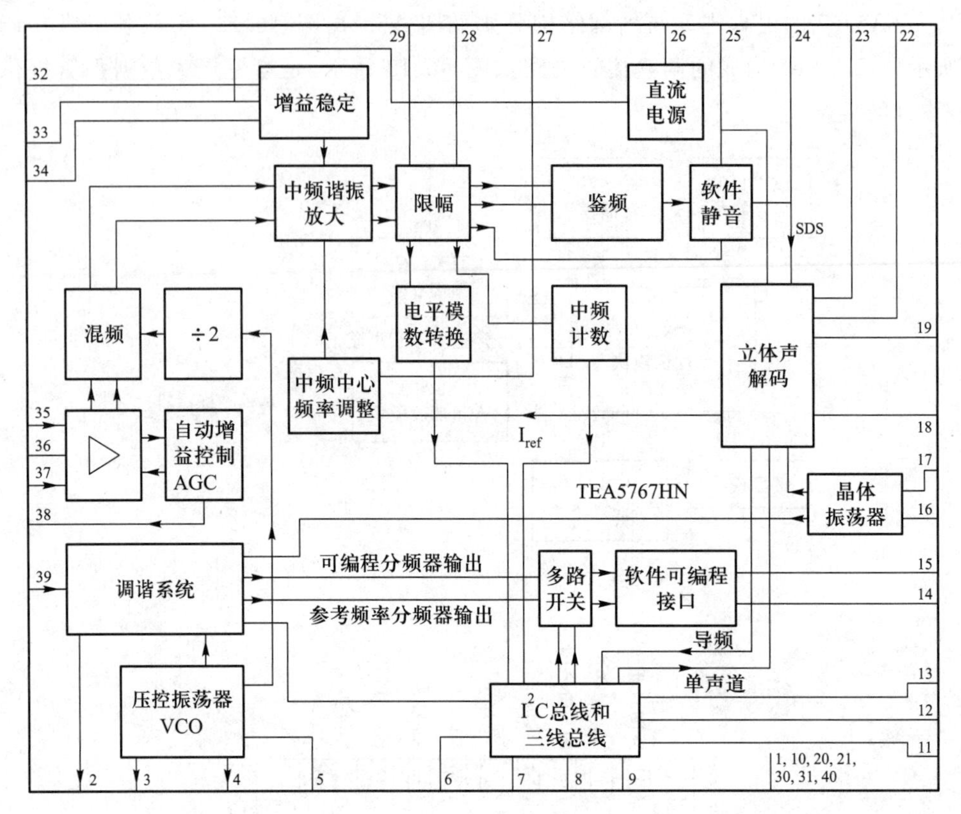

图 A6.12　TEA5767 的内部结构

TEA5767 功能的设置方法编写基本函数程序，然后执行一个控制程序来识别用户的搜台要求，求出调用参数后调用该基本函数程序，在总线上输出相应控制信号和数据信号（例如通常采用 I^2C 总线，则是通过 8 脚 DATA 和 9 脚 CLOCK 两根线），去控制调谐系统中的可编程频率合成器，得到本振频率。当搜到电台时，本振频率与信号载波频率的差频恰好等于标准中频频率，经中频谐振放大器有效放大并限幅后得到大小合适的信号。该信号经电平模数转换电路加至总线数据口，程序监测到时就知道搜到电台了，便停止搜台并显示电台频率。与此同时，经中频放大限幅后的信号也加至鉴频器，解调输出的复合立体声信号从 25 脚 MPXO 端输出，同时也在内部加至立体声解码器，解调得到左、右声道音频信号，分别从 22、23 脚输出。而当未精准搜到电台时，混频输出信号的频率不等于标准中频频率，频率合成器中的锁相环路不能锁定，将在 2 脚输出相应的控制信号加至变容二极管，通过改变变容二极管电容量来调整本振频率，直到搜到电台为止。该电路的总线工作方式、工作制式（中国、日本或美国）、静音与否、立体声去噪、停止搜索的标准、立体声还是单声道、锁相环参考工作频率等都可通过软件设置。

表 A6.2 TEA5767 的引脚名称与功能

引脚	名称	功能	引脚	名称	功能
1	n. c.	空脚	21	n. c.	空脚
2	CPOUT	锁相环输出	22	V_{AFL}	左声道输出
3	VCOTANK1	VCO 回路端 1	23	V_{AFR}	右声道输出
4	VCOTANK2	VCO 回路端 2	24	TMUTE	静音时间常数调整端
5	$V_{CC(VCO)}$	VCO 电源	25	MPXO	立体声复合信号输出
6	DGND	数字地	26	V_{ref}	基准电压
7	V_{CCD}	数字电源	27	TIFC	中频中心频率时间常数调整端
8	DATA	数据线	28	LIMDEC1	中频限幅器退耦 1
9	CLOCK	时钟线	29	LIMDEC2	中频限幅器退耦 2
10	n. c.	空脚	30	n. c.	空脚
11	WRITE/READ	三线读写控制	31	n. c.	空脚
12	BUSMODE	总线模式选择	32	Igain	增益控制端
13	BUSENABLE	总线使能端	33	AGND	模拟地
14	SWPORT1	软口 1	34	V_{CCA}	模拟电源
15	SWPORT2	软口 2	35	RFI1	射频输入 1
16	XTAL1	晶振端口 1	36	RF GND	射频地
17	XTAL2	晶振端口 2	37	RFI2	射频输入 2
18	PHASEFIL	相位滤波	38	TAGC	高放 AGC 时间常数调整端
19	PILFIL	导频低通滤波	39	LOOPSW	锁相环开关输出
20	n. c.	空脚	40	n. c.	空脚

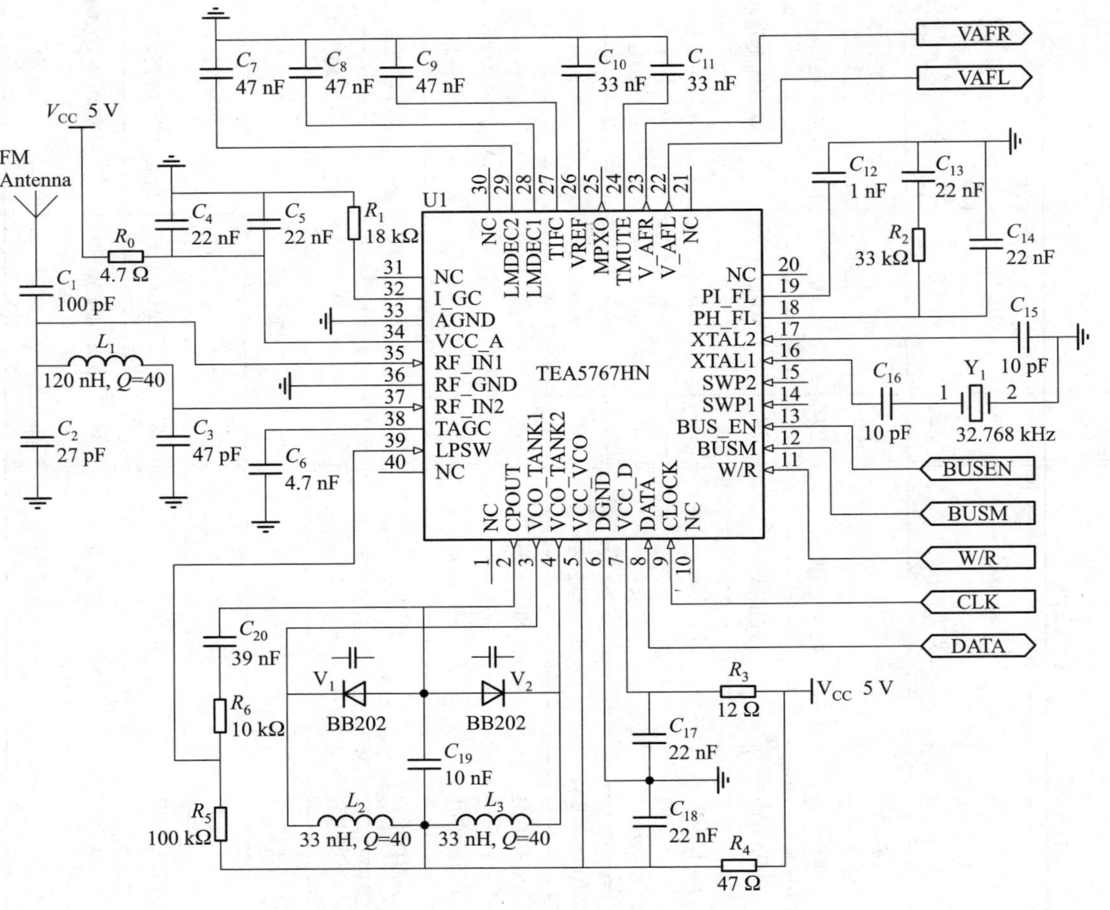

图 A6.13　TEA5767 构成的调频接收电路

本章小结

1. 调频与调相都表现为载波信号的瞬时相位受到调变，故统称为角度调制。调频信号与调相信号有相似的表示式和基本特性，但调频是由调制信号去改变载波信号的频率，使其瞬时角频率 $\omega(t)$ 在载波角频率 ω_c 上下按调制信号的规律变化，即 $\omega(t)=\omega_c+k_f u_\Omega(t)$，而调相是用调制信号去改变载波信号的相位，使其瞬时相位 $\varphi(t)$ 在 $\omega_c t$ 上叠加按调制信号规律变化的附加相位，即 $\varphi(t)=\omega_c t+k_p u_\Omega(t)$。角度调制具有抗干扰能力强和设备利用率高等优点，但调角信号的有效频谱带宽比调幅信号的大得多，而且其带宽与调制指数大小有关。

在调角信号的应用中，下列概念比较重要又易于混淆，要注意理解并加以区别：

载波角频率 ω_c——为载波未调制时的角频率，它表示了瞬时角频率变化的平均值。

调制角频率 Ω——为调制信号的角频率，它表示了瞬时角频率变化的速度。

最大角频偏 $\Delta\omega_m$ 和最大频偏 Δf_m——$\Delta\omega_m$ 表示瞬时角频率偏离 ω_c 的最大值。$\Delta\omega_m=2\pi\Delta f_m$，$\Delta f_m$ 表示瞬时频率偏离 f_c 的最大值，即频率摆动的幅度。

有效带宽 BW——是反映调角信号频谱特性的参数，它是指在一定的精度范围内上、下边频所占有的频率范围。

调相指数 m_p——表示了调相信号的最大附加相位，$m_p=k_p U_{\Omega m}$，其值取决于调制信号振幅 $U_{\Omega m}$，而与调制信号的频率 F 无关。

调频指数 m_f——表示了调频信号的最大附加相位，$m_f=\Delta f_m/F$，其值与 $U_{\Omega m}$ 和 F 都有关。

2. 实现调频的方法很多，通常可分为直接调频和间接调频两类。直接调频是用调制信号直接控制振荡回路元件的参量而获得调频信号，其优点是可以获得大的频偏，缺点是中心频率的稳定度低；间接调频是先将调制信号积分，然后对载波信号进行调相而获得调频信号，其优点是中心频率稳定度高，缺点是频偏较小，通常要进行扩频处理。

直接调频广泛采用变容二极管直接调频电路，它具有工作频率高、固有损耗小等优点，其中心频率的稳定度和线性调频范围与变容二极管特性及工作状态有关。由变容二极管构成的谐振回路具有调相作用，将调制信号积分后去控制变容二极管的结电容即可实现间接调频，但它难以获得大频偏的调频信号。

在实际调频设备中，常采用倍频器和混频器来获得所需的载波频率和最大线性频偏。一般用倍频器同时扩大中心频率和频偏，用混频器改变载波频率的大小，使之达到所需值。

3. 实现调频信号解调的电路称为鉴频电路；而能够检出两输入信号之间相位差的电路，称为鉴相电路。

鉴频电路的输出电压与输入调频信号频率之间的关系曲线称为鉴频特性，通常希望鉴频特性曲线要陡峭，线性范围要大。常用的鉴频电路有斜率鉴频器、相位鉴频器、脉冲计数式鉴频器和锁相鉴频器等。斜率鉴频器是先利用谐振回路谐振曲线的下降（或上升）部分，将等幅调频信号变成调幅-调频信号，然后用包络检波器进行解调。相位鉴频器是先将等幅的调频信号送入频相变换网络，变换成调相-调频信号，然后用鉴相器进行解调。采用乘积型鉴相器构成的鉴频器称为乘积型相位鉴频器；采用叠加型鉴相器构成的鉴频器称为叠加型相位鉴频器。调频信号在鉴频之前，需用限幅器将调频信号中的寄生调幅消除。

习　题

6.1　已知调制信号 $u_\Omega(t)=8\cos(2\pi\times10^3t)\text{ V}$，载波电压 $u_c(t)=5\cos(2\pi\times10^6t)\text{ V}$，$k_f=2\pi\times10^3\text{ rad/(s·V)}$，试求调频信号的调频指数 m_f、最大频偏 Δf_m 和有效频谱带宽 BW，写出调频信号表示式。

6.2　已知调频信号 $u_{FM}(t)=3\cos[2\pi\times10^7t+5\sin(2\pi\times10^2t)]\text{ V}$，$k_f=10^3\pi\text{rad/(s·V)}$，试：(1) 求该调频信号的最大附加相位 m_f、最大频偏 Δf_m 和有效频谱带宽 BW；(2) 写出调制信号和载波电压表示式。

6.3　已知载波信号 $u_c(t)=U_m\cos(\omega_ct)$，调制信号 $u_\Omega(t)$ 为周期性方波，如图 P6.3 所示，试画出调频信号、瞬时角频率偏移 $\Delta\omega(t)$ 和瞬时附加相位 $\Delta\varphi(t)$ 的波形。

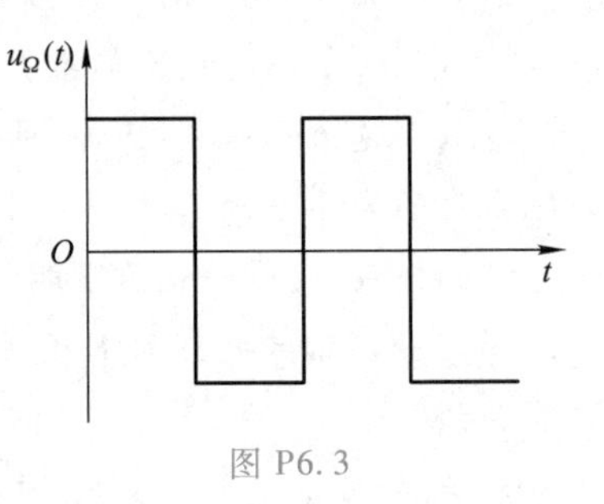

图 P6.3

6.4　调频信号的最大频偏为 75 kHz，当调制信号频率分别为 100 Hz 和 15 kHz 时，求调频信号的 m_f 和 BW。

6.5　已知调制信号 $u_\Omega(t)=6\cos(4\pi\times10^3t)\text{ V}$，载波电压 $u_c(t)=2\cos(2\pi\times10^8t)\text{ V}$，$k_p=2\text{ rad/V}$。试求调相信号的调相指数 m_p、最大频偏 Δf_m 和有效频谱带宽 BW，并写出调相信号的表示式。

6.6　设载波为余弦信号，频率 $f_c=25\text{ MHz}$，振幅 $U_m=4\text{ V}$，调制信号为单频正弦波，频率 $F=400\text{ Hz}$，若最大频偏 $\Delta f_m=10\text{ kHz}$，试分别写出调频和调相信号表示式。

6.7　已知载波电压 $u_c(t)=2\cos(2\pi\times10^7t)\text{ V}$，现用低频信号 $u_\Omega(t)=U_{\Omega m}\cos(2\pi Ft)$ 对其进行调频和调相，当 $U_{\Omega m}=5\text{ V}$、$F=1\text{ kHz}$ 时，调频和调相指数均为 10 rad，求此时调频和调相信号的 Δf_m、BW；若调制信号 $U_{\Omega m}$ 不变，F 分别变为 100 Hz 和 10 kHz 时，求调频、调相信号的 Δf_m 和 BW。

6.8　直接调频电路的振荡回路如图 6.2.3(a) 所示。变容二极管的参数为：$U_B=0.6\text{ V}$，$\gamma=2$，$C_{jQ}=15\text{ pF}$。已知 $L=20\ \mu\text{H}$，$U_Q=6\text{ V}$，$u_\Omega(t)=0.6\cos(10\pi\times10^3t)\text{ V}$，试求调频信号的中心频率 f_c、最大频偏 Δf_m 和调频灵敏度 S_F。

6.9　调频振荡回路如图 6.2.3(a) 所示，已知 $L=2\ \mu\text{H}$，变容二极管参数为：$C_{jQ}=225\text{ pF}$、$\gamma=0.5$、$U_B=0.6\text{ V}$，$U_Q=6\text{ V}$，调制电压为 $u_\Omega(t)=3\cos(2\pi\times10^4t)\text{ V}$。试求调频波的：(1) 载频；(2) 由调制信号引起的载频漂移；(3) 最大频偏；(4) 调频灵敏度；(5) 二阶失真系数。

6.10　变容二极管直接调频电路如图 P6.10 所示，画出振荡部分交流通路，分析调频电路的工作原理，并说明各主要元件的作用。

6.11　变容二极管直接调频电路如图 P6.11 所示，试画出振荡电路简化交流通路，变容二极管的直流通路及调制信号通路；当 $u_\Omega(t)=0$ 时，$C_{jQ}=60\text{ pF}$，求振荡频率 f_c。

6.12　图 P6.12 所示为晶体振荡器直接调频电路，画出振荡部分交流通路，说明其工作原理，同时指出电路中各主要元件的作用。

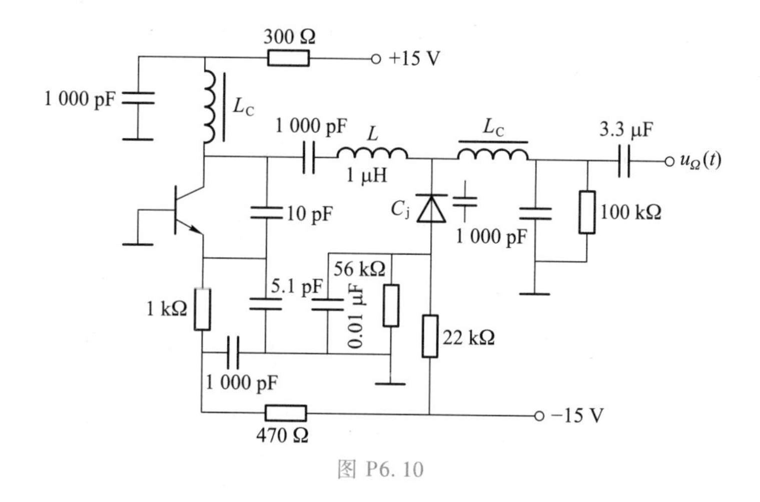

图 P6. 10

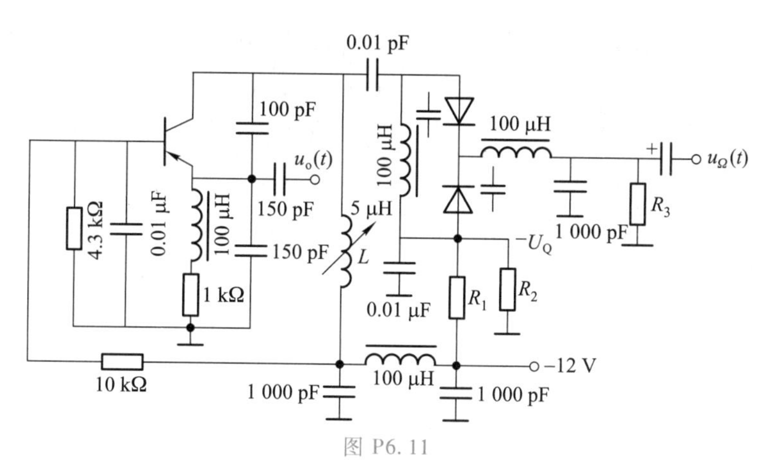

图 P6. 11

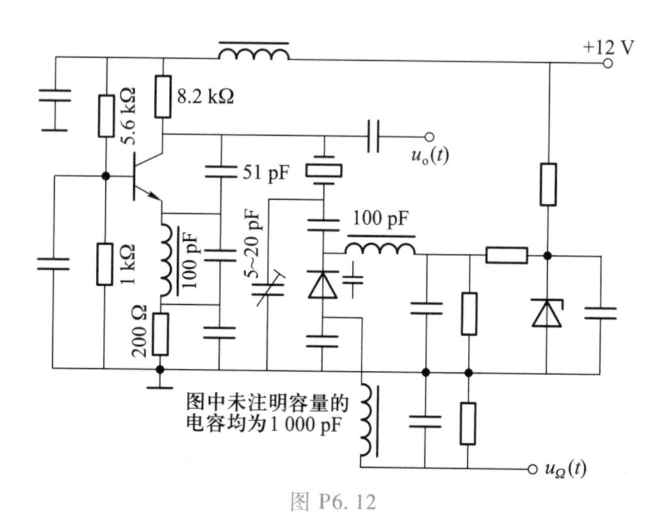

图 P6. 12

6.13 晶体振荡器直接调频电路如图 P6.13 所示，试画交流通路，说明电路的调频工作原理。

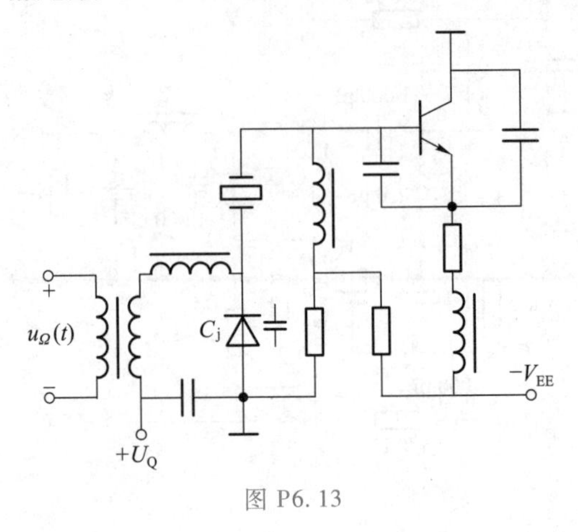

图 P6.13

6.14 图 P6.14 所示为单回路变容二极管调相电路，图中，C_3 为高频旁路电容，$u_\Omega(t)=U_{\Omega m}\cos(2\pi Ft)$，变容二极管的参数为 $\gamma=2$，$U_B=1$ V，回路等效品质因数 $Q_e=15$。试求下列情况时的调相指数 m_p 和最大频偏 Δf_m。(1) $U_{\Omega m}=0.1$ V、$F=1\ 000$ Hz；(2) $U_{\Omega m}=0.1$ V、$F=2\ 000$ Hz；(3) $U_{\Omega m}=0.05$ V、$F=1\ 000$ Hz。

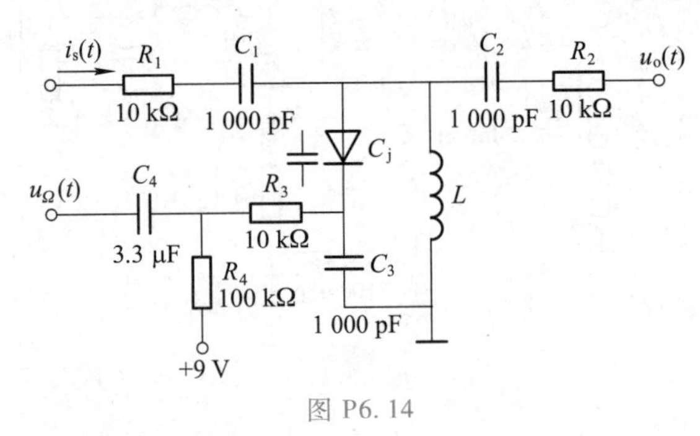

图 P6.14

6.15 某调频设备组成如图 P6.15 所示，直接调频器输出调频信号的中心频率为10 MHz，调制信号频率为 1 kHz，最大频偏为 1.5 kHz。试求：(1) 该设备输出信号 $u_o(t)$ 的中心频率与最大频偏；(2) 放大器 1 和 2 的中心频率和通频带。

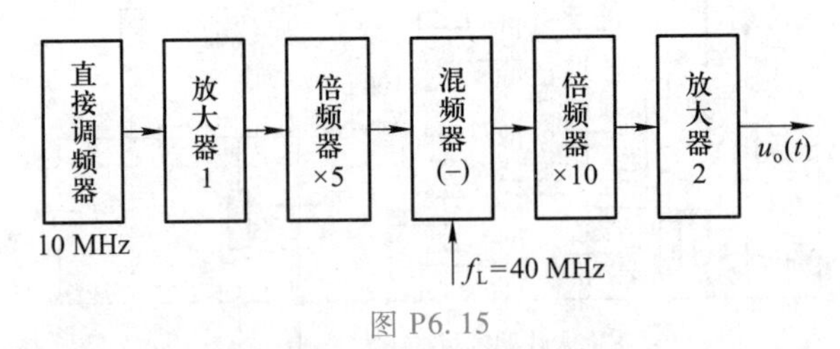

图 P6.15

6.16 鉴频器输入调频信号 $u_s(t)=3\cos[2\pi\times10^6t+16\sin(2\pi\times10^3t)]$ V，鉴频灵敏度 $S_D=5$ mV/kHz，线性鉴频范围 $2\Delta f_{max}=50$ kHz，试画出鉴频特性曲线及鉴频输出电压波形。

6.17 图 P6.17 所示为采用共基极电路构成的双失谐回路鉴频器，试说明图中谐振回路Ⅰ、Ⅱ、Ⅲ应如何调谐。分析该电路的鉴频特性。

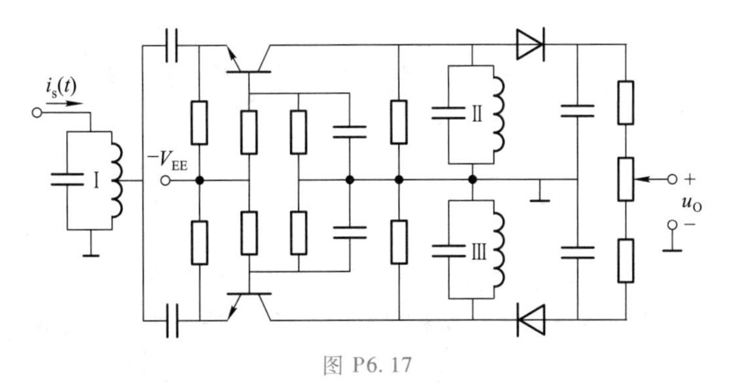

图 P6.17

6.18 试定性画出图 6.3.20 所示相位鉴频电路的鉴频特性曲线。

6.19 晶体鉴频器原理电路如图 P6.19 所示。试分析该电路的鉴频原理并定性画出其鉴频特性。图中 $R_1=R_2$，$C_1=C_2$，V_1 与 V_2 特性相同。调频信号的中心频率 f_c 处于石英晶体串联谐频 f_s 和并联谐频 f_p 中间，在 f_c 频率上，C_0 与石英晶体的等效电感产生串联谐振，$u_1=u_2$，故鉴频器输出电压 $u_O=0$。

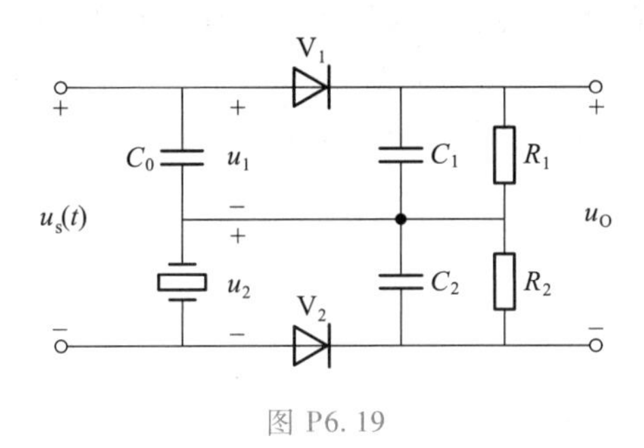

图 P6.19

第 7 章　反馈控制电路

引言　在通信和电子设备中，为了提高它们的性能或实现某些特定的要求，广泛采用各种类型的反馈控制电路。根据需要比较和调节的参量不同，反馈控制电路有：自动增益控制电路、自动频率控制电路和自动相位控制电路。

自动增益控制电路（AGC①）又称自动电平控制电路，需要比较和调节的参量为电流和电压，用来控制输出信号的幅度。

自动频率控制电路（AFC②），需要比较和调节的参量为频率，用于维持工作频率的稳定。

自动相位控制电路（APC③），需要比较和调节的参量为相位。自动相位控制电路又称锁相环路，它用于锁定相位，是一种应用很广的反馈控制电路。利用锁相环路可以实现许多功能，尤其是利用锁相原理构成频率合成器，是现代通信系统重要的组成部分。

本章将重点介绍锁相环路的工作原理及主要应用，此外，还用较多的篇幅讨论频率合成器，并在附录中介绍常用 DDS 集成芯片应用实例，对自动增益控制电路和自动频率控制电路只作一般介绍。

7.1　自动增益控制电路

自动增益控制电路是接收机中不可缺少的辅助电路，同时，它在发射机和其他电子设备中也有广泛的应用。

7.1.1　自动增益控制电路的作用

自动增益控制电路组成如图 7.1.1 所示。图中可控增益放大器用于放大输入信号 u_i，其增益是可变的，它的大小取决于控制电压 U_C。振幅检波器、直流放大器和比较器构成反馈控制器。放大器输出的交流信号经振幅检波器变换成直流信号，通过直流放大器的放大，在比较器中与参考电平 U_R 相比较而产生一直流电压 U_C，可见，图 7.1.1 所示的电路构成了一个闭合

① AGC 为自动增益控制 automatic gain control 的缩写。

② AFC 为自动频率控制 automatic frequency control 的缩写。

③ APC 为自动相位控制 automatic phase control 的缩写。

环路。当输入电压 u_i 的幅度增加而使输出电压 u_o 幅度增加时，通过反馈控制器产生一控制电压，使 A_u 减小；当 u_i 幅度减小，使 u_o 幅度减小时，反馈控制器即产生一控制信号使 A_u 增加。这样，通过环路的反馈控制作用，可使输入信号 u_i 幅度增大或减小时，输出信号幅度保持恒定或仅在很小的范围内变化，这就是自动增益控制电路的作用。

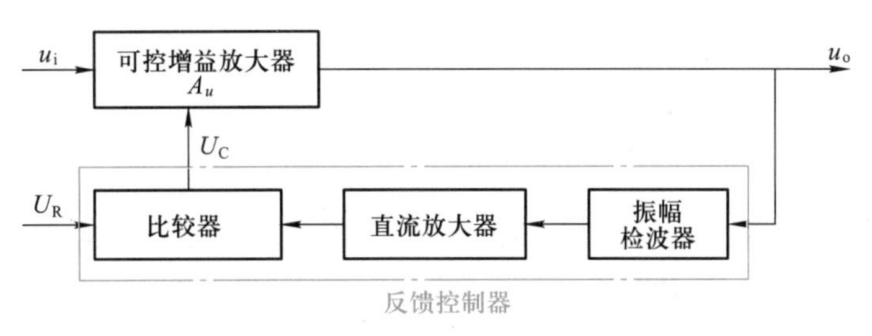

图 7.1.1　自动增益控制电路

7.1.2　自动增益控制电路应用举例

一、AGC 在接收机中的应用

在无线通信中，因接收电台的不同、通信距离的变化、电磁波传播信道的衰减量变化以及接收机环境变化等，接收机接收到的信号强度均会发生很大的波动。可以设想，如果接收机的增益不变，输入信号幅度在很大范围内变化时，输出信号的幅度也将发生同样比例的变化，在强信号时就有可能使接收机过载而导致阻塞；在弱信号时，则又有可能造成信号的丢失。为了克服这一缺点，可采用自动增益控制电路，使接收机的增益随着输入信号的强弱而变化，即输入信号弱时，接收机增益升高；输入信号强时，接收机增益减小，以补偿输入信号强弱的影响，达到减小输出电平变化的目的。所以，为了提高接收机的性能，AGC 电路在接收机中几乎是不可缺少的辅助电路。

图 7.1.2 所示为调幅接收机的自动增益控制电路结构框图。图中各级放大器（包括混频器）组成环路可控增益放大器，检波器和 *RC* 低通滤波器组成环路的反馈控制器，与图 7.1.1 相比，省略了直流放大器，并用振幅检波器兼作比较器。由于检波器输出的信号电压主要由两部分组成：一部分是低频信号电压，它反映输入调幅信号的包络变化规律；另一部分则是随输入载波幅度作相应变化的直流信号电压。与输出低频信号相比较，反映载波幅度的输出直流电压的变化是极为缓慢的，因而在检波器输出端用一级具有较大时间常数的 *RC* 低通滤波器就能滤除低频信号电压，把该直流电压取出来加到各被控级（高放、中放级），用以改变被控级的增益，从而使接收机的增益随输入信号的强弱而变化，实现了 AGC 控制。

在图 7.1.2 所示简单 AGC 电路中，接收机一有输入信号，AGC 电路就会立即起控制作用，接收机的增益因受控而降低，这对接收弱信号是不利的。为了克服这一缺点，可采用图 7.1.3(a)所示的延迟式 AGC 电路，图中单独设置提供 AGC 电压的 AGC 检波器。其延迟特性由加在 AGC 检波器上的附加偏压 U_R（参考电平）来实现，当检波器输入信号幅度小于 U_R 时，AGC

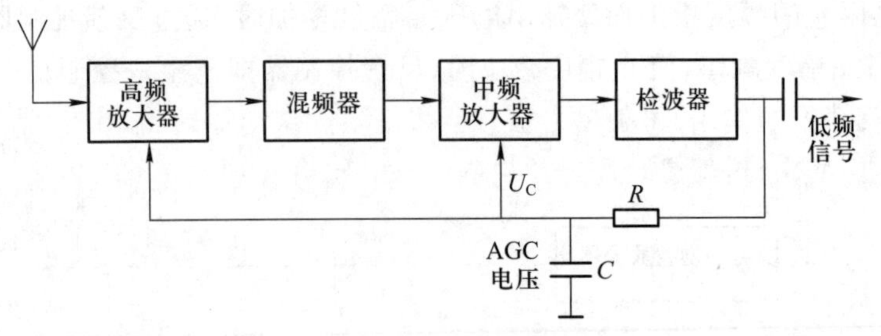

图 7.1.2　具有简单 AGC 电路的调幅接收机框图

检波器不工作，AGC 电压为零，AGC 不起控制作用。当 AGC 检波器输入信号幅度大于 U_R 时，AGC 电路才起作用，其控制特性如图 7.1.3(b)所示。

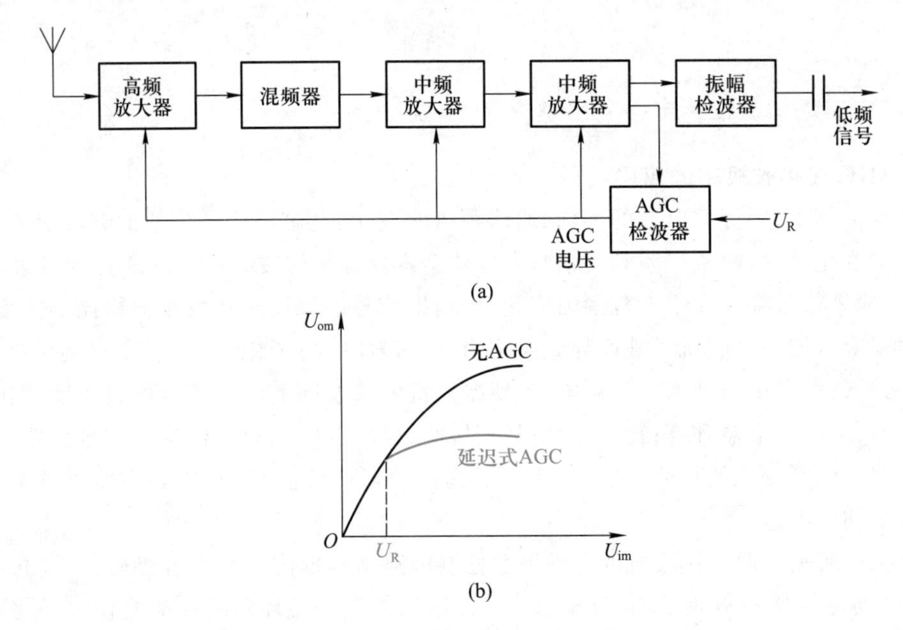

图 7.1.3　具有延迟式 AGC 电路的接收机框图
(a) 框图　(b) 延迟式 AGC 控制特性

二、增益控制电路

根据系统对 AGC 的要求，可采用多种不同形式的控制电路。下面介绍两种常用的增益控制电路。

1. 控制晶体管发射极电流实现增益控制

晶体管放大器的增益与放大管的跨导 g_m 有关，而 g_m 与管子的静态工作点有关，因此，改变发射极工作点电流 I_E，放大器的增益即随之改变，从而达到控制放大器增益的目的。

为了控制晶体管的静态工作点电流 I_E，一般把控制电压 U_C 加到晶体管的基极或发射极上。图 7.1.4所示是控制电压加到晶体管基极上的 AGC 电路。图中受控管为 NPN 型，故控制电压 U_C 应为负极性，即信号增大时，控制电压向负的方向增大，从而导致 I_E减小、g_m下降，使放大器增益降低，这种控制方式称为反向 AGC。

2. 差分放大器增益控制电路

集成电路中广泛采用差分电路作为基本单元，差分电路的增益控制可以通过改变其电流分配比、负反馈深度和电流源电流等来实现。

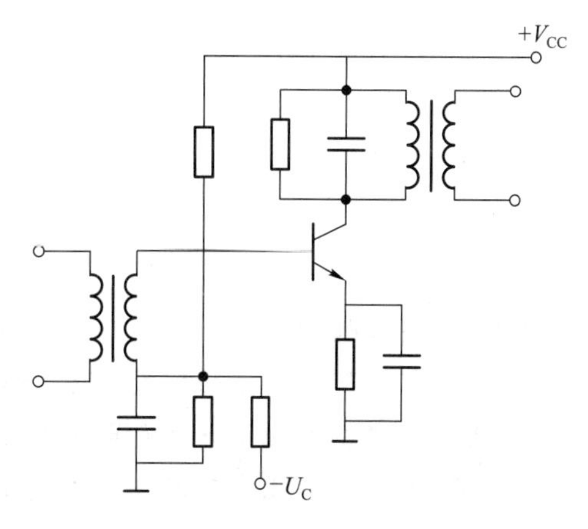

图 7.1.4 AGC 放大电路

图 7.1.5 所示为由中频放大器集成块构成的放大电路，图中 V_2、V_3为集成电路内部差分对管，自动增益控制电压 U_C加在 V_2管的基极。输入信号经外接自耦变压器耦合到集成电路的 V_1管基极，V_1与 V_3组成共射-共基组合电路，再经 V_4、V_5组成的两级射极输出器后输出。V_1、V_2、V_3管集电极直流工作点电流分别为 I_{C1}、I_{C2}、I_{C3}，对于差分放大电路有 $I_{C1}=I_{C2}+I_{C3}$，而 I_{C1}由 V_1管直流偏置电路确定，近似为常数。当自动增益控制电压 U_C增加时，I_{C2}增大、I_{C3}减小，V_3管 g_m下降，增益下降；当 U_C减小时，I_{C2}减小、I_{C3}增大，V_3管 g_m增大，增益上升。可见，该电路利用 U_C控制电流 I_{C3}和 I_{C2}的分配比而实现增益控制作用。

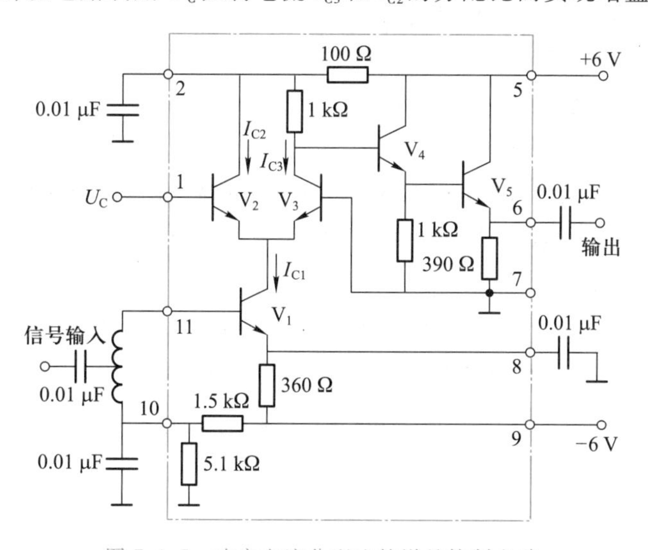

图 7.1.5 改变电流分配比的增益控制电路

讨论题

7.1.1 自动增益控制电路有何作用？它有哪些基本组成部分？

7.1.2 说明调幅接收机延迟式自动增益控制电路的工作特点。

随堂测验

7.1 随堂测验答案

7.1.1 填空题

1. 自动增益控制电路用来根据输入信号____的大小，自动调节放大器的____，维持整机输出信号____的稳定。

2. 自动增益控制电路由______________和________两个基本部分构成闭环负反馈系统。调幅接收机中常用的 AGC 电路有____和____两种。

7.1.2 单选题

1. 下列有关 AGC 电路的作用和特点，说法不正确的是（　　）。

A. AGC 电路实质上是一个负反馈系统

B. AGC 电路需要比较和调节的参量为电压

C. AGC 用来稳定整机输出电平

D. AGC 用来稳定整机增益

2. 调幅接收机中延迟式 AGC 电路主要特点是（　　）。

A. 接收信号后，AGC 立即起作用

B. 接收信号后，AGC 延迟一段时间才起作用

C. 接收弱信号，AGC 延迟一段时间才起作用

D. 接收信号大于一定值后，AGC 才起作用

7.1.3 判断题

1. 采用 AGC 电路可使接收机在接收强弱变化的信号时，能自动维持音量的稳定。（　　）

2. 延迟式 AGC 电路主要优点是在弱信号输入时，接收机的灵敏度不会因 AGC 的存在而下降。（　　）

3. AGC 电路中，用控制电压改变晶体管放大器的偏置电压，使晶体管发射极工作点电流 I_E 减小，放大器增益随之下降，把这种控制方式，称为反向 AGC。（　　）

7.2 自动频率控制电路

在通信和各种电子设备中，频率是否稳定将直接影响系统的性能，工程上常采用自动频率控制电路来自动调节振荡器的频率，使之稳定在某一预期的标准频率附近。

7.2.1 自动频率控制电路工作原理

图 7.2.1 所示为 AFC 电路的原理框图，它由鉴频器（用作频率比较器）、低通滤波器和压控振荡器组成，f_r 为标准频率，f_o 为输出信号频率。用鉴频器作为频率比较器，在绝大多数情况

下,可利用鉴频器的中心频率作为标准频率,而无须外电路提供。

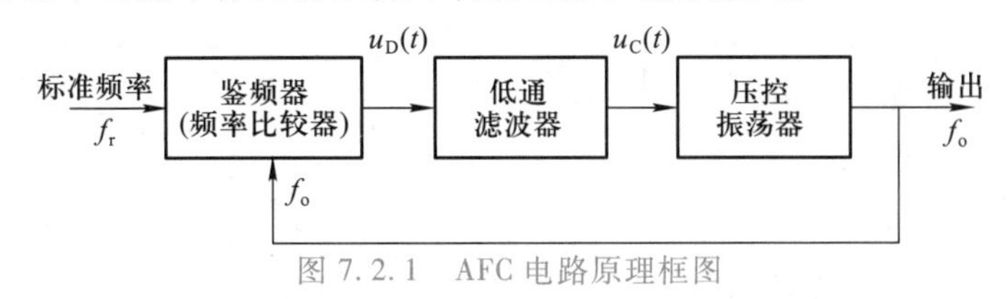

图 7.2.1 AFC 电路原理框图

由图 7.2.1 可见,压控振荡器的输出频率 f_o 与标准频率 f_r 在鉴频器中进行比较,当 $f_o=f_r$ 时,鉴频器无输出,压控振荡器不受影响;当 $f_o \neq f_r$ 时,鉴频器即有误差电压输出,其大小正比于 f_o-f_r,低通滤波器滤除交流成分,输出的直流控制电压 $u_C(t)$ 迫使压控振荡器的振荡频率 f_o 向 f_r 接近;而后在新的压控振荡器振荡频率基础上,再经历上述同样的过程,使误差频率进一步减小,如此循环下去,最后 f_o 和 f_r 的误差减小到某一最小值 Δf 时,自动微调过程即停止,环路进入锁定状态。就是说,环路在锁定状态时,压控振荡器输出信号频率等于 $f_r+\Delta f$,Δf 称为剩余频率误差,简称剩余频差。这时,压控振荡器在剩余频差 Δf 通过鉴频器产生的控制电压作用下,使其振荡频率保持在 $f_r+\Delta f$ 上。自动频率控制电路通过自身的调节,可以将原先因压控振荡器不稳定而引起的较大起始频差减小到较小的剩余频差 Δf。由于自动频率微调过程是利用误差信号的反馈作用来控制压控振荡器的振荡频率的,而误差信号是由鉴频器产生的,因而达到最后稳定状态,即锁定状态时,两个频率不能完全相等,一定有剩余频差 Δf 存在,这是 AFC 电路的缺点。当然,要求剩余频差 Δf 越小越好。自动频率控制电路剩余频差的大小取决于鉴频器和压控振荡器的特性,鉴频特性和压控振荡器的控制特性斜率值越大,环路锁定所需要的剩余频差也就越小。

7.2.2 自动频率控制电路应用举例

自动频率控制电路广泛用作接收机和发射机中的自动频率微调电路。图 7.2.2 所示是采用 AFC 电路的调幅接收机组成框图,它比普通调幅接收机增加了限幅鉴频器、低通滤波器和放大器等部分,同时将本机振荡器改为压控振荡器。混频器输出的中频信号经中频放大器放大后,除送到包络检波器外,还送到限幅鉴频器进行鉴频。由于鉴频器中心频率调在规定的中频频率 f_I 上,鉴频器就可将偏离于中频的频率误差变换成电压,该电压通过窄带低通滤波器和放大后作用到压控振荡器上,压控振荡器的振荡频率发生变化,使偏离于中频的频率误差减小。这样,在 AFC 电路的作用下,接收机的输入调幅信号的载波频率和压控振荡器频率之差接近于中频。因此,采用 AFC 电路后,中频放大器的带宽可以减小,从而有利于提高接收机的灵敏度和选择性。

图 7.2.3 所示是采用 AFC 电路的调频发射机组成框图。图中晶体振荡器是参考频率信号源,其频率为 f_r,频率稳定度很高,作为 AFC 电路的标准频率;调频振荡器的标称中心频率为 f_c;鉴频器的中心频率调整在 f_r-f_c 上,由于 f_r 稳定度很高,当调频振荡器中心频率发生漂移时,混频器输出的频差也跟随变化,使限幅鉴频器输出电压发生变化,经低通滤波器滤除调制频率分量后,将反映调频信号中心频率漂移程度的缓慢变化电压加到调频振荡器上,调节其振

荡频率使之中心频率漂移减小，稳定度提高。

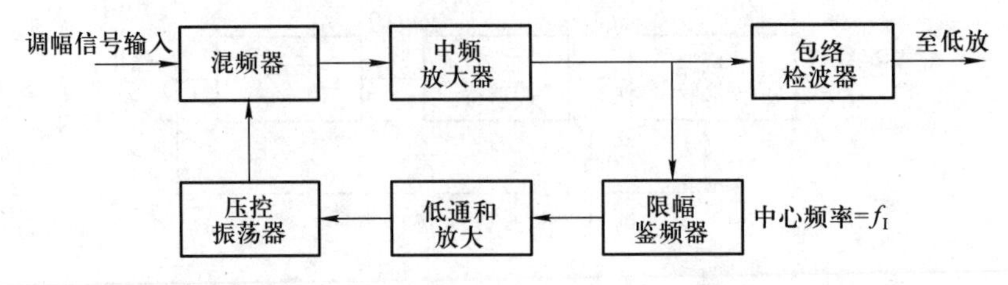

图 7.2.2 调幅接收机中的 AFC 系统

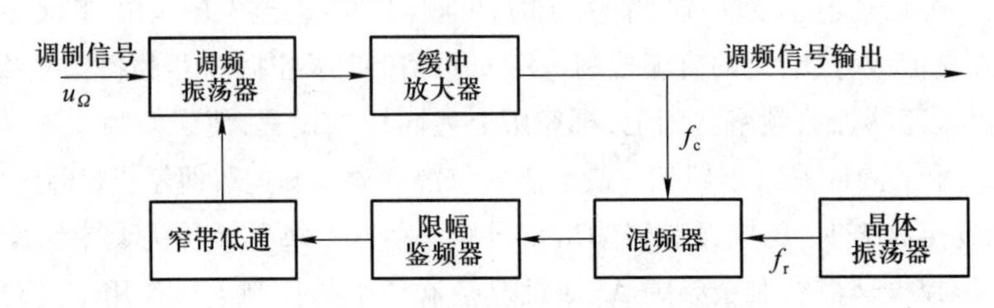

图 7.2.3 具有 AFC 电路的调频发射机框图

讨论题

7.2.1 说明自动频率控制电路的作用、组成及工作特点。

7.2.2 试述采用 AFC 电路的调幅接收机组成特点及优点。

随堂测验

7.2 随堂测验答案

7.2.1 填空题

1. 自动频率控制电路是利用________来调节振荡器的频率，以保证其________，故自动频率控制电路不能实现________的调节。

2. 自动频率控制电路由________、________和________等组成。

3. 超外差式调幅接收机采用频率控制电路后，通过对本振频率的自动调节，可使混频器输出的差频信号______稳定在______附近，提高了接收机的______和______。

7.3 锁相环路（PLL[①]）

锁相环路也是一种以消除频率误差为目的的自动控制电路，但它不是直接利用频率误差信号电压，而是利用相位误差信号电压去消除频率误差。

---

① PLL 为锁相环路 phase lock loop 的缩写。

锁相环路的基本理论早在20世纪30年代就已被提出，直到20世纪70年代初，由于集成技术的迅速发展，可以将这种较为复杂的电子系统集成在一块硅片上，从而引起电路工作者的广泛注意。目前，锁相环路在滤波、频率综合、调制与解调、信号检测等许多技术领域获得了广泛的应用，在模拟与数字通信系统中，已成为不可缺少的基本部件。

7.3.1 锁相环路基本原理

锁相环路基本组成如图7.3.1所示，它是由鉴相器、环路滤波器和压控振荡器组成的闭合环路，与AFC电路相比，其差别仅在于鉴相器取代了鉴频器。鉴相器是相位比较部件，它能够检出两个输入信号之间的相位误差，输出反映相位误差的电压 $u_D(t)$。环路低通滤波器用来消除误差信号中的高频分量及噪声，提高系统的稳定性。压控振荡器受控于环路滤波器输出电压 $u_C(t)$，即其振荡频率受 $u_C(t)$ 的控制。

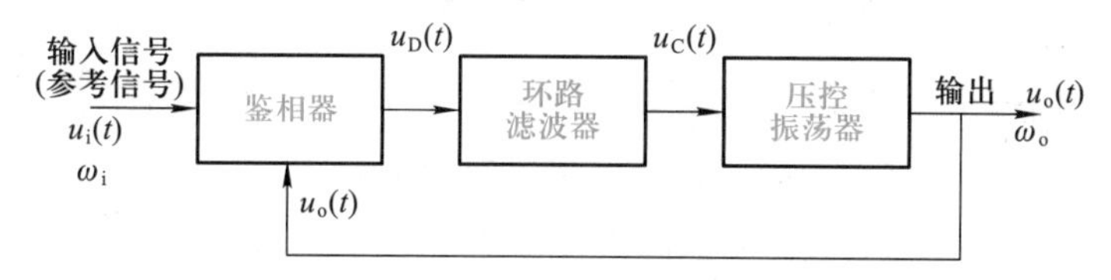

图7.3.1 锁相环路的基本组成框图

众所周知，当两个正弦信号频率相等时，这两个信号之间的相位差必然保持恒定，如图7.3.2(a)所示。若两个正弦信号频率不相等，则它们之间的瞬时相位差将随时间的变化而不断变化，如图7.3.2(b)所示。换句话说，如果能保证两个信号之间的相位差恒定，则这两个信号频率必相等。锁相环路就是利用两个信号之间的相位误差来控制压控振荡器输出信号的频率，最终使两个信号之间的相位差保持恒定，从而达到两个信号频率相等的目的。

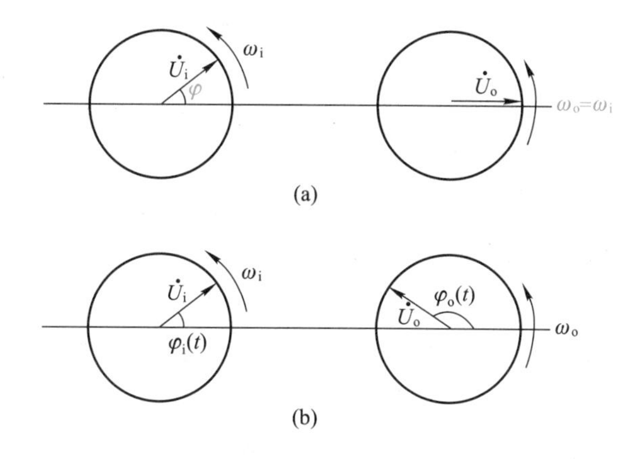

图7.3.2 两个信号的频率和相位之间的关系

(a) $\omega_i=\omega_o$ (b) $\omega_i\neq\omega_o$

根据上述原理可知，在图 7.3.1 所示锁相环路中，当输入信号频率和相位都固定时，若压控振荡器的角频率 ω_o 与输入信号角频率 ω_i 不相同，则输入到鉴相器的电压 $u_i(t)$ 和 $u_o(t)$ 之间势必产生相应的相位差变化，鉴相器将输出一个与瞬时相位误差成比例的误差电压 $u_D(t)$，经过环路滤波器取出其中缓慢变化的直流电压 $u_C(t)$，控制压控振荡器的频率，使得 $u_i(t)$、$u_o(t)$ 之间的频率差减小，直到压控振荡器输出信号频率等于输入信号频率、两信号相位差等于常数时，锁相环路进入锁定状态，只要合理选择环路参数，就可使环路相位误差达到很小值。必须指出，只有当 ω_o 与 ω_i 相差不大的范围内，才能使锁相环路锁定。

7.3.2 锁相环路的数学模型

锁相环路的性能主要取决于鉴相器、压控振荡器和环路滤波器三个基本组成部件，下面先对它们的基本特性予以说明。

一、鉴相器(PD①)

设压控振荡器的输出电压 $u_o(t)$ 为

$$u_o(t)=U_{om}\cos[\omega_{o0}t+\varphi_o(t)] \tag{7.3.1}$$

式中，ω_{o0} 是压控振荡器未加控制电压时的固有振荡角频率；$\varphi_o(t)$ 是以 $\omega_{o0}t$ 为参考的瞬时相位。

环路输入电压 $u_i(t)$ 为

$$u_i(t)=U_{im}\sin(\omega_i t) \tag{7.3.2}$$

要对两个信号的瞬时相位进行比较，需要在同一频率上进行。为此，可将输入信号 $u_i(t)$ 的总相位改写成

$$\omega_i t=\omega_{o0}t+(\omega_i-\omega_{o0})t=\omega_{o0}t+\varphi_i(t) \tag{7.3.3}$$

式中，$\varphi_i(t)$ 是以 $\omega_{o0}t$ 为参考的输入信号瞬时相位，它等于

$$\varphi_i(t)=(\omega_i-\omega_{o0})t \tag{7.3.4}$$

将式(7.3.3)代入式(7.3.2)中，则得输入信号 $u_i(t)$ 的表示式为

$$u_i(t)=U_{im}\sin[\omega_{o0}t+\varphi_i(t)] \tag{7.3.5}$$

由式(7.3.5)和式(7.3.1)可知，$u_i(t)$ 与 $u_o(t)$ 之间的瞬时相位差为

$$\varphi_e(t)=\varphi_i(t)-\varphi_o(t) \tag{7.3.6}$$

鉴相器有各种实现电路，例如上一章介绍的采用相乘器的乘积型鉴相器和采用包络检波器的叠加型鉴相器，它们的鉴相特性均可表示为

$$u_D(t)=A_d\sin[\varphi_e(t)] \tag{7.3.7}$$

式中，A_d 为鉴相器的最大输出电压。根据式(7.3.7)可作出鉴相器的相位模型，如图 7.3.3 所示。

二、压控振荡器(VCO)

压控振荡器是一个电压-频率变换装置，它的振荡角频率应随输入控制电压 $u_C(t)$ 的变化

① PD 为鉴相器 phase detector 的缩写。

而变化。一般情况下，压控振荡器的控制特性是非线性的，如图 7.3.4(a)所示，图中，ω_{o0}是未加控制电压 $u_C(t)$ 时压控振荡器的固有振荡角频率。不过，在 $u_C(t)=0$ 附近的有限范围内控制特性近似呈线性，因此，它的控制特性可近似用线性方程来表示，即

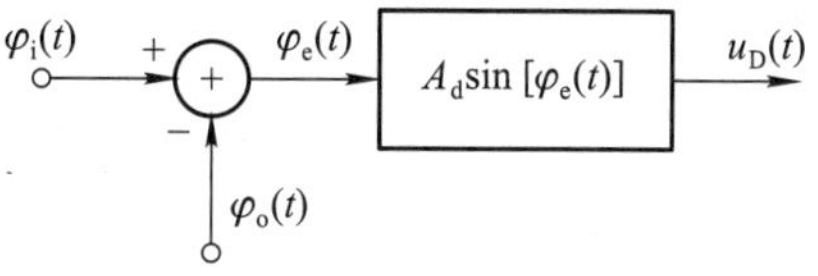

$$\omega_o(t)=\omega_{o0}+A_o u_C(t) \tag{7.3.8}$$

图 7.3.3　正弦鉴相器的相位模型

式中，A_o为控制灵敏度，或称增益系数，单位为 rad/(s · V)，它表示单位控制电压所引起振荡角频率的变化量。

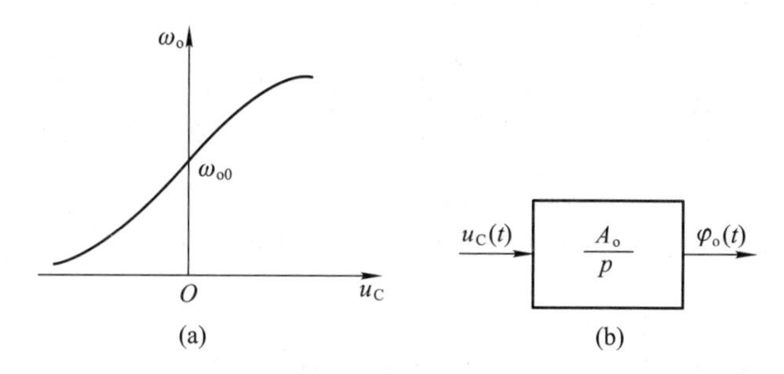

图 7.3.4　压控振荡器的控制特性及其电路相位模型

(a) VCO 的控制特性　(b) VCO 相位模型

由于压控振荡器的输出反馈到鉴相器上，对鉴相器输出误差电压 $u_D(t)$ 起作用的不是其频率而是其相位，因此对式(7.3.8)进行积分，则得

$$\varphi(t)=\int_0^t \omega_o(t)=\omega_{o0}t+A_o\int_0^t u_C(t)\,dt \tag{7.3.9}$$

与式(7.3.1)相比较，可知

$$\varphi_o(t)=A_o\int_0^t u_C(t)\,dt \tag{7.3.10}$$

由式(7.3.10)可见，就 $\varphi_o(t)$ 和 $u_C(t)$ 之间的关系而言，压控振荡器是一个理想的积分器，因此，往往将它称为锁相环路中的固有积分环节。将式(7.3.10)中的积分符号改用微分算子 $p=\dfrac{d}{dt}$ 的倒数来表示，则

$$\varphi_o(t)=\frac{A_o}{p}u_C(t) \tag{7.3.11}$$

由此可得到压控振荡器的数学模型，如图 7.3.4(b)所示。

三、环路滤波器(LF①)

在锁相环路中常用的环路滤波器有 RC 积分滤波器、RC 比例积分滤波器和有源比例积分

① LF 为环路滤波器 loop filter 的缩写。

滤波器，它们的电路分别如图 7.3.5(a)(b)(c)所示，由图可写出它们的传递函数，现以(b)图为例得

$$A_F(s)=\frac{U_C(s)}{U_D(s)}=\frac{R_2+\frac{1}{sC}}{R_1+R_2+\frac{1}{sC}}=\frac{1+s\tau_2}{1+s(\tau_1+\tau_2)} \tag{7.3.12}$$

式中，$U_C(s)$、$U_D(s)$分别为输出和输入电压的拉氏变换式，$s=\sigma+j\omega$ 为复频率，$\tau_1=R_1C$，$\tau_2=R_2C$。

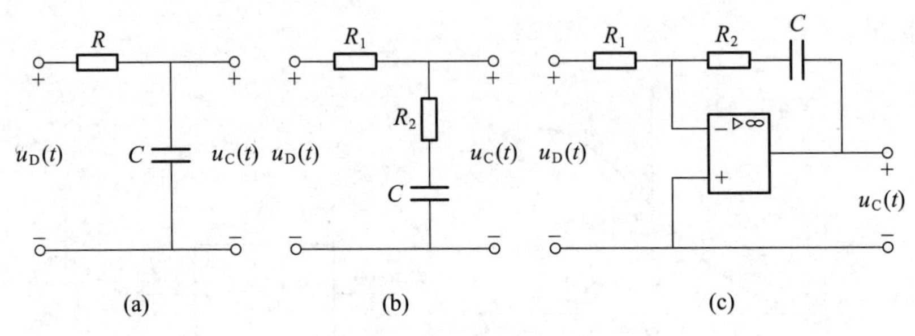

图 7.3.5　环路滤波器

(a) RC 积分滤波器　(b) RC 比例积分滤波器　(c) 有源比例积分滤波器

如果将 $A_F(s)$中的复频率 s 用微分算子 p 替换，就可以写出描述滤波器激励和响应之间关系的微分方程，即

$$u_C(t)=A_F(p)u_D(t) \tag{7.3.13}$$

由式(7.3.13)可得环路滤波器的电路模型，如图 7.3.6 所示。

四、锁相环路的相位模型和基本方程

将图 7.3.3、图 7.3.4(b)和图 7.3.6 所示三个基本环路部件的数学模型按图 7.3.1 所示环路连接，就可以得到图 7.3.7 所示锁相环路的相位模型。

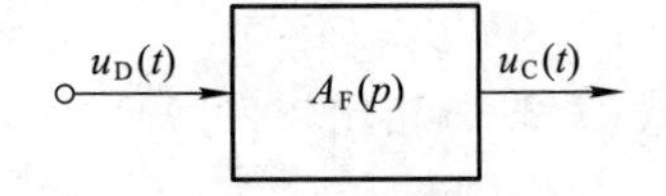

图 7.3.6　环路滤波器的电路模型

由图 7.3.7 写出环路的基本方程式为

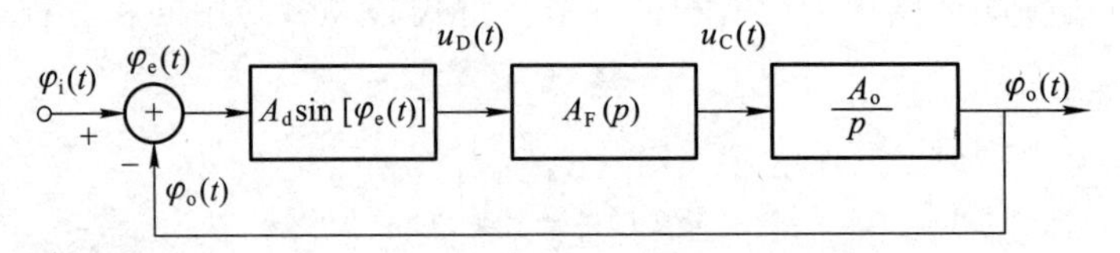

图 7.3.7　锁相环路相位模型

$$\begin{aligned}\varphi_e(t)&=\varphi_i(t)-\varphi_o(t)\\&=\varphi_i(t)-A_dA_F(p)\frac{A_o}{p}\sin[\varphi_e(t)]\end{aligned} \tag{7.3.14}$$

将式(7.3.14)两边对 t 求导数并移项，得

$$p\varphi_e(t)+A_dA_oA_F(p)\sin[\varphi_e(t)]=p\varphi_i(t) \tag{7.3.15}$$

式(7.3.15)是一个非线性微分方程,它完整地描述了环路闭合后所发生的控制过程。

式(7.3.15)等式左边第一项

$$p\varphi_e(t)=\frac{d\varphi_e(t)}{dt}=\Delta\omega_e(t)=\omega_i-\omega_o \tag{7.3.16}$$

称为瞬时角频差,它表示压控振荡器角频率 ω_o 偏离输入信号角频率 ω_i 的数值。

式(7.3.15)等式左边第二项

$$A_dA_oA_F(p)\sin[\varphi_e(t)]=\Delta\omega_o(t)=\omega_o-\omega_{o0} \tag{7.3.17}$$

称为控制角频差,它表示压控振荡器在 $u_C(t)=A_dA_F(p)\sin[\varphi_e(t)]$ 的作用下,产生振荡角频率 ω_o 偏离 ω_{o0} 的数值。

式(7.3.15)等式右边项

$$p\varphi_i(t)=\frac{d\varphi_i(t)}{dt}=\Delta\omega_i(t)=\omega_i-\omega_{o0} \tag{7.3.18}$$

为输入固有角频差,它表示输入信号角频率 ω_i 偏离 ω_{o0} 的数值。

由此可见,式(7.3.15)说明锁相环路闭合后的任何时刻,瞬时角频差 $\Delta\omega_e(t)$ 与控制角频差 $\Delta\omega_o(t)$ 之和恒等于输入固有角频差 $\Delta\omega_i(t)$,即

$$\Delta\omega_e(t)+\Delta\omega_o(t)=\Delta\omega_i(t) \tag{7.3.19}$$

如果输入固有角频差 $\Delta\omega_i(t)=\Delta\omega_i$ 为常数,即 $u_i(t)$ 为恒定频率的输入信号,则在环路进入锁定过程中,瞬时角频差 $\Delta\omega_e(t)$ 不断减小,而控制角频差 $\Delta\omega_o(t)$ 不断增大,两者之和恒等于 $\Delta\omega_i$,直到瞬时角频差减小到零,即 $d\varphi_e(t)/dt=0$,控制角频差增大到 $\Delta\omega_i$,压控振荡器的振荡角频率 ω_o 等于输入信号角频率 ω_i 时,环路便进入锁定状态。这时,相位误差 $\varphi_e(t)$ 为一固定值,用 $\varphi_{e\infty}$ 表示,称为剩余相位误差或稳态相位误差。正是这个稳态相位误差才使鉴相器输出一直流电压,控制压控振荡器的振荡角频率,使之等于输入信号角频率。

增大 $\Delta\omega_i$,$\varphi_{e\infty}$ 也相应增大。这就是说,$\Delta\omega_i$ 越大,将 VCO 振荡角频率调整到等于输入信号角频率所需的控制电压越大,因而产生这个控制电压的 $\varphi_{e\infty}$ 也就越大。但 $\Delta\omega_i$ 过大,环路将无法锁定,此时环路将不存在使它锁定的 $\varphi_{e\infty}$。

通过以上分析可以看出,图 7.3.1 和图 7.3.7 是不同的,前者只说明锁相环路组成的框图,而后者是描述环路相位关系的相位数学模型。图 7.3.7 以及与它对应的微分方程式(7.3.14)只给出了环路输出瞬时相位 $\varphi_o(t)$ 与输入瞬时相位 $\varphi_i(t)$ 之间的关系,而并不是给出输出电压 $u_o(t)$ 与输入电压 $u_i(t)$ 之间的关系。由于锁相环路是一个传递相位的闭环系统,所以只要研究相位数学模型或它的微分方程,就可以获得这个系统完整的性能。

式(7.3.15)是一个非线性微分方程,这是由鉴相器鉴相特性的非线性所引起的。该方程的阶数取决于 $A_F(p)/p$ 的阶数,即取决于环路滤波器传递函数 $A_F(p)$ 的阶数加 1。因为压控振荡器等效于一个一阶理想积分器,当 $A_F(p)=1$,即无环路滤波器时,称为一阶环路。

7.3.3 锁相环路的捕捉与跟踪

锁相环路根据初始状态的不同有两种自动调节过程。若环路初始状态是失锁的，通过自身的调节，使压控振荡器频率逐渐向输入信号频率靠近，当达到一定程度后，环路即能进入锁定，这种由失锁进入锁定的过程称为捕捉过程。相应的能够由失锁进入锁定的最大输入固有频差称为环路捕捉带，常用 $\Delta\omega_p$ 表示。

若环路初始状态是锁定的，输入信号的频率和相位发生变化时，环路通过自身的调节来维持锁定的过程称为跟踪过程。相应的能够保持跟踪的最大输入固有频差称为同步带（又称跟踪带），常用 $\Delta\omega_H$ 表示。

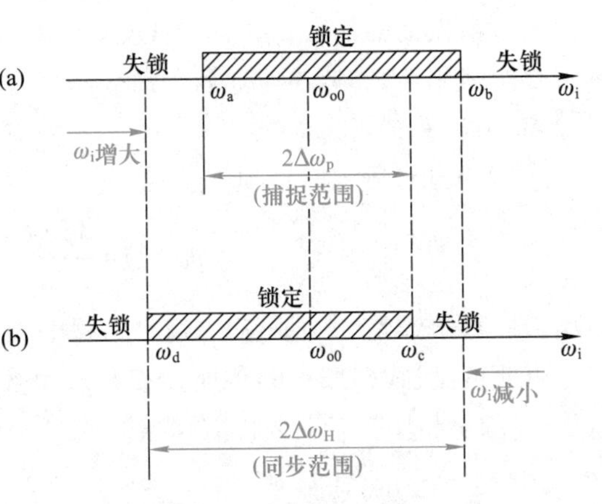

图 7.3.8 捕捉与同步范围

(a) ω_i由低向高变化 (b) ω_i由高向低变化

图 7.3.8 中，ω_{o0}为未加控制电压时 VCO 的振荡角频率。如果使锁相环路输入信号角频率 ω_i从低频向高频方向缓慢变化，当 $\omega_i=\omega_a$时，环路进入锁定跟踪状态，如图 7.3.8(a)所示。然后继续增加 ω_i，VCO 输出信号角频率跟踪输入信号角频率变化，直到 $\omega_i=\omega_b$时，环路开始失锁。如再将输入信号角频率 ω_i从高频向低频方向缓慢变化，当 $\omega_i=\omega_b$时，环路并不发生锁定，而要使 ω_i继续下降到 $\omega_i=\omega_c$时，环路才会再度进入锁定，如图 7.3.8(b)所示。此后继续降低 ω_i，VCO 输出信号的角频率又跟踪输入信号角频率变化，当 ω_i下降到 $\omega_i=\omega_d$时，环路又开始失锁。可见，$\omega_d\sim\omega_b$为同步范围 $2\Delta\omega_H$，$\omega_a\sim\omega_c$为捕捉范围 $2\Delta\omega_p$。

因此，锁相环路的同步带为

$$\Delta\omega_H=\frac{\omega_b-\omega_d}{2}$$

捕捉带为

$$\Delta\omega_p=\frac{\omega_c-\omega_a}{2}$$

一般来说，捕捉带与同步带不相等，捕捉带小于同步带。

7.3.4 集成锁相环路

集成锁相环路的发展十分迅速，应用十分广泛。目前集成锁相环路已形成系列产品：由模拟电路构成的模拟锁相环路和由部分数字电路（主要是数字鉴相器）或全部数字电路（数字鉴相器、数字滤波器、数控振荡器）构成的数字锁相环路两大类。无论是模拟锁相环路还是数字锁相环路，按其用途都可分为通用型和专用型两种。通用型是一种适应各种用途的锁相环路，其内部主要由鉴相器和压控振荡器两部分组成，有时还附有放大器和其他辅助电路，也有的用单独的集成鉴相器和集成压控振荡器连接成锁相环路。专用型是一种专为某种功能设计的锁相环路，例如，用于调频接收机中的调频多路立体声解调环路，用于通信和测量仪器中的频率合成器，用于电视机中的正交色差信号同步检波环路等。

无论是模拟锁相环路还是数字锁相环路，其 VCO 一般都采用射极耦合多谐振荡器或积分-施密特触发型多谐振荡器，采用射极耦合多谐振荡器的振荡频率较高，而采用积分-施密特触发器型多谐振荡器的振荡频率比较低。

在模拟锁相环路中，鉴相器基本上都采用双差分对模拟相乘器的乘积型鉴相器，而数字鉴相器电路形式较多，它们都是由数字电路组成。

下面介绍几种通用型集成锁相环路及其应用。

一、通用型单片集成锁相环路 L562

L562 是工作频率可达 30 MHz 的多功能单片集成锁相环路，它的内部除包含鉴相器 PD 和压控振荡器 VCO 之外，还有三个放大器 A_1、A_2、A_3 和一个限幅器，其组成如图 7.3.9(a)所示，其外引线端排列如图 7.3.9(b)所示。

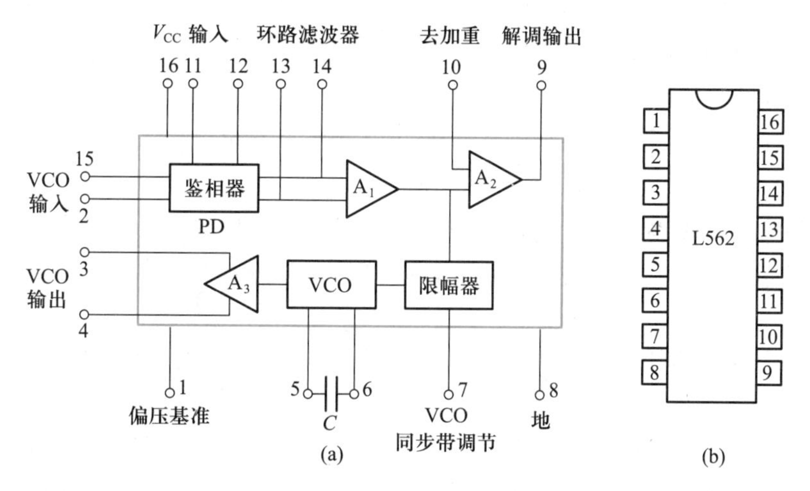

图 7.3.9 L562 通用型集成锁相环路

(a) 内部结构 (b) 外引线端排列

L562 的鉴相器采用双差分对模拟相乘器电路，其输出端 13、14 外接阻容元件构成环路滤波器。压控振荡器 VCO 采用射极耦合多谐振荡器电路，外接定时电容 C 由 5、6 端接入。压控振荡器的等效电路如图 7.3.10 所示，V_1、V_2 管交叉耦合构成正反馈，其发射极分别接有受 $u_C(t)$ 控制的电流源 I_{01} 和 I_{02}(通常 $I_{01}=I_{02}=I_0$)，当 V_1 和 V_2 管交替导通和截止时，定时电容 C 由 I_{01} 和 I_{02} 交替充电，从而在 V_1、V_2 管的集电极负载上得到对称方波输出。振荡频率由 C 和 I_0

等决定，即

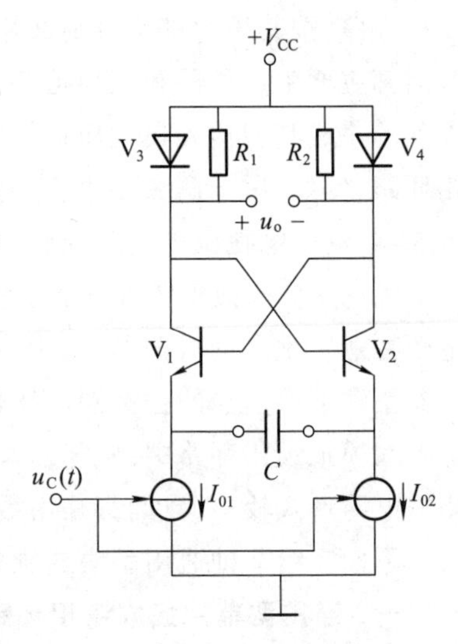

图 7.3.10　射极耦合压控多谐振荡器

$$f_0=\frac{I_0}{4CU_D}=\frac{g_m u_C(t)}{4CU_D}=A_o u_C(t) \qquad (7.3.20)$$

式中，$I_0=g_m u_C(t)$，g_m为压控电流源的跨导；U_D为二极管 V_3、V_4的正向压降，约等于 0.7 V；$A_o=g_m/(4CU_D)$为压控振荡器的控制灵敏度。

V_1、V_2管集电极负载电阻上并有二极管，使 V_1、V_2管不进入饱和区，以提高振荡频率。此外，该电路控制特性线性好，振荡频率易于调整，故应用十分广泛。

图 7.3.9(a)中限幅器用来限制锁相环路的直流增益，以控制环路同步带的大小。由 7 端注入的电流可以控制限幅器的限幅电平和直流增益，注入电流增加，VCO 的跟踪范围减小，当注入的电流超过 0.7 mA 时，鉴相器输出的误差电压对压控振荡器的控制被截断，压控振荡器处于失控自由振荡工作状态。环路中的放大器 A_1、A_2、A_3作隔离、缓冲放大之用。

L562 只需单电源供电，最大电源电压为 30 V，一般可采用+18 V 电源供电，最大电流为 14 mA。信号输入(11 与 12 端间)电压最大值为 3 V。

二、CMOS 锁相环路 CD4046

CD4046 是低频多功能单片集成锁相环路，它主要由数字电路构成，具有电源电压范围宽、功耗低、输入阻抗高等优点，最高工作频率为 1 MHz。

CD4046 锁相环路的组成和外引线端排列分别如图 7.3.11(a)、(b)所示。由图可见，CD4046 内含两个鉴相器、一个压控振荡器和缓冲放大器、内部稳压器、输入信号放大与整形电路。

14 端为信号输入端，输入 0.1 V 左右的小信号或方波，经 A_1放大和整形，使之满足鉴相器所要求的方波。

PD Ⅰ鉴相器由**异或**门构成，它与大信号乘积型鉴相原理相同，具有三角形鉴相特性，但要求两输入信号占空比均为 50% 的方波，无信号输入时，鉴相器输出电压达 $V_{DD}/2$，用以确定 VCO 的自由振荡频率。PD Ⅱ鉴相器采用数字式鉴频鉴相器，由 14、3 端输入信号的上升沿控制，其鉴频鉴相特性如图 7.3.12所示。由图可见，在±2π 范围内，即 $f_i=f_o$时，鉴相器输出电压 $u_D(t)$与相位差呈线性关系，称为鉴相区；在 $f_i>f_o$或$f_i<f_o$区域，称为鉴频区，在此区域鉴相器输出电压 $u_D(t)$几乎与相位差无关，且无论频差有多大，它都能输出较大的直流电压，几乎为恒值 U_{dm}，这样，可使锁相环路快速进入锁定状态。同时，这类鉴频鉴相器只对输入信号的上升沿起作用，所以它的输出与输入波形的占空比无关，由这类鉴相器构成的锁相环路，其同步带和捕捉带与环路滤波器无关而为无限大，但实际上将受压控振荡器控制范围的限制。1 端是

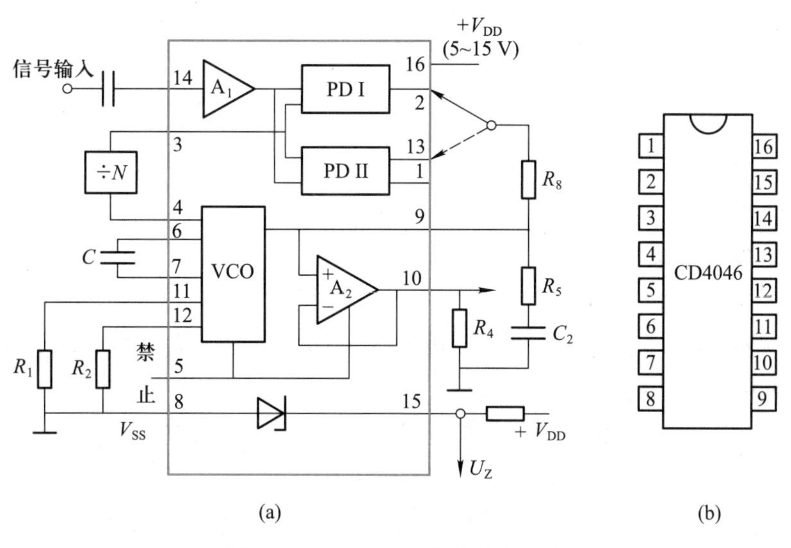

图 7.3.11 CD4046 集成锁相环路

(a) 内部结构 (b) 外引线端排列

PD Ⅱ锁定指示输出,锁定时输出为高电平。两个鉴相器中可任选一个作为锁相环路的鉴相器,一般说,若输入信号的信噪比及固有频差较小,则采用 PD Ⅰ,反之,若输入信号的信噪比较高,或捕捉时固有频差较大,则应采用 PD Ⅱ。

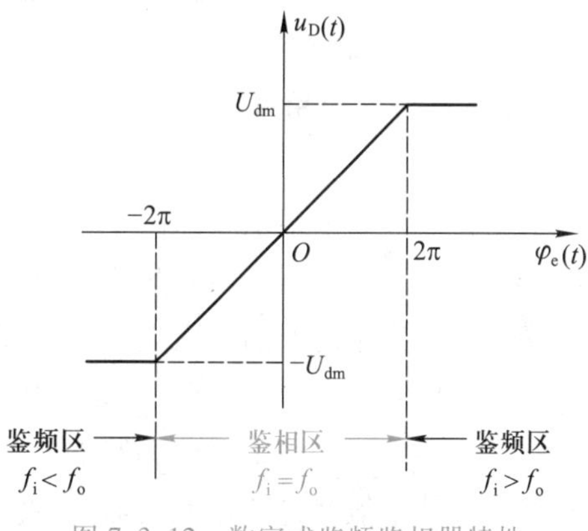

图 7.3.12 数字式鉴频鉴相器特性

VCO 采用 CMOS 数字门型压控振荡器,6、7 端之间外接的电容 C 和 11 端外接的电阻 R_1 用来决定 VCO 振荡频率的范围,12 端外接电阻 R_2 可使 VCO 有一个频移。R_1 控制 VCO 的最高振荡频率,R_2 控制 VCO 的最低振荡频率,当 $R_2=\infty$ 时,最低振荡频率为 0,无输入信号时,PD Ⅱ将 VCO 调整到最低频率。

A_2 是缓冲输出级,它是一个跟随器,增益近似为 1,用作阻抗转换。5 端用来使锁相环路具有“禁止”功能,当 5 端接高电平 **1** 时,VCO 的电源被切断,VCO 停振;5 端接低电平 **0** 或接地,VCO 工作。内部稳压器提供 5 V 直流电压,从 15 与 8 端之间引出,作为环路的基准电压,15 端需外接限流电阻。

在使用 CD4046 时应注意,输入信号不许大于 V_{DD},也不许小于 V_{SS},即使电源断开时,输入电流也不能超过 10 mA;在使用中每一个引出端都需要有连接,所有无用引出端必须接到 V_{DD} 或 V_{SS} 上,视哪个合适而定。器件的输出端不能对 V_{DD} 或 V_{SS} 短路,否则由于超过器件的最大功耗,会损坏 MOS 器件。V_{SS} 通常为 0 V。

7.3.5 锁相环路的应用

锁相环路有许多独特的优点,所以应用十分广泛。下面先归纳说明锁相环路的基本特性,然后通过几个具体例子说明如何利用锁相环路的基本特性实现某种特定的功能。有关锁相环路在频率合成器中的应用将在下节中详细介绍。

一、锁相环路的基本特性

总结以上分析可知,锁相环路具有以下基本特性:

(1) 环路锁定时没有频率误差。当锁相环路锁定时,压控振荡器的输出频率严格等于输入信号频率,而只有不大的剩余相位误差。

(2) 频率跟踪特性。锁相环路锁定后,压控振荡器的输出频率能在一定范围内跟踪输入信号频率的变化。

(3) 窄带滤波特性。锁相环路通过环路滤波器的作用后具有窄带滤波特性。当压控振荡器输出信号的频率锁定在输入信号频率上时,位于信号频率附近的干扰信号通过鉴相器变成低频信号而平移到零频率附近,其中绝大部分会受到环路滤波器低通特性的抑制,从而减小了对压控振荡器的干扰作用。这样,环路滤波器的低通作用对输入信号而言,就相当于一个窄带高频带通滤波器,只要把环路滤波器的通带做得比较窄,整个环路就具有很窄的带通特性。例如,可以在几十兆赫的频率上,做到几赫的带宽,甚至更小。

二、锁相环路应用举例

1. 锁相调频电路

锁相直接调频电路组成如图 7.3.13 所示,图中 PD、LF、VCO 是锁相环路的基本部件,晶体振荡器提供稳定的输入信号频率,使压控振荡器的中心频率稳定在晶体振荡频率上。当调制信号加到压控振荡器的输入端,压控振荡器的振荡频率将受到调制信号与环路滤波器输出电压的双重控制,这时输出信号就是频率随调制信号变化而频率稳定度受晶体振荡器控制的调频信号。在实际应用中要求调制信号的频谱均处于低通滤波器通带之外,这样鉴相器输出的调制信号就不能通过低通滤波器,因此不形成调制信号的反馈环路,调制信号频率对锁相环路无影响,锁相环路只对压控振荡器平均中心频率不稳定所引起的分量(处于低通滤波器通带之内)起作用,使它的中心频率稳定在晶体振荡频率上。

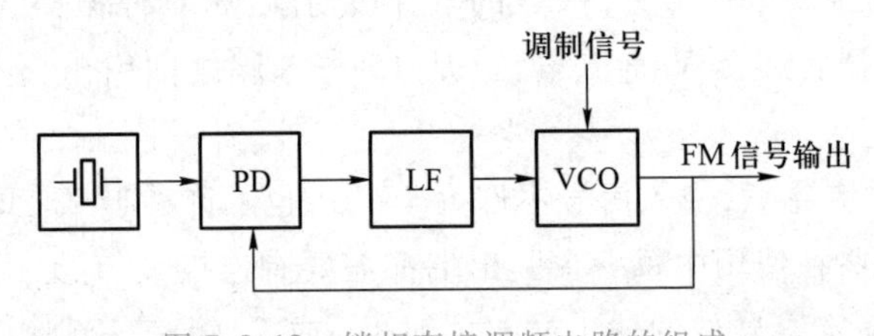

图 7.3.13 锁相直接调频电路的组成

由于锁相环路为无频差的自动控制系统，具有精确的频率跟踪特性，所以用以调频可获得中心频率稳定度很高的调频信号。

采用集成锁相环路 CD4046 构成的直接调频电路如图 7.3.14 所示，图中 C_t 为 VCO 外接定时电容，R_1、R_2 为 VCO 外接电阻，用以控制振荡频率范围。R_3、C_3 构成低通滤波器，要求调制信号的频谱均要处于低通滤波器通带之外。由晶体振荡器提供的高频信号经 C_1 耦合加到 14 脚，低频调制信号经 C_2 加到 9 脚，用以控制 VCO 的振荡频率。这样，当锁相环路锁定时，即可由 3、4 脚输出中心频率锁定在晶振频率上的调频信号。

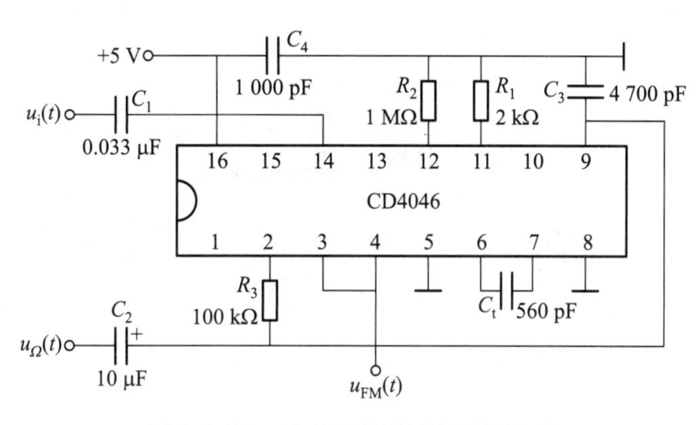

图 7.3.14　CD4046 锁相直接调频电路

2. 锁相鉴频电路

调频信号锁相解调电路组成如图 7.3.15 所示。当输入为调频信号时，环路锁定后，压控振荡器的振荡频率就能精确地跟踪输入调频信号的瞬时频率变化，产生具有相同调制规律的调频信号。显然，只要压控振荡器的频率控制特性是线性的，压控振荡器的控制电压 $u_C(t)$ 就是输入调频信号的原调制信号，取出 $u_C(t)$ 输出，即实现了调频信号的解调。解调信号一般不从鉴相器输出端取出，因为这时解调电压信号中伴有较大的干扰和噪声。为了实现不失真地解调，要求锁相环路的捕捉带必须大于输入调频信号的最大频偏，环路带宽必须大于输入调频信号中调制信号的频谱宽度。分析证明，锁相鉴频可降低输入信噪比的门限值，有利于对弱信号的接收。

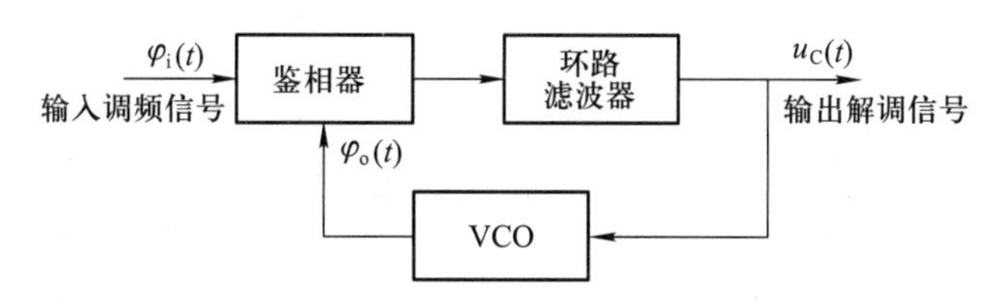

图 7.3.15　调频信号锁相解调电路组成

采用集成片 L562 和外接电路组成的调频信号锁相解调电路如图 7.3.16 所示。输入调频

信号电压 $u_i(t)$ 经耦合电容 C_1、C_2 以平衡方式加到鉴相器的一对输入端 11 和 12(若要单端输入,可将 11 端通过 C_1 接地,调频信号从 C_2 输入 12 端)。VCO 的输出电压从 3 端取出,经 1 kΩ 和 11kΩ 电阻分压,由 C_3 电容以单端方式加到鉴相器 2 输入端,而鉴相器另一输入端 15 经 0.1 μF 电容交流接地。从 1 端取出的稳定基准偏置电压经 1 kΩ 电阻分别加到 2 端和 15 端,作为双差分对管的基极偏置电压。放大器 A_3 的输出端 4 外接 12 kΩ 电阻到地,其上输出 VCO 电压,该电压是与输入调频信号有相同调制规律的调频信号。放大器 A_2 的输出端 9 外接 15 kΩ 电阻到地,其上输出低频解调电压。端点 7 注入直流,用来调节环路的同步带。10 端外接去加重电容 C_4,提高解调电路的抗干扰性。

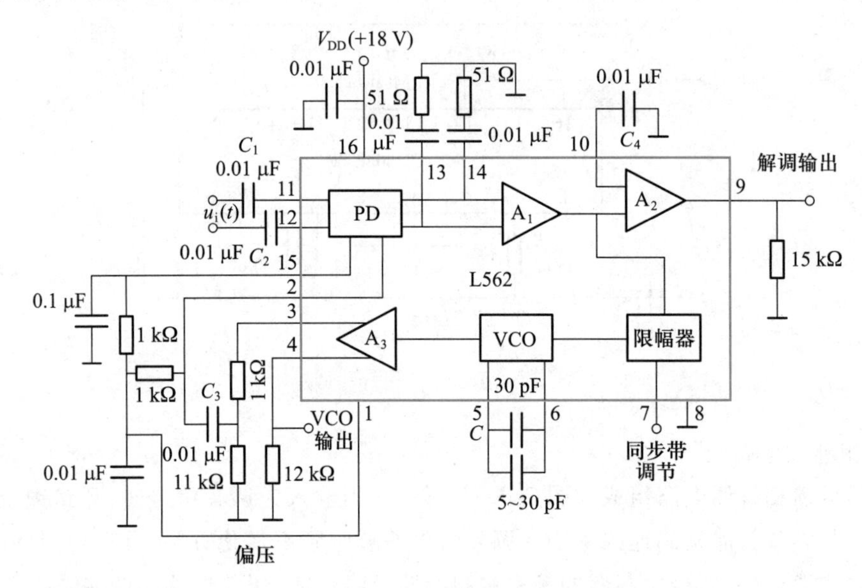

图 7.3.16 L562 作调频信号解调电路

3. 调幅信号的同步检波

采用锁相环路从所接收的信号中提取载波信号可实现调幅信号的同步检波,其电路组成如图 7.3.17 所示。图中,输入电压 $u_i(t)$ 为调幅信号或带有导频的单边带信号,环路滤波器的通频带很窄,使锁相环路锁定在调幅信号的载频上,这样压控振荡器就可以提供能跟踪调幅信

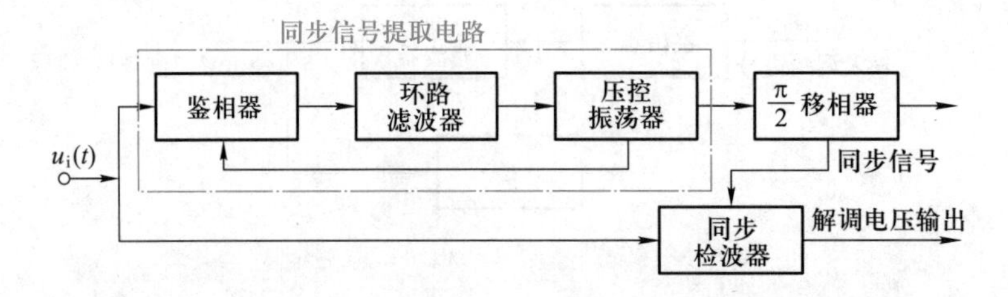

图 7.3.17 采用锁相环路的同步检波电路组成

号载波频率变化的同步信号。不过采用模拟鉴相器时，由于压控振荡器输出电压与输入已调信号的载波电压之间有 $\pi/2$ 的固定相移，为了使压控振荡器输出电压与输入已调信号的载波电压同相，压控振荡器输出电压必须经 $\pi/2$ 的移相器加到同步检波器上。

4. 锁相接收机

卫星或其他宇宙飞行器由于离地面距离很远，同时受体积限制，发射功率又比较小，致使向地面发回的信号很微弱，又由于多普勒效应，频率漂移严重。在这种情况下，若采用普通接收机，势必要求它有足够的带宽，这样接收机的输出信噪比将严重下降而无法有效地检出有用信号。采用图 7.3.18 所示的锁相接收机，利用环路的窄带跟踪特性，就可十分有效地提高输出信噪比，获得满意的接收效果。

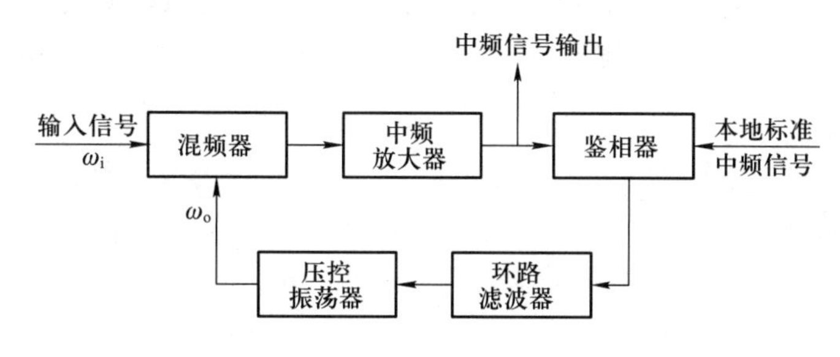

图 7.3.18 锁相接收机组成

锁相接收机实际上是一个窄带跟踪环路，它比一般锁相环路多了一个混频器和中频放大器，由压控振荡器输出电压作为本振电压（角频率为 ω_o），它与外加接收信号（角频率为 ω_i）相混后，输出中频电压，经中频放大后加到鉴相器，与本地标准中频参考信号进行相位比较，在环路锁定时，加到鉴相器上的两个中频信号频率相等。当外界输入信号频率发生变化时，压控振荡器的频率也跟着变化，使中频信号频率自动维持在标准中频上不变。这样，中频放大器的通频带就可以做得很窄，从而保证鉴相器输入端有足够的信噪比，提高了接收机的灵敏度。

讨论题

7.3.1 锁相环路由哪几部分组成？有何工作特点？

7.3.2 试画出锁相环路的相位模型，说明其作用和特点。写出锁相环路基本方程，它说明了什么问题？

7.3.3 说明锁相环路的捕捉和跟踪过程、捕捉带与同步带有何区别。

7.3.4 为什么说锁相环路相当于一个窄带跟踪滤波器？

7.3.5 说明调频信号锁相解调电路的组成及其工作原理。

随堂测验

7.3 随堂测验答案

7.3.1 填空题

1. 锁相环路是一个____误差控制系统，是利用____的调节来消除____误差的自动控制系统。

2. 基本锁相环路由______、__________和__________构成闭合环路。

3. 锁相环路锁定时，输出信号与输入信号的相位差为____，两信号的频率____，可实现____的频率跟踪。

4. 锁相环路输入频率和相位都固定的信号，环路由失锁进入锁定的自动调节过程，称为____过程；环路已锁定，输入信号频率和相位发生变化时，环路通过自身的调节，维持锁定的过程，称为____过程。

5. 锁相环路有如下基本特性：______________、__________和__________。

7.3.2 单选题

1. 锁相环路能够维持锁定，跟踪的最大输入固有频差，称为环路的(　　)。

A. 捕捉带　　　　B. 同步带　　　　C. 通频带

2. 锁相环路由失锁进入锁定的最大输入固有频差，称为环路的(　　)。

A. 捕捉带　　　　B. 同步带　　　　C. 通频带

7.3.3 判断题

1. 锁相环路锁定时，其输出信号与输入信号相同。(　　)

2. 锁相环路只要闭合，环路就会进入锁定。(　　)

3. 锁相环路中，若输出信号与输入信号之间相位差为常数，则说明该锁相环路已锁定。(　　)

4. 锁相环路在锁定状态，控制角频差等于输入固有角频差，瞬时角频差为零，输出信号与输入信号之间有一个固定的剩余相位误差。(　　)

5. 锁相鉴频电路中，环路锁定后，压控振荡器的控制电压就是输入调频信号的解调电压。(　　)

7.4 频率合成器

随着通信、雷达、宇宙航行和遥控遥测技术的不断发展，对频率源的要求越来越高，不但要求它的频率稳定度和准确度高，而且要求能方便快速地改换频率。石英晶体振荡器虽具有很高的频率稳定度和准确度，但它的频率值是单一的，最多只能在很小频段内进行微调。现代技术的发展可采用一个(或多个)石英晶体标准振荡源为基准，产生大量的与标准源有相同频率稳定度和准确度的众多频率,这就是目前工程上大量使用的频率合成器。

7.4.1 频率合成器的主要性能指标

大体来说,频率合成器有如下几项主要性能指标。

(1) 频率范围

频率范围是指频率合成器输出的最低频率与最高频率之间的变化范围。

(2) 频率间隔(频率分辨率)

相邻输出频率之间的最小间隔称为频率合成器的频率间隔,又称频率分辨率。频率间隔的大小随合成器的用途不同而不同。例如,短波单边带通信的频率间隔一般为 100 Hz,有时为 10 Hz、1 Hz,甚至 0.1 Hz。超短波通信则多取 50 kHz,有时也取 25 kHz、10 kHz 等。

(3) 频率转换时间

从一个工作频率转换到另一个工作频率并达到稳定工作所需要的时间称为频率转换时间。这个时间包括电路的延迟时间和锁相环路的捕捉时间,其数值与合成器的电路形式有关。

(4) 频率稳定度与准确度

频率稳定度是指在规定的观测时间内,合成器输出频率偏离标称值的程度。一般用偏离值与输出频率的相对值来表示。准确度则表示实际工作频率与其标称频率值之间的偏差,又称频率误差。

(5) 频谱纯度

频谱纯度是指输出信号接近正弦波的程度,可用输出端的有用信号电平与各寄生频率分量总电平之比的分贝数表示。图 7.4.1 所示为一般情况下合成器在某选定输出频率附近的频谱成分,由图可见,除了有用频率,其附近尚存在各种周期性干扰与随机干扰,以及有用信号的各次谐波成分。这里,周期性干扰多数来源于混频器的高次组合频率,它们以某些频差的形式成对地分布在有用信号的两边(离散谱)。而随机干扰则是由设备内部各种不规则的电扰动所产生,并以相位噪声的形式分布于有用频谱的两侧(连续谱)。

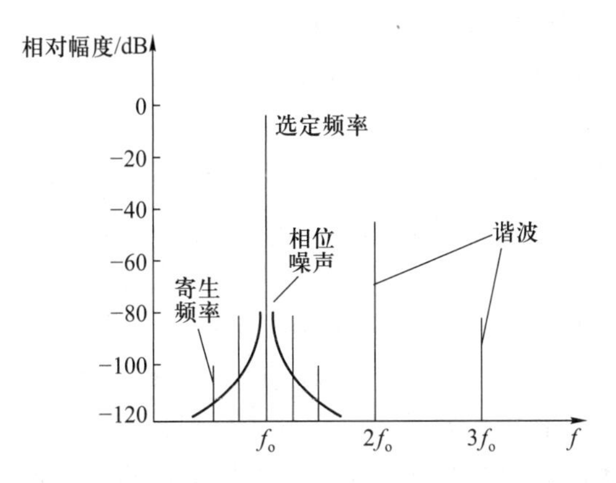

图 7.4.1 输出信号频率周围叠加有不需要的频率成分

7.4.2　锁相频率合成器

锁相频率合成器是利用锁相环路的频率跟踪特性，在石英晶体振荡器提供的基准频率源作用下，利用反馈原理，产生出一系列离散的频率。其优点是系统结构简单，输出频率成分的频谱纯度高，而且易于得到大量的离散频率。

一、简单锁相频率合成器

在基本锁相环路的反馈通道中插入分频器就可构成锁相频率合成器，如图 7.4.2 所示。

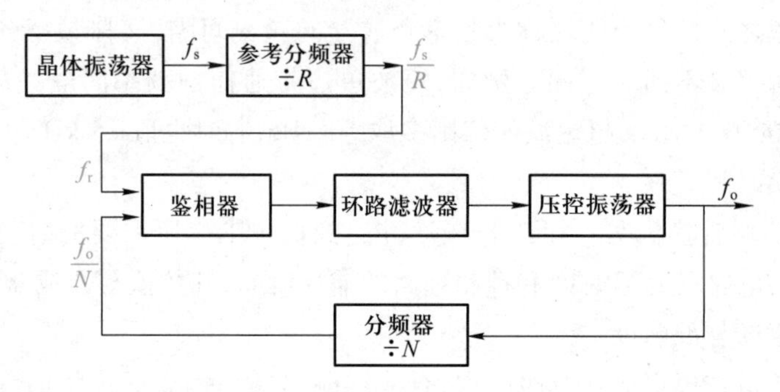

图 7.4.2　简单锁相频率合成器

由石英晶体振荡器产生一高稳定度的基准频率源 f_s，经参考分频器进行 R 分频后，得到参考频率 f_r，即

$$f_r = f_s / R \tag{7.4.1}$$

它被送到锁相环路中鉴相器的一个输入端，而锁相环路压控振荡器输出频率为 f_o，经 N 分频后，也送到鉴相器的另一个输入端。当环路锁定时，一定有

$$f_r = f_o / N \tag{7.4.2}$$

因此，压控振荡器的输出信号频率为

$$f_o = Nf_s / R = Nf_r \tag{7.4.3}$$

亦即输出信号频率 f_o 为输入参考信号频率 f_r 的 N 倍，故又把图 7.4.2 称为锁相倍频电路。改变分频系数 N，就可得到不同频率的信号输出，f_r 为各输出信号频率之间的频率间隔，即为频率合成器的频率分辨率。

图 7.4.3 所示为用 CD4046 集成锁相环路构成的频率合成器电路实例。参考频率振荡器采用 1 024 kHz 标准晶体构成，它的输出信号送入由 CC4040 组成的参考分频器。CC4040 由 12 级二进制计数器组成，取分频比 $R = 2^8 = 256$，即可得到较低的参考频率 $f_r = (1\ 024/256)$ kHz = 4 kHz。分频器 N 采用可编程分频器 CC40103 构成，它是 8 位可预置二进制 ÷N 计数器，按图中接线，其分频比 $N = 29$。参考频率 f_r 由 14 端引入锁相环路 PD Ⅱ 鉴相器输入端，压控振荡器输出信号由 4 端输出到程序分频器，经 29 分频后加到鉴相器的另一输入端（3 端），与 f_r 进行相位比较，当环路锁定时，由锁相环路 4 端就可以输出频率 $f_o = Nf_r$、频率间隔为 4 kHz 的

信号。改变 CC40103 置数端的接线,得到不同的 N 值,即可获得不同频率的信号输出。

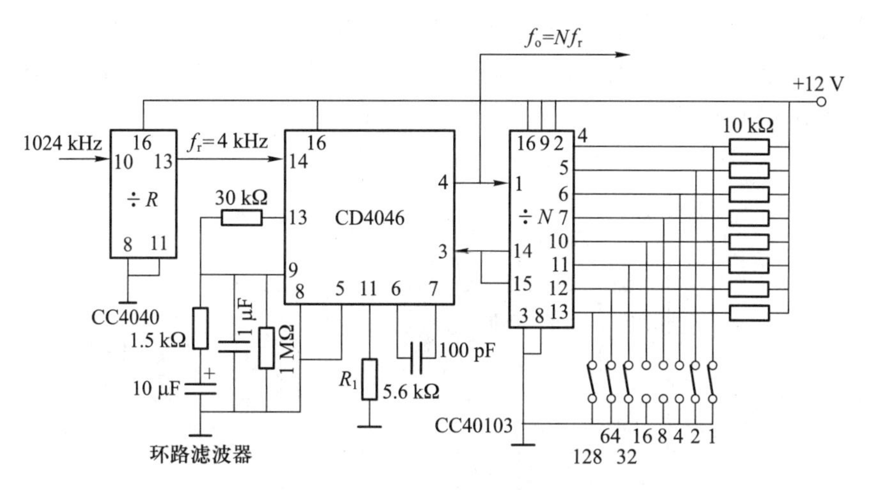

图 7.4.3　CD4046 组成的频率合成器实例

二、简单锁相频率合成器存在的问题

上述讨论的锁相频率合成器比较简单,构成比较方便,因为它只含有一个锁相环路,故称为单环式电路。单环锁相频率合成器在实际使用中存在以下问题,必须加以注意和改善。

第一,由式(7.4.3)可知,输出频率的间隔等于输入鉴相器的参考频率 f_r,因此,要减小输出频率间隔,就必须减小输入参考频率 f_r。但是降低 f_r 后,环路滤波器的带宽也要压缩(因环路滤波器的带宽必须小于参考频率),以便滤除鉴相器输出中的参考频率及其谐波分量。这样,当由一个输出频率转换到另一个频率时,环路的捕捉时间或跟踪时间就要加长,即频率合成器的频率转换时间加大。可见,单环频率合成器中减小输出频率间隔和减小频率转换时间是矛盾的。另外,参考频率 f_r 过低还不利于降低压控振荡器引入的噪声,使环路总噪声不可能为最小。

第二,锁相环路内接入分频器后,其环路增益将下降为原来的 $1/N$。对于输出频率高、频率覆盖范围宽的合成器,当要求频率间隔很小时,其分频比 N 的变化范围将很大,N 在大范围内变化时,环路增益也将大幅度地变化,从而影响到环路的动态工作性能。

第三,程序分频器是锁相频率合成器的重要部件,其分频比的数目决定了合成器输出信道的数目。由图 7.4.2 可见,程序分频器的输入频率就是合成器的输出频率。由于程序分频器的工作频率上限远远跟不上压控振荡器的输出频率,无法满足大多数通信系统中工作频率高的要求。

在实际应用中,解决这些问题的方法很多。下面介绍多环式锁相频率合成器和吞脉冲锁相频率合成器。

三、多环式锁相频率合成器

为了减小频率间隔而又不降低参考频率 f_r,可采用多环构成的锁相频率合成器。作为举例,图 7.4.4示出了三环锁相频率合成器组成框图。它由三个锁相环路组成,环路 A 和 B 为单环频率合成器，参考频率 f_r 均为 100 kHz，N_A、N_B 为两组可编程序分频器。C 环内含有取差频输出的混频器，称为混频环。输出信号频率 f_o 与 B 环输出信号频率 f_B 经混频器、带通滤波器得差频 f_o-f_B 信号输出至 C 环鉴相器，由 A 环输出的 f_A 加到鉴相器的另一输入端，当环路锁定时，$f_A=f_o-f_B$，所以，C 环输出信号频率等于

$$f_o=f_A+f_B \tag{7.4.4}$$

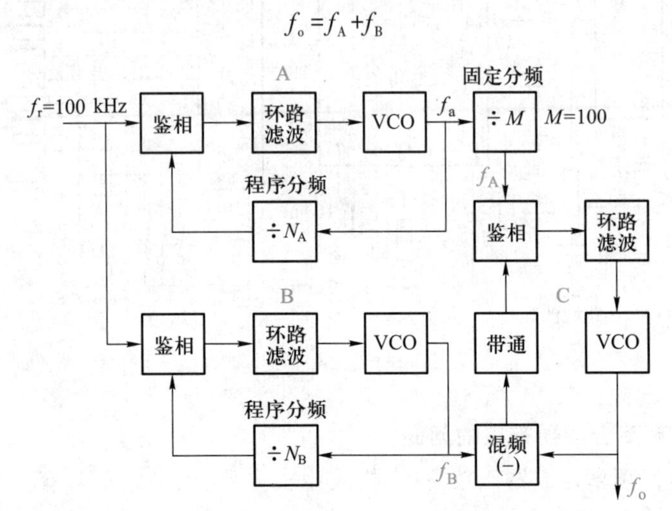

图 7.4.4　三环锁相频率合成器组成框图

由 A 环和 B 环可得

$$f_A=\frac{N_A}{100}f_r,\quad f_B=N_B f_r$$

因此，由式(7.4.4)可得频率合成器输出频率 f_o 为

$$f_o=\left(\frac{N_A}{100}+N_B\right)f_r \tag{7.4.5}$$

所以，当 $300\leqslant N_A\leqslant 399$、$351\leqslant N_B\leqslant 397$ 时，输出频率 f_o 覆盖范围为 35.400～40.099 MHz，频率间隔为 1 kHz。

由上述讨论可知，锁相环 C 对 f_A 和 f_B 来说，就像混频器和滤波器，故称为混频环。如果将 f_A 和 f_B 直接加到混频器，则和频与差频将非常接近。在本例中 0.300 MHz$\leqslant f_A\leqslant$0.399 MHz，(35.400−0.300) MHz$\leqslant f_B\leqslant$(40.099−0.399) MHz，可见，f_B+f_A 与 f_B-f_A 相差很小，故无法用带通滤波器来充分地将它们分离。现在采用了锁相环路就能很好地加以分离。

A 环路输出接入固定分频器 M，可以使 A 合成器在高参考频率下得到小的频率间隔。由图 7.4.4 可得 $f_A=N_A f_r/M$，可见，加了固定分频器后，使输出频率间隔缩小了 M 倍，即 A 环输出频率 f_a 以 100 kHz 增量变化，但 f_A 却只以1 kHz增量变化，f_A 的增量是 f_a 的增量的 $1/M$(=100)。显然，这里 A 环用于产生整个频率合成器输出频率 1 kHz 和 10 kHz 的增量，而 B 环则用来产生 0.1 MHz 和 1 MHz 的变化。

四、吞脉冲锁相频率合成器

1. 吞脉冲可变分频器

由于固定分频器的速度远比程序分频器高，所以在频率合成器中采用由固定分频器与程序分频器组成的吞脉冲可变分频器可在不加大频率间隔的条件下显著提高输出频率。吞脉冲可变分频器的构成如图 7.4.5 所示。分频器包含双模前置分频器（两种计数模式的固定分频器）、主计数器、辅助计数器（又称吞脉冲计数器）和模式控制电路等几部分，其中双模前置分频器具有÷P 和÷(P+1)两种分频模式。当模式控制电路输出为高电平 **1** 时，双模前置分频器的分频比为 $P+1$；模式控制电路输出为低电平 **0** 时，双模前置分频器的分频比为 P。N 与 A 分别为主计数器和辅助计数器的最大计数量，并规定 $N>A$。

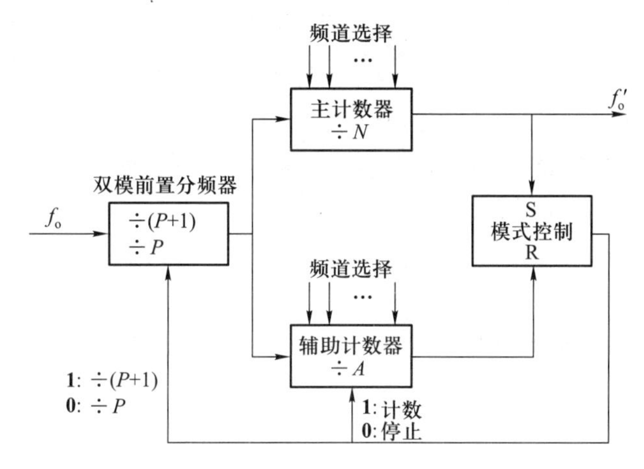

图 7.4.5　吞脉冲可变分频器的构成

吞脉冲可变分频器工作过程如下：计数开始时，设模式控制电路输出为高电平 **1**，双模前置分频器和主、辅两计数器在输入脉冲作用下（输入脉冲的重复频率为 f_o）同时计数，直至辅助计数器计满 A 个脉冲后，即使模式控制电路输出电平降为低电平 **0** 时，使辅助计数器停止计数，同时使双模前置分频器分频比变为 P，继续工作，主计数器也继续工作，直至计满 N 个脉冲后，使模式控制电路重新恢复高电平、双模前置分频器恢复 $P+1$ 分频比，各部件进入第二个计数周期。由此可见，在一个计数周期内，总计脉冲量为

$$n=(P+1)A+P(N-A)=PN+A \tag{7.4.6}$$

即吞脉冲可变分频器分频比为 $PN+A$，则有

$$f'_o=\frac{f_o}{PN+A} \tag{7.4.7}$$

式中，f'_o为输出脉冲重复频率，N、A 均为整数 0、1、2、…。

2. 吞脉冲集成锁相频率合成器

用吞脉冲可变分频器构成的吞脉冲锁相频率合成器框图如图 7.4.6 所示。由于吞脉冲可变分频器的分频比为 $PN+A$，当锁相环路锁定时，$f_r=f'_o$，而 $f'_o=f_o/(PN+A)$，所以频率合成器的输出信号频率为

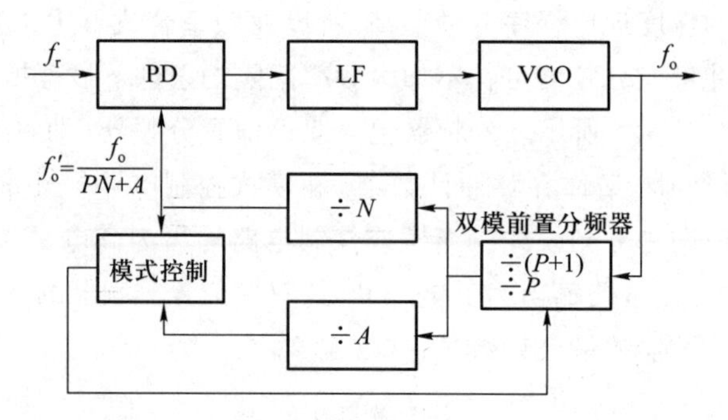

图 7.4.6　吞脉冲锁相频率合成器组成框图

$$f_o=(PN+A)f_r \tag{7.4.8}$$

式(7.4.8)表明，与简单的锁相频率合成器相比，f_o 提高了 P 倍，而频率间隔仍保持为 f_r，其中，A 为个位分频器，又称尾数分频器。

7.4.3　直接数字频率合成器(DDS)

直接数字频率合成器简称 DDS，它采用全数字技术，是将数字处理理论和方法引入信号合成的一项技术。随着微电子集成技术的发展，DDS 集成电路器件发展非常迅速，它与传统的频率合成器相比，具有极宽的工作频率范围、极高的频率分辨率、极快的频率切换速度而且频率切换时相位连续、任意波形的输出能力和数字调制功能等优点，目前已广泛用于通信，雷达、导航和仪器仪表等领域。

DDS 的基本原理是：在存储器中列表存入正弦波的均匀间隔样值(每一周期由 N 个点组成)，然后以均匀速度选择不同样值送到数模转换器，即可将其转换成模拟信号输出。以均匀速度将一个周期内的 N 个点逐个输出，将得到最低频率的波形；若以同样的速度，每隔一个样值输出一个点，则能产生二倍频率的波形；以同样的速度，每隔 K 个样值输出一个点，则能产生 K 倍频率的波形。

DDS 基本结构和各点波形如图 7.4.7 所示。它主要由参考时钟、相位累加器、只读存储器、数模转换器和低通滤波器组成。参考时钟是一个高稳定度的晶体振荡器，用以同步 DDS 各部分的工作，因此 DDS 输出的合成信号频率的稳定度和晶体振荡器是一样的。相位累加器由一个 N 位数字全加器和一个 N 位相位寄存器组成，每来一个时钟 f_c，相位累加器对频率控制字 K 进行线性累加，输出的相位序列 $\varphi(n)$ 对波形存储器(只读存储器)寻址。只读存储器主要完成信号的相位序列 $\varphi(n)$ 到幅度序列 $f(n)$ 之间的转换。由只读存储器输出的幅度码经过数模转换器得到对应的阶梯波，再经低通滤波器，就可得到连续变化的所需频率的模拟信号。例如，若要求输出为最低频率，则在每一个参考时钟周期，在相位累加器上加数值 1，可自

只读存储器中顺序逐个取出对应的数值；如果要求输出为最低频率的 K 倍，则每次在累加器上加以 K 值，可自只读存储器中每间隔 K 位取出对应的数值。

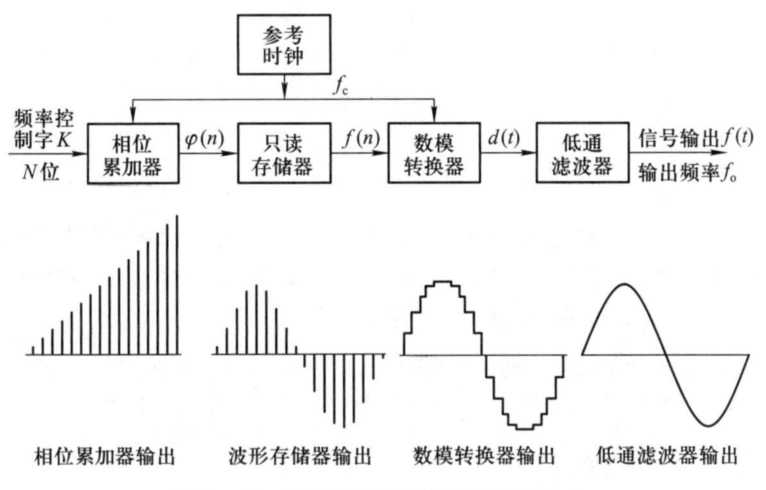

图 7.4.7　DDS 原理框图及各点信号波形

在相位累加器中，若采用 N 位字长的数字寄存器来存储正弦波形一个周期内的抽样后的离散相位，那么$\frac{2\pi}{2^N}$rad 就是最小的相位增量，对应频率控制字 K 时，相位增量是 $K\frac{2\pi}{2^N}$rad。因此，完成一个周期的正弦波输出需要$\frac{2\pi}{K2\pi/2^N}$个参考时钟周期，即 $2^N/K$ 个周期。因此，当频率控制字为 K，相位累加器为 N 位时，DDS 的输出频率为

$$f_o=\frac{K}{2^N}f_c \tag{7.4.9}$$

当 $K=1$ 时，输出频率为最低，即

$$f_{o\,\min}=\frac{f_c}{2^N} \tag{7.4.10}$$

式(7.4.10)也是 DDS 的频率分辨率。

K 越大，相位增量越大，合成信号频率也越高，但受取样定理的限制，最高合成频率不能超过时钟频率 f_c 的一半。实际应用中为了保证合成信号的质量，最高合成频率应小于 $0.4f_c$。例如，DDS 集成芯片 AD9850，其参考时钟频率 $f_c=125\text{MHz}$，$N=32$ 时可得最低输出频率 $f_{\text{omin}}=0.0291\text{Hz}$，其值极小，而最高输出频率 f_{omax}可达 50MHz。

DDS 系统的另一特点是它的输出信号上没有叠加任何电流脉冲，输出变化是一个平稳的过渡过程，而且保持相位连续变化，这是其他频率合成技术所不具备的。

DDS 和 PLL 是两种频率合成技术，其频率合成的方式是不同的。DDS 是一种全数字开环

系统，而 PLL 是一种模拟闭环系统，由于合成方式不同，各有其独有的特点。DDS 并不能取代传统的频率合成技术，它的出现只是为现代频率合成技术提供了又一种新的手段。若将 DDS 和 PLL 两种技术相结合，可达到单一技术难以达到的结果。

图 7.4.8 所示是 DDS 驱动 PLL 频率合成器，这种频率合成器由 DDS 产生分辨率高的低频信号，送入倍频-混频 PLL，由图可得输出频率为

$$f_o=f_L+Nf_D \tag{7.4.11}$$

可见，其输出频率范围是 DDS 输出频率的 N 倍，因而输出带宽宽；另外，该频率合成器还具有分辨率高（可达 1 Hz 以下）、转换时间快（可达 μs 级）等优点。分辨率取决于 DDS 的分辨率和 PLL 的倍频次数；转换时间快是由于 PLL 是固定的倍频环，环路带宽可以较大，因而建立时间就快。又当 N 不大时，相位噪声和杂散都可以较低。

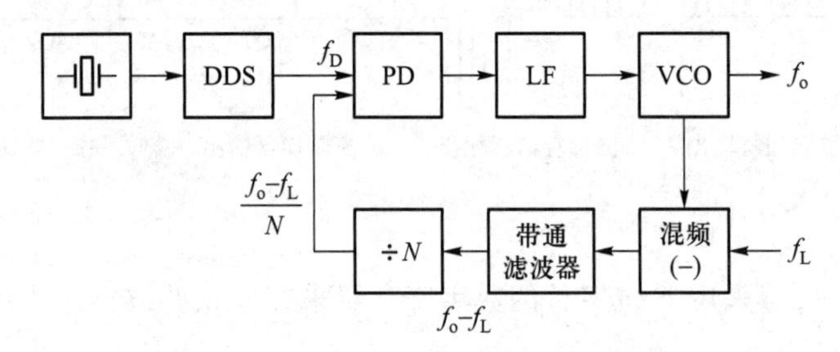

图 7.4.8　DDS 驱动 PLL 频率合成器

讨论题

7.4.1　何谓频率合成器？它有哪些主要性能指标？

7.4.2　已知晶体振荡器振荡频率为 1 024 kHz，当要求输出频率范围为 40～500 kHz、频率间隔为 1 kHz 时，试决定图 7.4.2 所示频率合成器中分频器的分频比 R 及 N。

7.4.3　吞脉冲锁相频率合成器有何特点？为何它能保持频率间隔不变而可提高输出频率？

7.4.4　试述直接数字频率合成器的工作原理。

随堂测验

7.4 随堂测验答案

7.4.1　填空题

1. 频率合成器是在一个（或多个）高标准晶体振荡源的控制下，产生与标准源有____频率稳定度和准确度的一系列等间隔________的电子系统。

2. 频率合成器主要性能指标有________、________、____________以及频率稳定度、频率准确度、频谱纯度等。

3. 单锁相环的频率合成器，输入锁相环路的参考信号频率为 f_r，锁相环中的程序分频器分频系数为 N，当环路锁定时，输出信号频率 f_o 与 f_r 的关系为________，频率分辨率为____。

4. 若频率控制字为 1 时，直接数字频率合成器(DDS)的输出频率为 f，则当频率控制字为 K 时，输出频率为____。

7.4.2 判断题

1. 锁相频率合成器和直接数字频率合成器产生的是一系列离散频率信号。 ( )

2. 锁相频率合成器和直接数字频率合成器都是利用反馈原理产生信号的。 ( )

3. 对于单锁相环的频率合成器而言，要想减小输出频率间隔，需要以增加频率转换时间为代价。 ( )

附录 7 单片集成芯片 AD9850 应用实例

AD9850 是一款采用 DDS 技术的高集成度频率合成器，它采用了先进的 CMOS 工艺，支持 5 V 和 3.3 V 两种供电电压，在 3.3 V 供电时功耗仅为 155 mW。支持并行或串行输入控制接口形式，最大支持时钟频率为 125 MHz，此时输出的频率分辨率达 0.029 1 Hz。

一、AD9850 的结构框图和引脚功能

AD9850 的结构框图如图 A7.1 所示。AD9850 分为可编程 DDS 系统、高性能数模变换器(DAC)和高速比较器三部分，其中可编程 DDS 系统包含输入寄存器、数据寄存器和高速 DDS 三部分。高速 DDS 包括相位累加器和正弦查找表，相位累加器由一个加法器和一个 32 位相位寄存器组成，相位寄存器的输出与一个 5 位的外部相位控制字相加后作为正弦查找表的地址。正弦查找表包含一个正弦波周期的数字幅度信息，每一个地址对应正弦波中 0~360°范围的一个相位点。查找表输出后驱动 10 位的 DAC 转换器，输出两个互补的电流，其幅度可通过外接电阻 R_{SET} 来调节，R_{SET} 的典型值为 3.9 kΩ。输出信号经过外部的低通滤波器后接到 AD9850 内部自带的高速比较器，即可产生一个与正弦波同频率且抖动很小的方波。

AD9850 采用 28 脚 SSOP 表面封装形式，其引脚排列如图 A7.2 所示。其中 9 脚接参考时钟输入；1~4、25~28 脚为频率、相位和控制数据输入，串行方式时从 25 脚加载；7 脚为字装入时钟；8 脚为频率更新及数据寄存器复位端；12 脚到地之间的电阻决定了 AD9850 内部 DAC 的最大输出电流，R_{SET} 接典型值为 3.9 kΩ 的电阻时，输出电流为 10 mA；20、21 脚为 DAC 的模拟电流输出和互补输出；15、16 脚为比较器的负端、正端输入；13、14 脚为比较器的输出和互补输出；22 脚为复位端，高电平时清除输入寄存器外的所有寄存器；6、23 脚接数字电路的电源；11、18 脚接模拟电路的电源；10、19 脚为模拟地；5、24 脚为数字地；17 脚为 DAC 的基准参考电压，通常悬空。

二、AD9850 的控制字

AD9850 的控制字有 40 位，其中 32 位是频率控制位，5 位是相位控制位，1 位是电源休眠控制位，2 位是工作方式控制位。在应用中，工作方式控制位设为 **00**，因为 **01**、**10**、**11** 已经预留作为工厂测试用。相位控制位按增量 180°、90°、45°、22.5°、11.25°或这些组合来调整。频率控制位可通过下式计算得到：

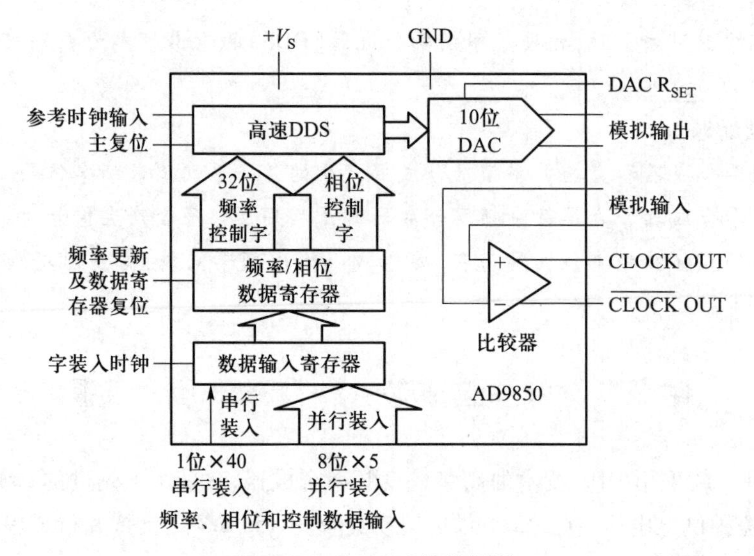

图 A7.1　AD9850 结构框图

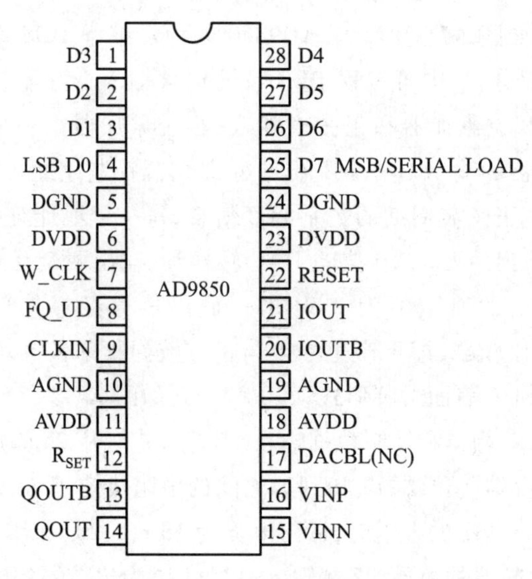

图 A7.2　AD9850 引脚排列

$$f_{out} = (f_r \times W) / 2^{32}$$

其中:f_{out}为要输出的频率值;f_r 为参考时钟频率;W 为相应的十进制频率控制字,加载时转换为十六进制即可。

这 40 位控制字可通过并行方式或串行方式输入到 AD9850。并行装入方式中,在 W_CLK 的上升沿通过 8 位总线 D0…D7 将数据输入到寄存器,在重复 5 次之后再在 FQ_UD 上升沿把 40 位数据从输入寄存器装入到频率/相位数据寄存器(更新 DDS 输出频率和相位),同时把地址指针复位到第一个输入寄存器。串行写入方式是采用 D7 作为数据输入端,在每次 W_CLK 的上升沿把一个数据串行移入到输入寄存器,40 位数据都移入后,FQ_UD 上升沿完成输出信号频率和相位的更新。串行控制字的写入时序如图 A7.3 所示。

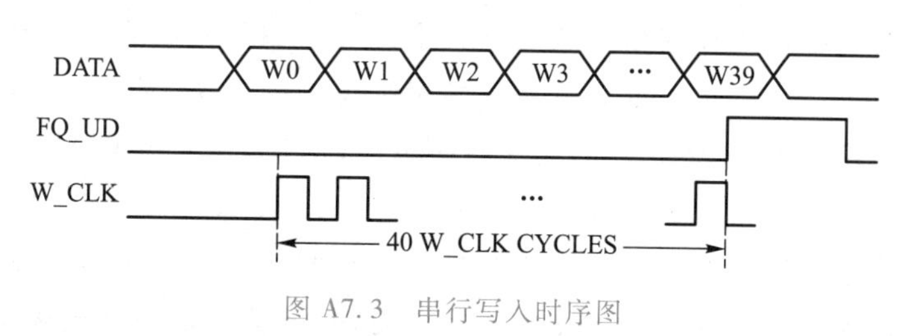

图 A7.3 串行写入时序图

三、AD9850 构成的基本时钟发生电路

图 A7.4 是利用 AD9850 构成的基本时钟发生电路,控制器串行或并行输入控制字,DAC 输出的电流信号转换为电压,然后经过低通滤波输出正弦波信号。将该正弦信号通过 VINP 接入内部自带的高速比较器,即可产生一个与正弦波同频率的方波时钟信号。

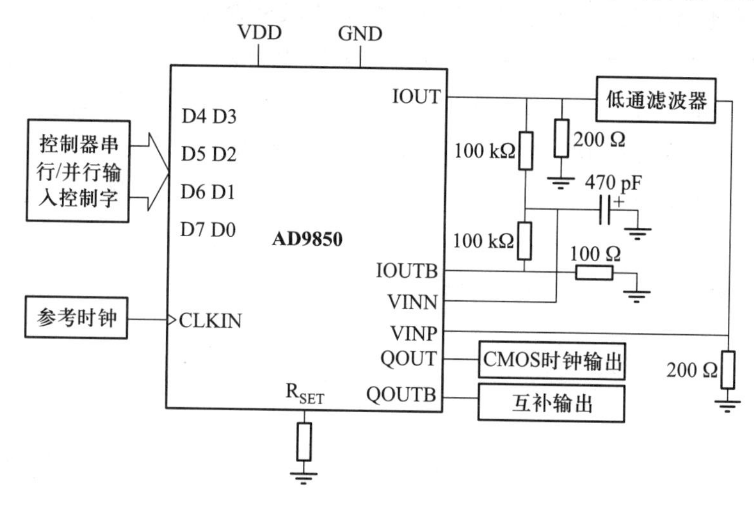

图 A7.4 AD9850 构成的基本时钟发生电路

本章小结

1. 通信与电子设备中广泛采用的反馈控制电路有自动增益控制电路(AGC)、自动频率控制电路(AFC)和自动相位控制电路(APC),它们用来改善和提高整机的性能。

自动增益控制电路用来根据输入信号幅度的大小,自动调节放大器的增益,维持整机输出信号幅度的稳定。AGC 是接收机中不可缺少的辅助电路,同时它在发射机和其他电子设备中也有广泛应用。

2. 自动频率控制电路是利用频率误差,调节振荡器的频率使之稳定在某一预期的标准频率附近。AFC 常用作接收和发射机的自动频率微调电路。

3. 自动相位控制电路又称锁相环路(PLL),它是利用相位的调节以消除频率误差的自动控制系统,它由鉴相器、环路滤波器、压控振荡器等组成。当环路锁定时,环路输出信号与输入信号(参考信号)频率相等,但两信号之间保持一恒定的剩余相位误差,故可以实现无频率误差跟踪。锁相环路广泛用于滤波、频率合成、调制与解调等方面。

在锁相环路中有两种自动调节过程:若环路初始状态是失锁的,通过自身的调节由失锁进入锁定的过程称为捕捉过程;若环路初始状态是锁定的,因某种原因使频率发生变化,环路通过自身的调节来维持锁定的过程称为跟踪过程。捕捉特性可用捕捉带来表示,跟踪特性可用同步带来表示。

4. 锁相频率合成器由基准频率源和锁相环路两部分构成。基准频率源一般由石英晶体振荡器为锁相环路提供稳定度和准确度很高的参考频率。锁相环路则利用其良好的窄带跟踪特性,准确地对参考频率锁定,并通过编程改变环内串接程序分频器的分频比,产生与基准频率源有相同频率稳定度和准确度的一系列等间隔离散频率信号。采用吞脉冲可变分频器可使锁相频率合成器在不加大频率间隔的条件下,显著提高输出频率。

直接数字频率合成器(DDS)采用全数字技术,是近年来发展迅速的一种集成器件。它具有极宽的工作频率范围、极高的频率分辨率、极快的频率切换速度且频率切换时相位连续、任意波形的输出能力和数字调制性能等优点,目前已广泛用于通信、仪器仪表等领域。若将 DDS 与 PLL 两种技术相结合可达到单一技术难以达到的结果。

习　题

7.1　收音机延迟式 AGC 电路如图 P7.1 所示,试分析电路由哪几部分组成,说明延迟式 AGC 电路的工作原理。

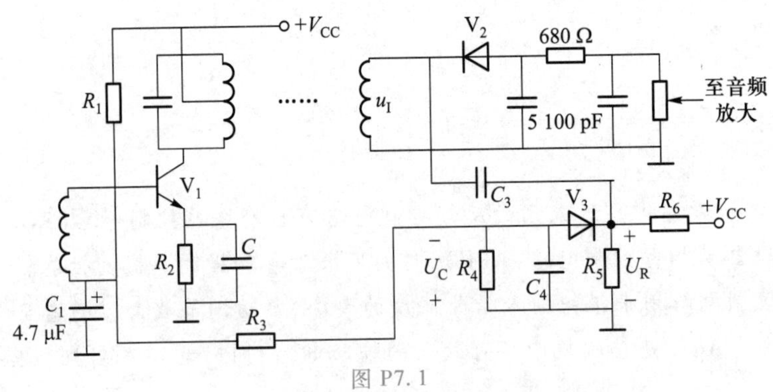

图 P7.1

7.2　锁相直接调频电路组成如图 P7.2 所示。已知固定分频比 $N=25$，VCO 的压控灵敏度 $A_o=20$ kHz/V，调制信号振幅为 2 V，频率为 10 kHz，试求输出调频信号的中心频率、最大频偏和调频指数。

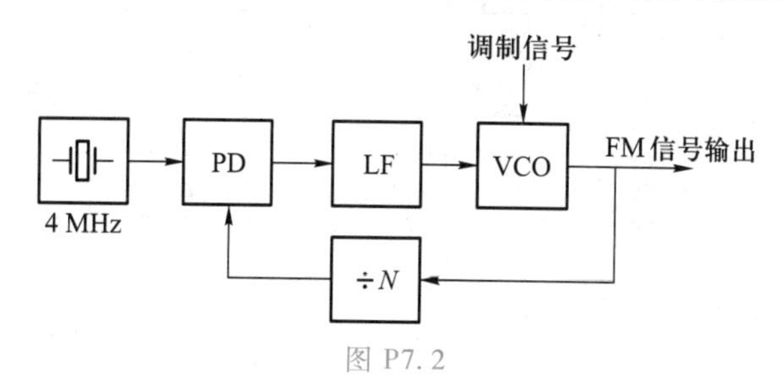

图 P7.2

7.3　频率合成器框图如图 P7.3 所示，$N=760\sim960$，试求输出频率范围和频率间隔。

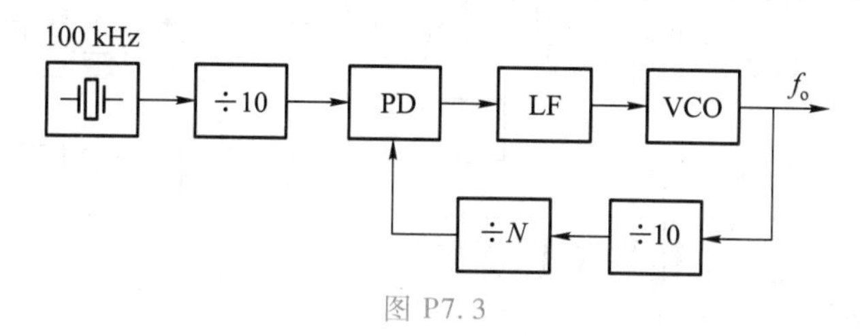

图 P7.3

7.4　频率合成器框图如图 P7.4 所示，$N=200\sim300$，试求输出频率范围和频率间隔。

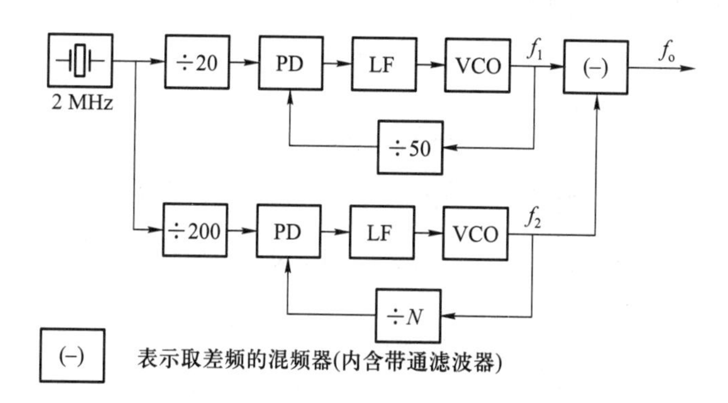

图 P7.4

7.5　三环频率合成器如图 P7.5 所示，取 $f_r=100$ kHz，$N_1=10\sim109$，$N_2=2\sim20$。试求输出频率范围和频率间隔。

7.6　锁相频率合成器框图如图 P7.6 所示，已知 $N_1=599\sim893$，$N_2=2\,701\sim3\,700$，试求输出频率范围和频率间隔。

7.7　由 DDS 产生可变参考频率的锁相环路频率合成器框图如图 P7.7 所示。(1) 已知 DDS 的时钟频率 $f_c=50$ MHz，相位累加器的位数 $N=32$，试求 DDS 的频率分辨率 f_{Dmin}；(2) 已知锁相环路固定分频比 $N_1=10$，要求输出频率 f_o 的范围 60~80 MHz、频率间隔 10 kHz，试求 DDS 输出频率 f_D 和频率控制字 K 的范围，以及相对应频率字 K 的间隔 ΔK。

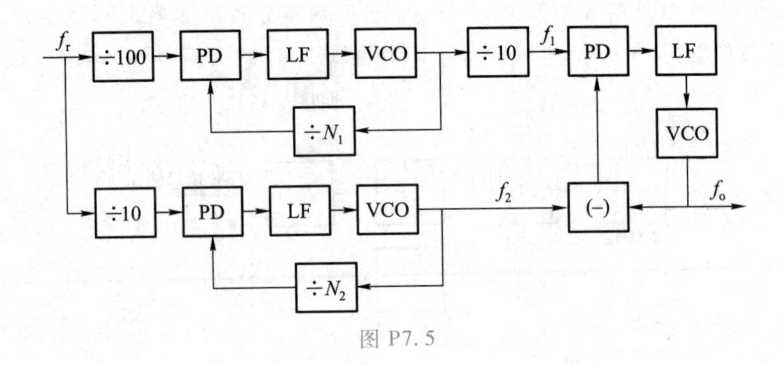

图 P7.5

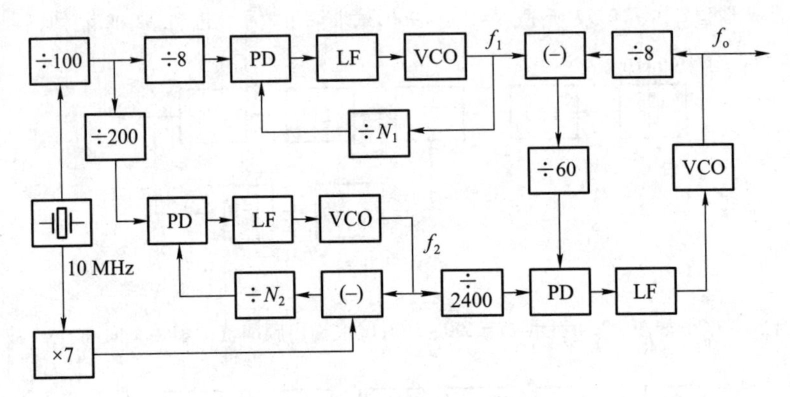

图 P7.6

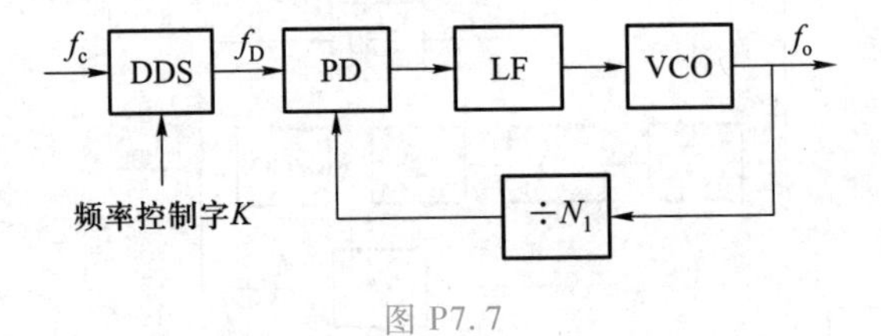

图 P7.7

第8章 高频电路的数字化与系统设计

引言 随着数字集成电路和数字计算机的迅速发展,数字通信已成为现代通信技术的主流,同时许多辅助设计高频电路的软件也日新月异。数字通信仍然以模拟通信的原理为基础,但由于调制信号从模拟信号变成了离散的数字信号,在具体的工作原理上还是有许多变化。

本章先介绍高频电路的常用软件及使用方法,然后介绍数字调制与解调的基本原理、数字通信集成电路及其应用实例,最后介绍高频电路系统的设计,附录对高频电路新技术作简述。

8.1 高频电路 EDA

8.1.1 EDA 技术简介

EDA 即电子设计自动化(electronic design automation)的缩写。EDA 技术是把计算机技术应用于电子设计过程的一门技术,从而可以实现电子设计的自动化。现今 EDA 技术已经广泛用于电子电路的设计仿真、集成电路版图设计、印刷电路板的设计和可编程器件的编程等工作中。EDA 技术打破了软、硬件之间的隔阂,代表了现今电子设计技术的发展方向。

EDA 技术在电子工程设计中有着不可替代的作用。依靠 EDA 技术,设计人员可以将整个电路的设计制作过程包括从电原理图设计、器件的选择到性能分析及最后制作出印制板图等都可以在计算机上进行自动化处理,通过计算机完成大量复杂的计算和分析。通过 EDA 的仿真功能不仅可以实时调整并验证电路方案的正确性,还可以对电路进行优化设计,同时采用 EDA 技术后,可以方便地实现全电路很多数据测试和特性分析的模拟,早发现电路设计过程中的缺陷和错误,从而使电子设计能够快速成功,节约大量的时间和成本。

EDA 软件很多,大体上分为 PCB(printed circuit board)设计软件、IC(integrated circuit)设计、电路设计以及仿真工具等,常用的 EDA 软件有如下几种。

1. 电子电路设计以及仿真工具

电子电路设计以及仿真工具典型的有 Spice、EWB、Multisim 和 Proteus 等。

(1) Spice 工具是由美国加州大学于 1972 年研发出的电路分析软件,由于其广泛地被使用,同时功能足够强大,被认为是国际上对电子电路性能模拟的一个标准,具有文本输入和电路原理图的图形输入两种功能。

(2) EWB(Electronics Workbench)工具是加拿大 Interactive Image Technologic Ltd 公司于1988年研发的电子电路仿真工具。它的分析方法和元器件库都是在 Spice 基础上建立起来的。后来,EWB 将仿真设计模块更名为 Multisim,相继推出 Multisim2001、Multisim7、Multisim8。2005年之后,美国 NI(National Instruments)公司收购了 Multisim,其性能得到极大的提升,目前已有 Multisim9~15 版本。Multisim 具有丰富的元件库、仪表库和各种分析方法,在对模拟电路、数字电路、射频电路和电工学等各种电路的设计和仿真方面都有广泛应用。

(3) Proteus 软件是英国 Labcenter Electronics 公司的一款电路设计与仿真软件,它包括 ISIS、ARES 模块,ARES 模块主要用来完成 PCB 的设计,而 ISIS 模块用来完成电路原理图的布图与仿真。它与其他软件最大的不同也是最大的优势就在于它能仿真多种类型的智能芯片,以及智能芯片外围电路如键盘、LED、LCD 等。

2. PCB 设计软件

PCB 设计软件包括 Protel、Altium Designer、Cadence PSD、OrCAD、PowerPCB 等,其中 Protel 在我国应用最广泛,它是由澳大利亚 Protel Technology 公司研发的电路板设计软件。许多理工类高校都设有这门课程,而且电路公司几乎没有一个不使用它的,它能够对电路进行原理图设计、电路板设计、电路仿真及可编程逻辑设计等,并且具有易于使用、界面友好等优点,其中原理图设计和 PCB 设计是其最有代表性的功能。目前普遍使用的是 Protel99SE 和 Protel DXP。Altium Designer 是 Protel 的升级版本,它在继承 Protel 功能的基础上,还集成了 FPGA 设计和嵌入式系统设计功能。

3. MATLAB 仿真软件

MATLAB 由美国 MathWork 公司推出,最初用于数值计算与信号处理的数学计算。随着版本的不断升级,其功能也越来越强大。不仅可以用于数据分析、数值与符号计算,还可以用于工程与科学绘图、控制系统的设计与仿真、数字图像信号处理、建模、图形用户界面等。利用 MATLAB 中的通信系统工具箱等,可以进行系统级的通信系统设计与仿真。

4. 高频和微波专用软件

(1) ADS 软件

Agilent ADS(Advanced Design System)软件是在 HP EESOF 系列 EDA 软件基础上发展完善起来的大型综合设计软件,由美国安捷伦公司开发,普遍用于高频和微波领域。该软件范围涵盖了小至元器件,大到系统级的设计和分析。尤其是其强大的仿真设计手段可在时域或频域内实现对数字或模拟、线性或非线性电路的综合仿真分析与优化,并可对设计结果进行成品率分析与优化,从而大大提高了复杂电路的设计效率,成为设计人员的有效工具。

(2) Ansoft Designer 软件

Designer 是美国 Ansoft 公司推出的微波电路和通信系统仿真软件;它是第一个将高频电路系统、版图和电磁场仿真工具无缝地集成到同一个环境的设计工具,这种集成不是简单的界面集成，其关键是 Ansoft Designer 独有的“按需求解”的技术，它使用户能够根据需要选择求解器，从而实现对设计过程的完全控制。Ansoft Designer 实现了“所见即所得”的自动化版图功能，版图与原理图自动同步，大大提高了版图设计效率。同时，Ansoft 还能方便地与其他设计软件集成到一起，并可以和测试仪器连接，完成各种设计任务，如频率合成器、锁相环、通信系统，雷达系统以及放大器、混频器、滤波器、移相器、功率分配器、合成器和微带天线等。主要应用于射频与微波电路、通信系统、电路板、模块和部件等的设计。

（3）Ansoft HFSS 软件

Ansoft HFSS 是世界上第一个商业化的三维结构电磁场仿真软件，可分析仿真任意三维无源结构的高频电磁场，可直接得到特征阻抗、传播常数、*S* 参数及电磁场、辐射场、天线方向图等结果。该软件被广泛应用于无线和有线通信、计算机、卫星、雷达、半导体和微波集成电路、航空航天等领域。

在高频电路中，广泛采用 Multisim 软件对电路进行设计和仿真，下面举例加以介绍。

8.1.2 利用 Multisim 软件对高频电路仿真

这里采用 Multisim 14 版本，软件的主界面如图 8.1.1 所示，下面对其各部分作简要说明。

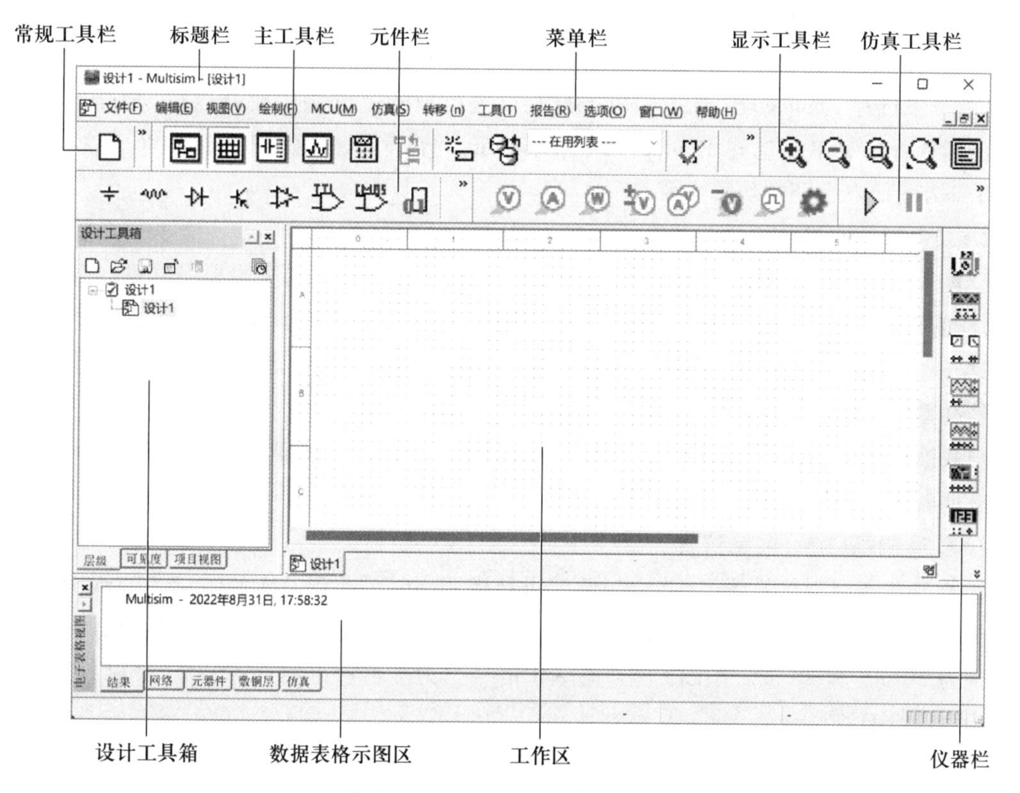

图 8.1.1　Multisim 14 的主界面

标题栏:用以显示电路图文件名称。

菜单栏:包含所有可提供的操作命令,如文件管理、仿真分析等。

工具栏:包括常规工具栏、显示工具栏、元件栏、仪器栏、仿真工具栏等,并可通过在菜单栏 View 下的 Toolbars 中选择各个工具是否显示。

工作区:用以创建电路。

设计工具箱:用于控制设计项目中各种不同类型的文件及层次电路的显示。

数据表格示图区:显示检验电路是否存在错误的结果等。

电路仿真实验的基本步骤:

(1) 构建电路。放置元件、电源和地、信号源和仪器然后连线,并设置元件参数。

(2) 设置信号源参数,然后按下仿真开关进行仿真。

更详细的操作可参阅参考文献 19 中相关内容,这里将举两个实例说明利用 Multisim 软件对高频电路的仿真。

例 8.1.1 对图 8.1.2 所示的低电平调幅电路进行仿真。其中,MC1496 的内部电路如图 8.1.3 所示。

解:

1. 构建仿真电路

可以先画出 MC1496 的内部电路,并放置 IO1~IO6、IO8、IO10、IO12、IO14 端口,方法是从 Place 菜单中选择 Connectors,选择相应类型端口进行放置。电路构建好以后,全部选中,然后右击鼠标从弹出菜单中选择 Replace by Subcircuit,并命名子电路名称 MC1496。这样再按照图 8.1.2构建低电平调幅仿真电路。

2. 双边带调幅(DSB)电路仿真

设置载波频率为 1 MHz,调制信号频率为 50 kHz,载波和调制信号均为正弦波。当载波为小信号,幅值为 20 mV,调制信号幅值为 0.5 V 时,仿真结果如图 8.1.4 所示,低频正弦波形为调制信号,高频信号波形为调幅信号。可看到,调幅信号幅度随调制信号绝对值的规律变化,并在调制信号过零处出现相位突变。

当载波为大信号,幅值取 300 mV,调制信号幅值为 0.5 V 时,调幅信号的顶部和底部被限幅变成调幅方波,其他特点不变,如图 8.1.5 所示。

3. 普通调幅(AM)电路仿真

调节载波和调制信号幅度,并适当调节可调电阻 R6,可实现 AM 调幅。调幅度与载波、调制信号幅度及可调电阻的设置有关。图 8.1.6 是可调电阻调为 80%,载波信号和调制信号幅度分别为 50 mV 和 20 mV 情况下得到的 AM 信号。为了容易得到 AM 信号,可以将 R5 和 R7 都改小为 750 Ω。

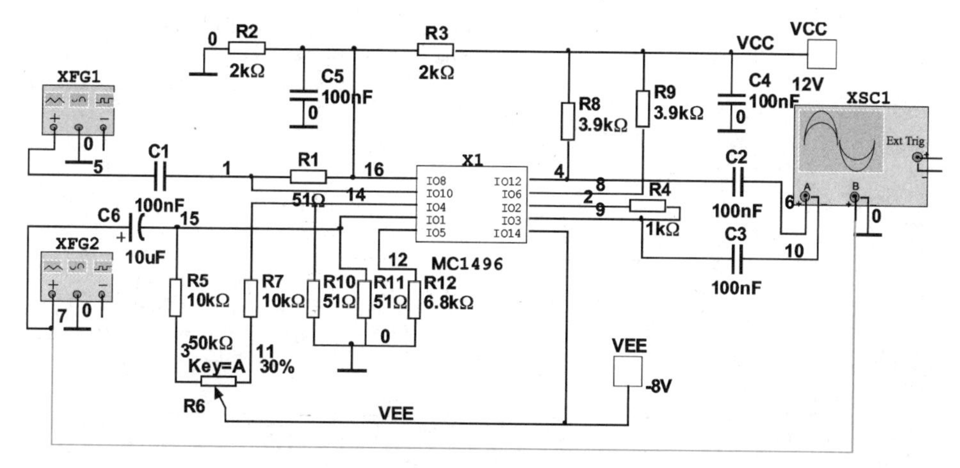

图 8.1.2 低电平调幅仿真电路

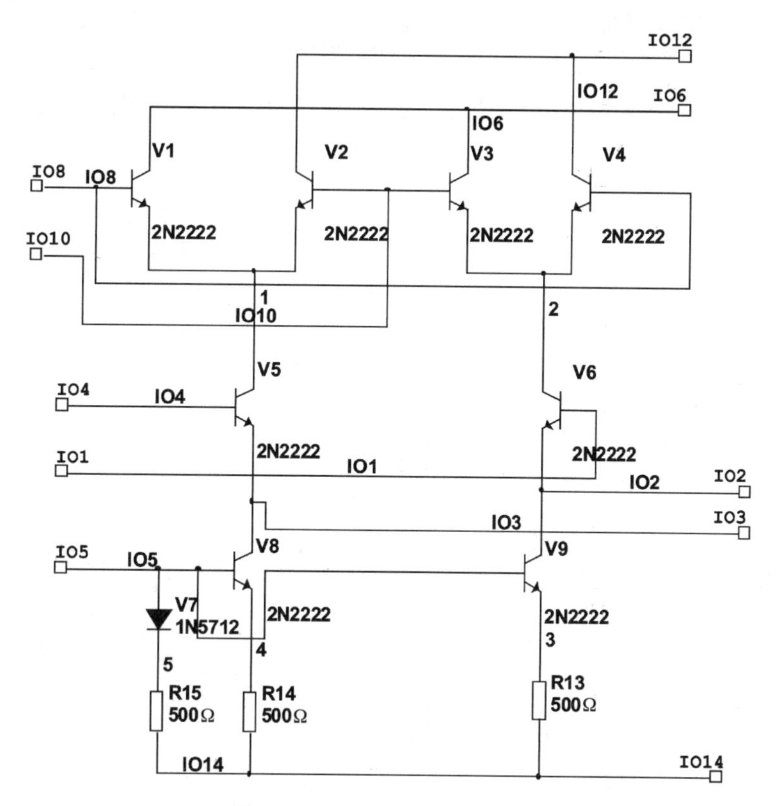

图 8.1.3 MC1496 的内部电路

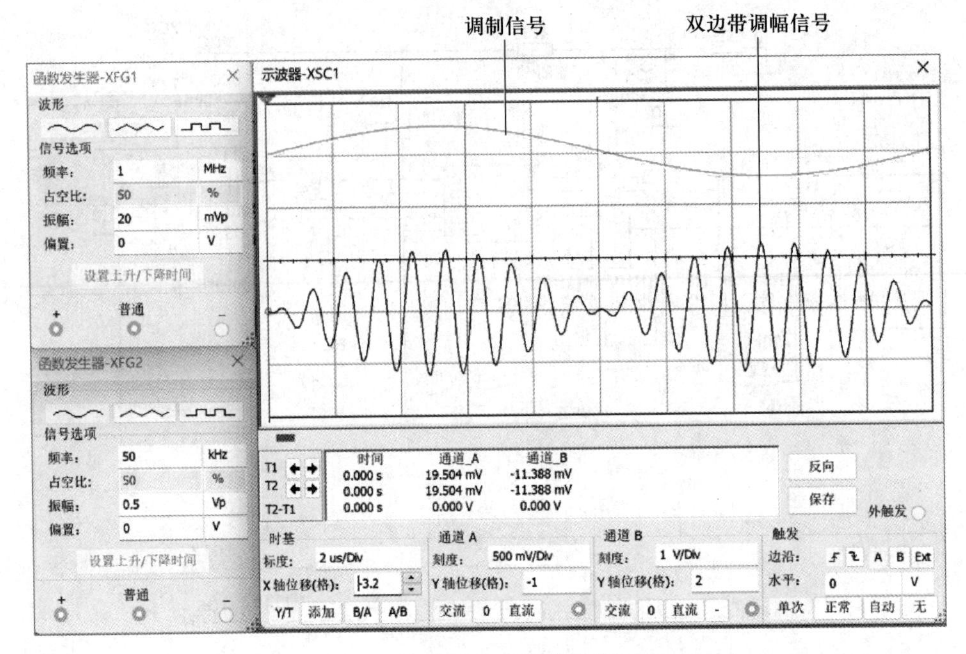

图 8.1.4　小信号双边带调幅波形

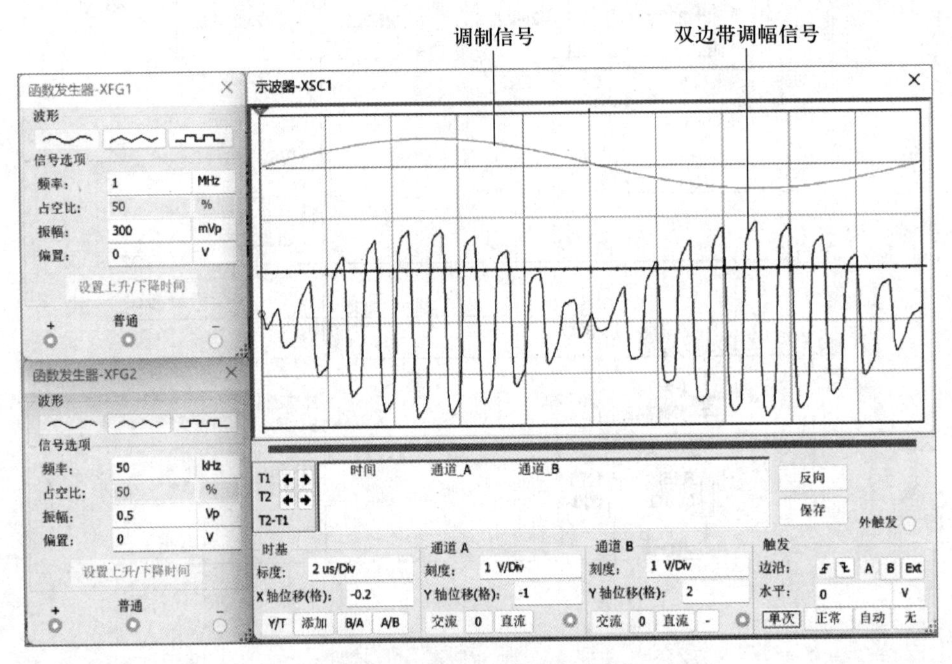

图 8.1.5　大信号双边带调幅波形

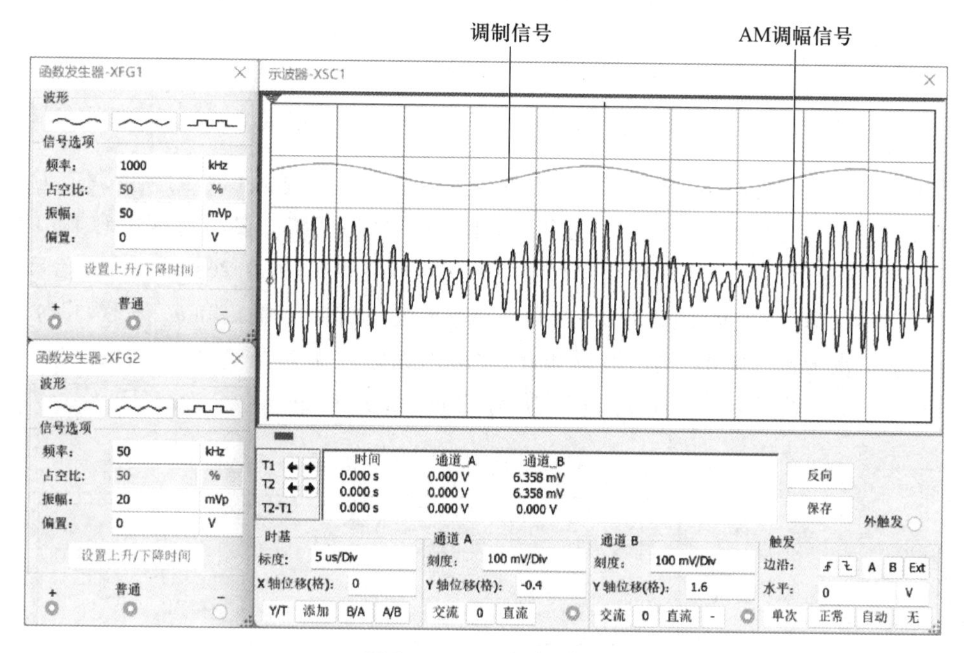

图 8.1.6 AM 调幅波形

例 8.1.2 谐振功率放大器的仿真，仿真电路如图 8.1.7 所示。

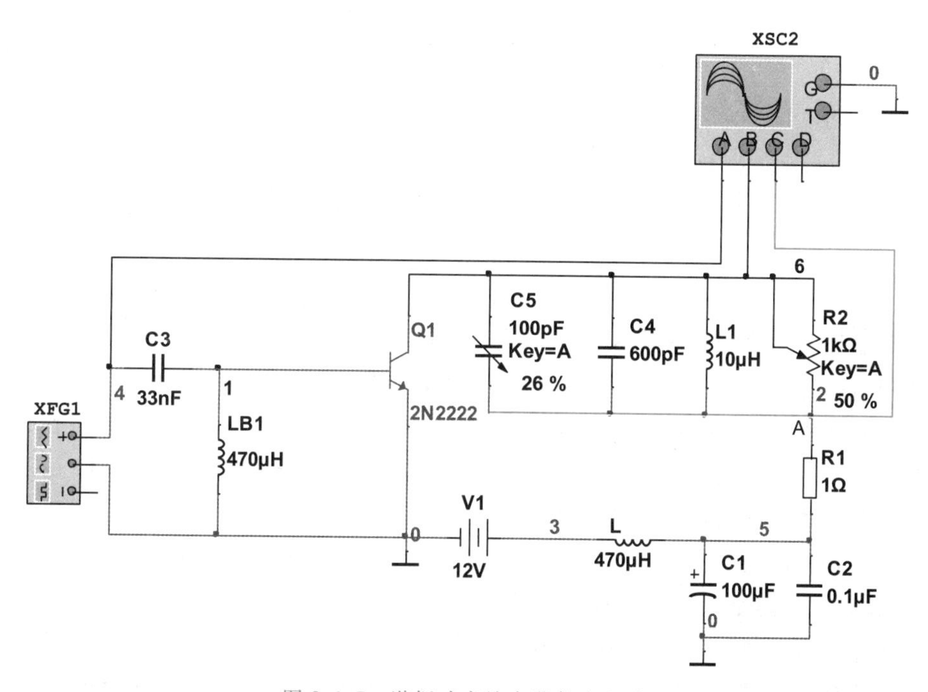

图 8.1.7 谐振功率放大器仿真电路

解：

1. 构建仿真电路

2. 仿真

（1）放大器的调谐

可调电阻 R2 调节为 50%，设置输入信号的频率为 2 MHz，当输入信号的幅度调节为 0.8 V，这时功率放大器已呈过压状态，即 R1 电阻上电压（u_A）呈现凹陷。微调可调电容 C5 的数值，使得凹陷点左右接近于对称，电路就调谐好了。此时可调电容 C5 调在 26%处。输入信号的参数设置和 A 点处电位 u_A 的波形如图 8.1.8 所示。功率放大器的输入、输出和 u_A 波形如图 8.1.9 所示，从上到下依次为输入波形、输出波形和 u_A 波形，分别对应示波器 A、B、C 通道。这里，示波器 A、B 通道电压均设置为 10V/div，C 通道电压设置为 50mV/div。

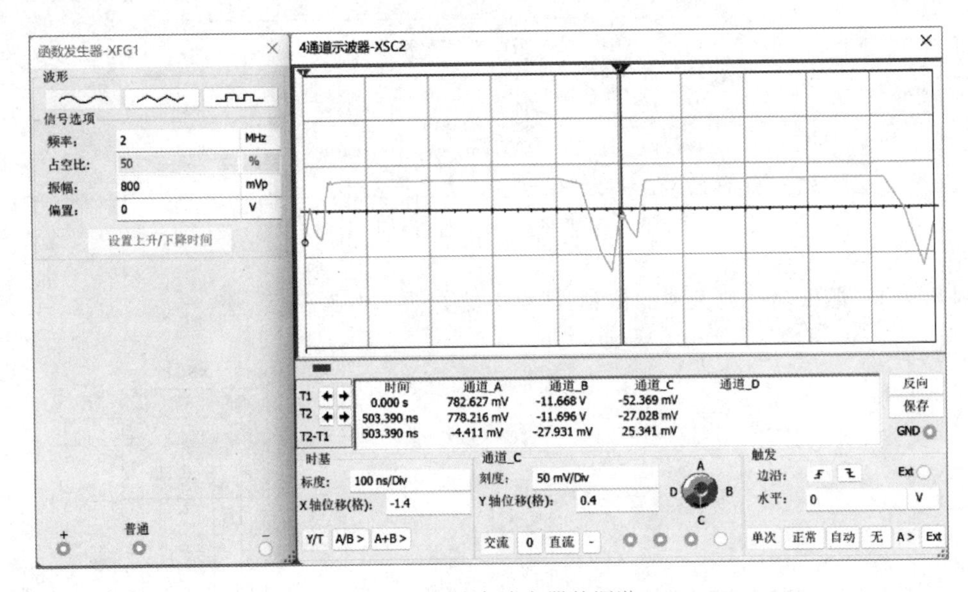

图 8.1.8　功率放大器的调谐

（2）观察输入信号幅度对放大器工作状态的影响

此时可调电阻数值不变，仍然调节为 50%，即 R2＝500 Ω。当输入信号幅值为 700 mV 时，功放工作于欠压状态，如图 8.1.10 所示。当输入信号幅值为 780 mV 时，功放工作于临界状态，如图 8.1.11 所示。当输入幅值为810 mV 时，功放进入过压状态，如图 8.1.12 所示。

（3）观察负载对放大器工作状态的影响

设置输入信号幅值为 780 mV。改变可调电阻 R2 的电阻值，如图 8.1.13 所示，随电阻增大，工作状态从欠压经临界到过压状态变化。

（4）观察电源电压对工作状态的影响

设置输入信号幅值为 780 mV，可调电阻为 50%。如图 8.1.14 所示，当电源电压（VCC）为

12 V 时，工作在临界状态，当电源电压为 6 V 时，为过压状态，当电源电压为 16 V 时，为欠压状态。

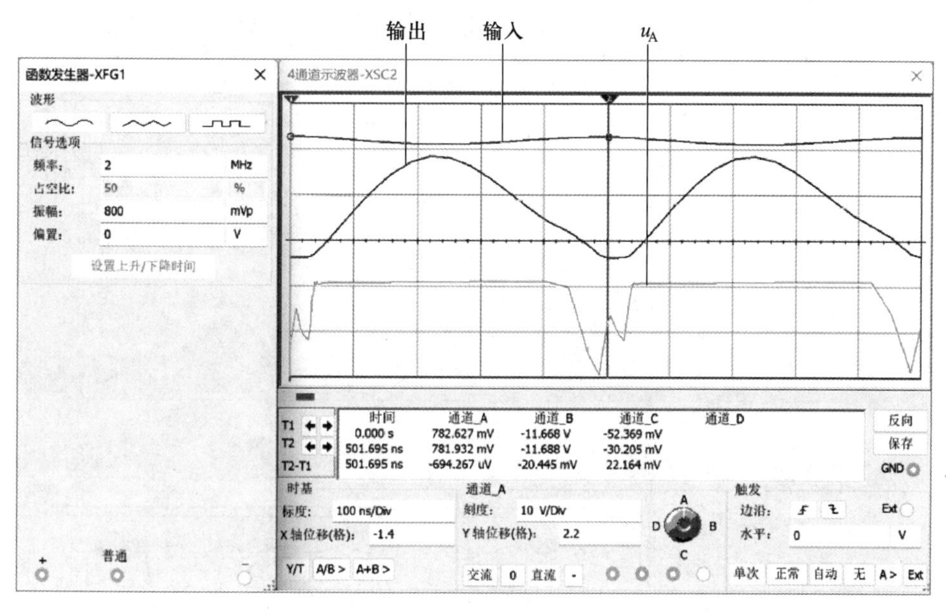

图 8.1.9　功率放大器的输入、输出和 u_A 波形

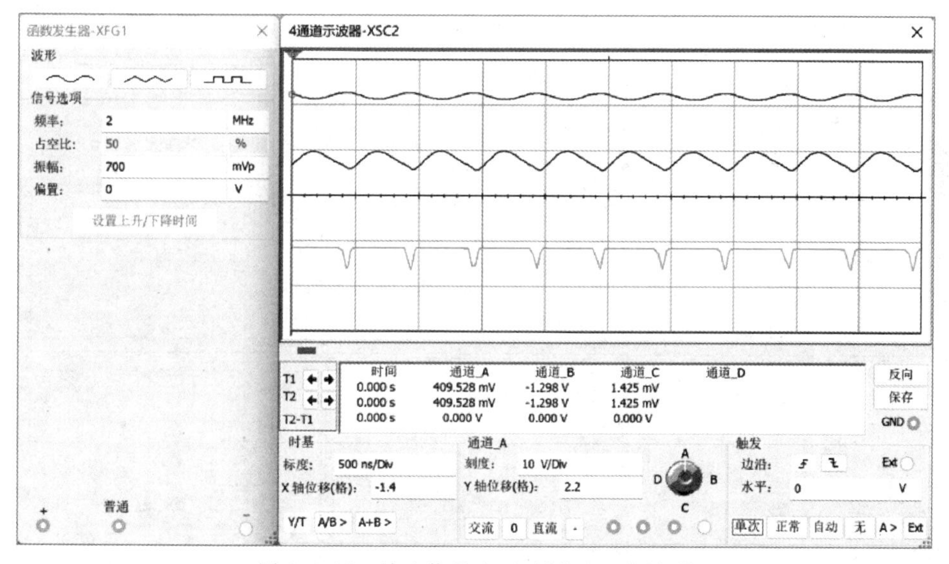

图 8.1.10　输入信号小，欠压状态工作波形

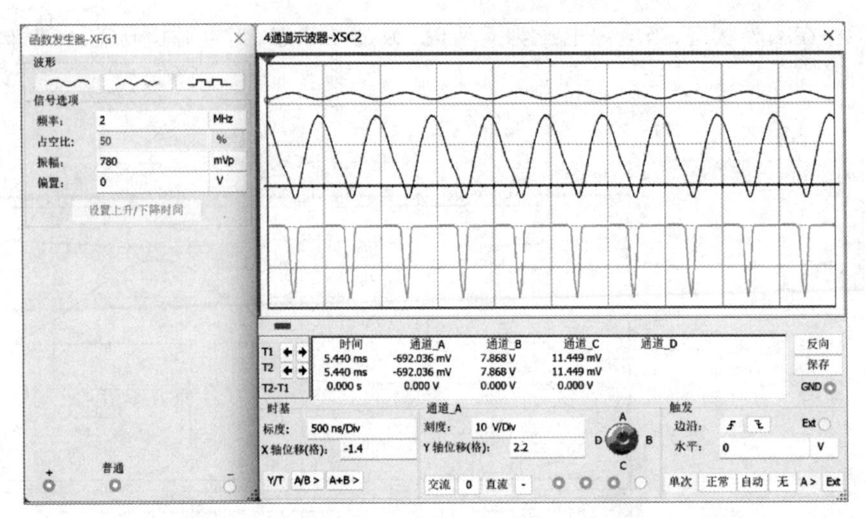

图 8.1.11 输入信号适中,临界状态工作波形

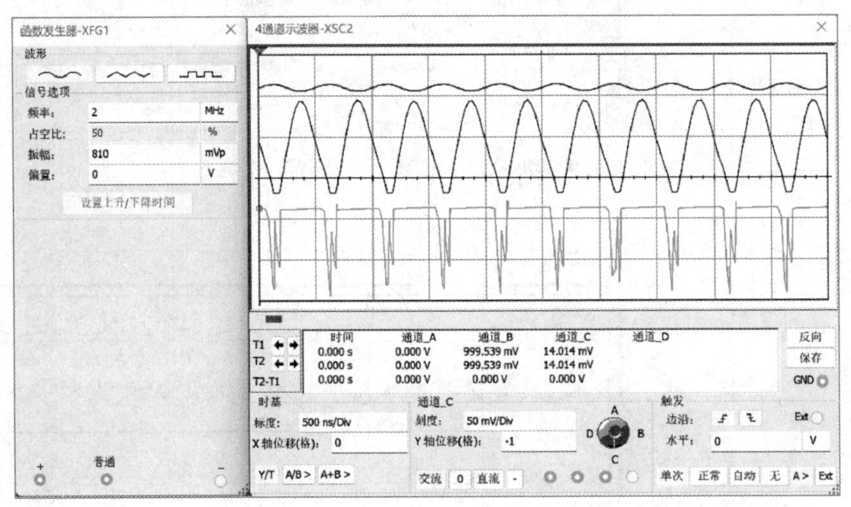

图 8.1.12 输入信号大,过压状态工作波形

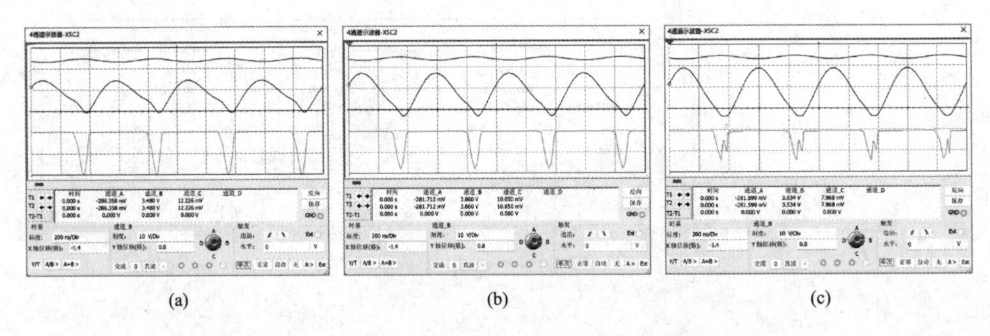

(a) (b) (c)

图 8.1.13 负载对放大器工作状态的影响

(a) 可调电阻为 30%,欠压状态 (b) 可调电阻为 50%,临界状态 (c) 可调电阻为 80%,过压状态

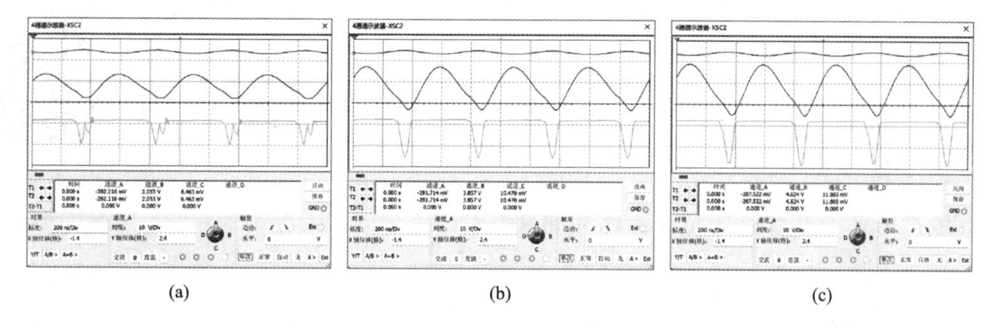

图 8.1.14 VCC 对工作状态的影响

(a) VCC = 6 V,过压状态 (b) VCC = 12 V,临界状态 (c) VCC = 16 V,欠压状态

讨论题

8.1.1 试用 Multisim 软件对图 8.1.15 所示振荡电路进行仿真。

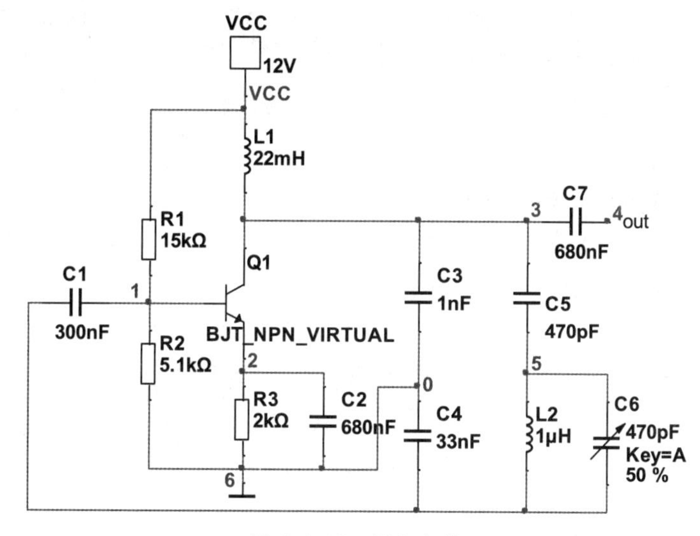

图 8.1.15 振荡电路

8.1.2 试用 Multisim 软件对图 8.1.16 所示单失谐频-幅变换电路进行仿真。

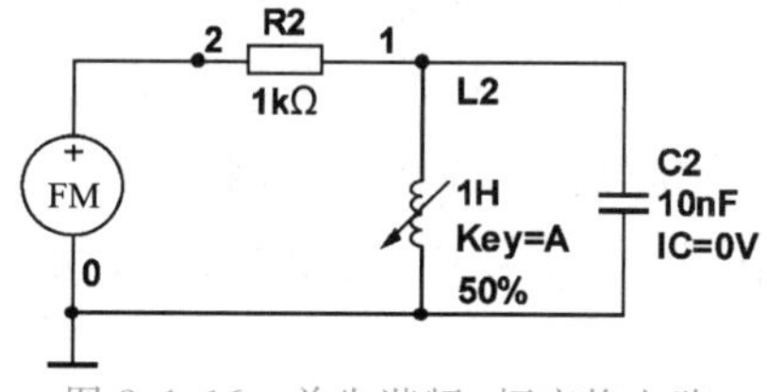

图 8.1.16 单失谐频-幅变换电路

随堂测验

8.1.1 填空题

1. EDA 即____________________的缩写。

2. 常用的电子电路设计及仿真工具有 Spice、____________、____________和 Proteus 软件。

8.1 随堂测验答案

8.1.2 单选题

1. 以下(　　)软件由美国 MathWork 公司推出,最初用于数值计算与信号处理的数学计算。

A. PCB　　B. Proteus　　C. MATLAB　　D. ADS

2. 以下(　　)软件是世界上第一个商业化的三维结构电磁场仿真软件。

A. PCB　　B. Ansoft HFSS　　C. MATLAB　　D. EWB

3. 以下(　　)软件最常用于仿真单片机电路。

A. PCB　　B. ADS　　C. MATLAB　　D. Proteus

8.1.3 判断题

1. EWB 6.0 与 Multisim 2014 同属加拿大 IIT 公司研发。(　　)

2. 电路仿真实验的基本步骤是:构建电路,设置信号源参数,然后按下仿真开关进行仿真(视需要调整仪器参数)。(　　)

8.2 数字调制与解调

8.2.1 概述

数字通信已成为现代通信的主流,它以模拟通信为基础,进行被数字调制的模拟载波的传输。由于调制信号从模拟信号变成了离散的数字信号,因此数字调制与解调在具体的原理及电路实现上与模拟调制与解调相比还是有许多变化。本节将对数字调制与解调的基本原理和实现方法进行讨论。

数字调制的调制信号由一系列包含 **1**、**0** 的二进制序列组成,**1** 和 **0** 可以代表任意两种离散的信息,如果代表的信息是在一个方向变换,比如 **1** 代表正电位,**0** 代表零电位,称为单极性信息,相应的调制称为单极性调制;如果代表的信息是在两个方向变换,比如 **1** 代表正电位,**0** 代表负电位,称为双极性信息,相应的调制称为双极性调制。每位二进制数称为码元,持续的间隔称为码元长度。在数字调制中,最基本的调制类型是二进制调制,分为振幅键控(ASK)、频率键控(FSK)和相位键控(PSK)三种基本形式,即用 **1** 和 **0** 两种状态分别调制高频载波信号的振幅、频率和相位，如图 8.2.1 所示。数字通信中，为了提高信息的传输速率和频谱的利用率，即在一定的频带内尽可能传送更多的信息，经常将连续 n 个码元一起传送，比如将两个码元一起传送，那么对应有四种状态（**00**、**01**、**11**、**10**），用这四种状态去调制高频载波的某个参量，那么相应的调制类型就是四进制调制，以此类推，数字调制可以是 M 进制调制，M 可以是 4，8，16，…，2^n。为了区分，可以在 ASK、FSK 和 PSK 前加数字 2 或字母 B(Binary)表示二进制调制，比如 2PSK 或 BPSK 表示二进制相移键控，也可以略去不写；而在 ASK、FSK 和 PSK 前加数字 M 分别表示 M 进制调制，比如 4PSK 表示四进制相移键控。

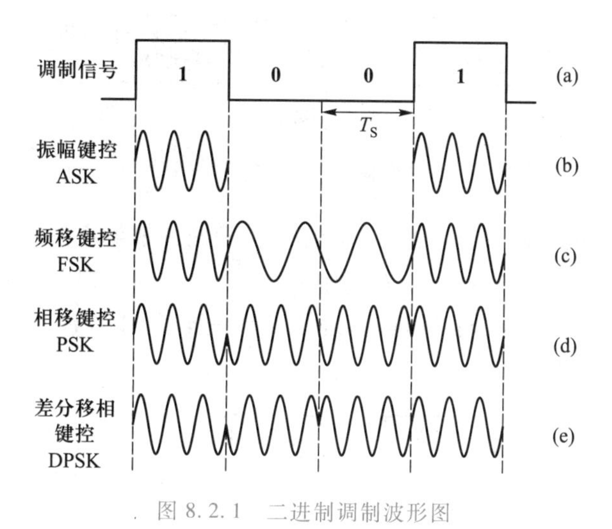

图 8.2.1　二进制调制波形图

8.2.2　振幅键控

振幅键控是用数字信号对载波进行幅度调制，用 ASK 表示。

一、2ASK 信号的产生

最基本的 ASK 信号是让载波的幅度在某个幅度与零之间变化，即载波信号在“有”与“无”之间变化，载波幅度的有、无分别对应数字信号 **1**、**0**。二进制数字振幅键控可用 2ASK 表示。

实现 2ASK 信号的方法有两种：开关实现和乘法器实现。

图 8.2.2 所示为开关实现方法。$S(t)$ 为基带信号，其中的开关有多种实现方法，可以用晶体管实现，也可以用二极管实现。

图 8.2.3 所示为相乘法实现的框图。a_n 为二进制数字序列，经基带信号形成器对每位二进制数进行适当延时产生基带信号，与载波相乘后在输出端可获得数字调幅信号。

二、2ASK 信号的解调

数字调制信号的解调与模拟调幅信号的解调相似，2ASK 信号解调有两种基本方法：包络

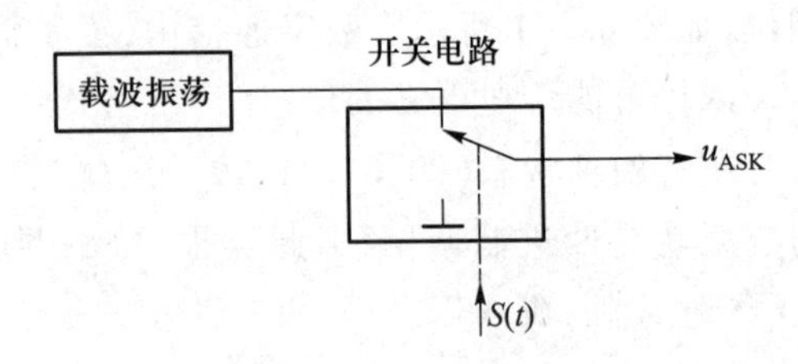

图 8.2.2　开关法实现 2ASK 信号的原理框图

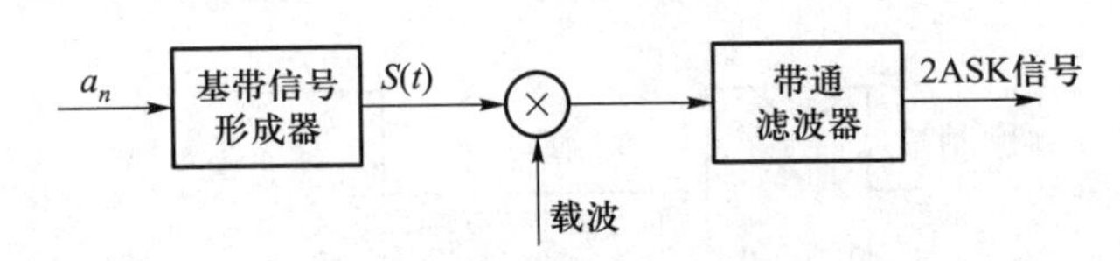

图 8.2.3　相乘法实现 2ASK 信号的原理框图

检波法(非相干解调)和同步检波法(相干解调法)。相应的解调电路如图 8.2.4(a)和(b)所示。与模拟调幅信号解调电路相比,这里增加了一个"抽样判决器",它对提高解调后数字信号的性能是很有必要的。另外,同模拟调幅信号解调一样,同步检波也需本地载波,因而同步检波的设备远比包络检波复杂。

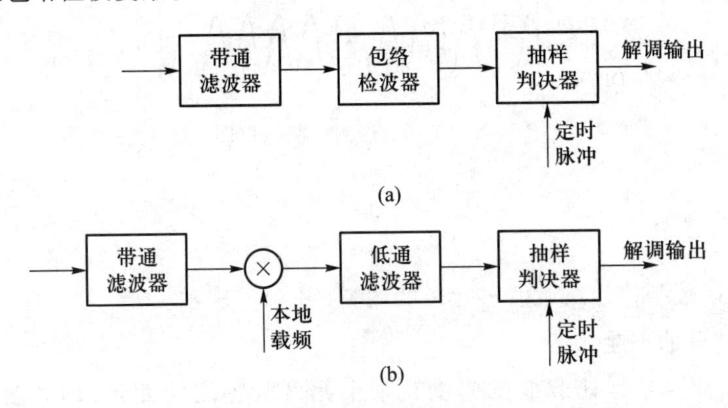

图 8.2.4　2ASK 信号解调电路

(a) 包络检波法　(b) 同步检波法

图中的带通滤波器用以恰好使 2ASK 信号完整地通过,低通滤波器的作用是滤除高频杂波,使基带包络信号通过。由于低通滤波器输出的仅仅是数字基带信号中的低频分量,其波形不是真正的矩形脉冲序列,故在其后接入抽样判决器,用以恢复真正的调制信号(矩形脉冲序列)。

抽样判决器的基本工作原理可通过图 8.2.5 所示波形加以说明:设(a)所示为原数字基带信号;(b)所示为解调后的波形,存在失真和干扰;(c)所示为控制抽样时刻的抽样脉冲信号,以抽样取出与数字基带信号同步的解调值;(d)所示为抽样得到的信号,用它与判决门限

电平 U_{TH}进行比较，当抽样值大于 U_{TH}时，判决输出 **1**，否则判决输出 **0**，则得(e)所示判决后波形；用(e)波形触发单稳态电路，则得到(f)所示的不失真解调波形。由此可见，在采用数字调制进行通信时，虽然解调信号存在失真与干扰，但只要失真与干扰不过大，不至于使抽样判决器产生误判，就可不失真地重现原数字基带信号，因此数字调制系统具有抗干扰(或噪声)能力强的优点。

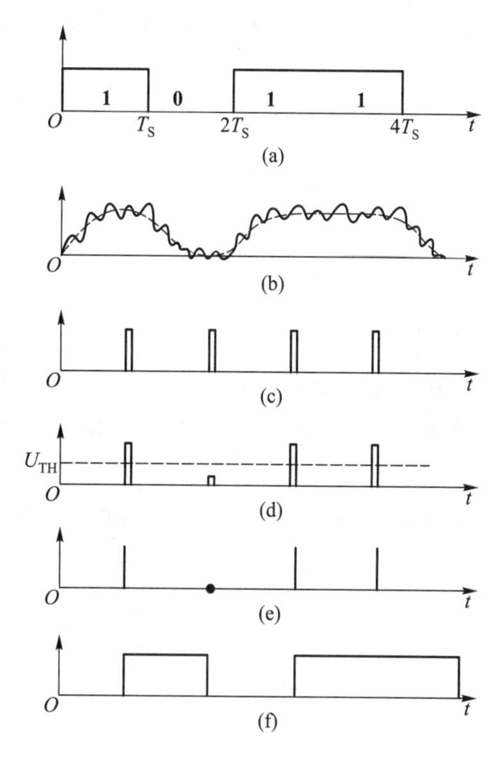

图 8.2.5 抽样判决器的工作波形

(a) 原数字信号 (b) 解调后信号

(c) 抽样脉冲信号 (d) 取样后信号

(e) 判决后波形 (f) 重现波形

8.2.3 频移键控

数字频率调制又称频率键控或频移键控，用 FSK 表示，它是用数字基带信号 $S(t)$ 对载波信号的频率进行控制，用不同的载波频率代表数字信号的不同电平。二进制频率键控(简称 2FSK 或 BFSK)是用两个不同频率(f_1、f_2)的载波代表数字信号的两种电平，即 2FSK 信号是频率为 f_1 和 f_2 两个正弦振荡按照基带信号 $S(t)$的不同取值而交替出现的高频信号序列，在码元转换的时刻，两个正弦波的相位可以是连续的，也可以是不连续的，但相位连续的二进制频率键控应用较为广泛。

一、2FSK 信号的产生

2FSK 信号的产生方法有两种：直接调频法和频率键控法。

直接调频法是用数字信号直接控制载波振荡器的频率，前面介绍的模拟信号直接调频电路都可以用来产生 2FSK 信号，它具有电路简单和相位连续的优点，但频率稳定性较低。

频率键控法如图 8.2.6 所示。它由两个独立振荡器和数字基带信号控制转换开关组成。数字基带信号控制电子开关，在两个独立振荡器之间进行转换，以输出对应的不同频率的高频信号。这种方法频率稳定度高、转换速度快，但转换时相位不连续，伴有振幅的变化，使键控信号频谱展宽，且产生寄生调幅。

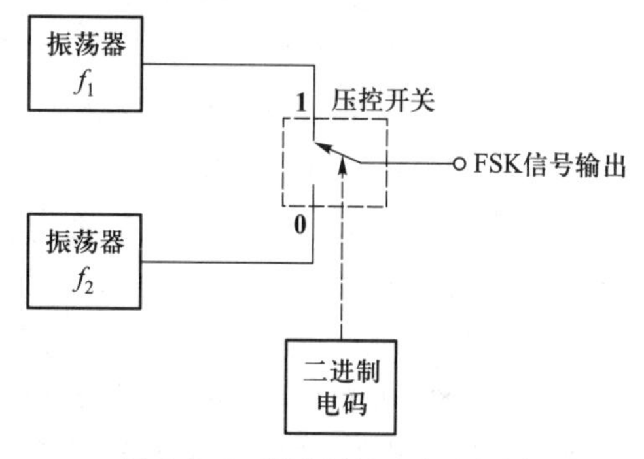

图 8.2.6 频率键控法电路框图

二、2FSK 信号的解调

2FSK 信号可采用非相干解调法(即包络检波法)和相干解调法(即同步检波法)进行解调。

非相干解调法如图 8.2.7 所示。等幅的

2FSK 信号经过 f_1 与 f_2 两个窄带的分路带通滤波器后变成上、下两路 ASK 信号,经包络检波器后分别取出它们的包络 u_1、u_2,这两路包络在抽样判决器中进行大小比较,从而判决输出数字基带信号。

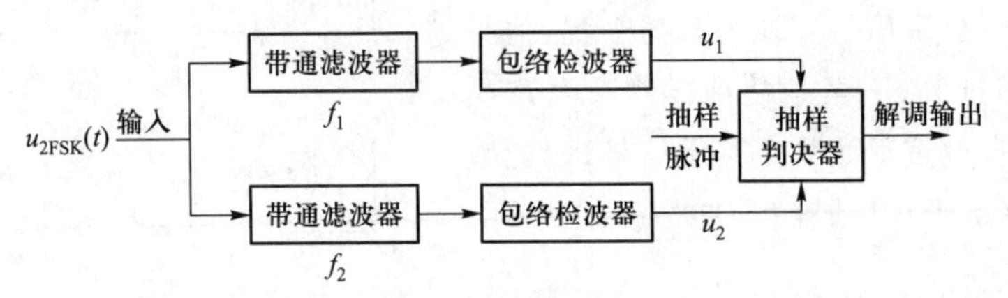

图 8.2.7　2FSK 非相干解调法电路框图

相干解调法如图 8.2.8 所示。图中采用同步检波器,取出上、下两路 ASK 信号的包络 u_1、u_2,送至抽样判决器进行判决,输出数字基带信号。

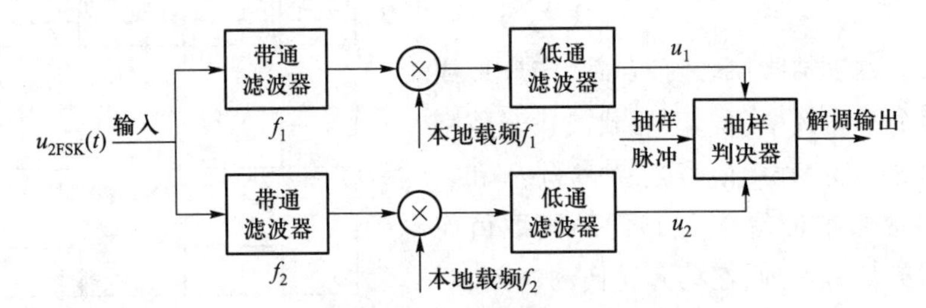

图 8.2.8　2FSK 相干解调法电路框图

8.2.4　相移键控

数字相位调制又称相位键控或相移键控(用 PSK 表示),它是用数字基带信号对载波的相位进行控制,使载波的相位发生跳变。数字调相有二进制和多进制调相之分,这里先介绍二进制调相,后介绍四进制调相。

一、二相相移键控(2PSK)

二进制调相是用同一载波的两种相位代表数字信号的两种电平。它有绝对调相和相对调相之分,相对调相也称为差分相移键控(DPSK,differential phase shift keying),二进制绝对调相用 2PSK 或 BPSK 表示,二进制相对调相用 2DPSK 或 BDPSK 表示。

1. 二进制绝对调相(BPSK)

利用载波不同相位的绝对值来传递数字信息的相位调制称为绝对调相。二进制绝对调相用未调载波的相位作为基准,可以用 0°相位(即已调载波与未调载波同相)表示码元 **1**,而用 180°相位(即已调载波与未调载波反相)表示码元 **0**,当然也可以反过来表示。则已调载波的相位在 0°和 180°两个值上变化,其波形如图 8.2.9 所示。

绝对调相信号产生的方法有直接调相法和相位选择法两种。

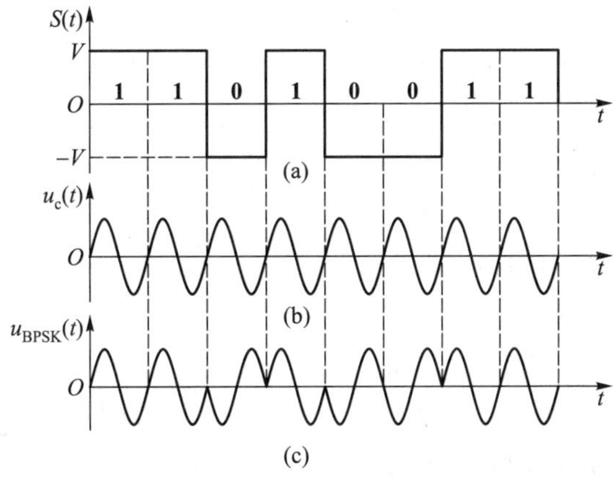

图 8.2.9　二进制绝对调相波形

（a）双极性数字基带信号　（b）载波　（c）BPSK 波形

图 8.2.10 所示为采用二极管环形调制器构成的直接调相电路。当基带信号 $S(t)$ 为正时，V_1、V_2 导通，V_3、V_4 截止，输出信号与输入载波信号同相；当 $S(t)$ 为负时，V_1、V_2 截止，V_3、V_4 导通，输出信号与输入载波信号反相，从而实现了二进制绝对调相。

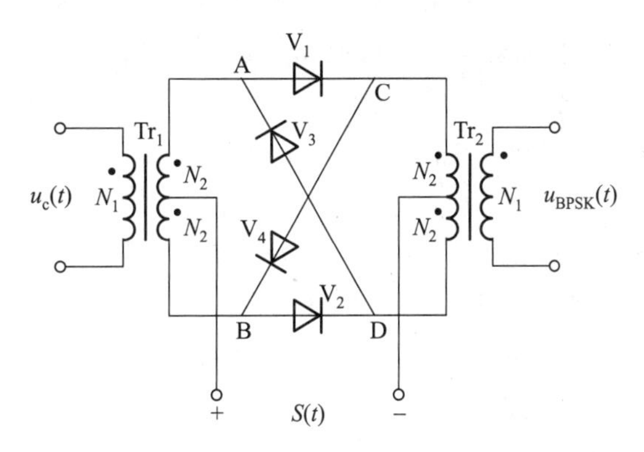

图 8.2.10　直接调相法产生 BPSK 信号电路

图 8.2.11 所示为相位选择法产生绝对调相信号的电路。振荡器产生的载波信号一路直接送到控制门 1，另一路经反相器倒相后加到控制门 2，基带信号和它的倒相信号分别作为控制门 1 和控制门 2 的选通信号。基带信号为 **1** 时，控制门 1 选通，0°相位载波输出，基带信号为 **0** 时，控制门 2 选通，180°相位载波输出，经相加器即可得二进制绝对调相信号输出。

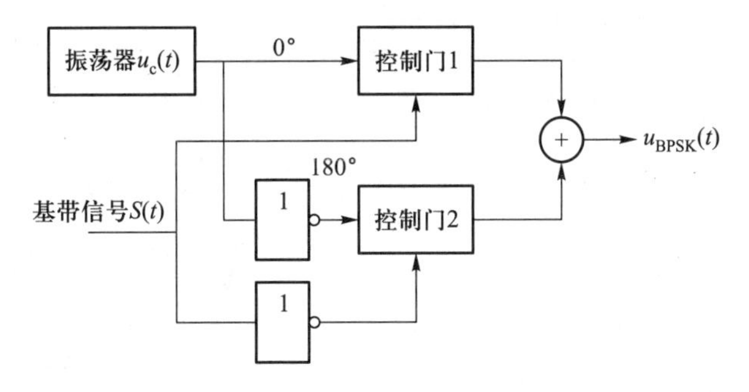

图 8.2.11　相位选择法产生 BPSK 信号

2. 二进制相对调相(2DPSK 或 BDPSK)

相对调相就是各码元的载波相位不是以未调制载波为基准,而是以相邻的前一个码元的载波相位为基准来确定。例如,当码元为**0**时,它的载波相位取与前一个码元的载波相位差 180°;当码元为**1**时,它的载波相位取与前一个码元的载波相位相同,如图 8.2.12 所示,可见,调制信号相同时相对调相与绝对调相的波形是不同的。相对调相中,码元值由当前载波与相邻的前一个载波的相位差决定,因此相对调相信号解调时,并不要求以某固定的载波相位作为基准,只要前后码元的相对相位关系不被破坏,则鉴别这个相位关系就可以正确复原数字信号,从而避免了绝对调相信号解调时,因本地信号初始相位不确定性造成的误码,因此相对调相应用较多。不过相对调相的调制规律较为复杂,难以直接产生,目前一般通过码变换加 BPSK 调制来获得 BDPSK 信号。

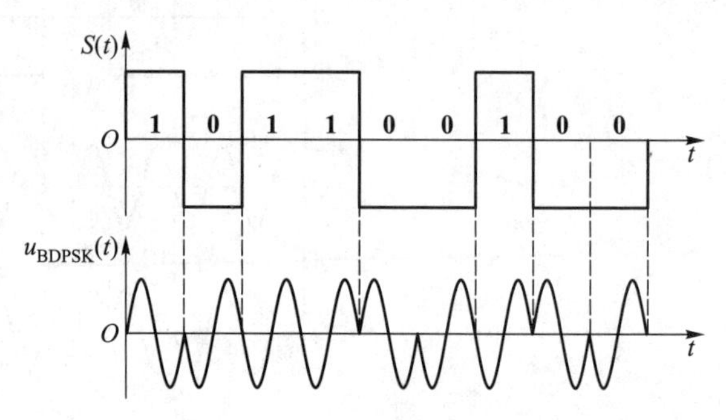

图 8.2.12　二进制相对调相波形

将图 8.2.12 所示相对调相波形对照绝对调相原理,必定可画出一个相应的数字基带信号,称为相对码,原基带信号称为绝对码。

在假定相对调相按**0**码相位变化 180°、**1**码相位不变的规律调制,绝对调相按**0**码反相、**1**码同相的规律调制的情况下,可推导得到,相对码(记为 b_n)与绝对码(记为 a_n)之间的关系为 $b_n = a_n \oplus b_{n-1}$,式中 b_{n-1} 指 n 码的前一个码,因此可画出绝对码-相对码变换电路如图 8.2.13(a)所示,图中 T_S 为码元的宽度。绝对码、相对码和二进制相对调相波形如图 8.2.13(b)所示。

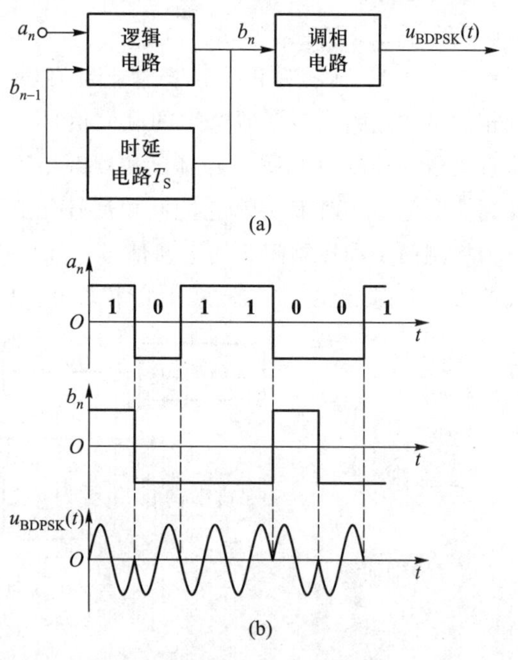

图 8.2.13　BDPSK 信号产生电路

(a) BDPSK 信号产生电路框图

(b) 绝对码、相对码和 BDPSK 波形

3. 二相数字调相信号的解调

二相数字调相信号的解调方法有极性比较法和相位比较法两种。

极性比较法即同步解调法,又称相干解调法,其原理电路如图 8.2.14 所示。绝对调相信号 BPSK 经带通滤波器后加到相乘器,与载波极性进行比较。因为 BPSK 信号的相位是以载波相位为基准的,所以经低通滤波器和抽样判决电路后可还原成原数字基带信号。图 8.2.14 也可用来解调 BDPSK 信号，不过经图 8.2.14 解调后得到的数字信号是相对码，所以在抽样判决器后还要加相对码-绝对码变换电路，才能得到原数字基带信号。

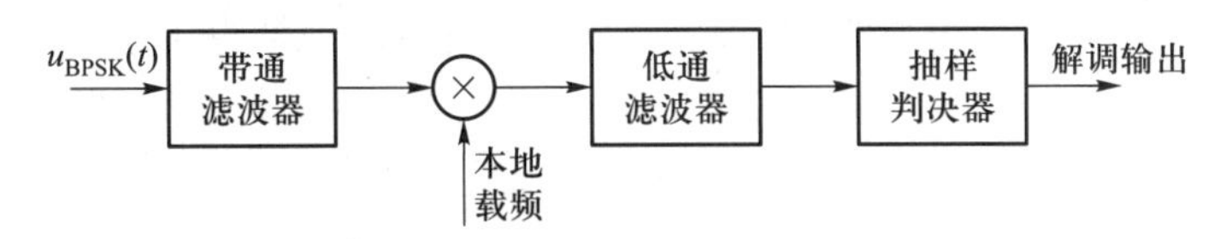

图 8.2.14　调相信号同步解调电路框图

相位比较法用来解调 BDPSK 信号，其原理框图如图 8.2.15 所示。其工作原理是将输入调相信号的前后码元进行比较。输入的相对调相信号（BDPSK）经带通滤波器，一路直接加到相乘器，另一路经延时电路延时一个码元时间后也加到相乘器作为相干载波，经相乘后，通过低通滤波器滤除高频信号，取出前后码元载波的相位差，相位差为 0°则对应 **1**，相位差为 180°则对应 **0**，再经抽样判决器便可直接解出原绝对码基带信号。

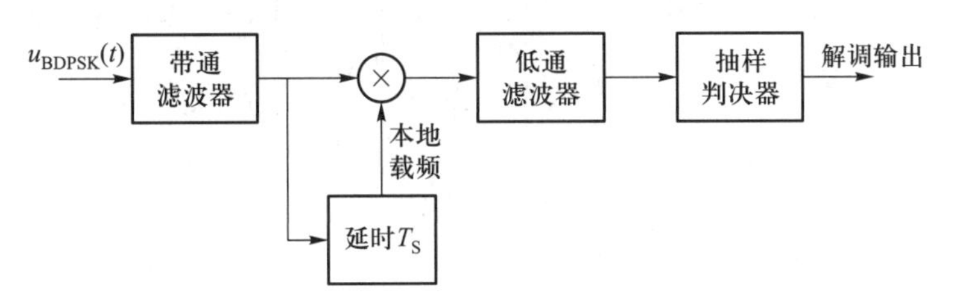

图 8.2.15　BDPSK 相位比较法解调电路框图

二、四相相移键控

在数字调相制中，广泛采用多相制，例如四相调制、八相调制、十六相调制等。这里介绍四相调制的概念，可举一反三。四相相移键控可用 4PSK 表示，它也称为正交相移键控 QPSK（quadrature phase shift keying）。

在 4PSK 中，基带信号取连续 2 位码元构成一个符号，可构成四个符号，即 **00**、**01**、**11**、**10** 组成的四元信号码流。四个符号的相位可以有不同的选择，通常有两种对应系统，一种是 $\pi/2$ 系统，上述四个符号分别与载波的参考相位为 0、$\pi/2$、π 和 $3\pi/2$；另一种是 $\pi/4$ 系统，四个符号分别与载波的参考相位为 $\pi/4$、$3\pi/4$、$5\pi/4$、$7\pi/4$。图 8.2.16 所示是这两种系统所对应的信号矢量图，矢量长度为信号幅度，与实轴夹角为相位。图(a)为 $\pi/2$ 系统，图(b)为 $\pi/4$ 系统。

在 4PSK 中，同样可分绝对调相和相对调相，原理与 2PSK 相同。图 8.2.17 所示为 $\pi/2$ 系统中，绝对调相和相对调相的波形。信码每 2 位一组，**00**、**01**、**11** 和 **10** 分别代表 0、$\pi/2$、π 和 $3\pi/2$。4PSK 信号的相位是与基准载波比较，即每次都与 0 相位做比较；而 4DPSK 信号的相位则与前一个波形的相位做比较：图中，当信码为 **01** 时，4DPSK 信号与前一个波形（这里即 0 相位的载波）比较相位变化 $\pi/2$，当信码为 **00** 时，与前一个波形比较相位不变，维持 $\pi/2$ 的相位，

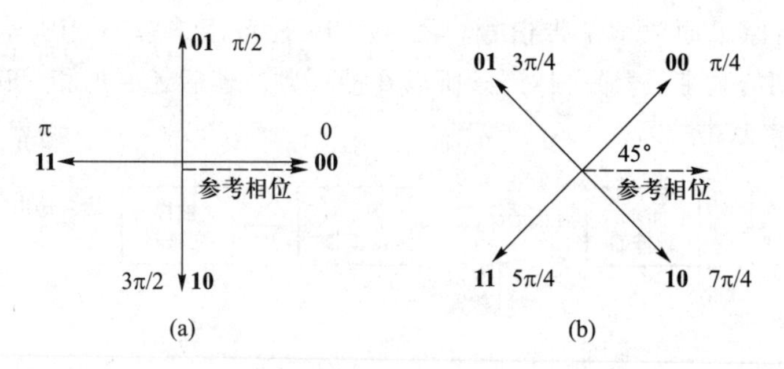

图 8.2.16 4PSK 矢量图

(a) π/2 系统 (b) π/4 系统

当信码为 **11** 时,相位变化应为 π,所以波形相位变为 3π/2,当信码为 **01** 时,再与前一个波形比较相位变化 π/2,则波形相位恢复为 0,以下以此类推。

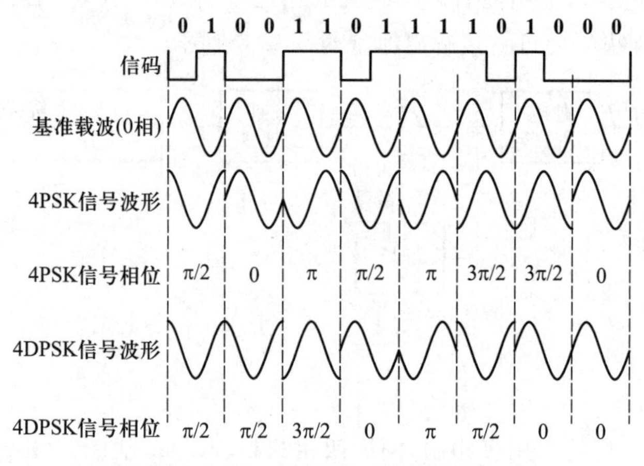

图 8.2.17 4PSK 和 4DPSK 波形

不难看出,一个 π/2 系统的四相调相信号等于两个相邻的 π/4 系统的四相调相信号之和。例如,图 8.2.18 中,$\sin(\omega t)=\cos(\omega t-\pi/4)+\sin(\omega t-\pi/4)$,而矢量 $\sin(\omega t)$ 是 **00** 码元所代表的 π/2 系统中的 0 相位矢量,由 $\cos(\omega t-\pi/4)$ 和 $\sin(\omega t-\pi/4)$ 两个相邻 π/4 系统矢量合成,其他同理。同时还可以看出,分解出的两个矢量分量的极性分别与 2 位码元的取值相对应,比如 **00** 码元,对应的两个 π/4 分量符号都为正;**01** 码元,$\cos(\omega t-\pi/4)$ 为正,$\sin(\omega t-\pi/4)$ 为负。

依据这个矢量合成图,我们可以有两种 4PSK 的调制方法。一种方法如图 8.2.19 所示,结合以上矢量图,$\sin(\omega t)$、$\cos(\omega t)$、$-\sin(\omega t)$ 和 $-\cos(\omega t)$ 分别对应 0、π/2、π 和 3π/2 四种相位,因此通过对信号源 $\sin(\omega t)$ 移相、反相处理,再通过 4 选 1 的电路即可实现。

另一种方法的原理框图如图 8.2.20 所示。其中,被传送的基带数字信号 $S(t)$ 先由码元分配器(或串并变换电路)分为 $S_A(t)$ 和 $S_B(t)$ 两个并行序列。其中,序列 $S_A(t)$ 是 $S(t)$ 的奇数码元,$S_B(t)$ 是 $S(t)$ 的偶数码元,用 $S_A(t)$ 对载波 $\sin(\omega t-\pi/4)$ 进行相乘,用 $S_B(t)$ 对载波

cos($\omega t-\pi/4$)进行相乘,两者在线性相加器中相加,并通过带通滤波器得到四相调相信号。

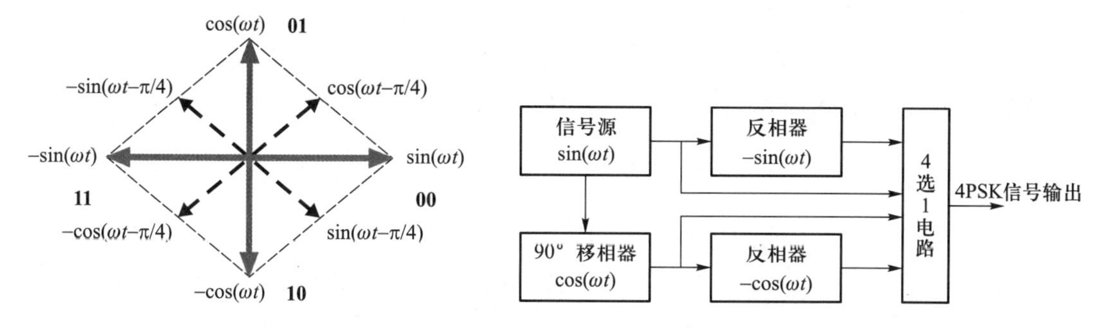

图 8.2.18　4PSK 矢量合成图

图 8.2.19　4PSK 调制电路模型一

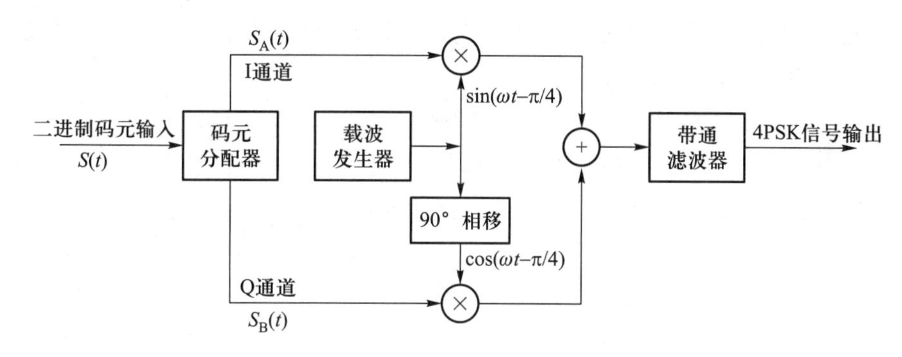

图 8.2.20　4PSK 调制电路模型二

图 8.2.21 为四相相移键控信号的解调电路。图中,由载波提取电路提取载波信号 $U_r(t)=\sin(\omega t-\pi/4)$,并经 $\pi/2$ 移相电路产生载波同步信号 $\cos(\omega t-\pi/4)$,将它们分别与 4PSK 信号相乘,并通过低通滤波器(或抽样判决电路)分别取出 $S_A(t)$ 和 $S_B(t)$。最后,由码元合成器(或数据选择器)交替选通 $S_A(t)$ 和 $S_B(t)$,就可得到恢复的数字信号 $S(t)$。

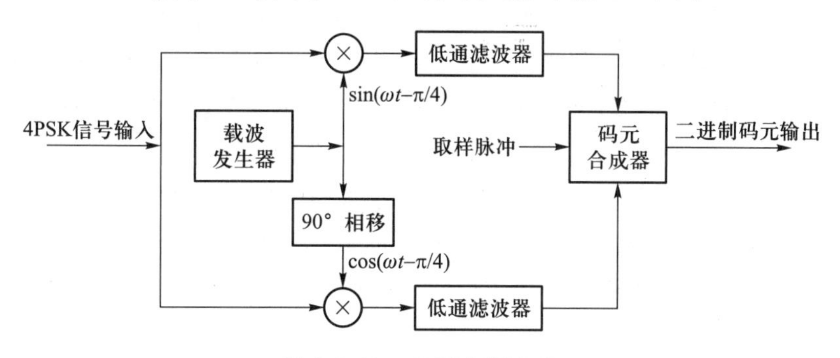

图 8.2.21　4PSK 解调电路

4PSK 是利用两个正交的载波信号进行调制,因此也称为正交调制。与 BPSK 比较,4PSK

在相同的频谱带宽时，码速可提高一倍，因而得到广泛应用。

在4PSK信号中，载波相移是由2位码组键控的，如果输入码流中，每3位作一组，则有8种组合，用这8种组合对载波相位键控，就可构成八相调制。以此类推，还可构成十六相、三十二相等移相键控信号。移相数目越多，电路实现越困难，实践上，多相调制一般都用软件来实现。

8.2.5 其他形式的数字调制

在实际的数字信号传输过程中，基本的二进制系统常常会在传送数据的速度、占用频带的宽度以及其他一些方面不尽如人意。所以在实用的数字调制系统中还发展了许多其他数字调制形式。

一种形式是将数字调制系统中参与调制的数字信号由二进制信号发展为多进制信号。通常总是用二进制信号组合成多进制信号，如8.2.4节中四相调制所述。对于振幅键控和频移键控同样如此。多进制信号传输可以利用一个频率传输多个数字信号，相比二进制系统，极大提高了信号的传输速率和频谱利用率。

另一种形式是将前面所述三种基本二进制的数字调制形式加以改进和组合，例如将幅度调制与相位调制混合，或者将频率调制与相位调制混合，或者改进基带信号的脉冲形状，等等。其目的也是在确保低误码率的条件下尽可能提高传输速率和频谱利用率。

目前已发展了多种先进的数字调制方式。数字调相制中，广泛采用多相制，如四相相移键控、八相相移键控（8PSK）、十六相移键控（16PSK），均为多进制数字调制系统；此外，还有混合幅度调制和相位调制的APSK和QAM；最小偏移键控（MSK）、高斯滤波最小偏移键控（GMSK）以及多重载波调制的正交频分复用方式（OFDM）等。

下面简单介绍数字通信系统中比较常用的QAM和OFDM两种形式。

一、QAM调制与解调

正交调幅（quadrature amplitude modulation，简称QAM）是一种振幅和相位相结合的多进制数字调制方式，不仅具有较高的频带利用率，还有较好的功率利用率，因而在数字通信中得到广泛应用。其原理是利用两个频率相同，但相位相差90°的正弦波作为载波，以调幅的方法同时传送两路互相独立的信号的一种调制方式。随着数字调制技术的进步，正交调幅与解调已发展到MQAM，M可取4、16、32、64、128和256等，最常用的是16QAM和64QAM。

QAM系统的一个符号通常包含n个码元。例如，$n=4$时，一个符号包含4个码元，即4个二进制位（bit），可以将它分为前2位和后2位两组，如图8.2.22所示，每组**01**、**00**、**10**和**11**分别代表+3、+1、-1和-3四个电平。我们将这两组相互独立的电平信号记为$u_1(t)$和$u_2(t)$，分别对角频率为ω，但相位差为90°（即互相正交）的载波信号进行多电平振幅调制，然后叠加，得到每个QAM输出信号$u_o(t)$为

$$u_o(t)=u_1(t)\cos(\omega t)+u_2(t)\sin(\omega t) \tag{8.2.1}$$

其中，$\cos(\omega t)$和$\sin(\omega t)$分别为两组正交的载波信号，这样进行正交调幅后就得到图8.2.22所示的星座图。因为$M=2^4=16$，共16个点，称为16QAM。当n取偶数时，星座图是

矩形的；当 n 是奇数时，星座图形成十字形。

根据式(8.2.1)，正交调幅实现的框图如图 8.2.23(a)所示，图(b)所示是相应的解调原理框图，图中输入信号 $u_o(t)$ 分别与两个相互正交的正弦波相乘后，经过滤波器滤除 2ω 分量即得到原来的信号 $u_1(t)$ 和 $u_2(t)$。

需要注意的是，QAM 调制由于其带有幅度调制，包络不够恒定，所以更常用于传输通道比较稳定（恒参信道）的场合，如数字有线电视系统等。

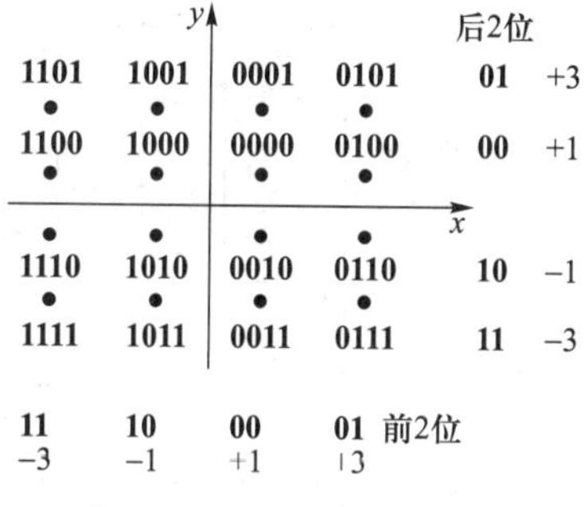

图 8.2.22 16QAM 星座图

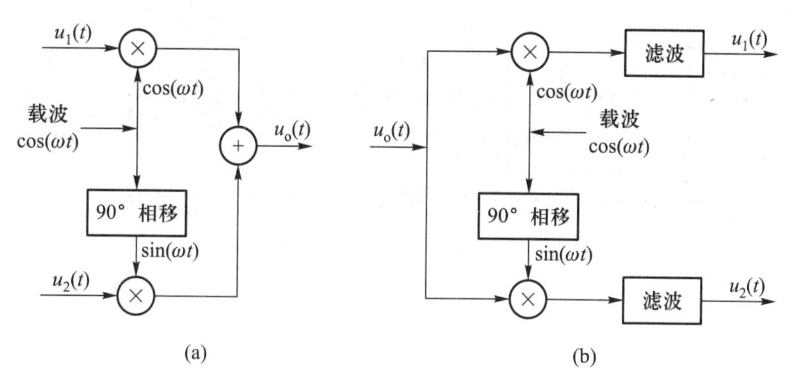

图 8.2.23 正交调幅与解调的原理框图

(a) 调制 (b) 解调

二、OFDM 调制与解调

正交频分复用技术(OFDM，orthogonal frequency division multiplexing)是一种特殊的多重载波数字调制技术，也可以被当作是一种复用技术，它将数字调制、数字信号处理、多载波传输等技术有机结合，具有抗衰落和抗窄带干扰能力强、频谱利用率高和功率利用率高、数据传输速率快、成本低等特点，被当前很多热点通信业务采用，如数据通信、数字音频广播(DAB)、高清晰度数字电视(HDTV)和无线局域网(WLAN)等，更被看作是第四代移动通信中的核心技术。

OFDM 的基本思想是：在发送端对信号进行离散傅里叶逆变换(IFFT)，则各次谐波之间是相互正交的关系，将离散傅里叶逆变换的各个系数分别用相互正交的这些谐波做子载波发送，在接收端用相应的子载波进行同步检波提取这些系数，再进行离散傅里叶变换(FFT)合成这些系数就得到原始的信号。并且 OFDM 每个子载波所使用的调制方法可以不同，各个子载波能够根据信道状况的不同选择不同的调制方式，比如 QPSK、16APSK、16QAM、64QAM 等。在单载波系统中，单个衰落或者干扰可能导致整个无线链路不能使用，但在多载波的 OFDM 系统中，只会有一小部分子载波受影响，此外，纠错码还可以帮助恢复这些受损载波上的信息。图 8.2.24 所示是 OFDM 发送和接收设备的结构框图。

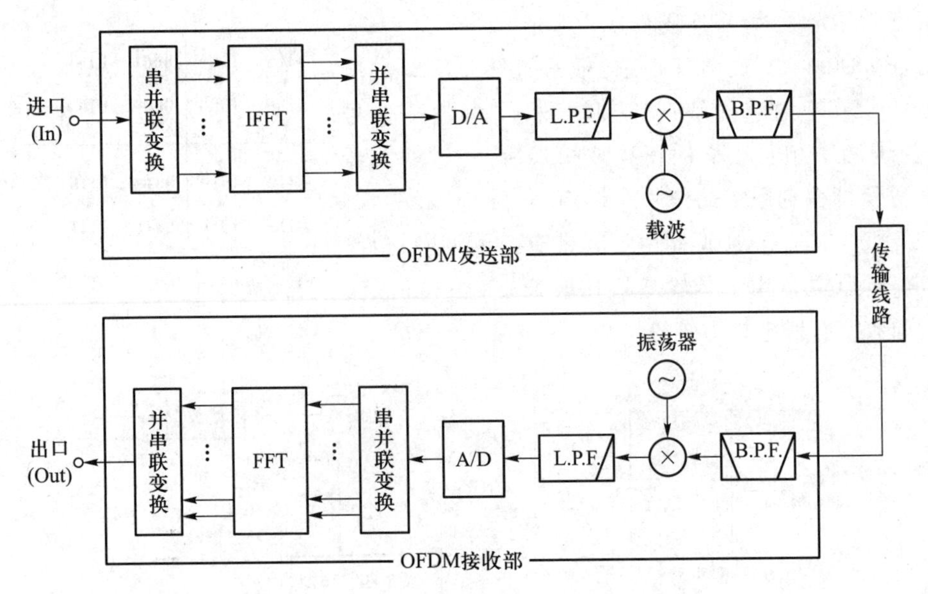

图 8.2.24 OFDM 调制解调电路的基本结构图

讨论题

8.2.1 什么是数字调制？数字调制的类型主要有哪些？

8.2.2 二进制绝对调相和相对调相有什么区别？

8.2.3 什么是4PSK？实现4PSK信号调制的方法有哪些？

随堂测验

8.2 随堂测验答案

8.2.1 填空题

1. 在数字调制中，最基本的调制类型是二进制调制，分为______________、______________和______________三种基本形式

2. 振幅键控是用数字信号对载波进行______________调制，用ASK表示。

3. 2ASK信号解调有两种基本方法：______________和____________________。

8.2.2 单选题

1. (　　)实现的方法有开关实现和乘法器实现两种。

A. 2ASK　　B. 2FSK　　C. 2PSK　　D. 2DPSK

2. 与BPSK相比，4PSK在相同的频谱带宽时，(　　)可提高一倍。

A. 幅度　　B. 频率　　C. 码速　　D. 功率

8.2.3 判断题

1. 四相相移键控也称为正交相移键控。　　(　　)

2. 4PSK 中，根据四个码元相位的选择，通常有 π/2 和 π 两种系统。 (　　)

3. QAM 和 OFDM 是模拟通信系统中常用的两种形式。 (　　)

8.3 数字通信集成电路及其应用实例

8.3.1 数字通信集成电路芯片分类

随着数字通信集成电路的发展，许多集成电路厂商纷纷开发了各种通信集成电路芯片，几乎囊括所有调制方式。其功能也从最基本的发射、接收、收发到几乎包括整个无线通信系统都有。以之为基础，开发的无线通信模块广泛地运用在车辆监控、遥控、遥测、小型无线网络、无线抄表、门禁系统、小区传呼、工业数据采集系统、无线标签、身份识别、非接触RF智能卡、小型无线数据终端、安全防火系统、无线遥控系统、生物信号采集、水文气象监控、机器人控制、无线232数据通信、无线485/422数据通信、数字音频、数字图像传输等领域中。

数字通信集成电路芯片大致分为三类：发射芯片、接收芯片和收/发一体的芯片。发射和接收分开的芯片比较适合单工(simplex)模式，即发射和接收都是单向的，比如无线遥控设备；收/发一体的芯片则可用于双工(duplex)模式，比如数据采集系统就需要来回传递数据。下面对各类芯片分别举例。

1. 发射芯片

(1) MICRF102：这是由 MICREL 公司生产的芯片，采用 ASK 调制方式，载波频率在 300~470 MHz。

(2) TDA5100：由 Infineon 公司生产的芯片，采用 FSK/ASK 调制方式，载波频带可以是 433~435 MHz，或者是 868~870 MHz。

(3) LT5518：由 Linear Technology 公司生产，采用正交调制与解调的 PSK 方式，射频频率为 1.5~2.4 GHz，基带带宽为 400 MHz。

2. 接收芯片

一般生产厂商都会成对生产与发射芯片对应的一系列接收芯片。比如：

(1) MICRF001：由 MICREL 公司生产，与 MICRF102 发射芯片相对应。配合使用可以达到几十米的控制距离。

(2) TDA5210：由 Infineon 公司生产，与 TDA5100 发射芯片相对应。

(3) LT5515：由 Linear Technology 公司生产，与 LT5518 相对应。

3. 发射和接收为一体的芯片

(1) TRF6900：由 TI 公司生产，采用 FM/FSK 调制方式，工作在 868~928 MHz 频段。

(2) TR3001：由 RF Monolithics 公司生产，采用 ASK 调制方式，工作频率为 315 MHz。

(3) Si4432:Silicon labs 公司生产,采用 FSK/GFSK(高斯频移键控)/OOK(开关键控)调制方式,工作在 315 MHz、433 MHz、868 MHz、915 MHz。除此,还有 Si446×系列,工作频率为 119~1 050 MHz,具有功耗更低、灵敏度更高等性能。

(4) LMX3162:NS(美国国家半导体)公司生产,采用 GFSK 调制方式,工作频率为 2.4 GHz。

(5) nRF905:由 Nordic 公司生产,采用 GFSK 调制方式,除此,还有 nRF401、nRF2401 等系列,每款工作频率有所不同。

(6) CC1010:TI 公司生产,FSK 方式,工作在 315 MHz、433 MHz、868 MHz、915 MHz。

8.3.2 nRF905 芯片及其应用

下面我们以 nRF905 芯片为例,介绍数字通信集成电路及其应用。

一、nRF905 芯片

nRF905 是挪威 Nordic VLSI 公司推出的单片无线数传芯片,工作电压为 1.9~3.6 V,32 引脚 QFN(quad flat no-lead package,方形扁平无引脚封装)(5×5 mm),工作于 433 MHz、868 MHz、915 MHz 三个 ISM(industrial, scientific & medical,工业、科学、医疗)频道,频道之间的转换时间小于 650 μs。图 8.3.1 和图 8.3.2 分别是其外形和管脚排列图。

图 8.3.1 外形封装

nRF905 内部由频率合成器、接收解调器、功率放大器、晶体振荡器和调制器组成,如图 8.3.3 所示。输出功率和通信频道可通过程序进行配置。此外,其功耗非常低,以 -10 dBm 的输出功率发射时电流只有 11 mA,工作于接收模式时的电流为 12.5 mA,内建空闲模式与关机模式,易于实现节能。nRF905 非常适合于低功耗、低成本的系统设计,如无线数据通信、无线报警及安全系统、无线开锁、无线监测、家庭自动化和玩具等诸多领域。

下面对照图 8.3.3,说明一下 nRF905 的引脚功能:

1. 模式控制接口

该接口由 PWR、TRX_CE、TX_EN 三个引脚组成,可控制 nRF905 处于四种模式:两种工作模式和两种节能模式。两种工作模式分别是 ShockBurstTM 接收模式和 ShockBurstTM 发送模式,两种节能模式分别是关机模式和空闲模式。工作模式由 TRX_CE、TX_EN 和 PWR_UP 三个引脚决定,详见表 8.3.1。

nRF905 采用 Nordic 公司的 VLSI ShockBurst 技术。与射频数据包有关的高速信号处理都在 nRF905 片内进行,数据速率由微控制器配置的 SPI 接口决定,数据在微控制器中低速处理,但在 nRF905 中高速发送,因此中间有很长时间的空闲,这很有利于节能。

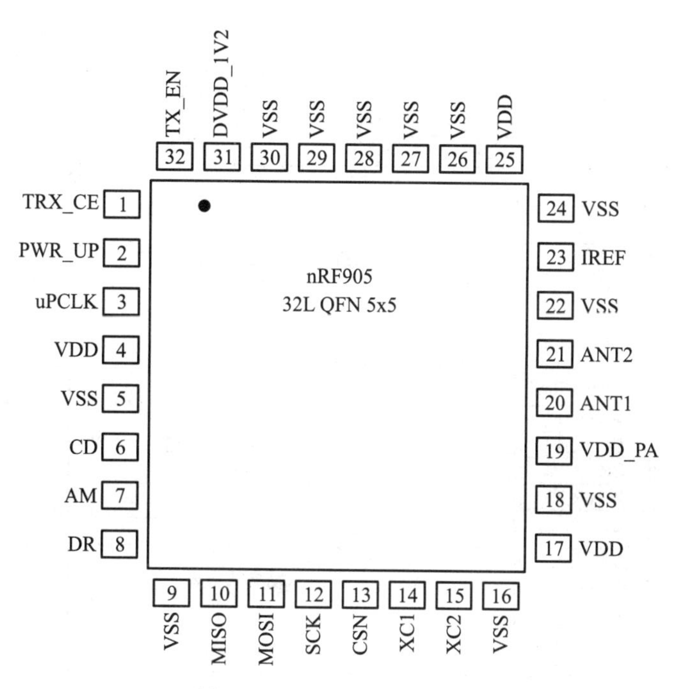

图 8.3.2 nRF905 引脚排列

表 8.3.1 nRF905 工作模式

PWR_UP	TRX_CE	TX_EN	工作模式
0	×	×	关机模式
1	0	×	空闲模式
1	1	0	射频接收模式
1	1	1	射频发送模式

2. SPI 接口

SPI 接口由 CSN、SCK、MOSI 以及 MISO 四个引脚组成。在配置模式下，单片机通过 SPI 接口配置高频头的工作参数；在发射/接收模式下，单片机通过 SPI 接口发送和接收数据。

3. 状态输出接口

CD 引脚提供载波检测输出，AM 引脚提供地址匹配输出，DR 引脚则当数据就绪时输出数据。

4. 外部参考时钟引脚

XC1、XC2 引脚为外部时钟引脚。可接晶体振荡器或外部参考时钟。如果接一个外部参考时钟如微处理器时钟时，这个时钟信号应该直接连接到 XC1、XC2 引脚，且为高阻态。当使用外部时钟代替晶体时钟工作时，时钟必须工作在休眠(Standby)模式以降低电流消耗。

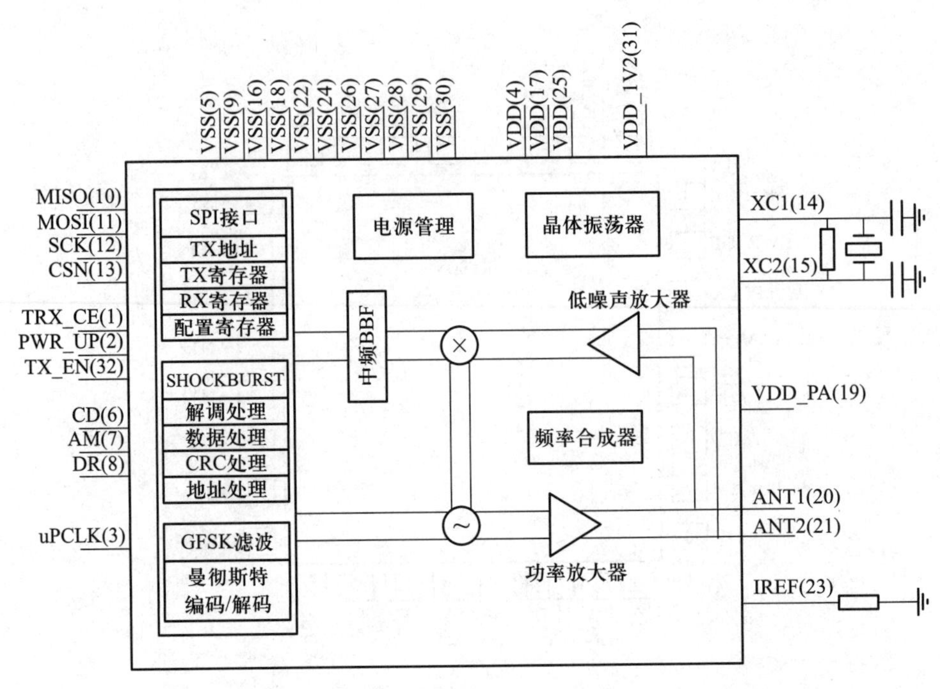

图 8.3.3　nRF905 内部电路

5. 天线输出引脚

ANT1 和 ANT2 输出脚给天线提供稳定的 RF 输出。这两个脚必须有连接到 VDD_PA 的直流通路，通过 RF 扼流圈，或者通过天线双极的中心点。在 ANT1 和 ANT2 之间的负载阻抗应该在 200~700 Ω 范围内，通过简单的匹配网络或 RF 变压器（不平衡变压器）可以获得较低的阻抗（例如 50 Ω）。

二、nRF905 无线数传模块

基于 nRF905 无线芯片，可以开发各种形式的无线数传模块，图 8.3.4 就是其中一款的实物图，相应的引脚排列如图 8.3.5 所示。管脚说明如表 8.3.2 所示。

表 8.3.2　nRF905 无线数传模块的管脚说明

管脚	名称	管脚功能	说明
1	VCC	电源	电源+3.3~3.6 V DC
2	TX_EN	数字输入	TX_EN = **1**, TX 模式; TX_EN = **0**, RX 模式
3	TRX_CE	数字输入	使能芯片发射或接收
4	PWR_UP	数字输入	芯片上电
5	uCLK	时钟输出	本模块该脚废弃不用，向后兼容
6	CD	数字输出	载波检测
7	AM	数字输出	地址匹配

续表

管脚	名称	管脚功能	说明
8	DR	数字输出	接收或发射数据完成
9	MISO	SPI 接口	SPI 输出
10	MOSI	SPI 接口	SPI 输入
11	SCK	SPI 时钟	SPI 时钟
12	CSN	SPI 使能	SPI 使能
13	GND	地	接地
14	GND	地	接地

图 8.3.4 nRF905 无线数传模块实物图

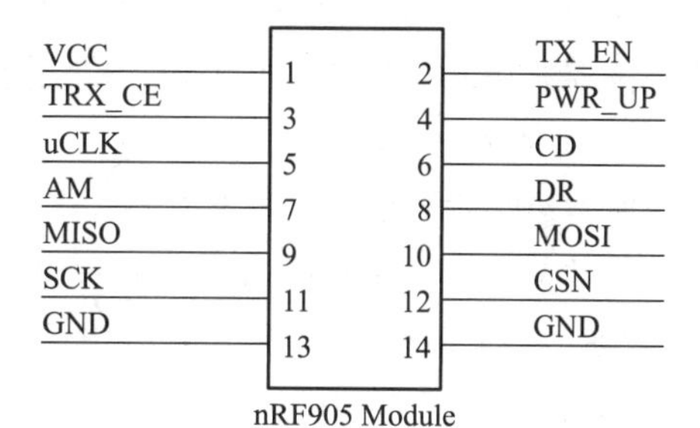

图 8.3.5 nRF905 无线数传模块的引脚排列

需要注意以下事项：

(1) VCC 脚接电压范围为 3.3~3.6 V,不能在这个区间之外,超过 3.6 V 将会烧毁模块。推荐电压 3.3 V 左右。

(2) 除电源 VCC 和接地端,其余脚都可以直接和普通的 5 V 单片机 IO 口直接相连,无须电平转换。当然对 3 V 左右的单片机更加适用了。

(3) 硬件上面没有 SPI 的单片机也可以控制本模块,只需通过编程用普通 IO 口模拟 SPI 功能即可。

(4) 与 51 系列单片机 P0 口连接时候,需要加上拉电阻,与其余口连接一般不需要。

(5) 其他系列的单片机,如果是 5 V 的,请参考该系列单片机 IO 口输出电流大小,如果超过 10 mA,需要串联电阻分压,否则容易烧毁模块。如果是 3.3 V 的,可以直接和 nRF905 模块的 IO 口线连接。

三、无线数传模块的应用实例

以下是基于 nRF905 模块和 AT89LS51 单片机的无线收发系统,分为三个单元电路。

1. 稳压源电路

稳压源电路如图 8.3.6 所示。用 LM1117 稳压芯片获得 3.3 V 电压的输出。输出电压分别给单片机、nRF905 和 MAX3232 供电。

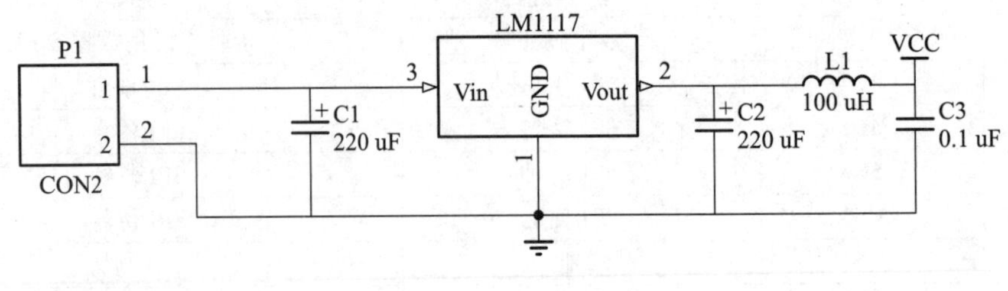

图 8.3.6　稳压源电路

2. 无线数传模块与 AT89LS51 单片机的连接电路

nRF905 和 AT89LS51 单片机的连接电路如图 8.3.7 所示。外部时钟采用 11.059 2 MHz 的晶体振荡器，P0 口与电源通过 8 个上拉电阻相连。

3. 串口通信及驱动电路

串口通信及驱动电路如图 8.3.8 所示。串口通信通过 MAX3232 芯片驱动。由于单片机输出的 TTL 电平与 PC 机的 RS-232 串口电平的电气特性不匹配，为了使单片机能与 PC 机正常通信，采用美信公司的 MAX3232 芯片进行电平转换。单片机的数据通过 RXD、TXD 与 MAX3232 相连，经 MAX3232 完成电平转换后成为 P_RXD、P_TXD 信号，再通过串口线与主机相连。

下面介绍典型的 nRF905 模块数据发送与接收流程。

1. 典型的 nRF905 模块数据发送流程

(1) 当微控制器要发送数据时，将接收机的地址和发送数据通过 SPI 接口传输给 nRF905 模块。

(2) 微控制器设置 TRX_CE 和 TX_EN 管脚同时置为高电平，启动发送端的 nRF905 模块为发送模式。

(3) 发送端的 nRF905 模块发送过程处理：① 射频寄存器开启；② 数据（加字头和 CRC 校验码）；③ 数据包发送；④ 当数据包发送结束，将数据发送完成管脚（DR 管脚）置为高电平。

(4) 通过程序设置，nRF905 模块也可连续地发送数据包，直到 TRX_CE 被设置为低。

(5) TRX_CE 被设置为低时，nRF905 模块数据包发送过程结束并回到待机模式。

2. 典型的 nRF905 模块数据接收流程

(1) 微控制器控制 TRX_CE 为高电平、TX_EN 为低电平，nRF905 模块进入接收模式。

(2) 650 us 后，nRF905 模块监测空中的信息，等待接收数据。

(3) 当 nRF905 模块检测到与接收频率相同的载波时，设置载波检测管脚（CD 管脚）为高电平。

(4) 当 nRF905 模块接收到有效的地址时，设置地址匹配管脚（AM 管脚）为高电平。

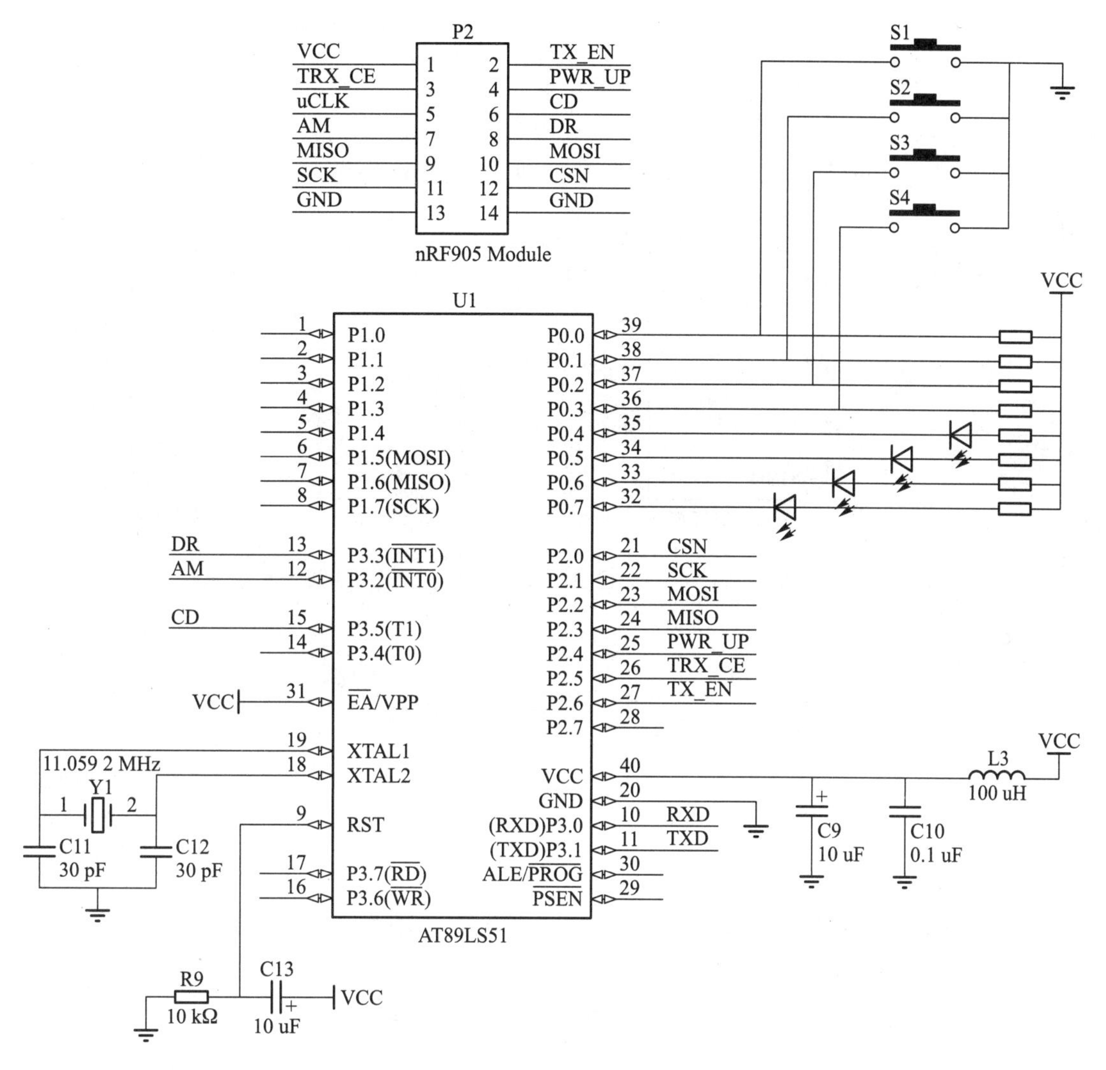

图 8.3.7　nRF905 和 AT89LS51 单片机的连接电路

（5）当一个正确的数据包接收完毕后，nRF905 模块自动去掉数据包的字头、地址和 CRC 校验码，然后将数据接收完成管脚置为高电平。

（6）微控制器将 TRX_CE 设置为低电平。

（7）微控制器通过 SPI 接口以一定的速率提取数据包中的有效接收数据。

（8）当所有的有效数据接收完毕，微控制器控制 nRF905 模块数据接收完成管脚（DR 管脚）和地址匹配管脚（AM 管脚）为低电平。

（9）nRF905 进入待机模式。

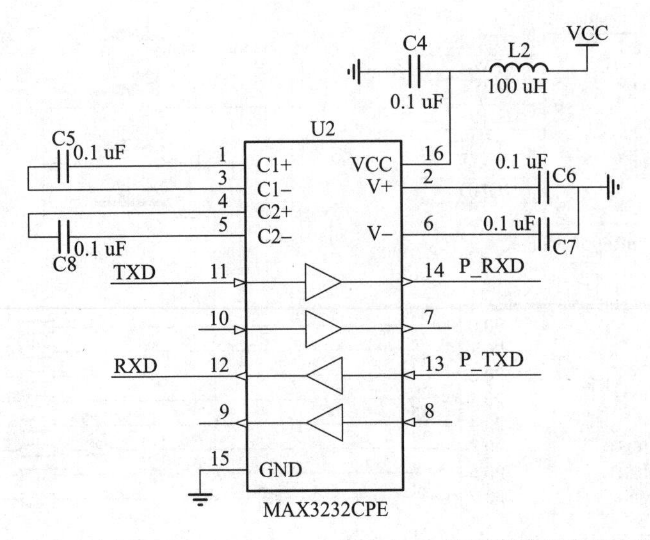

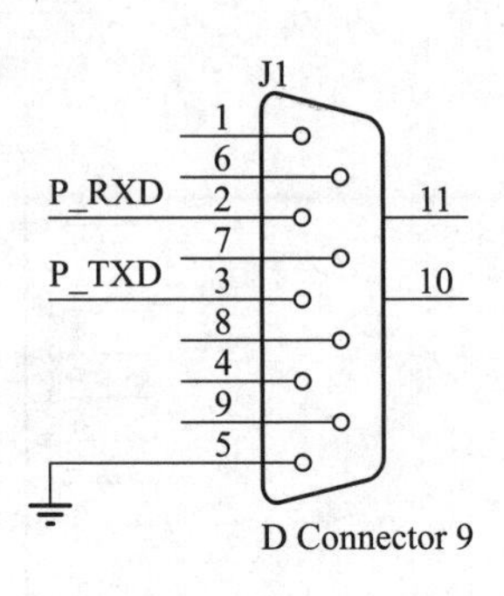

图 8.3.8　串口通信及驱动电路

讨论题

8.3.1　以 nRF905 芯片为例，简要说明用无线数传芯片进行数据通信的方法。

随堂测验

8.3　随堂测验答案

8.3.1　填空题

1. 数字通信集成电路芯片大致分为三类：____芯片、____芯片和____的芯片。

2. nRF905 是挪威 Nordic VLSI 公司推出的单片无线数传芯片，工作电压为____V，工作于____MHz、____MHz、____MHz 三个 ISM 频道。

8.3.2　单选题

1. MICRF102 采用(　　)调制方式。

A. ASK　　B. FSK　　C. PSK　　D. FSK/PSK

2. LMX3162 由 NS(美国国家半导体)公司生产，采用 GFSK 调制方式，工作频率为(　　)。

A. 315MHz　　B. 433MHz　　C. 915MHz　　D. 2.4GHz

3. 芯片(　　)是收发一体芯片。

A. LT5518　　B. LT5515　　C. MICRF102　　D. nRF905

8.3.3　判断题

1. LT5515 是一款发射芯片。(　　)

2. TDA5100 是一款接收芯片。(　　)

3. nRF905 有发送、接收、空闲和关机四种模式。(　　)

8.4 高频电路系统设计

8.4.1 高频电路系统的设计原则

一、高频电路系统抗干扰设计的基本理论

抗干扰设计是高频电路系统设计中必须考虑的问题。电磁干扰效应是由电磁骚扰源发出电磁能量、经过某种耦合通道传输到敏感设备并产生某种效果的过程，电磁骚扰源、耦合通道和敏感设备是电磁干扰的三要素。这里，电磁骚扰是指任何可能引起设备性能降低或者对有生命物质产生损害作用的电磁现象；电磁干扰是指电磁骚扰引起的设备或传输通道性能的下降。骚扰是一种电磁能量，干扰是骚扰产生的后果。因此，电路的抗干扰设计必须围绕电磁干扰效应的三要素进行，包括：① 抑制噪声源；② 切断噪声传递途径；③ 降低受扰设备的噪声敏感度。最基本和最常用的抗干扰的措施有：屏蔽、滤波和接地。

1. 屏蔽

屏蔽是利用屏蔽体来阻挡或减小电磁能传输的一种技术，包括两个方面的目的：一是限制内部辐射的电磁能量泄露出该内部区域；二是防止外来的辐射干扰进入某一区域。利用金属材料做屏蔽体可以有效地降低电磁能，但实际中，屏蔽体上不可避免地要开孔、加工缝隙和进出电缆等，这些会对屏蔽效能造成急剧劣化，设计时要特别注意。比如为避免电缆穿透屏蔽体的影响，可以采用屏蔽电缆，并且在屏蔽电缆出屏蔽体时，采用夹线结构保证电缆屏蔽层和屏蔽体之间可靠接地等措施。

2. 滤波

滤波电路是由电感、电容、电阻和铁氧体磁珠等组成的频率选择性网络，一般采用低通滤波器，为了减小电源和信号线缆对外辐射，电源电路和接口电路必须进行滤波设计。

3. 接地

电子设备中的“地”通常有两个概念：一种是“大地”，一种是“系统基准地”。接地的目的有两个：一是为了安全，称为保护接地，电子设备的金属外壳必须接大地，避免因事故导致金属外壳上出现对地高电压危及操作人员和设备的安全；另一种是为信号返回其源提供低阻抗通道，称为工作接地。

电磁骚扰的传播或耦合分为两类：通过导体传播的称为传导骚扰，通过空间传播的称为辐射骚扰。传导骚扰由共阻抗耦合、感性耦合和容性耦合三种情况产生。共阻抗耦合指干扰由两个回路的公共阻抗耦合产生，感性耦合由互感产生，这两种耦合的干扰量分别是变化的电流或磁场，即 $\mathrm{d}i/\mathrm{d}t$，容性耦合由分布电容产生，其干扰量是变化的电场，即 $\mathrm{d}u/\mathrm{d}t$，因此应根据不同的情形采取相应的措施对干扰加以抑制。辐射骚扰分为近场和远场辐射，减小辐射干扰的主要措施有：辐射屏蔽、极化隔离、距离隔离和在被干扰对象上涂覆吸收材

料的方法等。

二、PCB 的抗干扰设计

电路的抗干扰设计应从设计初期开始,贯穿于电路的原理图设计、印制板图设计、元器件选择以及最后的电路板装配等各个环节中。这里主要介绍印制板的抗干扰设计需要注意的原则。PCB 的抗干扰设计主要是布局和布线。

1. 布局

高频电路中合理的布局可以减小分布参数、有效抑制干扰。布局时,首先应考虑 PCB 的尺寸,然后对各功能模块合理分区,并注意特殊元件的位置,最后对电路的全部元器件进行布局。具体来说,有以下几点:

(1) PCB 尺寸要合理。PCB 尺寸过大时,印制线条长,阻抗增加,抗噪声能力下降,成本也增加;过小则散热不好,且邻近线条易受干扰。

(2) 电路板应合理分区。强、弱信号要分开布局;数字、模拟信号要分开布局;尽可能把干扰源(如电机、继电器、高频时钟、大功率电路、电源变压器等)与敏感元件(如 A/D、D/A 变换器,单片机,数字芯片,弱信号放大器)远离;易受干扰的元器件不能相互靠得太近;输入和输出元件应尽量远离;高功率 RF 放大器(HPA)和低噪音放大器(LNA)要加以隔离。

(3) 确定特殊元件的位置,比如热敏元件应远离发热元件;某些元器件或导线之间可能有较高的电位差,应加大它们之间的距离,以免放电引起意外短路;大功率器件的地线要单独接地,以减小相互干扰,并将大功率器件尽可能放在电路板边缘以利散热。

(4) 按照电路的流程安排各个功能电路单元的位置,使布局便于信号流通,并使信号尽可能保持一致的方向。以每个功能电路的核心元件为中心,围绕它进行布局。元器件应均匀、整齐、紧凑地排列在 PCB 上。

(5) 板子的接地面除了留出接地连线外其余全部覆铜处理;另外对高频电路中振荡部分要做好隔离,可以用黄铜带制作成隔离的屏蔽板,或将电路装在屏蔽盒里,还需将射频输入、输出通过“UHF”同轴线或“BNC”同轴线从屏蔽的机壳内引出。

2. 布线

布线有以下一些原则:

(1) 高频电路往往集成度较高,布线密度大,采用多层印制电路板是降低干扰的有效手段。合理选择层数除了能大幅度降低印制板尺寸,还能从结构上获得理想的屏蔽效果。可以充分利用中间层来设置屏蔽,能更好地实现就近接地、有效地降低寄生电感、缩短信号的传输长度、大幅度地降低信号间的交叉干扰,还可以有效防止电路板辐射和接收噪声等。但是,板层数越高,制造工艺越复杂,成本越高。

(2) 高频电路布线的引线最好采用全直线,弯折越少越好,需要转折时,可用 135°折线或圆弧转折,这样可以减少高频信号对外的发射和相互间的耦合,降低对电路电气性能的影响。

(3) 布线时,所有走线应远离 PCB 板的边框 2 mm 左右,以免 PCB 板制作时造成断线或有断线的隐患。

(4) 高频电路元器件之间的连线、元器件管脚间的引线越短越好,设法减少它们的分布参数和相互间的电磁干扰。此外,高频电路器件管脚间的引线层间交替越少越好,即元件连接过程中所用的过孔(Via)越少越好,减少过孔数能显著提高速度。

(5) 高频电路布线要注意信号线近距离平行走线所引入的“交叉干扰”,若无法避免平行分布,可在平行信号线的反面布置大面积“地”来大幅度减少干扰(这是针对常用的双面板而言,多层板可利用中间的电源层来实现这一功能),经过“铺铜”的电路板除能提高抗干扰能力外,还对散热、印制板强度等有很大好处。同一层内的平行走线几乎无法避免,但是在相邻的两个层,走线的方向务必取为相互垂直。另外,在电路板金属机箱上的固定处若加上镀锡栅条,不仅可以提高固定强度,保障接触良好,更可利用金属机箱构成合适的公共线。

(6) 对特别重要的信号线或局部单元实施地线包围的措施,比如可以在 Protel 软件中绘制所选对象的外轮廓线。利用此功能,可以自动地对所选定的重要信号线进行所谓的“包地”处理,当然,把此功能用于时钟等单元局部进行包地处理对高速系统也将非常有益。

(7) 各类信号走线不能形成环路,地线也不能形成电流环路,以防电磁感应产生干扰。

(8) 每个集成电路块的附近应设置一个高频退耦电容。电容引线不能太长,尤其是高频旁路电容不能有长引线。由于 Protel 软件在自动放置元件时并不考虑退耦电容与被退耦的集成电路间的位置关系,任由软件放置,使两者相距太远,退耦效果大打折扣,这时必须用手工移动元件的办法事先干预两者位置,使之靠近。

(9) 数字地与模拟地要分开。大信号部分与小信号部分要避免用公共地线。接地时要兼顾以下原则:同一单元电路所有地线接在一起,然后将该点单独接到直流电源地端(称为一点接地法)尽量减小信号环路面积;不同单元的地尽量不要交错连接并尽量就近接地。

(10) 根据印制线路板电流的大小,尽量加粗电源线宽度,减少环路电阻。同时使电源线、地线的走向和数据传递的方向一致,这样有助于增强抗噪声能力。

8.4.2 高频元件的等效电路模型及选用

高频电路中元器件的性能与低频电路中的有所不同。例如在低频电路中,常用的无源元件如电阻、电感和电容等的参数不随频率变化而变化,而在高频电路中,这些元件受到分布参数的影响,其性能会发生变化,有时电感不再是电感而是等效为电容。因此,在高频电路设计中,必须考虑元器件的高频等效电路模型,从而合理地选用。

一、高频电路中的电阻

电阻是电路中使用最为广泛的元件,根据其材料可分为高密度颗粒介质的碳膜电阻、采用温度稳定材料的金属膜电阻、采用铝或铍基材料的薄膜贴片式电阻和采用镍或其他柔性金属丝的线绕电阻等。图 8.4.1 所示是高频电路中电阻的等效模型。其中两个电感 L 表示两端金属引脚所等效的电感,电阻 R 等于其标称值,电容 C_a 表示电阻内部的寄生电容;C_b 表示两个引脚间的寄生电容。

对于绕线电阻，等效电路模型更加复杂，如图 8.4.2 所示，这里相比图 8.4.1，多了电阻线圈所等效的电感 L_1。而一般来说，引脚引线的电容 C_2（或图 8.4.1 中的 C_b）通常远小于线圈的寄生电容 C_1（或 C_a），通常情况下可以被忽略。由电阻的等效电路模型可知，一个实际的电阻器在低频时主要表现为电阻，在高频时不仅有电阻特性的一面，而且还有电抗特性的一面。当频率较低时，主要表现为电阻；当频率升高，电容效应增强；当频率继续升高，则电感效应增强。

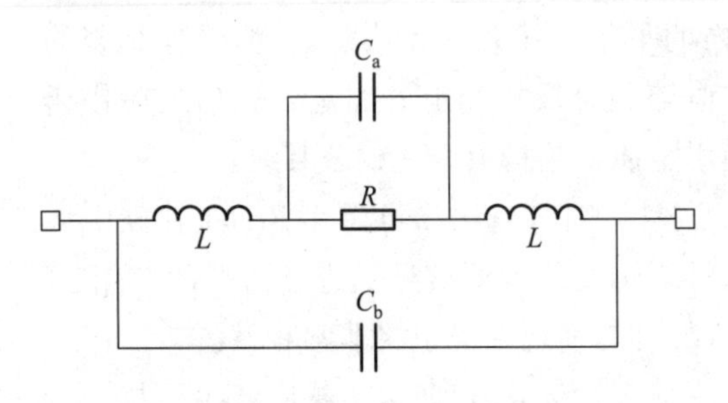

图 8.4.1　高频电阻的等效电路模型

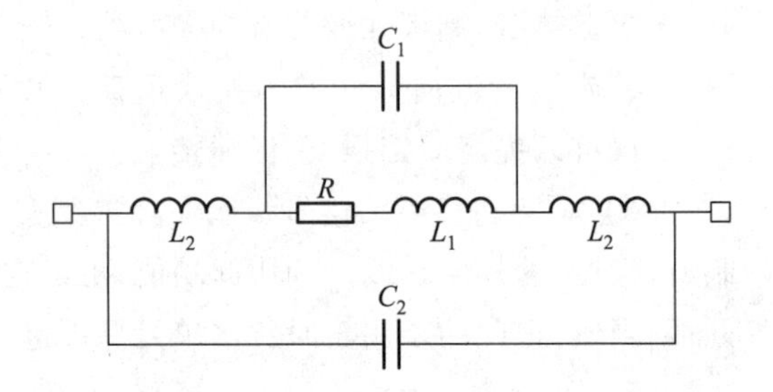

图 8.4.2　高频绕线电阻的等效电路模型

在高频电路中，电阻应选用分布电感和分布电容小的非绕线电阻，一般选择薄膜贴片式电阻（SMD），并选择较小的封装形式，这样寄生参数就越小。高增益小信号放大电路应选用低噪声电阻器，如金属膜电阻器、碳膜电阻器，而不宜选择噪声较大的合成碳膜电阻器等。精密仪器中应选择精密电阻器。

二、高频电路中的电容

电容在高频电路中的作用有去耦、隔直、滤波器调谐、匹配网络和旁路等。按电容数值是否可调分为固定电容和可调电容。按介质可分为陶瓷电容、瓷介电容、云母电容和独石电容等。在高频中，电容的等效电路模型如图 8.4.3 所示，其中 L 和 R_S 分别是电容引脚上的等效串联电感和等效串联电阻，G 是与电容并列的电导，由介电损耗和漏电流形成。高频情况下，由于串联电感和电容发生串联谐振，谐振时电容的阻抗为最小，就等于电容的等效串联电阻。因为谐振特性的作用，使得电容不再是理想的，其使用的效用也受到了限制。

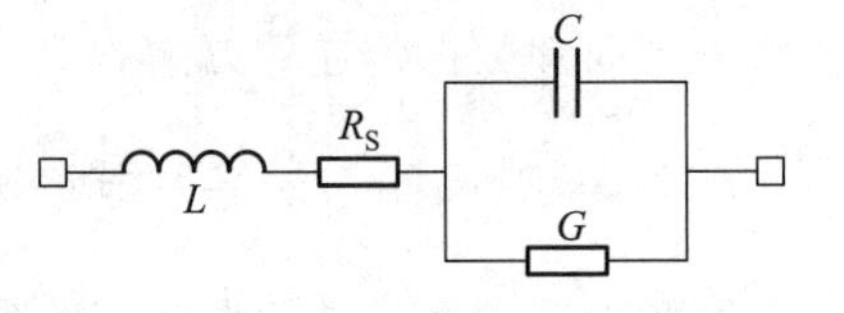

图 8.4.3　高频电容的等效电路

在高频电路设计中，必须对电容的谐振特性进行分析，然后再进行正确的电容选择和配置。实际应用中，可以通过用一些小电容并联来代替大电容的方法，来减小与电容串联的寄生电感和寄生电阻的作用。

射频电路中，谐振回路改变谐振频率的方法多采用改变电容的方式来实现。可变电容器多由一系列被空气、云母和真空等电介质隔开的平行金属板制成。变容二极管通过加反偏电压可以实现对电容数值的调节，有的变容二极管一端涂有黑色标记，这一端就是负极，还有的管壳两端分别涂有黄色和红色环，红色环的一端为正极。

三、高频电路中的电感

电感器通常被用于晶体管的偏置网络，例如可作为射频扼流圈将晶体管与直流电源相连。电感器通常是用导线在圆柱体上绕制而成，可分为空心线圈、磁芯线圈等。前者多用较粗铜线或镀银铜线绕成，或绕在空心塑料骨架上；后者多绕在带磁芯的塑料骨架上。线圈除了具有与频率有关的导线电阻，还具有电感；另外，相邻导线产生寄生电容效应。电感器的等效电路模型如图 8.4.4 所示，C_S和 R_S分别代表导线分布电容的综合效应和绕线线圈的等效电阻。由电感等效电路分析可知，在高频频段，电感不再是理想电感，当工作频率接近谐振点时，电感器的阻抗迅速提高；当工作频率继续升高，分布电容的影响成主导，且线圈的阻抗开始下降。电感的主要参数有电感量、品质因数、标称电流和分布电容等，其中品质因数 Q 反映线圈串联电阻的影响，一般线圈的 Q 值在几十到几百的数量级。

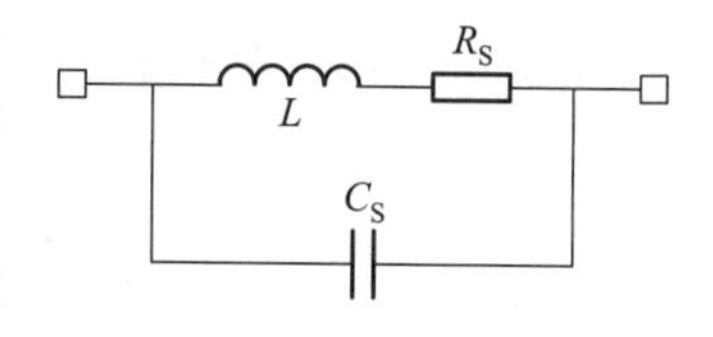

图 8.4.4　高频电感的等效电路

电感器有以下几种：

（1）色码电感，是在线圈绕制以后再用环氧树脂或塑料封装起来，在外壳上标以色环或直接标示电感量数值。这种电感数值一般从 0.1~33 000 μH，工作频率在 10 kHz~200 MHz。

（2）贴片电感，广泛应用于高频电路中，电感值可以从 1 nH~330 μH。

（3）还有一种特殊的电感叫磁珠，它与普通电感有区别：电感是储能元件，而磁珠是能量转换（消耗）器件；电感多用于电源滤波回路，磁珠多用于信号回路；电感侧重于抑制传导性干扰，磁珠主要用于抑制电磁辐射干扰；电感用于 LC 振荡电路、中低频的滤波电路等，其应用频率范围很少超过 50 MHz，磁珠是用来吸收超高频信号，如 RF 电路、PLL、振荡电路、含超高频存储器的电路等都需要在电源输入部分加磁珠。

磁珠的大小（确切地说应该是磁珠的特性曲线）取决于需要磁珠吸收的干扰波的频率。磁珠是阻高频的，对直流电阻低，对高频电阻高。比如 1 000R@ 100 MHz 就是说对 100 MHz 频率的信号有 1 000 Ω 的电阻。

讨论题

8.4.1　什么是电磁干扰效应？抗电磁干扰的基本措施有哪些？

8.4.2　高频电路系统设计中，PCB 的布局设计需要注意哪些问题？

8.4.3　高频电路系统设计中，PCB 的布线设计需要注意哪些问题？

8.4.4　高频电路系统中，使用电阻、电容和电感应注意什么问题？

随堂测验

8.4 随堂测验答案

8.4.1 填空题

1. ________、________和________是电磁干扰的三要素。

2. 最基本和最常用的抗干扰的措施有:________、________和________。

3. PCB 的抗干扰设计主要是________和________。

8.4.2 单选题

1. 以下哪项不是减小辐射干扰的措施(　　)。

A. 辐射屏蔽　　B. 极化隔离

C. 在被干扰对象上涂覆吸收材料　　D. 采用中和电容

2. 以下哪项不属于传导骚扰(　　)。

A. 共阻抗耦合产生的电磁骚扰　　B. 感性耦合产生的电磁骚扰

C. 容性耦合产生的电磁骚扰　　D. 雷电辐射的电磁骚扰

8.4.3 判断题

1. 高频电路布线的引线最好采用全直线,弯折越多越好。　　(　　)

2. 高频电路往往集成度较高,布线密度大,采用多层印制电路板是降低干扰的有效手段。　　(　　)

3. 高频电路元器件之间的连线、元器件管脚间的引线越短越好,可以减少它们的分布参数和相互间的电磁干扰。　　(　　)

附录 8　高频电路新技术简述

一、软件无线电技术

1. 软件无线电的概念

软件无线电(software radio,简称 SR)的概念是由 Joseph Mitola 于 1992 年 5 月在美国国家远程会议上首次提出,其中心思想是:构造一个具有开放性、标准化、模块化的通用硬件平台,将各种功能如工作频段、调制解调类型、数据格式、加密模式、通信协议等用软件来完成,并使宽带模数转换(A/D)和数模转换(D/A)尽可能靠近天线,以研制出具有高度灵活性和开放性的新一代无线通信系统。传统的硬件无线电通信设备只是作为无线通信的基本平台,而许多的通信功能则是由软件来实现,选用不同的软件模块就可以实现不同的功能,而且软件可以不断升级更新,打破了有史以来设备通信功能的实现仅仅依赖于硬件发展的格局。软件无线电这一概念一经提出,就得到全世界无线电领域的广泛关注。不仅在军民无线通信中获得应用,而且将在其他领域如电子战、雷达、信息化家电如高清晰度电视等领域得到推广。

2. 软件无线电的关键技术

软件无线电的基本组成如图 A8.1 所示。主要由天线、射频前端、A/D-D/A 转换器、通用和专用数字信号处理器以及各种软件组成。

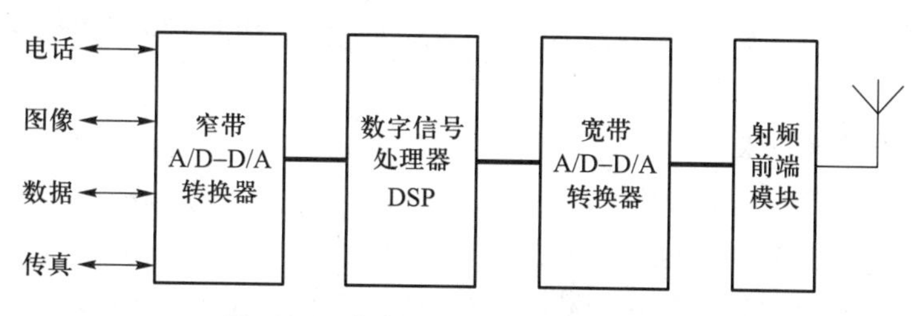

图 A8.1 软件无线电的基本组成框图

软件无线电关键技术主要有:(1) 宽带和多频段天线。软件无线电的天线一般要覆盖比较宽的频段,要求每个频段的特性均匀,以满足各种业务的需求。实现的关键技术包括:组合式多频段天线及智能化天线技术,模块化、通用化收发双工技术,多倍频程宽带低噪音放大器方案等。(2) 射频前端。在发射时主要完成上变频、滤波、功率放大等任务,接收时实现滤波、放大、下变频等功能。在射频变换部分,宽带、线性、高效射频放大器的设计和电磁兼容问题的处理比较困难。(3) 宽带 A/D 变换器。要求 A/D 变换器有足够的工作带宽、较高的采样速率和较高的 A/D 转换位数,以提高动态范围。(4) 高速信号处理部分。模拟信号进行数字化后的处理任务全由 DSP 软件承担。包括中频、基带信号处理、调制解调、比特流处理和编译码工作。如有跳频或扩频,还需完成解扩和一部分解跳的处理。要完成如此巨大的信号处理运算,必须采用高速多个 DSP 并行处理结构才有可能实现。为了减轻通用 DSP 的处理压力,通常把 A/D 转换器传来的数字信号,经过专用数字信号处理器件处理,降低数据流速率,并且把信号变至基带后,再把数据送给通用 DSP 进行处理。

二、认知无线电技术

1. 认知无线电的概念

现有的频谱共享技术通常应用于固定频段的共享,或受限于发送功率的短距离通信,认知无线电(cognitive radio,简称 CR)作为一种更智能的频谱共享技术,能够依靠人工智能的支持,感知无线通信环境,根据一定的学习和决策算法,实时自适应地改变系统工作参数,动态的检测和有效地利用空闲频谱,理论上允许在时间、频率以及空间上进行多维的频谱复用,大大降低频谱和带宽的限制对无线技术发展的束缚。因此 CR 技术被称为未来无线通信领域的“下一个大事件(next big thing)”,具有广阔的应用前景。

认知无线电的概念也是由 Mitola 博士 1999 年最早提出,他将 CR 定义为“一种采用基于模式的推理达到特定无线相关要求的无线电”,强调软件无线电是 CR 实现的理想平台,但这种认识缺乏相应的具有认知功能的物理层和链路层体系结构的有效支撑。美国 FCC (Federal Communications Commission)于 2003 年着重从应用的角度对 CR 进行了定义,认为

“CR 是一种基于与操作环境的交互动态改变发射机参数的无线电”,建议任何具有自适应频谱意识的无线电都应该被称为 CR。CR 能够在宽频带上可靠地感知频谱环境,探测合法授权用户的出现,自适应地占用即时可用的本地频谱,同时在整个通信过程中不给授权用户带来有害干扰。目前,CR 的应用大多基于 FCC 的观点,也称 CR 为频谱捷变无线电、机会频谱接入无线电等。

2. 认知无线电关键技术

(1) 频谱检测技术。频谱检测技术是 CR 的核心技术之一,分为物理层检测、MAC(media access control)层检测以及 CR 网络内的多用户协作检测来提高频谱侦听能力,如图 A8.2 所示。最新的研究表明,采用物理层和 MAC 层联合侦听的跨层设计方法可极大地提高频谱侦听能力,这种方法通过增强无线射频前端灵敏度,同时利用数字信号处理增益及用户间的合作来提高检测能力,越来越受到人们的关注。

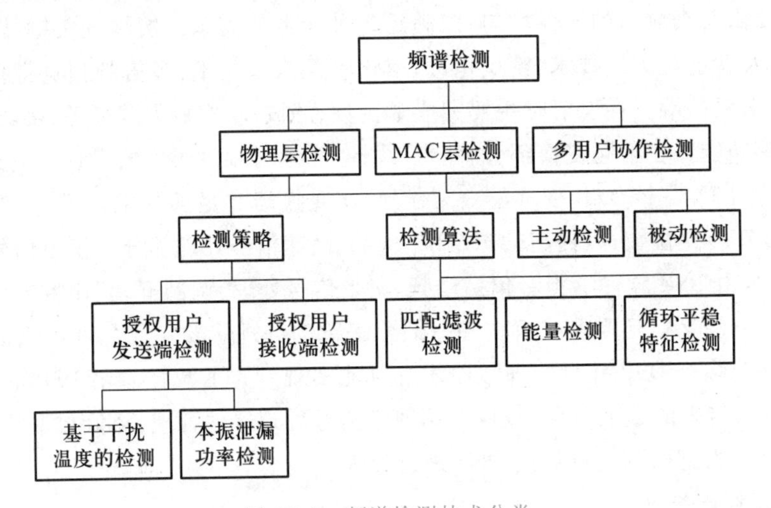

图 A8.2 频谱检测技术分类

(2) 动态频谱分配(dynamic spectrum allocation, DSA)。由于 CR 网络中用户对带宽的需求、可用信道的数量和位置都是随时变化的,传统的话音和无线网络的 DSA 方法不完全适用。另外要实现完全动态频谱分配(fully DSA)受到很多政策、标准及接入协议的限制。目前基于 CR 的 DSA 的研究主要基于频谱共享池(spectrum pooling)这一策略,其基本思想是将一部分分配给不同业务的频谱合并成一个公共的频谱池,并将整个频谱池划分为若干个子信道。它实质上是一个受限的信道分配问题,以最大化信道利用率为主要目标的同时考虑干扰的最小化和接入的公平性。

(3) 功率控制。采用 CR 技术实现频谱共享的前提是必须保证对主用户不造成干扰,而每个分布式操作的认知用户的功率分配是造成干扰的主要原因,因此需要探索适用于 CR 技术的分布式功率控制方法。一种方法是将测量到的主用户接收机信号的本地信噪比

(signal to noise ratio, SNR)近似为认知用户与主用户间的距离,从而相应地调整认知用户的发射功率,此外,还可采用将对策论和遗传算法相结合的一种相对智能的功率分配策略。另一种是对于既存在合作又存在竞争的多址 CR 系统,发送功率控制受到给定的干扰温度和可用频谱空穴数量这两种网络资源的限制,对此一般主要应用信息论和对策论来解决其功率控制的难题。

此外,关于 CR 系统的安全、可靠链路的维护以及定价策略的研究也逐渐受到人们关注。

三、无线通信技术热点

1. RFID

RFID(radio frequency identification),即射频识别,俗称电子标签。这是一种非接触式的自动识别技术,它通过射频信号自动识别目标对象并获取相关数据,识别工作无须人工干预,可工作于各种恶劣环境。RFID 技术可识别高速运动物体并可同时识别多个标签,操作快捷方便。

最基本的 RFID 系统由耦合元件及芯片的标签(Tag,即射频卡)、读写标签信息的读写卡和天线三部分组成。

目前,RFID 在中国的很多领域都得到实际应用,包括物流、烟草、医药、身份证、奥运门票、宠物管理等,另外 RFID 还是物联网的核心技术,未来的发展应用不可限量。物联网(internet of things),指的是将各种信息传感设备,如 RFID、二维码、全球定位系统等与互联网结合起来而形成的一个巨大网络,方便识别和管理。

2. Wi-Fi

Wi-Fi 是一种可以将个人电脑、手持设备(如手机、平板)等终端以无线方式互相连接的技术。Wi-Fi 是一个无线网络通信技术的品牌,由 Wi-Fi 联盟(Wi-Fi Alliance)所持有,目的是改善基于 IEEE 802.11 标准的无线网络产品之间的互通性。Wi-Fi 可以帮助用户访问电子邮件、Web 和流式媒体,它为用户提供了无线的宽带互联网访问。同时,它也是在家里、办公室或在旅途中上网的快速、便捷途径。

Wi-Fi 有如下突出优势:其一,无线电波的覆盖范围广,Wi-Fi 的半径可达 100 m;其二,传输速度快,可以达到 54 Mb/s,符合个人和社会信息化的需求;其三,厂商进入该领域的门槛比较低,厂商只要在机场、车站、咖啡店、图书馆等人员较密集的地方设置"热点"(能够访问 Wi-Fi网络的地方),并通过高速线路将互联网接入上述场所,而不用耗费资金来进行网络布线接入,从而节省了大量的成本。

3. 蓝牙(bluetooth)

蓝牙是一种支持设备短距离通信(一般为 10 m 内)的无线电技术。能在包括移动电话、PDA、无线耳机、笔记本电脑、相关外设等众多设备之间进行无线信息交换。利用蓝牙技术,能够有效地简化移动通信终端设备之间的通信,也能够成功地简化设备与互联网之间的通信,使数据传输变得更加迅速高效,为无线通信拓宽道路。蓝牙采用分散式网络结构以及快跳频和短包技术,支持点对点及点对多点通信,工作在全球通用的 2.4 GHz ISM(即工业、科学、医学)频段。其数据速率为 1 Mb/s。采用时分双工传输方案实现全双工传输。

4. 短距离无线通信技术 ZigBee

ZigBee 是 IEEE 802.15.4 协议的代名词。根据这个协议规定的技术是一种短距离、低功耗的无线通信技术。ZigBee 网络主要是为工业现场自动化控制数据传输而建立,是一个由可多达 65 000 个无线数传模块组成的无线数传网络平台,在整个网络范围内,每一个 ZigBee 网络数传模块之间可以相互通信,每个网络节点间的距离可以从标准的 75 m 无限扩展。ZigBee 可工作在 2.4 GHz(全球流行)、868 MHz(欧洲流行)和 915 MHz(美国流行)3 个频段上,分别具有最高 250 kb/s、20 kb/s 和 40 kb/s 的传输速率,它的传输距离在 10~75 m,但可以继续增加。作为一种无线通信技术,ZigBee 具有如下特点:

(1) 低功耗:由于 ZigBee 的传输速率低,发射功率仅为 1 mW,而且采用了休眠模式,功耗很低。

(2) 成本低:ZigBee 模块的初始成本在 6 美元左右,并且 ZigBee 协议是免专利费的。

(3) 时延短:通信时延和从休眠状态激活的时延都非常短,典型的搜索设备时延 30 ms,休眠激活的时延是 15 ms,活动设备信道接入的时延为 15 ms。因此 ZigBee 技术适用于对时延要求苛刻的无线控制(如工业控制场合等)应用。

(4) 网络容量大:一个星型结构的 ZigBee 网络最多可以容纳 254 个从设备和一个主设备,一个区域内可以同时存在最多 100 个 ZigBee 网络,而且网络组成灵活。

(5) 可靠:采取了碰撞避免策略,同时为需要固定带宽的通信业务预留了专用时隙,避开了发送数据的竞争和冲突。MAC 层采用了完全确认的数据传输模式,每个发送的数据包都必须等待接收方的确认信息。如果传输过程中出现问题可以进行重发。

(6) 安全:ZigBee 提供了基于循环冗余校验(CRC)的数据包完整性检查功能,支持鉴权和认证,采用了 AES-128 的加密算法,各个应用可以灵活确定其安全属性。

表 A8.1 是短距离三种无线技术在传输速率、连接设备数及应用方面的一个比较。

表 A8.1 短距离三种无线技术比较

名称	ZigBee	Wi-Fi	bluetooth
技术标准	IEEE 802.15.4	IEEE 802.11b/a/g	IEEE 802.15.1
传输速率/(kb/s)	20~250	11 000	1 000~3 000
连接设备数	65 536	32	7
功耗/mW	1~3	100	1~100
覆盖范围/m	1~100	1~200	1~10
主要应用领域	控制、监测	上网、视频	语音、数据传输

5. GPS

GPS 是英文 global positioning system(全球定位系统)的简称。GPS 导航系统是以全球 24 颗定位人造卫星为基础,向全球各地全天候地提供三维位置、三维速度等信息的一种无线电导航定位系统。它由三部分构成,一是地面控制部分,由主控站、地面天线、监测站及通讯辅助系统组成。二是空间部分,由 24 颗卫星组成,分布在 6 个轨道平面。三是用户装置部分,由 GPS 接收机和卫星天线组成。民用的定位精度可达 10 m 内。GPS 可以提供车辆定位、防盗、反劫、行驶路线监控及呼叫指挥等功能。

本章小结

1. 高频电路中,广泛采用 EDA 技术。通过 EDA 的仿真功能不仅可以及时调整并验证电路方案的正确性,还可以对电路进行优化设计,方便地实现整个电路的数据测试和特性分析的模拟。

2. 数字通信已成为现代通信的主流,并且其发展日新月异。数字调制与解调的方式分为基本的二进制数字调制系统,包括振幅键控 2ASK、频移键控 2FSK 和相移键控 2PSK,多进制数字调制方式、多相制数字调制方式以及各种混合数字调制方式,如正交调幅 QAM、多重载波调制 OFDM 等。

3. 数字通信集成电路芯片的发展,使得数字通信模块及系统的设计与实现变得相对容易。由无线通信模块构造的无线通信系统广泛地运用在工业、生活等各个领域中。

4. 在高频电路系统的设计和具体制版的实现中,应注意元器件高频工作条件下的分布参数影响,根据其正确的等效模型合理选择元器件,同时注意电路设计和排版中对布局和排线等方面的具体要求,以防止高频干扰。

习题

8.1 已知一个数字基带信号为 **10011110**,试绘出 2ASK 和 2FSK 的波形(设载波周期是码元周期的一半,2FSK 的两个载波频率相差一倍)。

8.2 已知一个数字基带信号为 **10110010**,试绘出 BPSK、DPSK 和 4PSK 的波形(设载波周期是码元周期的一半)。

8.3 画出 QAM 调制与解调的原理框图。当解调器输入信号 $u_o(t)=u_1(t)\cos(\omega t)+u_2(t)\sin(\omega t)$,试写出 $u_1(t)$ 和 $u_2(t)$ 的解调过程。

部分习题参考答案[①]

第1章

1.2　波长100 km、300 m、0.3 m;所在波段:甚长波、中波、分米波

第2章

2.1　$f_0=35.6$ MHz,$R_p=22.4$ kΩ,$BW_{0.7}=0.356$ MHz

2.2　$f_0=465$ kHz,$R_e=42$ kΩ,$BW_{0.7}=12.6$ kHz

2.3　$L=5$ μH,$Q=67$,$|\dot{U}_p/\dot{U}_o|=8.1$;$R=21$ kΩ

2.4　$BW_{0.7}=9.46$ kHz,$R_e=46.8$ kΩ

2.5　(a) $R_p'=0.55$ kΩ;(b) $R_p'=16.7$ kΩ

2.6　$R_e=7.3$ kΩ,$Q_e=18.3$,$BW_{0.7}=0.55$ MHz

2.7　$L=2.39$ μH,$C=95.5$ pF

2.8　$C_1=212$ pF,$C_2=363$ pF,$L_1=75$ nH

2.9　$\dot{A}_{u0}=-16$,$BW_{0.7}=0.51$ MHz,$C=55$ pF

2.10　$\dot{A}_{u0}=-35.3$,$BW_{0.7}=1.88$ MHz

2.11　$BW_n=7.9$ kHz,$K_{0.1}=3.74$;$BW_1=19.6$ kHz,$Q_e=23.7$

2.12　$(P_s/P_n)_i=2\times10^6$,$(P_s/P_n)_o=8\times10^5$,$N_F=2.5$

2.13　$P_{nom}=8$ pW

2.14　$N_F=1.77$,$P_{nom}=1.12\times10^{-14}$ W

2.15　$N_F=24.9$　$A_{pm1}=48.8$

2.16　$P_{si(min)}=1.2\times10^{-15}$ W,$U_{si(min)}=0.49$ μV

2.17　$P_{si(min)}=1.26$ pW,$U_{si(min)}=15.9$ μV

① 全部习题详细解答可查阅本书学习指导与习题解答(胡宴如、周珩主编,高等教育出版社出版)

第 3 章

3.1 $\theta=69°, I_{C0}=0.174\ A, I_{c1m}=0.302\ A, I_{c2m}=0.188\ A$

3.2 $I_{C0}=40.6\ mA$、$25.3\ mA$，$I_{c1m}=53.6\ mA$、$43.6\ mA$；$\eta_C=62.7\%$、81.9%

3.3 $P_D=6\ W, P_C=1\ W, \eta_C=83.3\%$；$I_{c1m}=0.463\ A, i_{Cmax}=1.37\ A, \theta=50°$

3.4 $R_e=163\ \Omega, P_o=2.4\ W, \eta_C=80\%$

3.5 $R_e=55\ \Omega, U_{im}=1.8\ V, \eta_C=78.5\%$

3.6 $R_{eopt}=45.6\ \Omega, i_{Cmax}=0.68\ A, P_D=2.58\ W, P_C=0.58\ W, \eta_C=77.6\%$

3.8 $L=14.6\ \mu H, C=2\ 987\ pF$

3.9 $L=2.0\ \mu H, C=110\ pF$

3.10 $L_1=83.3\ nH, L_2=52\ nH, C_1=345\ pF, C_2=520\ pF$

3.11 (a) $\frac{R_i}{R_L}=\frac{1}{16}, Z_C=4R_i=\frac{1}{4}R_L$；(b) $\frac{R_i}{R_L}=4, Z_C=\frac{1}{2}R_i=2R_L$

3.12 $R_{d1}=75\ \Omega, R_{d2}=R_{d3}=150\ \Omega, R_s=18.75\ \Omega$

第 4 章

4.1 (a) 0.877 MHz；(b) 0.777 MHz；(c) 0.476 MHz

4.2 $f_0=0.5\ MHz, T=38>1$

4.4 (a) 0.19 MHz；(b) 不能；(c) 0.424 MHz

4.5 (a) 能；(b) 能；(c) 能；(d) 不能

4.6 (1)能；(2)能；(3)能；(4)不能

4.7 $f_0=1\ MHz, T=7.8>1$，能

4.8 (a) 2.25 MHz，(b) 9.6 MHz

4.9 (a) 12.8 MHz；(b) 9.1 MHz

4.10 (1) $f_s=1.003\ MHz$；(2) $f_p-f_s=1.58\ kHz$；(3) $Q=2.52\times10^5, R_p=63\ M\Omega$

4.13 7.377~7.648 MHz，$S_F=-68\ kHz/V$

第 5 章

5.1 $m_a=0.5, BW=1\ 000\ Hz$

5.2 $BW=200\ Hz$

5.3 $u_{AM}(t)=5[1+0.4\cos(2\pi\times2\ 000t)+0.6\cos(2\pi\times300t)]\cos(2\pi\times5\times10^5t)\ V, BW=4\ kHz$

5.4 $U_{cm}=20\ V, f_c=10^6\ Hz, F=500\ Hz, m_a=0.6, BW=1\ kHz$

5.5 $m_a=0.4, BW=10\ kHz$

5.6 $BW=200$ Hz；$P_0=2$ W，$P_{SB1}=P_{SB2}=0.125$ W，$P_{AV}=2.25$ W

5.7 $U_{cm}=10$ V，$m_a=0.5$

5.8 (a) $u(t)=10[1+0.4\cos(2\pi\times10^3t)+0.6\cos(4\pi\times10^3t)]\cos(2\pi\times10^5t)$ V；

(b) $u(t)=5[1+0.4\cos(2\pi\times10^4t)]\cos(2\pi\times10^7t)$ V

5.10 $u_O(t)=0.6\cos(2\pi\times10^3t)\cos(2\pi\times10^6t)$ V；

5.11 $m_a=0.5$，$u_O(t)=0.2[1+0.5\cos(2\pi\times10^3t)]\cos(2\pi\times10^6t)$ V

5.12 $u_O(t)=[U_{cm}+A_MU_{cm}u_\Omega(t)]\cos(\omega_ct)$，AM 信号

5.15 $i=\dfrac{-2}{r_D+R_L}U_{2m}\cos(\omega_2t)\left[\dfrac{4}{\pi}\cos(\omega_1t)-\dfrac{4}{3\pi}\cos(3\omega_1t)+\cdots\right]$

5.17 $i_{C1}-i_{C2}=[0.5+10^{-3}\cos(\omega_2t)]\left[\dfrac{4}{\pi}\cos(\omega_1t)-\dfrac{4}{3\pi}\cos(3\omega_1t)+\cdots\right]$ mA

5.18 $u_O(t)=0.288\cos(2\pi\times10^3t)\left[\dfrac{4}{\pi}\cos(2\pi\times10^6t)-\dfrac{4}{3\pi}\cos(6\pi\times10^6t)+\cdots\right]$ V

5.19 $u_O(t)=[1.56\cos(2\pi\times10^3t)K_2(\omega_1t)]$ V

5.20 $i=2g_DU_{\Omega m}\cos(\Omega t)\left[\dfrac{4}{\pi}\cos(\omega_ct)-\dfrac{4}{3\pi}\cos(3\omega_ct)+\cdots\right]$

5.21 342 pF$\leqslant C\leqslant$0.02 μF，$R_i=2.5$ kΩ

5.23 43 pF$\leqslant C\leqslant$3 600 pF，$R_L\geqslant19.8$ kΩ

5.24 $u_I(t)=\dfrac{1}{2}A_MU_{Lm}[U_{sm}+k_au_\Omega(t)]\cos(\omega_It)$

5.27 $A_c=12$

5.29 (1) 镜像干扰；(2) 寄生通道干扰

5.30 互调干扰

第 6 章

6.1 $m_f=8$ rad，$\Delta f_m=8$ kHz，$BW=18$ kHz

6.2 (1) $m_f=5$ rad，$\Delta f_m=500$ Hz，$BW=1.2$ kHz

(2) $u_\Omega(t)=\cos(2\pi\times100t)$ V；$u_c(t)=3\cos(2\pi\times10^7t)$ V

6.4 $m_f=750$，$BW\approx150$ kHz；$m_f=5$，$BW=180$ kHz

6.5 $m_p=12$ rad，$\Delta f_m=24$ kHz，$BW=52$ kHz

$u_{PM}(t)=2\cos[(2\pi\times10^8t)+12\cos(2\pi\times2\times10^3t)]$ V

6.6 $u_{FM}(t)=4\cos[2\pi\times25\times10^6t-25\cos(2\pi\times400t)]$ V；

$u_{PM}(t)=4\cos[2\pi\times25\times10^6t+25\sin(2\pi\times400t)]$ V

6.7 $\Delta f_m=10$ kHz、$BW=22$ kHz，$\Delta f_m=10$ kHz、$BW=22$ kHz；

$\Delta f_m=10$ kHz、$BW\approx20$ kHz，$\Delta f_m=1$ kHz、$BW=2.2$ kHz；

$\Delta f_m=10$ kHz、$BW=40$ kHz，$\Delta f_m=100$ kHz、$BW=220$ kHz

6.8 $f_c = 9.193$ MHz, $\Delta f_m = 0.836$ MHz, $S_F = 1.39$ MHz/V

6.9 (1) $f_c = 13.67$ MHz; (2) $\Delta f_c = -0.132$ MHz; (3) $\Delta f_m = 1.55$ MHz;

(4) $S_F = 0.52$ MHz/V; (5) 0.085

6.14 (1) $m_p = 0.3$ rad, $\Delta f_m = 300$ Hz; (2) $m_p = 0.3$ rad, $\Delta f_m = 600$ Hz;

(3) $m_p = 0.15$ rad, $\Delta f_m = 150$ Hz

6.15 (1) $f_c = 100$ MHz, $\Delta f_m = 75$ kHz; (2) $f_{c1} = 10$ MHz, $BW = 5$ kHz, $f_{c2} = 100$ MHz, $BW = 152$ kHz

第 7 章

7.2 $f_o = 100$ MHz, $\Delta f_m = 40$ kHz, $m_f = 4$

7.3 76.00 ~ 96.00 MHz, 100 kHz

7.4 2.00 ~ 3.00 MHz, 10 kHz

7.5 21.0 ~ 210.9 kHz, 100 Hz

7.6 73.530 0 ~ 103.029 9 MHz, 100 Hz

7.7 $f_{D\min} = 0.011\ 641\ 5$ Hz, $f_D = 6 \sim 8$ MHz, $K = 5.153\ 96 \times 10^8 \sim 6.871\ 95 \times 10^8$, $\Delta K = 859\ 00$

参考文献

1 冯军,谢嘉奎．电子线路(非线性部分)[M].6版．北京:高等教育出版社,2021.

2 张肃文．高频电子线路[M].5版．北京:高等教育出版社,2009.

3 曾兴雯．高频电子线路[M].3版．北京:高等教育出版社,2016.

4 陈光梦．高频电路基础[M]．上海:复旦大学出版社,2011.

5 胡宴如．高频电子线路[M]．北京:高等教育出版社,1993.

6 彭沛夫,张桂芳．微波与射频技术[M]．北京:清华大学出版社,2013.

7 袁杰编著,张友德,张凌改编．实用无线电设计[M]．北京:电子工业出版社,2006.

8 市川裕一,青木胜．高频电路设计与制作[M]．卓圣鹏,译．北京:电子工业出版社,2006.

9 铃木宪次．高频电路设计与制作[M]．何中庸,译．北京:电子工业出版社,2006.

10 Reinhold Ludwig, Gene Bogdanow. 射频电路设计——理论与应用[M]．王子宇等,译．2版. 北京:电子工业出版社,2013.

11 Radmanesh, M M. 射频与微波电子学[M]．顾继慧等,译．北京:科学出版社,2006.

12 樊昌信,曹丽娜．通信原理[M].7版．北京:国防工业出版社,2012.

13 邹传云．高频电子线路[M]．北京:清华大学出版社,2012.

14 陈永泰,刘泉．通信电子线路原理与应用[M]．北京:高等教育出版社,2011.

15 李红岩．认知无线电的若干关键技术研究[D]．北京:北京邮电大学博士学位论文,2009.

16 杨小牛,楼才义,徐建良．软件无线电原理与应用[M]．北京:电子工业出版社,2001.

17 张晓宇．全数字化FM接收机设计与实现及在电子技能训练中的应用[J]．华北科技学院学报,2013.

18 顾宝良．通信电子线路[M].2版．北京:电子工业出版社,2007.

19 耿苏燕,周正,胡宴如．模拟电子技术基础[M].3版．北京:高等教育出版社,2019.

20 关清三．数字调制解调基础[M]．崔炳哲,张岩,译．北京:科学出版社,2002.

21 鲍景富．高频电路设计与制作[M]．成都:电子科技大学出版社,2012.

22 陈美君．高频电子系统的抗干扰设计[J]．电子工程师,2007(9):41-42.

23 刘宝玲．通信电子线路[M]．北京:高等教育出版社,2008.

24 金伟正,代永红,王晓艳,等．高频电子线路[M]．北京:清华大学出版社,2020.

25 许雪梅．高频电子线路[M]．北京:清华大学出版社,2021.